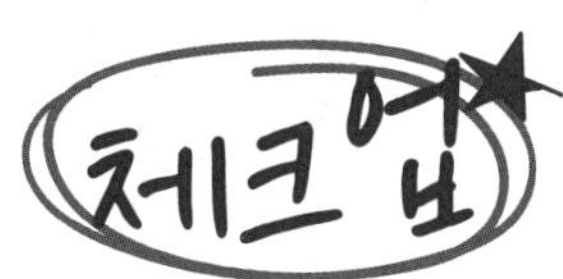

소방시설관리사

1차 필기 이론 + 예상문제

5과목

소방시설의 구조 및 원리

북스케치

저희 북스케치는 오류 없는 책을 만들기 위해 노력하고 있으나, 미처 발견하지 못한 잘못된 내용이 있을 수 있습니다. 학습하시다 문의 사항이 생기실 경우, 북스케치 이메일(booksk@booksk.co.kr)로 교재 이름, 페이지, 문의 내용 등을 보내주시면 확인 후 성실히 답변 드리도록 하겠습니다.
또한, 출간 후 발견되는 정오 사항은 **북스케치 홈페이지**(www.booksk.co.kr)의 **도서정오표** 게시판에 신속히 게재하도록 하겠습니다.
좋은 콘텐츠와 유용한 정보를 전하는 '간직하고 싶은 수험서'를 만들기 위해 늘 노력하겠습니다.

소방시설관리사
1차 필기 이론+예상문제 5과목
소방시설의 구조 및 원리

초판발행 2025년 03월 30일
개정판발행 2026년 01월 10일
편저자 김종상
펴낸곳 북스케치
출판등록 제2022-000047호
주소 경기도 파주시 광인사길 193, 2층
전화 070 - 4821 - 5514
팩스 0303 - 0955 - 3012
학습문의 booksk@booksk.co.kr
홈페이지 www.booksk.co.kr
ISBN 979 - 11 - 94041 - 66 - 5

머리말

본 교재는 소방시설관리사시험의 최신 트렌드에 맞추어 기초이론 및 응용력 향상에 중점을 두고 구성되었으며, 단순한 문제풀이 위주의 내용이 아닌 변형된 문제가 출제되더라도 쉽게 풀 수 있도록 서술되어 있어 탄탄한 기초 실력을 키워줄 것입니다.

또한 이 교재는 스터디채널 소방시설관리사 강의 교재로서의 전문성과 착실한 기초 이론의 정립으로 소방시설관리사 합격의 나침반이 될 것입니다.

본서의 특징

1. 본 교재와 더불어 동영상 강의와 연계하면 기초실력 향상에 도움이 됩니다.
2. 스터디채널 홈페이지에서 소방시설관리사 유료강의에서 다양한 자료 및 기출문제를 제공합니다.
3. 최근 출제문제에 대한 다각도의 접근으로 쉽게 문제를 풀 수 있는 응용력을 키워 줄 것입니다.
4. 교재만으로 해결이 어려운 부분은 스터디채널 강의 게시판을 통해 문의 답변을 제공합니다.

부족하지만 심혈을 기울여 쓴 본 교재가 수험생 여러분의 합격에 일조할 수 있는 수험서가 되기를 간절히 바라며, 다시 한 번 합격의 영광을 위해 불철주야 공부에 매진하고 있는 수험생 여러분께 가슴으로부터 우러나오는 격려와 애정을 표현하면서 수험생 여러분의 합격을 진심으 로 기원합니다.

마지막으로 이 책의 출판과 강의를 위해 많은 도움을 주신 북스케치와 스터디채널 직원 분들에게 진심으로 감사드립니다.

소방시설관리사 **김종상**

- **자 격 증** : **소방시설관리사**
- **영 문 명** : **Fire Facilities Manager**
- **관련부서** : 소방청
- **시행기관** : 한국산업인력공단
- **응시자격**

1. 아래 각호에 어느 하나에 해당하는 자

1) 소방기술사 · 위험물기능장 · 건축사 · 건축기계설비기술사 · 건축사 · 전기설비기술사 또는 공조냉동기계기술사
2) 소방설비기사 자격을 취득한 후 2년 이상 소방청장이 정하여 고시하는 소방에 관한 실무경력(이해 "소방실무경력"이라 함)이 있는 자
3) 소방설비산업기사 자격을 취득한 후 3년 이상 소방실무경력이 있는 자
4) 「국가과학기술 경쟁력 강화를 위한 이공계지원 특별법」 제2조 제1호에 따른 이공계(이하 "이공계"라 한다) 분야를 전공한 사람으로서 다음 각 목의 어느 하나에 해당하는 사람
   가. 이공계 분야의 박사학위를 취득한 사람
   나. 이공계 분야의 석사학위를 취득한 후 2년 이상 소방실무경력이 있는 사람
   다. 이공계 분야의 학사학위를 취득한 후 3년 이상 소방실무경력이 있는 사람
5) 소방안전공학(소방방재공학, 안전공학을 포함)분야를 전공한 후 다음 각 목의 어느 하나에 해당하는 사람
   가. 해당 분야의 석사학위 이상을 취득한 사람
   나. 2년 이상 소방실무경력이 있는 사람
6) 위험물산업기사 또는 위험물기능사 자격을 취득한 후 3년 이상 소방실무경력이 있는 자
7) 소방공무원으로 5년 이상 근무한 경력이 있는 자
8) 소방안전 관련 학과의 학사학위를 취득한 후 3년이상 소방실무경력이 있는 사람
9) 산업안전기사 자격을 취득한 후 3년 이상 소방실무경력이 있는 자
10) 다음 각목의 어느 하나에 해당하는 사람
   가. 특급 소방안전관리대상물의 소방안전관리자로 2년이상 근무한 실무경력이 있는 사람
   나. 1급 소방안전관리대상물의 소방안전관리자로 3년이상 근무한 실무경력이 있는 사람
   다. 2급 소방안전관리대상물의 소방안전관리자로 5년이상 근무한 실무경력이 있는 사람
   라. 3급 소방안전관리대상물의 소방안전관리자로 7년이상 근무한 실무경력이 있는 사람
   마. 10년 이상 소방실무경력이 있는 사람

※ 응시자격 경력 산정 서류심사 기준일은 원서접수 마감일임

※ 부정행위자로 처분을 받은 자에 대해서는 그 처분이 있는 날로부터 2년간 응시제한

2. 결격사유

1. 피성년후견인
2. 「소방시설 설치 및 관리에 관한 법률」, 「화재의 예방 및 안전관리에 관한 법률」, 「소방기본법」, 「소방시설공사업법」 또는 「위험물안전관리법」에 따른 금고 이상의 형의 선고를 받고 그 집행이 종료(집행이 종료된 것으로 보는 경우를 포함한다)되거나 집행이 면제된 날부터 2년이 지나지 아니한 사람
3. 「소방시설 설치 및 관리에 관한 법률」, 「화재의 예방 및 안전관리에 관한 법률」, 「소방기본법」, 「소방시설공사업법」 또는 「위험물안전관리법」에 따른 금고 이상의 형의 집행유예의 선고를 받고 그 유예기간중에 있는 사람
4. 자격이 취소된 날부터 2년이 지나지 아니한 사람

- 시험과목 및 방법

구 분	교 시	시험과목	시험시간	문항수	시험방법
제1차 시험	1	1. 소방안전관리론(연소 및 소화 · 화재예방관리 · 건축물 소방 안전기준 · 인원수용 및 피난계획에 관한 부분에 한함) 및 연소속도 · 구획화재 · 연소생성물 · 연기의 생성 및 이동에 관한 부분에 한함. 2. 소방수리학 · 약제화학 및 소방전기(소방관련 전기공사재료 및 전기제어에 관한 부분에 한함) 3. 소방관련법령(「소방기본법」, 동법 시행령 및 동법시행규칙, 「소방시설공사업법」, 동법 시행령 및 동법시행규칙, 「화재의 예방 및 안전관리에 관한 법률」, 동법 시행령 및 동법시행규칙, 「소방시설 설치 및 관리에 관한 법률」, 동법 시행령 및 동법 시행규칙, 「다중이용업소의 안전관리에 관한 특별법」, 동법 시행령 및 동법 시행규칙) 4. 위험물의 성상 및 시설기준 5. 소방시설의 구조원리(고장진단 및 정비를 포함)	09:30 ~ 11:35(125분)	과목별 25문항 (총 125문항)	객관식 4지 택일형
제2차 시험	1	소방시설의 점검실무 행정(점검절차 및 점검기구 사용법)	09:30 ~ 11:00(90분)	과목별 3문항 (총 6문항)	논술형
	2	소방시설의 설계 및 시공	11:50 ~ 13:20(90분)		

- 합격기준

구분	합격결정기준
제1차 시험	매 과목 100점을 만점으로 하여 매 과목 40점 이상, 전 과목 평균 60점 이상 득점한 자
제2차 시험	시험과목별 5인의 채점위원이 각각 채점하는 독립 5심제이며, 최고점수와 최저점서를 제외한 점수가 채점위원 1명당 100점을 만점으로 하여 매 과목 평균 40점 이상 전 과목 평균 60점 이상 득점한 자

- 면제 대상자

과목 일부 면제자

번호	자격	1차 시험 면제 과목	2차 시험 면제 과목
1	소방기술사 자격을 취득한 후 15년 이상 소방실무경력이 있는 자	소방수리학 · 약제화학 및 소방전기(소방관련 전기공사 재료 및 전기제어에 관한 부분에 한함)	
2	소방공무원으로 15년 이상 근무한 경력이 있는 사람으로서 5년 이상 소방청장이 정하여 고시하는 소방 관련 업무 경력이 있는 자	소방관련법령	
3	소방기술사 · 위험물기능장 · 건축사 · 건축기계설비기술사 · 건축전기설비기술사 · 공조냉동기계기술사		소방시설의 설계 및 시공
4	소방공무원으로 5년 이상 근무한 경력이 있는 자		소방시설의 점검실무 행정
5	소방공무원으로 5년 이상 근무한 경력이 있는 자로서 소방기술사 · 위험물기능장 · 건축사 · 건축기계설비기술사 · 건축전기설비기술사 · 공조냉동기계기술사		한 과목 선택하여 응시 가능

※ 1, 2호(또는 3, 4호) 모두에 해당하는 사람은 본인이 선택한 한 과목만 면제받을 수 있음

전년도 제1차 시험 합격에 의한 면제자

제1차 시험에 합격한 자에 대하여는 다음 회의 시험에 한하여 제1차 시험을 면제함

Contents

소방시설의 구조 및 원리

Contents

Contents

Contents

Contents

Contents

Contents

Contents

Contents

Contents

예상문제 소방기계시설의 구조 및 원리

예상문제 소방전기시설의 구조 및 원리

이론 PART

소방시설의 구조 및 원리

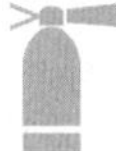

소방시설의 구조 및 원리

소화기구 및 자동소화장치 (NFTC101)

1 소화기구 및 자동소화장치의 설치대상

(1) 소화기

① 연면적 33㎡ 이상인 것. 다만, 노유자 시설의 경우에는 투척용 소화용구 등을 화재안전기준에 따라 산정된 소화기 수량의 2분의 1 이상으로 설치할 수 있다.

② 위①에 해당하지 않는 시설로서 가스시설, 발전시설 중 전기저장시설 및 국가유산

③ 터널

④ 지하구

(2) 주방자동소화장치(후드 및 덕트가 설치되어 있는 주방이 있는 특정소방대상물)

① 주거용 주방자동소화장치를 설치해야 하는 것 : 아파트등 및 오피스텔의 모든 층

② 상업용 주방자동소화장치를 설치해야 하는 것

가) 판매시설 중 「유통산업발전법」 제2조제3호에 해당하는 대규모점포에 입점해 있는 일반음식점

나) 「식품위생법」 제2조제12호에 따른 집단급식소

(3) 캐비닛형, 가스, 분말, 고체에어로졸 자동소화장치

화재안전기준에서 정하는 장소

2 소화기구 및 자동소화장치의 종류

(1) 소화기구

① 약제종류별 구분

㉠ 분말소화기

㉡ 이산화탄소소화기

㉢ 할론소화약제소화기

㉣ 할로겐화합물 및 불활성기체소화약제소화기

㉤ 강화액소화기
㉥ 산알카리소화기
㉦ 포소화기
㉧ 물소화기

 Reference

분말의 구분

종 류	소화약제	착 색	화학반응식	적응화재
제1종	중탄산나트륨 ($NaHCO_3$)	백색	$2NaHCO_3 \rightarrow Na_2CO_3+CO_2+H_2O$	BC급
제2종	중탄산칼륨 ($KHCO_3$)	담자색 (담회색)	$2KHCO_3 \rightarrow K_2CO_3+CO_2+H_2O$	
제3종	인산암모늄 ($NH_4H_2PO_4$)	담홍색	$NH_4H_2PO_4 \rightarrow HPO_3+NH_3+H_2O$	ABC급
제4종	중탄산칼륨+요소 ($KHCO_3+(NH_2)_2CO$)	회(백색)	$2KHCO_3+(NH_2)_2CO \rightarrow K_2CO_3+2NH_3+2CO_2$	BC급

② 용량별 구분

㉠ 소형소화기 : 소형소화기란 능력단위가 1단위 이상이고 대형소화기의 능력단위 미만인 소화기를 말한다.

㉡ 대형소화기 : 대형소화기란 화재 시 사람이 운반할 수 있도록 운반대와 바퀴가 설치되어 있고 A급 10단위 이상, B급 20단위 이상인 소화기를 말한다.

[대형소화기의 소화약제 충전량]

소화기의 종류	소화약제의 양
물 소화기	80L
기계포소화기	20L
강화액 소화기	60L
이산화탄소 소화기	50kg
할론 소화기	30kg
분말 소화기	20kg

③ 가압방식별 구분

㉠ 가압식 소화기 : 소화약제의 방출원이 되는 추진가스를 별도의 전용용기에 충전하였다가 방출 시 전용용기의 봉판을 파괴하는 조작과정 등을 거쳐 소화약제 저장용

기로 보내져 이때의 압력으로 소화약제가 방사되는 소화기

㉡ 축압식 소화기 : 소화약제의 방출원이 되는 추진가스를 소화약제 저장용기에 함께 충전하여 저장하는 방식으로 추진가스가 압축가스인 경우는 압력계를 부착한 소화기

④ 용어정의

㉠ 소형소화기 : 능력단위가 1단위 이상이고 대형소화기의 능력단위 미만인 소화기

㉡ 대형소화기 : 화재 시 사람이 운반할 수 있도록 운반대와 바퀴가 설치되어 있고 능력단위가 A급 10단위 이상, B급 20단위 이상인 소화기

㉢ 자동확산소화기 : 화재를 감지하여 자동으로 소화약제를 방출 확산시켜 국소적으로 소화하는 다음 각 소화기를 말한다.

㉮ "일반화재용자동확산소화기"란 보일러실, 건조실, 세탁소, 대량화기취급소 등에 설치되는 자동확산소화기를 말한다.

㉯ "주방화재용자동확산소화기"란 음식점, 다중이용업소, 호텔, 기숙사, 의료시설, 업무시설, 공장 등의 주방에 설치되는 자동확산소화기를 말한다.

㉰ "전기설비용자동확산소화기"란 변전실, 송전실, 변압기실, 배전반실, 제어반, 분전반등에 설치되는 자동확산소화기를 말한다.

㉣ 자동소화장치 : 소화약제를 자동으로 방사하는 고정된 소화장치로서 형식승인이나 성능인증을 받은 유효설치 범위(설계방호체적, 최대설치높이, 방호면적 등을 말한다) 이내에 설치하여 소화하는 다음 각 목의 것

㉮ “주거용 주방자동소화장치”란 주거용 주방에 설치된 열발생 조리기구의 사용으로 인한 화재 발생 시 열원(전기 또는 가스)을 자동으로 차단하며 소화약제를 방출하는 소화장치

㉯ “상업용 주방자동소화장치”란 상업용 주방에 설치된 열발생 조리기구의 사용으로 인한 화재 발생 시 열원(전기 또는 가스)을 자동으로 차단하며 소화약제를 방출하는 소화장치

㉰ “캐비닛형 자동소화장치”란 열, 연기 또는 불꽃 등을 감지하여 소화약제를 방사하여 소화하는 캐비닛형태의 소화장치

㉱ “가스자동소화장치”란 열, 연기 또는 불꽃 등을 감지하여 가스계 소화약제를 방사하여 소화하는 소화장치

㉲ “분말자동소화장치”란 열, 연기 또는 불꽃 등을 감지하여 분말의 소화약제를 방사하여 소화하는 소화장치

㉳ “고체에어로졸자동소화장치”란 열, 연기 또는 불꽃 등을 감지하여 에어로졸의 소화약제를 방사하여 소화하는 소화장치

㉤ 능력단위 : 소화기 및 소화약제에 따른 간이소화용구에 있어서는 법 제37조 제1

항에 따라 형식승인된 수치를 말하며, 소화약제 외의 것을 이용한 간이소화용구에 있어서는 표 1.7.1.6에 따른 수치를 말한다.

ⓑ 일반화재(A급 화재) : 나무, 섬유, 종이, 고무, 플라스틱류와 같은 일반 가연물이 타고 나서 재가 남는 화재를 말한다. 일반화재에 대한 소화기의 적응 화재별 표시는 'A'로 표시한다.

ⓢ 유류화재(B급 화재) : 인화성 액체, 가연성 액체, 석유 그리스, 타르, 오일, 유성도료, 솔벤트, 래커, 알코올 및 인화성 가스와 같은 유류가 타고나서 재가 남지 않는 화재를 말한다. 유류화재에 대한 소화기의 적응 화재별 표시는 'B'로 표시한다.

ⓞ 전기화재(C급 화재) : 전류가 흐르고 있는 전기기기, 배선과 관련된 화재를 말한다. 전기화재에 대한 소화기의 적응 화재별 표시는 'C'로 표시한다.

ⓙ 주방화재(K급 화재) : 주방에서 동식물유를 취급하는 조리기구에서 일어나는 화재를 말한다. 주방화재에 대한 소화기의 적응 화재별 표시는 'K'로 표시한다.

ⓒ 금속화재(D급 화재) : 마그네슘 합금 등 가연성 금속에서 일어나는 화재를 말한다. 금속화재에 대한 소화기의 적응 화재별 표시는 'D'로 표시한다.

(2) 자동소화장치

① 주방자동소화장치[주거용, 상업용] 형식승인

Reference

주거용주방자동소화장치의 구성

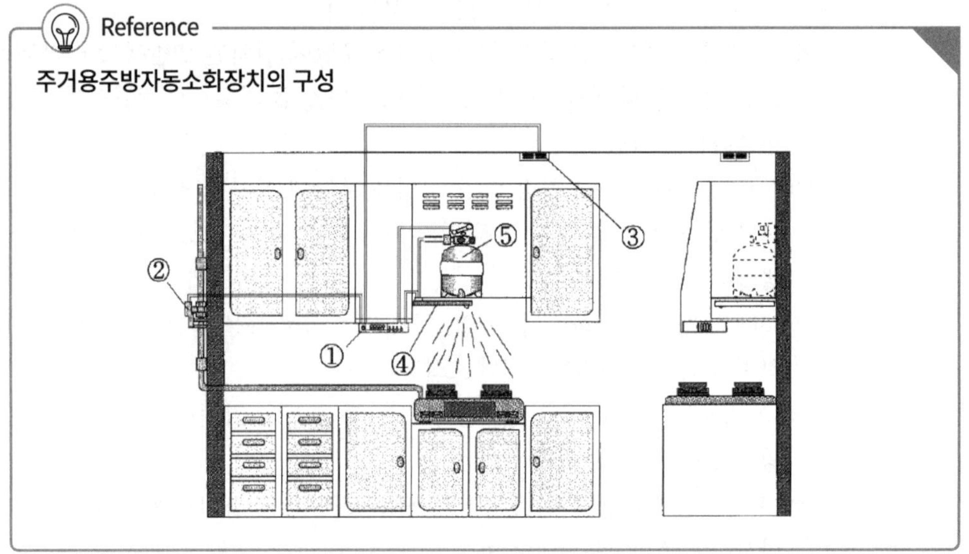

㉠ 수신부 : 탐지부에 의해 가스누설 신호를 송신받아 경보를 울리고 가스누설표시등이 점등된다. 감지부에 의해 화재신호를 송신받아 경보를 울리고 화재등이 점등된다.

㉡ 차단장치(가스 또는 전기) : 가스가 누설되거나 누전 또는 화재가 발생할 경우 가스

배관에 설치된 밸브(전력조리기구에 설치된 차단기)를 구동력으로 자동차단하는 장치를 말한다.

㉢ 탐지부 : 가스가 누설되면 가스를 탐지하여 수신부에 송신하는 장치이다. 공기보다 무거운 가스를 사용하는 경우 바닥에서 30cm 이내에, 공기보다 가벼운 가스를 사용하는 경우 천장에서 30cm 이내에 설치해야 한다.

㉣ 감지부/소화약제 방출구

㉮ 감지부 : 화재를 감지하는 역할을 하는 것으로 화재의 열을 감지하는 부분이다. 설치위치는 자동식 소화기의 형식 승인된 유효높이에 설치해야 한다.

㉯ 소화약제 방출구 : 소화약제가 방출되는 부분을 말하며 가스레인지 등 가스사용장소의 중앙에 설치하여 해당 방호면적을 유효하게 소화할 수 있어야 하고 환기구 청소구부분과 분리하여 설치해야 한다.

㉤ 소화약제 용기 : 소량의 약제를 가진 간이형 용구가 설치되며 주로 BC분말약제나 강화액의 소화약제가 충전된 소화용기를 사용한다.

주방자동소화장치의 동작순서

- 가스 누설시 : 탐지부에서 가스누설탐지 → 수신부에서 경보 및 가스누설표시등 점등 → 가스차단장치 동작
- 화재 발생시 : 1차 온도센서동작(약 90℃) → 수신부에서 경보 및 예비화재표시등 점등 → 가스차단장치 동작 → 2차 온도센서동작(약 135℃) → 화재표시능 섬능 및 소화약세 방사

② **캐비닛형 자동소화장치** : 모듈러방식의 소화기(이산화탄소, 분말, 할론 등 이용)

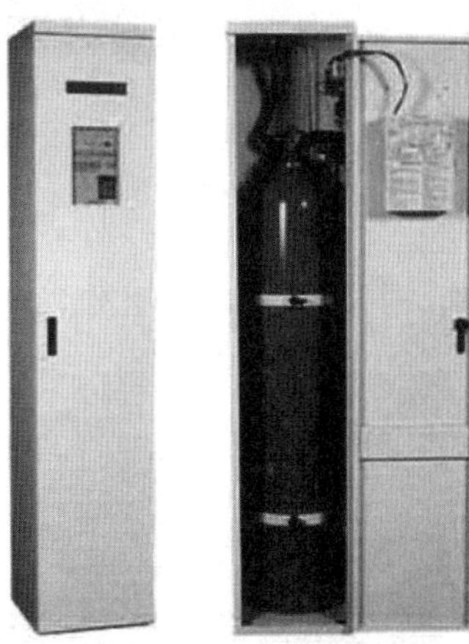

[캐비닛형 자동소화장치]

③ 가스, 분말, 고체에어로졸 자동소화장치

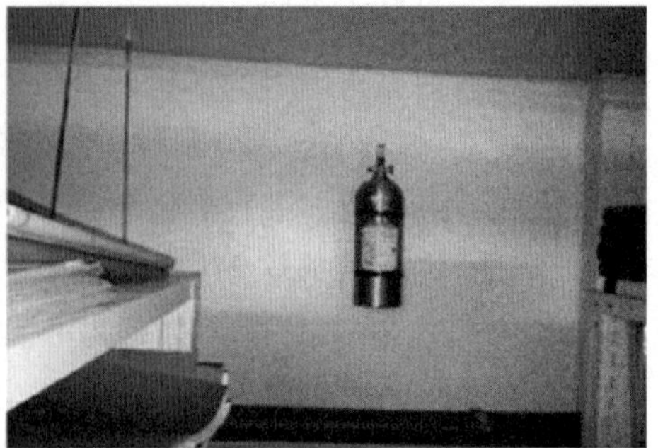

(3) 자동확산소화기 : 보일러실, 주방등의 천장에 설치하여 열에 의한 개방시 소화하는 장치

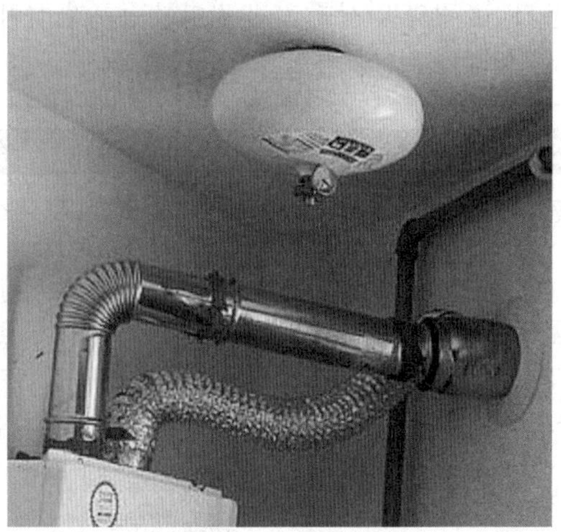

(4) 간이소화용구

① 종류

㉠ 마른모래, 팽창질석, 팽창진주암(소화약제 외의 것을 이용한 간이소화용구)

㉡ 투척용소화용구

㉢ 에어로졸식소화용구

㉣ 소공간용소화용구

② 간이소화용구의 능력단위

간이소화용구		능력단위
1. 마른모래	삽을 상비한 50L 이상의 것 1포	0.5단위
2. 팽창질석 또는 팽창진주암	삽을 상비한 80L 이상의 것 1포	0.5단위

3 설치기준

(1) 소화기의 설치기준

① 소화기구는 다음의 기준에 따라 설치해야 한다.

㉠ 특정소방대상물의 설치장소에 따라 다음표에 적합한 종류의 것으로 할 것

소화약제 구분 / 적응대상	가스			분말		액체				기타			
	이산화탄소소화약제	할론소화약제	할로겐화합물 및 불활성기체소화약제	인산염류소화약제	중탄산염류소화약제	산알칼리소화약제	강화액소화약제	포소화약제	물·침윤소화약제	고체에어로졸화합물	마른모래	팽창질석·팽창진주암	그밖의 것
일반화재(A급 화재)	-	○	○	○	-	○	○	○	○	○	○	○	-
유류화재(B급 화재)	○	○	○	○	○	○	○	○	○	○	○	○	-
전기화재(C급 화재)	○	○	○	○	○	*	*	*	*	○	-	-	-
주방화재(K급 화재)	-	-	-	-	*	-	*	*	*	-	-	-	*
금속화재(D급 화재)	-	-	-	-	*			-	-	-	○	○	*

"*"의 적응성은 형식승인 및 제품검사기준에 따라 화재종류별 적응성에 적합한 것으로 인정되는 경우에 한한다.

㉡ 특정소방대상물에 따른 소화기구의 능력단위는 다음 표의 기준에 따를 것

특정소방대상물	소화기구의 능력단위
1. 위락시설	해당 용도의 바닥면적 30㎡ 마다 능력단위 1단위 이상
2. 공연장 · 집회장 · 관람장 · 국가유산 · 장례시설 및 의료시설	해당 용도의 바닥면적 50㎡ 마다 능력단위 1단위 이상
3. 근린생활시설 · 판매시설 · 운수시설 · 숙박시설 · 노유자시설 · 전시장 · 공동주택 · 업무시설 · 방송통신시설 · 공장 · 창고시설 · 항공기 및 자동차 관련 시설 및 관광휴게시설	해당 용도의 바닥면적 100㎡ 마다 능력단위 1단위 이상
4. 그 밖의 것	해당 용도의 바닥면적 200㎡ 마다 능력단위 1단위 이상

(주) 소화기구의 능력단위를 산출함에 있어서 건축물의 주요구조부가 내화구조이고, 벽 및 반자의 실내에 면하는 부분이 불연재료 · 준불연재료 또는 난연재료로 된 특정소방대상물에 있어서는 위 표의 기준면적의 2배를 해당 특정소방대상물의 기준면적으로 한다.

㉢ ㉡에 따른 능력단위 외에 다음 표에 따라 부속용도별로 사용되는 부분에 대하여는 소화기구 및 자동소화장치를 추가하여 설치할 것

<table>
<tr><th colspan="2">용도별</th><th>소화기구의 능력단위</th></tr>
<tr><td colspan="2">1. 다음 각목의 시설. 다만, 스프링클러설비 · 간이스프링클러설비 · 물분무등소화설비 또는 상업용주방자동소화장치가 설치된 경우에는 자동확산소화기를 설치하지 아니 할 수 있다.
가. 보일러실(아파트의 경우 방화구획된 것을 제외한다) · 건조실 · 세탁소 · 대량 화기 취급소
나. 음식점(지하가의 음식점을 포함한다) · 다중이용업소 · 호텔 · 기숙사 · 노유자 시설 · 의료시설· 업무시설 · 공장 · 장례식장 · 교육연구시설 · 교정 및 군사시설의 주방. 다만, 의료시설 · 업무시설 및 공장의 주방은 공동취사를 위한 것에 한한다.
다. 관리자의 출입이 곤란한 변전실 · 송전실 · 변압기실 및 배전반실(불연재료로 된 상자안에 장치된 것을 제외한다)</td><td>1. 해당 용도의 바닥면적 25㎡마다 능력단위 1단위 이상의 소화기로 할 것. 이 경우 나목의 주방에 설치하는 소화기중 1개 이상은 주방화재용 소화기 (K급)로 설치해야 한다.
2. 자동확산소화기는 해당 용도의 바닥면적을 기준으로 $10m^2$ 이하는 1개, $10m^2$ 초과는 2개 이상을 설치하되, 보일러, 조리기구, 변전설비 등 방호대상에 유효하게 분사될 수 있는 위치에 배치될 수 있는 수량으로 설치할 것.</td></tr>
<tr><td colspan="2">2. 발전실 · 변전실 · 송전실 · 변압기실 · 배전반실 · 통신기기실 · 전산기기실 · 기타 이와 유사한 시설이 있는 장소. 다만, 제1호 다목의 장소를 제외한다.</td><td>해당 용도의 바닥면적 50㎡마다 적응성이 있는 소화기 1개 이상 또는 유효 설치 방호체적 이내의 가스 · 분말 · 고체에어로졸 자동소화장치, 캐비닛형자동소화장치(다만, 통신기기실 · 전자기기실을 제외한 장소에 있어서는 교류600V 또는 직류750V 이상의 것에 한한다)</td></tr>
<tr><td colspan="2">3. 「위험물안전관리법시행령」 별표1에 따른 지정수량의 1/5 이상 지정수량 미만의 위험물을 저장 또는 취급하는 장소</td><td>능력단위 2단위 이상 또는 유효설치방호체적 이내의 가스 · 분말 · 고체에어로졸 자동 소화장치, 캐비닛형자동소화장치</td></tr>
<tr><td rowspan="2">4. 「화재예방법시행령」 별표2에 따른 특수가연물을 저장 또는 취급하는 장소</td><td>「화재예방법시행령」 별표2에서 정하는 수량 이상</td><td>화재예방법 시행령 별표2에서 정하는 수량의 50배 이상마다 능력단위 1단위 이상</td></tr>
<tr><td>「화재예방법시행령」 별표2에서 정하는 수량의 500배 이상</td><td>대형소화기 1개 이상</td></tr>
</table>

<table>
<tr><th colspan="4">용도별</th><th>소화기구의 능력단위</th></tr>
<tr><td colspan="2" rowspan="2">5. 고압가스안전관리법 · 액화석유가스의 안전관리 및 사업법 및 도시가스 사업법에서 규정하는 가연성가스를 연료로 사용하는 장소</td><td colspan="2">액화석유가스 기타 가연성가스를 연료로 사용하는 연소기기가 있는 장소</td><td>각 연소기로부터 보행거리 10m 이내에 능력단위 3단위 이상의 소화기 1개 이상. 다만, 상업용 주방자동소화장치가 설치된 장소는 제외한다.</td></tr>
<tr><td colspan="2">액화석유가스 기타 가연성가스를 연료로 사용하기 위하여 저장하는 저장실(저장량 300kg 미만은 제외한다)</td><td>능력단위 5단위 이상의 소화기 2개 이상 및 대형소화기 1대 이상</td></tr>
<tr><td rowspan="6">6. 고압가스안전관리법 · 액화석유가스의 안전관리 및 사업법 또는 도시가스 사업법에서 규정하는 가연성가스를 제조하거나 연료 외의 용도로 저장 · 사용하는 장소</td><td rowspan="6">저장하고 있는 양 또는 1개월 동안 제조·사용하는 양</td><td rowspan="2">200kg 미만</td><td>저장하는 장소</td><td>능력단위 3단위 이상의 소화기 2개 이상</td></tr>
<tr><td>제조·사용하는 장소</td><td>능력단위 3단위 이상의 소화기 2개 이상</td></tr>
<tr><td rowspan="2">200kg 이상 300kg 미만</td><td>저장하는 장소</td><td>능력단위 5단위 이상의 소화기 2개 이상</td></tr>
<tr><td>제조·사용하는 장소</td><td>바닥면적 50m²마다 능력단위 5단위 이상의 소화기 1개 이상</td></tr>
<tr><td rowspan="2">300kg 이상</td><td>저장하는 장소</td><td>대형소화기 2개 이상</td></tr>
<tr><td>제조·사용하는 장소</td><td>바닥면적 50m²마다 능력단위 5단위 이상의 소화기 1개 이상</td></tr>
<tr><td colspan="4">7. 마그네슘합금 칩을 저장 또는 취급하는 장소</td><td>금속화재용 소화기(D급) 1개 이상을 금속재료로부터 보행거리 20m 이내로 설치할 것</td></tr>
</table>

비고

액화석유가스 · 기타 가연성가스를 제조하거나 연료외의 용도로 사용하는 장소에 소화기를 설치하는 때에는 해당 장소 바닥면적 $50m^2$ 이하인 경우에도 해당 소화기를 2개 이상 비치해야 한다.

㉣ 소화기는 다음 각 기준에 따라 설치할 것

ⓐ 특정소방대상물의 각 층마다 설치하되, 각층이 2 이상의 거실로 구획된 경우에는 각 층마다 설치하는 것 외에 바닥면적이 $33m^2$ 이상으로 구획된 각 거실에도 배치할 것

ⓑ 특정소방대상물의 각 부분으로부터 1개의 소화기까지의 보행거리가 소형소화기의 경우에는 20m 이내, 대형소화기의 경우에는 30m 이내가 되도록 배치할 것. 다만, 가연성물질이 없는 작업장의 경우에는 작업장의 실정에 맞게 보행거리를 완화하여 배치할 수 있다.

㉤ 능력단위가 2단위 이상이 되도록 소화기를 설치해야 할 특정소방대상물 또는 그 부분에 있어서는 간이소화용구의 능력단위가 전체 능력단위의 2분의 1을 초과하지 아니하게 할 것. 다만, 노유자시설의 경우에는 그렇지 않다.

ⓑ 소화기구(자동확산소화기를 제외한다)는 거주자 등이 손쉽게 사용할 수 있는 장소에 바닥으로부터 높이 1.5m 이하의 곳에 비치하고, 소화기에 있어서는 "소화기", 투척용소화용구에 있어서는 "투척용소화용구", 마른모래에 있어서는 "소화용모래", 팽창질석 및 팽창진주암에 있어서는 "소화질석"이라고 표시한 표지를 보기 쉬운 곳에 부착할 것. 다만, 소화기 및 투척용소화용구의 표지는 「축광표지의 성능인증 및 제품검사의 기술기준」에 적합한 축광식표지로 설치하고, 주차장의 경우 표지를 바닥으로부터 1.5m 이상의 높이에 설치할 것.

(2) 자동확산소화기의 설치기준

① 방호대상물에 소화약제가 유효하게 방출될 수 있도록 설치할 것
② 작동에 지장이 없도록 견고하게 고정할 것

(3) 주거용주방자동소화장치의 설치기준

① 소화약제 방출구는 환기구(주방에서 발생하는 열기류 등을 밖으로 배출하는 장치를 말한다. 이하 같다)의 청소부분과 분리되어 있어야 하며, 형식승인 받은 유효설치 높이 및 방호면적에 따라 설치할 것
② 감지부는 형식승인 받은 유효한 높이 및 위치에 설치할 것
③ 차단장치(가스 또는 전기)는 상시 확인 및 점검이 가능하도록 설치할 것
④ 가스용 주방자동소화장치를 사용하는 경우 탐지부는 수신부와 분리하여 설치하되, 공기보다 가벼운 가스를 사용하는 경우에는 천장 면으로부터 30㎝ 이하의 위치에 설치하고, 공기보다 무거운 가스를 사용하는 장소에는 바닥 면으로부터 30㎝ 이하의 위치에 설치할 것
⑤ 수신부는 주위의 열기류 또는 습기 등과 주위온도에 영향을 받지 않고 사용자가 상시 볼 수 있는 장소에 설치할 것

(4) 상업용주방자동소화장치의 설치기준

① 소화장치는 조리기구의 종류별로 성능인증 받은 설계 매뉴얼에 적합하게 설치할 것
② 감지부는 성능인증 받은 유효높이 및 위치에 설치할 것
③ 차단장치(전기 또는 가스)는 상시 확인 및 점검이 가능하도록 설치할 것
④ 후드에 설치되는 분사헤드는 후드의 가장 긴 변의 길이까지 방출될 수 있도록 약제 방출 방향 및 거리를 고려하여 설치할 것
⑤ 덕트에 설치되는 분사헤드는 성능인증 받은 길이 이내로 설치할 것

(5) 캐비닛형자동소화장치 설치기준

① 분사헤드(방출구)의 설치 높이는 방호구역의 바닥으로부터 형식승인을 받은 범위 내에서 유효하게 소화약제를 방출시킬 수 있는 높이에 설치할 것
② 화재감지기는 방호구역 내의 천장 또는 옥내에 면하는 부분에 설치하되 「자동화재탐지설비 및 시각경보장치의 화재안전기술기준(NFTC 203)」에 적합하도록 설치할 것
③ 방호구역 내의 화재감지기의 감지에 따라 작동되도록 할 것
④ 화재감지기의 회로는 교차회로방식으로 설치할 것. 다만, 화재감지기를 「자동화재탐지설비 및 시각경보장치의 화재안전기술기준(NFTC 203)」 중 오동작 우려가 없는 감지기로 설치하는 경우에는 그렇지 않다.
⑤ 교차회로 내의 각 화재감지기회로별로 설치된 화재감지기 1개가 담당하는 바닥면적은 「자동화재탐지설비 및 시각경보장치의 화재안전기술기준(NFTC 203)」에 따른 바닥면적으로 할 것
⑥ 개구부 및 통기구(환기장치를 포함한다. 이하 같다)를 설치한 것에 있어서는 소화약제가 방출되기 전에 해당 개구부 및 통기구를 자동으로 폐쇄할 수 있도록 할 것. 다만, 가스압에 의하여 폐쇄되는 것은 소화약제 방출과 동시에 폐쇄할 수 있다.
⑦ 작동에 지장이 없도록 견고하게 고정할 것
⑧ 구획된 장소의 방호체적 이상을 방호할 수 있는 소화성능이 있을 것

(6) 가스, 분말, 고체에어로졸 자동소화장치 설치기준

① 소화약제 방출구는 형식승인을 받은 유효설치범위 내에 설치할 것
② 자동소화장치는 방호구역 내에 형식승인 된 1개의 제품을 설치할 것. 이 경우 연동방식으로서 하나의 형식으로 형식승인을 받은 경우에는 1개의 제품으로 본다.
③ 감지부는 형식승인 된 유효설치범위 내에 설치해야 하며 설치장소의 평상시 최고주위온도에 따라 다음표에 따른 표시온도의 것으로 설치할 것. 다만, 열감지선의 감지부는 형식승인 받은 최고주위온도범위 내에 설치해야 한다.

설치장소의 최고주위온도	표시온도
39℃ 미만	79℃ 미만
39℃ 이상 64℃ 미만	79℃ 이상 121℃ 미만
64℃ 이상 106℃ 미만	121℃ 이상 162℃ 미만
106℃ 이상	162℃ 이상

④ 위 ③에도 불구하고 화재감지기를 감지부로 사용하는 경우에는 캐비닛형자동소화장치 설치기준 (5)의 ②부터 ⑤까지의 설치방법에 따를 것

4 가스계소화기 설치제외 장소

이산화탄소 또는 할로겐화합물을 방출하는 소화기구(자동확산소화기를 제외한다)는 지하층이나 무창층 또는 밀폐된 거실로서 그 바닥면적이 20㎡ 미만의 장소에는 설치할 수 없다. 다만, 배기를 위한 유효한 개구부가 있는 장소인 경우에는 그렇지 않다.

5 소화기의 감소

① 소형소화기를 설치해야 할 특정소방대상물 또는 그 부분에 옥내소화전설비 · 스프링클러설비 · 물분무등소화설비 · 옥외소화전설비 또는 대형소화기를 설치한 경우에는 해당 설비의 유효범위의 부분에 대하여는 소형소화기의 3분의 2(대형소화기를 둔 경우에는 2분의 1)를 감소할 수 있다. 다만, 층수가 11층 이상인 부분, 근린생활시설, 위락시설, 문화 및 집회시설, 운동시설, 판매시설, 운수시설, 숙박시설, 노유자시설, 의료시설, 업무시설(무인변전소를 제외한다), 방송통신시설, 교육연구시설, 항공기 및 자동차관련시설, 관광 휴게시설은 그렇지 않다.

② 대형소화기를 설치해야 할 특정소방대상물 또는 그 부분에 옥내소화전설비 · 스프링클러설비 · 물분무등소화설비 또는 옥외소화전설비를 설치한 경우에는 해당 설비의 유효범위안의 부분에 대하여는 대형소화기를 설치하지 않을 수 있다.

옥내소화전설비(NFTC102)

1 옥내소화전설비의 설치대상

옥내소화전설비를 설치해야 하는 특정소방대상물은 다음의 어느 하나에 해당하는 것으로 한다. 다만, 위험물 저장 및 처리 시설 중 가스시설, 지하구 및 업무시설 중 무인변전소(방재실 등에서 스프링클러설비 또는 물분무등소화설비를 원격으로 조정할 수 있는 무인변전소로 한정한다)는 제외한다.

1) 다음의 어느 하나에 해당하는 경우에는 모든 층

가) 연면적 3천㎡ 이상인 것(지하가 중 터널은 제외한다)

나) 지하층 · 무창층(축사는 제외한다)으로서 바닥면적이 600㎡ 이상인 층이 있는 것

다) 층수가 4층 이상인 것 중 바닥면적이 600㎡ 이상인 층이 있는 것

2) 1)에 해당하지 않는 근린생활시설, 판매시설, 운수시설, 의료시설, 노유자시설, 업무시설, 숙박시설, 위락시설, 공장, 창고시설, 항공기 및 자동차 관련 시설, 교정 및 군사시설 중 국방 · 군사시설, 방송통신시설, 발전시설, 장례시설 또는 복합건축물로서 다음의 어느 하나에 해당하는 경우에는 모든 층

가) 연면적 1천5백㎡ 이상인 것

나) 지하층 · 무창층으로서 바닥면적이 300㎡ 이상인 층이 있는 것

다) 층수가 4층 이상인 것 중 바닥면적이 300㎡ 이상인 층이 있는 것

3) 건축물의 옥상에 설치된 차고 · 주차장으로서 사용되는 면적이 200㎡ 이상인 경우 해당 부분

4) 지하가 중 터널로서 다음에 해당하는 터널

가) 길이가 1천m 이상인 터널

나) 예상교통량, 경사도 등 터널의 특성을 고려하여 행정안전부령으로 정하는 터널

5) 1) 및 2)에 해당하지 않는 공장 또는 창고시설로서 「화재의 예방 및 안전관리에 관한 법률 시행령」 별표 2에서 정하는 수량의 750배 이상의 특수가연물을 저장 · 취급하는 것

2 옥내소화전(호스릴)설비의 구성 및 계통도

(1) 구 성

① 수원
② 가압송수장치
③ 배관 등
④ 함 및 방수구
⑤ 전원
⑥ 제어반
⑦ 배선 등
⑧ 방수구제외
⑨ 수원 및 가압송수장치등의 겸용

(2) 계통도

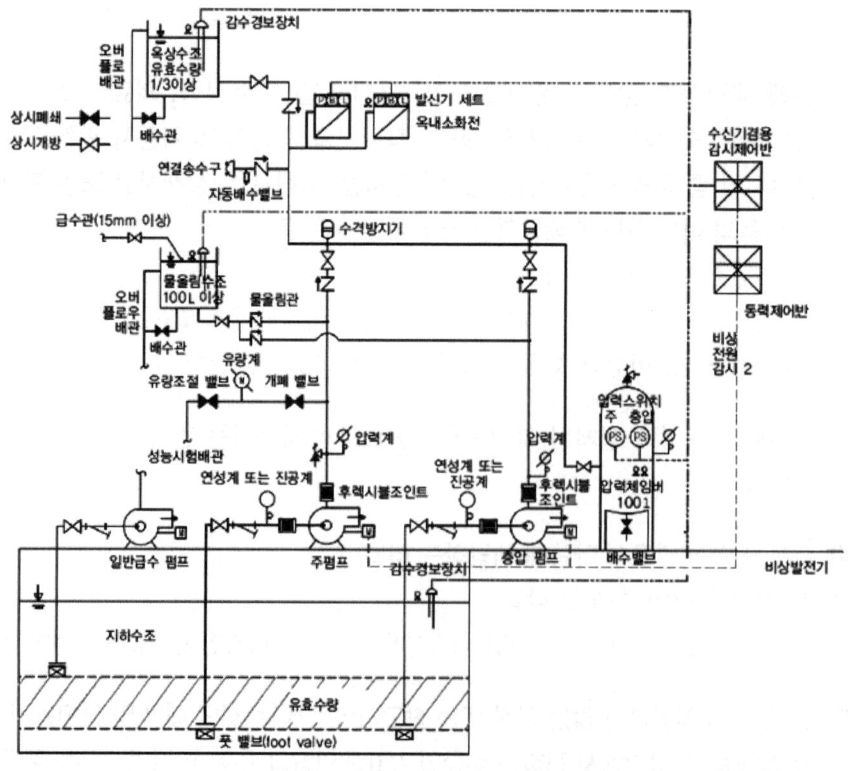

3 수 원

(1) 수원의 양

옥내소화전설비의 수원은 그 저수량이 옥내소화전의 설치개수가 가장 많은 층의 설치개수(2개 이상 설치된 경우에는 2개)에 2.6㎥(호스릴옥내소화전설비를 포함한다)를 곱한 양 이상이 되도록 해야 한다. 다만, 층수가 30층 이상 49층 이하는 5.2㎥를, 50층 이상은 7.8㎥를 곱한 양 이상이 되도록 해야 한다.(30층 이상의 경우 5개)

> 30층 미만의 경우 : 수원의 양(m^3) = N×2.6m^3 이상 = N×130ℓ/min×20min 이상(최대 2개)
> 30층 이상 49층 이하의 경우 : 수원의 양(m^3) = N×5.2m^3 이상(최대 5개)
> = N×130ℓ/min×40min 이상
> 50층 이상의 경우 : 수원의 양(m^3) = N×7.8m^3 이상 = N×130ℓ/min×60min 이상(최대 5개)

(2) 옥상수원의 양

옥내소화전설비의 수원은 (1)에 따라 산출된 유효수량 외에 유효수량의 3분의 1 이상을 옥상(옥내소화전설비가 설치된 건축물의 주된 옥상을 말한다. 이하 같다)에 설치해야 한다.

> 옥상수조는 이와 연결된 배관을 통하여 상시 소화수를 공급할 수 있는 구조의 특정소방대상물인 경우에는 둘 이상의 특정소방대상물이 있더라도 하나의 특정소방대상물에만 설치할 수 있다.

(3) 옥상수조제외

① 지하층만 있는 건축물
② 고가수조를 가압송수장치로 설치한 옥내소화전설비
③ 수원이 건축물의 최상층에 설치된 방수구보다 높은 위치에 설치된 경우
④ 건축물의 높이가 지표면으로부터 10m 이하인 경우
⑤ 주펌프와 동등 이상의 성능이 있는 별도의 펌프로서 내연기관의 기동과 연동하여 작동되거나 비상전원을 연결하여 설치한 경우
⑥ 학교 · 공장 · 창고시설(옥상수조를 설치한 대상은 제외한다)로서 동결의 우려가 있는 장소에 있어서는 기동스위치에 보호판을 부착하여 옥내소화전함 내에 설치하는 경우
⑦ 가압수조를 가압송수장치로 설치한 경우

(4) 전용 및 겸용

옥내소화전설비의 수원을 수조로 설치하는 경우에는 소화설비의 전용수조로 해야 한다. 다만, 다음의 어느 하나에 해당하는 경우에는 그렇지 않다.

① 옥내소화전펌프의 풋밸브 또는 흡수배관의 흡수구(수직회전축펌프의 흡수구를 포함한다. 이하 같다)를 다른 설비(소화용설비 외의 것을 말한다. 이하 같다)의 풋밸브 또는 흡수구보다 낮은 위치에 설치한 때

② 고가수조로부터 옥내소화전설비의 수직배관에 물을 공급하는 급수구를 다른 설비의 급수구보다 낮은 위치에 설치한 때

※ 저수량을 산정함에 있어서 다른 설비와 겸용하여 옥내소화전설비용 수조를 설치하는 경우에는 옥내소화전설비의 풋밸브 · 흡수구 또는 수직배관의 급수구와 다른 설비의 풋밸브 · 흡수구 또는 수직배관의 급수구와의 사이의 수량을 그 유효수량으로 한다.

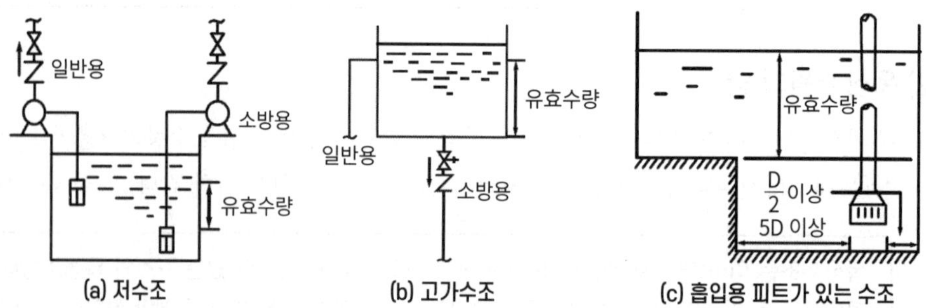

[다른 설비와 겸용하는 경우의 유효수량]

(5) 수조설치기준

① 점검에 편리한 곳에 설치할 것

② 동결방지조치를 하거나 동결의 우려가 없는 장소에 설치할 것

③ 수조의 외측에 수위계를 설치할 것. 다만, 구조상 불가피한 경우에는 수조의 맨홀 등을 통하여 수조 안의 물의 양을 쉽게 확인할 수 있도록 해야 한다.

④ 수조의 상단이 바닥보다 높은 때에는 수조의 외측에 고정식 사다리를 설치할 것

⑤ 수조가 실내에 설치된 때에는 그 실내에 조명설비를 설치할 것

⑥ 수조의 밑 부분에는 청소용 배수밸브 또는 배수관을 설치할 것

⑦ 수조의 외측의 보기 쉬운 곳에 "옥내소화전설비용 수조"라고 표시한 표지를 할 것 이 경우 그 수조를 다른 설비와 겸용하는 때에는 그 겸용되는 설비의 이름을 표시한 표지를 함께 해야 한다.

⑧ 옥내소화전펌프의 흡수배관 또는 옥내소화전설비의 수직배관과 수조의 접속부분에는 "옥내소화전설비용 배관"이라고 표시한 표지를 할 것. 다만, 수조와 가까운 장소에 소화설비용 펌프가 설치되고 해당 펌프에 표지를 설치한 때에는 그렇지 않다.

4 가압송수장치

(1) 전동기 또는 내연기관에 따른 펌프를 이용하는 가압송수장치 [주펌프는 전동기에 따른 펌프로 설치해야 한다]

① 쉽게 접근할 수 있고 점검하기에 충분한 공간이 있는 장소로서 화재 및 침수 등의 재해로 인한 피해를 받을 우려가 없는 곳에 설치할 것

② 동결방지조치를 하거나 동결의 우려가 없는 장소에 설치할 것

③ 특정소방대상물의 어느 층에 있어서도 해당 층의 옥내소화전(2개 이상 설치된 경우에는 2개의 옥내소화전)을 동시에 사용할 경우 각 소화전의 노즐선단에서의 방수압력이 0.17MPa(호스릴옥내소화전설비를 포함한다) 이상이고, 방수량이 130L/min(호스릴옥내소화전설비를 포함한다) 이상이 되는 성능의 것으로 할 것. 다만, 하나의 옥내소화전을 사용하는 노즐선단에서의 방수압력이 0.7MPa을 초과할 경우에는 호스접결구의 인입 측에 감압장치를 설치해야 한다.

④ 펌프의 토출량은 옥내소화전이 가장 많이 설치된 층의 설치개수(옥내소화전이 2개 이상 설치된 경우에는 2개)에 130L/min를 곱한 양 이상이 되도록 할 것

⑤ 펌프는 전용으로 할 것. 다만, 다른 소화설비와 겸용하는 경우 각각의 소화설비의 성능에 지장이 없을 때에는 그렇지 않다.

⑥ 펌프의 토출 측에는 압력계를 체크밸브 이전에 펌프토출 측 플랜지에서 가까운 곳에 설치하고, 흡입 측에는 연성계 또는 진공계를 설치할 것. 다만, 수원의 수위가 펌프의 위치보다 높거나 수직회전축 펌프의 경우에는 연성계 또는 진공계를 설치하지 않을 수 있다.

⑦ 펌프의 성능은 체절운전 시 정격토출압력의 140%를 초과하지 않고, 정격토출량의 150%로 운전 시 정격토출압력의 65% 이상이 되어야 하며, 펌프의 성능을 시험할 수 있는 성능시험배관을 설치할 것. 다만, 충압펌프의 경우에는 그렇지 않다.

⑧ 가압송수장치에는 체절운전 시 수온의 상승을 방지하기 위한 순환배관을 설치할 것. 다만, 충압펌프의 경우에는 그렇지 않다.

⑨ 기동장치로는 기동용수압개폐장치 또는 이와 동등 이상의 성능이 있는 것을 설치할 것. 다만, 학교 · 공장 · 창고시설(옥상수조를 설치한 대상은 제외한다)로서 동결의 우려가 있는 장소에 있어서는 기동스위치에 보호판을 부착하여 옥내소화전함 내에 설치할 수 있다.

⑩ 위⑨ 단서의 경우에는 주펌프와 동등 이상의 성능이 있는 별도의 펌프로서 내연기관과 연동하여 작동되거나 비상전원을 연결한 펌프를 추가 설치할 것. 다만, 다음의 경우는 제외한다.

㉠ 지하층만 있는 건축물

㉡ 고가수조를 가압송수장치로 설치한 경우

㉢ 수원이 건축물의 최상층에 설치된 방수구보다 높은 위치에 설치된 경우

㉣ 건축물의 높이가 지표면으로부터 10m 이하인 경우

㉤ 가압수조를 가압송수장치로 설치한 경우

⑪ 기동용수압개폐장치 중 압력챔버를 사용할 경우 그 용적은 100L 이상의 것으로 할 것

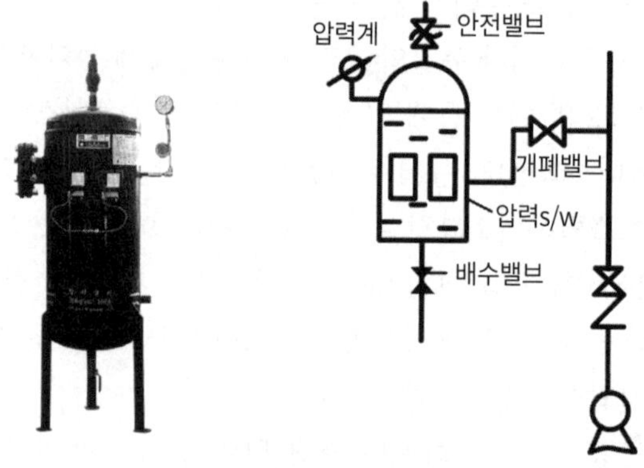

[기동용 수압개폐장치]

⑫ 수원의 수위가 펌프보다 낮은 위치에 있는 가압송수장치에는 다음의 기준에 따른 물올림장치를 설치할 것

㉠ 물올림장치에는 전용의 수조를 설치할 것

㉡ 수조의 유효수량은 100L 이상으로 하되, 구경 15㎜ 이상의 급수배관에 따라 해당 수조에 물이 계속 보급되도록 할 것

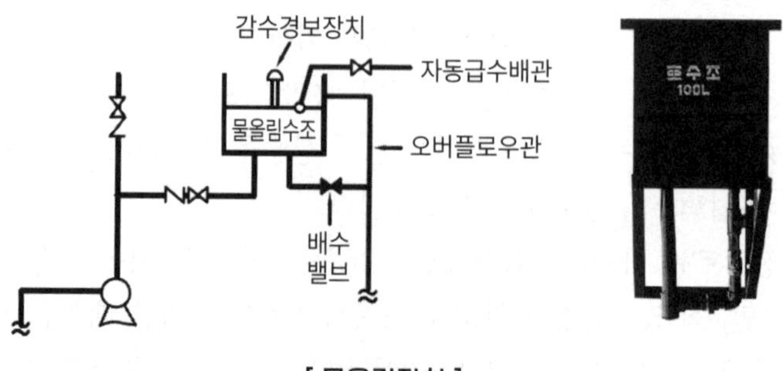

[물올림장치]

⑬ 기동용수압개폐장치를 기동장치로 사용할 경우에는 다음의 기준에 따른 충압펌프를 설치할 것
 ㉠ 펌프의 토출압력은 그 설비의 최고위 호스접결구의 자연압보다 적어도 0.2MPa이 더 크도록 하거나 가압송수장치의 정격토출압력과 같게 할 것
 ㉡ 펌프의 정격토출량은 정상적인 누설량보다 적어서는 안되며, 옥내소화전설비가 자동적으로 작동할 수 있도록 충분한 토출량을 유지할 것

⑭ 내연기관을 사용하는 경우에는 다음의 기준에 적합한 것으로 할 것
 ㉠ 내연기관의 기동은 ⑨의 기동장치를 설치하거나 또는 소화전함의 위치에서 원격조작이 가능하고 기동을 명시하는 적색등을 설치할 것
 ㉡ 제어반에 따라 내연기관의 자동기동 및 수동기동이 가능하고, 상시 충전되어 있는 축전지설비를 갖출 것
 ㉢ 내연기관의 연료량은 펌프를 20분(층수가 30층 이상 49층 이하는 40분, 50층 이상은 60분) 이상 운전할 수 있는 용량일 것

⑮ 가압송수장치에는 “옥내소화전펌프”라고 표시한 표지를 할 것. 이 경우 그 가압송수장치를 다른 설비와 겸용하는 때에는 그 겸용되는 설비의 이름을 표시한 표지를 함께 해야 한다.

⑯ 가압송수장치가 기동이 된 경우에는 자동으로 정지되지 않도록 할 것. 다만, 충압펌프의 경우에는 그렇지 않다.

⑰ 가압송수장치는 부식 등으로 인한 펌프의 고착을 방지할 수 있도록 다음의 기준에 적합한 것으로 할 것. 다만, 충압펌프는 제외한다.
 ㉠ 임펠러는 청동 또는 스테인리스 등 부식에 강한 재질을 사용할 것
 ㉡ 펌프축은 스테인리스 등 부식에 강한 재질을 사용할 것

(2) 고가수조의 자연낙차를 이용하는 가압송수장치

① 고가수조의 자연낙차수두 산출식

$$H = h_1 + h_2 + 17\text{m}(\text{호스릴옥내소화전설비를 포함한다})$$

H : 필요한 낙차(m)(수조의 하단으로부터 최고층의 호스 접결구까지 수직거리)
h_1 : 호스의 마찰손실수두(m), h_2 : 배관의 마찰손실수두(m)

② **고가수조설치**

㉠ 수위계
㉡ 배수관
㉢ 급수관
㉣ 오버플로우관
㉤ 맨홀

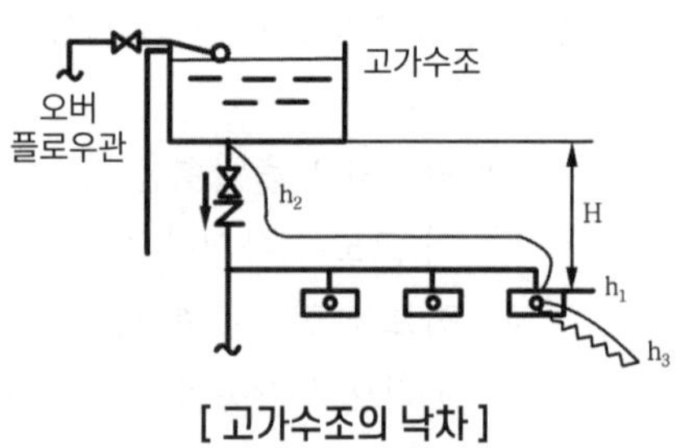

[고가수조의 낙차]

(3) 압력수조를 이용하는 가압송수장치

① **압력수조의 필요압력 산출식**

$$P = P_1 + P_2 + P_3 + 0.17\text{MPa}$$ (호스릴옥내소화전설비를 포함한다)

P : 필요한 압력(MPa), P_1 : 호스의 마찰손실수두압(MPa)
P_2 : 배관의 마찰손실수두압(MPa), P_3 : 낙차의 환산수두압(MPa)

② **압력수조설치**

㉠ 수위계
㉡ 배수관
㉢ 급수관
㉣ 급기관
㉤ 맨홀
㉥ 압력계
㉦ 안전장치
㉧ 자동식공기압축기

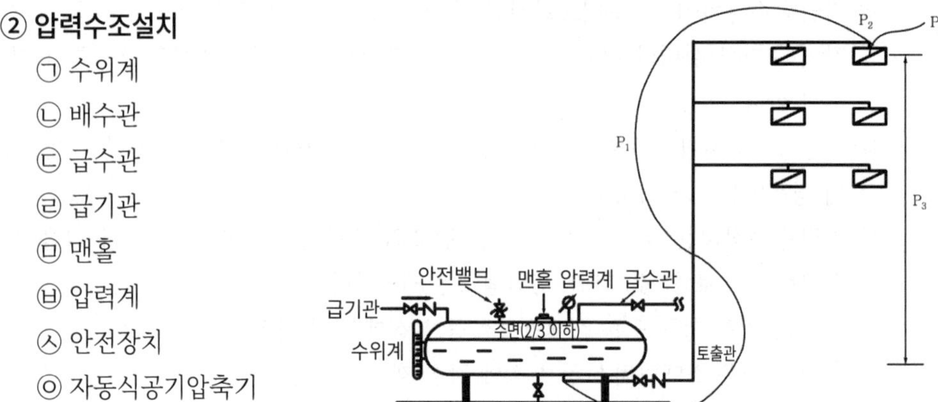

(4) 가압수조를 이용하는 가압송수장치

① 가압수조의 압력은 (1)의 ③에 따른 방수압 및 방수량을 20분 이상 유지되도록 할 것
② 가압수조 및 가압원은 건축법 시행령 제46조에 따른 방화구획 된 장소에 설치 할 것
③ 가압수조를 이용한 가압송수장치는 소방청장이 정하여 고시한 「가압수조식가압송수장치의 성능인증 및 제품검사의 기술기준」에 적합한 것으로 설치할 것

5 배관 등

(1) 배관의 종류

배관과 배관이음쇠는 다음의 어느 하나에 해당하는 것 또는 동등 이상의 강도 · 내식성 및 내열성 등을 국내 · 외 공인기관으로부터 인정받은 것을 사용해야 하고, 배관용 스테인리스 강관(KS D 3576)의 이음을 용접으로 할 경우에는 텅스텐 불활성 가스 아크 용접(Tungsten Inertgas Arc Welding)방식에 따른다. 다만, 위에서 정하지 않은 사항은 「건설기술 진흥법」 제44조제1항의 규정에 따른 "건설기준"에 따른다.

① 배관 내 사용압력이 1.2MPa 미만일 경우에는 다음의 어느 하나에 해당하는 것
  ㉠ 배관용 탄소강관(KS D 3507)
  ㉡ 이음매 없는 구리 및 구리합금관(KS D 5301). 다만, 습식의 배관에 한한다.
  ㉢ 배관용 스테인리스강관(KS D 3576) 또는 일반배관용 스테인리스강관(KS D 3595)
  ㉣ 덕타일 주철관(KS D 4311)

② 배관 내 사용압력이 1.2MPa 이상일 경우에는 다음의 어느 하나에 해당하는 것
  ㉠ 압력배관용 탄소강관(KS D 3562)
  ㉡ 배관용 아크용접 탄소강강관(KS D 3583)

(2) 합성수지배관 설치할 수 있는 경우

다음의 어느 하나에 해당하는 장소에는 소방청장이 정하여 고시한 「소방용합성수지배관의 성능인증 및 제품검사의 기술기준」에 적합한 소방용 합성수지배관으로 설치할 수 있다.

① 배관을 지하에 매설하는 경우
② 다른 부분과 내화구조로 구획된 덕트 또는 피트의 내부에 설치하는 경우

③ 천장(상층이 있는 경우에는 상층바닥의 하단을 포함한다. 이하 같다)과 반자를 불연재료 또는 준불연 재료로 설치하고 소화배관 내부에 항상 소화수가 채워진 상태로 설치하는 경우

(3) 전용 및 겸용

급수배관은 전용으로 해야 한다. 다만, 옥내소화전의 기동장치의 조작과 동시에 다른 설비의 용도에 사용하는 배관의 송수를 차단할 수 있거나, 옥내소화전설비의 성능에 지장이 없는 경우에는 다른 설비와 겸용할 수 있다.

(4) 펌프의 흡입측배관 설치기준

① 공기고임이 생기지 않는 구조로 하고 여과장치를 설치할 것

② 수조가 펌프보다 낮게 설치된 경우에는 각펌프(충압펌프를 포함한다)마다 수조로부터 별도로 설치할 것

(5) 펌프의 토출측배관 설치기준(관경)

① 펌프의 토출 측 주배관의 구경은 유속이 4㎧ 이하가 될 수 있는 크기 이상으로 해야 하고, 옥내소화전방수구와 연결되는 가지배관의 구경은 40㎜(호스릴옥내소화전설비의 경우에는 25㎜) 이상으로 해야 하며, 주배관 중 수직배관의 구경은 50㎜(호스릴옥내소화전설비의 경우에는 32㎜) 이상으로 해야 한다.

② 연결송수관설비의 배관과 겸용할 경우의 주배관은 구경 100㎜ 이상, 방수구로 연결되는 배관의 구경은 65㎜ 이상의 것으로 해야 한다.

(6) 펌프의 성능시험배관

① 성능시험배관은 펌프의 토출 측에 설치된 개폐밸브 이전에서 분기하여 직선으로 설치하고, 유량측정장치를 기준으로 전단 직관부에는 개폐밸브를 후단 직관부에는 유량조절밸브를 설치할 것. 이 경우 개폐밸브와 유량측정장치 사이의 직관부 거리 및 유량측정장치와 유량조절밸브 사이의 직관부 거리는 해당 유량측정장치 제조사의 설치사양에 따르고, 성능시험배관의 호칭지름은 유량측정장치의 호칭지름에 따른다.

② 유량측정장치는 펌프의 정격토출량의 175% 이상까지 측정할 수 있는 성능이 있을 것

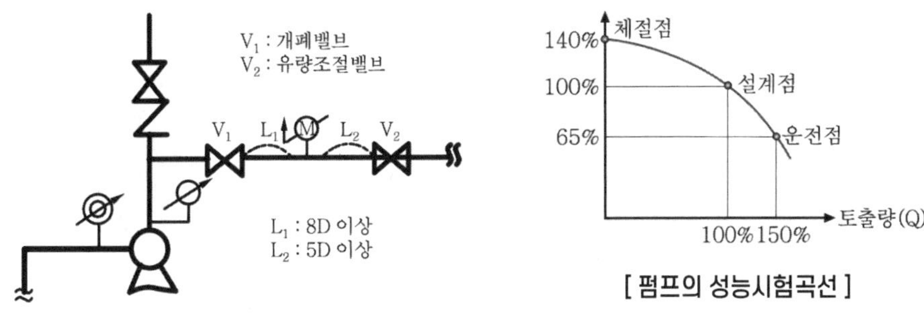

[펌프의 성능시험곡선]

(7) 순환배관

가압송수장치의 체절운전 시 수온의 상승을 방지하기 위하여 체크밸브와 펌프사이에서 분기한 구경 20㎜ 이상의 배관에 체절압력 미만에서 개방되는 릴리프밸브를 설치할 것.

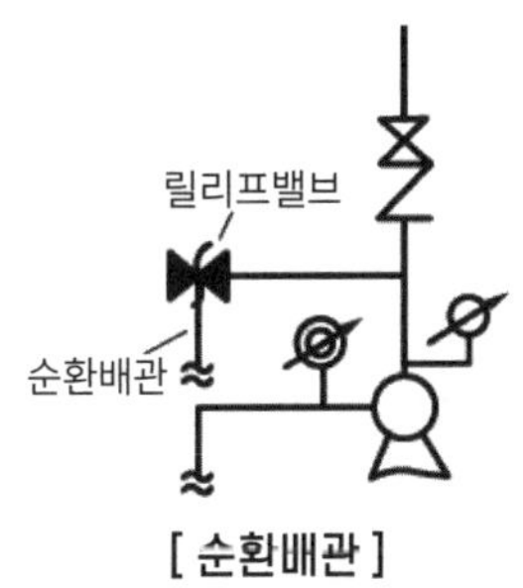

[순환배관]

(8) 송수구

① 송수구는 소방차가 쉽게 접근할 수 있고 잘 보이는 장소에 설치하고, 화재층으로부터 지면으로 떨어지는 유리창 등이 송수 및 그 밖의 소화작업에 지장을 주지 않는 장소에 설치할 것

② 송수구로부터 옥내소화전설비의 주배관에 이르는 연결배관에는 개폐밸브를 설치하지 않을 것. 다만, 스프링클러설비 · 물분무소화설비 · 포소화설비 또는 연결송수관 설비의 배관과 겸용하는 경우에는 그렇지 않다.

③ 지면으로부터 높이가 0.5m 이상 1m 이하의 위치에 설치할 것

④ 송수구는 구경 65㎜의 쌍구형 또는 단구형으로 할 것

⑤ 송수구의 부근에는 자동배수밸브(또는 직경 5㎜의 배수공) 및 체크밸브를 다음의 기준에 따라 설치할 것. 이 경우 자동배수밸브는 배관 안의 물이 잘 빠질 수 있는 위치에 설치하되, 배수로 인하여 다른 물건이나 장소에 피해를 주지 않아야 한다.

⑥ 송수구에는 이물질을 막기 위한 마개를 씌울 것

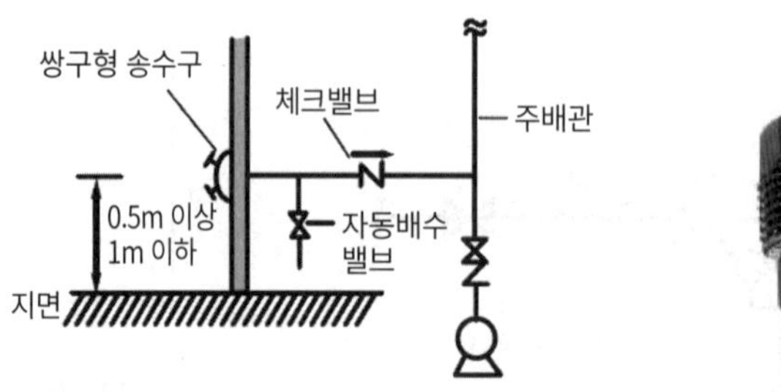

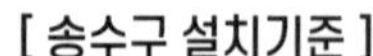
[송수구 설치기준]

Reference

송수구의 설치목적
소방대가 화재현장에 도착하여 소방펌프 자동차가 송수구를 통해 가압수를 공급하여 원활한 소화활동을 하기 위함이다.

(9) 기타 배관기준

① 동결방지조치를 하거나 동결의 우려가 없는 장소에 설치해야 한다. 다만, 보온재를 사용할 경우에는 난연재료 성능 이상의 것으로 해야 한다.

② 급수배관에 설치되어 급수를 차단할 수 있는 개폐밸브(옥내소화전방수구를 제외한다)는 개폐표시형으로 해야 한다. 이 경우 펌프의 흡입측 배관에는 버터플라이밸브 외의 개폐표시형밸브를 설치해야 한다.

③ 배관은 다른 설비의 배관과 쉽게 구분이 될 수 있는 위치에 설치하거나, 그 배관표면 또는 배관 보온재표면의 색상은 「한국산업표준(배관계의 식별 표시, KS A 0503)」 또는 적색으로 식별이 가능하도록 소방용설비의 배관임을 표시해야 한다.

④ 확관형 분기배관을 사용할 경우에는 소방청장이 정하여 고시한 「분기배관의 성능인증 및 제품검사의 기술기준」에 적합한 것으로 설치해야 한다.

6 함 및 방수구 등

(1) 함

① 함은 소방청장이 정하여 고시한 「소화전함 성능인증 및 제품검사의 기술기준」에 적합한 것으로 설치하되 밸브의 조작, 호스의 수납 및 문의 개방 등 옥내소화전의 사용에 장애가 없도록 설치할 것. 연결송수관의 방수구를 같이 설치하는 경우에도 또한 같다.

② 특정소방대상물의 각 부분으로부터 방수구까지의 수평거리가 25m를 초과하는 경우로서 기둥 또는 벽이 설치되지 아니한 대형공간의 경우는 다음의 기준에 따라 설치할 수 있다.

㉠ 호스 및 관창은 방수구의 가장 가까운 장소의 벽 또는 기둥 등에 함을 설치하여 비치할 것

㉡ 방수구의 위치표지는 표시등 또는 축광도료 등으로 상시 확인이 가능토록 할 것

(2) 방수구

① 특정소방대상물의 층마다 설치하되, 해당 특정소방대상물의 각 부분으로부터 하나의 옥내소화전방수구까지의 수평거리가 25m(호스릴옥내소화전설비를 포함한다) 이하가 되도록 할 것. 다만, 복층형 구조의 공동주택의 경우에는 세대의 출입구가 설치된 층에만 설치할 수 있다.

② 바닥으로부터의 높이가 1.5m 이하가 되도록 할 것

③ 호스는 구경 40㎜(호스릴옥내소화전설비의 경우에는 25㎜) 이상의 것으로서 특정소방대상물의 각 부분에 물이 유효하게 뿌려질 수 있는 길이로 설치할 것

④ 호스릴옥내소화전설비의 경우 그 노즐에는 노즐을 쉽게 개폐할 수 있는 장치를 부착할 것

(3) 표시등

① 옥내소화전설비의 위치를 표시하는 표시등은 함의 상부에 설치하되, 소방청장이 고시하는 「표시등의 성능인증 및 제품검사의 기술기준」에 적합한 것으로 할 것

② 가압송수장치의 기동을 표시하는 표시등은 옥내소화전함의 상부 또는 그 직근에 설치하되 적색등으로 할 것. 다만, 자체소방대를 구성하여 운영하는 경우(「위험물 안전관리법 시행령」 별표 8에서 정한 소방자동차와 자체소방대원의 규모를 말한다) 가압송수장치의 기동표시등을 설치하지 않을 수 있다.

(4) 표시 및 표지판

① 옥내소화전설비의 함에는 그 표면에 "소화전"이라는 표시를 해야 한다.

② 옥내소화전설비의 함에는 함 가까이 보기 쉬운 곳에 그 사용요령을 기재한 표지판을 붙여야 하며, 표지판을 함의 문에 붙이는 경우에는 문의 내부 및 외부 모두에 붙여야 한다. 이 경우, 사용요령은 외국어와 시각적인 그림을 포함하여 작성해야 한다.

7 전 원

(1) 상용전원

옥내소화전설비에는 그 특정소방대상물의 수전방식에 따라 다음 각 기준에 따른 상용전원회로의 배선을 설치해야 한다. 다만, 가압수조방식으로서 모든 기능이 20분 이상 유효하게

지속될 수 있는 경우에는 그렇지 않다.

① 저압수전인 경우에는 인입개폐기의 직후에서 분기하여 전용배선으로 해야 하며, 전용의 전선관에 보호되도록 할 것

② 특별고압수전 또는 고압수전일 경우에는 전력용 변압기 2차측의 주차단기 1차측에서 분기하여 전용배선으로 하되, 상용전원의 상시공급에 지장이 없을 경우에는주차단기 2차측에서 분기하여 전용배선으로 할 것. 다만, 가압송수장치의 정격입력전압이 수전전압과 같은 경우에는 위 ①의 기준에 따른다.

Reference

전원의 수전방법

• 저압 : 인입개폐기의 직후에서 분기하여 전용배선으로 할 것

• 고압, 특별고압 : 전력용 변압기 2차측의 주차단기 1차측 또는 2차측에서 분기하여 전용 배선으로 할 것

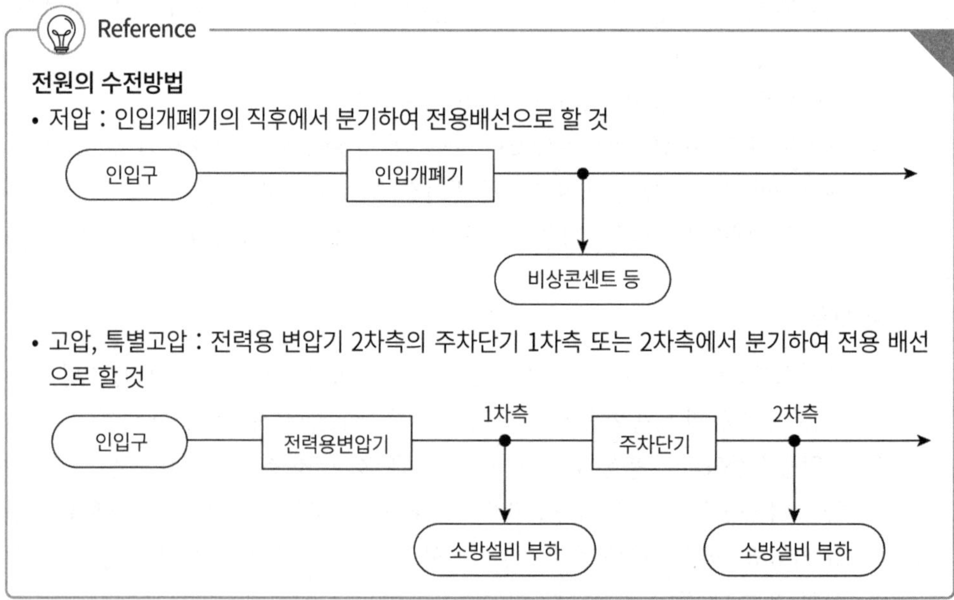

(2) 비상전원

① **비상전원의 종류** : 자가발전설비 또는 축전지설비(내연기관에 따른 펌프를 사용하는 경우에는 내연기관의 기동 및 제어용 축전지를 말한다), 전기저장장치(외부 전기에너지를 저장해 두었다가 필요한 때 전기를 공급하는 장치)

② **비상전원의 설치대상**

㉠ 층수가 7층 이상으로서 연면적이 2,000m² 이상인 것

㉡ 위 ㉠에 해당하지 않는 특정소방대상물로서 지하층의 바닥면적의 합계가 3,000m² 이상인 것

③ **비상전원의 설치제외 경우**

㉠ 2이상의 변전소(「전기사업법」 제67조에 따른 변전소를 말한다. 이하 같다)에서 전력을 동시에 공급받을 수 있는 경우

㉡ 하나의 변전소로부터 전력의 공급이 중단되는 때에는 자동으로 다른 변전소로부터

전원을 공급받을 수 있도록 상용전원을 설치한 경우

ⓒ 가압수조방식의 경우

④ **비상전원의 설치기준** : 비상전원은 자가발전설비 또는 축전지설비(내연기관에 따른 펌프를 사용하는 경우에는 내연기관의 기동 및 제어용 축전지를 말한다) 또는 전기저장장치(외부전기에너지를 저장해 두었다가 필요한 때 전기를 공급하는 장치)로서 다음의 기준에 따라 설치해야 한다.

㉠ 점검에 편리하고 화재 및 침수 등의 재해로 인한 피해를 받을 우려가 없는 곳에 설치할 것

㉡ 옥내소화전설비를 유효하게 20분 이상, 층수가 30층 이상 49층 이하는 40분 이상, 50층 이상은 60분 이상 작동할 수 있어야 할 것

㉢ 상용전원으로부터 전력의 공급이 중단된 때에는 자동으로 비상전원으로부터 전력을 공급받을 수 있도록 할 것

㉣ 비상전원(내연기관의 기동 및 제어용 축전기를 제외한다)의 설치장소는 다른 장소와 방화구획 할 것. 이 경우 그 장소에는 비상전원의 공급에 필요한 기구나 설비외의 것(열병합발전설비에 필요한 기구나 설비는 제외한다)을 두어서는 아니 된다.

㉤ 비상전원을 실내에 설치하는 때에는 그 실내에 비상조명등을 설치할 것

8 제어반

(1) 감시제어반

① 감시제어반의 기능

㉠ 각 펌프의 작동여부를 확인할 수 있는 표시등 및 음향경보기능이 있어야 할 것

㉡ 각 펌프를 자동 및 수동으로 작동시키거나 중단시킬 수 있어야 할 것

㉢ 비상전원을 설치한 경우에는 상용전원 및 비상전원의 공급여부를 확인할 수 있어야 할 것

㉣ 수조 또는 물올림탱크가 저수위로 될 때 표시등 및 음향으로 경보할 것

㉤ 다음의 각 확인회로마다 도통시험 및 작동시험을 할 수 있도록 할 것

ⓐ 기동용수압개폐장치의 압력스위치회로

ⓑ 수조 또는 물올림수조의 저수위감시회로

ⓒ 개폐밸브의 폐쇄상태 확인회로

ⓓ 그 밖의 이와 비슷한 회로

㉥ 예비전원이 확보되고 예비전원의 적합여부를 시험할 수 있어야 할 것

② **감시제어반의 설치기준**

㉠ 화재 및 침수 등의 재해로 인한 피해를 받을 우려가 없는 곳에 설치할 것

㉡ 감시제어반은 옥내소화전설비의 전용으로 할 것. 다만, 옥내소화전설비의 제어에 지장이 없는 경우에는 다른 설비와 겸용할 수 있다.

㉢ 감시제어반은 다음의 기준에 따른 전용실안에 설치할 것. 다만 감시제어반과 동력제어반을 같은 장소에 설치할수 있는 경우와 공장, 발전소 등에서 설비를 집중 제어·운전할 목적으로 설치하는 중앙제어실내에 감시제어반을 설치하는 경우에는 그렇지 않다.

㉮ 다른 부분과 방화구획을 할 것. 이 경우 전용실의 벽에는 기계실 또는 전기실 등의 감시를 위하여 두께 7㎜ 이상의 망입유리(두께 16.3㎜ 이상의 접합유리 또는 두께 28㎜ 이상의 복층유리를 포함한다)로 된 4㎡ 미만의 붙박이창을 설치할 수 있다.

㉯ 피난층 또는 지하 1층에 설치할 것. 다만, 다음의 어느 하나에 해당하는 경우에는 지상 2층에 설치하거나 지하 1층 외의 지하층에 설치할 수 있다.

- 「건축법시행령」 제35조에 따라 특별피난계단이 설치되고 그 계단(부속실을 포함한다)출입구로부터 보행거리 5m 이내에 전용실의 출입구가 있는 경우
- 아파트의 관리동(관리동이 없는 경우에는 경비실)에 설치하는 경우

㉰ 비상조명등 및 급·배기설비를 설치할 것

㉱ 「무선통신보조설비의 화재안전기술기준(NFTC 505)」 2.2.3에 따라 유효하게 통신이 가능할 것(영 별표 4의 제5호마목에 따른 무선통신보조설비가 설치된 특정소방대상물에 한한다)

㉲ 바닥면적은 감시제어반의 설치에 필요한 면적 외에 화재 시 소방대원이 그 감시제어반의 조작에 필요한 최소면적 이상으로 할 것

③ 전용실에는 특정소방대상물의 기계·기구 또는 시설 등의 제어 및 감시설비 외의 것을 두지 않을 것

(2) 동력제어반

① 앞면은 적색으로 하고 "옥내소화전설비용 동력제어반"이라고 표시한 표지를 설치할 것

② 외함은 두께 1.5㎜ 이상의 강판 또는 이와 동등 이상의 강도 및 내열성능이 있는 것으로 할 것

③ 화재 및 침수 등의 재해로 인한 피해를 받을 우려가 없는 곳에 설치할 것

④ 동력제어반은 옥내소화전설비의 전용으로 할 것. 다만, 옥내소화전설비의 제어에 지장이 없는 경우에는 다른 설비와 겸용할 수 있다.

(3) 감시제어반과 동력제어반을 구분하여 설치하지 않을 수 있는 경우

① 비상전원 설치대상에 해당하지 않는 특정소방대상물에 설치되는 옥내소화전설비
② 내연기관에 따른 가압송수장치를 사용하는 옥내소화전설비
③ 고가수조에 따른 가압송수장치를 사용하는 옥내소화전설비
④ 가압수조에 따른 가압송수장치를 사용하는 옥내소화전설비

9 배선 등

① 옥내소화전설비의 배선은 「전기사업법」 제67조에 따른 전기설비기술기준에서 정한 것 외에 다음의 기준에 따라 설치해야 한다.
㉠ 비상전원으로부터 동력제어반 및 가압송수장치에 이르는 전원회로의 배선은 내화배선으로 할 것. 다만, 자가발전설비와 동력제어반이 동일한 실에 설치된 경우에는 자가발전기로부터 그 제어반에 이르는 전원회로의 배선은 그렇지 않다.
㉡ 상용전원으로부터 동력제어반에 이르는 배선, 그 밖의 옥내소화전설비의 감시 · 조작 또는 표시등회로의 배선은 내화배선 또는 내열배선으로 할 것. 다만, 감시제어반 또는 동력제어반 안의 감시 · 조작 또는 표시등회로의 배선은 그렇지 않다.
② 소화설비의 과전류차단기 및 개폐기에는 "옥내소화전설비용 과전류차단기 또는 개폐기"이라고 표시한 표지를 해야 한다.
③ 옥내소화전설비용 전기배선의 양단 및 접속단자에는 다음의 기준에 따라 표지해야 한다.
㉠ 단자에는 "옥내소화전설비단자"라고 표시한 표지를 부착할 것
㉡ 옥내소화전설비용 전기배선의 양단에는 다른 배선과 식별이 용이하도록 표시할 것
④ 내화배선 및 내열배선에 사용되는 전선의 종류 및 설치방법은 다음 기준에 따른다.
㉠ 내화배선

사용전선의 종류	공 사 방 법
1. 450/750V 저독성 난연 가교 폴리올레핀 절연전선 2. 0.6/1kV 가교 폴리에틸렌 절연 저독성 난연 폴리올레핀 시스 전력케이블 3. 6/10kV 가교 폴리에틸렌 절연 저독성 난연 폴리올레핀 시스 전력용 케이블 4. 가교 폴리에틸렌 절연 비닐시스 트레이용 난연 전력 케이블 5. 0.6/1kV EP 고무절연 클로로프렌 시스 케이블 6. 300/500V 내열성 실리콘 고무 절연전선(180℃) 7. 내열성 에틸렌-비닐 아세테이트 고무 절연 케이블	금속관 · 2종 금속제 가요전선관 또는 합성수지관에 수납하여 내화구조로 된 벽 또는 바닥 등에 벽 또는 바닥의 표면으로부터 25㎜ 이상의 깊이로 매설해야 한다. 다만 다음의 기준에 적합하게 설치하는 경우에는 그렇지 않다. 가. 배선을 내화성능을 갖는 배선전용실 또는 배선용 샤프트 · 피트 · 덕트 등에 설치하는 경우

사용전선의 종류	공 사 방 법
8. 버스덕트(Bus Duct) 9. 기타 「전기용품 및 생활용품안전관리법」 및 「전기설비기술기준」에 따라 동등 이상의 내화성능이 있다고 주무부장관이 인정하는 것	나. 배선전용실 또는 배선용 샤프트 · 피트 · 덕트 등에 다른 설비의 배선이 있는 경우에는 이로 부터 15㎝ 이상 떨어지게 하거나 소화설비의 배선과 이웃하는 다른 설비의 배선사이에 배선지름(배선의 지름이 다른 경우에는 가장 큰 것을 기준으로 한다)의 1.5배 이상의 높이의 불연성 격벽을 설치하는 경우
내화전선	케이블공사의 방법에 따라 설치해야 한다.

비고 : 내화전선의 내화성능은 KS C IEC 60331-1과 2(온도 830℃/가열시간 120분) 표준이상을 충족하고, 난연성능확보를 위해 KS C IEC 60332-3-24 성능이상을 충족할 것

㉡ 내열배선

사용전선의 종류	공 사 방 법
1. 450/750V 저독성 난연 가교 폴리올레핀 절연전선 2. 0.6/1kV 가교 폴리에틸렌 절연 저독성 난연 폴리올레핀 시스 전력케이블 3. 6/10kV 가교 폴리에틸렌 절연 저독성 난연 폴리올레핀 시스 전력용 케이블 4. 가교 폴리에틸렌 절연 비닐시스 트레이용 난연 전력 케이블 5. 0.6/1kV EP 고무절연 클로로프렌 시스 케이블 6. 300/500V 내열성 실리콘 고무 절연전선(180℃) 7. 내열성 에틸렌-비닐 아세테이트 고무 절연 케이블 8. 버스덕트(Bus Duct) 9. 기타 「전기용품 및 생활용품안전관리법」 및 「전기설비기술기준」에 따라 동등 이상의 내화성능이 있다고 주무부장관이 인정하는 것	금속관 · 금속제 가요전선관 · 금속덕트 또는 케이블(불연성덕트에 설치하는 경우에 한한다) 공사방법에 따라야 한다. 다만, 다음의 기준에 적합하게 설치하는 경우에는 그렇지 않다. 가. 배선을 내화성능을 갖는 배선전용실 또는 배선용 샤프트 · 피트 · 덕트 등에 설치하는 경우 나. 배선전용실 또는 배선용 샤프트 · 피트 · 덕트 등에 다른 설비의 배선이 있는 경우에는 이로부터 15㎝ 이상 떨어지게 하거나 소화설비의 배선과 이웃하는 다른 설비의 배선사이에 배선지름(배선의 지름이 다른 경우에는 지름이 가장 큰 것을 기준으로 한다)의 1.5배 이상의 높이의 불연성 격벽을 설치하는 경우
내화전선	케이블공사의 방법에 따라 설치해야 한다.

10 방수구 설치제외

불연재료로 된 특정소방대상물 또는 그 부분으로서 다음의 어느 하나에 해당하는 곳에는 옥내소화전 방수구를 설치하지 않을 수 있다.

① 냉장창고 중 온도가 영하인 냉장실 또는 냉동창고의 냉동실
② 고온의 노가 설치된 장소 또는 물과 격렬하게 반응하는 물품의 저장 또는 취급 장소
③ 발전소 · 변전소 등으로서 전기시설이 설치된 장소
④ 식물원 · 수족관 · 목욕실 · 수영장(관람석 부분을 제외한다) 또는 그 밖의 이와 비슷한 장소
⑤ 야외음악당 · 야외극장 또는 그 밖의 이와 비슷한 장소

11 수원 및 가압송수장치의 펌프 등의 겸용

① 옥내소화전설비의 수원을 스프링클러설비 · 간이스프링클러설비 · 화재조기진압용 스프링클러설비 · 물분무소화설비 · 포소화설비 및 옥외소화전설비의 수원과 겸용하여 설치하는 경우의 저수량은 각 소화설비에 필요한 저수량을 합한 양 이상이 되도록 해야 한다. 다만, 이들 소화설비 중 고정식 소화설비(펌프 · 배관과 소화수 또는 소화약제를 최종 방출하는 방출구가 고정된 설비를 말한다. 이하 같다)가 2 이상 설치되어 있고, 그 소화설비가 설치된 부분이 방화벽과 방화문으로 구획되어 있는 경우에는 각 고정식 소화설비에 필요한 저수량 중 최대의 것 이상으로 할 수 있다.
② 옥내소화전설비의 가압송수장치로 사용하는 펌프를 스프링클러설비 · 간이스프링클러설비 · 화재조기진압용 스프링클러설비 · 물분무소화설비 · 포소화설비 및 옥외소화전설비의 가압송수장치와 겸용하여 설치하는 경우의 펌프의 토출량은 각 소화설비에 해당하는 토출량을 합한 양 이상이 되도록 해야 한다. 다만, 이들 소화설비 중 고정식 소화설비가 2 이상 설치되어 있고, 그 소화설비가 설치된 부분이 방화벽과 방화문으로 구획되어 있으며 각 소화설비에 지장이 없는 경우에는 펌프의 토출량 중 최대의 것 이상으로 할 수 있다.
③ 옥내소화전설비 · 스프링클러설비 · 간이스프링클러설비 · 화재조기진압용 스프링클러설비 · 물분무소화설비 · 포소화설비 및 옥외소화전설비의 가압송수장치에 있어서 각 토출측배관과 일반급수용의 가압송수장치의 토출측배관을 상호 연결하여 화재시 사용할 수 있다. 이 경우 연결배관에는 개폐표시형밸브를 설치해야 하며, 각 소화설비의 성능에 지장이 없도록 해야 한다.

④ 옥내소화전설비의 송수구를 스프링클러설비 · 간이스프링클러설비 · 화재조기진압용 스프링클러설비 · 물분무소화설비 · 포소화설비 또는 연결송수관비의 송수구와 겸용으로 설치하는 경우에는 스프링클러설비의 송수구의 설치기준에 따르고, 연결살수설비의 송수구와 겸용으로 설치하는 경우에는 옥내소화전설비의 송수구의 설치기준에 따르되 각각의 소화설비의 기능에 지장이 없도록 해야 한다.

스프링클러설비(NFTC103)

1 스프링클러설비의 설치대상

1) 층수가 6층 이상인 특정소방대상물의 경우에는 모든 층. 다만, 다음의 어느 하나에 해당하는 경우는 제외한다.

가) 주택 관련 법령에 따라 기존의 아파트등을 리모델링하는 경우로서 건축물의 연면적 및 층의 높이가 변경되지 않는 경우. 이 경우 해당 아파트등의 사용검사 당시의 소방시설의 설치에 관한 대통령령 또는 화재안전기준을 적용한다.

나) 스프링클러설비가 없는 기존의 특정소방대상물을 용도변경하는 경우. 다만, 2)부터 6)까지 및 9)부터 12)까지의 규정에 해당하는 특정소방대상물로 용도변경하는 경우에는 해당 규정에 따라 스프링클러설비를 설치한다.

2) 기숙사(교육연구시설 · 수련시설 내에 있는 학생 수용을 위한 것을 말한다) 또는 복합건축물로서 연면적 5천㎡ 이상인 경우에는 모든 층

3) 문화 및 집회시설(동 · 식물원은 제외한다), 종교시설(주요구조부가 목조인 것은 제외한다), 운동시설(물놀이형 시설 및 바닥이 불연재료이고 관람석이 없는 운동시설은 제외한다)로서 다음의 어느 하나에 해당하는 경우에는 모든 층

가) 수용인원이 100명 이상인 것

나) 영화상영관의 용도로 쓰는 층의 바닥면적이 지하층 또는 무창층인 경우에는 500㎡ 이상, 그 밖의 층의 경우에는 1천㎡ 이상인 것

다) 무대부가 지하층 · 무창층 또는 4층 이상의 층에 있는 경우에는 무대부의 면적이 300㎡ 이상인 것

라) 무대부가 다) 외의 층에 있는 경우에는 무대부의 면적이 500㎡ 이상인 것

4) 판매시설, 운수시설 및 창고시설(물류터미널로 한정한다)로서 바닥면적의 합계가 5천㎡ 이상이거나 수용인원이 500명 이상인 경우에는 모든 층

5) 다음의 어느 하나에 해당하는 용도로 사용되는 시설의 바닥면적의 합계가 600㎡ 이상인 것은 모든 층

가) 근린생활시설 중 조산원 및 산후조리원
나) 의료시설 중 정신의료기관
다) 의료시설 중 종합병원, 병원, 치과병원, 한방병원 및 요양병원
라) 노유자 시설
마) 숙박이 가능한 수련시설
바) 숙박시설

6) 창고시설(물류터미널은 제외한다)로서 바닥면적 합계가 5천㎡ 이상인 경우에는 모든 층

7) 특정소방대상물의 지하층 · 무창층(축사는 제외한다) 또는 층수가 4층 이상인 층으로서 바닥면적이 1천㎡ 이상인 층이 있는 경우에는 해당 층

8) 랙식 창고(rack warehouse) : 랙(물건을 수납할 수 있는 선반이나 이와 비슷한 것을 말한다. 이하 같다)을 갖춘 것으로서 천장 또는 반자(반자가 없는 경우에는 지붕의 옥내에 면하는 부분을 말한다)의 높이가 10m를 초과하고, 랙이 설치된 층의 바닥면적의 합계가 1천5백㎡ 이상인 경우에는 모든 층

9) 공장 또는 창고시설로서 다음의 어느 하나에 해당하는 시설

가) 「화재의 예방 및 안전관리에 관한 법률 시행령」 별표 2에서 정하는 수량의 1천배 이상의 특수가연물을 저장 · 취급하는 시설
나) 「원자력안전법 시행령」 제2조제1호에 따른 중 · 저준위방사성폐기물(이하 "중 · 저준위방사성폐기물"이라 한다)의 저장시설 중 소화수를 수집 · 처리하는 설비가 있는 저장시설

10) 지붕 또는 외벽이 불연재료가 아니거나 내화구조가 아닌 공장 또는 창고시설로서 다음의 어느 하나에 해당하는 것

가) 창고시설(물류터미널로 한정한다) 중 4)에 해당하지 않는 것으로서 바닥면적의 합계가 2천5백㎡ 이상이거나 수용인원이 250명 이상인 경우에는 모든 층
나) 창고시설(물류터미널은 제외한다) 중 6)에 해당하지 않는 것으로서 바닥면적의 합계가 2천5백㎡ 이상인 경우에는 모든 층
다) 공장 또는 창고시설 중 7)에 해당하지 않는 것으로서 지하층 · 무창층 또는 층수가 4층 이상인 것 중 바닥면적이 500㎡ 이상인 경우에는 모든 층
라) 랙식 창고 중 8)에 해당하지 않는 것으로서 바닥면적의 합계가 750㎡ 이상인 경우에는 모든 층
마) 공장 또는 창고시설 중 9)가)에 해당하지 않는 것으로서 「화재의 예방 및 안전관리에 관한 법률 시행령」 별표 2에서 정하는 수량의 500배 이상의 특수가연물을 저장

· 취급하는 시설

11) 교정 및 군사시설 중 다음의 어느 하나에 해당하는 경우에는 해당 장소

가) 보호감호소, 교도소, 구치소 및 그 지소, 보호관찰소, 갱생보호시설, 치료감호시설, 소년원 및 소년분류심사원의 수용거실

나) 「출입국관리법」 제52조제2항에 따른 보호시설(외국인보호소의 경우에는 보호대상자의 생활공간으로 한정한다. 이하 같다)로 사용하는 부분. 다만, 보호시설이 임차건물에 있는 경우는 제외한다.

다) 「경찰관 직무집행법」 제9조에 따른 유치장

12) 지하가(터널은 제외한다)로서 연면적 1천㎡ 이상인 것

13) 발전시설 중 전기저장시설

14) 1)부터 13)까지의 특정소방대상물에 부속된 보일러실 또는 연결통로 등

2 스프링클러설비의 구성 및 종류

(1) 구 성

① 수원 ② 가압송수장치 ③ 방호구역, 방수구역, 유수검지장치등
④ 배관 ⑤ 음향장치 및 기동장치 ⑥ 헤드 ⑦ 송수구 ⑧ 전원 ⑨ 제어반
⑩ 배선 ⑪ 헤드제외

(2) 스프링클러설비의 종류

[스프링클러설비의 종류 및 특징]

설비의 종류	사용 헤드	유수검지장치 등	배관상태(1차측/2차측)	감지지와 연동성
습식	폐쇄형	습식유수검지장치	가압수/가압수	없음
건식	폐쇄형	건식유수검지장치	가압수/압축공기	없음
준비작동식	폐쇄형	준비작동식유수검지장치	가압수/저압공기	있음
부압식	폐쇄형	준비작동식유수검지장치	가압수/부압수	있음
일제살수식	개방형	일제개방밸브	가압수/대기압	있음

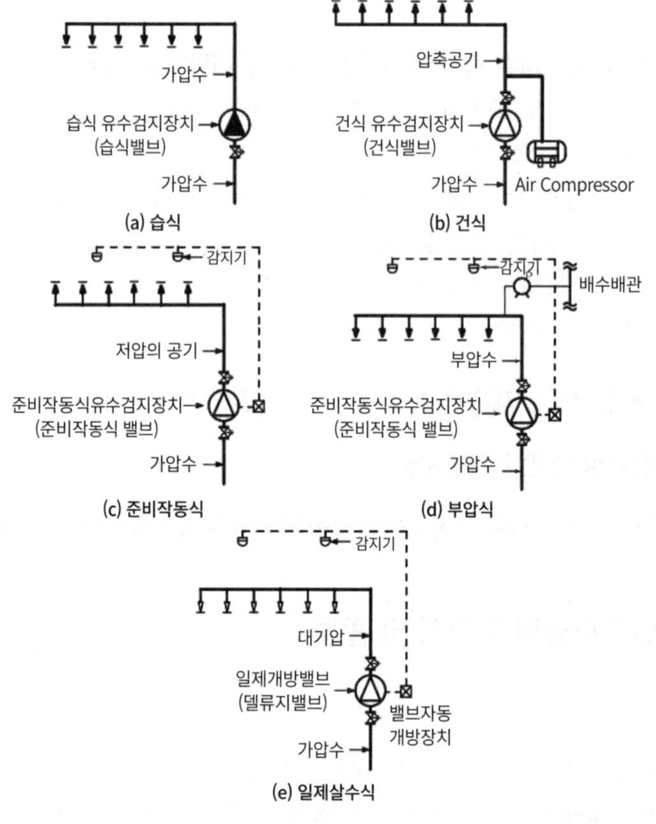

[스프링클러설비의 계통도]

3 수 원

(1) 수원의 양

① 폐쇄형 스프링클러헤드를 사용하는 경우

30층 미만의 경우 : 수원의 양(m^3) = $N \times 1.6m^3$ 이상 = $N \times 80\ell/min \times 20min$ 이상

30층 이상 49층 이하의 경우 : 수원의 양(m^3) = $N \times 3.2m^3$ 이상

= $N \times 80\ell/min \times 40min$ 이상

50층 이상의 경우 : 수원의 양(m^3) = $N \times 4.8m^3$ 이상 = $N \times 80\ell/min \times 60min$ 이상

N : 스프링클러헤드의 설치개수가 가장 많은 층의 설치수(최대기준개수 이하)

[스프링클러설비의 설치장소별 스프링클러헤드의 기준개수]

스프링클러설비 설치장소			기준개수
지하층을 제외한 층수가 10층 이하인 특정소방대상물	공장	특수가연물을 저장 · 취급하는 것	30
		그 밖의 것	20
	근린생활시설 · 판매시설 · 운수시설 또는 복합건축물	판매시설 또는 복합건축물(판매 시설이 설치되는 복합 건축물을 말한다)	30
		그 밖의 것	20
	그 밖의 것	헤드의 부착높이가 8m 이상인 것	20
		헤드의 부착높이가 8m 미만인 것	10
지하층을 제외한 층수가 11층 이상인 특정소방대상물 · 지하가 또는 지하역사			30

비고 : 하나의 특정소방대상물이 2 이상의 "스프링클러헤드의 기준개수"란에 해당하는 때에는 기준개수가 많은 것을 기준으로 한다. 다만, 각 기준개수에 해당하는 수원을 별도로 설치하는 경우에는 그렇지 않다.

② 개방형 헤드를 사용하는 경우

㉠ 최대 방수구역의 헤드 수가 30개 이하일 때

$$수원(m^3) = N \times 1.6m^3 \text{ 이상}$$

N : 최대 방수구역의 헤드 수

㉡ 최대 방수구역의 헤드 수가 30개를 초과할 때

$$수원(m^3) = Q \times 20min \text{ 이상}$$

Q : 가압송수장치의 분당송수량(m^3/min)

(2) 옥상수원의 양

스프링클러의 수원은 (1)에 따라 산출된 유효수량 외에 유효수량의 3분의 1 이상을 옥상(스프링클러설비가 설치된 건축물의 주된 옥상을 말한다. 이하 같다)에 설치해야 한다.

> 옥상수조는 이와 연결된 배관을 통하여 상시 소화수를 공급할 수 있는 구조의 특정소방대상물인 경우에는 둘 이상의 특정소방대상물이 있더라도 하나의 특정소방대상물에만 설치할 수 있다.

(3) 옥상수조제외

① 지하층만 있는 건축물

② 고가수조를 가압송수장치로 설치한 경우

③ 수원이 건축물의 최상층에 설치된 헤드보다 높은 위치에 설치된 경우

④ 건축물의 높이가 지표면으로부터 10m 이하인 경우

⑤ 주펌프와 동등 이상의 성능이 있는 별도의 펌프로서 내연기관의 기동과 연동하여 작동되거나 비상전원을 연결하여 설치한 경우
⑥ 가압수조를 가압송수장치로 설치한 경우
※ 옥상수조제외규정시에도 층수가 30층 이상의 특정소방대상물의 수원은 산출된 유효수량 외에 유효수량의 3분의 1 이상을 옥상(스프링클러설비가 설치된 건축물의 주된 옥상을 말한다)에 설치해야 한다. 다만, 고가수조방식인 경우와 수원이 건축물의 최상층헤드보다 높은 위치에 설치된 경우 그렇지 않다.

(4) 전용 및 겸용

옥내소화전설비와 동일

(5) 수조설치기준

① 점검에 편리한 곳에 설치할 것
② 동결방지조치를 하거나 동결의 우려가 없는 장소에 설치할 것
③ 수조의 외측에 수위계를 설치할 것. 다만, 구조상 불가피한 경우에는 수조의 맨홀 등을 통하여 수조 안의 물의 양을 쉽게 확인할 수 있도록 해야 한다.
④ 수조의 상단이 바닥보다 높은 때에는 수조의 외측에 고정식 사다리를 설치할 것
⑤ 수조가 실내에 설치된 때에는 그 실내에 조명설비를 설치할 것
⑥ 수조의 밑 부분에는 청소용 배수밸브 또는 배수관을 설치할 것
⑦ 수조의 외측의 보기 쉬운 곳에 "스프링클러설비용 수조"라고 표시한 표지를 할 것
이 경우 그 수조를 다른 설비와 겸용하는 때에는 그 겸용되는 설비의 이름을 표시한 표지를 함께 해야 한다.
⑧ 소화설비용 펌프의 흡수배관 또는 소화설비의 수직배관과 수조의 접속부분에는 "스프링클러설비용 배관"이라고 표시한 표지를 할 것

4 가압송수장치

(1) 전동기 또는 내연기관에 따른 펌프를 이용하는 가압송수장치

① 가압송수장치의 정격토출압력은 하나의 헤드선단에 0.1MPa 이상 1.2MPa 이하의 방수압력이 될 수 있게 하는 크기일 것
② 가압송수장치의 송수량은 0.1MPa의 방수압력 기준으로 80L/min 이상의 방수성능을 가진 기준개수의 모든 헤드로부터의 방수량을 충족시킬 수 있는 양 이상의 것으로 할 것. 이 경우 속도수두는 계산에 포함하지 않을 수 있다.

③ ②의 기준에 불구하고 가압송수장치의 1분당 송수량은 폐쇄형스프링클러헤드를 사용하는 설비의 경우 기준개수에 80L를 곱한 양 이상으로도 할 수 있다.

④ ②의 기준에 불구하고 가압송수장치의 1분당 송수량은 개방형스프링클러 헤드수가 30개 이하의 경우에는 그 개수에 80L를 곱한 양 이상으로 할 수 있으나 30개를 초과하는 경우에는 ① 및 ②에 따른 기준에 적합하게 할 것

⑤ 기타 옥내소화전과 동일

(2) 고가수조의 자연낙차를 이용하는 가압송수장치

① 고가수조의 자연낙차수두 산출식

$$H = h_1 + 10m$$

H : 필요한 낙차(m)(수조의 하단으로부터 최고층의 헤드까지 수직거리)
h_1 : 배관의 마찰손실수두(m)

② 고가수조설치

1. 수위계 2. 배수관 3. 급수관 4. 오버플로우관 5. 맨홀

(3) 압력수조를 이용하는 가압송수장치

① 압력수조의 필요압력 산출식

$$P = P_1 + P_2 + 0.1MPa$$

P : 필요한 압력(MPa), P_1 : 낙차의 환산수두압(MPa)
P_2 : 배관의 마찰손실수두압(MPa)

② 압력수조설치

1. 수위계 2. 배수관 3. 급수관 4. 급기관 5. 맨홀 6. 압력계 7. 안전장치 8. 자동식공기압축기

(4) 가압수조를 이용하는 가압송수장치

옥내소화전설비 설치기준과 동일

5 방호구역, 방수구역, 유수검지장치등

(1) 폐쇄형스프링클러헤드를 사용하는 설비의 방호구역 및 유수검지장치

① 하나의 방호구역의 바닥면적은 3,000㎡를 초과하지 않을 것. 다만, 폐쇄형스프링클러설비에 격자형배관방식(2 이상의 수평주행배관 사이를 가지배관으로 연결하는 방식을

말한다)을 채택하는 때에는 3,700㎡ 범위 내에서 펌프용량, 배관의 구경 등을 수리학적으로 계산한 결과 헤드의 방수압 및 방수량이 방호구역 범위 내에서 소화목적을 달성하는 데 충분할 것

② 하나의 방호구역에는 1개 이상의 유수검지장치를 설치하되, 화재시 접근이 쉽고 점검하기 편리한 장소에 설치할 것

③ 하나의 방호구역은 2개 층에 미치지 않도록 할 것. 다만, 1개 층에 설치되는 스프링클러헤드의 수가 10개 이하인 경우와 복층형구조의 공동주택에는 3개 층 이내로 할 수 있다.

④ 유수검지장치를 실내에 설치하거나 보호용 철망 등으로 구획하여 바닥으로부터 0.8m 이상 1.5m 이하의 위치에 설치하되, 그 실 등에는 가로 0.5m 이상 세로 1m 이상의 개구부로서 그 개구부에는 출입문을 설치하고 그 출입문 상단에 "유수검지장치실"이라고 표시한 표지를 설치할 것. 다만, 유수검지장치를 기계실(공조용기계실을 포함한다)안에 설치하는 경우에는 별도의 실 또는 보호용 철망을 설치하지 않고 기계실 출입문 상단에 "유수검지장치실"이라고 표시한 표지를 설치할 수 있다.

⑤ 스프링클러헤드에 공급되는 물은 유수검지장치를 지나도록 할 것. 다만, 송수구를 통하여 공급되는 물은 그렇지 않다.

⑥ 자연낙차에 따른 압력수가 흐르는 배관 상에 설치된 유수검지장치는 화재시 물의 흐름을 검지할 수 있는 최소한의 압력이 얻어질 수 있도록 수조의 하단으로부터 낙차를 두어 설치할 것

⑦ 조기반응형 스프링클러헤드를 설치하는 경우에는 습식유수검지장치 또는 부압식스프링클러설비를 설치할 것

(2) 개방형스프링클러헤드를 사용하는 설비의 방수구역 및 일제개방밸브

① 하나의 방수구역은 2개 층에 미치지 않아야 한다.

② 방수구역마다 일제개방밸브를 설치해야 한다.

③ 하나의 방수구역을 담당하는 헤드의 개수는 50개 이하로 할 것. 다만, 2개 이상의 방수구역으로 나눌 경우에는 하나의 방수구역을 담당하는 헤드의 개수는 25개 이상으로 해야 한다.

④ 일제개방밸브의 설치위치는 위 (1)의 ④의 기준에 따르고, 표지는 “일제개방밸브실”이라고 표시해야 한다.

6 배관 등

(1) 배관의 종류

옥내소화전설비와 동일

(2) 합성수지배관 설치할 수 있는 경우

옥내소화전설비와 동일

(3) 전용 및 겸용

전용으로 할 것. 다만, 스프링클러설비의 기동장치의 조작과 동시에 다른 설비의 용도에 사용하는 배관의 송수를 차단할 수 있거나, 스프링클러설비의 성능에 지장이 없는 경우에는 다른 설비와 겸용할 수 있다.

※ 층수가 30층 이상의 특정소방대상물은 전용으로 할 것

(4) 흡입측배관 설치기준

옥내소화전설비와 동일

(5) 배관의 관경

① **수리계산방식** : 수리계산에 따르는 경우 가지배관의 유속은 6㎧, 그 밖의 배관의 유속은 10㎧를 초과할 수 없다. 0.1MPa의 방수압력 기준으로 80L/min 이상의 방수성능을 가진 기준개수의 모든 헤드로부터의 방수량을 충족시킬 수 있는 배관구경이 되도록 할 것

② **규약배관방식** : 다음 표에 따를 것

[스프링클러헤드 수별 급수관의 구경]

(단위 : ㎜)

급수관의 구경 / 구분	25	32	40	50	65	80	90	100	125	150
가	2	3	5	10	30	60	80	100	160	161 이상
나	2	4	7	15	30	60	65	100	160	161 이상
다	1	2	5	8	15	27	40	55	90	91 이상

(주)

1. 폐쇄형스프링클러헤드를 사용하는 설비의 경우로서 1개층에 하나의 급수배관(또는 밸브 등)이 담당하는 구역의 최대면적은 3,000㎡를 초과하지 않을 것
2. 폐쇄형스프링클러헤드를 설치하는 경우에는 "가"란의 헤드 수에 따를 것. 다만, 100개 이상의 헤드를 담당하는 급수배관(또는 밸브)의 구경을 100㎜로 할 경우에는 수리계산을 통하여 위 수리계산방식 ①에서 규정한 배관의 유속에 적합하도록 할 것

3. 폐쇄형스프링클러헤드를 설치하고 반자 아래의 헤드와 반자속의 헤드를 동일 급수관의 가지관상에 병설하는 경우에는 "나"란의 헤드 수에 따를 것
4. 무대부, 특수가연물을 저장취급하는 장소의 경우로서 폐쇄형스프링클러헤드를 설치하는 설비의 배관구경은 "다"란에 따를 것
5. 개방형스프링클러헤드를 설치하는 경우 하나의 방수구역이 담당하는 헤드의 개수가 30개 이하일 때는 "다"란의 헤드수에 의하고, 30개를 초과할 때는 수리계산 방법에 따를 것

(6) 펌프의 성능시험배관

옥내소화전설비와 동일

(7) 순환배관

옥내소화전설비와 동일

(8) 가지배관 설치기준

① 토너먼트(tournament) 방식이 아닐 것

② 교차배관에서 분기되는 지점을 기점으로 한쪽 가지배관에 설치되는 헤드의 개수(반자 아래와 반자속의 헤드를 하나의 가지배관 상에 병설하는 경우에는 반자 아래에 설치하는 헤드의 개수)는 8개 이하로 할 것. 다만, 다음 기준의 어느 하나에 해당하는 경우에는 그렇지 않다.

㉠ 기존의 방호구역안에서 칸막이 등으로 구획하여 1개의 헤드를 증설하는 경우

㉡ 습식스프링클러설비 또는 부압식스프링클러설비에 격자형 배관방식(2 이상의 수평주행배관 사이를 가지배관으로 연결하는 방식을 말한다)을 채택하는 때에는 펌프의 용량, 배관의 구경 등을 수리학적으로 계산한 결과 헤드의 방수압 및 방수량이 소화목적을 달성하는 데 충분하다고 인정되는 경우

③ 가지배관과 스프링클러헤드 사이의 배관을 신축배관으로 하는 경우에는 소방청장이 정하여 고시한 [스프링클러설비 신축배관 성능인증 및 제품검사의 기술기준]에 적합한 것으로 설치할 것. 이 경우 신축배관의 설치길이는 특정소방대상물의 각 부분으로부터 헤드까지의 수평거리를 초과하지 않을 것

특정소방대상물	수평거리(m)
무대부 · 특수가연물 저장 또는 취급하는 장소	1.7m 이하
일반건축물(창고포함)	2.1m 이하
내화건축물 (창고포함)	2.3m 이하
아파트 등의 세대 내	2.6m 이하

스프링클러설비의 배관방식

- **트리방식(Tree System)** : 주배관 → 수평주행배관 → 교차배관 → 가지배관 → 헤드의 단일 방향으로 유수되며, 화재안전기준에 따라 일반적으로 사용하는 스프링클러 배관방식

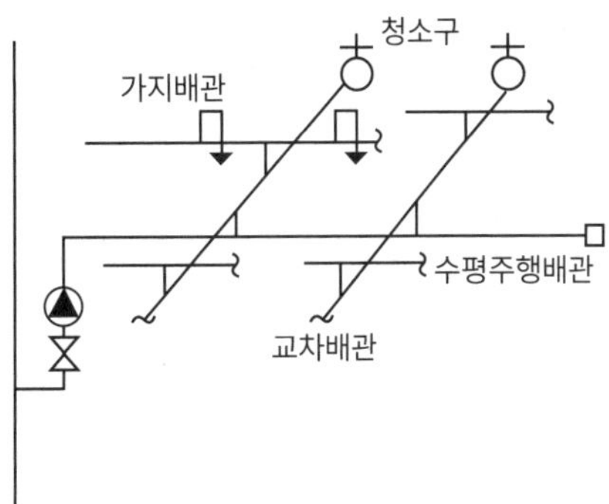

- **루프방식(Loop System)**
  - 2개의 수평주행배관 사이에 가지배관이 접속되어 SP작동 시 2방향 이상으로 급수가 공급되나 가지배관 상호간은 연결되지 않는 방식

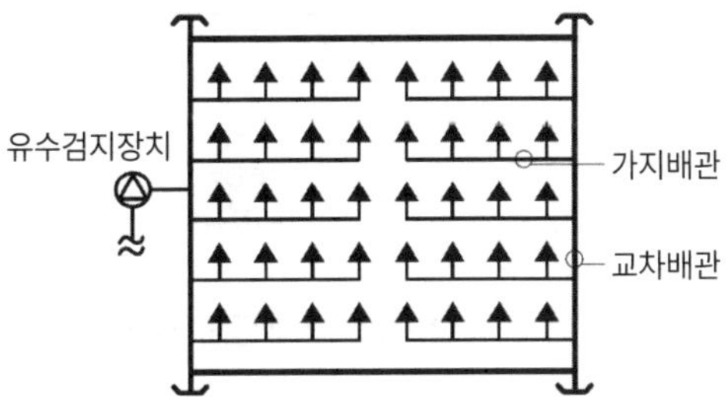

- **격자방식(Grid System)**
  - 2개의 수평주행배관 사이에 가지배관이 접속되어 SP작동 시 2방향 이상으로 급수가 공급되는 방식
  - 압력손실이 적고 방사압력이 균일하다.
  - 충격파의 분산이 가능하고 증설 · 이설이 쉽다.

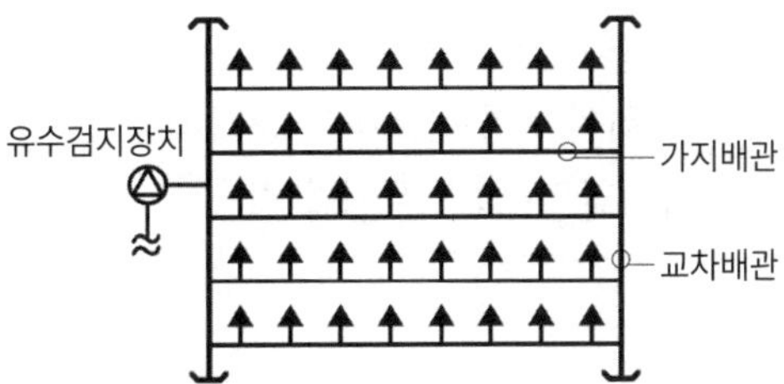

(9) 교차배관의 위치, 청소구 및 가지배관의 헤드설치기준

① 교차배관은 가지배관과 수평으로 설치하거나 또는 가지배관 밑에 설치하고, 그 구경은 규약 및 수리계산방식에 따르되 최소구경이 40㎜ 이상이 되도록 할 것. 다만, 패들형유수검지장치를 사용하는 경우에는 교차배관의 구경과 동일하게 설치할 수 있다.

② 청소구는 교차배관 끝에 40㎜ 이상 크기의 개폐밸브를 설치하고, 호스접결이 가능한 나사식 또는 고정배수 배관식으로 할 것. 이 경우 나사식의 개폐밸브는 옥내소화전 호스접결용의 것으로 하고, 나사보호용의 캡으로 마감해야 한다.

③ 하향식헤드를 설치하는 경우에 가지배관으로부터 헤드에 이르는 헤드접속배관은 가지관상부에서 분기할 것. 다만, 소화설비용 수원의 수질이 「먹는물관리법」 제5조에 따라 먹는물의 수질기준에 적합하고 덮개가 있는 저수조로부터 물을 공급받는 경우에는 가지배관의 측면 또는 하부에서 분기할 수 있다.

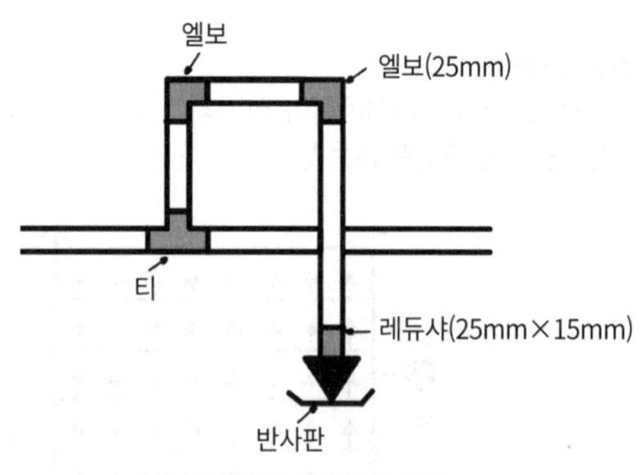

[스프링클러헤드의 분기]

(10) 준비작동식유수검지장치 또는 일제개방밸브 2차측 부대설비기준

① 개폐표시형밸브를 설치할 것

② 개폐표시형밸브와 준비작동식유수검지장치 또는 일제개방밸브 사이의 배관은 다음 기준과 같은 구조로 할 것

㉠ 수직배수배관과 연결하고 동 연결배관상에는 개폐밸브를 설치할 것

㉡ 자동배수장치 및 압력스위치를 설치할 것

㉢ ㉡에 따른 압력스위치는 수신부에서 준비작동식유수검지장치 또는 일제개방밸브의 개방여부를 확인할 수 있게 설치할 것

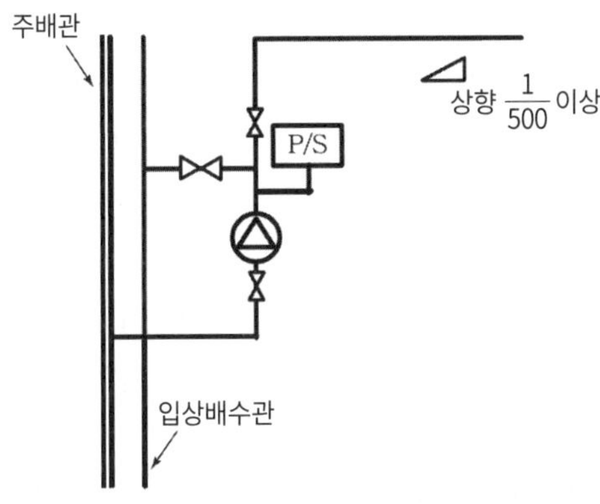

[일제개방밸브 2차측 배관]

(11) 시험장치 설치기준[습식, 건식, 부압식]

① 습식스프링클러설비 및 부압식스프링클러설비에 있어서는 유수검지장치 2차측 배관에 연결하여 설치하고 건식스프링클러설비인 경우 유수검지장치에서 가장 먼 거리에 위치한 가지배관의 끝으로부터 연결하여 설치할 것. 유수검지장치 2차측 설비의 내용적이 2,840L를 초과하는 건식스프링클러설비는 시험장치 개폐밸브를 완전 개방 후 1분 이내에 물이 방사되어야 한다.

② 시험장치 배관의 구경은 25mm 이상으로 하고, 그 끝에 개폐밸브 및 개방형헤드 또는 스프링클러헤드와 동등한 방수성능을 가진 오리피스를 설치할 것. 이 경우 개방형헤드는 반사판 및 프레임을 제거한 오리피스만으로 설치할 수 있다.

③ 시험배관의 끝에는 물받이 통 및 배수관을 설치하여 시험 중 방사된 물이 바닥에 흘러내리지 않도록 할 것. 다만, 목욕실 · 화장실 또는 그 밖의 곳으로서 배수처리가 쉬운 장소에 시험배관을 설치한 경우에는 그렇지 않다.

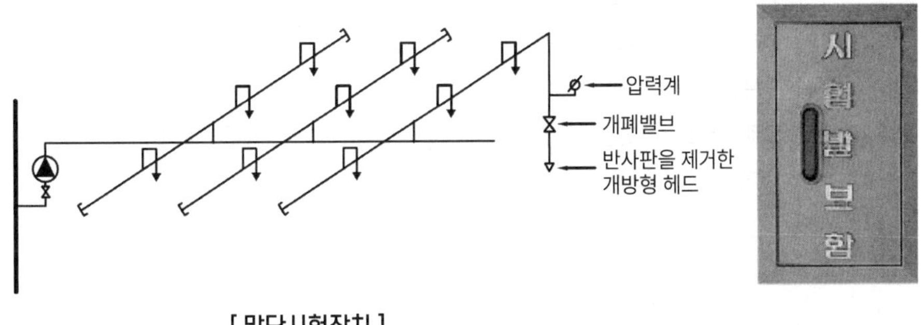

[말단시험장치]

(12) 행거 설치기준

① 가지배관에는 헤드의 설치지점 사이마다 1개 이상의 행거를 설치하되, 헤드간의 거리가 3.5m를 초과하는 경우에는 3.5m 이내마다 1개 이상 설치할 것. 이 경우 상향식헤드와 행거 사이에는 8㎝ 이상의 간격을 두어야 한다.

② 교차배관에는 가지배관과 가지배관 사이마다 1개 이상의 행거를 설치하되, 가지배관 사이의 거리가 4.5m를 초과하는 경우에는 4.5m 이내마다 1개 이상 설치할 것

③ 수평주행배관에는 4.5m 이내마다 1개 이상 설치할 것

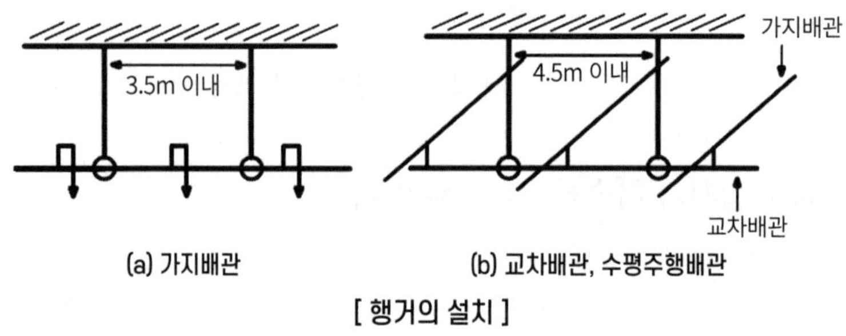

(a) 가지배관 (b) 교차배관, 수평주행배관

[행거의 설치]

(13) 수직배수배관 설치기준

수직배수배관의 구경은 50㎜ 이상으로 해야 한다. 다만, 수직배관의 구경이 50㎜ 미만인 경우에는 수직배관과 동일한 구경으로 할 수 있다.

(14) 급수개폐밸브 작동표시 스위치(탬퍼스위치)

급수배관에 설치되어 급수를 차단할 수 있는 개폐밸브에는 그 밸브의 개폐상태를 감시제어반에서 확인할 수 있도록 급수개폐밸브 작동표시 스위치를 다음의 기준에 따라 설치해야 한다.

① 급수개폐밸브가 잠길 경우 탬퍼스위치의 동작으로 인하여 감시제어반 또는 수신기에 표시되어야 하며 경보음을 발할 것

② 탬퍼스위치는 감시제어반 또는 수신기에서 동작의 유무확인과 동작시험, 도통시험을 할 수 있을 것

③ 급수개폐밸브의 작동표시 스위치에 사용되는 전기배선은 내화전선 또는 내열전선으로 설치할 것

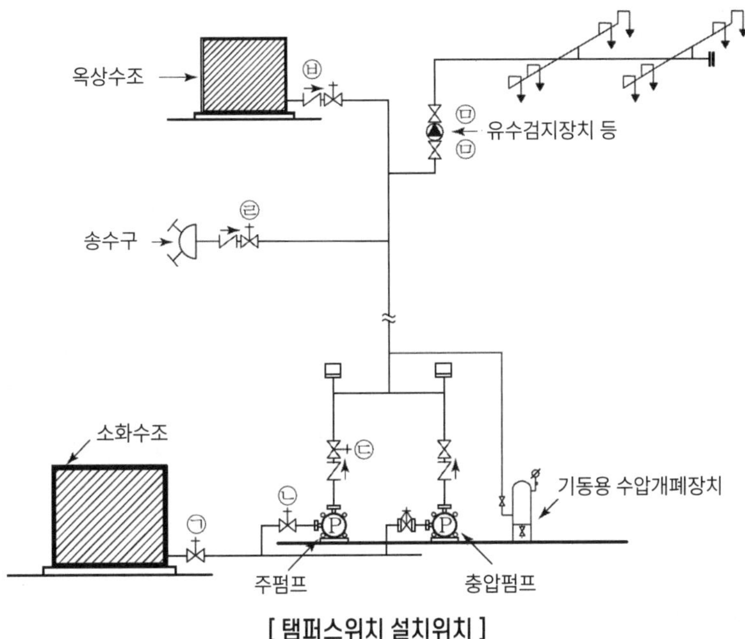

[탬퍼스위치 설치위치]

탬퍼스위치 설치위치

- 지하 수조로부터 펌프 흡입측 배관에 설치된 개폐밸브(㉠)
- 주펌프의 흡입측 개폐밸브(㉡)
- 주펌프의 토출측 개폐밸브(㉢)
- 스프링클러설비의 송수구에 설치하는 개폐표시형밸브/준비작동식 유수검지장치 및 일제개방밸브의 1차측 및 2차측 개폐밸브(㉣, ㉤)
- 스프링클러설비 입상관과 접속된 고가수조의 개폐밸브(㉥)

(15) 배관의 배수를 위한 기울기

① 습식스프링클러설비 또는 부압식 스프링클러설비의 배관을 수평으로 할 것. 다만, 배관의 구조상 소화수가 남아 있는 곳에는 배수밸브를 설치해야 한다.

② 습식스프링클러설비 또는 부압식 스프링클러설비 외의 설비에는 헤드를 향하여 상향으로 수평주행배관의 기울기를 500분의 1 이상, 가지배관의 기울기를 250분의 1 이상으로 할 것. 다만, 배관의 구조상 기울기를 줄 수 없는 경우에는 배수를 원활하게 할 수 있도록 배수밸브를 설치해야 한다.

7 음향장치 및 기동장치

(1) 음향장치 작동기준

① 습식유수검지장치 또는 건식유수검지장치를 사용하는 설비에 있어서는 헤드가 개방되면 유수검지장치가 화재신호를 발신하고 그에 따라 음향장치가 경보되도록 할 것

② 준비작동식유수검지장치 또는 일제개방밸브를 사용하는 설비에는 화재감지기의 감지에 따라 음향장치가 경보되도록 할 것. 이 경우 화재감지기회로를 교차회로방식(하나의 준비작동식유수검지장치 또는 일제개방밸브의 담당구역 내에 2 이상의 화재감지기회로를 설치하고 인접한 2 이상의 화재감지기가 동시에 감지되는 때에 준비작동식유수검지장치 또는 일제개방밸브가 개방 · 작동되는 방식을 말한다)으로 하는 때에는 하나의 화재감지기회로가 화재를 감지하는 때에도 음향장치가 경보되도록 해야 한다.

Reference

교차회로배선

- 배선방식 : 1개 밸브의 담당구역 내에 2 이상의 화재감지기 회로를 설치하고, 인접한 2개 이상의 화재감지기가 동시에 감지되는 때에 준비작동식밸브 또는 일제개방밸브가 개방 · 작동되게 하는 감지기 배선방식
- 배선목적 : 감지기오동작에 의한 설비의 오동작 방지
- 교차배선의 설계

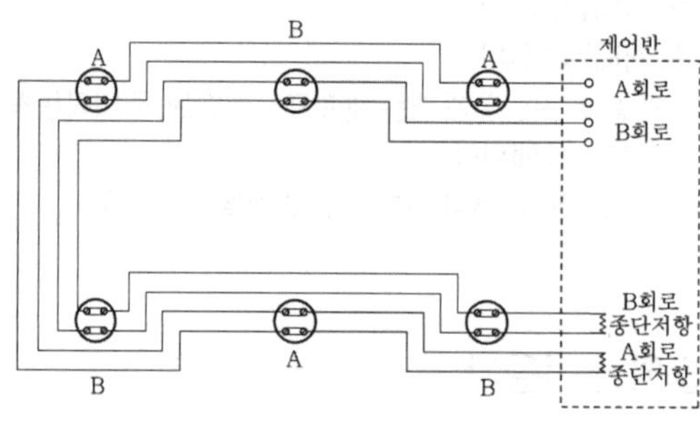

③ 음향장치는 유수검지장치 및 일제개방밸브 등의 담당구역마다 설치하되 그 구역의 각 부분으로부터 하나의 음향장치까지의 수평거리는 25m 이하가 되도록 할 것

④ 음향장치는 경종 또는 사이렌(전자식 사이렌을 포함한다)으로 하되, 주위의 소음 및 다른 용도의 경보와 구별이 가능한 음색으로 할 것. 이 경우 경종 또는 사이렌은 자동화재탐지설비 · 비상벨설비 또는 자동식사이렌설비의 음향장치와 겸용할 수 있다.

⑤ 주 음향장치는 수신기의 내부 또는 그 직근에 설치할 것.

⑥ 층수가 11층(공동주택의 경우 16층) 이상의 특정소방대상물은 다음의 기준에 따라 경보를 발할 수 있도록 해야 한다.

㉠ 2층 이상의 층에서 발화한 때에는 발화층 및 그 직상 4개층에 경보를 발할 것

㉡ 1층에서 발화한 때에는 발화층 · 그 직상 4개층 및 지하층에 경보를 발할 것

㉢ 지하층에서 발화한 때에는 발화층 · 그 직상층 및 기타의 지하층에 경보를 발할 것

⑦ 음향장치는 다음의 기준에 따른 구조 및 성능의 것으로 할 것

㉠ 정격전압의 80% 전압에서 음향을 발할 수 있는 것으로 할 것

㉡ 음량은 부착된 음향장치의 중심으로부터 1m 떨어진 위치에서 90dB 이상이 되는 것으로 할 것

(2) 펌프 작동기준

① 습식유수검지장치 또는 건식유수검지장치를 사용하는 설비에 있어서는 유수검지장치의 발신이나 기동용수압개폐장치에 의하여 작동되거나 또는 이 두 가지의 혼용에 따라 작동될 수 있도록 할 것

② 준비작동식유수검지장치 또는 일제개방밸브를 사용하는 설비에 있어서는 화재감지기의 화재감지나 기동용수압개폐장치에 따라 작동되거나 또는 이 두 가지의 혼용에 따라 작동할 수 있도록 할 것

(3) 준비작동식유수검지장치 또는 일제개방밸브 작동기준

① 담당구역내의 화재감지기의 동작에 따라 개방 및 작동될 것

② 화재감지회로는 교차회로방식으로 할 것. 다만, 다음의 어느 하나에 해당하는 경우에는 그렇지 않다.

㉠ 스프링클러설비의 배관 또는 헤드에 누설경보용 물 또는 압축공기가 채워지거나 부압식스프링클러설비의 경우

㉡ 화재감지기를 「자동화재탐지설비 및 시각경보장치의 화재안전기술기준(NFTC 203)」의 2.4.1 단서의 각 감지기로 설치한 때[오동작 우려가 없는 감지기]

③ 준비작동식유수검지장치 또는 일제개방밸브의 인근에서 수동기동(전기식 및 배수식)에 따라서도 개방 및 작동될 수 있게 할 것

④ ① 및 ②에 따른 화재감지기의 설치기준에 관하여는 「자동화재탐지설비 및 시각경보장치의 화재안전기술기준(NFTC 203)」 2.4(감지기) 및 2.8(배선)를 준용할 것. 이 경우 교차회로방식에 있어서의 화재감지기의 설치는 각 화재감지기 회로별로 설치하되, 각 화재감지기 회로별 화재감지기 1개가 담당하는 바닥면적은 「자동화재탐지설비 및 시각경

보장치의 화재안전기술기준(NFTC 203)」의 2.4.3.5, 2.4.3.8부터 2.4.3.10에 따른 바닥 면적으로 한다.

⑤ 화재감지기 회로에는 다음 기준에 따른 발신기를 설치할 것. 다만, 자동화재탐지설비의 발신기가 설치된 경우에는 그렇지 않다.

㉠ 조작이 쉬운 장소에 설치하고, 스위치는 바닥으로부터 0.8m 이상 1.5m 이하의 높이에 설치할 것

㉡ 특정소방대상물의 층마다 설치하되, 해당 특정소방대상물의 각 부분으로부터 하나의 발신기까지의 수평거리가 25m 이하가 되도록 할 것. 다만, 복도 또는 별도로 구획된 실로서 보행거리가 40m 이상일 경우에는 추가로 설치해야 한다.

㉢ 발신기의 위치를 표시하는 표시등은 함의 상부에 설치하되, 그 불빛은 부착 면으로부터 15° 이상의 범위 안에서 부착지점으로부터 10m 이내의 어느 곳에서도 쉽게 식별할 수 있는 적색등으로 할 것

8 헤 드

(1) 헤드의 설치장소

스프링클러헤드는 특정소방대상물의 천장 · 반자 · 천장과 반자 사이 · 덕트 · 선반 기타 이와 유사한 부분(폭이 1.2m를 초과하는 것에 한한다)에 설치해야 한다. 다만, 폭이 9m 이하인 실내에 있어서는 측벽에 설치할 수 있다.

(2) 헤드의 수평거리

스프링클러헤드를 설치하는 천장 · 반자 · 천장과 반자 사이 · 덕트 · 선반 등의 각 부분으로부터 하나의 스프링클러헤드까지의 수평거리는 다음과 같이 해야 한다. 다만, 성능이 별도로 인정된 스프링클러헤드를 수리계산에 따라 설치하는 경우에는 그렇지 않다.

특정소방대상물	수평거리(m)
무대부 · 특수가연물 저장 또는 취급하는 장소	1.7m 이하
일반건축물(창고포함)	2.1m 이하
내화건축물 (창고포함)	2.3m 이하
아파트 등의 세대 내	2.6m 이하

(3) 헤드의 배치

① **정방형 배치** : 헤드 간의 거리 중 가로의 거리와 세로의 거리가 동일한 헤드의 배치 방식

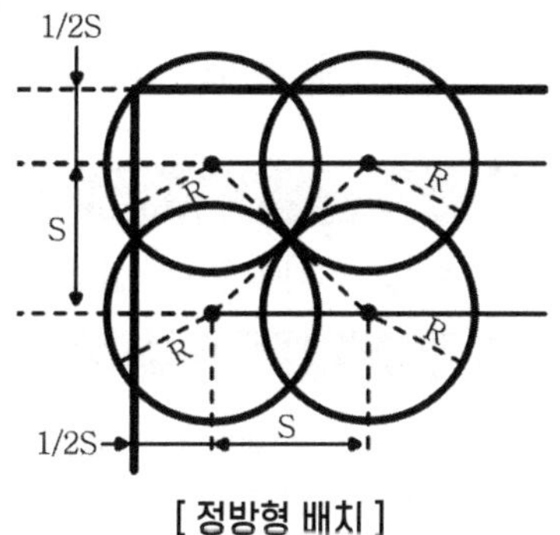

[정방형 배치]

$$S = 2r\cos 45°$$

S : 헤드간의 거리(m), r : 수평 거리(m)

② **장방형 배치** : 헤드 간의 거리 중가로의 거리 또는 세로의 거리가 서로 다른 배치방식

㉠ 가로열의 헤드 간의 거리 $= 2r\cos\theta$

㉡ 세로열의 헤드 간의 거리 $= 2r\cos\theta(\theta = 30 \sim 60°)$

그러므로 배치각이 일정치 않을 때에는

$$Pt = 2r$$

Pt : 대각선의 길이(m), r : 수평거리(m)

장방형의 경우

- 긴 변의 길이 = 2R · sin(큰각)
- 짧은 변의 길이 = 2R · sin(작은각)

(4) 개방형헤드 및 조기반응형헤드 설치대상

① 무대부 또는 연소할 우려가 있는 개구부에 있어서는 개방형스프링클러헤드를 설치해야 한다.

② 다음 어느 하나에 해당하는 장소에는 조기반응형 스프링클러헤드를 설치해야 한다.

㉠ 공동주택 · 노유자시설의 거실

㉡ 오피스텔 · 숙박시설의 침실, 병원의 입원실

조기반응형 헤드

RTI 50 이하인 속동형 헤드로 습식설비에 한하여 설치할 수 있다.

반응시간지수(RTI)

RTI(Response Time Index)란 헤드의 열에 대한 민감도 즉, 열감도를 의미하며 폐쇄형 헤드 감열부의 용융, 파괴, 이탈 등에 필요한 열을 주위로부터 얼마나 빠른 시간에 흡수할 수 있는지를 나타내는 헤드 작동시간에 따른 지수이다.

$$RTI : \tau\sqrt{u}$$

RTI : $\sqrt{m \cdot sec}$, τ : 감열체의 시간상수(sec), u : 기류의 속도(m/sec)

반응시간지수(RTI)에 따른 분류

- 표준반응형(Standard Response) 헤드 : RTI가 80 초과 350 이하인 헤드로 가장 일반적인 헤드
- 특수반응형(Special Response) 헤드 : RTI가 50 초과 80 이하인 헤드
- 조기반응형(Fast Response) 헤드 : RTI가 50 이하인 헤드로 속동형 헤드 또는 조기반응형 헤드라 한다.

(5) 폐쇄형헤드의 최고주위온도에 따른 표시온도

설치장소의 최고 주위온도	표시온도
39℃ 미만	79℃ 미만
39℃ 이상 64℃ 미만	79℃ 이상 121℃ 미만
64℃ 이상 106℃ 미만	121℃ 이상 162℃ 미만
106℃ 이상	162℃ 이상

다만, 높이가 4m 이상인 공장 및 창고(랙크식 창고를 포함한다)에 설치하는 스프링클러헤드는 표시온도 121℃ 이상의 것으로 할 수 있다.

(6) 헤드의 설치방법

① 살수가 방해되지 않도록 스프링클러헤드로부터 반경 60㎝ 이상의 공간을 보유할 것. 다만, 벽과 스프링클러헤드간의 공간은 10㎝ 이상으로 한다.

② 스프링클러헤드와 그 부착면(상향식헤드의 경우에는 그 헤드의 직상부의 천장 · 반자 또는 이와 비슷한 것을 말한다. 이하 같다)과의 거리는 30㎝ 이하로 할 것

③ 배관 · 행거 및 조명기구 등 살수를 방해하는 것이 있는 경우에는 ① 및 ②에도 불구하고 그로부터 아래에 설치하여 살수에 장애가 없도록 할 것. 다만, 스프링클러헤드와 장애물과의 이격거리를 장애물 폭의 3배 이상 확보한 경우에는 그렇지 않다.

④ 스프링클러헤드의 반사판은 그 부착 면과 평행하게 설치할 것. 다만, 측벽형헤드 또는 연소할 우려가 있는 개구부에 설치하는 스프링클러헤드의 경우에는 그렇지 않다.

⑤ 천장의 기울기가 10분의 1을 초과하는 경우에는 가지관을 천장의 마루와 평행하게 설치하고, 스프링클러헤드는 다음의 어느 하나의 기준에 적합하게 설치할 것

㉠ 천장의 최상부에 스프링클러헤드를 설치하는 경우에는 최상부에 설치하는 스프링클러헤드의 반사판을 수평으로 설치할 것

㉡ 천장의 최상부를 중심으로 가지관을 서로 마주보게 설치하는 경우에는 최상부의 가지관 상호간의 거리가 가지관상의 스프링클러헤드 상호간의 거리의 2분의 1 이하(최소 1m 이상이 되어야 한다)가 되게 스프링클러헤드를 설치하고, 가지관의 최상부에 설치하는 스프링클러헤드는 천장의 최상부로부터의 수직거리가 90㎝ 이하가 되도록 할 것. 톱날지붕, 둥근지붕 기타 이와 유사한 지붕의 경우에도 이에 준한다.

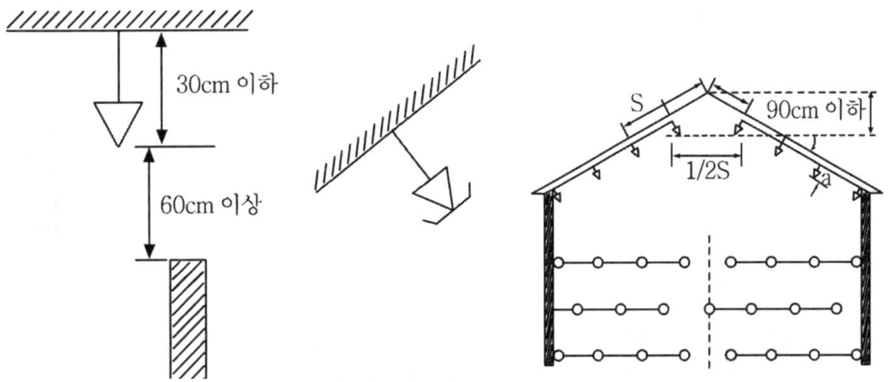

⑥ 연소할 우려가 있는 개구부에는 그 상하좌우에 2.5m 간격으로(개구부의 폭이 2.5m 이하인 경우에는 그 중앙에) 스프링클러헤드를 설치하되, 스프링클러헤드와 개구부의 내측 면으로부터 직선거리는 15㎝ 이하가 되도록 할 것. 이 경우 사람이 상시 출입하는 개구부로서 통행에 지장이 있는 때에는 개구부의 상부 또는 측면(개구부의 폭이 9m 이하인 경우에 한한다)에 설치하되, 헤드 상호간의 간격은 1.2m 이하로 설치해야 한다.

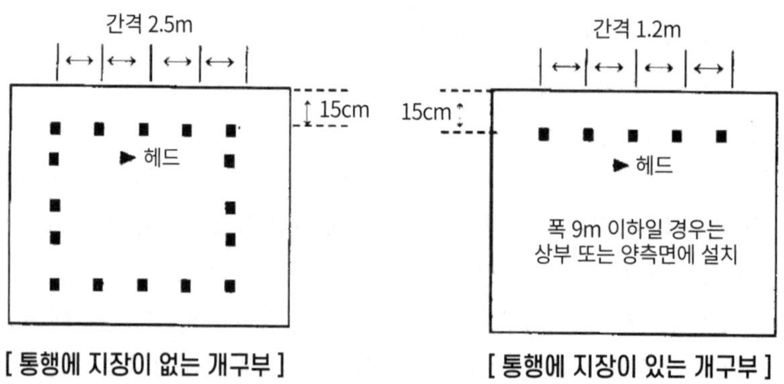

[통행에 지장이 없는 개구부]
[통행에 지장이 있는 개구부]

⑦ 습식스프링클러설비 및 부압식스프링클러설비 외의 설비에는 상향식스프링클러헤드를 설치할 것. 다만, 다음의 어느 하나에 해당하는 경우에는 그렇지 않다.
　㉠ 드라이펜던트스프링클러헤드를 사용하는 경우
　㉡ 스프링클러헤드의 설치장소가 동파의 우려가 없는 곳인 경우
　㉢ 개방형스프링클러헤드를 사용하는 경우

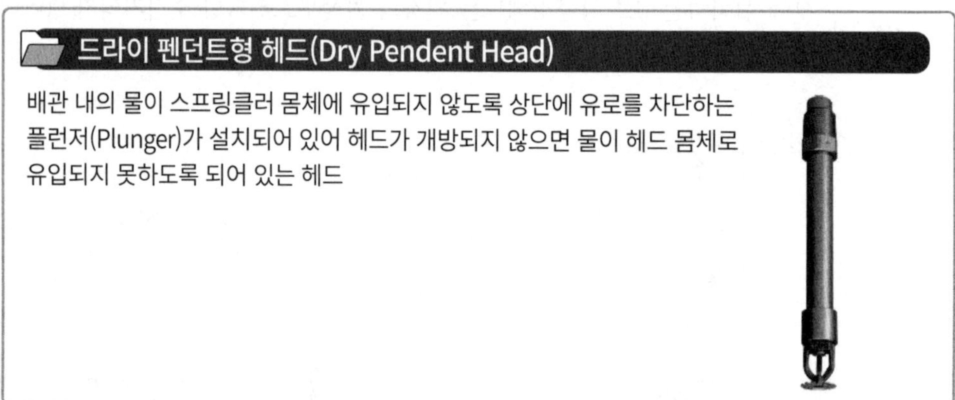
드라이 펜던트형 헤드(Dry Pendent Head)

배관 내의 물이 스프링클러 몸체에 유입되지 않도록 상단에 유로를 차단하는 플런저(Plunger)가 설치되어 있어 헤드가 개방되지 않으면 물이 헤드 몸체로 유입되지 못하도록 되어 있는 헤드

⑧ 측벽형스프링클러헤드를 설치하는 경우 긴 변의 한쪽 벽에 일렬로 설치(폭이 4.5m 이상 9m 이하인 실에 있어서는 긴변의 양쪽에 각각 일렬로 설치하되 마주보는 스프링클러헤드가 나란히꼴이 되도록 설치)하고 3.6m 이내마다 설치할 것

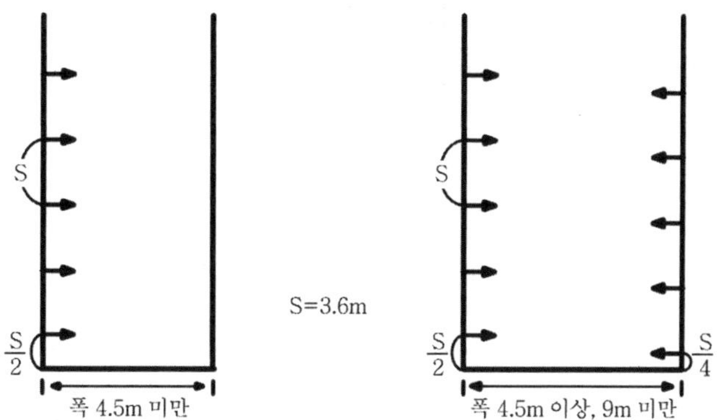

⑨ 상부에 설치된 헤드의 방출수에 따라 감열부에 영향을 받을 우려가 있는 헤드에는 방출수를 차단할 수 있는 유효한 차폐판을 설치할 것

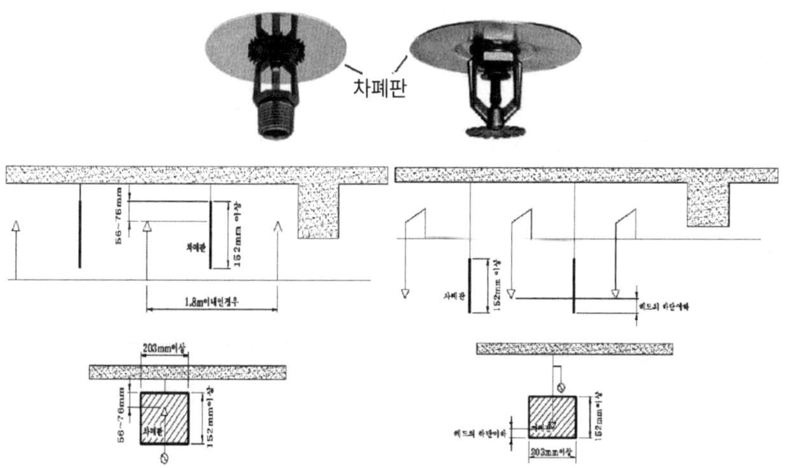

[하향형 및 상향형 스프링클러헤드 설치 시 차폐판 설치 예]

(7) 헤드와 보와의 이격거리

(6)의 ②에도 불구하고 특정소방대상물의 보와 가장 가까운 스프링클러헤드는 다음 표의 기준에 따라 설치해야 한다. 다만, 천장 면에서 보의 하단까지의 길이가 55㎝를 초과하고 보의 하단 측면 끝부분으로부터 스프링클러헤드까지의 거리가 스프링클러헤드 상호간 거리의 2분의 1 이하가 되는 경우에는 스프링클러헤드와 그 부착 면과의 거리를 55㎝ 이하로 할 수 있다.

[보의 수평거리에 따른 스프링클러헤드의 수평거리]

스프링클러헤드의 반사판 중심과 보의 수평거리	스프링클러헤드의 반사판 높이와 보의 하단 높이의 수직거리
0.75m 미만	보의 하단보다 낮을 것
0.75m 이상 1m 미만	0.1m 미만일 것
1m 이상 1.5m 미만	0.15m 미만일 것
1.5m 이상	0.3m 미만일 것

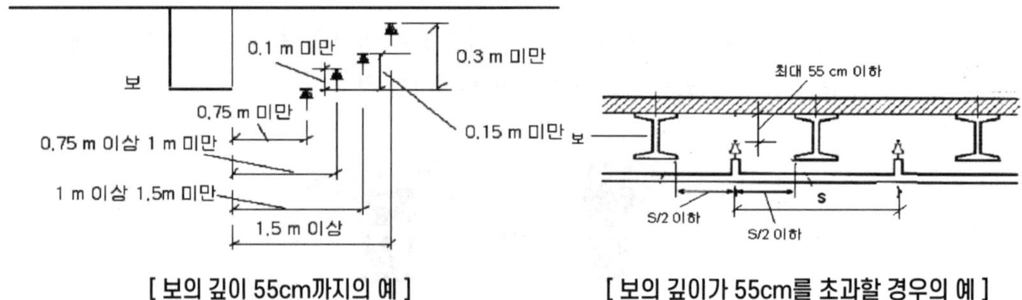

[보의 깊이 55cm까지의 예] [보의 깊이가 55cm를 초과할 경우의 예]

9 송수구

① 송수구는 소방차가 쉽게 접근할 수 있고 잘 보이는 장소에 설치하고, 화재 층으로부터 지면으로 떨어지는 유리창 등이 송수 및 그 밖의 소화작업에 지장을 주지 않는 장소에 설치할 것

② 송수구로부터 스프링클러설비의 주배관에 이르는 연결배관에 개폐밸브를 설치한 때에는 그 개폐상태를 쉽게 확인 및 조작할 수 있는 옥외 또는 기계실 등의 장소에 설치할 것

③ 송수구는 구경 65㎜의 쌍구형으로 할 것

④ 송수구에는 그 가까운 곳의 보기 쉬운 곳에 송수압력범위를 표시한 표지를 할 것

⑤ 폐쇄형스프링클러헤드를 사용하는 스프링클러설비의 송수구는 하나의 층의 바닥면적이 3,000㎡를 넘을 때마다 1개 이상(5개를 넘을 경우에는 5개로 한다)을 설치할 것

⑥ 지면으로부터 높이가 0.5m 이상 1m 이하의 위치에 설치할 것

⑦ 송수구의 부근에는 자동배수밸브(또는 직경 5㎜의 배수공) 및 체크밸브를 설치할 것. 이 경우 자동배수밸브는 배관안의 물이 잘 빠질 수 있는 위치에 설치하되, 배수로 인하여 다른 물건이나 장소에 피해를 주지 않아야 한다.

⑧ 송수구에는 이물질을 막기 위한 마개를 씌울 것

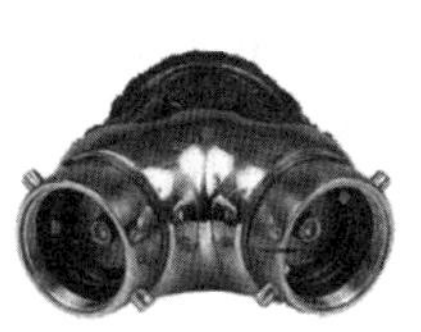

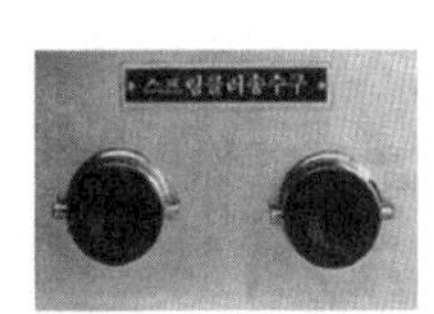

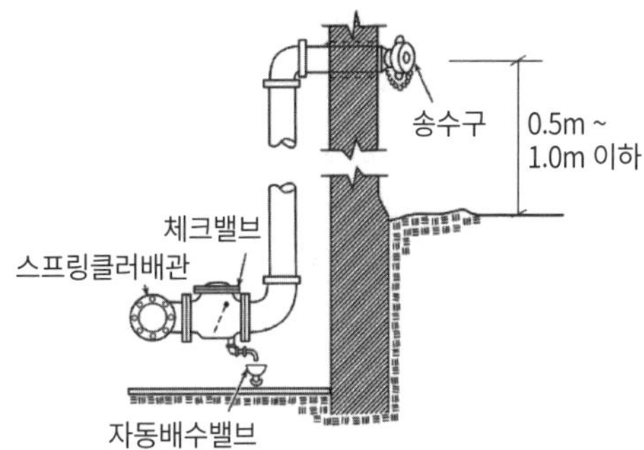

10 전 원

(1) 상용전원

옥내소화전설비와 동일

(2) 비상전원

① **비상전원의 종류** : 자가발전설비, 축전지설비 또는 전기저장장치
다만, 차고 · 주차장으로서 스프링클러설비가 설치된 부분의 바닥면적의 합계가 1,000㎡ 미만인 경우에는 비상전원수전설비로 설치할 수 있다.

② **비상전원의 설치대상** : 모든 스프링클러설비

③ **비상전원의 설치제외 경우**

㉠ 2 이상의 변전소(「전기사업법」 제67조에 따른 변전소를 말한다. 이하 같다)에서 전력을 동시에 공급받을 수 있는 경우

㉡ 하나의 변전소로부터 전력의 공급이 중단되는 때에는 자동으로 다른 변전소로부터 전원을 공급받을 수 있도록 상용전원을 설치한 경우

㉢ 가압수조방식의 경우

④ **비상전원의 설치기준** : ①에 따른 비상전원 중 자가발전설비, 축전지설비 또는 전기저장장치는 다음 각 기준에 따라 설치하고, 비상전원수전설비의 경우 소방시설용비상전원수전설비의 화재안전기술기준(NFTC 602)」에 따라 설치해야 한다.

㉠ 점검에 편리하고 화재 및 침수 등의 재해로 인한 피해를 받을 우려가 없는 곳에 설치할 것

㉡ 스프링클러설비를 유효하게 20분 이상 작동할 수 있어야 할 것

㉢ 상용전원으로부터 전력의 공급이 중단된 때에는 자동으로 비상전원으로부터 전력을 공급받을 수 있도록 할 것

㉣ 비상전원(내연기관의 기동 및 제어용 축전지를 제외한다)의 설치장소는 다른 장소와 방화구획 할 것. 이 경우 그 장소에는 비상전원의 공급에 필요한 기구나 설비외의 것(열병합발전설비에 필요한 기구나 설비는 제외한다)을 두어서는 안된다.

㉤ 비상전원을 실내에 설치하는 때에는 그 실내에 비상조명등을 설치할 것

㉥ 옥내에 설치하는 비상전원실에는 옥외로 직접 통하는 충분한 용량의 급배기설비를 설치할 것

㉦ 비상전원의 출력용량은 다음 각 기준을 충족할 것

㉮ 비상전원 설비에 설치되어 동시에 운전될 수 있는 모든 부하의 합계 입력용량을 기준으로 정격출력을 선정할 것. 다만, 소방전원 보존형발전기를 사용할 경우에는 그렇지 않다.

㉯ 기동전류가 가장 큰 부하가 기동될 때에도 부하의 허용 최저입력전압 이상의 출력전압을 유지할 것

㉰ 단시간 과전류에 견디는 내력은 입력용량이 가장 큰 부하가 최종 기동할 경우에도 견딜 수 있을 것

㉧ 자가발전설비는 부하의 용도와 조건에 따라 다음 중의 하나를 설치하고 그 부하용도별 표지를 부착해야 한다. 다만, 자가발전설비의 정격출력용량은 하나의 건축물에 있어서 소방부하의 설비용량을 기준으로 하고, 소방부하겸용발전기의 경우 비상부하는 국토교통부장관이 정한 「건축전기설비설계기준」의 수용률 범위 중 최대값 이상을 적용한다.

㉮ 소방전용 발전기 : 소방부하용량을 기준으로 정격출력용량을 산정하여 사용하는 발전기

㉯ 소방부하 겸용 발전기 : 소방 및 비상부하 겸용으로서 소방부하와 비상부하의 전원용량을 합산하여 정격출력용량을 산정하여 사용하는 발전기

㉰ 소방전원 보존형 발전기 : 소방 및 비상부하 겸용으로서 소방부하의 전원용량을 기준으로 정격출력용량을 산정하여 사용하는 발전기

㉨ 비상전원실의 출입구 외부에는 실의 위치와 비상전원의 종류를 식별할 수 있도록 표지판을 부착할 것

11 제어반

(1) 감시제어반

① 감시제어반의 기능

㉠ 각 펌프의 작동여부를 확인할 수 있는 표시등 및 음향경보기능이 있어야 할 것

㉡ 각 펌프를 자동 및 수동으로 작동시키거나 중단시킬 수 있어야 할 것

㉢ 비상전원을 설치한 경우에는 상용전원 및 비상전원의 공급여부를 확인할 수 있어야 할 것

㉣ 수조 또는 물올림수조가 저수위로 될 때 표시등 및 음향으로 경보할 것

㉤ 예비전원이 확보되고 예비전원의 적합여부를 시험할 수 있어야 할 것

② 감시제어반의 설치기준

㉠ 화재 및 침수 등의 재해로 인한 피해를 받을 우려가 없는 곳에 설치할 것

㉡ 감시제어반은 스프링클러설비의 전용으로 할 것. 다만, 스프링클러설비의 제어에 지장이 없는 경우에는 다른 설비와 겸용할 수 있다.

㉢ 감시제어반은 다음 각 기준에 따른 전용실안에 설치할 것. 다만, 감시제어반과 동력제어반을 같은 장소에 설치할 수 있는 경우와 공장, 발전소 등에서 설비를 집중 제어 · 운전할 목적으로 설치하는 중앙제어실 내에 감시제어반을 설치하는 경우에는 그렇지 않다.

㉮ 다른 부분과 방화구획을 할 것. 이 경우 전용실의 벽에는 기계실 또는 전기실 등의 감시를 위하여 두께 7㎜ 이상의 망입유리(두께 16.3㎜ 이상의 접합유리 또는 두께 28㎜ 이상의 복층유리를 포함한다)로 된 4㎡ 미만의 붙박이창을 설치할 수 있다.

㉯ 피난층 또는 지하 1층에 설치할 것. 다만, 다음의 어느 하나에 해당하는 경우에는 지상 2층에 설치하거나 지하 1층 외의 지하층에 설치할 수 있다.

- 「건축법시행령」 제35조에 따라 특별피난계단이 설치되고 그 계단(부속실을 포함한다)출입구로부터 보행거리 5m 이내에 전용실의 출입구가 있는 경우
- 아파트의 관리동(관리동이 없는 경우에는 경비실)에 설치하는 경우

㉰ 비상조명등 및 급 · 배기설비를 설치할 것

㉱ 「무선통신보조설비의 화재안전기술기준(NFTC 505)」 2.2.3에 따라 유효하게 통신이 가능할 것(영 별표 4의 제5호마목에 따른 무선통신보조설비가 설치된 특정소방대상물에 한한다)

㉲ 바닥면적은 감시제어반의 설치에 필요한 면적 외에 화재 시 소방대원이 그 감시제어반의 조작에 필요한 최소면적 이상으로 할 것

㉣ 전용실에는 특정소방대상물의 기계 · 기구 또는 시설 등의 제어 및 감시설비 외의 것을 두지 않을 것

㉤ 각 유수검지장치 또는 일제개방밸브의 경우에는 작동여부를 확인할 수 있는 표시 및 경보기능이 있도록 할 것

㉥ 일제개방밸브의 경우에는 밸브를 개방시킬 수 있는 수동조작스위치를 설치할 것

㉦ 일제개방밸브를 사용하는 설비의 화재감지는 각 경계회로별로 화재표시가 되도록 할 것

㉧ 다음의 각 확인회로마다 도통시험 및 작동시험을 할 수 있도록 할 것

㉮ 기동용수압개폐장치의 압력스위치회로

㉯ 수조 또는 물올림수조의 저수위감시회로

㉰ 유수검지장치 또는 일제개방밸브의 압력스위치회로

㉱ 일제개방밸브를 사용하는 설비의 화재감지기회로

㉲ 개폐밸브의 폐쇄상태 확인회로

㉳ 그 밖의 이와 비슷한 회로

㉨ 감시제어반과 자동화재탐지설비의 수신기를 별도의 장소에 설치하는 경우에는 이들 상호간 연동하여 화재발생 및 ① 감시제어반기능의 ㉠ · ㉢과 ㉣의 기능을 확인할 수 있도록 할 것

(2) 동력제어반

① 앞면은 적색으로 하고 "스프링클러설비용 동력제어반"이라고 표시한 표지를 설치할 것

② 외함은 두께 1.5㎜ 이상의 강판 또는 이와 동등 이상의 강도 및 내열성능이 있는 것으로 할 것

③ 화재 및 침수 등의 재해로 인한 피해를 받을 우려가 없는 곳에 설치할 것

④ 동력제어반은 스프링클러설비의 전용으로 할 것. 다만, 스프링클러설비의 제어에 지장이 없는 경우에는 다른 설비와 겸용할 수 있다.

(3) 감시제어반과 동력제어반을 구분하여 설치하지 않을 수 있는 경우

① 옥내소화전 비상전원 설치대상에 해당하지 않는 특정소방대상물에 설치되는 스프링클러설비

② 내연기관에 따른 가압송수장치를 사용하는 스프링클러설비

③ 고가수조에 따른 가압송수장치를 사용하는 스프링클러설비

④ 가압수조에 따른 가압송수장치를 사용하는 스프링클러설비

(4) 자가발전설비 제어반의 제어장치(소방전원 보존형 발전기 제어장치)

① 소방전원 보존형임을 식별할 수 있도록 표기할 것
② 발전기 운전 시 소방부하 및 비상부하에 전원이 동시 공급되고, 그 상태를 확인할 수 있는 표시가 되도록 할 것
③ 발전기가 정격용량을 초과할 경우 비상부하는 자동적으로 차단되고, 소방부하만 공급되는 상태를 확인할 수 있는 표시가 되도록 할 것

12 배선 등

옥내소화전설비와 동일

13 헤드의 제외

① 계단실(특별피난계단의 부속실을 포함한다) · 경사로 · 승강기의 승강로 · 비상용승강기의 승강장 · 파이프덕트 및 덕트피트(파이프 · 덕트를 통과시키기 위한 구획된 구멍에 한한다) · 목욕실 · 수영장(관람석 부분을 제외한다) · 화장실 · 직접 외기에 개방되어 있는 복도 · 기타 이와 유사한 장소
② 통신기기실 · 전자기기실 · 기타 이와 유사한 장소
③ 발전실 · 변전실 · 변압기 · 기타 이와 유사한 전기설비가 설치되어 있는 장소
④ 병원의 수술실 · 응급처치실 · 기타 이와 유사한 장소
⑤ 천장과 반자 양쪽이 불연재료로 되어 있는 경우로서 그 사이의 거리 및 구조가 다음의 어느 하나에 해당하는 부분
   ㉠ 천장과 반자사이의 거리가 2m 미만인 부분
   ㉡ 천장과 반자사이의 벽이 불연재료이고 천장과 반자사이의 거리가 2m 이상으로서 그 사이에 가연물이 존재하지 않는 부분
⑥ 천장 · 반자중 한쪽이 불연재료로 되어있고 천장과 반자사이의 거리가 1m 미만인 부분
⑦ 천장 및 반자가 불연재료 외의 것으로 되어 있고 천장과 반자사이의 거리가 0.5m 미만인 부분
⑧ 펌프실 · 물탱크실 엘리베이터 권상기실 그 밖의 이와 비슷한 장소
⑨ 현관 또는 로비 등으로서 바닥으로부터 높이가 20m 이상인 장소
⑩ 영하의 냉장창고의 냉장실 또는 냉동창고의 냉동실
⑪ 고온의 노가 설치된 장소 또는 물과 격렬하게 반응하는 물품의 저장 또는 취급장소

⑫ 불연재료로 된 특정소방대상물 또는 그 부분으로서 다음의 어느 하나에 해당하는 장소
 ㉠ 정수장 · 오물처리장 그 밖의 이와 비슷한 장소
 ㉡ 펄프공장의 작업장 · 음료수공장의 세정 또는 충전하는 작업장 그 밖의 이와 비슷한 장소
 ㉢ 불연성의 금속 · 석재 등의 가공공장으로서 가연성물질을 저장 또는 취급하지 않는 장소
 ㉣ 가연성 물질이 존재하지 않는 「건축물의 에너지절약설계기준」에 따른 방풍실
⑬ 실내에 설치된 테니스장 · 게이트볼장 · 정구장 또는 이와 비슷한 장소로서 실내 바닥 · 벽 · 천장이 불연재료 또는 준불연재료로 구성되어 있고 가연물이 존재하지 않는 장소로서 관람석이 없는 운동시설(지하층은 제외한다)

14 드렌처설비(수막설비) 설치기준

연소할 우려가 있는 개구부에 다음의 기준에 따른 드렌처설비를 설치한 경우에는 해당 개구부에 한하여 스프링클러헤드를 설치하지 않을 수 있다.

① 드렌처헤드는 개구부 위 측에 2.5m 이내마다 1개를 설치할 것
② 제어밸브(일제개방밸브 · 개폐표시형밸브 및 수동조작부를 합한 것을 말한다. 이하 같다)는 특정소방대상물 층마다에 바닥 면으로부터 0.8m 이상 1.5m 이하의 위치에 설치할 것
③ 수원의 수량은 드렌처헤드가 가장 많이 설치된 제어밸브의 드렌처헤드의 설치개수에 1.6㎥를 곱하여 얻은 수치 이상이 되도록 할 것
④ 드렌처설비는 드렌처헤드가 가장 많이 설치된 제어밸브에 설치된 드렌처헤드를 동시에 사용하는 경우에 각각의 헤드선단에 방수압력이 0.1MPa 이상, 방수량이 80L/min 이상이 되도록 할 것
⑤ 수원에 연결하는 가압송수장치는 점검이 쉽고 화재 등의 재해로 인한 피해우려가 없는 장소에 설치할 것

[드렌처헤드 설치]

[드렌처헤드]

간이스프링클러설비 (NFTC103A)

1 간이스프링클러설비의 설치대상

① 공동주택 중 연립주택 및 다세대주택(연립주택 및 다세대주택에 설치하는 간이스프링클러설비는 화재안전기준에 따른 주택전용 간이스프링클러설비를 설치한다)

② 근린생활시설 중 다음의 어느 하나에 해당하는 것

㉠ 근린생활시설로 사용하는 부분의 바닥면적 합계가 1천㎡ 이상인 것은 모든 층

㉡ 의원, 치과의원 및 한의원으로서 입원실이 있는 시설

㉢ 조산원 및 산후조리원으로서 연면적 600㎡ 미만인 시설

③ 의료시설 중 다음의 어느 하나에 해당하는 시설

㉠ 종합병원, 병원, 치과병원, 한방병원 및 요양병원(의료재활시설은 제외한다)으로 사용되는 바닥면적의 합계가 600㎡ 미만인 시설

㉡ 정신의료기관 또는 의료재활시설로 사용되는 바닥면적의 합계가 300㎡ 이상 600㎡ 미만인 시설

㉢ 정신의료기관 또는 의료재활시설로 사용되는 바닥면적의 합계가 300㎡ 미만이고, 창살(철재 · 플라스틱 또는 목재 등으로 사람의 탈출 등을 막기 위하여 설치한 것을 말하며, 화재 시 자동으로 열리는 구조로 되어 있는 창살은 제외한다)이 설치된 시설

④ 교육연구시설 내에 합숙소로서 연면적 100㎡ 이상인 경우에는 모든 층

⑤ 노유자 시설로서 다음의 어느 하나에 해당하는 시설

㉠ 제7조제1항제7호 각 목에 따른 시설[같은 호 가목2) 및 같은 호 나목부터 바목까지의 시설 중 단독주택 또는 공동주택에 설치되는 시설은 제외하며, 이하 "노유자 생활시설"이라 한다]

㉡ ㉠에 해당하지 않는 노유자 시설로 해당 시설로 사용하는 바닥면적의 합계가 300㎡ 이상 600㎡ 미만인 시설

㉢ ㉠에 해당하지 않는 노유자 시설로 해당 시설로 사용하는 바닥면적의 합계가 300㎡ 미만이고, 창살(철재 · 플라스틱 또는 목재 등으로 사람의 탈출 등을 막기 위하여 설치한 것을 말하며, 화재 시 자동으로 열리는 구조로 되어 있는 창살은 제외한다)이 설치된 시설

⑥ 숙박시설로 사용되는 바닥면적의 합계가 300㎡ 이상 600㎡ 미만인 시설
⑦ 건물을 임차하여 「출입국관리법」 제52조제2항에 따른 보호시설로 사용하는 부분
⑧ 복합건축물(별표 2 제30호나목의 복합건축물만 해당한다)로서 연면적 1천㎡ 이상인 것은 모든 층
⑨ 다중이용업소 안전관리법 시행령 별표
㉠ 지하층에 설치된 영업장
㉡ 밀폐구조의 영업장
㉢ 제2조제7호에 따른 산후조리업(이하 이 표에서 "산후조리업"이라 한다) 및 같은 조 제7호의2에 따른 고시원업(이하 이 표에서 "고시원업"이라 한다)의 영업장. 다만, 무창층에 설치되지 않은 영업장으로서 지상 1층에 있거나 지상과 직접 맞닿아 있는 층(영업장의 주된 출입구가 건축물의 외부의 지면과 직접 연결된 경우를 포함한다)에 설치된 영업장은 제외한다.
㉣ 제2조제7호의3에 따른 권총사격장의 영업장

2 간이스프링클러설비의 구성 및 종류

(1) 구 성

① 수원 ② 가압송수장치 ③ 방호구역, 유수검지장치 ④ 배관 및 밸브
⑤ 음향장치 및 기동장치 ⑥ 간이헤드 ⑦ 송수구 ⑧ 비상전원 ⑨ 제어반

(2) 스프링클러설비의 종류

① 폐쇄형 간이헤드[50ℓ/min]를 이용하는 습식(습식유수검지장치 사용)
② 간이스프링클러가 설치되는 특정소방대상물에 부설된 주차장부분에는 습식외의 방식 이용(해당 주차장의 경우 표준형헤드 설치가능[80ℓ/min])

3 가압송수장치

(1) 상수도직결방식

(2) 전동기 또는 내연기관에 따른 펌프를 이용하는 방식

(3) 고가수조의 낙차를 이용하는 방식

- 스프링클러설비와 동일

(4) 압력수조의 압력을 이용하는 방식

스프링클러설비와 동일

(5) 가압수조를 이용하는 방식

① 가압수조의 압력은 간이헤드 2개를 동시에 개방할 때 적정방수량 및 방수압이 10분(근린생활시설의 경우에는 20분) 이상 유지되도록 할 것
② 가압수조의 수조는 최대상용압력 1.5배의 물의 압력을 가하는 경우 물이 새거나 변형이 없어야 할 것
③ 가압수조에는 수위계 · 급수관 · 배수관 · 급기관 · 압력계 및 안전장치를 설치할 것
④ 소방청장이 정하여 고시한 「가압수조식가압송수장치의 성능인증 및 제품검사의 기술기준」에 적합한 것으로 설치할 것

(6) 캐비닛형 가압송수장치 이용하는 방식

소방청장이 정하여 고시한 「캐비닛형간이스프링클러설비 성능인증 및 제품검사의 기술기준」에 적합한 것으로 설치해야 한다.

(7) 공통기준

① 방수압력(상수도직결형의 상수도압력)은 가장 먼 가지배관에서 2개의 간이헤드를 동시에 개방할 경우 각각의 간이헤드 선단 방수압력은 0.1MPa 이상, 방수량은 50L/min 이상이어야 한다. 다만, 간이스프링클러설비가 설치되는 특정소방대상물에 부설된 주차장부분에 표준반응형스프링클러헤드를 사용할 경우 헤드 1개의 방수량은 80L/min 이상이어야 한다.
② 위 설치대상 중 ②의 ㉠ 또는 ⑥과 ⑧에 해당하는 특정소방대상물의 경우에는 상수도직결형 및 캐비닛형 간이스프링클러설비를 제외한 가압송수장치를 설치해야 한다.

4 수 원

(1) 수원의 양

① 상수도직결형의 경우 : 수돗물
② 수조를 사용하는 경우 : 최소 1개 이상의 자동급수장치를 갖출 것
위 설치대상 중 ①, ②의 ㉡, ㉢, ③~⑤, ⑦, ⑨의 경우

수원의 양(m^3)＝2×0.5m^3 이상＝2×50ℓ/min×10min 이상

(표준형헤드 설치시 80ℓ/min 적용)
위 설치대상 중 ②의 ㉠, ⑥, ⑧의 경우
수원의 양(m^3)=5×1m^3 이상=5×50ℓ/min×20min 이상
(표준형헤드 설치시 80ℓ/min 적용)

(2) 수원의 전용, 수조 설치기준

스프링클러설비와 동일

(3) 옥상수조 및 옥상수원 미설치

참고 : 옥상수조(수원) 설치대상
① 옥내소화전설비
② 스프링클러설비(폐쇄형)
③ 화재조기진압용스프링클러설비

5 간이스프링클러설비의 방호구역 및 유수검지장치

① 하나의 방호구역의 바닥면적은 1,000㎡를 초과하지 않을 것
② 하나의 방호구역에는 1개 이상의 유수검지장치를 설치하되, 화재발생시 접근이 쉽고 점검하기 편리한 장소에 설치할 것
③ 하나의 방호구역은 2개층에 미치지 않도록 할 것. 다만, 1개층에 설치되는 간이헤드의 수가 10개 이하인 경우에는 3개층 이내로 할 수 있다.
④ 유수검지장치는 실내에 설치하거나 보호용 철망 등으로 구획하여 바닥으로부터 0.8m 이상 1.5m 이하의 위치에 설치하되, 그 실 등에는 가로 0.5m 이상 세로 1m 이상의 출입문을 설치하고 그 출입문 상단에 "유수검지장치실"이라고 표시한 표지를 설치할 것. 다만, 유수검지장치를 기계실(공조용기계실을 포함한다)안에 설치하는 경우에는 별도의 실 또는 보호용 철망을 설치하지 않고 기계실 출입문 상단에 "유수검지장치실"이라고 표시한 표지를 설치할 수 있다.
⑤ 간이헤드에 공급되는 물은 유수검지장치를 지나도록 할 것. 다만, 송수구를 통하여 공급되는 물은 그렇지 않다.
⑥ 자연낙차에 따른 압력수가 흐르는 배관 상에 설치된 유수검지장치는 화재 시 물의 흐름을 검지할 수 있는 최소한의 압력이 얻어질 수 있도록 수조의 하단으로부터 낙차를 두어 설치할 것
⑦ 간이스프링클러설비가 설치되는 특정소방대상물에 부설된 주차장부분에는 습식 외

의 방식으로 해야 한다. 다만, 동결의 우려가 없거나 동결을 방지할 수 있는 구조 또는 장치가 된 곳은 그렇지 않다.
※ 캐비닛형의 경우 ③ 기준 만족할 것

6 제어반

① 상수도 직결형의 경우에는 급수배관에 설치되어 급수를 차단할 수 있는 개폐밸브 및 유수검지장치의 작동상태를 확인할 수 있어야 하며, 예비전원이 확보되고 예비전원의 적합여부를 시험할 수 있어야 한다.
② 상수도 직결형을 제외한 방식의 것에 있어서는 「스프링클러설비의 화재안전기술기준(NFTC 103)」의 2.10(제어반)을 준용할 것

7 배관 및 밸브

(1) 배관 및 밸브, 부속류등 설치기준

스프링클러설비와 동일

(2) 배관 및 밸브의 설치순서

① 상수도직결형은 다음의 기준에 따라 설치할 것
㉠ 수도용계량기, 급수차단장치, 개폐표시형밸브, 체크밸브, 압력계, 유수검지장치(압력스위치 등 유수검지장치와 동등 이상의 기능과 성능이 있는 것을 포함한다. 이하 같다), 2개의 시험밸브의 순으로 설치할 것
㉡ 간이스프링클러설비 이외의 배관에는 화재시 배관을 차단할 수 있는 급수차단장치를 설치할 것
② 펌프 등의 가압송수장치를 이용하여 배관 및 밸브 등을 설치하는 경우에는 수원, 연성계 또는 진공계(수원이 펌프보다 높은 경우를 제외한다. 이하 같다), 펌프 또는 압력수조, 압력계, 체크밸브, 성능시험배관, 개폐표시형밸브, 유수검지장치, 시험밸브의 순으로 설치할 것.
③ 가압수조를 가압송수장치로 이용하여 배관 및 밸브등을 설치하는 경우에는 수원, 가압수조, 압력계, 체크밸브, 성능시험배관, 개폐표시형밸브, 유수검지장치, 2개의 시험밸브의 순으로 설치할 것
④ 캐비닛형의 가압송수장치에 배관 및 밸브 등을 설치하는 경우에는 수원, 연성계 또는

진공계(수원이 펌프보다 높은 경우를 제외한다. 이하 같다), 펌프 또는 압력수조, 압력계, 체크밸브, 개폐표시형밸브, 2개의 시험밸브의 순으로 설치할 것. 다만, 소화용수의 공급은 상수도와 직결된 바이패스관 또는 펌프에서 공급받아야 한다.

(3) 배관의 구경

배관의 구경은 수리계산에 의하거나 다음 표에 따라 설치할 것.
다만, 수리계산에 따르는 경우 가지배관의 유속은 6m/s, 그밖의 배관의 유속은 10m/s를 초과할 수 없다.

[간이헤드 수별 급수관의 구경]

(단위 : ㎜)

급수관의 구경 / 구분	25	32	40	50	65	80	100	125	150
가	2	3	5	10	30	60	100	160	161 이상
나	2	4	7	15	30	60	100	160	161 이상

(주)
1. 폐쇄형스프링클러헤드를 사용하는 설비의 경우로서 1개층에 하나의 급수배관(또는 밸브 등)이 담당하는 구역의 최대면적은 1,000㎡를 초과하지 않을 것
2. 폐쇄형스프링클러헤드를 설치하는 경우에는 "가"란의 헤드 수에 따를 것.
3. 폐쇄형스프링클러헤드를 설치하고 반자 아래의 헤드와 반자속의 헤드를 동일 급수관의 가지관상에 병설하는 경우에는 "나"란의 헤드 수에 따를 것
4. "캐비닛형" 및 "상수도직결형"을 사용하는 경우 주배관은 32mm, 수평주행배관은 32mm, 가지배관은 25mm 이상으로 할 것. 이 경우 최장배관은 캐비닛형간이스프링클러설비의 성능인증 및 제품검사 기술기준에 따라 인정받은 길이로 하며 하나의 가지배관에는 간이헤드를 3개 이내로 설치해야 한다.

8 간이헤드

① 폐쇄형간이헤드를 사용할 것
② 간이헤드의 작동온도는 실내의 최대 주위천장온도가 0℃ 이상 38℃ 이하인 경우 공칭작동온도가 57℃에서 77℃의 것을 사용하고, 39℃ 이상 66℃ 이하인 경우에는 공칭작동온도가 79℃에서 109℃의 것을 사용할 것
③ 간이헤드를 설치하는 천장 · 반자 · 천장과 반자사이 · 덕트 · 선반 등의 각 부분으로부터 간이헤드까지의 수평거리는 2.3m(「스프링클러헤드의 형식승인 및 제품검사의 기술기준」 유효반경의 것으로 한다) 이하가 되도록 해야 한다. 다만, 성능이 별도로 인정된 간이헤드를 수리계산에 따라 설치하는 경우에는 그렇지 않다.
④ 상향식간이헤드 또는 하향식간이헤드의 경우에는 간이헤드의 디플렉터에서 천장 또는 반자까지의 거리는 25㎜에서 102㎜ 이내가 되도록 설치해야 하며, 측벽형간이헤드의

경우에는 102㎜에서 152㎜ 사이에 설치할 것. 다만, 플러쉬 스프링클러헤드의 경우에는 천장 또는 반자까지의 거리를 102㎜ 이하가 되도록 설치할 수 있다.

⑤ 간이헤드는 천장 또는 반자의 경사 · 보 · 조명장치 등에 따라 살수장애의 영향을 받지 않도록 설치할 것

⑥ ④의 규정에도 불구하고 특정소방대상물의 보와 가장 가까운 간이헤드는 다음 표의 기준에 따라 설치할 것. 다만, 천장면에서 보의 하단까지의 길이가 55㎝를 초과하고 보의 하단 측면 끝부분으로부터 간이헤드까지의 거리가 간이헤드 상호간 거리의 2분의 1 이하가 되는 경우에는 간이헤드와 그 부착면과의 거리를 55㎝ 이하로 할 수 있다.

간이헤드의 반사판 중심과 보의 수평거리	간이헤드의 반사판 높이와 보의 하단 높이의 수직거리
0.75m 미만	보의 하단보다 낮을 것
0.75m 이상 1m 미만	0.1m 미만일 것
1m 이상 1.5m 미만	0.15m 미만일 것
1.5m 이상	0.3m 미만일 것

⑦ 상향식간이헤드 아래에 설치되는 하향식간이헤드에는 상향식 헤드의 방출수를 차단할 수 있는 유효한 차폐판을 설치할 것

⑧ 간이스프링클러설비를 설치해야 할 특정소방대상물에 있어서는 간이헤드 설치 제외에 관한 사항은 「스프링클러설비의 화재안전기술기준(NFTC 103)」 2.12.1을 준용한다.

⑨ 특정소방대상물에 부설된 주차장에는 표준반응형스프링클러헤드를 설치해야 하며 설치기준은 「스프링클러설비의 화재안전기술기준(NFTC 103)」 2.7(헤드)을 준용한다.

9 비상전원

간이스프링클러설비에는 다음의 기준에 적합한 비상전원 또는 「소방시설용비상전원수전설비의 화재안전기술기준(NFTC 602)」의 규정에 따른 비상전원수전설비를 설치해야 한다. 다만, 무전원으로 작동되는 간이스프링클러설비의 경우에는 모든 기능이 10분(근린생활시설의 경우에는 20분) 이상 유효하게 지속될 수 있는 구조를 갖추어야 한다.

① 간이스프링클러설비를 유효하게 10분(위 설치대상 중 ②의 ㉠ 또는 ⑥과 ⑧)에 해당하는 경우에는 20분) 이상 작동할 수 있도록 할 것

② 상용전원으로부터 전력의 공급이 중단된 때에는 자동으로 비상전원으로부터 전원을 공급받을 수 있는 구조로 할 것

화재조기진압용 스프링클러설비(NFTC103B)

1 설치장소의 구조

① 해당층의 높이가 13.7m 이하 일 것. 다만, 2층 이상일 경우에는 해당 층의 바닥을 내화구조로 하고 다른 부분과 방화구획 할 것
② 천장의 기울기가 1,000분의 168을 초과하지 않아야 하고, 이를 초과하는 경우에는 반자를 지면과 수평으로 설치할 것
③ 천장은 평평해야 하며 철재나 목재트러스 구조인 경우, 철재나 목재의 돌출부분이 102㎜를 초과하지 않을 것
④ 보로 사용되는 목재 · 콘크리트 및 철재사이의 간격이 0.9m 이상 2.3m 이하 일 것 다만, 보의 간격이 2.3m 이상인 경우에는 화재조기진압용 스프링클러헤드의 동작을 원활히 하기 위해 보로 구획된 부분의 천장 및 반자의 넓이가 28㎡를 초과하지 않을 것
⑤ 창고내의 선반의 형태는 하부로 물이 침투되는 구조로 할 것

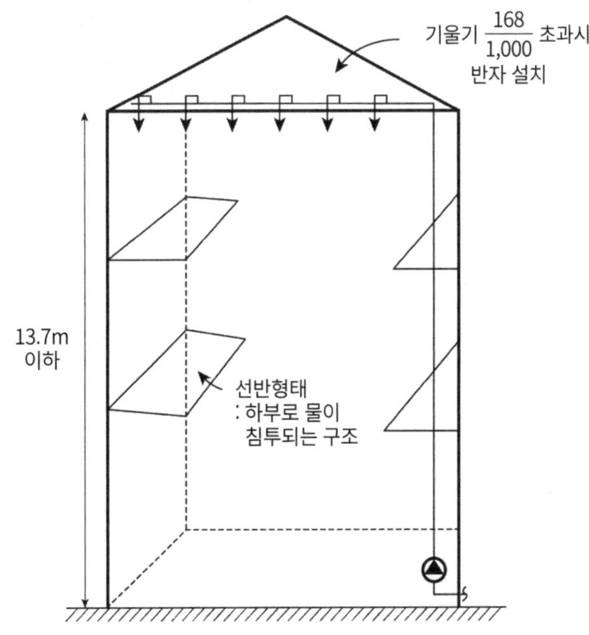

2 수 원

(1) 수원의 양

① 화재조기진압용 스프링클러설비의 수원은 수리학적으로 가장 먼 가지배관 3개에 각각 4개의 스프링클러헤드가 동시에 개방되었을 때 헤드선단의 압력이 표 2.2.1에 의한 값 이상으로 60분간 방사할 수 있는 양으로 계산식은 다음과 같다.

$$\text{수원의 양 } Q(l) = 12 \times K\sqrt{10P} \times 60$$

K : 방출계수(l/min·MPa$^{\frac{1}{2}}$), P : 헤드선단방수압(MPa), 12 : 12개, 60 : 60[min]

(2) 수원의 전용, 수조 설치기준

스프링클러설비와 동일

(3) 옥상수원 용량 및 설치제외기준

스프링클러설비와 동일

 Reference

[표 2.2.1] 화재조기진압용 스프링클러헤드의 최소방사압력(MPa)

최대층고	최대저장 높이	화재조기진압용 스프링클러헤드				
		K = 360 하향식	K = 320 하향식	K = 240 하향식	K = 240 상향식	K = 200 하향식
13.7 m	12.2 m	0.28	0.28	−	−	−
13.7 m	10.7 m	0.28	0.28	−	−	−
12.2 m	10.7 m	0.17	0.28	0.36	0.36	0.52
10.7 m	9.1 m	0.14	0.24	0.36	0.36	0.52
9.1 m	7.6 m	0.10	0.17	0.24	0.24	0.34

3 가압송수장치

스프링클러설비와 동일 [방사압 기준 : 표 2.2.1 참조]

4 방호구역 및 유수검지장치

① 하나의 방호구역의 바닥면적은 3,000m²를 초과하지 않을 것
② 하나의 방호구역에는 1개 이상의 유수검지장치를 설치하되, 화재시 접근이 쉽고 점검하기 편리한 장소에 설치할 것
③ 하나의 방호구역은 2개 층에 미치지 않도록 할 것. 다만, 1개 층에 설치되는 화재조기진압용 스프링클러헤드의 수가 10개 이하인 경우에는 3개층 이내로 할 수 있다.
④ 유수검지장치를 실내에 설치하거나 보호용 철망 등으로 구획하여 바닥으로부터 0.8m 이상 1.5m 이하의 위치에 설치하되, 그 실 등에는 가로 0.5m 이상 세로 1m 이상의 개구부로서 그 개구부에는 출입문을 설치하고 그 출입문 상단에 "유수검지장치실"이라고 표시한 표지를 설치할 것. 다만, 유수검지장치를 기계실(공조용기계실을 포함한다) 안에 설치하는 경우에는 별도의 실 또는 보호용 철망을 설치하지 않고 기계실 출입문 상단에 "유수검지장치실"이라고 표시한 표지를 설치할 수 있다.
⑤ 화재조기진압용 스프링클러헤드에 공급되는 물은 유수검지장치를 지나도록 할 것. 다만, 송수구를 통하여 공급되는 물은 그렇지 않다.
⑥ 자연낙차에 따른 압력수가 흐르는 배관 상에 설치된 유수검지장치는 소화수의 방수 시 물의 흐름을 검지할 수 있는 최소한의 압력이 얻어질 수 있도록 수조의 하단으로부터 낙차를 두어 설치할 것.

5 배 관

① 화재조기진압용 스프링클러설비의 배관은 습식으로 해야 한다.
② 가지배관의 배열은 다음의 기준에 따른다.
㉠ 토너먼트(tournament)방식이 아닐 것
㉡ 가지배관 사이의 거리는 2.4m 이상 3.7m 이하로 할 것. 다만, 천장의 높이가 9.1m 이상 13.7m 이하인 경우에는 2.4m 이상 3.1m 이하로 한다.
㉢ 교차배관에서 분기되는 지점을 기점으로 한쪽 가지배관에 설치되는 헤드의 개수(반자 아래와 반자속의 헤드를 하나의 가지배관 상에 병설하는 경우에는 반자 아래에 설치하는 헤드의 개수)는 8개 이하로 할 것. 다만, 다음의 어느 하나에 해당하는 경우에는 그렇지 않다.
㉮ 기존의 방호구역 안에서 칸막이 등으로 구획하여 1개의 헤드를 증설하는 경우
㉯ 격자형 배관방식(2 이상의 수평주행배관 사이를 가지배관으로 연결하는 방식을 말한다)을 채택하는 때에는 펌프의 용량, 배관의 구경 등을 수리학적으로 계산

한 결과 헤드의 방수압 및 방수량이 소화목적을 달성하는 데 충분하다고 인정되는 경우. 다만, 중앙소방기술심의위원회 또는 지방소방기술심의위원회의 심의를 거친 경우에 한정한다.

㉣ 가지배관과 화재조기진압용 스프링클러헤드 사이의 배관을 신축배관으로 하는 경우에는 소방청장이 정하여 고시한 「스프링클러설비신축배관의 성능인증 및 제품검사의 기술기준」에 적합한 것으로 설치할 것. 이 경우 신축배관의 설치길이는 특정소방대상물의 각부분으로부터 헤드까지의 수평거리를 초과하지 않을 것

특정소방대상물	수평거리(m)
무대부 · 특수가연물 저장 또는 취급하는 장소	1.7m 이하
일반건축물(창고포함)	2.1m 이하
내화건축물 (창고포함)	2.3m 이하
아파트 등의 세대 내	2.6m 이하

③ 기타 배관기준 스프링클러설비와 동일.

6 음향장치 및 기동장치

① 유수검지장치를 사용하는 설비는 헤드가 개방되면 유수검지장치가 화재신호를 발신하고 그에 따라 음향장치가 경보되도록 할 것

② 음향장치는 유수검지장치의 담당구역마다 설치하되 그 구역의 각 부분으로부터 하나의 음향장치까지의 수평거리는 25m 이하가 되도록 할 것

③ 음향장치는 경종 또는 사이렌(전자식 사이렌을 포함한다)으로 하되, 주위의 소음 및 다른 용도의 경보와 구별이 가능한 음색으로 할 것. 이 경우 경종 또는 사이렌은 자동화재탐지설비 · 비상벨설비 또는 자동식사이렌설비의 음향장치와 겸용할 수 있다.

④ 주음향장치는 수신기의 내부 또는 그 직근에 설치할 것

⑤ 층수가 11층(공동주택의 경우 16층) 이상의 특정소방대상물은 다음의 기준에 따라 경보를 발할 수 있도록 해야 한다.

㉠ 2층 이상의 층에서 발화한 때에는 발화층 및 그 직상 4개층에 경보를 발할 수 있도록 할 것

㉡ 1층에서 발화한 때에는 발화층 · 그 직상 4개층 및 지하층에 경보를 발할 수 있도록 할 것

ⓒ 지하층에서 발화한 때에는 발화층 · 그 직상층 및 기타의 지하층에 경보를 발할 수 있도록 할 것

⑥ 음향장치는 다음의 기준에 따른 구조 및 성능의 것으로 할 것

㉠ 정격전압의 80% 전압에서 음향을 발할 수 있는 것으로 할 것

㉡ 음향의 크기는 부착된 음향장치의 중심으로부터 1m 떨어진 위치에서 90db 이상이 되는 것으로 할 것

⑦ 화재조기진압용 스프링클러설비의 가압송수장치로서 펌프가 설치되는 경우에는 그 펌프의 작동은 유수검지장치의 발신이나 기동용수압개폐장치에 따라 작동되거나 또는 이 두 가지의 혼용에 따라 작동될 수 있도록 해야 한다.

7 헤 드

① 헤드 하나의 방호면적은 6.0㎡ 이상 9.3㎡ 이하로 할 것

② 가지배관의 헤드 사이의 거리는 천장의 높이가 9.1m 미만인 경우에는 2.4m 이상 3.7m 이하로, 9.1m 이상 13.7m 이하인 경우에는 3.1m 이하로 할 것

③ 헤드의 반사판은 천장 또는 반자와 평행하게 설치하고 저장물의 최상부와 914㎜ 이상 확보되도록 할 것

④ 하향식 헤드의 반사판의 위치는 천장이나 반자 아래 125㎜ 이상 355㎜ 이하일 것

⑤ 상향식 헤드의 감지부 중앙은 천장 또는 반자와 101㎜ 이상 152㎜ 이하이어야 하며, 반사판의 위치는 스프링클러 배관의 윗부분에서 최소 178㎜ 상부에 설치되도록 할 것

⑥ 헤드와 벽과의 거리는 헤드 상호간 거리의 2분의 1을 초과하지 않아야 하며 최소 102㎜ 이상일 것

⑦ 헤드의 작동온도는 74℃ 이하 일 것. 다만, 헤드 주위의 온도가 38℃ 이상의 경우에는 그 온도에서의 화재시험 등에서 헤드 작동에 관하여 공인기관의 시험을 거친 것을 사용할 것

⑧ 헤드의 살수분포에 장애를 주는 장애물이 있는 경우에는 다음의 어느 하나에 적합할 것

㉠ 천장 또는 천장근처에 있는 장애물과 반사판의 위치는 그림 2.7.1.8(1) 또는 그림 2.7.1.8(2)와 같이 하며, 천장 또는 천장근처에 보 · 덕트 · 기둥 · 난방기구 · 조명기구 · 전선관 및 배관 등의 기타 장애물이 있는 경우에는 장애물과 헤드 사이의 수평거리에 따른 장애물의 하단과 그 보다 윗부분에 설치되는 헤드 반사판 사이의 수직거리는 표 2.7.1.8(1) 또는 그림 2.7.1.8(3)에 따를 것

㉡ 헤드 아래에 덕트 · 전선관 · 난방용배관 등이 설치되어 헤드의 살수를 방해하는

경우에는 표 2.7.1.8(1) 또는 그림 2.7.1.8(3)에 따를 것. 다만, 2개 이상의 헤드의 살수를 방해하는 경우에는 표 2.7.1.8(2)를 참고로 한다.

⑨ 상부에 설치된 헤드의 방출수에 따라 감열부에 영향을 받을 우려가 있는 헤드에는 방출수를 차단할 수 있는 유효한 차폐판을 설치할 것

[표 2.7.1.8(1)]

[보 또는 기타 장애물 아래에 헤드가 설치된 경우의 반사판 위치]

장애물과 헤드 사이의 수평거리	장애물의 하단과 헤드의 반사판 사이의 수직거리	장애물과 헤드 사이의 수평거리	장애물의 하단과 헤드의 반사판 사이의 수직거리
0.3m 미만	0mm	1.1m 이상~1.2m 미만	300mm
0.3m 이상~0.5m 미만	40mm	1.2m 이상~1.4m 미만	380mm
0.5m 이상~0.7m 미만	75mm	1.4m 이상~1.5m 미만	460mm
0.7m 이상~0.8m 미만	140mm	1.5m 이상~1.7m 미만	560mm
0.8m 이상~0.9m 미만	200mm	1.7m 이상~1.8m 미만	660mm
0.9m 이상~1.1m 미만	250mm	1.8m 이상	790mm

[표 2.7.1.8(2)]

[저장물 위에 장애물이 있는 경우의 헤드설치 기준]

장애물의 류(폭)		조건
돌출장애물	0.6m 이하	1. 표 2.7.1.8(1) 또는 표 2.7.1.8(2)에 적합하거나 2. 장애물의 끝부근에서 헤드 반사판까지의 수평거리가 0.3m 이하로 설치할 것
	0.6m 초과	표 2.7.1.8(1) 또는 그림 2.7.1.8(3)에 적합할 것
연속장애물	5cm 이하	1. 표 2.7.1.8(1) 또는 그림 2.7.1.8(3)에 적합하거나 2. 장애물이 헤드 반사판 아래 0.6m 이하로 설치된 경우는 허용한다.
	5cm 초과~0.3m 이하	1. 표 2.7.1.8(1) 또는 그림 2.7.1.8(3)에 적합하거나 2. 장애물의 끝부근에서 헤드 반사판까지의 수평거리가 0.3m 이하로 설치할 것
	0.3m 초과~0.6m 이하	1. 표 2.7.1.8(1) 또는 그림 2.7.1.8(3)에 적합하거나 2. 장애물의 끝부근에서 헤드 반사판까지의 수평거리가 0.6m 이하로 설치할 것
	0.6m 초과	1. 표 2.7.1.8(1) 또는 그림 2.7.1.8(3)에 적합하거나 2. 장애물이 평편하고 견고하며 수평적인 경우에는 저장물의 최상단과 헤드반사판의 간격이 0.9m 이하로 설치할 것 3. 장애물이 평편하지 않거나 비연속적인 경우에는 저장물 아래에 평편한 판을 설치한 후 헤드를 설치할 것

[그림 2.7.1.8(1)]

보 또는 기타 장애물 위에 헤드가 설치된 경우의 반사판 위치

(그림 2.7.1.8(3) 또는 표 2.7.1.8(1)을 함께 사용할 것)

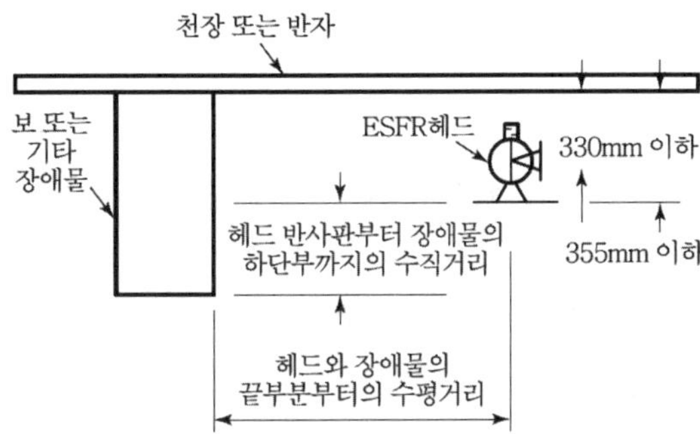

[그림 2.7.1.8(2)]

장애물이 헤드 아래에 연속적으로 설치된 경우의 반사판 위치

(그림 2.7.1.8(3) 또는 표 2.7.1.8(1)을 함께 사용할 것)

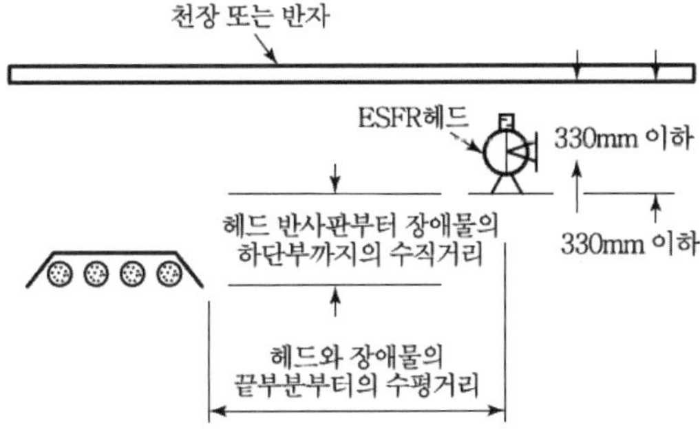

[그림 2.7.1.8(3)]

장애물 아래에 설치되는 헤드 반사판의 위치

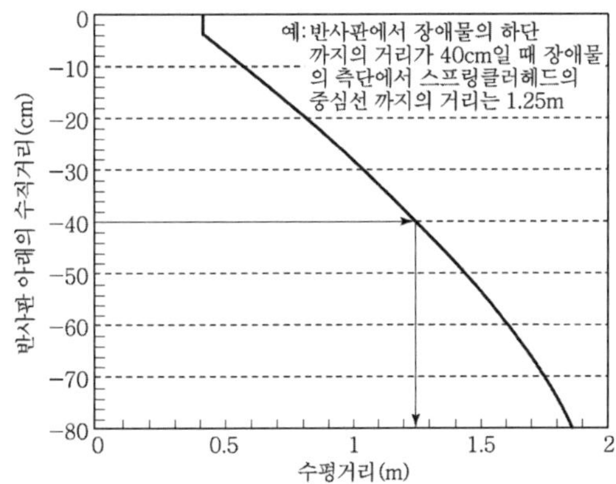

8 저장물의 간격

저장물품 사이의 간격은 모든 방향에서 152mm 이상의 간격을 유지해야 한다.

9 환기구

① 공기의 유동으로 인하여 헤드의 작동온도에 영향을 주지 않는 구조 및 위치일 것
② 화재감지기와 연동하여 동작하는 자동식 환기장치를 설치하지 않을 것. 다만, 자동식 환기장치를 설치할 경우에는 최소작동온도가 180℃ 이상일 것

10 설치제외

① 제4류 위험물
② 타이어, 두루마리 종이 및 섬유류, 섬유제품 등 연소 시 화염의 속도가 빠르고 방사된 물이 하부까지에 도달하지 못하는 것

11 기타기준

스프링클러설비와 동일

물분무소화설비 (NFTC104)

1 설치대상 [물분무등소화설비]

① 항공기 및 자동차 관련 시설 중 항공기격납고

② 차고, 주차용 건축물 또는 철골조립식 주차시설. 이 경우 연면적 800㎡ 이상인 것만 해당한다.

③ 건축물 내부에 설치된 차고 · 주차장으로서 차고 또는 주차의 용도로 사용되는 면적이 200㎡ 이상인 경우 해당 부분(50세대 미만 연립주택 및 다세대주택은 제외한다)

④ 기계장치에 의한 주차시설을 이용하여 20대 이상의 차량을 주차할 수 있는 시설

⑤ 특정소방대상물에 설치된 전기실 · 발전실 · 변전실(가연성 절연유를 사용하지 않는 변압기 · 전류차단기 등의 전기기기와 가연성 피복을 사용하지 않은 전선 및 케이블만을 설치한 전기실 · 발전실 및 변전실은 제외한다) · 축전지실 · 통신기기실 또는 전산실, 그 밖에 이와 비슷한 것으로서 바닥면적이 300㎡ 이상인 것[하나의 방화구획 내에 둘 이상의 실(室)이 설치되어 있는 경우에는 이를 하나의 실로 보아 바닥면적을 산정한다]. 다만, 내화구조로 된 공정제어실 내에 설치된 주조정실로서 양압시설(외부 오염 공기 침투를 차단하고 내부의 나쁜 공기가 자연스럽게 외부로 흐를 수 있도록 한 시설을 말한다)이 설치되고 전기기기에 220볼트 이하인 저전압이 사용되며 종업원이 24시간 상주하는 곳은 제외한다.

⑥ 소화수를 수집 · 처리하는 설비가 설치되어 있지 않은 중 · 저준위방사성폐기물의 저장시설. 이 시설에는 이산화탄소소화설비, 할론소화설비 또는 할로겐화합물 및 불활성기체 소화설비를 설치해야 한다.

⑦ 지하가 중 예상 교통량, 경사도 등 터널의 특성을 고려하여 행정안전부령으로 정하는 터널. 이 시설에는 물분무소화설비를 설치해야 한다.

⑧ 국가유산 중 「문화유산의 보존 및 활용에 관한 법률」에 따른 지정문화유산(문화유산자료를 제외한다) 또는 「자연유산의 보존 및 활용에 관한 법률」에 따른 천연기념물 등(자연유산자료를 제외한다)으로서 소방청장이 국가유산청장과 협의하여 정하는 것

2 물분무소화설비의 구성 및 종류

(1) 구 성

① 수원 ② 가압송수장치 ③ 배관등 ④ 송수구 ⑤ 기동장치 ⑥ 제어밸브 등
⑦ 물분무헤드 ⑧ 배수설비 ⑨ 전원 ⑩ 제어반 ⑪ 배선 등 ⑫ 물분무헤드 제외

(2) 물분무소화설비의 종류

개방형 물분무헤드를 이용하는 일제살수식(일제개방밸브 : 제어밸브 사용)

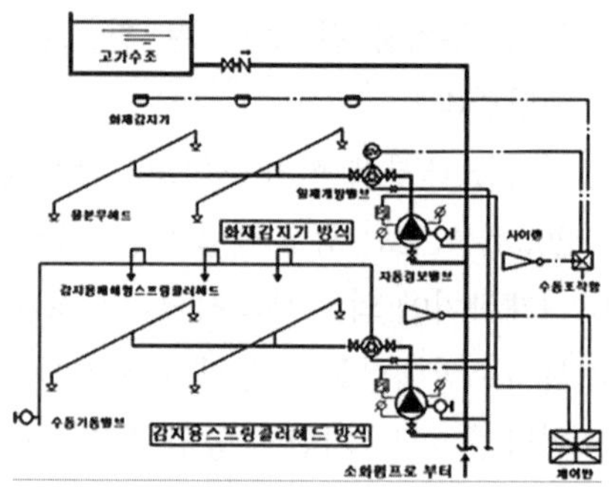

3 수 원

(1) 수원의 양

① 특수가연물을 저장 또는 취급하는 특정소방대상물

$$Q=A(m^2)\times 10\ell/m^2\cdot min\times 20min$$

Q : 수원(ℓ), A : 바닥면적(최대방수구역 바닥면적, 최소 50m^2 이상)

② 차고 또는 주차장

$$Q=A(m^2)\times 20\ell/m^2\cdot min\times 20min$$

Q : 수원(ℓ), A : 바닥면적(최대방수구역 바닥면적, 최소 50m^2 이상)

③ 절연유 봉입 변압기

$$Q=A(m^2)\times 10\ell/m^2\cdot min\times 20min$$

Q : 수원(ℓ), A : 바닥면적을 제외한 표면적을 합한 면적(m^2)

④ **케이블트레이, 케이블덕트**

$$Q = A(m^2) \times 12\ell/m^2 \cdot min \times 20min$$

Q : 수원(ℓ), A : 투영된 바닥면적 (m^2)
※ 투영(投影)된 바닥면적 : 위에서 빛을비출 때바닥 그림자의 면적

⑤ **콘베이어 벨트 등**

$$Q = A(m^2) \times 10\ell/m^2 \cdot min \times 20min$$

Q : 수원(ℓ), A : 벨트부분의 바닥면적(m^2)

⑥ **위험물 저장탱크**

$$Q = L(m^2) \times 37\ell/m^2 \cdot min \times 20min$$

Q : 수원(ℓ), L : 탱크의 원주둘레길이(m)

(2) 수원의 전용, 수조 설치기준

스프링클러설비와 동일

(3) 옥상수조 및 옥상수원 미설치

참고 : 옥상수조(수원) 설치대상
① 옥내소화전설비
② 스프링클러설비(폐쇄형)
③ 화재조기진압용스프링클러설비

4 가압송수장치

(1) 토출량

수원량 산정공식에서 20분 시간 제외

(2) 양정

스프링클러 양정공식에서 방사압 환산수두는 설계압력 이용

(3) 기타

스프링클러설비와 동일

(4) 송수구

① 송수구는 화재층으로부터 지면으로 떨어지는 유리창 등이 송수 및 그 밖의 소화작업에 지장을 주지 않는 장소에 설치할 것. 이 경우 가연성가스의 저장 · 취급시설에 설치하는 송수구는 그 방호대상물로부터 20m 이상의 거리를 두거나 방호대상물에 면하는 부분이 높이 1.5m 이상 폭 2.5m 이상의 철근콘크리트 벽으로 가려진 장소에 설치해야 한다.

② 송수구로부터 물분무소화설비의 주배관에 이르는 연결배관에 개폐밸브를 설치한 때에는 그 개폐상태를 쉽게 확인 및 조작할 수 있는 옥외 또는 기계실 등의 장소에 설치할 것

③ 송수구는 구경 65㎜의 쌍구형으로 할 것

④ 송수구에는 그 가까운 곳의 보기 쉬운 곳에 송수압력범위를 표시한 표지를 할 것

⑤ 송수구는 하나의 층의 바닥면적이 3,000㎡를 넘을 때마다 1개(5개를 넘을 경우에는 5개로 한다) 이상을 설치할 것

⑥ 지면으로부터 높이가 0.5m 이상 1m 이하의 위치에 설치할 것

⑦ 송수구의 부근에는 자동배수밸브(또는 직경 5㎜의 배수공) 및 체크밸브를 설치할 것. 이 경우 자동배수밸브는 배관안의 물이 잘 빠질 수 있는 위치에 설치하되, 배수로 인하여 다른 물건이나 장소에 피해를 주지 않아야 한다.

⑧ 송수구에는 이물질을 막기 위한 마개를 씌울 것

5 기동장치

① 수동식 기동장치의 설치기준

㉠ 직접조작 또는 원격조작에 따라 각각의 가압송수장치 및 수동식 개방밸브 또는 가압송수장치 및 자동개방밸브를 개방할 수 있도록 설치할 것

㉡ 기동장치의 가까운 곳의 보기 쉬운 곳에 '기동장치'라고 표시한 표지를 할 것

② 자동식 기동장치의 설치기준 : 화재감지기의 작동 또는 폐쇄형스프링클러헤드의 개방과 연동하여 경보를 발하고, 가압송수장치 및 자동개방밸브를 기동할 수 있는 것으로 해야 한다. 다만, 자동화재탐지설비의 수신기가 설치되어 있는 장소에 상시 사람이 근무하고 있으며, 화재 시 물분무소화설비를 즉시 작동시킬 수 있는 경우에는 그렇지 않다.

6 제어밸브

① 제어밸브의 설치기준

㉠ 제어밸브는 바닥으로부터 0.8m 이상 1.5m 이하의 위치에 설치할 것

㉡ 제어밸브의 가까운 곳의 보기 쉬운 곳에 '제어밸브'라고 표시한 표지를 할 것

② **자동개방밸브 및 수동개방밸브의 설치기준**

㉠ 자동개방밸브의 기동조작부 및 수동식개방밸브는 화재 시 용이하게 접근할 수 있는 곳의 바닥으로부터 0.8m 이상 1.5m 이하의 위치에 설치할 것

㉡ 자동개방밸브 및 수동식개방밸브의 2차측 배관 부분에는 해당 방수구역 외에 밸브의 작동을 시험할 수 있는 장치를 설치할 것. 다만 방수구역에서 직접 방수시험을 할 수 있는 경우에는 그렇지 않다.

7 물분무헤드

① 물분무헤드는 표준방사량으로 해당 방호대상물의 화재를 유효하게 소화하는 데 필요한 수를 적정한 위치에 설치해야 한다.

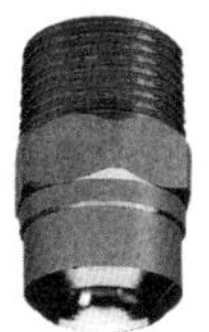

(a) 일반형 헤드

(b) 지하통로 및 터널용 헤드

[물분무헤드]

Reference

물분무헤드의 종류

- **충돌형** : 유수와 유수의 충돌에 의해 무상형태의 물방울을 만드는 물분무헤드
- **분사형** : 소구경의 오리피스로부터 고압으로 분사하여 무상형태의 물방울을 만드는 물분무헤드
- **선회류형** : 선회류에 의한 확산 방출 또는 선회류와 직선류의 충돌에 의한 확산 방출에 의하여 무상형태의 물방울을 만드는 물분무헤드
- **디플렉터형** : 수류를 살수판에 충돌하여 미세한 물방울을 만드는 물분무헤드
- **슬리트형** : 수류를 슬리트에 의해 방출하여 수막상의 분무를 만드는 물분무헤드

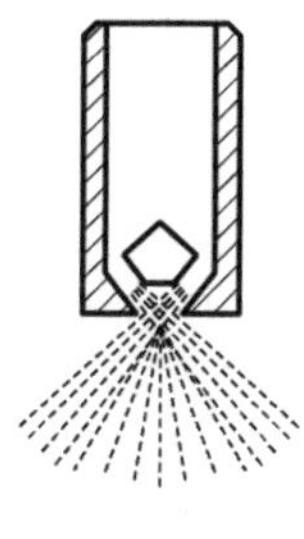

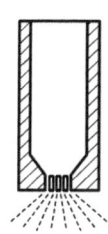

충돌형

분사형

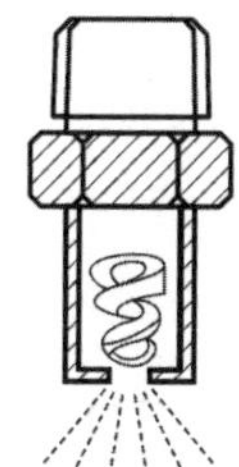

선회류형

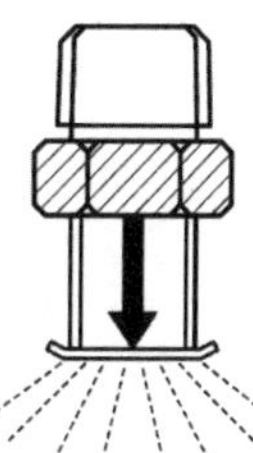

디플렉터형

② 고압의 전기기기와 물분무헤드 사이의 거리

전압(kV)	거리(cm)	전압(kV)	거리(cm)
66 이하	70이상	154 초과 181 이하	180 이상
66 초과 77 이하	80 이상	181 초과 220 이하	210 이상
77 초과 110 이하	110 이상	220 초과 275 이하	260 이상
110 초과 154 이하	150 이상	-	-

8 차고 또는 주차장에 설치하는 배수설비

① 차량이 주차하는 장소의 적당한 곳에 높이 10㎝ 이상의 경계턱으로 배수구를 설치할 것
② 배수구에는 새어나온 기름을 모아 소화할 수 있도록 길이 40m 이하 마다 집수관 · 소화 핏트 등 기름분리장치를 설치할 것
③ 차량이 주차하는 바닥은 배수구를 향하여 100분의 2 이상의 기울기를 유지할 것
④ 배수설비는 가압송수장치의 최대송수능력의 수량을 유효하게 배수할 수 있는 크기 및 기울기로 할 것

9 물분무헤드의 설치제외 장소

① 물에 심하게 반응하는 물질 또는 물과 반응하여 위험한 물질을 생성하는 물질을 저장 또는 취급하는 장소
② 고온의 물질 및 증류범위가 넓어 끓어 넘치는 위험이 있는 물질을 저장 또는 취급하는 장소
③ 운전시에 표면의 온도가 260℃ 이상으로 되는 등 직접 분무를 하는 경우 그 부분에 손상을 입힐 우려가 있는 기계장치 등이 있는 장소

미분무소화설비 (NFTC104A)

1 용어정의

① “미분무소화설비”란 가압된 물이 헤드 통과 후 미세한 입자로 분무됨으로써 소화성능을 가지는 설비를 말하며, 소화력을 증가시키기 위해 강화액 등을 첨가할 수 있다.
② “미분무”란 물만을 사용하여 소화하는 방식으로 최소설계압력에서 헤드로부터 방출되는 물입자 중 99%의 누적체적분포가 400㎛ 이하로 분무되고 A, B, C급 화재에 적응성을 갖는 것을 말한다.
③ “미분무헤드”란 하나 이상의 오리피스를 가지고 미분무소화설비에 사용되는 헤드를 말한다.
④ “개방형 미분무헤드”란 감열체 없이 방수구가 항상 열려져 있는 헤드를 말한다.
⑤ “폐쇄형 미분무헤드”란 정상상태에서 방수구를 막고 있는 감열체가 일정온도에서 자동적으로 파괴 · 용융 또는 이탈됨으로써 방수구가 개방되는 헤드를 말한다.
⑥ “저압 미분무소화설비”란 최고사용압력이 1.2MPa 이하인 미분무소화설비를 말한다.
⑦ “중압 미분무소화설비”란 사용압력이 1.2MPa을 초과하고 3.5MPa 이하인 미분무소화설비를 말한다.
⑧ “고압 미분무소화설비”란 최저사용압력이 3.5MPa을 초과하는 미분무소화설비를 말한다.
⑨ “폐쇄형 미분무소화설비”란 배관 내에 항상 물 또는 공기 등이 가압되어 있다가 화재로 인한 열로 폐쇄형 미분무헤드가 개방되면서 소화수를 방출하는 방식의 미분무소화설비를 말한다.
⑩ “개방형 미분무소화설비”란 화재감지기의 신호를 받아 가압송수장치를 동작시켜 미분무수를 방출하는 방식의 미분무소화설비를 말한다.

2 미분무소화설비의 구성 및 종류

(1) 구 성

① 수원 ② 가압송수장치 ③ 폐쇄형미분무소화설비의 방호구역

④ 개방형미분무소화설비의 방수구역 ⑤ 배관 등 ⑥ 음향장치 및 기동장치
⑦ 헤드 ⑧ 전원 ⑨ 제어반 ⑩ 배선 등 ⑪ 설계도서 작성기준

(2) 종류

① 습식설비 ② 건식설비 ③ 준비작동식설비 ④ 일제살수식설비

(3) 방출방식에 따른 분류

① 전역방출방식 ② 국소방출방식 ③ 호스릴방출방식

(4) 사용압력별 분류

① **저압설비**(최고사용압력이 1.2MPa 이하인 설비)
② **중압설비**(사용압력이 1.2MPa을 초과하고 3.5MPa 이하인 설비)
③ **고압설비**(최저사용압력이 3.5MPa을 초과하는 설비)

(5) 헤드종류별 분류

① **자동식헤드** [평상시 폐쇄상태를 유지하다가 열감지소자의 동작으로 개방]
② **비자동식헤드** [평상시 개방상태를 유지하다가 별도 감지설비에 따라 작동하여 전체구역 헤드에서 살수]
③ **복합식헤드** [자동식헤드와 비자동식헤드의 기능이 복합된 헤드, 평상시 자동식헤드처럼 열감지소자를 가지고 있는 폐쇄형의 헤드이나 동시에 제어반으로부터 신호에 따라 개방이 가능한 구조의 헤드]

3 설계도서의 작성

① 미분무소화설비의 성능을 확인하기 위하여 하나의 발화원을 가정한 설계도서는 다음의 기준 및 그림 2.1.1을 고려하여 작성되어야 하며, 설계도서는 일반설계도서와 특별설계도서로 구분한다.

1. 점화원의 형태
2. 초기 점화되는 연료 유형
3. 화재 위치
4. 문과 창문의 초기상태(열림, 닫힘) 및 시간에 따른 변화상태
5. 공기조화설비, 자연형(문, 창문) 및 기계형 여부
6. 시공 유형과 내장재 유형

② 일반설계도서는 유사한 특정소방대상물의 화재사례 등을 이용하여 작성하고, 특별설계도서는 일반설계도서에서 발화 장소 등을 변경하여 위험도를 높게 만들어 작성해야 한다.

③ ① 및 ②에도 불구하고 검증된 기준에서 정하고 있는 것을 사용할 경우에는 적합한 도서로 인정할 수 있다.

[그림 2.1.1] 설계도서 작성 기준

1. 공통사항
   설계도서는 건축물에서 발생 가능한 상황을 선정하되, 건축물의 특성에 따라 제2호의 설계도서 유형 중 가목의 일반설계도서와 나목부터 사목까지의 특별설계도서 중 1개 이상을 작성한다.
2. 설계도서 유형
   가. 일반설계도서
      1) 건물용도, 사용자 중심의 일반적인 화재를 가상한다.
      2) 설계도서에는 다음 사항이 필수적으로 명확히 설명되어야 한다.
         가) 건물사용자 특성
         나) 사용자의 수와 장소
         다) 실 크기
         라) 가구와 실내 내용물
         마) 연소 가능한 물질들과 그 특성 및 발화원
         바) 환기조건
         사) 최초 발화물과 발화물의 위치
      3) 설계자가 필요한 경우 기타 설계도서에 필요한 사항을 추가할 수 있다.
   나. 특별설계도서 1
      1) 내부 문들이 개방되어 있는 상황에서 피난로에 화재가 발생하여 급격한 화재연소가 이루어지는 상황을 가상한다.
      2) 화재시 가능한 피난방법의 수에 중심을 두고 작성한다.
   다. 특별설계도서 2
      1) 사람이 상주하지 않는 실에서 화재가 발생하지만, 잠재적으로 많은 재실자에게 위험이 되는 상황을 가상한다.
      2) 건축물 내의 재실자가 없는 곳에서 화재가 발생하여 많은 재실자가 있는 공간으로 연소 확대되는 상황에 중심을 두고 작성한다.

라. 특별설계도서 3

1) 많은 사람들이 있는 실에 인접한 벽이나 덕트 공간 등에서 화재가 발생한 상황을 가상한다.

2) 화재감지기가 없는 곳이나 자동으로 작동하는 소화설비가 없는 장소에서 화재가 발생하여 많은 재실자가 있는 곳으로의 연소 확대가 가능한 상황에 중심을 두고 작성한다.

마. 특별설계도서 4

1) 많은 거주자가 있는 아주 인접한 장소 중 소방시설의 작동범위에 들어가지 않는 장소에서 아주 천천히 성장하는 화재를 가상한다.

2) 작은 화재에서 시작하지만 큰 대형화재를 일으킬 수 있는 화재에 중심을 두고 작성한다.

바. 특별설계도서 5

1) 건축물의 일반적인 사용 특성과 관련, 화재하중이 가장 큰 장소에서 발생한 아주 심각한 화재를 가상한다.

2) 재실자가 있는 공간에서 급격하게 연소 확대되는 화재를 중심으로 작성한다.

사. 특별설계도서 6

1) 외부에서 발생하여 본 건물로 화재가 확대되는 경우를 가상한다.

2) 본 건물에서 떨어진 장소에서 화재가 발생하여 본 건물로 화재가 확대되거나 피난로를 막거나 거주가 불가능한 조건을 만드는 화재에 중심을 두고 작성한다.

4 미분무소화설비의 설치기준

(1) 수 원

① 미분무수 소화설비에 사용되는 소화용수는 「먹는물관리법」 제5조에 적합하고, 저수조 등에 충수할 경우 필터 또는 스트레이너를 통해야 하며, 사용되는 물에는 입자 · 용해고체 또는 염분이 없어야 한다.

② 배관의 연결부(용접부 제외) 또는 주배관의 유입측에는 필터 또는 스트레이너를 설치해야 하고, 사용되는 스트레이너에는 청소구가 있어야 하며, 검사 · 유지관리 및 보수시에 배치위치를 변경하지 않아야 한다. 다만, 노즐이 막힐 우려가 없는 경우에는 설치하지 않을 수 있다.

③ 사용되는 필터 또는 스트레이너의 메쉬는 헤드 오리피스 지름의 80% 이하가 되어야 한다.

④ 수원의 양은 다음의 식을 이용하여 계산한 양 이상으로 해야 한다.

$$Q = N \times D \times T \times S + V$$

Q : 수원의 양[m^3], N : 방호구역(방수구역) 내 헤드의 개수, D : 설계유량(m^3/min),
T : 설계방수시간(min), S : 안전율(1.2 이상), V : 배관의 총체적(m^3)

⑤ 첨가제의 양은 설계방수시간 내에 충분히 사용될 수 있는 양 이상으로 산정한다. 이 경우 첨가제가 소화약제인 경우 소방청장이 정하여 고시한 「소화약제의 형식승인 및 제품검사의 기술기준」에 적합한 것으로 사용해야 한다.

(2) 수 조

① 수조의 재료는 냉간 압연 스테인리스 강판 및 강대(KS D 3698)의 STS 304 또는 이와 동등 이상의 강도 · 내식성 · 내열성이 있는 것으로 해야 한다.

② 수조를 용접할 경우 용접찌꺼기 등이 남아 있지 아니해야 하며, 부식의 우려가 없는 용접방식으로 해야 한다.

③ 미분무 소화설비용 수조는 다음의 기준에 따라 설치해야 한다.

㉠ 전용으로 하며 점검에 편리한 곳에 설치할 것

㉡ 동결방지조치를 하거나 동결의 우려가 없는 장소에 설치할 것

㉢ 수조의 외측에 수위계를 설치할 것. 다만, 구조상 불가피한 경우에는 수조의 맨홀 등을 통하여 수조 안의 물의 양을 쉽게 확인할 수 있도록 해야 한다.

㉣ 수조의 상단이 바닥보다 높은 때에는 수조의 외측에 고정식 사다리를 설치할 것

㉤ 수조가 실내에 설치된 때에는 그 실내에 조명 설비를 설치할 것

㉥ 수조의 밑 부분에는 청소용 배수밸브 또는 배수관을 설치할 것

㉦ 수조 외측의 보기 쉬운 곳에 "미분무설비용 수조"라고 표시한 표지를 할 것

㉧ 소화설비용 펌프의 흡수배관 또는 수직배관과 수조의 접속부분에는 "미분무설비용 배관"이라고 표시한 표지를 할 것. 다만, 수조와 가까운 장소에 소화설비용 펌프가 설치되고 해당 펌프에 표지를 설치한 때에는 그렇지 않다.

(3) 가압송수장치

① 전동기 또는 내연기관에 따른 펌프를 이용하는 가압송수장치는 다음의 기준에 따라 설치해야 한다.

㉠ 쉽게 접근할 수 있고 점검하기에 충분한 공간이 있는 장소로서 화재 및 침수 등의 재해로 인한 피해를 받을 우려가 없는 곳에 설치할 것

㉡ 동결방지조치를 하거나 동결의 우려가 없는 장소에 설치할 것

㉢ 펌프는 전용으로 할 것

㉣ 펌프의 토출 측에는 압력계를 체크밸브 이전에 펌프 토출 측 플랜지에서 가까운 곳에 설치할 것

㉤ 펌프의 성능은 체질운전 시 정격토출압력의 140%를 초과하지 않고, 정격토출량의 150%로 운전 시 정격토출압력의 65% 이상이 되어야 하며, 펌프의 성능을 시험할 수 있는 성능시험배관을 설치할 것

㉥ 가압송수장치의 송수량은 최저설계압력에서 설계유량(L/min) 이상의 방수성능을 가진 기준개수의 모든 헤드로부터의 방수량을 충족시킬 수 있는 양 이상의 것으로 할 것

㉦ 내연기관을 사용하는 경우에는 제어반에 따라 내연기관의 자동기동 및 수동기동이 가능하고, 상시 충전되어 있는 축전지설비를 갖출 것

㉧ 가압송수장치에는 "미분무펌프"라고 표시한 표지를 할 것. 다만, 호스릴방식의 경우 "호스릴방식 미분무펌프"라고 표시한 표지를 할 것

㉨ 가압송수장치가 기동된 경우에는 자동으로 정지되지 않도록 할 것

㉩ 가압송수장치는 부식등으로 인한 펌프의 고착을 방지할 수 있도록 다음의 기준에 적합한 것으로 할 것. 다만, 충압펌프는 제외한다.

㉮ 임펠러는 청동 또는 스테인리스 등 부식에 강한 재질을 사용할 것

㉯ 펌프축은 스테인리스 등 부식에 강한 재질을 사용할 것

② 압력수조를 이용하는 가압송수장치는 다음의 기준에 따라 설치해야 한다.

㉠ 압력수조는 배관용 스테인리스 강관(KS D 3676) 또는 이와 동등 이상의 강도·내식성, 내열성을 갖는 재료를 사용할 것

㉡ 용접한 압력수조를 사용할 경우 용접찌꺼기 등이 남아 있지 않아야 하며, 부식의 우려가 없는 용접방식으로 해야 한다.

㉢ 쉽게 접근할 수 있고 점검하기에 충분한 공간이 있는 장소로서 화재 및 침수등의 재해로 인한 피해를 받을 우려가 없는 곳에 설치할 것

㉣ 동결방지조치를 하거나 동결의 우려가 없는 장소에 설치할 것

㉤ 압력수조는 전용으로 할 것

㉥ 압력수조에는 수위계·급수관·배수관·급기관·맨홀·압력계·안전장치 및 압력저하방지를 위한 자동식 공기압축기를 설치할 것

㉦ 압력수조의 토출 측에는 사용압력의 1.5배 범위를 초과하는 압력계를 설치해야 한다.

㉧ 작동장치의 구조 및 기능은 다음의 기준에 적합해야 한다.

㉮ 화재감지기의 신호에 의하여 자동적으로 밸브를 개방하고 소화수를 배관으로 송출할 것

㉯ 수동으로 작동할 수 있게 하는 장치를 설치할 경우에는 부주의로 인한 작동을 방지하기 위한 보호 장치를 강구할 것

③ 가압수조를 이용하는 가압송수장치는 다음의 기준에 따라 설치해야 한다.
 ㉠ 가압수조의 압력은 설계 방수량 및 방수압이 설계방수시간 이상 유지되도록 할 것
 ㉡ 가압수조를 이용한 가압송수장치는 소방청장이 정하여 고시한 「가압수조식 가압송수장치의 성능인증 및 제품검사의 기술기준」에 적합한 것으로 설치할 것
 ㉢ 가압수조 및 가압원은 「건축법 시행령」 제46조에 따른 방화구획 된 장소에 설치할 것
 ㉣ 가압수조는 전용으로 설치할 것

(4) 폐쇄형 미분무소화설비의 방호구역

폐쇄형 미분무헤드를 사용하는 설비의 방호구역(미분무소화설비의 소화범위에 포함된 영역을 말한다. 이하 같다)은 다음의 기준에 적합해야 한다.

① 하나의 방호구역의 바닥면적은 펌프용량, 배관의 구경 등을 수리학적으로 계산한 결과 헤드의 방수압 및 방수량이 방호구역 범위 내에서 소화 목적을 달성할 수 있도록 산정해야 한다.
② 하나의 방호구역은 2개 층에 미치지 않을 것

(5) 개방형 미분무소화설비의 방수구역

개방형 미분무 소화설비의 방수구역은 다음의 기준에 적합해야 한다.

① 하나의 방수구역은 2개 층에 미치지 않을 것
② 하나의 방수구역을 담당하는 헤드의 개수는 최대 설계개수 이하로 할 것. 다만, 2개 이상의 방수구역으로 나눌 경우에는 하나의 방수구역을 담당하는 헤드의 개수는 최대 설계개수의 1/2 이상으로 할 것
③ 터널, 지하가 등에 설치할 경우 동시에 방수되어야 하는 방수구역은 화재가 발생된 방수구역 및 접한 방수구역으로 할 것

(6) 배관 등

① 설비에 사용되는 구성요소는 STS 304 이상의 재료를 사용해야 한다.
② 배관은 배관용 스테인리스 강관(KS D 3576)이나 이와 동등 이상의 강도 · 내식성 및 내열성을 가진 것으로 해야 하고, 용접할 경우 용접찌꺼기 등이 남아 있지 아니해야 하며, 부식의 우려가 없는 용접방식으로 해야 한다.
③ 급수배관은 다음의 기준에 따라 설치해야 한다.
 ㉠ 전용으로 할 것
 ㉡ 급수배관에 설치되어 급수를 차단할 수 있는 개폐밸브는 개폐표시형으로 할 것. 이 경우 펌프의 흡입측 배관에는 버터플라이밸브 외의 개폐표시형밸브를 설치해야 한다.

④ 펌프의 성능시험배관은 다음의 기준에 적합하도록 설치해야 한다.

㉠ 성능시험배관은 펌프의 토출 측에 설치된 개폐밸브 이전에서 분기하여 직선으로 설치하고, 유량측정장치를 기준으로 전단 직관부에는 개폐밸브를 후단 직관부에는 유량조절밸브를 설치할 것. 이 경우 개폐밸브와 유량측정장치 사이의 직관부 거리 및 유량측정장치와 유량조절밸브 사이의 직관부 거리는 해당 유량측정장치 제조사의 설치사양에 따르고, 성능시험배관의 호칭지름은 유량측정장치의 호칭지름에 따른다.

㉡ 유입구에는 개폐밸브를 둘 것

㉢ 유량측정장치는 펌프의 정격토출량의 175% 이상 측정할 수 있는 성능이 있을 것

㉣ 가압송수장치의 체절운전 시 수온의 상승을 방지하기 위하여 체크밸브와 펌프사이에서 분기한 구경 20㎜ 이상의 배관에 체절압력 미만에서 개방되는 릴리프밸브를 설치할 것

⑤ 배관은 동결방지조치를 하거나 동결의 우려가 없는 장소에 설치해야 한다. 다만, 보온재를 사용할 경우에는 난연재료 성능 이상의 것으로 해야 한다.

⑥ 교차배관의 위치 · 청소구 및 가지배관의 헤드설치는 다음 각 기준에 따른다.

㉠ 교차배관은 가지배관과 수평으로 설치하거나 또는 가지배관 밑에 설치할 것

㉡ 청소구는 교차배관 끝에 개폐밸브를 설치하고, 호스접결이 가능한 나사식 또는 고정배수 배관식으로 할 것. 이 경우 나사식의 개폐밸브는 나사보호용의 캡으로 마감할 것

⑦ 미분무소화설비에는 동 장치를 시험할 수 있는 시험장치를 다음의 기준에 따라 설치해야 한다. 다만, 개방형헤드를 설치하는 경우에는 그렇지 않다.

㉠ 가압장치에서 가장 먼 가지배관의 끝으로부터 연결하여 설치할 것

㉡ 시험장치 배관의 구경은 가압장치에서 가장 먼 가지배관의 구경과 동일한 구경으로 하고, 그 끝에 개방형헤드를 설치할 것. 이 경우 개방형헤드는 동일 형태의 오리피스만으로 설치할 수 있다.

㉢ 시험배관의 끝에는 물받이 통 및 배수관을 설치하여 시험 중 방사된 물이 바닥에 흘러내리지 않도록 할 것. 다만, 목욕실 · 화장실 또는 그 밖의 곳으로서 배수처리가 쉬운 장소에 시험배관을 설치한 경우에는 그렇지 않다.

⑧ 배관에 설치되는 행거는 다음의 기준에 따라 설치해야 한다.

㉠ 가지배관에는 헤드의 설치지점 사이마다, 교차배관에는 가지배관과 가지배관 사이마다 1개 이상의 행거를 설치할 것

㉡ 수평주행배관에는 4.5m 이내마다 1개 이상 설치할 것

⑨ 수직배수배관의 구경은 50mm 이상으로 해야 한다. 다만, 수직배관의 구경이 50mm 미만인 경우에는 수직배관과 동일한 구경으로 할 수 있다.

⑩ 주차장의 미분무소화설비는 습식 외의 방식으로 해야 한다. 다만, 주차장이 벽 등으로 차단되어 있고 출입구가 자동으로 열리고 닫히는 구조인 것으로서 다음의 어느 하나에 해당하는 경우에는 그렇지 않다.

㉠ 동절기에 상시 난방이 되는 곳이거나 그 밖에 동결의 염려가 없는 곳

㉡ 미분무소화설비의 동결을 방지할 수 있는 구조 또는 장치가 된 것

⑪ 급수배관에 설치되어 급수를 차단할 수 있는 개폐밸브에는 그 밸브의 개폐상태를 감시제어반에서 확인할 수 있도록 급수개폐밸브 작동표시 스위치를 다음의 기준에 따라 설치해야 한다.

㉠ 급수개폐밸브가 잠길 경우 탬퍼스위치의 동작으로 인하여 감시제어반 또는 수신기에 표시되어야 하며 경보음을 발할 것

㉡ 탬퍼스위치는 감시제어반 또는 수신기에서 동작의 유무 확인과 동작시험, 도통시험을 할 수 있을 것

㉢ 급수개폐밸브의 작동표시 스위치에 사용되는 전기배선은 내화전선 및 내열전선으로 설치할 것

⑫ 미분무설비 배관의 배수를 위한 기울기는 다음의 기준에 따른다.

㉠ 폐쇄형 미분무소화설비의 배관을 수평으로 할 것. 다만, 배관의 구조상 소화수가 남아 있는 곳에는 배수밸브를 설치해야 한다.

㉡ 개방형 미분무소화설비에는 헤드를 향하여 상향으로 수평주행배관의 기울기를 500분의 1 이상, 가지배관의 기울기를 250분의 1 이상으로 할 것. 다만, 배관의 구조상 기울기를 줄 수 없는 경우에는 배수를 원활하게 할 수 있도록 배수밸브를 설치해야 한다.

⑬ 배관은 다른 설비의 배관과 쉽게 구분이 될 수 있는 위치에 설치하거나, 그 배관표면 또는 배관 보온재표면의 색상은 한국산업표준(배관계의 식별표시, KS A 0503) 또는 적색으로 소방용설비의 배관임을 표시해야 한다.

⑭ 호스릴방식의 설치는 다음의 기준에 따라 설치해야 한다.

㉠ 차고 또는 주차장 외의 장소에 설치하되 방호대상물의 각 부분으로부터 하나의 호스 접결구까지의 수평거리가 25m 이하가 되도록 할 것

㉡ 소화약제 저장용기의 개방밸브는 호스의 설치장소에서 수동으로 개폐할 수 있는 것으로 할 것

㉢ 소화약제 저장용기의 가장 가까운 곳의 보기 쉬운 곳에 표시등을 설치하고 "호스릴 미분무소화설비"라고 표시한 표지를 할 것

㉣ 그 밖의 사항은 「옥내소화전설비의 화재안전기술기준(NFTC 102)」 2.4(함 및 방수구 등)에 적합할 것

(7) 음향장치 및 기동장치

스프링클러설비와 동일

(8) 헤 드

① 미분무헤드는 특정소방대상물의 천장 · 반자 · 천장과 반자 사이 · 덕트 · 선반 기타 이와 유사한 부분에 설계자의 의도에 적합하도록 설치해야 한다.

② 하나의 헤드까지의 수평거리 산정은 설계자가 제시해야 한다.

③ 미분무소화설비에 사용되는 헤드는 조기반응형 헤드를 설치해야 한다.

④ 폐쇄형 미분무헤드는 그 설치장소의 평상시 최고주위온도에 따라 다음 식에 따른 표시온도의 것으로 설치해야 한다.

$$Ta = 0.9Tm - 27.3℃$$

Ta : 최고주위온도(℃), Tm : 헤드의 표시온도(℃)

⑤ 미분무 헤드는 배관, 행거 등으로부터 살수가 방해되지 않도록 설치해야 한다.

⑥ 미분무 헤드는 설계도면과 동일하게 설치해야 한다.

⑦ 미분무 헤드는 '한국소방산업기술원' 또는 법 제46조제1항의 규정에 따라 성능시험 기관으로 지정받은 기관에서 검증받아야 한다.

(9) 전 원

스프링클러설비와 동일

(10) 제어반

스프링클러설비와 동일

(11) 배 선

스프링클러설비와 동일

포소화설비(NFTC105)

1 포소화설비의 종류 및 적응성

① **포워터스프링클러설비** : 방호대상물의 천장 또는 반자에 포워터스프링클러헤드를 설치하고 폐쇄형 헤드 또는 화재감지기의 동작으로 헤드를 통해 발포시켜 방사하는 방식

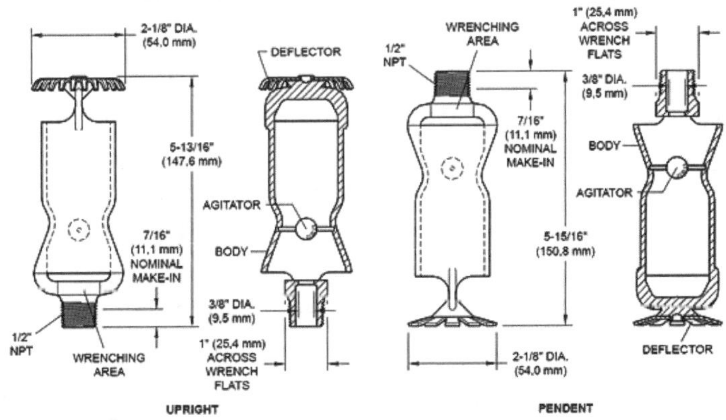

② **포헤드설비** : 방호대상물의 천장 또는 반자에 포헤드를 설치하고 폐쇄형 헤드 또는 화재감지기의 동작으로 헤드를 통해 발포시켜 방사하는 방식

③ **고정포방출설비** : 고정포방출구를 설치하여 방출구를 통해 발포시켜 방사하는 방식

㉠ 고발포용 고정포방출구 : 창고, 차고 · 주차장, 항공기 격납고 등의 실내에 설치하는 방출구

㉡ 고정포방출구 : 위험물 탱크 화재를 소화하기 위하여 탱크 내부에 설치하는 방출구

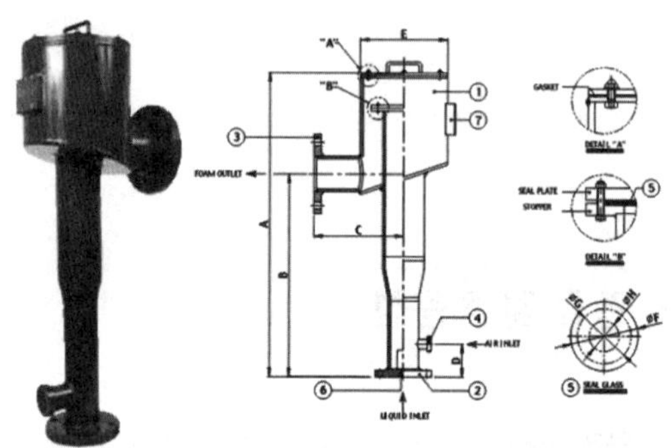

고정포방출구의 종류

- Ⅰ형 방출구 : 고정 지붕구조의 탱크에 상부포주입법을 이용하는 것으로서 방출된 포가 액면 아래로 몰입되거나 액면을 뒤섞지 않고 액면상을 덮을 수 있는 통계단 또는 미끄럼판 등의 설비 및 탱크 내의 위험물증기가 외부로 역류되는 것을 저지할 수 있는 구조 · 기구를 갖는 포방출구
- Ⅱ형 방출구 : 고정지붕구조 또는 부상덮개부착 고정지붕구조의 탱크에 상부포주입법을 이용하는 것으로서 방출된 포가 탱크 옆판의 내면을 따라 흘러내려 가면서 액면 아래로 몰입되거나 액면을 뒤섞지 않고 액면상을 덮을 수 있는 반사판 및 탱크 내의 위험물증기가 외부로 역류되는 것을 저지할 수 있는 구조 · 기구를 갖는 포방출구

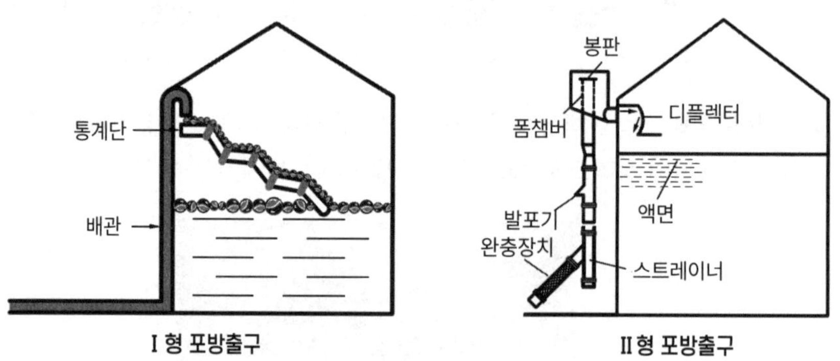

Ⅰ형 포방출구 Ⅱ형 포방출구

- Ⅲ형 방출구 : 고정지붕구조의 탱크에 저부포주입법을 이용하는 것으로서 송포관으로부터 포를 방출하는 포방출구
- Ⅳ형 방출구 : 고정지붕구조의 탱크에 저부포주입법을 이용하는 것으로서 평상시에는 탱크의 액면하의 저부에 설치된 격납통에 수납되어 있는 특수호스 등이 송포관의 말단에 접속되어 있다가 포를 보내는 것에 의하여 특수호스 등이 전개되어 그 선단이 액면까지 도달한 후 포를 방출하는 포방출구

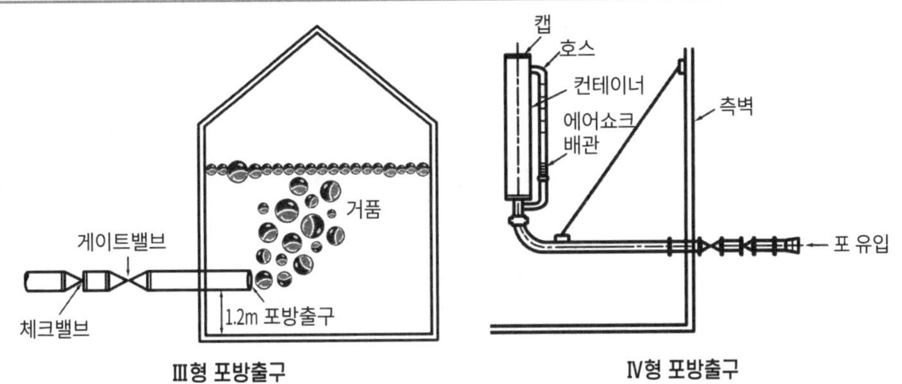

Ⅲ형 포방출구 Ⅳ형 포방출구

- 특형 방출구 : 부상지붕구조의 탱크에 상부포주입법을 이용하는 것으로서 부상지붕의 부상 부분상에 높이 0.9[m] 이상의 금속제의 칸막이를 탱크 옆판의 내측으로부터 1.2[m] 이상 이격하여 설치하고 탱크 옆판과 칸막이에 의하여 형성된 환상부분에 포를 주입하는 것이 가능한 구조의 반사판을 갖는 포방출구

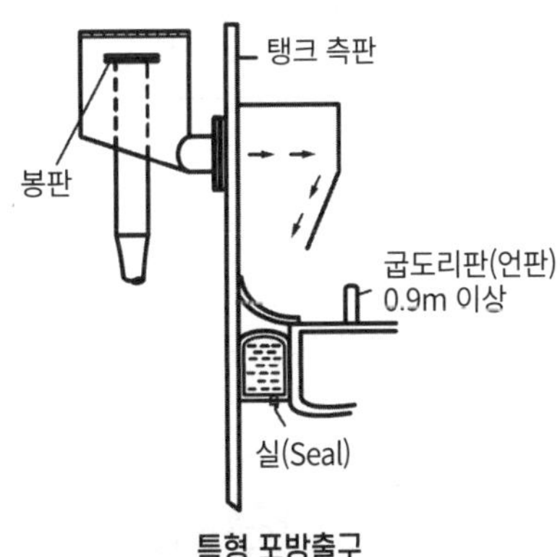

특형 포방출구

<table>
<tr><th rowspan="3">탱크의 구조 및 포방출구의 종류
탱크직경</th><th colspan="4">포방출구의 개수</th></tr>
<tr><th colspan="2">고정지붕구조</th><th>부상덮개부착 고정지붕구조</th><th>부상지붕구조</th></tr>
<tr><th>Ⅰ형 또는 Ⅱ형</th><th>Ⅲ형 또는 Ⅳ형</th><th>Ⅱ형</th><th>특형</th></tr>
<tr><td>13m 미만</td><td rowspan="4">2</td><td rowspan="3">1</td><td>2</td><td>2</td></tr>
<tr><td>13m 이상 19m 미만</td><td>3</td><td>3</td></tr>
<tr><td>19m 이상 24m 미만</td><td>4</td><td>4</td></tr>
<tr><td>24m 이상 35m 미만</td><td>2</td><td>5</td><td>5</td></tr>
<tr><td>35m 이상 42m 미만</td><td>3</td><td>3</td><td>6</td><td>6</td></tr>
<tr><td>42m 이상 46m 미만</td><td>4</td><td>4</td><td>7</td><td>7</td></tr>
<tr><td>46m 이상 53m 미만</td><td>6</td><td>6</td><td>8</td><td>8</td></tr>
</table>

<table>
<tr><th rowspan="3">탱크의 구조 및 포방출구의 종류
탱크직경</th><th colspan="4">포방출구의 개수</th></tr>
<tr><th colspan="2">고정지붕구조</th><th>부상덮개부착 고정지붕구조</th><th>부상지붕구조</th></tr>
<tr><th>Ⅰ형 또는 Ⅱ형</th><th>Ⅲ형 또는 Ⅳ형</th><th>Ⅱ형</th><th>특형</th></tr>
<tr><td>53m 이상 60m 미만</td><td>8</td><td>8</td><td>10</td><td rowspan="2">10</td></tr>
<tr><td>60m 이상 67m 미만</td><td rowspan="8">왼쪽란에 해당하는 직경의 탱크에는 Ⅰ형 또는 Ⅱ형의 포방출구를 8개 설치하는 것 외에, 오른쪽란에 표시한 직경에 따른 포방출구의 수에서 8을 뺀 수의 Ⅲ형 또는 Ⅳ형의 포방출구를 폭 30m의 환상부분을 제외한 중심부의 액표면에 방출할 수 있도록 추가로 설치할 것</td><td>10</td><td rowspan="8"></td></tr>
<tr><td>67m 이상 73m 미만</td><td>12</td><td rowspan="2">12</td></tr>
<tr><td>73m 이상 79m 미만</td><td>14</td></tr>
<tr><td>79m 이상 85m 미만</td><td>16</td><td rowspan="2">14</td></tr>
<tr><td>85m 이상 90m 미만</td><td>18</td></tr>
<tr><td>90m 이상 95m 미만</td><td>20</td><td rowspan="2">16</td></tr>
<tr><td>95m 이상 99m 미만</td><td>22</td></tr>
<tr><td>99m 이상</td><td>24</td><td>18</td></tr>
</table>

④ **호스릴 포소화설비** : 노즐이 이동식 호스릴에 연결되어 포약제를 발포시켜 방사하는 방식

⑤ **포소화전설비** : 노즐이 고정된 방수구와 연결된 호스와 연결되어 포약제를 발포시켜 방사하는 방식

⑥ **보조포소화전설비** : 옥외탱크저장소 방유제 주변에 설치하는 포소화전설비

⑦ **포모니터노즐설비** : 원유선 정박지 또는 해안가설치, 선박내에 설치하는 포소화설비

⑧ **압축공기포소화설비** : 압축공기 또는 압축질소를 일정비율로 포수용액에 강제주입 혼합하는 방식을 말한다.

[특정소방대상물에 따른 포소화설비의 종류]

구분	특정소방대상물	포소화설비의 종류
1	특수가연물을 저장 · 취급하는 공장 또는 창고	포워터스프링클러설비 포헤드설비 고정포방출설비 압축공기포소화설비
2	차고 또는 주차장	포워터스프링클러설비 포헤드설비 고정포방출설비 압축공기포소화설비
	※ 차고 주차장 중 ① 완전 개방된 옥상주차장 또는 고가 밑의 주차장으로서 주된 벽이 없고 기둥뿐이거나 주위가 위해방지용 철주 등으로 둘러쌓인 부분 ② 지상 1층으로서 지붕이 없는 부분	호스릴포소화설비 포소화전설비
3	항공기 격납고	포워터스프링클러설비 포헤드설비 고정포방출설비 압축공기포소화설비
	※ 항공기 격납고 중 바닥면적의 합계가 1,000m^2 이상이고 항공기의 격납위치가 한정되어 있는 경우에는 그 한정된 장소 외의 부분	호스릴포소화설비
4	발전기실, 엔진 펌프실, 변압기, 전기케이블실, 유압설비(바닥면적 300m^2 미만)	고정식 압축공기포소화설비
5	위험물 제조소 등	포헤드설비 고정포방출설비 호스릴포소화설비
6	위험물 옥외탱크저장소(고정포방출구방식)	고정포방출구+보조포소화전

2 계통도

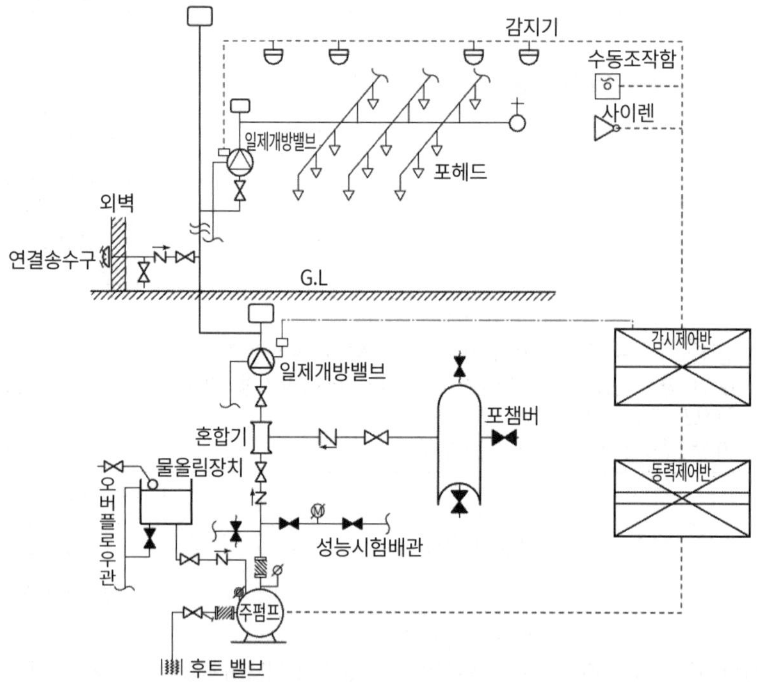

3 설치장소에 따른 설비별 수원량[수용액량] 산정

(1) 항공기격납고, 차고 또는 주차장, 특수가연물 저장 · 취급하는 공장 또는 창고

① 포워터스프링클러설비

$$Q = N \times \alpha \ell/\text{min} \cdot \text{개} \times 10\text{min}$$

Q : 포수용액체적(ℓ), N : 포워터스프링클러헤드수($N = \frac{Am^2}{8m^2/\text{개}}$),
α : 표준방사량(최소 75ℓ/min)
N : 바닥면적이 $200m^2$를 초과하는 경우에는 $200m^2$에 설치된 헤드의 개수

② 포헤드설비

$$Q = N \times \alpha \ell/\text{min} \cdot \text{개} \times 10\text{min}$$

Q : 포수용액체적(ℓ), N : 포헤드수($N = \frac{Am^2}{9m^2/\text{개}}$), α : 표준방사량(ℓ/min)
N : 바닥면적이 $200m^2$를 초과하는 경우에는 $200m^2$에 설치된 헤드의 개수
표준방사량 $\alpha(\ell/\text{min}) = Am^2 \times \beta \ell/m^2 \cdot \text{min} \div N$

[β 소방대상물별 포헤드의 분당 방사량(ℓ/m² · min)]

특정소방대상물	포 소화약제의 종류	바닥면적 $1m^2$당 방사량
차고 · 주차장 및 항공기격납고	단백포 소화약제	6.5L 이상
	합성계면활성제포 소화약제	8.0L 이상
	수성막포 소화약제	3.7L 이상
특수가연물을 저장 · 취급하는 특정소방대상물	단백포 소화약제	6.5L 이상
	합성계면활성제포 소화약제	6.5L 이상
	수성막포 소화약제	6.5L 이상

③ 고발포용고정포방출구설비

㉠ 전역방출방식

$$Q = N \times \alpha \ell/\text{min} \cdot 개 \times 10\text{min}$$

Q : 포수용액체적(ℓ), N : 고정포방출구수($N = \frac{Am^2}{500m^2/개}$), α : 표준방사량(ℓ/min)

표준방사량 $\alpha(\ell/\text{min}) = Vm^3 \times \beta \ell/m^3 \cdot \text{min} \div N$

$V(m^3)$: 관포체적

 Reference

관포체적과 방호면적

- 관포체적 : 해당 바닥면으로부터 방호대상물의 높이보다 0.5m 높은 위치까지의 체적
- 방호면적 : 방호대상물의 각 부분에서 각각 해당 방호대상물 높이의 3배(1m 미만의 경우에는 1m)의 거리를 수평으로 연장한 선으로 둘러싸인 부분의 면적

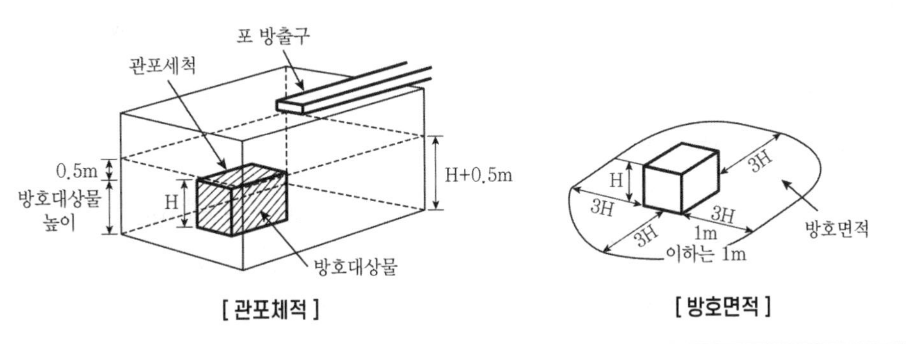

[관포체적] [방호면적]

[β 소방대상물별, 팽창비별 고정포방출구의 분당 방사량(ℓ/m^3 · min)]

특정소방대상물	포의 팽창비	1m^3에 대한 포수용액 방출량
항공기 격납고	팽창비 80 이상 250 미만	2.00ℓ
	팽창비 250 이상 500 미만	0.50ℓ
	팽창비 500 이상 1,000 미만	0.29ℓ
차고 또는 주차장	팽창비 80 이상 250 미만	1.11ℓ
	팽창비 250 이상 500 미만	0.28ℓ
	팽창비 500 이상 1,000 미만	0.16ℓ
특수가연물을 저장, 취급하는 특정소방대상물	팽창비 80 이상 250 미만	1.25ℓ
	팽창비 250 이상 500 미만	0.31ℓ
	팽창비 500 이상 1,000 미만	0.18ℓ

ⓛ 국소방출방식

$$Q = N \times \alpha\ell/\text{min} \cdot \text{개} \times 10\text{min} = Am^2 \times \beta\ell/m^2 \cdot \text{min} \times 10\text{min}$$

Q : 포수용액체적(ℓ), N : 고정포방출구수(N= $\frac{Am^2}{\text{설계면적/개}}$), α : 표준방사량(ℓ/min)

표준방사량 α(ℓ/min)=$Am^2 \times \beta\ell/m^2 \cdot \text{min} \div N$

A(m^2) : 방호면적

[β 방호면적 1m^2의 분당 방사량(ℓ/m^2 · min)]

방호대상물	방호면적 1m^2에 대한 1분당 방출량
특수가연물	3ℓ
기타의 것	2ℓ

④ 포소화전설비, 호스릴포소화설비

$$Q = N \times 300L/\text{min} \times 20\text{min} = N \times 6{,}000L$$

Q : 수원의 양(L), N : 호스 접결구의 수(5개 이상의 경우 5개)

바닥면적이 200m^2 미만인 차고주차장의 경우 75%로 할 수 있다.

⑤ 압축공기포소화설비

$$Q = A[m^2] \times \alpha[L/m^2 \cdot \text{min}] \times 10\text{min}$$

Q : 수원의 양(L), A : 설치장소의 바닥면적

α : 일반가연물, 탄화수소류 =1.63, 특수가연물, 알코올류, 케톤류 = 2.3

(2) 위험물제조소, 저장소, 취급소

① 포헤드설비

$$Q = A(m^2) \times \alpha(L/m^2 \cdot min) \times 10min$$

Q : 수원의 양(L), A : 최대방사면적(m^2), α : 분당 방사량 ($L/m^2 \cdot min$)

[대상물별 포헤드의 분당 방사량]

특정소방대상물	포소화약제의 종류	바닥면적 $1m^2$당 방사량
위험물제조소 등	단백포소화약제	6.5L 이상
	합성계면활성제 포소화약제	6.5L 이상
	수성막포소화약제	6.5L 이상
제4류 위험물 중 수용성 액체를 저장, 취급하는 특정소방대상물	알코올형포소화약제	13L 이상

② 고정포방출구

㉠ 4류 위험물 중 수용성이 없는 것

$$Q = A(m^2) \times Q_1(L/m^2 \cdot min) \times T(min) = A(m^2) \times Q_2(L/m^2)$$

Q : 수원의 양(L), A : 탱크의 액표면적(m^2), Q_1 : 표면적 $1m^2$당의 분당 방사량($L/m^2 \cdot min$)
T : 방출시간(min), Q_2 : 표면적 $1m^2$당의 방사량(L/m^2)

[고정포방출구의 종류별 방출률]

포방출구의 종류 / 위험물의 구분	Ⅰ형		Ⅱ형		특형		Ⅲ형		Ⅳ형	
	포수용액량 (L/m^2)	방출률 ($L/m^2 \cdot min$)	포수용액량 (L/m^2)	방출률 ($L/m^2 \cdot min$)	포수용액량 (L/m^2)	방출률 ($L/m^2 \cdot min$)	포수용액량 (L/m^2)	방출률 ($L/m^2 \cdot min$)	포수용액량 (L/m^2)	방출률 ($L/m^2 \cdot min$)
제4류위험물 중 인화점이 21℃ 미만인 것	120	4	220	4	240	8	220	4	220	4
제4류위험물 중 인화점이 21℃ 이상 70℃ 미만인 것	80	4	120	4	160	8	120	4	120	4
제4류위험물 중 인화점이 70℃ 이상인 것	60	4	100	4	120	8	100	4	100	4

㉡ 4류 위험물 중 수용성이 있는 것

$$Q=A(m^2)\times Q_1(L/m^2\cdot min)\times T(min)\times N=A(m^2)\times Q_2(L/m^2)\times N$$

Q : 수원의 양(L), A : 탱크의 액표면적(m^2), Q_1 : 표면적 $1m^2$당의 분당 방사량($L/m^2\cdot min$)
T : 방출시간(min), Q_2 : 표면적 $1m^2$당의 방사량(L/m^2), N : 계수

[고정포방출구의 종류별 방출률]

Ⅰ형		Ⅱ형		특형		Ⅲ형		Ⅳ형	
포수용액량 (L/m^2)	방출률 ($L/m^2\cdot min$)	포수용액량 (L/m^2)	방출률 ($L/m^2\cdot min$)	포수용액량 (L/m^2)	방출률 ($L/m^2\cdot min$)	포수용액량 (L/m^2)	방출률 ($L/m^2\cdot min$)	포수용액량 (L/m^2)	방출률 ($L/m^2\cdot min$)
160	8	240	8	–	–	–	–	240	8

③ 보조포소화전설비

$$Q=N\times 400L/min\times 20min=N\times 8,000L$$

Q : 수원의 양(L), N : 호스 접결구의 수(3개 이상의 경우 3개)

④ 호스릴포설비(이동식 포소화설비)

㉠ 실내에 설치하는 경우

$$Q=N\times 200L/min\times 30min$$

㉡ 실외에 설치하는 경우

$$Q=N\times 400L/min\times 30min$$

Q : 수원의 양(L), N : 호스 접결구의 수(4개 이상의 경우 4개)

⑤ 포모니터노즐

$$Q=N\times 1,900L/min\times 30min$$

N : 노즐의 수(최소 2개)

(3) 대상물별 수원(수용액)의 산정

① **특수가연물을 저장·취급하는 공장 또는 창고** : 하나의 공장 또는 창고에 포워터스프링클러설비·포헤드설비 또는 고정포방출설비가 함께 설치된 때에는 각 설비별로 산출된 저수량 중 최대의 것을 수원의 양으로 한다.

② **차고 또는 주차장** : 하나의 차고 또는 주차장에 호스릴 포소화설비 · 포소화전설비 · 포워터스프링클러설비 · 포헤드설비 또는 고정포방출설비가 함께 설치된 때에는 각 설비별로 산출된 저수량 중 최대의 것을 수원의 양으로 한다.

③ **항공기 격납고** : 포워터스프링클러설비, 포헤드설비, 고정포방출설비에서 각각 산출량 중 최대의 양으로 하되 호스릴포설비가 설치된 경우에는 이를 합한 양 이상으로 한다.

④ **위험물 제조소 등** : 포워터스프링클러설비, 포헤드설비, 고정포방출설비에서 각각 산출량 중 최대의 양+송액관의 배관 내용적

⑤ **옥외탱크저장소** : 고정포방출구에서 필요한 양+보조 포소화전에서 필요한 양+송액관의 배관 내용적(모든 배관)

4 가압송수장치

① 전동기 또는 내연기관에 따른 펌프이용방식

㉠ 소화약제가 변질될 우려가 없는 곳에 설치할 것

㉡ 펌프의 토출량은 포헤드 · 고정포방출구 또는 이동식 포노즐의 설계압력 또는 노즐의 방사압력의 허용범위 안에서 포수용액을 방출 또는 방사할 수 있는 양 이상이 되도록 할 것

㉢ 펌프의 양정 산출식

$$H = h_1 + h_2 + h_3 + h_4$$

H : 펌프의 양정(m), h_1 : 배관의 마찰손실수두(m), h_2 : 소방용 호스의 마찰손실수두(m), h_3 : 낙차(m), h_4 : 방출구의 설계압력 환산수두 또는 노즐 선단의 방사압력 환산수두(m)

㉣ 그 밖의 사항은 옥내소화전과 동일

② 고가수조의 자연낙차를 이용한 방식

㉠ 고가수조의 자연낙차수두 산출식

$$H = h_1 + h_2 + h_3$$

H : 필요한 낙차, h_1 : 배관의 마찰손실수두(m), h_2 : 소방용 호스의 마찰손실수두(m), h_3 : 방출구의 설계압력 환산수두 또는 노즐선단의 방사압력 환산수두(m)

㉡ 고가수조에는 수위계 · 배수관 · 급수관 · 오버플로우관 및 맨홀을 설치할 것

③ 압력수조를 이용한 방식

㉠ 압력수조의 필요압력 산출식

$$P = P_1 + P_2 + P_3 + P_4$$

P : 필요한 압력(MPa), P_1 : 방출구의 설계압력 또는 노즐선단의 방사압력(MPa)
P_2 : 배관의 마찰손실수두압(MPa), P_3 : 낙차의 환산수두압(MPa)
P_4 : 호스의 마찰손실수두압(MPa)

㉡ 압력수조에는 수위계 · 급수관 · 배수관 · 급기관 · 맨홀 · 압력계 · 안전장치 및 압력저하방지를 위한 자동식 공기압축기를 설치할 것

④ 가압수조를 이용한 방식 : 옥내소화전과 동일

⑤ 가압송수장치에는 포헤드 · 고정포방출구 또는 이동식 포노즐의 방사압력이 설계압력 또는 방사압력의 허용범위를 넘지 않도록 감압장치를 설치해야 한다.

⑥ 가압송수장치는 다음 표에 따른 표준 방사량을 방사할 수 있도록 해야 한다.

구 분	표준방사량
포워터스프링클러헤드	75L/min 이상
포헤드 · 고정포방출구 또는 이동식 포노즐 · 압축공기포헤드	각 포헤드 · 고정포방출구 또는 이동식 포노즐의 설계압력에 따라 방출되는 소화약제의 양

⑦ 압축공기포소화설비에 설치되는 펌프의 양정은 0.4MPa 이상이 되어야 한다. 다만, 자동으로 급수장치를 설치한 때에는 전용펌프를 설치하지 않을 수 있다.

5 배관 등

① 송액관은 포의 방출 종료 후 배관 안의 액을 배출하기 위하여 적당한 기울기를 유지하도록 하고 그 낮은 부분에 배액밸브를 설치해야 한다.

② 포워터스프링클러설비 또는 포헤드설비의 가지배관의 배열은 토너먼트방식이 아니어야 하며, 교차배관에서 분기하는 지점을 기점으로 한쪽 가지배관에 설치하는 헤드의 수는 8개 이하로 한다.

③ 그 밖의 사항은 스프링클러설비와 동일

④ 압축공기포소화설비를 스프링클러 보조설비로 설치하거나 압축공기포소화설비에 자동으로 급수되는 장치를 설치한 때에는 송수구 설치를 하지 않을 수 있다.

⑤ 압축공기포소화설비의 배관은 토너먼트방식으로 해야 하고 소화약제가 균일하게 방출되는 등거리 배관구조로 설치해야 한다.

6 저장탱크

포 소화약제의 저장탱크(용기를 포함한다. 이하 같다)는 다음의 기준에 따라 설치하고 혼합장치와 배관 등으로 연결해야 한다.

① 화재 등의 재해로 인한 피해를 받을 우려가 없는 장소에 설치할 것
② 기온의 변동으로 포의 발생에 장애를 주지 않는 장소에 설치할 것. 다만, 기온의 변동에 영향을 받지 않는 포 소화약제의 경우에는 그렇지 않다.
③ 포 소화약제가 변질될 우려가 없고 점검에 편리한 장소에 설치할 것
④ 가압송수장치 또는 포 소화약제 혼합장치의 기동에 따라 압력이 가해지는 것 또는 상시 가압된 상태로 사용되는 것은 압력계를 설치할 것
⑤ 포 소화약제 저장량의 확인이 쉽도록 액면계 또는 계량봉 등을 설치할 것
⑥ 가압식이 아닌 저장탱크는 글라스게이지를 설치하여 액량을 측정할 수 있는 구조로 할 것

7 혼합장치

포소화약제의 혼합장치는 포소화약제의 사용농도에 적합한 수용액으로 혼합할 수 있도록 다음 어느 하나에 해당하는 방식에 따르되, 법 제40조에 따라 제품검사에 합격한 것으로 설치해야 한다.

① **펌프 프로포셔너방식(Pump Proportioner Type)** : 펌프의 토출관과 흡입관 사이의 배관 도중에서 분기된 바이패스배관 상에 설치된 흡입기에 펌프에서 토출된 물의 일부를 보내고, 농도조정밸브에서 조정된 포소화약제의 필요량을 포소화약제 저장탱크에서 펌프 흡입측으로 보내어 이를 혼합하는 방식

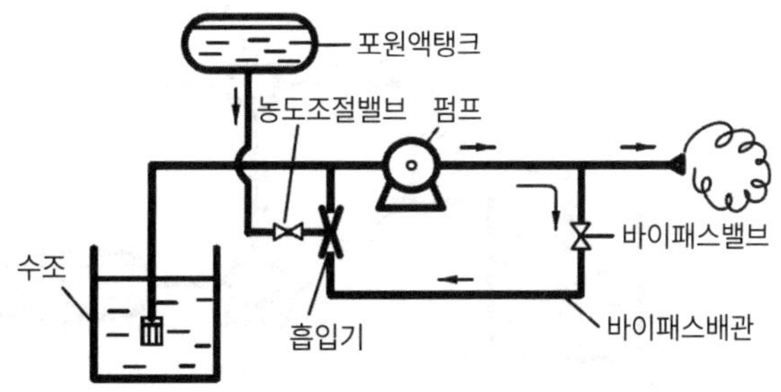

[펌프 프로포셔너방식]

② **라인 프로포셔너방식(Line Proportioner Type)** : 펌프와 발포기 중간에 설치된 벤추리관의 벤추리작용에 의하여 포소화약제를 흡입, 혼합하는 방식

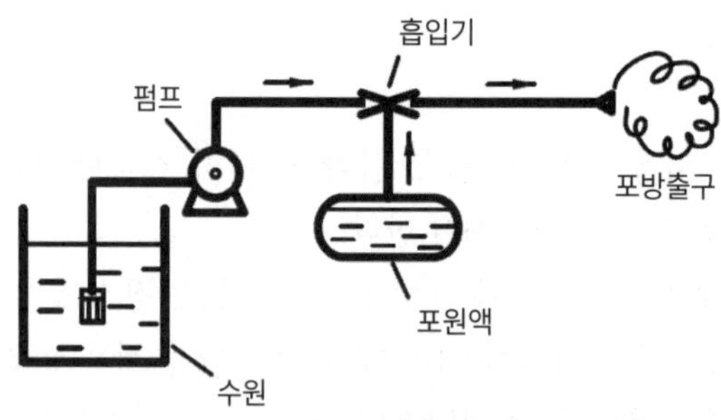

[라인 프로포셔너방식]

③ **프레셔 프로포셔너방식(Pressure Proportioner Type)** : 펌프와 발포기의 중간에 설치된 벤추리관의 벤추리작용과 펌프가압수의 포소화약제 저장탱크에 대한 압력에 따라 포소화약제를 흡입 · 혼합하는 방식

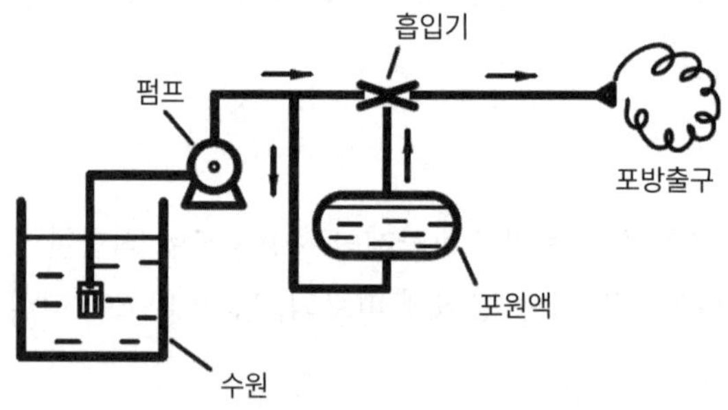

[프레셔 프로포셔너방식]

④ **프레셔 사이드 프로포셔너방식(Pressure Side Proportioner Type)** : 펌프의 토출관에 압입기를 설치하여 포소화약제 압입용 펌프로 포소화약제를 압입시켜 혼합하는 방식

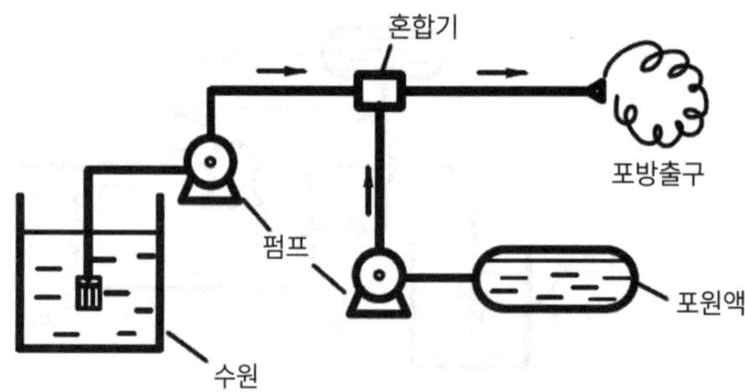

[프레셔 사이드 프로포셔너방식]

⑤ **압축공기포 믹싱챔버방식** : 물, 포 소화약제 및 공기를 믹싱챔버로 강제주입시켜 챔버 내에서 포수용액을 생성한 후 포를 방사하는 방식을 말한다.

8 개방밸브

① 자동개방밸브는 화재감지장치의 작동에 따라 자동으로 개방되는 것으로 할 것
② 수동식 개방밸브는 화재 시 쉽게 접근할 수 있는 곳에 설치할 것

9 기동장치

(1) 수동식 기동장치의 설치기준

① 직접조작 또는 원격조작에 따라 가압송수장치 · 수동식 개방밸브 및 소화약제 혼합장치를 기동할 수 있는 것으로 할 것
② 2 이상의 방사구역을 가진 포소화설비에는 방사구역을 선택할 수 있는 구조로 할 것
③ 기동장치의 조작부는 화재 시 쉽게 접근할 수 있는 곳에 설치하되, 바닥으로부터 0.8m 이상 1.5m 이하의 위치에 설치하고 유효한 보호장치를 설치할 것
④ 기동장치의 조작부 및 호스 접결구에는 가까운 곳의 보기 쉬운 곳에 각각 "기동장치의 조작부" 및 "접결구"라고 표시한 표지를 설치할 것
⑤ 차고 또는 주차장에 설치하는 포소화설비의 수동식 기동장치는 방사구역마다 1개 이상 설치할 것
⑥ 항공기 격납고에 설치하는 포소화설비의 수동식 기동장치는 각 방사구역마다 2개 이상을 설치하되, 그 중 1개는 각 방사구역으로부터 가장 가까운 곳 또는 조작에 편리한 장소에 설치하고, 1개는 화재감지기의 수신기를 설치한 감시실 등에 설치할 것

(2) 자동식 기동장치의 설치기준

화재감지기의 작동 또는 폐쇄형 스프링클러헤드의 개방과 연동하여 가압송수장치, 일제개방밸브 및 포소화약제 혼합장치를 기동시킬 수 있도록 다음의 기준에 따라 설치해야 한다. 다만, 자동화재탐지설비의 수신기가 설치되어 있고, 수신기가 설치된 장소에 상시 사람이 근무하고 있으며, 화재 시 즉시 해당 조작부를 작동시킬 수 있는 경우에는 그렇지 않다.

① 폐쇄형 스프링클러헤드를 사용하는 경우에는 다음의 기준에 따를 것

㉠ 표시온도가 79℃ 미만인 것을 사용하고, 1개의 스프링클러헤드의 경계면적은 $20m^2$ 이하로 할 것
㉡ 부착면의 높이는 바닥으로부터 5m 이하로 하고, 화재를 유효하게 감지할 수 있도록 할 것
㉢ 하나의 감지장치 경계구역은 하나의 층이 되도록 할 것

② 화재감지기를 사용하는 경우에는 다음의 기준에 따를 것

㉠ 화재감지기는 「자동화재탐지설비 및 시각경보장치의 화재안전기술기준(NFTC 203) 2.4(감지기)의 기준에 따라 설치할 것

㉡ 화재감지기 회로에는 다음 기준에 따른 발신기를 설치할 것

㉮ 조작이 쉬운 장소에 설치하고, 스위치는 바닥으로부터 0.8m 이상 1.5m 이하의 높이에 설치할 것

㉯ 특정소방대상물의 층마다 설치하되, 해당 특정소방대상물의 각 부분으로부터 수평거리가 25m 이하가 되도록 할 것. 다만, 복도 또는 별도로 구획된 실로서 보행거리가 40m 이상일 경우에는 추가로 설치해야 한다.

㉰ 발신기의 위치를 표시하는 표시등은 함의 상부에 설치하되, 그 불빛은 부착면으로부터 15° 이상의 범위 안에서 부착지점으로부터 10m 이내의 어느 곳에서도 쉽게 식별할 수 있는 적색등으로 할 것

③ 동결의 우려가 있는 장소의 포소화설비의 자동식 기동장치는 자동화재탐지설비와 연동으로 할 것

(3) 기동장치에 설치하는 자동경보장치의 설치기준

① 방사구역마다 일제개방밸브와 그 일제개방밸브의 작동 여부를 발신하는 발신부를 설치할 것. 이 경우 각 일제개방밸브에 설치되는 발신부 대신 1개층에 1개의 유수검지장치를 설치할 수 있다.

② 상시 사람이 근무하고 있는 장소에 수신기를 설치하되, 수신기에는 폐쇄형 스프링클러헤드의 개방 또는 감지기의 작동 여부를 알 수 있는 표시장치를 설치할 것

③ 하나의 특정소방대상물에 2 이상의 수신기를 설치하는 경우에는 수신기가 설치된 장소 상호간에 동시 통화가 가능한 설비를 할 것

10 포헤드 및 고정포방출구

(1) 팽창비율에 따른 포 및 포방출구의 종류

팽창비율에 따른 포의 종류	포방출구의 종류
팽창비가 20 이하인 것(저발포)	포헤드, 압축공기포헤드
팽창비가 80 이상 1,000 미만인 것(고발포)	고발포용 고정포방출구

고발포의 구분	팽창비
제1종 기계포	80 이상 250 미만
제2종 기계포	250 이상 500 미만
제3종 기계포	500 이상 1,000 미만

팽창비

$$팽창비 = \frac{방출\ 후\ 포의\ 체적}{방출\ 전\ 포수용액의\ 체적}$$

(2) 포헤드의 설치기준

① 포워터스프링클러헤드는 특정소방대상물의 천장 또는 반자에 설치하되, 바닥면적 $8m^2$마다 1개 이상으로 하여 해당 방호대상물의 화재를 유효하게 소화할 수 있도록 할 것

② 포헤드는 특정소방대상물의 천장 또는 반자에 설치하되, 바닥면적 $9m^2$마다 1개 이상으로 하여 해당 방호대상물의 화재를 유효하게 소화할 수 있도록 할 것

③ 특정소방대상물의 보가 있는 부분의 포헤드는 다음 표의 기준에 따라 설치할 것

포헤드와 보의 하단의 수직거리	포헤드와 보의 수평거리
0	0.75m 미만
0.1m 미만	0.75m 이상 1m 미만
0.1m 이상 0.15m 미만	1m 이상 1.5m 미만
0.15m 이상 0.30m 미만	1.5m 이상

④ 포헤드 상호 간에는 다음의 기준에 따른 거리를 두도록 할 것

㉠ 정방형으로 배치한 경우

$$S = 2r \times \cos45°$$

S : 포헤드 상호 간의 거리(m), r : 유효반경(2.1m)

㉡ 장방형으로 배치한 경우

$$pt = 2r$$

pt : 대각선의 길이(m), r : 유효반경(2.1m)

헤드의 개수 산정식

① 면적에 따른 개수 산정

㉠ 포워터스프링클러헤드의 설치개수

$$N = \frac{\text{바닥면적}(m^2)}{8m^2}$$

㉡ 포헤드의 설치개수

$$N = \frac{\text{바닥면적}(m^2)}{9m^2}$$

② 수평거리에 따른 개수 산정 : 유효반경(r)을 이용하여 헤드 간의 수평거리를 이용하여 얻은 헤드의 수

③ 헤드의 표준방사량에 따른 개수 산정

$$N = \frac{\text{방호구역의분당방사량}(l/\text{min})}{\text{헤드의 분당방사량}(l/\text{min}\cdot\text{개})}$$

※ 위의 ①, ②, ③에 의한 헤드 수 중 많은 개수의 헤드를 설치한다.

⑤ 포헤드와 벽 방호구역의 경계선과는 ④의 규정에 따른 거리의 2분의 1 이하의 거리를 둘 것

(3) 차고, 주차장에 설치하는 호스릴포소화설비 또는 포소화전설비 설치기준

① 특정소방대상물의 어느 층에 있어서도 그 층에 설치된 호스릴포방수구 또는 포소화전방수구(호스릴포방수구 또는 포소화전방수구가 5개 이상 설치된 경우에는 5개)를 동시에 사용할 경우 각 이동식 포노즐 선단의 포수용액 방사압력이 0.35MPa 이상이고 300L/min 이상(1개 층의 바닥면적이 $200m^2$ 이하인 경우에는 230L/min 이상)의 포수용액을 수평거리 15m 이상으로 방사할 수 있도록 할 것

② 저발포의 포소화약제를 사용할 수 있는 것으로 할 것

③ 호스릴 또는 호스를 호스릴포방수구 또는 포소화전방수구로 분리하여 비치하는 때에는 그로부터 3m 이내의 거리에 호스릴함 또는 호스함을 설치할 것

④ 호스릴함 또는 호스함은 바닥으로부터 높이 1.5m 이하의 위치에 설치하고 그 표면에는 "포호스릴함(또는 포소화전함)"이라고 표시한 표지와 적색의 위치표시등을 설치할 것

⑤ 방호대상물의 각 부분으로부터 하나의 호스릴포방수구까지의 수평거리는 15m 이하(포소화전 방수구의 경우에는 25m 이하)가 되도록 하고 호스릴 또는 호스의 길이는 방호대상물의 각 부분에 포가 유효하게 뿌려질 수 있도록 할 것

(4) 고발포용 고정포 방출구 설치기준

① 전역방출방식의 고발포용 고정포방출구는 다음의 기준에 따를 것

㉠ 개구부에 자동폐쇄장치(건축법시행령 제64조제1항에 따른 방화문 또는 불연재료로된 문으로 포수용액이 방출되기 직전에 개구부가 자동적으로 폐쇄될 수 있는 장치를 말한다)를 설치할 것. 다만, 해당 방호구역에서 외부로 새는 양 이상의 포수용액을 유효하게 추가하여 방출하는 설비가 있는 경우에는 그렇지 않다.

㉡ 고정포방출구(포발생기가 분리되어 있는 것은 해당 포발생기를 포함한다)는 특정소방대상물 및 포의 팽창비에 따른 종별에 따라 해당 방호구역의 관포체적(해당 바닥면으로부터 방호대상물의 높이보다 0.5m 높은 위치까지의 체적을 말한다) $1m^3$에 대하여 1분당 방출량이 다음 표에 따른 양 이상이 되도록 할 것

[소방대상물 및 포의 팽창비에 따른 고정포방출구의 방출량(m^3/min)]

특정소방대상물	포의 팽창비	$1m^3$에 대한 분당 포수용액방출량
항공기 격납고	팽창비 80 이상 250 미만의 것	2.00L
	팽창비 250 이상 500 미만의 것	0.50L
	팽창비 500 이상 1,000 미만의 것	0.29L
차고 또는 주차장	팽창비 80 이상 250 미만의 것	1.11L
	팽창비 250 이상 500 미만의 것	0.28L
	팽창비 500 이상 1,000 미만의 것	0.16L
특수가연물을 저장 또는 취급하는 특정소방대상물	팽창비 80 이상 250 미만의 것	1.25L
	팽창비 250 이상 500 미만의 것	0.31L
	팽창비 500 이상 1,000 미만의 것	0.18L

㉢ 고정포방출구는 바닥면적 $500m^2$마다 1개 이상으로 하여 방호대상물의 화재를 유효하게 소화할 수 있도록 할 것

㉣ 고정포방출구는 방호대상물의 최고부분보다 높은 위치에 설치할 것. 다만, 밀어올리는 능력을 가진 것은 방호대상물과 같은 높이로 할 수 있다.

② 국소방출방식의 고발포용 고정포방출구는 다음의 기준에 따를 것

㉠ 방호대상물이 서로 인접하여 불이 쉽게 붙을 우려가 있는 경우에는 불이 옮겨 붙을 우려가 있는 범위 내의 방호대상물을 하나의 방호대상물로 하여 설치할 것

㉡ 고정포방출구(포발생기가 분리되어 있는 것에 있어서는 해당 포발생기를 포함한다)는 방호 대상물의 구분에 따라 해당 방호대상물의 높이의 3배(1m 미만의 경우에는 1m)의 거리를 수평으로 연장한 선으로 둘러싸인 부분의 면적 $1m^2$에 대하여

1분당 방출량이 다음 표에 따른 양 이상이 되도록 할 것

[방호대상물별 고정포방출구의 방출량(m^2/min)]

방호대상물	방호면적 $1m^2$에 대한 1분당 방출량
특수가연물	3L
기타의 것	2L

(5) 이동식 포소화설비의 설치기준[위험물제조소등]

노즐을 동시에 사용할 경우(호스접속구가 4개 이상인 경우는 4개) 각 노즐선단의 방사압력이 0.35MPa 이상이고, 방사량은 옥내에 설치하는 것은 200L/min 이상, 옥외에 설치하는 것은 400L/min 이상으로 30분간 방사할 수 있는 양

(6) 위험물옥외탱크저장소에 설치하는 보조포소화전 설치기준[위험물제조소등]

① 방유제 외측의 소화활동상 유효한 위치에 설치하되 각각의 보조포소화전 상호간의 보행거리가 75m 이하가 되도록 설치할 것

② 보조포소화전은 3개(호스접속구가 3개 미만인 경우에는 그 개수)의 노즐을 동시에 사용할 경우에 각각의 노즐선단의 방사압력이 0.35MPa 이상이고 방사량이 400L/min 이상의 성능이 되도록 설치할 것

(7) 포모니터노즐의 설치기준[위험물제조소등]

① 옥외저장탱크 또는 이송취급소의 펌프설비 등이 안벽, 부두, 해상구조물, 그 밖의 이와 유사한 장소에 설치되어 있는 경우는 해당 장소의 끝선(해면과 접하는선)으로부터 수평거리 15m 이내의해면 및 주입구 등 위험물취급설비의 모든 부분이 수평방사거리 내에 있도록 설치할 것. 이 경우에 그 설치개수가 1개인 경우에는 2개로 할 것

② 모든 노즐을 동시에 사용할 경우에 각 노즐선단의 방사량이 1,900L/min 이상이고, 수평방사 거리가 30m 이상이 되도록 설치할 것

(8) 압축공기포소화설비의 분사헤드설치기준

압축공기포소화설비의 분사헤드는 천장 또는 반자에 설치하되 방호대상물에 따라 측벽에 설치할 수 있으며 유류탱크 주위에는 바닥면적 $13.9m^2$마다 1개 이상, 특수가연물저장소에는 바닥면적 $9.3m^2$마다 1개 이상으로 해당 방호대상물의 화재를 유효하게 소화할 수 있도록 할 것

[방호대상물별 압축공기포 분사헤드의 방출량(m^2/min)]

방호대상물	방호면적 $1m^2$에 대한 1분당 방출량
특수가연물	2.3L
기타의 것	1.63L

11 전 원

① 포소화설비에는 자가발전설비, 축전지설비 또는 전기저장장치에 따른 비상전원을 설치하되, 다음 각 기준의 어느 하나에 해당하는 경우에는 비상전원수전설비로 설치할 수 있다. 다만, 2 이상의 변전소로부터 동시에 전력을 공급받을 수 있거나 하나의 변전소로부터 전력의 공급이 중단되는 때에는 자동으로 다른 변전소로부터 전력을 공급받을 수 있도록 상용전원을 설치한 경우와 가압수조방식에는 비상전원을 설치하지 않을 수 있다.

㉠ 호스릴포소화설비 또는 포소화전만을 설치한 차고 · 주차장

㉡ 포헤드설비 또는 고정포방출설비가 설치된 부분의 바닥면적(스프링클러설비가 설치된 차고 · 주차장의 바닥면적을 포함한다)의 합계가 $1,000m^2$ 미만인 것

② 그 밖의 사항은 옥내소화전과 동일

12 기 타

그 밖의 사항은 옥내소화전설비와 동일[탬퍼스위치 - sp와 동일, 송수구기준 - 옥내소화전과 동일]

이산화탄소소화설비 (NFTC106)

1 계통도 및 작동순서

강관
동관
배선
감지기
방출표시등
사이렌
수동조작함
분사헤드
Gas배관
집합관
압력스위치
선택밸브
안전밸브
가스체크 밸브
기동용기
전자밸브
CO_2 저장용기
제어반

[이산화탄소소화설비 계통도]

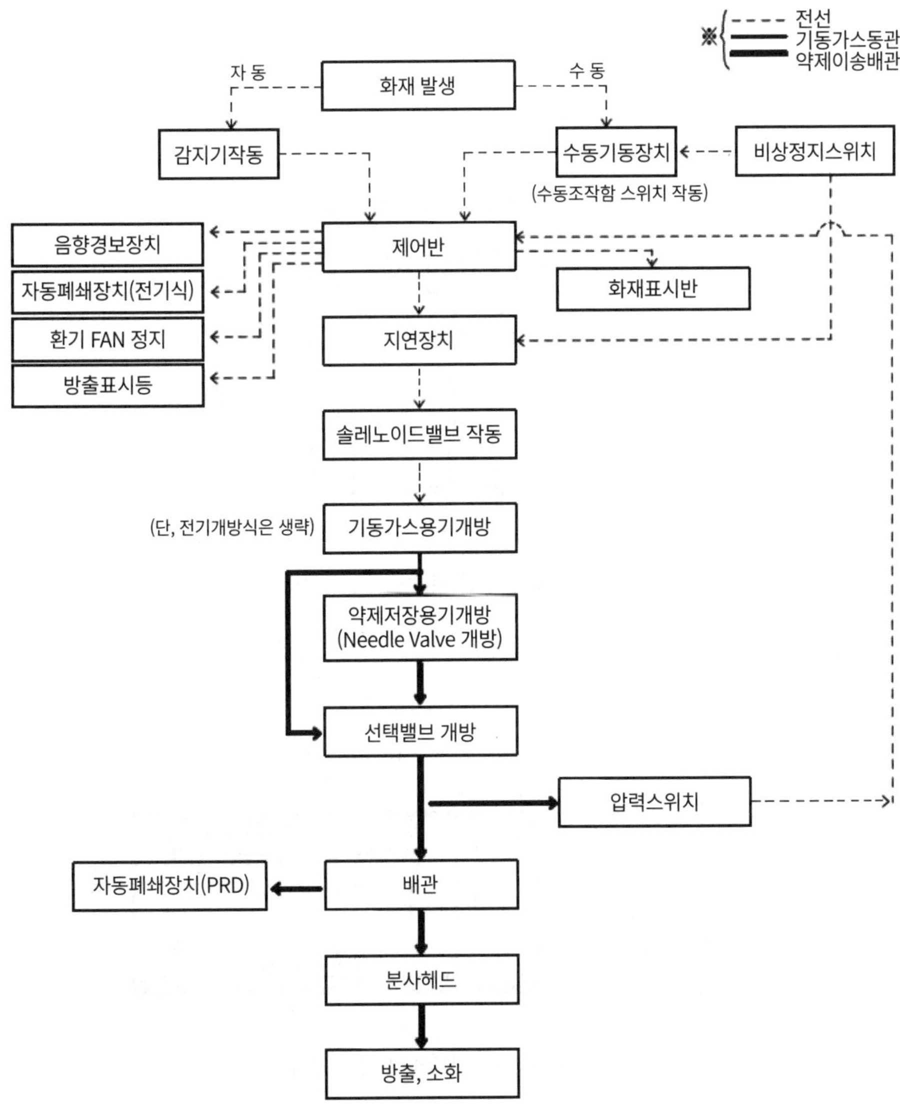
※ 전선
기동가스동관
약제이송배관
자 동
화재 발생
수 동
감지기작동
수동기동장치
(수동조작함 스위치 작동)
비상정지스위치
음향경보장치
자동폐쇄장치(전기식)
환기 FAN 정지
방출표시등
제어반
화재표시반
지연장치
솔레노이드밸브 작동
(단, 전기개방식은 생략)
기동가스용기개방
약제저장용기개방
(Needle Valve 개방)
선택밸브 개방
압력스위치
자동폐쇄장치(PRD)
배관
분사헤드
방출, 소화

[이산화탄소소화설비 동작순서]

2 이산화탄소소화설비의 분류

(1) 저장방식에 따른 분류

① **고압식** : CO_2 저장용기에 액화탄산가스를 저장하고 2.1MPa 이상의 압력으로 방출하는 방식

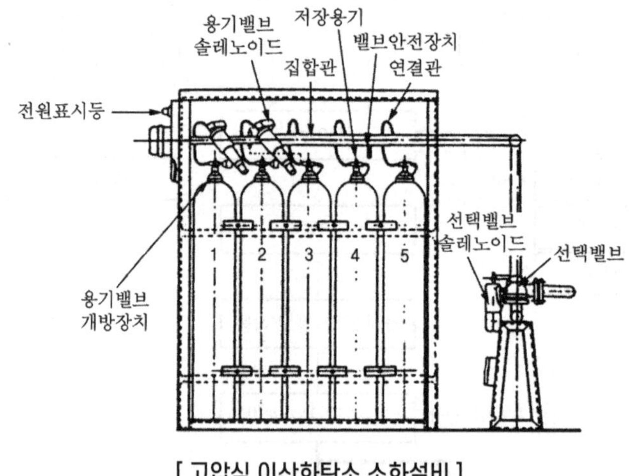

[고압식 이산화탄소 소화설비]

② **저압식** : CO_2 저장용기에 액화탄산가스를 −18℃ 이하에서 2.1MPa의 압력으로 유지하고 1.05MPa 이상의 압력으로 방출하는 방식

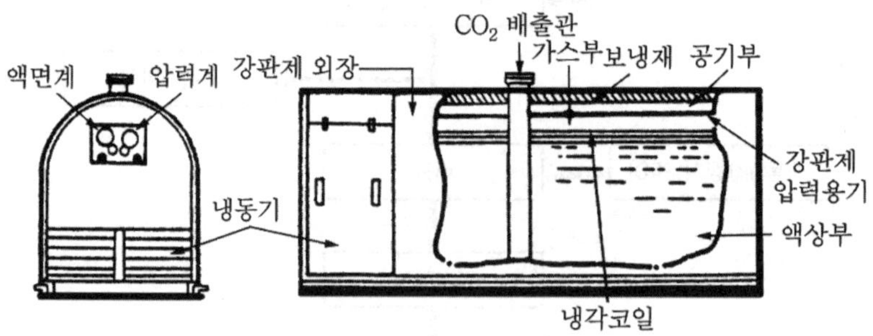

[저압식 이산화탄소 소화설비]

(2) 방출방식에 따른 분류

① **전역방출방식** : 방호구역의 개구부가 작고 약제 방출전 밀폐 가능한 곳으로 가연물이 화재실 전체에 균일하게 분포되어 있을 때 방호구역 전역에 균일하고 신속하게 소화약제를 방출하여 산소의 농도를 낮추어 소화하는 방식

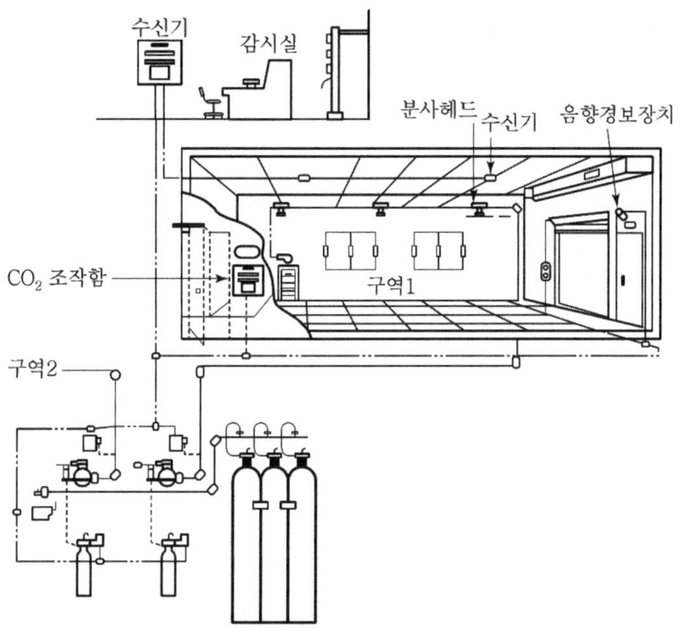

② **국소방출방식** : 방호구역의 개구부가 넓어 밀폐가 불가능하거나 넓은 방호구역 중 어느 일부분에만 가연물이 있을 때 가연물을 중심으로 일정공간에 분사헤드를 설치하여 집중적으로 약제를 방출하는 방식

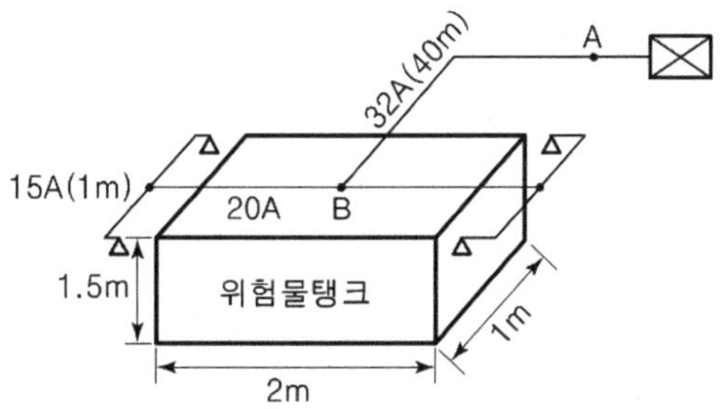

③ **호스릴방식** : 전역방출방식, 국소방출방식은 분사헤드가 고정설치되어 있는 반면 호스릴방식은 호스를 끌고 화점가까이 접근하여 수동밸브를 개방하여 약제를 방출하는 방식

호스릴 이산화탄소설비의 설치 가능장소(할론, 분말설비 동일)

화재시 현저하게 연기가 찰 우려가 없는 장소로서 다음의 장소(차고 또는 주차장 제외)
- 지상 1층 및 피난층 중 지상에서 수동 또는 원격조작에 따라 개방할 수 있는 개구부의 유효면적의 합계가 바닥면적의 15% 이상이 되는 부분
- 전기설비가 설치되어 있는 부분 또는 다량의 화기를 사용하는 부분(해당 설비의 주위 5m 이내의 부분을 포함한다)의 바닥면적이 해당 설비가 설치되어 있는 구획의 바닥면적의 5분의 1 미만이 되는 부분

(3) 기동방식에 따른 분류

① **가스압력식** : 화재감지기의 동작 또는 수동조작스위치의 조작에 의해 기동용기의 전자밸브가 개방되며 기동용기의 압력에 의해 선택밸브 및 CO_2 저장용기의 밸브가 개방되는 방식

② **전기식** : 화재감지기의 작동 또는 수동조작스위치의 동작에 의해 CO_2 저장용기 및 선택밸브에 설치된 전자밸브가 개방되는 방식

③ **기계식** : 밸브 내의 압력차에 의해 개방되는 방식

3 이산화탄소소화설비의 약제 및 저장용기등

(1) 저장용기 설치장소 기준

① 방호구역 외의 장소에 설치할 것. 다만, 방호구역 내에 설치할 경우에는 피난 및 조작이 용이하도록 피난구 부근에 설치할 것

② 온도가 40℃ 이하이고 온도변화가 적은 곳에 설치할 것

③ 직사광선 및 빗물이 침투할 우려가 없는 곳에 설치할 것

④ 방화문으로 구획된 실에 설치할 것

⑤ 용기의 설치장소에는 해당 용기가 설치된 곳임을 표시하는 표지를 할 것

⑥ 용기 간의 간격은 점검에 지장이 없도록 3cm 이상의 간격을 유지할 것

⑦ 저장용기와 집합관을 연결하는 연결배관에는 체크밸브를 설치할 것. 다만, 저장용기가 하나의 방호구역만을 담당하는 경우에는 그렇지 않다.

(2) 저장용기 설치기준

① **충전비**

㉠ 고압식 : 1.5 이상 1.9 이하

㉡ 저압식 : 1.1 이상 1.4 이하

 Reference

저장용기의 약제 충전량 계산식

$$G = \frac{V}{C}$$

G : 충전질량(kg), C : 충전비, V : 용기의 내용적(ℓ)

② 저압식 저장용기의 부속장치

㉠ 안전장치(안전밸브, 봉판)

㉡ 액면계

㉢ 압력계

㉣ 압력경보장치 : 2.3MPa 이상 1.9MPa 이하의 압력에서 작동

㉤ 자동냉동장치 : 용기 내부의 온도가 −18℃ 이하로 유지될 수 있도록 설치

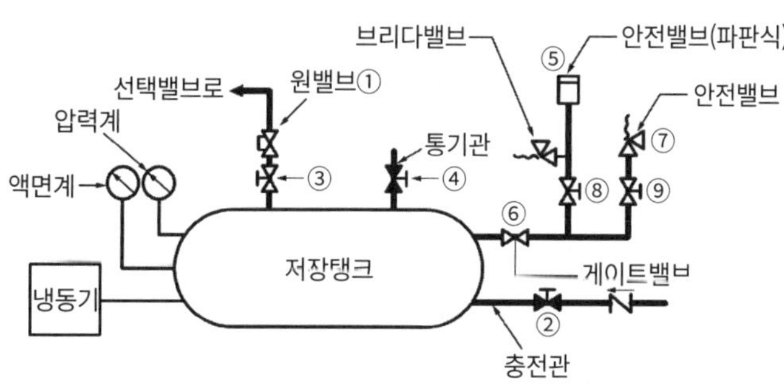

[저압식 저장용기]

 Reference

안전장치 작동압력

① 기동용 가스용기 : 내압시험압력의 0.8배 내지 내압시험압력 이하에서 작동

② 저장용기와 선택밸브 또는 개폐밸브 사이 : 배관의 최소사용설계압력과 최대허용압력 사이의 압력에서 작동(안전장치를 통하여 나온 소화가스는 전용의 배관을 통하여 건축물 외부로 배출될 수 있도록 해야 한다. 이 경우 안전장치로 용전식을 사용해서는 안된다)

③ 저압식 저장용기

㉠ 안전밸브 : 내압시험압력의 0.64~0.8배에서 작동

㉡ 봉판 : 내압시험압력의 0.8~ 내압시험압력에서 작동

내압시험압력

① 고압식 저장용기 : 25MPa 이상

② 저압식 저장용기 : 3.5MPa 이상

③ 기동용기 및 밸브 : 25MPa 이상

(3) 소화약제의 저장량

① 전역방출방식

$$W=(V\times\alpha)+(A\times\beta)$$

W : 이산화탄소의 약제량(kg), V : 방호구역의 체적(m^3), α : 체적계수(kg/m^3)
A : 자동폐쇄장치가 없는 개구부의 면적(m^2), β : 면적계수(kg/m^2)

㉠ 표면화재인 때(가연성액체 또는 가연성가스 등)

㉮ 방호구역의 체적 $1m^3$에 대한 기본약제량

방호구역의 체적	방호구역의 체적 $1m^3$에 대한 소화약제의 양	소화약제 저장량의 최저한도의 양
$45m^3$ 미만	1.00kg	45kg
$45m^3$ 이상 $150m^3$ 미만	0.90kg	45kg
$150m^3$ 이상 $1,450m^3$ 미만	0.80kg	135kg
$1,450m^3$ 이상	0.75kg	1.125kg

※ 산출한 양이 최저한도의 양 미만인 경우에는 그 최저한도의 양으로 한다.

※ 불연재료나 내열성의 재료로 밀폐된 구조물이 있는 경우에는 그 체적을 제외한다.

㉯ 설계농도가 34% 이상인 방호대상물의 소화약제량은 상기 ㉮의 기준에 의한 산출량에 다음 표에 의한 보정계수를 곱하여 산출한다.

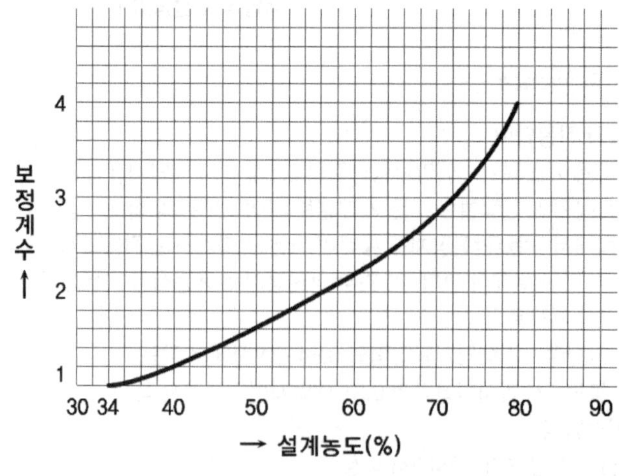

[설계농도에 따른 보정계수]

[가연성액체 또는 가연성가스의 소화에 필요한 설계농도]

방호대상물	설계농도(%)
수소(Hydrogen)	75
아세틸렌(Acetylene)	66
일산화탄소(Garbon Monoxide)	64
산화에틸렌(Ethylene Oxide)	53
에틸렌(Ethylene)	49
에탄(Ethane)	40
석탄가스, 천연가스(Coal, Natural Gas)	37
사이크로프로판(Cyclo Propane)	37
이소부탄(Iso Betane)	36
프로판(Propane)	36
부탄(Butane)	34
메탄(Methane)	34

 Reference

설계농도가 34% 이상인 경우의 약제량 산정식

$$W = (V \times \alpha) \times N + (A \times \beta)$$

W : 이산화탄소의 약제량(kg), V : 방호구역의 체적(m^3)
α : 체적계수(kg/m^3), N : 보정계수
A : 자동폐쇄장치가 없는 개구부의 면적(m^2), β : 면적계수(kg/m^2)

㉰ 방호구역의 개구부에 자동폐쇄장치를 설치하지 아니한 경우에는 ㉮ 및 ㉯의 기준에 따라 산출한 양에 개구부면적 $1m^2$당 5kg을 가산해야 한다. 이 경우 개구부의 면적은 방호구역 전체 표면적의 3% 이하로 해야 한다.

 Reference

전체 표면적 : 방호구역의 4벽면과 천장, 바닥면적을 모두 합한 면적

㉡ 심부화재인 때(종이 · 목재 · 석탄 · 섬유류 · 합성수지류 등)

㉮ 방호구역의 체적 1m^3에 대한 기본약제량

방호대상물	방호구역 1m^3에 대한 약제량	설계농도
유압기기를 제외한 전기설비, 케이블실	1.3kg	50%
체적 55m^3 미만의 전기설비	1.6kg	50%
서고, 전자제품창고, 목재가공품창고, 박물관	2.0kg	65%
고무류 · 면화류창고, 모피창고, 석탄창고, 집진설비	2.7kg	75%

※ 불연재료나 내열성의 재료로 밀폐된 구조물이 있는 경우에는 그 체적을 제외한다.

㉯ 방호구역의 개구부에 자동폐쇄장치를 설치하지 아니한 경우에는 ㉮의 기준에 따라 산출한 양에 개구부 면적 1m^2당 10kg을 가산해야 한다. 이 경우 개구부의 면적은 방호구역 전체 표면적의 3% 이하로 해야 한다.

 Reference

설계농도

보통의 탄화수소인 경우 질식소화를 위한 산소의 농도는 15% 정도이다. 산소의 농도를 15%로 하기 위한 CO_2의 농도는 28.6% 정도이며 여기에 안전율 20%를 고려하면 28.6×1.2=34%이다. CO_2 소화설비를 설치 시 약제저장량은 최소 34% 이상을 유지할 수 있는 양을 저장한다.

② 국소방출방식

㉠ 윗면이 개방된 용기에 저장하는 경우와 화재 시 연소면이 한정되고 가연물이 비산할 우려가 없는 경우

$$W = A \times 13\text{kg/m}^2 \times \alpha$$

W : 이산화탄소의 약제량(kg), A : 방호대상물의 표면적(m^2)
α : 고압식은 1.4, 저압식은 1.1

㉡ 그 밖의 경우

$$W = V \times Q \times \alpha$$

W : 이산화탄소의 약제량(kg), V : 방호공간의 체적(m^3)
Q : 방호공간 1m^3당의 약제량(kg/m^3), α : 고압식은 1.4, 저압식은 1.1
※ 방호공간 : 방호대상물의 각 부분으로부터 0.6m의 거리에 따라 둘러싸인 공간

 Reference

방호공간 $1m^3$당의 약제량

$$Q = 8 - 6\frac{a}{A}$$

Q : 방호공간 $1m^3$에 대한 이산화탄소 소화약제의 양(kg/m^3)
a : 방호대상물 주위에 설치된 벽 면적의 합계(m^2)
A : 방호공간의 벽 면적(벽이 없는 경우에는 벽이 있는 것으로 가정한 면적)의 합계(m^2)

③ **호스릴 방출방식** : 하나의 노즐에 대하여 90kg 이상 저장할 것

4 기동장치

(1) 수동식 기동장치

이산화탄소소화설비의 수동식 기동장치는 다음의 기준에 따라 설치해야 한다. 이 경우 수동식 기동장치의 부근에는 소화약제의 방출을 지연시킬 수 있는 방출지연스위치(자동복귀형 스위치로서 수동식 기동장치의 타이머를 순간 정지시키는 기능의 스위치를 말한다)를 설치해야 한다.

① 전역방출방식에 있어서는 방호구역마다, 국소방출방식에 있어서는 방호대상물마다 설치할 것
② 해당 방호구역의 출입구 부근 등 조작을 하는 자가 쉽게 피난할 수 있는 장소에 설치할 것
③ 기동장치의 조작부는 바닥으로부터 높이 0.8m 이상 1.5m 이하의 위치에 설치하고 보호판 등에 따른 보호장치를 설치할 것
④ 기동장치 인근의 보기 쉬운 곳에 "이산화탄소소화설비 기동장치"라고 표시한 표지를 할 것
⑤ 전기를 사용하는 기동장치에는 전원표시등을 설치할 것
⑥ 기동장치의 방출용 스위치는 음향경보장치와 연동하여 조작될 수 있는 것으로 할 것
⑦ 기동장치에는 보호장치를 설치해야 하며, 보호장치를 개방하는 경우 기동장치에 설치된 부저 또는 벨 등에 의하여 경고음을 발할 것
⑧ 기동장치를 옥외에 설치하는 경우 빗물 또는 외부 충격의 영향을 받지 아니하도록 설치할 것

(2) 자동식기동장치

이산화탄소소화설비의 자동식 기동장치는 자동화재탐지설비의 감지기의 작동과 연동하

는 것으로서 다음의 기준에 따라 설치해야 한다.

① 자동식 기동장치에는 수동으로도 기동할 수 있는 구조로 할 것

② 전기식 기동장치로서 7병 이상의 저장용기를 동시에 개방하는 설비에 있어서는 2병 이상의 저장용기에 전자개방밸브를 부착할 것

③ 가스압력식 기동장치는 다음의 기준에 따를 것

㉠ 기동용 가스용기 및 해당 용기에 사용하는 밸브는 25MPa 이상의 압력에 견딜 수 있는 것으로 할 것

㉡ 기동용 가스용기에는 내압시험압력의 0.8배 부터 내압시험압력 이하에서 작동하는 안전장치를 설치할 것

㉢ 기동용 가스용기의 체적은 5L 이상으로 하고, 해당 용기에 저장하는 질소 등의 비활성기체는 6.0MPa 이상(21℃ 기준)의 압력으로 충전할 것

㉣ 질소 등의 비활성기체 기동용 가스용기에는 충전여부를 확인할 수 있는 압력게이지를 설치할 것

④ 기계식 기동장치에 있어서는 저장용기를 쉽게 개방할 수 있는 구조로 할 것

(3) 이산화탄소소화설비가 설치된 부분의 출입구 등의 보기 쉬운 곳에 소화약제의 방출을 표시하는 표시등을 설치할 것

5 제어반 및 화재표시반

(1) 제어반의 기능

제어반은 수동기동장치 또는 감지기에서의 신호를 수신하여 음향경보장치의 작동, 소화약제의 방출 또는 지연 기타의 제어기능을 가진 것으로 하고, 제어반에는 전원표시등을 설치할 것

(2) 화재표시반의 기능 및 설치기준

화재표시반은 제어반에서의 신호를 수신하여 작동하는 기능을 가진 것으로 하되, 다음의 기준에 따라 설치할 것

① 각 방호구역마다 음향경보장치의 조작 및 감지기의 작동을 명시하는 표시등과 이와 연동하여 작동하는 벨 · 버저 등의 경보기를 설치할 것. 이 경우 음향경보장치의 조작 및 감지기의 작동을 명시하는 표시등을 겸용할 수 있다.

② 수동식 기동장치는 그 방출용스위치의 작동을 명시하는 표시등을 설치할 것

③ 소화약제의 방출을 명시하는 표시등을 설치할 것
④ 자동식 기동장치는 자동 · 수동의 절환을 명시하는 표시등을 설치할 것

(3) 제어반 및 화재표시반은 화재 및 침수 등의 재해로 인한 피해를 받을 우려가 없고 점검에 편리한 장소에 설치할 것

(4) 제어반 및 화재표시반에는 해당 회로도 및 취급설명서를 비치할 것

(5) 수동잠금밸브의 개폐여부를 확인할 수 있는 표시등을 설치할 것

6 배관 등

(1) 배관의 설치기준

① 배관은 전용으로 할 것
② 강관을 사용하는 경우의 배관은 압력배관용탄소강관(KS D 3562) 중 스케줄 80(저압식은 스케줄 40) 이상의 것 또는 이와 동등 이상의 강도를 가진 것으로 아연도금 등으로 방식 처리된 것을 사용할 것. 다만, 배관의 호칭구경이 20mm 이하인 경우에는 스케줄 40 이상인 것을 사용할 수 있다.
③ 동관을 사용하는 경우의 배관은 이음이 없는 동 및 동합금관(KS D 5301)으로서 고압식은 16.5MPa 이상, 저압식은 3.75MPa 이상의 압력에 견딜 수 있는 것을 사용할 것
④ 고압식의 1차측(개폐밸브 또는 선택밸브 이전) 배관부속의 최소사용설계압력은 9.5MPa로 하고, 고압식의 2차측과 저압식의 배관부속의 최소사용설계압력은 4.5MPa로 할 것

(2) 배관의 구경

소요량이 다음의 기준에 따른 시간 내에 방출될 수 있는 것으로 할 것

① 전역방출방식

㉠ 표면화재(가연성액체 또는 가연성가스 등) 방호대상물의 경우에는 1분
㉡ 심부화재(종이, 목재, 석탄, 섬유류, 합성수지류 등) 방호대상물의 경우에는 7분. 이 경우 설계농도가 2분 이내에 30%에 도달해야 한다.

② 국소방출방식의 경우에는 30초

(3) 수동잠금밸브

소화약제의 저장용기와 선택밸브 사이의 집합배관에는 수동잠금밸브를 설치하되 선택밸브 직전에 설치할 것. 다만, 선택밸브가 없는 설비의 경우에는 저장용기실 내에 설치하되

조작 및 점검이 쉬운 위치에 설치해야 한다.

7 선택밸브

하나의 특정소방대상물 또는 그 부분에 2 이상의 방호구역 또는 방호대상물이 있어 소화약제 저장용기를 공용하는 경우에는 다음의 기준에 따라 선택밸브를 설치할 것

① 방호구역 또는 방호대상물마다 설치할 것

② 각 선택밸브에는 해당 방호구역 또는 방호대상물을 표시할 것

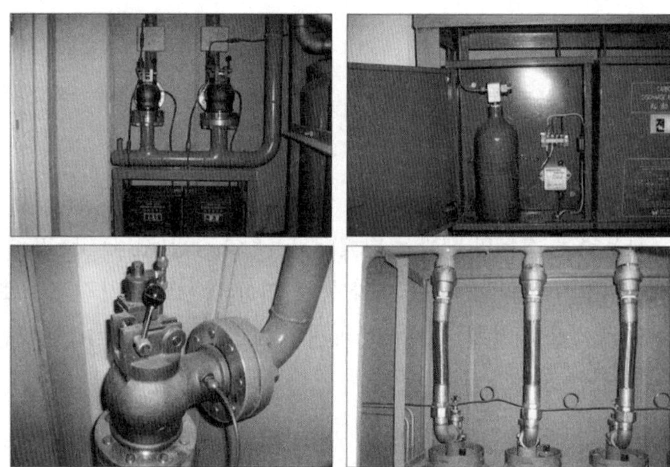

8 분사헤드

① 전역방출방식의 분사헤드

㉠ 방출된 소화약제가 방호구역의 전역에 균일하게 신속히 확산할 수 있도록 할 것

㉡ 분사헤드의 방출압력이 2.1MPa(저압식은 1.05MPa) 이상의 것으로 할 것

㉢ 소화약제의 저장량을 표면화재는 1분, 심부화재는 7분 이내에 방출할 수 있을 것

② 국소방출방식의 분사헤드

㉠ 분사헤드의 방출압력이 2.1MPa(저압식은 1.05MPa) 이상의 것으로 할 것

㉡ 소화약제의 저장량은 30초 이내에 방출할 수 있는 것으로 할 것

㉢ 소화약제의 방출에 따라 가연물이 비산하지 않는 장소에 설치할 것

③ 분사헤드의 오리피스 구경

㉠ 분사헤드에는 부식방지조치를 해야 하며 오리피스의 크기, 제조일자, 제조업체가 표시되도록 할 것

㉡ 분사헤드의 개수는 방호구역에 방출시간이 충족되도록 설치할 것
㉢ 분사헤드의 방출률 및 방출압력은 제조업체에서 정한 값으로 할 것
㉣ 분사헤드 오리피스의 면적은 분사헤드가 연결되는 배관구경 면적의 70% 이하가 되도록 할 것

Reference

분사헤드의 분출구면적 산출식

$$\text{분출구의 면적}(cm^2) = \frac{\text{헤드 1개당의 방출량}(kg)}{\text{방출률}(kg/cm^2 \cdot min) \times \text{방출시간}(min)}$$

④ 호스릴이산화탄소소화설비 설치기준

㉠ 방호대상물의 각 부분으로부터 하나의 호스접결구까지의 수평거리가 15m 이하가 되도록 할 것
㉡ 노즐은 20℃에서 하나의 노즐마다 60kg/min 이상의 소화약제를 방출할 수 있는 것으로 할 것
㉢ 소화약제 저장용기는 호스릴을 설치하는 장소마다 설치할 것
㉣ 소화약제 저장용기의 개방밸브는 호스의 설치장소에서 수동으로 개폐할 수 있는 것으로 할 것
㉤ 소화약제 저장용기의 가장 가까운 곳의 보기 쉬운 곳에 적색의 표시등을 설치하고, 호스릴이산화탄소소화설비가 있다는 뜻을 표시한 표지를 할 것

9 분사헤드 설치제외 장소

① 방재실 · 제어실 등 사람이 상시 근무하는 장소

② 니트로셀룰로오스 · 셀룰로이드제품 등 자기연소성 물질을 저장 · 취급하는 장소
③ 나트륨 · 칼륨 · 칼슘 등 활성금속물질을 저장 · 취급하는 장소
④ 전시장 등의 관람을 위하여 다수인이 출입 · 통행하는 통로 및 전시실 등

10 자동식기동장치의 화재감지기

① 각 방호구역 내의 화재감지기의 감지에 따라 작동되도록 할 것
② 화재감지기의 회로는 교차회로방식으로 설치할 것. 다만, 화재감지기를 「자동화재탐지설비 및 시각경보장치의 화재안전기술기준(NFTC 203)」의 오동작 없는 감지기를 설치하는 경우에는 그렇지 않다.
③ 교차회로 내의 각 화재감지기 회로별로 설치된 화재감지기 1개가 담당하는 바닥면적은 「자동화재탐지설비 및 시각경보장치의 화재안전기술기준(NFTC 203)」 규정에 따른 바닥면적으로 할 것

11 음향경보장치

① 음향경보장치의 설치기준
㉠ 수동식 기동장치를 설치한 것에 있어서는 그 기동장치의 조작과정에서, 자동식 기동장치를 설치한 것에 있어서는 화재감지기와 연동하여 자동으로 경보를 발하는 것으로 할 것
㉡ 소화약제의 방출 개시 후 1분 이상 경보를 계속할 수 있는 것으로 할 것
㉢ 방호구역 또는 방호대상물이 있는 구획 안에 있는 자에게 유효하게 경보할 수 있는 것으로 할 것

② 방송에 따른 경보장치의 설치기준
㉠ 증폭기 재생장치는 화재 시 연소의 우려가 없고 유지관리가 쉬운 장소에 설치할 것
㉡ 방호구역 또는 방호대상물이 있는 구획의 각 부분으로부터 하나의 확성기까지의 수평거리는 25m 이하가 되도록 할 것
㉢ 제어반의 복구스위치를 조작하여도 경보를 계속 발할 수 있는 것으로 할 것

12 자동폐쇄장치

① 환기장치를 설치한 것에 있어서는 소화약제가 방출되기 전에 해당 환기장치 등이 정지될 수 있도록 할 것

② 개구부가 있거나 천장으로부터 1m 이상의 아래부분 또는 바닥으로부터 해당 층의 높이의 3분의 2 이내의 부분에 통기구가 있어 소화약제의 유출에 따라 소화효과를 감소시킬 우려가 있는 것은 소화약제가 방출되기 전에 해당 개구부 및 통기구를 폐쇄할 수 있도록 할 것
③ 자동폐쇄장치는 방호구역 또는 방호대상물이 있는 구획의 밖에서 복구할 수 있는 구조로 하고, 그 위치를 표시하는 표지를 할 것

13 비상전원[자가발전설비, 축전지설비 또는 전기저장장치]

① 점검에 편리하고 화재 및 침수 등의 재해로 인한 피해를 받을 우려가 없는 곳에 설치할 것
② 이산화탄소소화설비를 유효하게 20분 이상 작동할 수 있어야 할 것
③ 상용전원으로부터 전력의 공급이 중단된 때에는 자동으로 비상전원으로부터 전력을 공급받을 수 있도록 할 것
④ 비상전원의 설치장소는 다른 장소와 방화구획 할 것. 이 경우 그 장소에는 비상전원의 공급에 필요한 기구나 설비외의 것(열병합발전설비에 필요한 기구나 설비는 제외한다)을 두어서는 안된다.
⑤ 비상전원을 실내에 설치하는 때에는 그 실내에 비상조명등을 설치할 것

비상전원 제외 경우

2 이상의 변전소(「전기사업법」 제67조에 따른 변전소를 말한다. 이하 같다)에서 전력을 동시에 공급받을 수 있거나 하나의 변전소로부터 전력의 공급이 중단되는 때에는 자동으로 다른 변전소로부터 전력을 공급받을 수 있도록 상용전원을 설치한 경우에는 비상전원을 설치하지 않을 수 있다.

14 배출설비

지하층, 무창층 및 밀폐된 거실 등에 이산화탄소소화설비를 설치한 경우에는 방출된 소화약제를 배출하기 위한 배출설비를 갖추어야 한다.

15 과압배출구

이산화탄소소화설비의 방호구역에는 소화약제 방출시 발생하는 과(부)압으로 인한 구조물등의 손상을 방지하기 위해 아래의 ①부터 ④까지의 내용을 검토하여 과압배출구를 설치해야 한다. 다만, 과(부)압이 발생해도 구조물 등에 손상이 생길 우려가 없음을 시험 또는 공학적인 자료로 입증하는 경우 설치하지 않을 수 있다.

① 방호구역 누설면적

② 방호구역의 최대허용압력

③소화약제 방출시의 최고압력

④ 소화농도 유지시간

16 설계프로그램

이산화탄소소화설비를 설계프로그램을 이용하여 설계할 경우에는 [가스계소화설비의 설계프로그램 성능인증 및 제품검사의 기술기준] 적합한 설계프로그램을 사용해야 한다.

17 안전시설 등

① 이산화탄소소화설비가 설치된 장소에는 다음의 기준에 따른 안전시설을 설치해야 한다.

㉠ 소화약제 방출시 방호구역 내와 부근에 가스방출시 영향을 미칠 수 있는 장소에 시각경보장치를 설치하여 소화약제가 방출되었음을 알도록 할 것

㉡ 방호구역의 출입구 부근 잘 보이는 장소에 약제방출에 따른 위험경고표지를 부착할 것

② 방호구역 내에 이산화탄소 소화약제가 방출되는 경우 후각을 통해 이를 인지할 수 있도록 부취발생기를 다음의 어느 하나에 해당하는 방식으로 설치해야 한다.

㉠ 부취발생기를 소화약제 저장용기실 내의 소화배관에 설치하여 소화약제의 방출에 따라 부취제가 혼합되도록 하는 방식

㉮ 소화약제 저장용기실 내의 소화배관에 설치할 것

㉯ 점검 및 관리가 쉬운 위치에 설치할 것

㉰ 방호구역별로 선택밸브 직후 2차측 배관에 설치할 것. 다만, 선택밸브가 없는 경우에는 집합배관에 설치할 수 있다.

㉡ 방호구역 내에 부취발생기를 설치하여 이산화탄소소화설비의 기동에 따라 소화약제 방출전에 부취제가 방출되도록 하는 방식

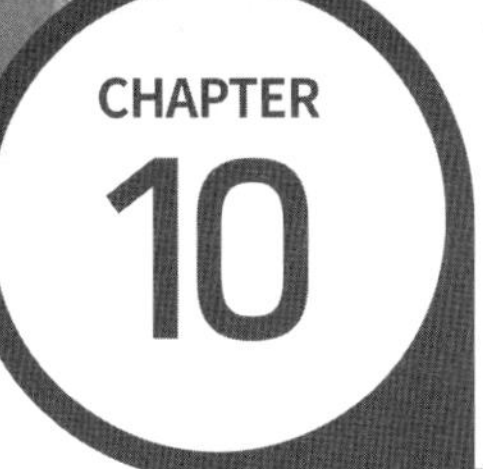

CHAPTER 10 할론소화설비(NFTC107)

1 할론소화설비의 분류

(1) 가압방식에 따른 분류

① **가압식** : 할론약제와 압축가스인 N_2가스를 서로 다른 용기에 저장하고 배관을 연결하고 있다가 화재로 인한 방출 시 N_2가스 용기를 먼저 개방하여 할론약제를 밀어내어 방출하는 방식

② **축압식** : 할론약제와 N_2를 동일한 용기에 충전시켜두었다가 화재 시 용기밸브의 개방에 의해 방출하는 방식

> **Reference**
>
> 할론약제는 증기압이 작아 할론약제 단독으로는 필요 압력으로 방출이 어려우므로 압축가스인 N_2를 가압 또는 축압의 방식을 통하여 할론용기와 연결하고 N_2의 압력을 이용하여 방출하는 방식을 택한다.
>
> **할론약제별 비교**

할론약제의 종류	증기압(20℃ 기준)	방출압력	방 식
할론 2402	0.5kgf/cm^2	0.1MPa	가압식 또는 축압식
할론 1211	2.5kgf/cm^2	0.2MPa	축압식
할론 1301	14kgf/cm^2	0.9MPa	축압식

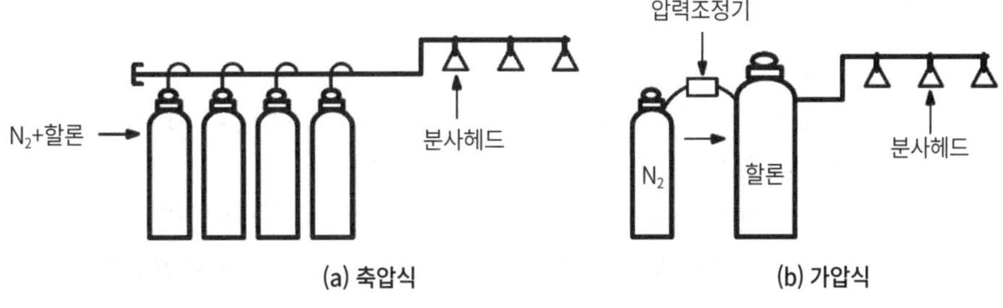

[할론소화설비]

(2) 방출방식에 따른 분류

① 전역방출방식
② 국소방출방식
③ 호스릴방식

(3) 기동(개방)방식에 따른 분류

① 가스압력식
② 전기식
③ 기계식

2 할론소화설비의 약제 및 저장용기등

(1) 할론소화약제의 저장용기 등

① **저장용기 설치 장소의 기준** : 이산화탄소소화설비와 동일

② **저장용기의 설치 기준**

㉠ 축압식 저장용기의 압력은 온도 20℃에서 할론 1211을 저장하는 것에 있어서는 1.1MPa 또는 2.5MPa, 할론 1301을 저장하는 것에 있어서는 2.5MPa 또는 4.2MPa이 되도록 질소가스로 축압할 것

㉡ 동일 집합관에 접속되는 용기의 소화약제 충전량은 동일 충전비의 것으로 할 것

㉢ 저장용기의 충전비

㉮ 할론 2402
- 가압식 : 0.51 이상 0.67 미만
- 축압식 : 0.67 이상 2.75 이하

㉯ 할론 1211
- 0.7 이상 1.4 이하

㉰ 할론 1301
- 0.9 이상 1.6 이하

㉣ 가압용 가스용기는 질소가스가 충전된 것으로 하고, 그 압력은 21℃에서 2.5 MPa 또는 4.2MPa이 되도록 해야 한다.

㉤ 할론소화약제 저장용기의 개방밸브는 전기식 · 가스압력식 또는 기계식에 따라 자동으로 개방되고 수동으로도 개방되는 것으로서 안전장치가 부착된 것으로 해야 한다.

㉥ 가압식 저장용기에는 2MPa 이하의 압력으로 조정할 수 있는 압력조정장치를 설치해야 한다.

㉦ 하나의 방호구역을 담당하는 소화약제 저장용기의 소화약제량의 체적합계보다 그 소화약제 방출 시 방출경로가 되는 배관(집합관 포함)의 내용적의 비율이 1.5배 이상일 경우에는 해당 방호구역에 대한 설비는 별도 독립방식으로 해야 한다.

(2) 소화약제의 저장량

① 전역방출방식

$$W=(V\times\alpha)+(A\times\beta)$$

W : 할론 약제량(kg), V : 방호구역의 체적(m^3), α : 체적계수(kg/m^3)
A : 자동폐쇄장치가 없는 개구부의 면적(m^2), β : 면적계수(kg/m^2)

<table>
<tr><th colspan="2">특정소방대상물 또는 그 부분</th><th>소화약제의 종류</th><th>방호구역의 체적 $1m^3$당 소화약제의 양</th><th>가산량 (개구부 $1m^3$당)</th></tr>
<tr><td colspan="2">차고 · 주차장, 전기실, 통신기기실, 전산실 기타 이와 유사한 전기설비가 설치되어 있는 부분</td><td>할론 1301</td><td>0.32~0.64kg</td><td>2.4kg</td></tr>
<tr><td rowspan="8">특수가연물을 저장 · 취급하는 특정소방대상물 또는 그 부분</td><td rowspan="3">가연성 고체류
가연성 액체류</td><td>할론 2402</td><td>0.40~1.1kg</td><td>3.0kg</td></tr>
<tr><td>할론 1211</td><td>0.36~0.71kg</td><td>2.7kg</td></tr>
<tr><td>할론 1301</td><td>0.32~0.64kg</td><td>2.4kg</td></tr>
<tr><td rowspan="2">면화류, 나무껍질 및 대팻밥, 넝마 및 종이부스러기, 사류, 볏짚류, 목재 가공품 및 나무부스러기를 저장 · 취급하는 것</td><td>할론 1211</td><td>0.60~0.71kg</td><td>4.5kg</td></tr>
<tr><td>할론 1301</td><td>0.52~0.64kg</td><td>3.9kg</td></tr>
<tr><td rowspan="2">합성수지류를 저장 · 취급하는 것</td><td>할론 1211</td><td>0.36~0.71kg</td><td>2.7kg</td></tr>
<tr><td>할론 1301</td><td>0.32~0.64kg</td><td>2.4kg</td></tr>
</table>

② 국소방출방식

㉠ 윗면이 개방된 용기에 저장하는 경우와 연소면이 1면에 한정되고 가연물이 비산할 우려가 없는 경우

$$W=A\times\alpha\times\beta$$

W : 할론 약제량(kg), A : 방호대상물의 표면적(m^2)
α : 방호대상물의 표면적 $1m^2$에 대한 소화약제의 양(kg/m^2)
β : 약제별 계수(할론 2402, 1211은 1.1, 할론 1301은 1.25)

[개방용기 및 가연물의 비산 우려가 없는 경우의 소화약제 종류에 따른 소화약제의 양]

소화약제의 종류	방호대상물 표면적 $1m^2$에 대한 소화약제량	약제별 계수
할론 2402	8.8kg	1.1
할론 1211	7.6kg	1.1
할론 1301	6.8kg	1.25

※ 4류 위험물의 경우는 위 식에 의해 산출된 약제량에 위험물별 계수를 곱한 양 이상을 저장한다.

ⓛ 그 밖의 경우

$$W = V \times Q \times \beta$$

W : 할론 약제량(kg), V : 방호공간의 체적(m^3), Q : 방호공간 $1m^2$당의 약재량(kg/m^2), β : 약제별 계수(2402, 1211은 1.1, 할론 1301은 1.25)

㉮ 방호공간 : 방호대상물의 각 부분으로부터 0.6m의 거리에 따라 둘러싸인 공간

㉯ 방호공간 $1m^3$당의 약제량

$$Q = X - Y\frac{a}{A}$$

Q : 방호공간 $1m^3$에 대한 소화약제의 양(kg/m^3)
a : 방호대상물 주위에 설치된 벽 면적의 합계(m^2)
A : 방호공간의 벽 면적(벽이 없는 경우에는 벽이 있는 것으로 가정한 면적)의 합계(m^2)

소화약제의 종류	X의 수치	Y의 수치
할론 2402	5.2	3.9
할론 1211	4.4	3.3
할론 1301	4.0	3.0

③ **호스릴 방식** : 하나의 노즐에 대하여 다음 표에 의한 양 이상으로 할 것

소화약제의 종류	소화약제의 양
할론 2402 또는 할론 1211	50kg
할론 1301	45kg

3 기동장치

이산화탄소 소화설비와 동일

4 제어반

이산화탄소 소화설비와 동일

5 배 관

① 배관은 전용으로 할 것
② 강관을 사용하는 경우의 배관은 압력배관용탄소강관(KS D 3562) 중 스케줄 40 이상의 것 또는 이와 동등 이상의 강도를 가진 것으로서 아연도금 등에 따라 방식처리된 것을 사용할 것
③ 동관을 사용하는 경우에는 이음이 없는 동 및 동합금관(KS D 5301)의 것으로서 고압식은 16.5MPa 이상, 저압식은 3.75MPa 이상의 압력에 견딜 수 있는 것을 사용할 것
④ 배관 부속 및 밸브류는 강관 또는 동관과 동등 이상의 강도 및 내식성이 있는 것으로 할 것

6 선택밸브

이산화탄소 소화설비와 동일

7 분사헤드

① 전역방출방식의 분사헤드

㉠ 방출된 소화약제가 방호구역의 전역에 균일하게 신속히 확산할 수 있도록 할 것
㉡ 할론 2402를 방출하는 분사헤드는 해당 소화약제가 무상으로 분무되는 것으로 할 것
㉢ 분사헤드의 방출압력은 할론 2402를 방출하는 것은 0.1MPa 이상, 할론 1211을 방출하는 것은 0.2MPa 이상, 할론 1301을 방출하는 것은 0.9MPa 이상으로 할 것
㉣ 기준저장량의 소화약제를 10초 이내에 방출할 수 있는 것으로 할 것

② 국소방출방식의 분사헤드

㉠ 소화약제의 방출에 따라 가연물이 비산하지 않는 장소에 설치할 것
㉡ 할론 2402를 방출하는 분사헤드는 해당 소화약제가 무상으로 분무되는 것으로 할 것
㉢ 분사헤드의 방출압력은 할론 2402를 방출하는 것은 0.1MPa 이상, 할론 1211을 방출하는 것은 0.2MPa 이상, 할론 1301을 방출하는 것은 0.9MPa 이상으로 할 것

㉣ 기준저장량의 소화약제를 10초 이내에 방출할 수 있는 것으로 할 것

③ **호스릴 설치 가능장소** : 화재시 현저하게 연기가 찰 우려가 없는 장소로서 다음의 어느 하나에 해당하는 장소(차고 또는 주차장 제외)

㉠ 지상 1층 및 피난층에 있는 부분으로서 지상에서 수동 또는 원격조작에 따라 개방할 수 있는 개구부의 유효면적의 합계가 바닥면적의 15% 이상이 되는 부분

㉡ 전기설비가 설치되어 있는 부분 또는 다량의 화기를 사용하는 부분(해당 설비의 주위 5m 이내의 부분을 포함한다)의 바닥면적이 해당 설비가 설치되어 있는 구획의 바닥면적의 5분의 1 미만이 되는 부분

④ **호스릴 할론소화설비의 설치기준**

㉠ 방호대상물의 각 부분으로부터 하나의 호스접결구까지의 수평거리가 20m 이하가 되도록 할 것

㉡ 소화약제의 저장용기의 개방밸브는 호스릴의 설치장소에서 수동으로 개폐할 수 있는 것으로 할 것

㉢ 소화약제의 저장용기는 호스릴을 설치하는 장소마다 설치할 것

㉣ 노즐은 20℃에서 하나의 노즐마다 1분당 다음 표에 따른 소화약제를 방출할 수 있는 것으로 할 것

소화약제의 종류	소화약제의 양(kg)
할론 2402	45
할론 1211	40
할론 1301	35

㉤ 소화약제 저장용기의 가장 가까운 곳의 보기 쉬운 곳에 적색의 표시등을 설치하고, 호스릴방식의 할론소화설비가 있다는 뜻을 표시한 표지를 할 것

⑤ 분사헤드의 오리피스구경 · 방출률 · 크기 등에 관한 기준 : 이산화탄소소화설비와 동일

8 화재감지기, 음향경보장치, 자동폐쇄장치, 비상전원, 프로그램 등

이산화탄소 소화설비와 동일

CHAPTER 11

할로겐화합물 및 불활성기체 소화설비(NFTC107A)

1 할로겐화합물 및 불활성기체소화약제의 정의 및 종류

(1) 할로겐화합물 및 불활성기체소화약제의 정의

① "할로겐화합물 및 불활성기체소화약제"란 할로겐화합물(할론 1301, 할론 2402, 할론 1211 제외) 및 불활성 기체로서 전기적으로 비전도성이며 휘발성이 있거나 증발 후 잔여물을 남기지 않는 소화약제를 말한다.

② "할로겐화합물소화약제"란 불소, 염소, 브롬 또는 요오드 중 하나 이상의 원소를 포함하고 있는 유기화합물을 기본성분으로 하는 소화약제를 말한다.

③ "불활성기체소화약제"란 헬륨, 네온, 아르곤 또는 질소가스 중 하나 이상의 원소를 기본성분으로 하는 소화약제를 말한다.

④ "충전밀도"란 소화약제의 중량과 소화약제 저장용기의 내부 용적과의 비(중량/용적)를 말한다.

(2) 소화약제의 종류

소화약제	화학식
퍼플루오로부탄(이하 "FC-3-1-10"이라 한다)	C_4F_{10}
하이드로클로로플루오로카본혼화제 (이하 "HCFC BLEND A"라 한다)	HCFC-123($CHCl_2CF_3$) : 4.75% HCFC-22($CHClF_2$) : 82% HCFC-124($CHClFCF_3$) : 9.5% $C_{10}H_{16}$: 3.75%
클로로테트라플루오로에탄(이하 "HCFC-124"라 한다)	$CHClFCF_3$
펜타플루오로에탄(이하 "HFC-125"라 한다)	CHF_2CF_3
헵타플루오로프로판(이하 "HFC-227ea"라 한다)	CF_3CHFCF_3
트리플루오로메탄(이하 "HFC-23"라 한다)	CHF_3
헥사플루오로프로판(이하 "HFC-236fa"라 한다)	$CF_3CH_2CF_3$
트리플루오로이오다이드(이하 "FIC-13I1"라 한다)	CF_3I
도데카플루오르-2-메틸펜탄-3-원(이하 "FK-5-1-12"라 한다)	$CF_3CF_2C(O)CF(CF_3)_2$
불연성 · 불활성 기체혼합가스(이하 "IG-01"라 한다)	Ar
불연성 · 불활성 기체혼합가스(이하 "IG-100"라 한다)	N_2
불연성 · 불활성 기체혼합가스(이하 "IG-541"라 한다)	N_2 : 52%, Ar : 40%, CO_2 : 8%
불연성 · 불활성 기체혼합가스(이하 "IG-55"라 한다)	N_2 : 50%, Ar : 50%

2 할로겐화합물 및 불활성기체소화설비의 약제 및 저장용기 등

(1) 할로겐화합물 및 불활성기체소화약제의 저장용기 등

① 저장용기 설치장소의 기준

㉠ 온도가 55℃ 이하이고 온도의 변화가 적은 곳에 설치할 것

㉡ 그 밖의 사항은 이산화탄소 소화설비와 동일

② 소화약제 저장용기의 충전밀도 · 충전압력 및 배관의 최소사용 설계압력

㉠ 할로겐화합물소화약제

항목 \ 소화약제	HFC-227ea				FC-3-1-10	HCFC BLEND A	
최대충전밀도 (kg/m³)	1,265	1,201.4	1,153.3	1,153.3	1,281.4	900.2	900.2
21℃ 충전압력 (kPa)	303**	1,034*	2,482*	4,137*	2,482*	4,137*	2,482*
최소사용 설계압력 (kPa)	2,868	1,379	2,868	5,654	2,482	4,689	2,979

항목 \ 소화약제	HFC-23						HCFC-124	
최대충전밀도 (kg/m³)	865	768.9	720.8	640.7	560.6	480.6	1,185.4	1,185.4
21℃ 충전압력 (kPa)	4,198**	4,198**	4,198**	4,198**	4,198**	4,198**	1,655*	2,482*
최소 사용 설계압력 (kPa)	12,038	9,453	8,605	7,626	6,943	6,392	1,951	3,199

항목 \ 소화약제	HFC-125		HFC-236fa			FK-5-1-12					
최대충전밀도 (kg/m³)	865	897	1,185.4	1,201.4	1,185.4	1,441.7	1,441.7	1,441.7	1,201	1,441.7	1,121
21℃ 충전압력 (kPa)	2.482*	4,137*	1,655*	2,482*	4,137*	1,034*	1,344*	2,482*	3,447*	4,206*	6,000*
최소 사용 설계압력 (kPa)	3,392	5,764	1,931	3,310	6,068	1,034	1,344	2,482	3,447	4,206	6,000

비고) 1. "*" 표시는 질소로 축압한 경우를 표시한다.
2. " ** " 표시는 질소로 축압하지 않은 경우를 표시한다.
3. 소화약제 방출을 위해 별도의 용기로 질소를 공급하는 경우 배관의 최소사용설계압력은 충전된 질소압력에 따른다. 다만, 다음에 해당하는 경우에는 조정된 질소의 공급압력을 최소사용설계압력으로 적용할 수 있다.
가. 질소의 공급압력을 조정하기 위해 감압장치를 설치할 것
나. 폐쇄할 우려가 있는 배관 구간에는 배관의 최대허용압력 이하에서 작동하는 안전장치를 설치할 것

㉡ 불활성기체소화약제

항목 \ 소화약제		IG-01			IG-541			IG-55			IG-100		
21℃ 충전압력(kPa)		16,341	20,436	31,097	14,997	19,996	31,125	15,320	20,423	30,634	16,575	22,312	28,000
최소사용 설계압력 (kPa)	1차측	16,341	20,436	31,097	14,997	19,996	31,125	15,320	20,423	30,634	16,575	22,312	28,000
	2차측	비고 2 참조											

비고) 1. 1차측과 2차측은 감압장치를 기준으로 한다.
2. 2차측 최소사용설계압력은 제조사의 설계프로그램에 의한 압력값에 따른다.
3. 저장용기에 소화약제가 21℃ 충전압력보다 낮은 압력으로 충전되어 있는 경우에는 실제 저장용기에 충전되어 있는 압력값을 1차측 최소사용설계압력으로 적용할 수 있다.

㉢ 저장용기는 약제명 · 저장용기의 자체중량과 총중량 · 충전일시 · 충전압력 및 약제의 체적을 표시할 것

㉣ 동일집합관에 접속되는 저장용기는 동일한 내용적을 가진 것으로 충전량 및 충전압력이 같도록 할 것

㉤ 저장용기에 충전량 및 충전압력을 확인할 수 있는 장치를 하는 경우에는 해당 소화약제에 적합한 구조로 할 것

㉥ 저장용기의 약제량 손실이 5%를 초과하거나 압력손실이 10%를 초과할 경우에는 재충전하거나 저장용기를 교체할 것. 다만, 불활성기체소화약제 저장용기의 경우에는 압력손실이 5%를 초과할 경우 재충전하거나 저장용기를 교체해야 한다.

③ 하나의 방호구역을 담당하는 저장용기의 소화약제의 체적 합계보다 소화약제의 방출 시 방출경로가 되는 배관(집합관을 포함한다) 내용적의 비율이 할로겐화합물 및 불활성기체소화약제 제조업체(이하 "제조업체"라 한다)의 설계기준에서 정한 값 이상일 경우에는 해당 방호구역에 대한 설비는 별도 독립방식으로 해야 한다.

④ 할로겐화합물 및 불활성기체소화약제 저장용기와 선택밸브 또는 개폐밸브 사이에는 배관의 최소사용설계압력과 최대허용압력 사이의 압력에서 작동하는 안전장치를 설치해야 하며, 안전장치를 통하여 나온 소화가스는 전용의 배관 등을 통하여 건축물 외부로 배출될 수 있도록 해야 한다. 이 경우 안전장치로 용전식을 사용해서는 안된다.

(2) 할로겐화합물 및 불활성기체소화설비 설치제외 장소

① 사람이 상주하는 곳으로서 최대허용설계농도를 초과하는 장소

② 제3류 위험물 및 제5류 위험물을 저장 · 보관 · 사용하는 장소. 다만, 소화성능이 인정되는 위험물은 제외한다.

[할로겐화합물 및 불활성기체소화약제 최대허용 설계농도]

소화약제	최대허용 설계농도(%)
FC−3−1−10	40
HCFC BLEND A	10
HCFC−124	1.0
HFC−125	11.5
HFC−227ea	10.5
HFC−23	30
HFC−236fa	12.5
FIC−13I1	0.3
FK−5−1−12	10
IG−01	43
IG−100	43
IG−541	43
IG−55	43

(3) 소화약제량의 산정

① 할로겐화합물소화약제는 다음 공식에 따라 산출한 양 이상으로 할 것

$$W = \frac{V}{S} \times \left[\frac{C}{(100-C)} \right]$$

W : 소화약제의 무게(kg), V : 방호구역의 체적(m^3)
S : 소화약제별 선형상수[$K_1 + K_2 \times t$](m^3/kg)
C : 체적에 따른 소화약제의 설계농도(%)＝소화농도×안전계수
t : 방호구역의 최소예상온도(℃)

설계농도	소화농도	안전계수
A급	A급	1.2
B급	B급	1.3
C급	A급	1.35

소화약제	K_1	K_2
FC−3−1−10	0.094104	0.00034455
HCFC BLEND A	0.2413	0.00088
HCFC−124	0.1575	0.0006
HFC−125	0.1825	0.0007
HFC−227ea	0.1269	0.0005
HFC−23	0.3164	0.0012
HFC−236fa	0.1413	0.0006
FIC−13I1	0.1138	0.0005
FK−5−1−12	0.0664	0.0002741

② 불활성기체소화약제는 다음 공식에 의하여 산출된 량 이상이 되도록 할 것

$$Q(m^3) = V(m^3) \times X(m^3/m^3)$$

Q : 소화약제의 체적(m^3), V : 방호구역의 체적(m^3), X : 방호구역 $1m^3$당 필요한 약제(m^3)

$$X = 2.303\left(\frac{V_S}{S}\right) \times Log\left(\frac{100}{100 - C}\right)$$

X : 공간체적당 더해진 소화약제의 부피(m^3/m^3)
S : 소화약제별 선형상수($K_1 + K_2 \times t$)(m^3/kg)
C : 체적에 따른 소화약제의 설계농도(%)(소화농도 ×안전계수)
V_S : 20℃에서 소화약제의 비체적(m^3/kg), t : 방호구역의 최소예상온도(℃)

설계농도	소화농도	안전계수
A급	A급	1.2
B급	B급	1.3
C급	A급	1.35

소화약제	K_1	K_2
IG-01	0.5685	0.00208
IG-100	0.7997	0.00293
IG-541	0.65799	0.00239
IG-55	0.6598	0.00242

3 기동장치

(1) 수동식기동장치의 설치기준

할로겐화합물 및 불활성기체소화설비의 수동식 기동장치는 다음의 기준에 따라 설치해야 한다. 이 경우 수동식 기동장치의 부근에는 소화약제의 방출을 지연시킬 수 있는 방출지연 스위치(자동복귀형 스위치로서 수동식 기동장치의 타이머를 순간 정지시키는 기능의 스위치를 말한다)를 설치해야 한다.

① 방호구역마다 설치할 것
② 해당 방호구역의 출입구 부근 등 조작을 하는 자가 쉽게 피난할 수 있는 장소에 설치할 것
③ 기동장치의 조작부는 바닥으로부터 0.8m 이상, 1.5m 이하의 위치에 설치하고, 보호판 등에 따른 보호장치를 설치할 것
④ 기동장치에는 인근의 보기 쉬운 곳에 "할로겐화합물 및 불활성기체소화설비 수동식 기동장치"라는 표지를 할 것
⑤ 전기를 사용하는 기동장치에는 전원표시등을 설치할 것
⑥ 기동장치의 방출용 스위치는 음향경보장치와 연동하여 조작될 수 있는 것으로 할 것

⑦ 50N 이하의 힘을 가하여 기동할 수 있는 구조로 할 것

⑧ 기동장치에는 보호장치를 설치해야 하며, 보호장치를 개방하는 경우 기동장치에 설치된 부저 또는 벨 등에 의하여 경고음을 발할 것

⑨ 기동장치를 옥외에 설치하는 경우 빗물 또는 외부 충격의 영향을 받지 아니하도록 설치할 것

(2) 자동식기동장치의 설치기준

할로겐화합물 및 불활성기체소화설비의 자동식 기동장치는 자동화재탐지설비의 감지기의 작동과 연동하는 것으로서 다음의 기준에 따라 설치해야 한다.

① 자동식 기동장치에는 수동으로도 기동할 수 있는 구조로 할 것

② 전기식 기동장치로서 7병 이상의 저장용기를 동시에 개방하는 설비는 2병 이상의 저장용기에 전자 개방밸브를 부착할 것

③ 가스압력식 기동장치는 다음의 기준에 따를 것

㉠ 기동용가스용기 및 해당 용기에 사용하는 밸브는 25MPa 이상의 압력에 견딜 수 있는 것으로 할 것

㉡ 기동용가스용기에는 내압시험 압력의 0.8배부터 내압시험압력 이하에서 작동하는 안전장치를 설치할 것

㉢ 기동용가스용기의 체적은 5L 이상으로 하고, 해당 용기에 저장하는 질소 등의 비활성기체는 6.0MPa 이상(21℃ 기준)의 압력으로 충전할 것. 다만, 기동용가스용기의 체적을 1L 이상으로 하고, 해당 용기에 저장하는 이산화탄소의 양은 0.6kg 이상으로 하며, 충전비는 1.5 이상 1.9 이하의 기동용가스용기로 할 수 있다.

㉣ 질소 등의 비활성기체 기동용가스용기에는 충전 여부를 확인할 수 있는 압력게이지를 설치할 것

④ 기계식 기동장치는 저장용기를 쉽게 개방할 수 있는 구조로 할 것

(3) 할로겐화합물 및 불활성기체소화설비가 설치된 부분의 출입구등의 보기 쉬운 곳에 소화약제의 방출을 표시하는 표시등을 설치할 것

4 제어반등

이산화탄소화소화설비와 동일

5 배 관

① 배관의 설치기준

㉠ 배관은 전용으로 할 것

㉡ 배관 · 배관부속 및 밸브류는 저장용기의 방출내압을 견딜 수 있어야 하며, 다음의 기준에 적합할 것

㉮ 강관을 사용하는 경우의 배관은 압력배관용 탄소강관(KS D 3562) 또는 이와 동등 이상의 강도를 가진 것으로서 아연도금 등에 따라 방식 처리된 것을 사용할 것

㉯ 동관을 사용하는 경우의 배관은 이음이 없는 동 및 동합금관(KS D 5301)의 것을 사용할 것

㉢ 배관부속 및 밸브류는 강관 또는 동관과 동등 이상의 강도 및 내식성이 있는 것으로 할 것

② 배관과 배관, 배관과 배관부속 및 밸브류의 접속은 나사접합, 용접접합, 압축접합 또는 플랜지접합 등의 방법을 사용해야 한다.

③ 배관의 구경은 해당 방호구역에 할로겐화합물소화약제가 10초(불활성기체소화약제는 A · C급화재 2분, B급화재 1분) 이내에 방호구역 각 부분에 최소설계농도의 95% 이상 해당하는 약제량이 방출되도록 해야 한다.

④ 배관의 두께는 다음의 계산식에서 구한 값(t) 이상일 것 다만, 분사헤드 설치부는 제외한다.

$$\text{관의 두께}(t) = \frac{PD}{2SE} + A$$

P : 최대허용압력(kPa), D : 배관의 바깥지름(mm)
SE : 최대허용응력(kPa)(배관재질 인장강도의 1/4값과 항복점의 2/3값 중 작은 값×배관이음효율×1.2)
A : 나사이음, 홈이음 등의 허용값(mm)(헤드설치 부분은 제외한다)
• 나사이음 : 나사의 높이 • 절단홈이음 : 홈의 깊이 • 용접이음 : 0

배관이음 효율

• 이음매 없는 배관 : 1.0
• 전기저항 용접배관 : 0.85
• 가열맞대기 용접배관 : 0.60

6 분사헤드

① 분사헤드의 설치기준

㉠ 분사헤드의 설치 높이는 방호구역의 바닥으로부터 최소 0.2m 이상 최대 3.7m 이하로 해야 하며 천장높이가 3.7m를 초과할 경우에는 추가로 다른 열의 분사헤드를 설치할 것. 다만, 분사헤드의 성능인정 범위 내에서 설치하는 경우에는 그렇지 않다.

㉡ 분사헤드의 개수는 방호구역에 할로겐화합물소화약제가 10초(불활성기체소화약제는 A · C급화재 2분, B급화재 1분) 이내에 방호구역 각 부분에 최소설계농도의 95% 이상 해당하는 약제량이 방출할 수 있는 수량으로 할 것

㉢ 분사헤드에는 부식방지조치를 해야 하며 오리피스의 크기, 제조일자, 제조업체가 표시되도록 할 것

② 분사헤드의 방출률 및 방출압력은 제조업체에서 정한 값으로 할 것

③ 분사헤드의 오리피스 면적은 분사헤드가 연결되는 배관구경 면적의 70% 이하가 되도록 할 것

7 선택밸브

하나의 특정소방대상물 또는 그 부분에 2 이상의 방호구역 또는 방호대상물이 있어 소화약제 저장용기를 공용하는 경우에는 다음의 기준에 따라 선택밸브를 설치해야 한다.

① 방호구역마다 설치할 것

② 각 선택밸브에는 해당 방호구역을 표시할 것

8 기타 설치기준

자동식기동장치의 화재감지기, 음향경보장치, 자동폐쇄장치, 비상전원, 과압배출 등 이산화탄소소화설비와 동일

분말소화설비(NFTC108)

1 분말소화약제의 종류 및 설비의 종류

대상물별 소화약제의 종류

- 차고 또는 주차장 : 제3종 분말
- 그 밖의 특정소방대상물 : 제1종 분말, 제2종 분말, 제3종 분말, 제4종 분말

(1) 방출방식에 의한 분류

전역방출방식, 국소방출방식, 호스릴방식

(2) 가압방식에 의한 분류

① **가압식** : 분말약제와 가압가스인 N_2 또는 CO_2가스를 서로 다른 용기에 저장, 설치하고 방출 시 이들 가스가 분말약제용기 안으로 들어가 분말약제를 밀어 내어 분사하는 방식으로 정압작동장치가 필요하다.

② **축압식** : 분말약제와 가압가스인 N_2가스를 동일한 용기에 사전에 충전시켜두고 이를 분사하는 방식으로 항상 필요압력의 확인을 위해 압력계가 부착되어 있다.

(3) 기동방식에 따른 분류

① **가스압력식** : 화재감지기의 동작 또는 수동조작스위치의 조작에 의해 기동용기의 전자밸브가 개방되며 기동용기의 압력에 의해 선택밸브 및 가압가스용기 또는 축압식저장용기의 밸브가 개방되는 방식

② **전기식** : 화재감지기의 작동 또는 수동조작스위치의 동작에 의해 축압식저장용기 및 선택밸브에 설치된 전자밸브가 개방되는 방식

③ **기계식** : 밸브 내의 압력차에 의해 개방되는 방식

2 계통도 및 작동순서

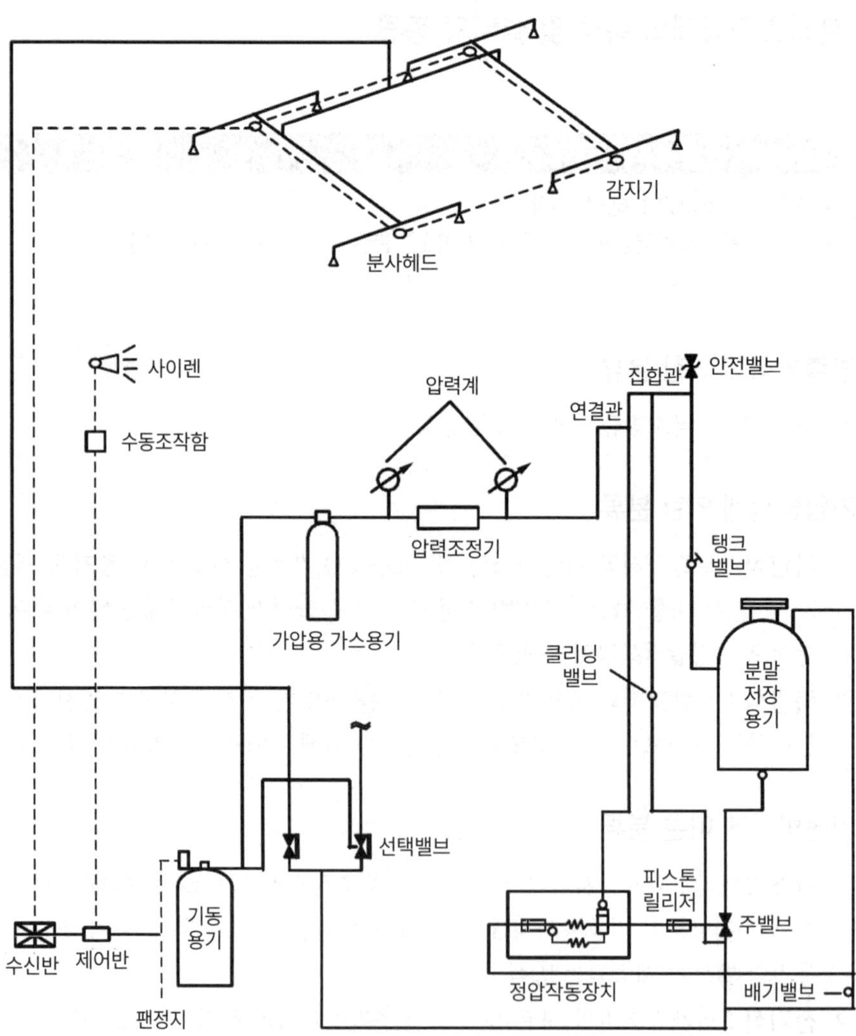
감지기
분사헤드
사이렌
수동조작함
압력계
집합관
안전밸브
연결관
압력조정기
탱크
밸브
가압용 가스용기
클리닝
밸브
분말
저장
용기
선택밸브
피스톤
릴리저
주밸브
기동
용기
수신반
제어반
팬정지
정압작동장치
배기밸브

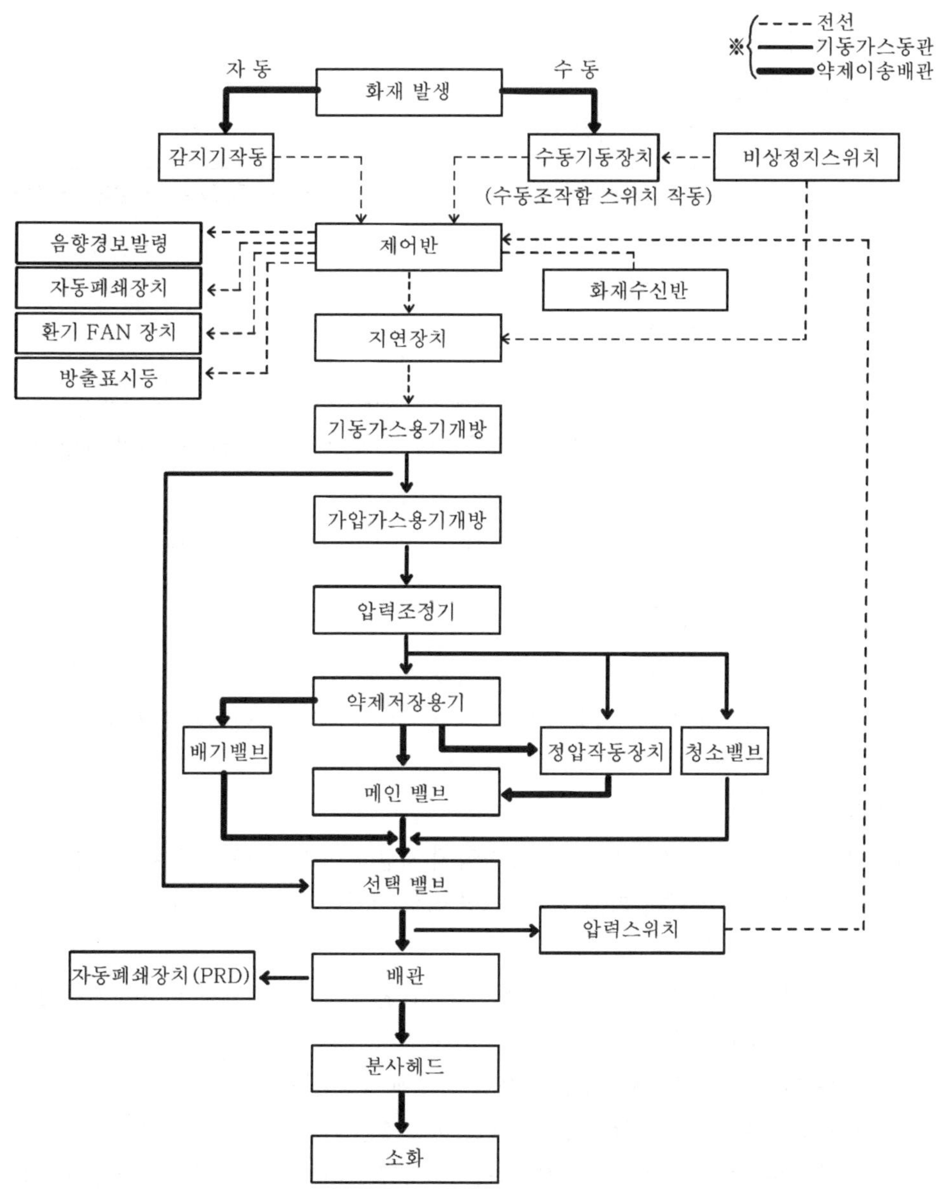

[분말소화설비의 작동순서]

3 분말소화설비의 약제 및 저장용기 및 가압용기 등

(1) 저장용기 등

① **저장용기 설치장소의 기준** : 이산화탄소소화설비와 동일

② **저장용기의 설치기준**

㉠ 저장용기의 내용적은 다음 표에 따를 것

소화약제의 종류	소화약제 1kg당 저장용기의 내용적
제1종 분말(탄산수소나트륨을 주성분으로 한 분말)	0.8L
제2종 분말(탄산수소칼륨을 주성분으로 한 분말)	1L
제3종 분말(인산염을 주성분으로 한 분말)	1L
제4종 분말(탄산수소칼륨과 요소가 화합된 분말)	1.25L

㉡ 저장용기에는 가압식은 최고사용압력의 1.8배 이하, 축압식은 용기 내압시험압력의 0.8배 이하의 압력에서 작동하는 안전밸브를 설치할 것

㉢ 저장용기에는 저장용기의 내부압력이 설정압력으로 되었을 때 주밸브를 개방하는 정압작동 장치를 설치할 것

㉣ 저장용기의 충전비는 0.8 이상으로 할 것

㉤ 저장용기 및 배관에는 잔류 소화약제를 처리할 수 있는 청소장치를 설치할 것

㉥ 축압식 저장용기에는 사용압력의 범위를 표시한 지시압력계를 설치할 것

(2) 가압용가스용기

① 분말소화약제의 가스용기는 분말소화약제 저장용기에 접속하여 설치해야 한다.

② 분말소화약제의 가압용가스 용기를 3병 이상 설치한 경우에는 2개 이상의 용기에 전자개방밸브를 부착해야 한다.

③ 분말소화약제의 가압용가스 용기에는 2.5MPa 이하의 압력에서 조정이 가능한 압력조정기를 설치해야 한다.

④ 가압용가스 또는 축압용가스는 다음의 기준에 따라 설치해야 한다.

㉠ 가압용가스 또는 축압용가스는 질소가스 또는 이산화탄소로 할 것

㉡ 가압용가스에 질소가스를 사용하는 것의 질소가스는 소화약제 1kg마다 40L(35℃에서 1기압의 압력상태로 환산한 것) 이상, 이산화탄소를 사용하는 것의 이산화탄소는 소화약제 1kg에 대하여 20g에 배관의 청소에 필요한 양을 가산한 양 이상으로 할 것

㉢ 축압용 가스에 질소가스를 사용하는 것의 질소가스는 소화약제 1kg에 대하여 10L(35℃에서 1기압의 압력상태로 환산한 것) 이상, 이산화탄소를 사용하는 것의 이산화탄소는 소화약제 1kg에 대하여 20g에 배관의 청소에 필요한 양을 가산한 양 이상으로 할 것

㉣ 저장용기 및 배관의 청소에 필요한 양의 가스는 별도의 용기에 저장할 것

(3) 소화약제량의 산정

① 전역방출방식

$$W=(V\times\alpha)+(A\times\beta)$$

W : 분말소화약제량 (kg), V : 방호구역의 체적(m^3)
α : 방호구역의 체적 $1m^3$당의 약제량(kg/m^3)
A : 자동폐쇄장치기 없는 개구부의 면적(m^2)
β : 개구부의 면적 $1m^2$당의 약제량

[방호구역의 체적 $1m^3$에 대한 약제량과 자동폐쇄장치가 없는 개구부 $1m^2$당 가산량]

소화약제의 종별	방호구역 $1m^3$에 대한 약제량	가산량(개구부 $1m^2$에 대한 약제량)
제1종 분말	0.6kg	4.5kg
제2종, 3종 분말	0.36kg	2.7kg
제4종 분말	0.24kg	1.8kg

② 국소방출방식

$$W=V\times Q\times 1.1$$

W : 분말소화약제량(kg), V : 방호공간의 체적(m^3), Q : 방호공간 $1m^3$당의 약제량(kg/m^3)

㉠ 방호공간 : 방호대상물의 각 부분으로부터 0.6m의 거리에 따라 둘러싸인 공간

㉡ 방호공간 $1m^3$당의 약제량

$$Q=X-Y\frac{a}{A}$$

Q : 방호공간 $1m^3$에 대한 분말소화약제의 양(kg/m^3)
a : 방호대상물 주변에 설치된 벽 면적의 합계(m^2)
A : 방호공간의 벽 면적(벽이 없는 경우에는 벽이 있는 것으로 가정한 면적)의 합계(m^2)

소화약제의 종류	X의 수치	Y의 수치
제1종 분말	5.2	3.9
제2종, 3종 분말	3.2	2.4
제4종 분말	2.0	1.5

③ 호스릴방식

[노즐 1개마다의 약제 보유량 및 방출량]

소화약제의 종류	소화약제 보유량	1분당 방출량
제1종 분말	50kg	45kg
제2종, 3종 분말	30kg	27kg
제4종 분말	20kg	18kg

대상물별 소화약제의 종류

- 차고 또는 주차장 : 제3종 분말
- 그 밖의 특정소방대상물 : 제1종 분말, 제2종 분말, 제3종 분말, 제4종 분말

4 기동장치

이산화탄소소화설비와 동일

5 제어반등

이산화탄소소화설비와 동일

6 배 관

① 배관은 전용으로 할 것

② 강관을 사용하는 경우의 배관은 아연도금에 따른 배관용탄소강관(KS D 3507)이나 이와 동등 이상의 강도 · 내식성 및 내열성을 가진 것으로 할 것. 다만, 축압식 분말소화설비에 사용하는 것 중 20℃에서 압력이 2.5MPa 이상, 4.2MPa 이하인 것은 압력배관용 탄소강관(KS D 3562) 중 이음이 없는 스케줄 40 이상의 것 또는 이와 동등 이상의 강도를 가진 것으로서 아연도금으로 방식 처리된 것을 사용해야 한다.

③ 동관을 사용하는 경우의 배관은 고정압력 또는 최고사용압력의 1.5배 이상의 압력에 견딜 수 있는 것을 사용할 것
④ 밸브류는 개폐위치 또는 개폐방향을 표시한 것으로 할 것
⑤ 배관의 관부속 및 밸브류는 배관과 동등 이상의 강도 및 내식성이 있는 것으로 할 것
⑥ 확관형 분기배관을 사용할 경우에는 소방청장이 정하여 고사한 「분기배관의 성능인증 및 제품검사의 기술기준」에 적합한 것으로 설치할 것

7 분사헤드

① 전역방출방식의 분말소화설비의 분사헤드

㉠ 방출된 소화약제가 방호구역의 전역에 균일하고 신속하게 확산할 수 있도록 할 것
㉡ 규정에 따른 소화약제 저장량을 30초 이내에 방출할 수 있는 것으로 할 것

② 국소방출방식의 분말소화설비의 분사헤드

㉠ 소화약제의 방출에 따라 가연물이 비산하지 않는 장소에 설치할 것
㉡ 규정에 따른 기준저장량의 소화약제를 30초 이내에 방출할 수 있는 것으로 할 것

③ 호스릴방식의 분말소화설비 설치장소

화재 시 현저하게 연기가 찰 우려가 없는 장소로서 다음의 어느 하나에 해당하는 장소에는 호스릴방식의 분말소화설비를 설치할 수 있다. 다만, 차고 또는 주차의 용도로 사용되는 장소는 제외한다.

㉠ 지상 1층 및 피난층에 있는 부분으로서 지상에서 수동 또는 원격조작에 따라 개방할 수 있는 개구부의 유효면적의 합계가 바닥면적의 15% 이상이 되는 부분
㉡ 전기설비가 설치되어 있는 부분 또는 다량의 화기를 사용하는 부분(해당 설비의 주위 5m 이내의 부분을 포함한다)의 바닥면적이 해당 설비가 설치되어 있는 구획의 바닥면적인 5분의 1 미만이 되는 부분

④ 호스릴방식의 분말소화설비 설치기준

㉠ 방호대상물의 각 부분으로부터 하나의 호스접결구까지의 수평거리가 15m 이하가 되도록 할 것
㉡ 소화약제 저장용기의 개방밸브는 호스릴의 설치장소에서 수동으로 개폐할 수 있는 것으로 할 것
㉢ 소화약제 저장용기는 호스릴을 설치하는 장소마다 설치할 것
㉣ 노즐은 하나의 노즐마다 1분당 다음 표에 따른 소화약제를 방출할 수 있는 것으로 할 것

소화약제의 종별	1분당 방출하는 소화약제의 양
제1종 분말	45kg/min
제2종, 3종 분말	27kg/min
제4종 분말	18kg/min

㉤ 소화약제저장용기의 가장 가까운 곳의 보기 쉬운 곳에 적색의 표시등을 설치하고, 호스릴방식의 분말소화설비가 있다는 뜻을 표시한 표지를 할 것

8 선택밸브

하나의 특정소방대상물 또는 그 부분에 2 이상의 방호구역 또는 방호대상물이 있어 소화약제 저장용기를 공용하는 경우에는 다음의 기준에 따라 선택밸브를 설치해야 한다.

① 방호구역 또는 방호대상물마다 설치할 것

② 각 선택밸브에는 해당 방호구역 또는 방호대상물을 표시할 것

9 기타 설치기준

자동식기동장치의 화재감지기, 음향경보장치, 자동폐쇄장치, 비상전원 등 이산화탄소소화설비와 동일

CHAPTER 13 옥외소화전설비(NFTC109)

1 설치대상

① 지상 1층 및 2층의 바닥면적의 합계가 9,000m^2 이상인 것
이 경우 같은 구내의 둘 이상의 특정소방대상물이 행정안전부령이 정하는 연소 우려가 있는 구조인 경우에는 이를 하나의 특정소방대상물로 본다.

② 문화유산 중 「문화유산의 보존 및 활용에 관한 법률」 제23조에 따라 보물 또는 국보로 지정된 목조건축물

③ ①에 해당하지 않는 공장 또는 창고시설로서 지정수량의 750배 이상의 특수가연물을 저장 · 취급하는 것

2 수 원

(1) 수원의 양

옥외소화전설비의 수원은 그 저수량이 옥외소화전의 설치개수(옥외소화전이 2개 이상 설치된 경우에는 2개)에 7㎥를 곱한 양 이상이 되도록 해야 한다.

(2) 전용 및 겸용

옥외소화전설비의 수원을 수조로 설치하는 경우에는 소방설비의 전용수조로 해야 한다. 다만, 다음의 어느 하나에 해당하는 경우에는 그렇지 않다.

① 옥외소화전설비용펌프의 풋밸브 또는 흡수배관의 흡수구(수직회전축펌프의 흡수구를 포함한다. 이하 같다)를 다른 설비(소방용설비 외의 것을 말한다. 이하 같다)의 풋밸브 또는 흡수구보다 낮은 위치에 설치한 때

② 고가수조로부터 옥외소화전설비의 수직배관에 물을 공급하는 급수구를 다른 설비의 급수구보다 낮은 위치에 설치한 때

※ 저수량을 산정함에 있어서 다른 설비와 겸용하여 옥외소화전설비용 수조를 설치하는 경우에는 옥외소화전설비의 풋밸브 · 흡수구 또는 수직배관의 급수구와 다른

설비의 풋밸브 · 흡수구 또는 수직배관의 급수구와의 사이의 수량을 그 유효수량으로 한다.

(3) 수조설치기준

① 점검에 편리한 곳에 설치할 것

② 동결방지조치를 하거나 동결의 우려가 없는 장소에 설치할 것

③ 수조의 외측에 수위계를 설치할 것. 다만, 구조상 불가피한 경우에는 수조의 맨홀 등을 통하여 수조 안의 물의 양을 쉽게 확인할 수 있도록 해야 한다.

④ 수조의 상단이 바닥보다 높은 때에는 수조의 외측에 고정식 사다리를 설치할 것

⑤ 수조가 실내에 설치된 때에는 그 실내에 조명설비를 설치할 것

⑥ 수조의 밑 부분에는 청소용 배수밸브 또는 배수관을 설치할 것

⑦ 수조의 외측의 보기 쉬운 곳에 “옥외소화전설비용 수조”라고 표시한 표지를 할 것
이 경우 그 수조를 다른 설비와 겸용하는 때에는 그 겸용되는 설비의 이름을 표시한 표지를 함께 해야 한다.

⑧ 소화설비용 흡수배관 또는 소화설비의 수직배관과 수조의 접속부분에는 “옥외소화전설비용 배관”이라고 표시한 표지를 할 것. 다만, 수조와 가까운 장소에 소화설비용펌프가 설치되고 해당 펌프에 규정에 따른 표지를 설치한 때에는 그렇지 않다.

3 가압송수장치

(1) 전동기 또는 내연기관에 따른 펌프를 이용하는 가압송수장치

① 특정소방대상물에 설치된 옥외소화전(2개 이상 설치된 경우에는 2개의 옥외소화전)을 동시에 사용할 경우 각 옥외소화전의 노즐선단에서의 방수압력이 0.25MPa 이상이고, 방수량이 350L/min 이상이 되는 성능의 것으로 할 것. 다만, 하나의 옥외소화전을 사용하는 노즐선단에서의 방수압력이 0.7MPa을 초과할 경우에는 호스접결구의 인입측에 감압장치를 설치해야 한다.

$$\text{전양정 } H = h_1 + h_2 + h_3 + 25\text{m}$$

h_1 : 호스의 마찰손실수두(m), h_2 : 배관의 마찰손실수두(m), h_3 : 실양정(m)

② 그 밖의 옥내소화전설비와 동일

(2) 고가수조의 자연낙차를 이용하는 가압송수장치

① 고가수조의 자연낙차수두 산출식

$$H = h_1 + h_2 + 25m$$

H : 필요한 낙차(m)(수조의 하단으로부터 최고층의 호스 접결구까지 수직거리)
h_1 : 호스의 마찰손실수두(m), h_2 : 배관의 마찰손실수두(m)

② 고가수조설치

㉠ 수위계
㉡ 배수관
㉢ 급수관
㉣ 오버플로우관
㉤ 맨홀

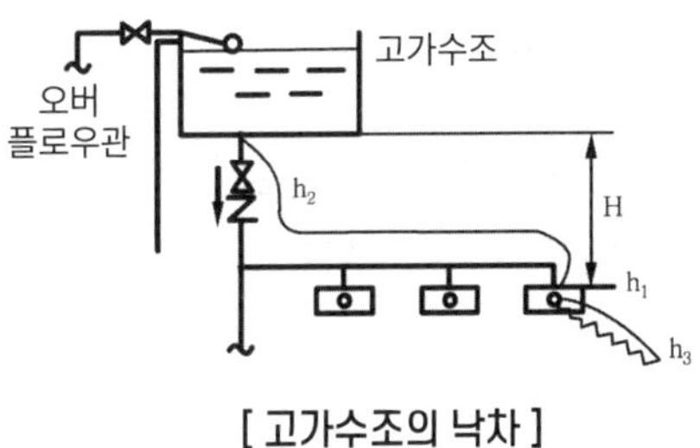

[고가수조의 낙차]

(3) 압력수조를 이용하는 가압송수장치

① 압력수조의 필요압력 산출식

$$P = P_1 + P_2 + P_3 + 0.25MPa$$

P : 필요한 압력(MPa), P_1 : 호스의 마찰손실수두압(MPa)
P_2 : 배관의 마찰손실수두압(MPa), P_3 : 낙차의 환산수두압(MPa)

② 압력수조설치

㉠ 수위계
㉡ 배수관
㉢ 급수관
㉣ 급기관
㉤ 맨홀
㉥ 압력계
㉦ 안전장치
㉧ 자동식공기압축기

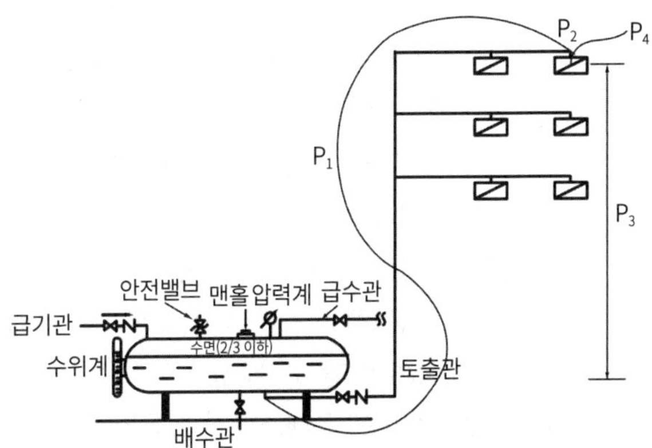

(4) 가압수조를 이용하는 가압송수장치

① 가압수조의 압력은 (1)의 ①에 따른 방수량 및 방수압이 20분 이상 유지되도록 할 것
② 가압수조 및 가압원은 「건축법 시행령」 제46조에 따른 방화구획 된 장소에 설치할 것
③ 가압수조를 이용한 가압송수장치는 소방청장이 정하여 고시한 「가압수조식가압송수장치의 성능인증 및 제품검사의 기술기준」에 적합한 것으로 설치할 것

4 배관 등

① 호스접결구는 지면으로부터 높이가 0.5m 이상 1m 이하의 위치에 설치하고 특정소방대상물의 각 부분으로부터 하나의 호스접결구까지의 수평거리가 40m 이하가 되도록 설치해야 한다
② 호스는 구경 65mm의 것으로 해야 한다.
③ 그 밖의 사항은 옥내소화전과 동일

5 소화전함 등

① 옥외소화전설비에는 옥외소화전마다 그로부터 5m 이내의 장소에 소화전함을 설치해야 한다.
   ㉠ 옥외소화전이 10개 이하 설치된 때에는 옥외소화전마다 5m 이내의 장소에 1개 이상의 소화전함을 설치해야 한다.
   ㉡ 옥외소화전이 11개 이상 30개 이하 설치된 때에는 11개 이상의 소화전함을 각각 분산 하여 설치해야 한다.
   ㉢ 옥외소화전이 31개 이상 설치된 때에는 옥외소화전 3개마다 1개 이상의 소화전함을 설치해야 한다.
② 옥외소화전설비의 함은 소방청장이 정하여 고시한 「소화전함 성능인증 및 제품검사의 기술기준」에 적합한 것으로 설치하되 밸브의 조작, 호스의 수납 등에 충분한 여유를 가질 수 있도록 할 것. 이 경우 연결송수관의 방수구를 같이 설치하는 경우에도 또한 같다.
③ 그 밖의 사항은 옥내소화전과 동일

6 전원, 제어반, 배선, 겸용 등

옥내소화전설비와 동일

고체에어로졸소화설비 (NFTC110)

1 용어정의

① "고체에어로졸소화설비"란 설계밀도 이상의 고체에어로졸을 방호구역 전체에 균일하게 방출하는 설비로서 분산(Dispersed)방식이 아닌 압축(Condensed)방식을 말한다.

② "고체에어로졸화합물"이란 과산화물질, 가연성물질 등의 혼합물로서 화재를 소화하는 비전도성의 미세입자인 에어로졸을 만드는 고체화합물을 말한다.

③ "고체에어로졸"이란 고체에어로졸화합물의 연소과정에 의해 생성된 직경 10㎛ 이하의 고체 입자와 기체 상태의 물질로 구성된 혼합물을 말한다.

④ "고체에어로졸발생기"란 고체에어로졸화합물, 냉각장치, 작동장치, 방출구, 저장용기로 구성되어 에어로졸을 발생시키는 장치를 말한다.

⑤ "소화밀도"란 방호공간 내 규정된 시험조건의 화재를 소화하는데 필요한 단위체적(m^3)당 고체에어로졸화합물의 질량(g)을 말한다.

⑥ "안전계수"란 설계밀도를 결정하기 위한 안전율을 말하며 1.3으로 한다.

⑦ "설계밀도"란 소화설계를 위하여 필요한 것으로 소화밀도에 안전계수를 곱하여 얻어지는 값을 말한다.

⑧ "상주장소"란 일반적으로 사람들이 거주하는 장소 또는 공간을 말한다.

⑨ "비상주장소"란 짧은 기간 동안 간헐적으로 사람들이 출입할 수는 있으나 일반적으로 사람들이 거주하지 않는 장소 또는 공간을 말한다.

⑩ "방호체적"이란 벽 등의 건물 구조 요소들로 구획된 방호구역의 체적에서 기둥 등 고정적인 구조물의 체적을 제외한 것을 말한다.

⑪ "열 안전이격거리"란 고체에어로졸 방출 시 발생하는 온도에 영향을 받을 수 있는 모든 구조 · 구성요소와 고체에어로졸 발생기 사이에 안전확보를 위해 필요한 이격거리를 말한다.

2 일반조건

고체에어로졸소화설비는 다음의 기준을 충족해야 한다.

① 고체에어로졸은 전기 전도성이 없어야 한다.
② 약제 방출 후 해당 화재의 재발화 방지를 위하여 최소 10분간 소화밀도를 유지해야 한다.
③ 고체에어로졸소화설비에 사용되는 주요 구성품은 소방청장이 정하여 고시한 「고체에어로졸자동소화장치의 형식승인 및 제품검사 기술기준」에 적합한 것일 것
④ 고체에어로졸소화설비는 비상주장소에 한하여 설치할 것. 다만, 고체에어로졸소화설비 약제의 성분이 인체에 무해함을 국내·외 국가공인 시험기관에서 인증받고, 과학적으로 입증된 최대허용설계밀도를 초과하지 않는 양으로 설계하는 경우 상주장소에 설치할 수 있다.
⑤ 고체에어로졸소화설비의 소화성능이 발휘될 수 있도록 방호구역 내부의 밀폐성을 확보해야 한다.
⑥ 방호구역 출입구 인근에 고체에어로졸 방출 시 주의사항에 관한 내용의 표지를 설치해야 한다.
⑦ 이 기준에서 규정하지 않은 사항은 형식승인 받은 제조업체의 설계 매뉴얼에 따른다.

3 설치제외

고체에어로졸소화설비는 다음의 물질을 포함한 화재 또는 장소에는 사용할 수 없다. 단, 그 사용에 대한 국가공인 시험기관의 인증이 있는 경우에는 그렇지 않다.
① 니트로셀룰로오스, 화약 등의 산화성 물질
② 리튬, 나트륨, 칼륨, 마그네슘, 티타늄, 지르코늄, 우라늄 및 플루토늄과 같은 자기반응성 금속
③ 금속 수소화물
④ 유기 과산화수소, 히드라진 등 자동 열분해를 하는 화학물질
⑤ 가연성 증기 또는 분진 등 폭발성 물질이 대기에 존재할 가능성이 있는 장소

4 고체에어로졸발생기

고체에어로졸발생기는 다음의 기준에 따라 설치한다.
① 밀폐성이 보장된 방호구역 내에 설치하거나, 밀폐성능을 인정할 수 있는 별도의 조치를 취할 것
② 천장이나 벽면 상부에 설치하되 고체에어로졸 화합물이 균일하게 방출되도록 설치할 것
③ 직사광선 및 빗물이 침투할 우려가 없는 곳에 설치할 것
④ 고체에어로졸 발생기는 다음 각 기준의 최소 열 안전이격거리를 준수하여 설치할 것

㉠ 인체와의 최소 이격거리는 고체에어로졸 방출 시 75℃를 초과하는 온도가 인체에 영향을 미치지 않는 거리
㉡ 가연물과의 최소 이격거리는 고체에어로졸 방출 시 200℃를 초과하는 온도가 가연물에 영향을 미치지 않는 거리

⑤ 하나의 방호구역에는 동일 제품군 및 동일한 크기의 고체에어로졸발생기를 설치할 것
⑥ 방호구역의 높이는 형식승인 받은 고체에어로졸발생기의 최대 설치높이 이하로 할 것

5 고체에어로졸화합물의 양

방호구역 내 소화를 위한 고체에어로졸화합물의 최소 질량은 다음 공식에 따라 산출한 양 이상으로 산정해야 한다.

$$m = d \times V$$

m = 필수소화약제량(g)
d : 설계밀도(g/m^3)=소화밀도(g/m^3)×1.3(안전계수)
소화밀도 : 형식승인받은 제조사의 설계매뉴얼에 제시된 소화밀도
V = 방호체적(m^3)

6 기 동

① 고체에어로졸소화설비는 화재감지기 및 수동식 기동장치의 작동과 연동하여 기계적 또는 전기적 방식으로 작동해야 한다.
② 고체에어로졸소화설비 기동 시에는 1분 이내에 고체에어로졸 설계밀도의 95% 이상을 방호구역에 균일하게 방출해야 한다.
③ 고체에어로졸소화설비의 수동식 기동장치는 다음의 기준에 따라 설치해야 한다.
㉠ 제어반마다 설치할 것
㉡ 방호구역의 출입구마다 설치하되 출입구 인근에 사람이 쉽게 조작할 수 있는 위치에 설치할 것
㉢ 기동장치의 조작부는 바닥으로부터 0.8m 이상 1.5m 이하의 위치에 설치할 것
㉣ 기동장치의 조작부에 보호판 등의 보호장치를 부착할 것
㉤ 기동장치 인근의 보기 쉬운 곳에 "고체에어로졸소화설비 수동식 기동장치"라고 표시한 표지를 부착할 것
㉥ 전기를 사용하는 기동장치에는 전원표시등을 설치할 것
㉦ 방출용 스위치의 작동을 명시하는 표시등을 설치할 것

ⓞ 50N 이하의 힘으로 방출용 스위치를 기동할 수 있도록 할 것

④ 고체에어로졸의 방출을 지연시키기 위해 방출지연스위치를 다음의 기준에 따라 설치해야 한다.

㉠ 수동으로 작동하는 방식으로 설치하되 방출지연스위치를 누르고 있는 동안만 지연되도록 할 것

㉡ 방호구역의 출입구마다 설치하되 피난이 용이한 출입구 인근에 사람이 쉽게 조작할 수 있는 위치에 설치할 것

㉢ 방출지연스위치 작동 시에는 음향경보를 발할 것

㉣ 방출지연스위치 작동 중 수동식 기동장치가 작동되면 수동식 기동장치의 기능이 우선될 것

7 제어반등

① 고체에어로졸소화설비의 제어반은 다음의 기준에 따라 설치해야 한다.

㉠ 전원표시등을 설치할 것

㉡ 화재, 진동 및 충격에 따른 영향과 부식의 우려가 없고 점검에 편리한 장소에 설치할 것

㉢ 제어반에는 해당 회로도 및 취급설명서를 비치할 것

㉣ 고체에어로졸소화설비의 작동방식(자동 또는 수동)을 선택할 수 있는 장치를 설치할 것

㉤ 수동식 기동장치 또는 화재감지기에서 신호를 수신할 경우 다음의 기능을 수행할 것

ⓐ 음향경보 장치의 작동

ⓑ 고체에어로졸의 방출

ⓒ 기타 제어기능 작동

② 고체에어로졸소화설비의 화재표시반은 다음의 기준에 따라 설치해야 한다.
다만, 자동화재탐지설비수신기의 제어반이 화재표시반의 기능을 가지고 있는 경우 화재표시반을 설치하지 않을 수 있다.

㉠ 전원표시등을 설치할 것

㉡ 화재, 진동 및 충격에 따른 영향 및 부식의 우려가 없고 점검에 편리한 장소에 설치할 것

㉢ 화재표시반에는 해당 회로도 및 취급설명서를 비치할 것

㉣ 고체에어로졸소화설비의 작동방식(자동 또는 수동)을 표시등으로 명시할 것

㉤ 고체에어로졸소화설비가 기동할 경우 음향장치를 통해 경보를 발할 것

㉥ 제어반에서 신호를 수신할 경우 방호구역별 경보장치의 작동, 수동식 기동장치의 작동 및 화재감지기의 작동 등을 표시등으로 명시할 것

③ 고체에어로졸소화설비가 설치된 구역의 출입구에는 고체에어로졸의 방출을 명시하는 표시등을 설치해야 한다.

④ 고체에어로졸소화설비의 오작동을 제어하기 위해 제어반 인근에 설비정지스위치를 설치해야 한다.

8 음향장치

고체에어로졸소화설비의 음향장치는 다음의 기준에 따라 설치해야 한다.

① 화재감지기가 작동하거나 수동식 기동장치가 작동할 경우 음향장치가 작동할 것

② 음향장치는 방호구역마다 설치하되 해당 구역의 각 부분으로부터 하나의 음향장치까지의 수평거리는 25m 이하가 되도록 할 것

③ 음향장치는 경종 또는 사이렌(전자식 사이렌을 포함한다)으로 하되, 주위의 소음 및 다른 용도의 경보와 구별이 가능한 음색으로 할 것. 이 경우 경종 또는 사이렌은 자동화재탐지설비 · 비상벨설비 또는 자동식사이렌설비의 음향장치와 겸용할 수 있다.

④ 주 음향장치는 화재표시반의 내부 또는 그 직근에 설치할 것

⑤ 음향장치는 다음의 기준에 따른 구조 및 성능의 것으로 할 것

㉠ 정격전압의 80% 전압에서 음향을 발할 수 있는 것으로 할 것

㉡ 음량은 부착된 음향장치의 중심으로부터 1m 떨어진 위치에서 90dB 이상이 되는 것으로 할 것

⑥ 고체에어로졸의 방출 개시 후 1분 이상 경보를 계속 발할 것

9 화재감지기

고체에어로졸소화설비의 화재감지기는 다음의 기준에 따라 설치해야 한다.

① 고체에어로졸소화설비에는 다음의 감지기 중 하나를 설치할 것

㉠ 광전식 공기흡입형 감지기

㉡ 아날로그 방식의 광전식 스포트형 감지기

㉢ 중앙소방기술심의위원회의 심의를 통해 고체에어로졸소화설비에 적응성이 있다고 인정된 감지기

② 화재감지기 1개가 담당하는 바닥면적은 「자동화재탐지설비 및 시각경보장치의 화재안

전기술기준(NFTC 203)」 2.4.3의 규정에 따른 바닥면적으로 할 것

10 방호구역의 자동폐쇄장치

고체에어로졸소화설비의 방호구역은 고체에어로졸소화설비가 기동할 경우 다음의 기준에 따라 자동적으로 폐쇄되어야 한다.

① 방호구역 내의 개구부와 통기구는 고체에어로졸이 방출되기 전에 폐쇄되도록 할 것
② 방호구역 내의 환기장치는 고체에어로졸이 방출되기 전에 정지되도록 할 것
③ 자동폐쇄장치의 복구장치는 제어반 또는 그 직근에 설치하고, 해당 장치를 표시하는 표지를 부착할 것

11 비상전원

고체에어로졸소화설비에는 자가발전설비, 축전지설비(제어반에 내장하는 경우를 포함한다) 또는 전기저장장치(외부 전기에너지를 저장해 두었다가 필요한 때 전기를 공급하는 장치)에 따른 비상전원을 다음의 기준에 따라 설치해야 한다. 다만, 2 이상의 변전소(「전기사업법」 제67조에 따른 변전소를 말한다. 이하 같다)에서 전력을 동시에 공급받을 수 있거나 하나의 변전소로부터 전력의 공급이 중단되는 때에는 자동으로 다른 변전소로부터 전력을 공급받을 수 있도록 상용전원을 설치한 경우에는 비상전원을 설치하지 않을 수 있다.

① 점검에 편리하고 화재 및 침수 등의 재해로 인한 피해를 받을 우려가 없는 곳에 설치할 것
② 고체에어로졸소화설비에 최소 20분 이상 유효하게 전원을 공급할 것
③ 상용전원으로부터 전력의 공급이 중단된 때에는 자동으로 비상전원으로부터 전력을 공급받을 수 있도록 할 것
④ 비상전원의 설치장소는 다른 장소와 방화구획할 것(제어반에 내장하는 경우는 제외한다). 이 경우 그 장소에는 비상전원의 공급에 필요한 기구나 설비 외의 것(열병합발전설비에 필요한 기구나 설비는 제외한다)을 두어서는 안된다.
⑤ 비상전원을 실내에 설치하는 때에는 그 실내에 비상조명등을 설치할 것

12 배선 등

① 고체에어로졸소화설비의 배선은 「전기사업법」 제67조에 따른 기술기준에서 정한 것 외에 다음의 기준에 따라 설치해야 한다.

㉠ 비상전원으로부터 제어반에 이르는 전원회로배선은 내화배선으로 할 것. 다만, 자가발전설비와 제어반이 동일한 실에 설치된 경우에는 자가발전기로부터 그 제어반에 이르는 전원회로배선은 그렇지 않다.

㉡ 상용전원으로부터 제어반에 이르는 배선, 그 밖의 고체에어로졸소화설비의 감시회로 · 조작회로 또는 표시등회로의 배선은 내화배선 또는 내열배선으로 할 것. 다만, 제어반 안의 감시회로 · 조작회로 또는 표시등회로의 배선은 그렇지 않다.

㉢ 화재감지기의 배선은 「자동화재탐지설비 및 시각경보장치의 화재안전기술기준(NFTC 203)」 2.8(배선)의 기준에 따른다.

② 내화배선 또는 내열배선에 사용되는 전선의 종류 및 설치방법은 「옥내소화전설비의 화재안전기술기준(NFTC 102)」의 기준에 따른다.

③ 소화설비의 과전류차단기 및 개폐기에는 "고체에어로졸소화설비용"이라고 표시한 표지를 해야 한다.

④ 소화설비용 전기배선의 양단 및 접속단자에는 다음의 기준에 따른 표지 또는 표시를 해야 한다.

㉠ 단자에는 "고체에어로졸소화설비단자"라고 표시한 표지를 부착할 것

㉡ 소화설비용 전기배선의 양단에는 다른 배선과 식별이 용이하도록 표시할 것

13 과압배출구

고체에어로졸소화설비가 설치된 방호구역에는 고체에어로졸 방출 시 과압으로 인한 구조물 등의 손상을 방지하기 위하여 과압배출구를 설치해야 한다.

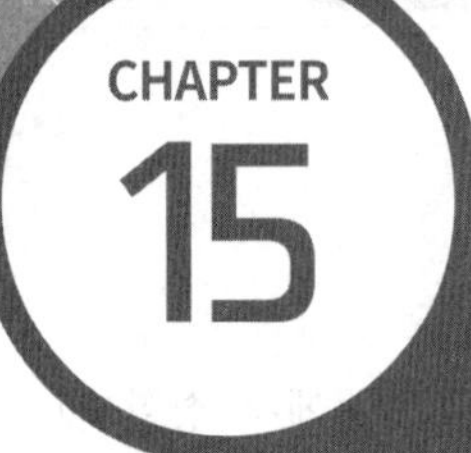

CHAPTER 15 비상경보설비 및 단독경보형 감지기(NFTC201)

1 설치대상

[비상경보설비]

① 연면적 400㎡ 이상인 것은 모든 층
② 지하층 또는 무창층의 바닥면적이 150㎡(공연장의 경우 100㎡) 이상인 것은 모든 층
③ 지하가 중 터널로서 길이가 500m 이상인 것
④ 50명 이상의 근로자가 작업하는 옥내 작업장

[단독경보형감지기]

① 교육연구시설 내에 있는 기숙사 또는 합숙소로서 연면적 2천㎡ 미만인 것
② 수련시설 내에 있는 기숙사 또는 합숙소로서 연면적 2천㎡ 미만인 것
③ 수용인원 100명 미만의 수련시설(숙박시설이 있는 것만 해당한다)
④ 연면적 400㎡ 미만의 유치원
⑤ 공동주택 중 연립주택 및 다세대주택

2 구 성

(1) 비상벨설비

① **비상벨** : 화재발생 상황을 경보하는 장치, 경종(Alarm Bell)이라고도 한다.
② **표시등** : 위치표시등은 필수, 기동표시등은 필요에 따라 설치
③ **발신기** : 화재발생 신호를 수신기에 수동으로 발신하는 장치
④ **수신기** : 발신기에서 발하는 화재신호를 직접 수신하여 화재의 발생을 표시 및 경보하여 주는 장치
⑤ **전원**
　㉠ 상용전원 : 평상시의 주전원으로 교류전압옥내간선 또는 축전지설비, 전기저장장치가 있다.

㉡ 비상전원 : 정전, 비상 시를 대비한 전원으로 축전지설비, 전기저장장치가 있다.

⑥ **배선** : 배선 간, 배선과 기기 간, 기기 상호 간의 신호를 전달하는 기능

(2) 자동식 사이렌설비

① **자동식 사이렌** : 화재발생 상황을 사이렌(Siren)으로 경보하는 장치

② **표시등** : 위치표시등은 필수, 기동표시등은 필요에 따라 설치

③ **발신기** : 화재발생 신호를 수신기에 수동으로 발신하는 장치

④ **수신기** : 발신기에서 발하는 화재신호를 직접 수신하여 화재의 발생을 표시 및 경보하여 주는 장치

⑤ **전원**

㉠ 상용전원 : 교류전압옥내간선 또는 축전지설비(평상시의 주전원)

㉡ 비상전원 : 축전지설비(정전, 비상시를 대비한 전원)

⑥ **배선** : 배선 간, 배선과 기기 간, 기기 상호 간의 신호를 전달하는 경로

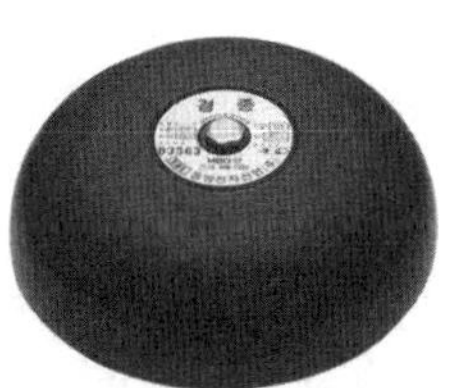

(a) 비상벨(경종)

(b) 자동식 사이렌

(3) 단독경보형 감지기

화재감지부, 경보부 및 전원부가 일체형이므로 수신기와 별도로 화재상황을 단독으로 경보하는 장치

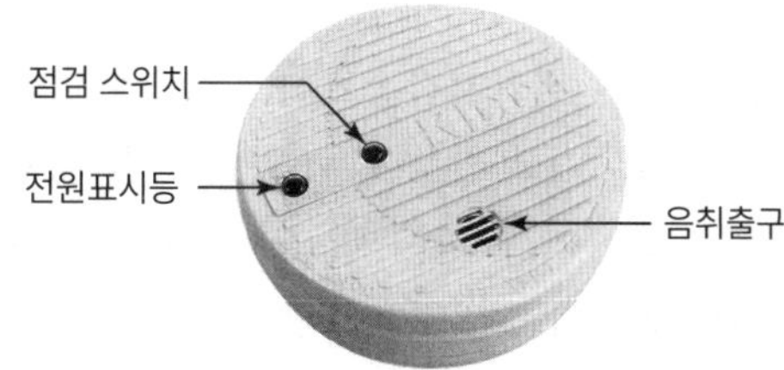

※ 발신기, 경종, 표시등 및 P형 수신기 없이 감지기가 자체적으로 화재를 조기에 감지 및 경보

3 설치기준

(1) 비상벨설비 또는 자동식사이렌설비

① 부식성 가스 또는 습기 등으로 인하여 부식의 우려가 없는 장소에 설치해야 한다.

② 지구음향장치는 특정소방대상물의 층마다 설치하되, 해당 특정소방대상물의 각 부분으로부터 하나의 음향장치까지의 수평거리가 25[m] 이하가 되도록 하고, 해당 층의 각 부분에 유효하게 경보를 발할 수 있도록 설치해야 한다. 다만, 「비상방송설비의 화재안전기술기준(NFTC 202)」에 적합한 방송설비를 비상벨설비 또는 자동식사이렌설비와 연동하여 작동하도록 설치한 경우에는 지구음향장치를 설치하지 않을 수 있다.

③ 음향장치는 정격전압의 80[%] 전압에서 음향을 발할 수 있도록 해야 한다. 다만, 건전지를 주전원으로 사용하는 음향장치는 그렇지 않다.

④ 음향장치의 음향의 크기는 부착된 음향장치의 중심으로부터 1[m] 떨어진 위치에서 90[dB] 이상이 되는 것으로 해야 한다.

⑤ 발신기의 설치기준

㉠ 조작이 쉬운 장소에 설치하고, 조작스위치는 바닥으로부터 0.8[m] 이상 1.5[m] 이하의 높이에 설치할 것

㉡ 특정소방대상물의 층마다 설치하되, 해당 층의 각 부분으로부터 하나의 발신기까지의 수평거리가 25[m] 이하가 되도록 할 것. 다만, 복도 또는 별도로 구획된 실로서 보행거리가 40[m] 이상일 경우에는 추가로 설치해야 한다.

㉢ 발신기의 위치표시등은 함의 상부에 설치하되, 그 불빛은 부착면으로부터 15° 이상의 범위 안에서 부착지점으로부터 10[m] 이내의 어느 곳에서도 쉽게 식별할 수 있는 적색등으로 할 것

⑥ 상용전원 : 전원은 전기가 정상적으로 공급되는 축전지, 전기저장장치(외부전기에너지를 저장해 두었다가 필요한 때 전기를 공급하는 장치) 또는 교류전압의 옥내 간선으로 하고, 전원까지의 배선은 전용으로 할 것

⑦ 예비전원(축전지설비 또는 전기저장장치) : 비상경보설비에 대한 감시상태를 60분간 지속한 후 유효하게 10분 이상 경보할 수 있어야 한다(수신기에 내장하는 경우도 포함). 다만, 상용전원이 축전지설비인 경우 또는 건전지를 주전원으로 사용하는 무선식 설비인 경우에는 그렇지 않다.

⑧ 배선

㉠ 전원회로의 배선은 내화배선, 그 밖의 배선은 내화배선 또는 내열배선으로 할 것

㉡ 전원회로의 전로와 대지 사이 및 배선상호간의 절연저항은 「전기사업법」 제67조에

따른 「전기설비기술기준」이 정하는 바에 따르고, 부속회로의 전로와 대지 사이 및 배선 상호 간의 절연저항은 1경계구역마다 직류 250[V]의 절연저항측정기로 측정한 값이 0.1[MΩ] 이상일 것

㉢ 다른 전선과 별도의 관 · 덕트(절연효력이 있는 것으로 구획한 때에는 그 구획된 부분은 별개의 덕트로 본다) · 몰드 또는 풀박스 등에 설치할 것. 다만, 60[V] 미만의 약전류회로에 사용하는 전선으로서 각각의 전압이 같을 때에는 그렇지 않다.

(2) 단독경보형감지기

단독경보형감지기란 화재발생 상황을 단독으로 감지하여 자체에 내장된 음향장치로 경보하는 감지기를 말한다.

① 각 실(이웃하는 실내의 바닥면적이 각각 30m^2 미만이고, 벽체의 상부의 전부 또는 일부가 개방되어 이웃하는 실내와 공기가 상호유통되는 경우에는 이를 1개의 실로본다)마다 설치하되, 바닥면적이 150[m^2]를 초과하는 경우에는 150[m^2]마다 1개 이상 설치 할 것

② 계단실은 최상층 계단실의 천장(외기가 상통하는 계단실은 제외)에 설치할 것

③ 건전지를 주전원으로 사용하는 단독경보형감지기는 정상적인 작동상태를 유지할 수 있도록 주기적으로 선선지를 교환할 것

④ 상용전원을 주전원으로 사용하는 단독경보형감지기의 2차전지는 법 제40조에 따라 제품검사에 합격한 것을 사용할 것

4 기타기준

(1) 용어정의

① "유선식"은 화재신호 등을 배선으로 송 · 수신하는 방식

② "무선식"은 화재신호 등을 전파에 의해 송 · 수신하는 방식

③ "유 · 무선식"은 유선식과 무선식을 겸용으로 사용하는 방식

(2) 단독경보형감지기 일반기능

① **화재경보음** : 1m 떨어진 위치에서 85dB 이상으로 10분 이상 경보

② **건전지교체** : 1m 떨어진 위치에서 70dB(음성 60dB) 이상으로 72시간 이상 경보

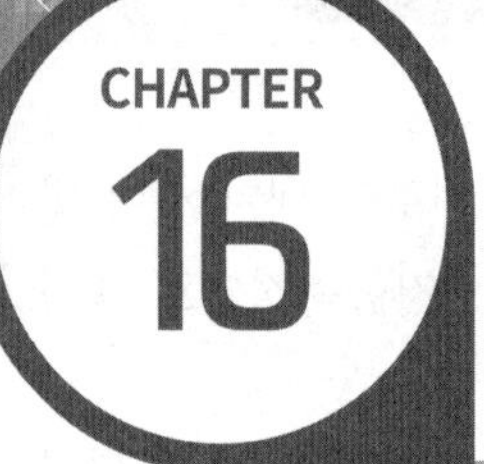

CHAPTER 16 비상방송설비(NFTC202)

1 설치대상

비상방송설비를 설치해야하는 특정소방대상물(위험물 저장 및 처리 시설 중 가스시설, 사람이 거주하지 않거나 벽이 없는 축사 등 동물 및 식물 관련 시설, 지하가 중 터널 및 지하구는 제외한다)은 다음의 어느 하나에 해당하는 것으로 한다.

① 연면적 3천5백㎡ 이상인 것은 모든 층

② 층수가 11층 이상인 것은 모든 층

③ 지하층의 층수가 3층 이상인 것은 모든 층

2 구 성

① **기동장치 또는 발신기** : 입력기능 및 전력을 증폭하는 기능의 장치

② **입력장치** : 입력신호의 발생 장치로 마이크로폰, 테이프, 사이렌, 플레이어, 라디오등으로 구성

③ **조작장치** : 원격조작 또는 회로조작을 하는 장치

④ **확성기(Speaker)** : 소리를 크게 하여 멀리까지 전달될 수 있도록 하는 출력장치

⑤ **음량조절기(Attenuator)** : 가변저항을 이용하여 전류를 변화시켜 음량을 크게 하거나 작게 조절할 수 있는 장치 → 3선식 배선

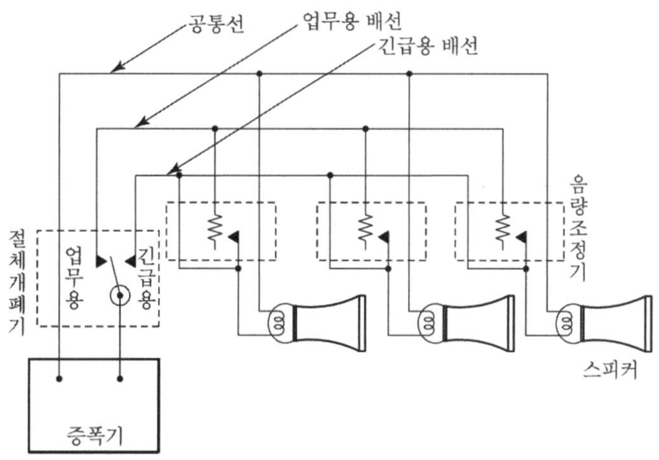

[3선식 배선]

⑥ **증폭기(AMP : Amplifier)** : 전압전류의 진폭을 늘려 감도를 좋게 하고 미약한 음성전류를 커다란 음성전류로 변화시켜 소리를 크게 하는 장치

⑦ **전원** : 상용전원 및 비상전원 장치로 구성

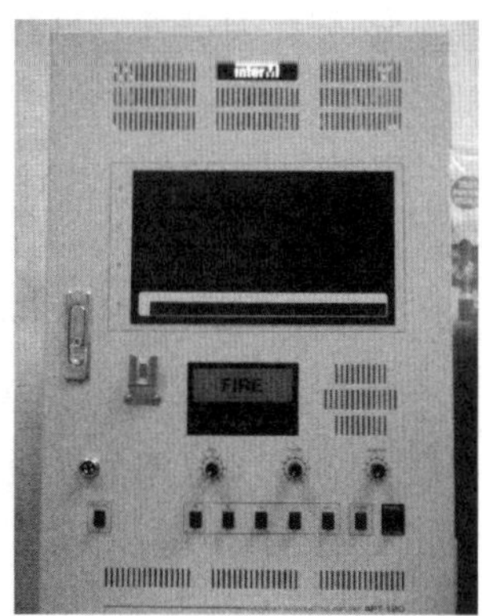

3 설치기준

(1) 음향장치(엘리베이터 내부에 별도의 음향장치 설치 가능)

① 확성기의 음성입력은 3[W](실내에 설치하는 것에 있어서는 1[W]) 이상일 것

② 확성기는 각 층마다 설치하되, 그 층의 각 부분으로부터 하나의 확성기까지의 수평거리가 25[m] 이하가 되도록 하고, 해당 층의 각 부분에 유효하게 경보를 발할 수 있도록 설치할 것

③ 음량조정기를 설치하는 경우 음량조정기의 배선은 3선식으로 할 것

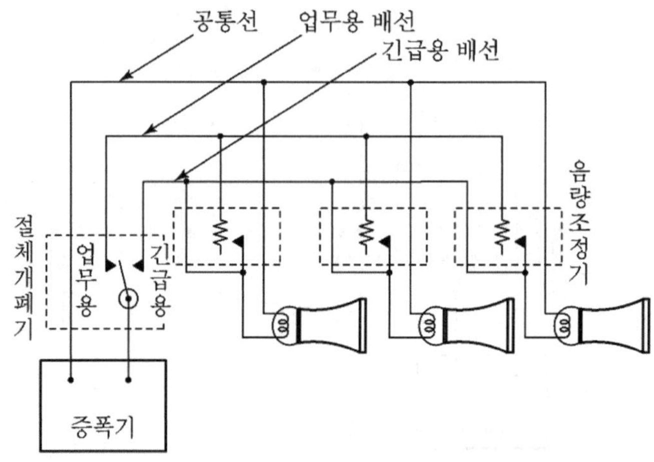

[3선식 배선]

④ 조작부의 조작스위치는 바닥으로부터 0.8[m] 이상 1.5[m] 이하의 높이에 설치할 것

⑤ 조작부는 기동장치의 작동과 연동하여 해당 기동장치가 작동한 층 또는 구역을 표시할 수 있는 것으로 할 것

⑥ 증폭기 및 조작부는 수위실 등 상시 사람이 근무하는 장소로서 점검이 편리하고 방화상 유효한 곳에 설치할 것

⑦ 층수가 11층(공동주택의 경우에는 16층) 이상의 특정소방대상물은 다음의 기준에 따라 경보를 발할 수 있도록 해야 한다

㉠ 2층 이상의 층에서 발화한 때에는 발화층 및 그 직상 4개층에 경보를 발할 것

㉡ 1층에서 발화한 때에는 발화층 · 그 직상 4개층 및 지하층에 경보를 발할 것

㉢ 지하층에서 발화한 때에는 발화층 · 그 직상층 및 기타의 지하층에 경보를 발할 것

⑧ 다른 방송설비와 공용하는 것에 있어서는 화재시 비상경보 외의 방송을 차단할 수 있는 구조로 할 것

⑨ 다른 전기회로에 따라 유도장애가 생기지 않도록 할 것

⑩ 하나의 특정소방대상물에 2 이상의 조작부가 설치되어 있는 때에는 각각의 조작부가 있는 장소 상호 간에 동시 통화가 가능한 설비를 설치하고, 어느 조작부에서도 해당 특정소방대상물의 전구역에 방송을 할 수 있도록 할 것

⑪ 기동장치에 따른 화재신고를 수신한 후 필요한 음량으로 화재발생 상황 및 피난에 유효한 방송이 자동으로 개시될 때까지의 소요시간은 10초 이내로 할 것

⑫ 음향장치는 다음 기준에 따른 구조 및 성능의 것으로 해야 한다.

㉠ 정격전압의 80[%] 전압에서 음향을 발할 수 있는 것으로 할 것(→ 음압 : 90[dB] 이상)

㉡ 자동화재탐지설비의 작동과 연동하여 작동할 수 있는 것으로 할 것

(2) 배 선

① 화재로 인하여 하나의 층의 확성기 또는 배선이 단락 또는 단선되어도 다른 층의 화재 통보에 지장이 없도록 할 것

② 전원회로의 배선은 「옥내소화전설비의 화재안전기술기준(NFTC 102)」에 따른 내화배선에 따르고, 그 밖의 배선은 「옥내소화전설비의 화재안전기술기준(NFTC 102)」에 따른 내화배선 또는 내열배선에 따라 설치할 것

③ 전원회로의 전로와 대지 사이 및 배선 상호 간의 절연저항은 「전기사업법 제67조의 규정」에 따른 기술기준이 정하는 바에 따르고, 부속회로의 전로와 대지 사이 및 배선 상호 간의 절연저항은 1경계구역마다 직류 250[V]의 절연저항측정기를 사용하여 측정한 절연저항이 0.1[MΩ] 이상이 되도록 할 것

④ 비상방송설비의 배선은 다른 전선과 별도의 관 · 덕트(절연효력이 있는 것으로 구획한 때에는 그 구획된 부분은 별개의 덕트로 본다), 몰드 또는 풀박스 등에 설치할 것 다만, 60[V] 미만의 약전류 회로에 사용하는 전선으로서 각각의 전압이 같을 때에는 그렇지 않다.

(3) 상용전원

① 전원은 전기가 정상적으로 공급되는 축전지설비, 전기저장장치 또는 교류전압의 옥내 간선으로 하고, 전원까지의 배선은 전용으로 할 것

② 개폐기에는 “비상방송설비용”이라고 표시한 표지를 할 것

(4) 예비전원

비상방송설비에는 그 설비에 대한 감시상태를 60분간 지속한 후 유효하게 10분 이상(층수가 30층 이상이면 30분 이상) 경보할 수 있는 축전지설비(수신기에 내장하는 경우를 포함) 또는 전기저장장치를 설치해야 한다.

CHAPTER 17 자동화재탐지설비 및 시각경보장치(NFTC203)

1 설치대상

[자동화재탐지설비]

① 공동주택 중 아파트등 · 기숙사 및 숙박시설의 경우에는 모든 층
② 층수가 6층 이상인 건축물의 경우에는 모든 층
③ 근린생활시설(목욕장은 제외한다), 의료시설(정신의료기관 및 요양병원은 제외한다), 위락시설, 장례시설 및 복합건축물로서 연면적 600㎡ 이상인 경우에는 모든 층
④ 근린생활시설 중 목욕장, 문화 및 집회시설, 종교시설, 판매시설, 운수시설, 운동시설, 업무시설, 공장, 창고시설, 위험물 저장 및 처리 시설, 항공기 및 자동차 관련 시설, 교정 및 군사시설 중 국방 · 군사시설, 방송통신시설, 발전시설, 관광 휴게시설, 지하가(터널은 제외한다)로서 연면적 1천㎡ 이상인 경우에는 모든 층
⑤ 교육연구시설(교육시설 내에 있는 기숙사 및 합숙소를 포함한다), 수련시설(수련시설 내에 있는 기숙사 및 합숙소를 포함하며, 숙박시설이 있는 수련시설은 제외한다), 동물 및 식물 관련 시설(기둥과 지붕만으로 구성되어 외부와 기류가 통하는 장소는 제외한다), 자원순환 관련 시설, 교정 및 군사시설(국방 · 군사시설은 제외한다) 또는 묘지 관련 시설로서 연면적 2천㎡ 이상인 경우에는 모든 층
⑥ 노유자 생활시설의 경우에는 모든 층
⑦ ⑥에 해당하지 않는 노유자 시설로서 연면적 400㎡ 이상인 노유자 시설 및 숙박시설이 있는 수련시설로서 수용인원 100명 이상인 경우에는 모든 층
⑧ 의료시설 중 정신의료기관 또는 요양병원으로서 다음의 어느 하나에 해당하는 시설
가) 요양병원(의료재활시설은 제외한다)
나) 정신의료기관 또는 의료재활시설로 사용되는 바닥면적의 합계가 300㎡ 이상인 시설
다) 정신의료기관 또는 의료재활시설로 사용되는 바닥면적의 합계가 300㎡ 미만이고, 창살(철재 · 플라스틱 또는 목재 등으로 사람의 탈출 등을 막기 위하여 설치한 것을 말하며, 화재 시 자동으로 열리는 구조로 되어 있는 창살은 제외한다)이 설치된 시설
⑨ 판매시설 중 전통시장
⑩ 지하가 중 터널로서 길이가 1천m 이상인 것

⑪ 지하구
⑫ ③에 해당하지 않는 근린생활시설 중 조산원 및 산후조리원
⑬ ④에 해당하지 않는 공장 및 창고시설로서 「화재의 예방 및 안전관리에 관한 법률 시행령」 별표 2에서 정하는 수량의 500배 이상의 특수가연물을 저장 · 취급하는 것
⑭ ④에 해당하지 않는 발전시설 중 전기저장시설

[시각경보기]

시각경보기를 설치해야 하는 특정소방대상물은 자동화재탐지설비를 설치해야 하는 특정소방대상물 중 다음의 어느 하나에 해당하는 것과 같다.

① 근린생활시설, 문화 및 집회시설, 종교시설, 판매시설, 운수시설, 의료시설, 노유자 시설
② 운동시설, 업무시설, 숙박시설, 위락시설, 창고시설 중 물류터미널, 발전시설 및 장례시설
③ 교육연구시설 중 도서관, 방송통신시설 중 방송국
④ 지하가 중 지하상가

2 계통도 및 구성

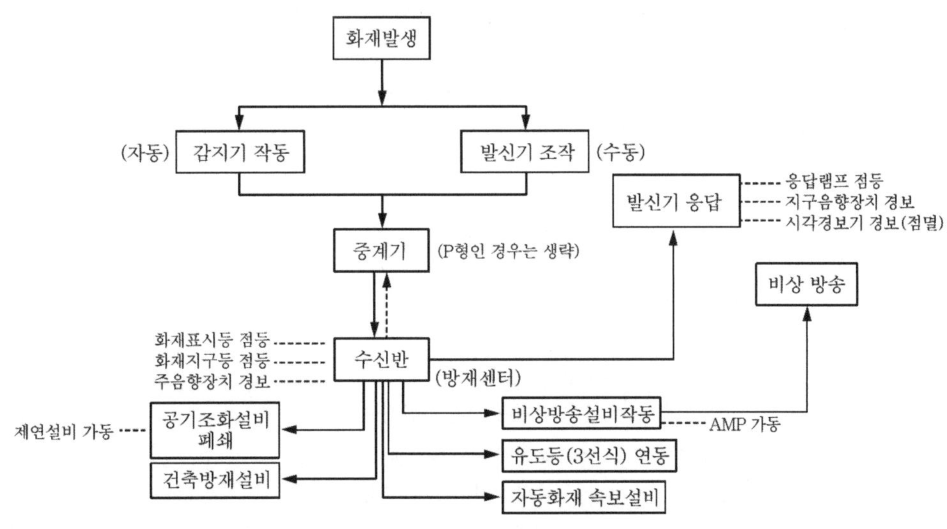

[자동화재탐지설비 계통도]

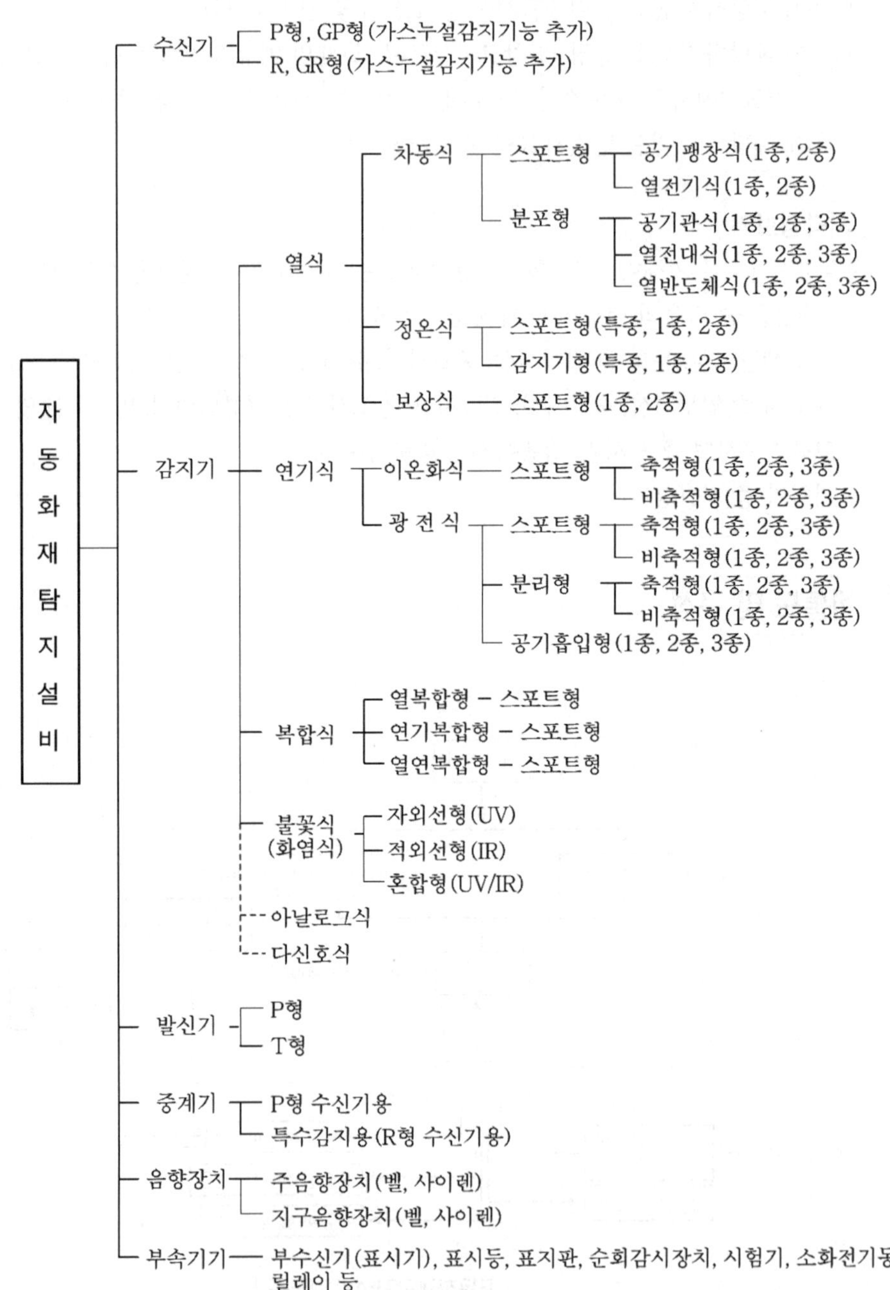
자동화재탐지설비
수신기
P형, GP형(가스누설감지기능 추가)
R, GR형(가스누설감지기능 추가)
감지기
열식
차동식
스포트형
공기팽창식(1종, 2종)
열전기식(1종, 2종)
분포형
공기관식(1종, 2종, 3종)
열전대식(1종, 2종, 3종)
열반도체식(1종, 2종, 3종)
정온식
스포트형(특종, 1종, 2종)
감지기형(특종, 1종, 2종)
보상식
스포트형(1종, 2종)
연기식
이온화식
스포트형
축적형(1종, 2종, 3종)
비축적형(1종, 2종, 3종)
광 전 식
스포트형
축적형(1종, 2종, 3종)
비축적형(1종, 2종, 3종)
분리형
축적형(1종, 2종, 3종)
비축적형(1종, 2종, 3종)
공기흡입형(1종, 2종, 3종)
복합식
열복합형 – 스포트형
연기복합형 – 스포트형
열연복합형 – 스포트형
불꽃식
(화염식)
자외선형(UV)
적외선형(IR)
혼합형(UV/IR)
아날로그식
다신호식
발신기
P형
T형
중계기
P형 수신기용
특수감지용(R형 수신기용)
음향장치
주음향장치(벨, 사이렌)
지구음향장치(벨, 사이렌)
부속기기
부수신기(표시기), 표시등, 표지판, 순회감시장치, 시험기, 소화전기동
릴레이 등

[자동화재탐지설비 구성도]

3 경계구역

(1) 정의

① "경계구역"이란 특정소방대상물 중 화재신호를 발신하고 그 신호를 수신 및 유효하게 제어할 수 있는 구역을 말한다.

② 1경계구역 : 자동화재탐지설비 1회선(1회로)이 화재를 유효하게 감지하는 구역

> **개념의 확립**
>
> 경계구역 수=종단저항의 수=P형수신기의 지구선(회로선 또는 신호선) 수

(2) 경계구역의 범위

① **경계구역의 경계** : 경계선은 복도, 통로, 방화벽 등으로 한다.

② **면적산출** : 세면장 등은 감지 면적에 산입하지 않으나 경계구역 면적에는 포함시킨다. 또한 지하층, 지붕 속의 면적도 경계구역에 포함시킨다.

③ **경계구역의 넘버링(Numbering) 방법**

㉠ 설정된 경계구역마다 경계선 및 경계구역 번호를 매긴다.

㉡ 경계구역의 넘버링은 보통 수신기와 가까운 곳에서 먼 곳으로, 수평적 경계구역에서 수직적 경계구역으로, 저층에서 고층 순으로 진행한다.

㉢ 수평적 경계구역은 원 안에 경계구역 번호만을 기입하고, 수직적 경계구역은 원을 상하 2등분하여 위에는 필요한 사항(경계구역 명칭)을, 아래에는 경계구역 번호를 기입한다.

㉮ 수평 : (1) (2) (3)

㉯ 수직 : (계단/1) (E/V/2) (P.D/3)

(3) 경계구역의 설정기준

① **수평적 개념의 경계구역**

㉠ 하나의 경계구역이 2개 이상의 건축물에 미치지 않도록 할 것

㉡ 하나의 경계구역이 2개 이상의 층에 미치지 않도록 할 것. 다만, 500[m^2] 이하의 범위 안에서는 2개의 층을 하나의 경계구역으로 할 수 있다.

㉢ 하나의 경계구역의 면적은 600[m^2] 이하로 하고 한 변의 길이는 50[m] 이하로 할 것. 다만, 해당 특정소방대상물의 주된 출입구에서 그 내부 전체가 보이는 것에 있

어서는 한 변의 길이가 50[m]의 범위 내에서 1,000[m^2] 이하로 할 수 있다.

② 수직적 개념의 경계구역

㉠ 계단(직통계단 외의 것에 있어서는 떨어져 있는 상하 계단의 상호 간의 수평거리가 5[m] 이하 로서 서로 간에 구획되지 아니한 것에 한함) · 경사로(에스컬레이터 경사로 포함) · 엘리베이터 승강로(권상기실이 있는 경우 권상기실) · 린넨슈트 · 파이프 피트 및 덕트, 기타 이와 유사한 부분에 대하여는 별도로 경계구역을 설정하되, 하나의 경계구역은 높이 45[m] 이하 (계단 및 경사로에 한함)로 한다.

㉡ 지하층의 계단 및 경사로(지하층의 층수가 한개층일 경우는 제외)는 별도로 하나의 경계구역으로 설정해야 한다.

③ 외기에 면하여 상시 개방된 부분이 있는 차고 · 주차장 · 창고 등에 있어서는 외기에 면하는 각 부분으로부터 5[m] 미만의 범위 안에 있는 부분은 경계구역의 면적에 산입하지 않음

④ 스프링클러설비 · 물분무등소화설비 또는 제연설비의 화재감지장치로서 화재감지기를 설치한 경우의 경계구역은 해당 소화설비의 방출구역 또는 제연구역과 동일하게 설정할 수 있다.

소방설비		방출(방호)구역 또는 제연구역	설정 기준
스프링클러 소화설비	폐쇄형	바닥면적 기준	3,000[m^2] 이하마다 설정
		층별기준	1개 층을 하나의 방출구역으로 설정
			1개 층에 헤드가 10개 이하인 경우 3개 층마다 하나의 방호구역으로 설정
	개방형	층별 기준	1개 층을 하나의 방수구역으로 설정
		헤드 기준	50개 이하마다 설정
물분무 등 소화설비		구역별 기준	방출구역마다 설정
제연설비		제연대상 기준	제연구역마다 설정

4 수신기

(1) 수신기의 정의

감지기나 발신기에서 발하는 화재신호를 직접 수신하거나 중계기를 통하여 수신하여 화재의 발생을 표시 및 경보하여 주는 장치를 말한다. 방재실 등 상시 사람이 근무하는 장소에 설치하며 기종 및 회로수 선택에 주의해야 한다.

(2) 수신기의 종류

수신기 종류 ┌ **P형**, GP형
　　　　　　└ **R형**, GR형

① **P형** : 감지기 또는 P형 발신기에서 보낸 신호를 받으면 화재등, 지구등이 점등되며 동시에 수신기 측 주경종과 해당 지구의 경종이 경보를 발하는 시스템이다. 가스누설 경보기능이 첨가된 것을 GP형이라 하며 GP형은 화재신호 수신 시 적색등, 가스누설신호 수신 시 황색등이 점등된다.

② **R형** : 감지기 또는 P형 발신기에서 보낸 화재신호를 중계기를 거쳐 수신하는 것이 특징인데, 화재등, 지구등이 점등되고 경종(주경종 및 지구경종)이 경보됨과 동시에 Printer로 기록된다. 가스누설 경보기능이 첨가된 것을 GR형이라 하며, GR형은 화재신호 수신 시 적색등, 가스누설신호 수신 시 황색등이 점등된다.

구 분	P형 수신기	R형 수신기
적용대상물	중·소형 특정소방대상물	다수동·대형 특정소방대상물·대단위 단지
신호전달방식	개별신호 방식	다중신호 방식
표시방식	지도식, 창구식	지도식, 창구식, 디지털식, CRT식
신호의 종류	전체회로의 공통신호 방식	각 회로마다의 고유신호 방식
중계기	불필요	반드시 필요
도통시험	수신기와 말단감지기 사이	• 수신기와 중계기 사이 • 수신기와 말단감지기 사이 • 중계기와 말단감지기 사이
경제성	• 수신기 자체는 저가 • 배관, 간선수가 많아 전체 시스템비용 및 인건비가 많이 들고, 증설의 난점 등을 고려하면 경제성 낮음	• 수신기 자체는 고가 • 배관, 간선수가 적고 증설, 이설 등의 용이성을 고려하면 경제적임
설치공간	충분한 공간이 필요	최소한의 공간 필요

(a) 벽부형(자 · 탐 전용)

(b) 자립형(복합형 : 자 · 탐 및 소화 · 제연 전용)

[P형 1급 수신기]

[R형 수신기]

(3) 수신기의 구조 및 기능

① P형 수신기

㉠ 수신기의 구성부 및 스위치의 기능

㉮ 전압지시부 : 이상이 없을 경우 22~26[V]를 지시

㉯ 교류전원 감시등 : 전원이 입력될 경우 점등되며 수신기의 평상시 상태는 교류전원 감시등만 점등된다.

㉰ 예비전원 감시등 : 예비전원의 이상 유무를 확인(예비전원 이상 시 점등)

㉱ 발신기 응답등 : 수동발신기의 버튼을 누르면 점등(버튼 복구 시 소등)

㉲ 스위치 주의등 : 각 조작스위치 중 하나 이상 정상위치에 있지 않을 때 점멸점등

㉳ 선로 단선등 : 지구회로의 배선이 단선된 경우 점등

㉴ 배터리시험 스위치 : 예비전원의 축전지 충전상태를 점검 시 사용

㉵ 주경종정지 스위치 : 주경종의 경보음을 중지시킬 때 사용

㉶ 지구경종정지 스위치 : 지구경종의 경보음을 중지시킬 때 사용

㉷ 비상방송정지 스위치 : 비상방송과의 연동을 중지시킬 때 사용

㉸ 도통시험 스위치 : 이 스위치를 누르고 회로선택(Rotary) 스위치를 회전시키면 해당 회로의 도통상태(결선상태)를 확인할 수 있다.

㉹ 화재작동시험 스위치 : 이 스위치를 누르고 회로선택 스위치를 회전시키면 해당 회로의 화재작동 상황표시 여부를 확인할 수 있다.

㉺ 복구 스위치 : 동작 중인 회로를 복구시킬 때 누른다.

㉻ 자동복구 스위치 : 시험위치에 놓으면 감지기를 작동상태에서 원상태로 복구시킬 경우 수신기가 작동상태에서 자동으로 원상 복구(연속으로 화재작동시험을 할 때 사용)

ⓞ 부저(Buzzer) : 발신기에서 전화기의 플러그를 꽂으면 수신기의 부저가 울림으로써 통화요구상태임을 알린다. 수신기에서 통화를 위해 전화기 플러그를 꽂으면 부저음은 중지된다.(이후 전화기로 상호 통화)

㉡ P형 수신기의 기능

㉮ 화재표시작동 시험장치

㉯ 수신기와 감지기, 수신기와 발신기 사이의 외부배선 도통시험장치

㉰ 주전원에 교류전원을 사용하는 경우 정전 시 자동적으로 예비전원으로 절환되고 정전이 복구되는 경우 자동적으로 예비전원에서 주전원으로 절환되는 장치

㉱ 예비전원의 양부시험장치

② R형 수신기

㉠ 특징 : 증 · 개축이 많거나 회로수가 많은 대규모 건물이나 다수의 동(棟)이 있는 건물에 적합하며, 단점으로 수신기 값이 비싸고 운영 및 보수에 전문적인 기술이 필요하다.

㉮ 간선수(선로수)가 적게 들어 경제적이다.

㉯ 선로의 길이를 길게 할 수 있다.

㉰ 신호의 전달이 명확하다.

㉱ 이설, 증설 등이 용이하다.

㉲ 화재발생지구를 숫자로 표시할 수 있다.

㉳ 고유의 신호를 전달하는 중계기가 설치되어 있다.

㉡ 기능

㉮ 화재가 발생한 경계구역(회로)을 용이하게 식별할 수 있는 기록장치

㉯ 지구표시등 또는 적절한 표시장치

㉰ 화재표시작동 시험장치

㉱ 발신기와 중계기 사이의 외부배선의 도통시험장치

㉲ 주전원에 교류전원을 사용하는 경우 정전 시 자동적으로 예비전원으로 절환되고 정전이 복구되는 경우 자동적으로 예비전원에서 주전원으로 절환되는 장치

㉳ 예비전원의 양부시험장치

㉢ 다중통신[R형 방식의 신호방식] : P형방식은 발신기 또는 감지기로부터 수신기까지 실선으로 배선되어 있어서 지구(회로)가 많은 경우 그 수만큼 신호선이 필요하나 R형 방식은 중계기에서 수신기까지 단 2선의 신호선만으로 수많은 신호(입력 및 출력 신호)를 주고 받을 수 있어 간선수가 적게 든다. R형 시스템은 양방향 통신방식을 채용하는데, 양방향 통신방식이란 다량의 입출력신호를 고유의 신호로 변환시켜 전송하는 다중통신(Multiplexing Communication)방식을 말한다.

R형수신기의 기본간선

- 신호선 2가닥
- 전원선 2가닥

③ 무선식 수신기[수신기의 형식승인 및 제품검사 기술기준]

무선식 감지기 · 무선식 중계기 · 무선식 발신기 · 무선식 경종 · 무선식 시각경보장치와 연결되는 수신기의 기능

㉠ 화재발생을 경보하고 있는 수신기 및 작동상태를 지속되고 있는 무선식 감지기 · 무선식 중계기 · 무선식 경종 · 무선식 시각경보장치를 화재감시 정상상태로 전환시

킬 수 있는 수동 복귀스위치를 설치해야 한다.

㉡ 수신기는 다음의 어느 하나에 해당되는 신호 발신개시로부터 200초 이내에 표시등 및 음향으로 경보되어야 한다.

㉮「감지기의 형식승인 및 제품검사의 기술기준」제5조의4제2항제4호
㉯「발신기의 형식승인 및 제품검사의 기술기준」제4조의3제3항제2호
㉰「중계기의 형식승인 및 제품검사의 기술기준」제3조의2제3항제2호
㉱「경종의 형식승인 및 제품검사의 기술기준」제3조의3제4항제2호
㉲「시각경보장치의 성능인증 및 제품검사의 기술기준」제4조제2항제3호

㉢ 제17조제6호가목 및 나목에 의한 통신점검 개시로부터 다음 각 호의 어느 하나에 해당되는 경우에 의해 발신된 확인신호를 수신하는 소요시간은 200초 이내이어야 하며, 수신 소요시간을 넘을 경우 표시등 및 음향으로 경보해야 한다.

㉮「감지기의 형식승인 및 제품검사의 기술기준」제5조의4제2항제2호
㉯「발신기의 형식승인 및 제품검사의 기술기준」제4조의3제2항
㉰「중계기의 형식승인 및 제품검사의 기술기준」제3조의2제1항제3호 · 제2항제3호 · 제4항제4호 · 제5항제3호
㉱「경종의 형식승인 및 제품검사의 기술기준」제3조의3제3항
㉲「시각경보장치의 성능인증 및 제품검사의 기술기준」제4조제2항제1호

㉣ 무선식 감지기, 무선식 발신기, 무선식 중계기, 무선식 경종, 무선식 시각경보장치로부터 통신점검 신호를 수신하는 장치가 있는 경우에는 다음 각목에 의한 통신점검신호 발신개시로부터 제17조제6호다목에 의한 통신점검신호 및 재확인신호를 수신하는 소요시간은 200초 이내이어야 하며, 수신 소요시간을 초과할 경우 표시등 음향으로 경보하여야 한다.

㉮「감지기의 형식승인 및 제품검사의 기술기준」제5조의4제2항제2의2호가목
㉯「발신기의 형식승인 및 제품검사의 기술기준」제4조의3제4항제1호
㉰「중계기의 형식승인 및 제품검사의 기술기준」제3조의2제6항제1호
㉱「경종의 형식승인 및 제품검사의 기술기준」제3조의3제5항제1호
㉲「시각경보장치의 성능인증 및 제품검사의 기술기준」제4조제2항제5호가목

㉤ 수신기는 화재신호 · 화재정보신호를 수신하는 경우 경보작동신호를 수동으로 복귀시키지 않는 한 60초 이내 주기마다 연결되는 무선식 경종, 무선식 중계기, 무선식 시간경보장치에 발신하여야 한다.

㉥ 제17조제6호가목, 나목 및 다목에 의한 통신점검시험 중에도 다른 회선의 감지기, 발신기, 중계기부터 화재신호를 수신하는 경우 화재표시가 되어야 한다.

(4) 수신기의 설치기준

① 자동화재탐지설비의 수신기는 다음 기준에 적합한 것으로 설치해야 한다.

㉠ 해당 특정소방대상물의 경계구역을 각각 표시할 수 있는 회선수 이상의 수신기를 설치할 것

㉡ 해당 특정소방대상물에 가스누설탐지설비가 설치된 경우에는 가스누설탐지설비로부터 가스누설신호를 수신하여 가스누설경보를 할 수 있는 수신기를 설치할 것(가스누설탐지설비의 수신부를 별도로 설치한 경우에는 제외한다)

② 자동화재탐지설비의 수신기는 특정소방대상물 또는 그 부분이 지하층 · 무창층 등으로서 환기가 잘되지 아니하거나 실내면적이 40㎡ 미만인 장소, 감지기의 부착면과 실내바닥과의 거리가 2.3m 이하인 장소로서 일시적으로 발생한 열 · 연기 또는 먼지 등으로 인하여 감지기가 화재신호를 발신할 우려가 있는 때에는 축적기능 등이 있는 것(축적형감지기가 설치된 장소에는 감지기회로의 감시전류를 단속적으로 차단시켜 화재를 판단하는 방식외의 것을 말한다)으로 설치해야 한다. 다만, 비화재보 방지기능이 있는 감지기를 설치한 경우에는 그렇지 않다.

비화재보방지 기능이 있는 감지기의 종류

- 불꽃감지기
- 분포형 감지기
- 광전식 분리형 감지기
- 다신호방식의 감지기
- 정온식 감지선형 감지기
- 복합형 감지기
- 아날로그방식의 감지기
- 축적방식의 감지기

③ 수신기는 다음의 기준에 따라 설치해야 한다.

㉠ 수위실 등 상시 사람이 근무하는 장소에 설치할것. 다만, 사람이 상시 근무하는 장소가 없는 경우에는 관계인이 쉽게 접근할 수 있고 관리가 용이한 장소에 설치할 수 있다.

㉡ 수신기가 설치된 장소에는 경계구역 일람도를 비치할 것. 다만, 모든 수신기와 연결되어 각 수신기의 상황을 감시하고 제어할 수 있는 수신기(이하 "주수신기"라 한다)를 설치하는 경우에는 주수신기를 제외한 기타 수신기는 그렇지 않다.

㉢ 수신기의 음향기구는 그 음량 및 음색이 다른 기기의 소음 등과 명확히 구별될 수 있는 것으로 할 것

㉣ 수신기는 감지기 · 중계기 또는 발신기가 작동하는 경계구역을 표시할 수 있는 것으로 할 것

㉤ 화재 · 가스 전기등에 대한 종합방재반을 설치한 경우에는 해당 조작반에 수신기의 작동과 연동하여 감지기 · 중계기 또는 발신기가 작동하는 경계구역을 표시할 수 있는 것으로 할 것

ⓗ 하나의 경계구역은 하나의 표시등 또는 하나의 문자로 표시되도록 할 것
ⓢ 수신기의 조작 스위치는 바닥으로부터의 높이가 0.8m 이상 1.5m 이하인 장소에 설치할 것
ⓞ 하나의 특정소방대상물에 2 이상의 수신기를 설치하는 경우에는 수신기를 상호간 연동하여 화재발생 상황을 각 수신기마다 확인할 수 있도록 할 것
ⓙ 화재로 인하여 하나의 층의 지구음향장치 또는 배선이 단락되어도 다른 층의 화재통보에 지장이 없도록 각 층 배선상에 유효한 조치를 할 것

5 중계기

(1) 중계기의 정의

① 감지기 또는 발신기가 작동하여 보내온 신호를 받아 수신기에 발신하거나 소화설비, 제연설비, 기타 설비의 신호를 발신한다. P형 수신기용과 R형 수신기용이 있는데 이 중 R형 수신기용은 필수적으로 설치해야 한다.
② 일반적으로 R형 설비에서 사용하는 신호 변환장치로서 감지기, 발신기 등 Local 기기장치와 수신기 사이에 설치하여, 화재 신호를 수신기에 통보하고 이에 대응하는 출력신호를 Local 기기장치에 송출하는 방식으로 중계역할을 하는 장치이다. 중계기에는 전원 장치의 내장 유무 및 사용회로에 따라 집합형과 분산형으로 구분한다.

(2) 중계기의 종류

① 집합형

㉠ 전원장치를 내장(A.C 220[V])하며 보통 전기피트(Pit)실 등에 설치한다.
㉡ 회로는 대용량의 회로(30~40회로)를 수용하며 하나의 중계기당 보통 2~3개 층을 담당한다.

② 분산형

㉠ 전원장치를 내장하지 않고 수신기의 전원(D.C 24[V])을 이용하며 소화전함, 발신기함 등에 내장하여 설치한다.
㉡ 회로는 소용량(5회로 미만)으로 Local 기기별로 중계기를 설치한다.

[집합형과 분산형 중계기의 비교]

구 분	집합형	분산형
입력전원	교류 220[V]	직류 24[V]
전원공급	• 외부 전원을 이용 • 정류기 및 비상전원 내장	• 수신기의 비상전원을 이용 • 중계기에 전원장치 없음
회로수용능력	대용량(30~40회로)	소용량(5회로 미만)
외형크기	대형	소형
설치방법	• 전기 Pit실 등에 설치 • 2~3개 층당 1대씩	• 발신기함, 소화전함, 수동조작함, SVP, 연동제어기에 내장하거나 별도의 격납함에 설치 • 각 말단(local) 기기별 1대씩
전원공급 사고 시	내장된 예비전원에 의해 정상적인 동작을 수행	중계기 전원 선로의 사고 시 해당 계통 전체 시스템 마비
설치적용	• 전압 강하가 우려되는 장소 • 수신기와 거리가 먼 초고층 빌딩	• 전기피트 등의 공간이 좁은 건축물 • 아날로그 감지기를 객실별로 설치하는 호텔, 오피스텔, 아파트 등

(3) 중계기의 설치기준

① 수신기에서 직접 감지기회로의 도통시험을 행하지 않는 것에 있어서는 수신기와 감지기 사이에 설치할 것

② 조작 및 점검에 편리하고 화재 및 침수 등의 재해로 인한 피해를 받을 우려가 없는 장소에 설치할 것

③ 수신기에 따라 감시되지 않는 배선을 통하여 전력을 공급받는 것(집합형 중계기)에 있어서는 전원입력 측의 배선에 과전류차단기를 설치하고 해당 전원의 정전이 즉시 수신기에 표시되는 것으로 하며, 상용전원 및 예비전원의 시험을 할 수 있도록 할 것

6 감지기

(1) 감지기의 정의

화재 시 발생하는 열, 연기, 불꽃 또는 연소생성물을 자동적으로 감지하여 수신기에 화재신호 등을 발신하는 장치(자체적으로 감지 및 경보를 발하는 것은 단독경보형 감지기)

(2) 감지기의 종류

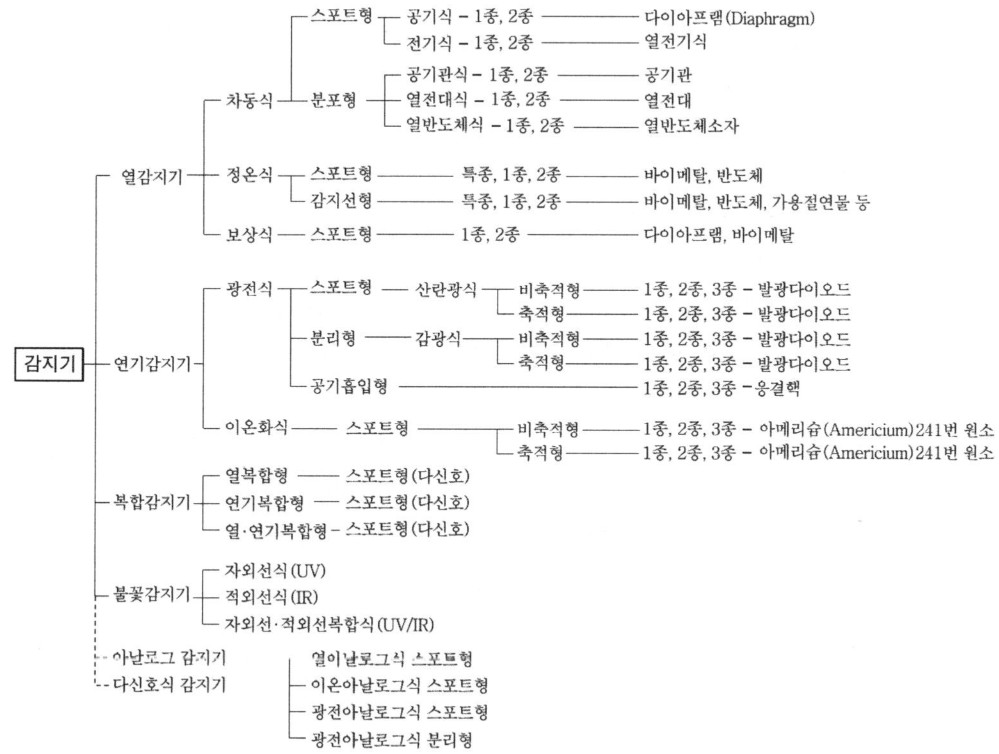

(3) 감지기의 종류별 정의

① **차동식 스포트(Spot)형 감지기** : 주위온도가 일정상승률 이상으로 증가하는 경우 작동하는 것으로서 일국소의 열효과에 의하여 작동하는 것[열감지기]

② **차동식 분포형 감지기** : 주위온도가 일정상승률 이상으로 증가하는 경우 작동하는 것으로서 넓은 범위 내에서의 열효과에 의하여 작동하는 것[열감지기]

③ **정온식 스포트형 감지기** : 일국소의 주위온도가 일정 온도 이상이 되는 경우 작동하는 것으로서 외관이 전선으로 되어 있지 아니한 것[열감지기]

④ **정온식 감지선형 감지기** : 일국소의 주위온도가 일정 온도 이상이 되는 경우 작동하는 것으로서 외관이 전선으로 되어 있는 것[열감지기]

⑤ **보상식 스포트형 감지기** : 차동식 스포트형 감지기와 정온식 스포트형 감지기의 성능을 겸한 것으로서 차동식 스포트형 감지기 또는 정온식 스포트형 감지기의 성능 중 어느 한 기능이 작동되면 작동신호를 발하는 것[열감지기]

⑥ **이온화식 감지기** : 주위의 공기가 일정 농도의 연기를 포함하게 되는 경우 작동하는 것으로서 일국소의 연기에 의하여 이온전류가 변화하여 작동하는 것[연기감지기]
⑦ **광전식 감지기** : 주위의 공기가 일정 농도의 연기를 포함하게 되는 경우 작동하는 것으로서 일국소의 연기에 의하여 광전소자에 접하는 광량의 변화로 작동하는 것[연기감지기]
⑧ **열복합형 감지기** : 차동식 스포트형 감지기와 정온식 스포트형 감지기의 성능이 있는 것으로서 두 가지 성능의 감지기능이 함께 작동될 때 화재신호를 발신하거나 두 개의 화재신호를 각각 발신하는 것[열감지기]
⑨ **연복합형 감지기** : 이온화식 감지기와 광전식 감지기의 성능이 있는 것으로서 두 가지 성능의 감지기능이 함께 작동될 때 화재신호를 발신하거나 두 개의 화재신호를 각각 발신하는 것[연기감지기]
⑩ **열연복합형 감지기** : 두 가지 성능의 감지기능이 함께 작동될 때 화재신호를 발하거나 또는 두 개의 화재신호를 각각 발신하는 것[열 및 연기 감지기]
㉠ 차동식 스포트형 감지기와 이온화식 감지기의 성능이 있는 것
㉡ 차동식 스포트형 감지기와 광전식 감지기의 성능이 있는 것
㉢ 정온식 스포트형 감지기와 이온화식 감지기의 성능이 있는 것
㉣ 정온식 스포트형 감지기와 광전식 감지기의 성능이 있는 것

(4) 감지기의 형식별분류

① **방수형 감지기** : 구조가 방수구조로 되어 있는 감지기(↔ 비방수형)
② **재용형 감지기** : 작동 복귀 후 다시 사용이 가능한 감지기(↔ 비재용형)
③ **축적형 감지기** : 일정 농도 이상의 연기가 일정시간(공칭축적 시간) 연속하는 것을 전기적으로 검출함으로써 작동하는 감지기(↔ 비축적형)
④ **방폭형 감지기** : 폭발성 가스가 용기 내부에서 폭발하였을 때 그 압력에 견디거나 폭발성 가스에 인화될 우려가 없도록 된 감지기(↔ 비방폭형)
⑤ **다신호식 감지기** : 하나의 감지기에 종별이 다르거나 감도 등이 다른 기능을 갖춘 것으로서 일정시간 간격을 두고 각각 다른 2개 이상의 화재신호를 발하는 감지기(↔ 단신호식)
⑥ **아날로그식 감지기** : 주위의 온도 또는 연기량의 변화에 따라 각각 다른 전류치 또는 전압치 등의 출력을 발하는 방식의 감지기(↔ 일반 감지기)

(5) 감지기의 종류별 구조 및 기능

① 차동식 스포트형 감지기

㉠ 공기팽창식

㉮ 구조 : 감열실(Chamber), 리크공(Leak Hole), 접점, 다이아프램(Diaphragm), 작동표시장치(LED), 증판(Base), 전원 및 배선으로 이루어져 있다.

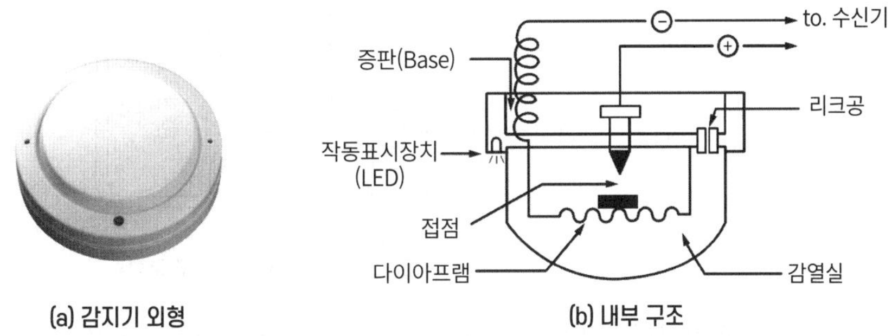

(a) 감지기 외형 (b) 내부 구조

㉯ 동작원리 : 화재열로 실내온도가 급격히 상승하는 경우 감열실의 공기가 팽창하여 다이어프램을 밀어올린다. 이때 접점이 폐로되어 수신기로 화재신호를 보낸다. 그러나 난방 등으로 실내온도가 완만히 상승하면 감열실 내 팽창된 공기가 리크공으로 누설되어 압력이 조절되고 접점은 폐로되지 않는다.(리크공이 오작동 방지 역할)

㉡ 열기전력 이용방식

㉮ 구조 : 반도체열전대, 감열실, 고감도릴레이, 접점 및 배선으로 구성

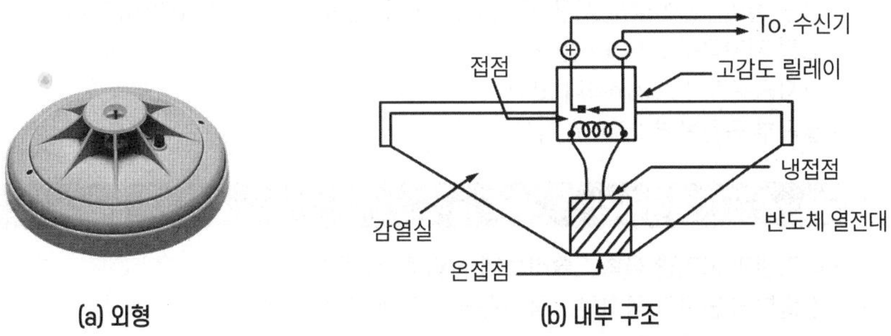

(a) 외형 (b) 내부 구조

㉯ 동작원리 : 발화하면 화재열이 감열실 하단의 반도체열전대에 전달되어 열기전력을 일으키고 고감도릴레이를 작동시킨다. 이때 접점이 폐로되어 수신기로 화재신호를 발한다. 그러나 난방 등에 의한 완만한 온도 상승 시 온접점측 열기전력과 크기가 같은 냉접점측 열기전력(반대부호의 역기전력)이 생겨 서로 상쇄되므로 접점이 폐로되지 않는다.

② 차동식 분포형 감지기

㉠ 공기관식 감지기

㉮ 구조 : 감열부와 검출부로 나뉜다. 감열부는 공기관, 검출부는 리크공, 다이어프램, 접점, 시험장치 및 배선으로 구성

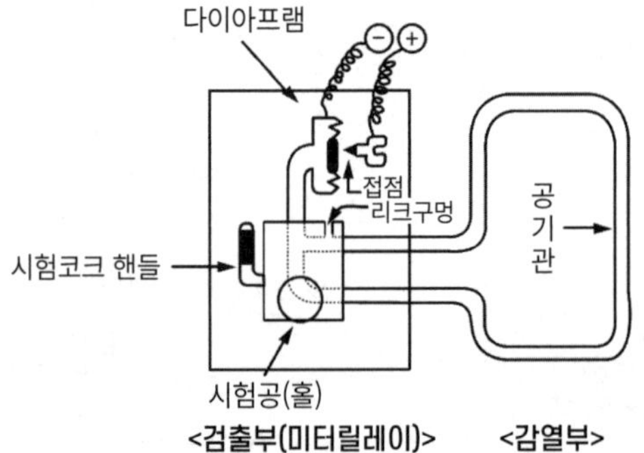

<검출부(미터릴레이)> <감열부>

㉯ 동작원리 : 화재실에 길게 설치된 공기관에 열이 가해지면 공기관 내의 공기가 선팽창하여 검출부의 다이어프램을 부풀린다. 이때 접점이 폐로되면 수신기로 화재신호를 보낸다. 그러나 난방 등 완만한 온도상승 시에는 팽창공기가 리크공으로 누설되어 감지기는 작동하지 않는다.

공기관에 관한 주요사항

- 재질 : 구리(Pipe 형태의 중공동관)
- 규격 : 외경은 1.9[mm] 이상, 두께는 0.3[mm] 이상
- 리크공(리크구멍)의 기능 : 오동작 방지
- 시공 길이 : 1개 감지구역마다 20[m] 이상, 검출부 1개마다 100[m] 이하
- 고정 지지금구 : 스테이플, 스티커
- 지지금구간격 : 5cm마다 고정
- 굴곡부 곡률반경 : 5mm 이상

공기관 접속방법

- 공기관과 공기관 접속 : 슬리브에 삽입 후 납땜 처리
- 검출부의 단자와 공기관 : 공기관을 단자에 삽입 후 납땜 처리

㉡ 열전대식 감지기

㉮ 구조 : 감열부(열전대 및 접속전선)와 검출부(미터릴레이, 접점)로 구성

㉯ 동작원리 : 화재열로 열전대부가 가열되면 열기전력이 생겨 미터릴레이로 전류가 흘러 접점이 폐로되며, 수신기로 화재신호가 전달된다. 난방 등 완만한 온도상승 시는 열기전력이 작아 접점을 폐로시키지 못한다.

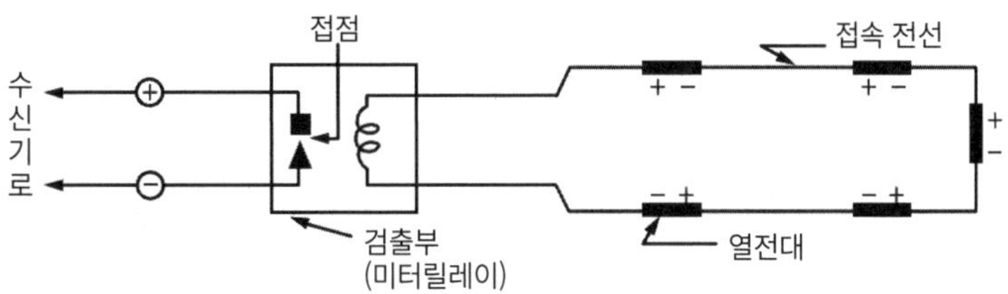

㉢ 열반도체식 감지기

㉮ 구조 : 감열부(열반도체소자, 수열판 및 접속전선)와 검출부(미터릴레이, 접점)로 구성

㉯ 동작원리 : 화재열이 수열판에 전달되면 열반도체소자(Bi－Sb－Te계 화합물)에서 열기전력이 발생하여 폐회로를 구성, 수신기에 화재신호를 발한다. 그러나 난방 등에 의한 완만한 온도 상승 시 동니켈(Cu－Ni)선에서 발생한 역기전력에 의해 오동작을 방지한다.

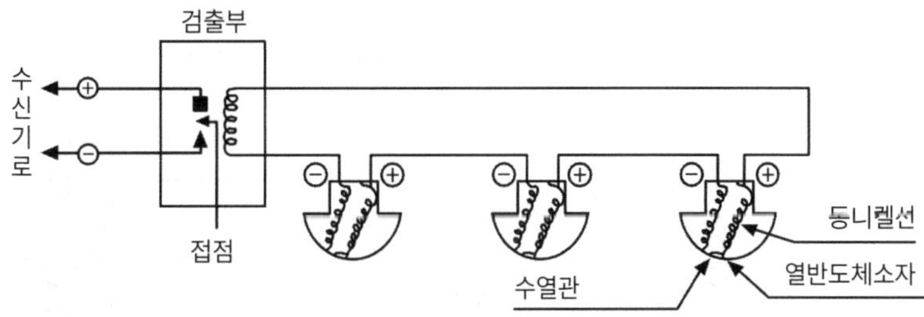

③ 정온식 스포트형 감지기

㉠ 바이메탈의 활곡을 이용한 방식 : 열을 받은 바이메탈(가변접점)이 굴곡되어 고정접점에 닿으면 화재신호가 수신기로 전달된다.

㉡ 원반바이메탈의 반전을 이용한 방식 : 원반형 바이메탈이 가열되면 반전되어 접점이 폐로되어 화재신호를 발한다.

㉢ 금속의 팽창계수차를 이용한 방식 : 외부는 고팽창 금속을, 내부에는 저팽창 금속을 달고 화재시 고팽창금속이 길이 방향으로 팽창하면 내부의 접점이 닿게 되는 방식의 감지기

㉣ 가용절연물을 이용한 방식 : 주위온도가 일정온도에 도달하면 가용절연물이 녹아 Y형 내부전선이 벌어져 측벽의 금속판에 닿음으로써 폐로를 구성한다.(비재용형 감지기)

㉤ 액체의 팽창을 이용한 방식 : 수열체가 가열되어 일정 온도에 도달하면 반전판의 액체가 팽창하여 접점을 붙게 한다. 액체는 보통 알코올을 사용한다.

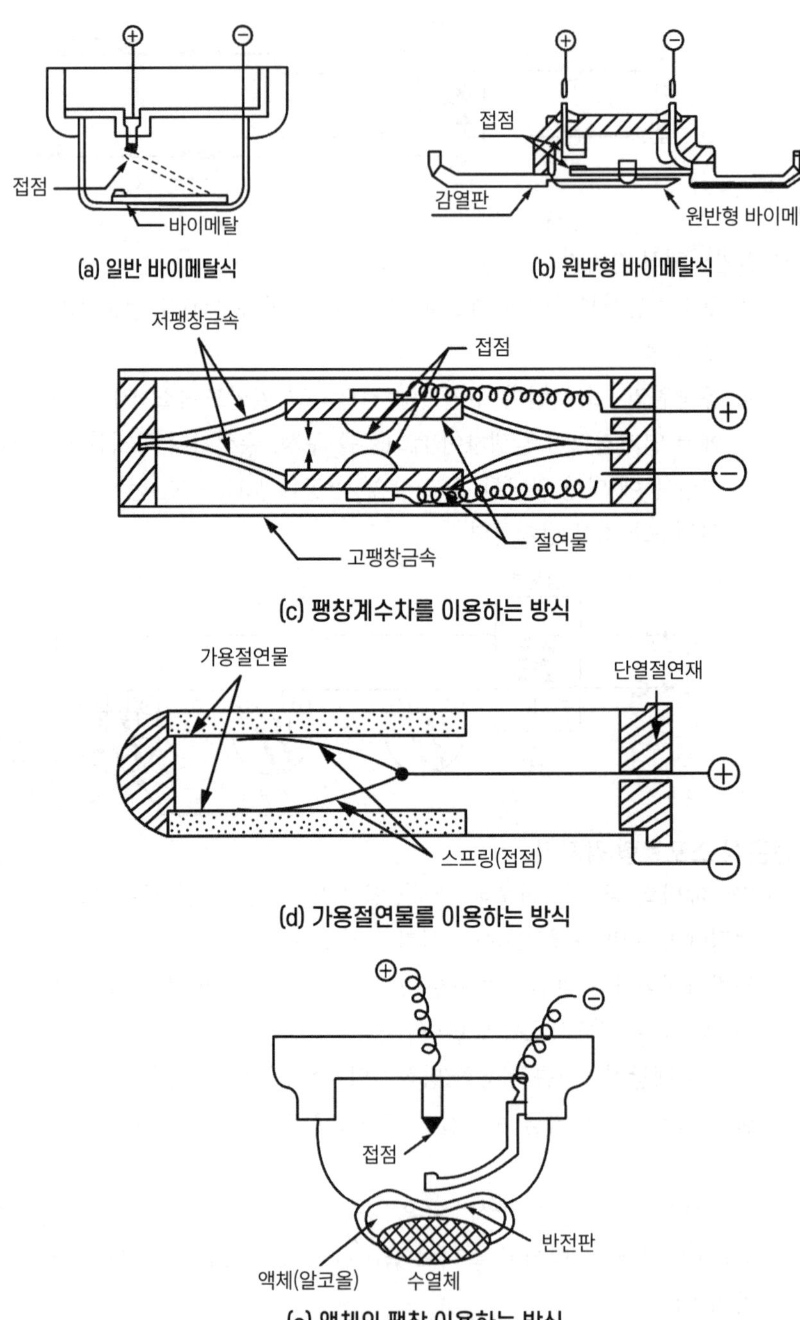

(a) 일반 바이메탈식

(b) 원반형 바이메탈식

(c) 팽창계수차를 이용하는 방식

(d) 가용절연물를 이용하는 방식

(e) 액체의 팽창 이용하는 방식

④ **정온식 감지선형 감지기** : 전기적으로 절연시켜 놓은 2개의 선이 화재열을 받아 일정 온도가 되면 가용(可溶) 절연물(Thermo−plastic)이 녹아 두 선이 접촉되면서 폐회로를 구성, 화재신호를 발한다.

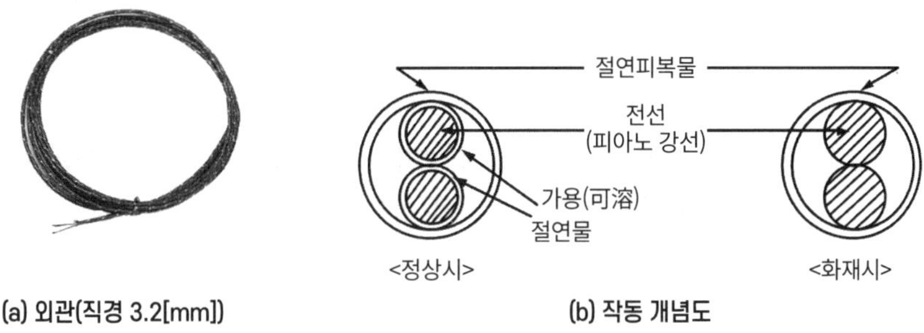

(a) 외관(직경 3.2[mm]) (b) 작동 개념도

⑤ 보상식 스포트형 감지기

㉠ 구성 : 감열실, 다이어프램, 리크공, 고팽창금속, 저팽창금속, 접점으로 구성

㉡ 작동원리 : 차동식 스포트형과 정온식 스포트형의 성능을 모두 가진 것으로 일국소의 주위 온도의 변화에 따라서 감도가 달라지는 감지기이다.

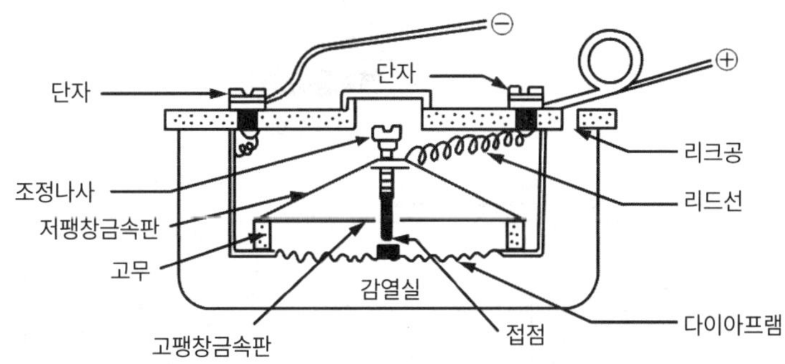

[작동 설명]

- 차동식 작동원리 : 평상의 난방 시에는 리크공이 있어 오동작을 방지하고 화재로 실내 온도가 급상승 시에는 다이어프램의 팽창으로 접점이 폐로되어 화재신호를 발한다.
- 정온식 작동원리 : 화재로 실내온도가 일정온도에 도달하면 고팽창금속이 활곡 또는 선팽창하여 접점을 폐로시킴으로써 화재신호를 발한다.

⑥ 연기감지기[이온화식, 광전식(스포트형, 분리형, 공기흡입형)]

㉠ 이온화식 감지기 : 연소생성물인 연기가 이온실(외부)로 유입되면 이온전류가 감소하여 화재신호를 발하는 감지기

㉮ 구성

ⓐ 이온실 : 연기를 검출하는 부분(내부이온실은 밀폐구조, 외부이온실은 개방구조이며, 발연 시 연기를 검출하는 부분은 외부이온실)

ⓑ 신호증폭회로 : 이온실에서 발생한 전류에 의한 전압변동치를 증폭시키는 부분

ⓒ 스위칭회로 : 증폭된 신호가 일정치 이상이면 폐로되어 화재신호를 발함

ⓓ 작동표시장치(LED) : 감지기의 동작상태를 표시(통상 적색으로 작동 시에만 점등)

ⓔ 배선 : 감지기의 화재신호 전류를 수신반으로 전송시키는 경로

㉯ 동작원리 : 평상시 이온실에 방사선원 아메리슘(Am^{241}), 라듐(Ra) 또는 폴로늄(Po)으로 α선을 조사하면 전류(이온전류)가 흐르는데 이때 내부 및 외부 이온실에 인가된 전압은 균등하다. 그러나 화재시 외부 이온실에 연기가 유입됨으로써 그림의 (c)와 같이 외부 이온실의 전압 특성도는 A에서 B로 변하는데, 전압은 V1에서 V2로 되어 전압차 ΔV(=V2−V1)가 발생한다. 이때, 전압차가 일정값 이상이 되면 스위칭회로가 폐로되어 화재신호를 발하게 된다.(유입된 연기와 전자가 화학결합하여 전위차가 발생함)

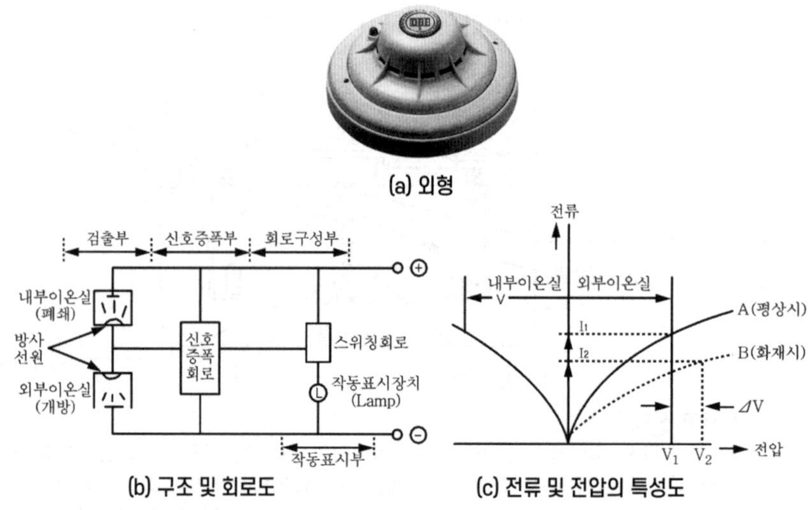

(a) 외형

(b) 구조 및 회로도

(c) 전류 및 전압의 특성도

㉡ 광전식 스포트형 감지기(발광소자와 수광소자가 일체형)

㉮ 구성

ⓐ 발광부(광원) : 발광소자로 되어 있으며 주기적으로 빛을 송출하는 부분

ⓑ 수광부(감광부) : 감광소자가 있어 연기입자에서 산란되어 들어온 빛을 검출하는 부분 → FET(전계효과 트랜지스터), Photo Cell을 사용

ⓒ 차광판 : 발광부의 직진광이 수광부로 비추지 않게 하기 위해 중간에 설치한 차단판

ⓓ 신호증폭회로 : 산란광 증가로 발생한 신호를 증폭시키는 부분

ⓔ 스위칭회로 : 증폭된 신호가 일정치 이상이면 폐로되어 화재신호를 발함

ⓕ 작동표시장치(LED) : 감지기의 동작상태를 표시(작동 시에만 적색 LED 점등)

ⓖ 배선 : 감지기의 화재신호 전류를 수신반으로 전송시키는 경로

(a) 외형

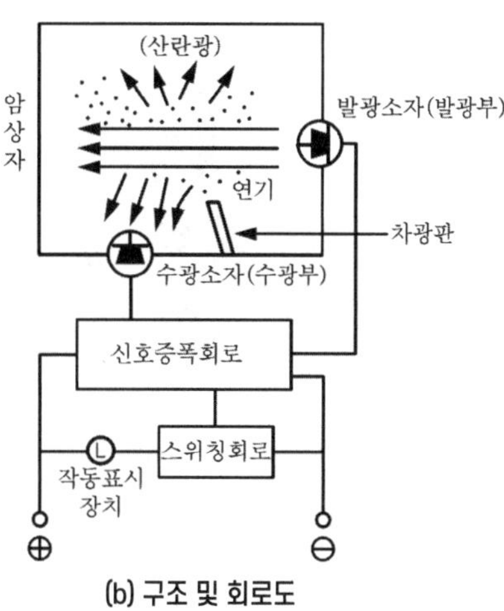

(b) 구조 및 회로도

㉯ 동작원리 : 산란광식(散亂光式)의 감지기로서 밀폐된 암실의 한쪽 끝에 놓인 발광부에서 주기적으로 빛을 조사하며, 화재시 암상자로 연기가 유입될 때 연기 입자에서 산란(난반사)된 빛의 일부를 수광부에서 검출하여 접점을 폐로시키고 화재신호를 발한다.

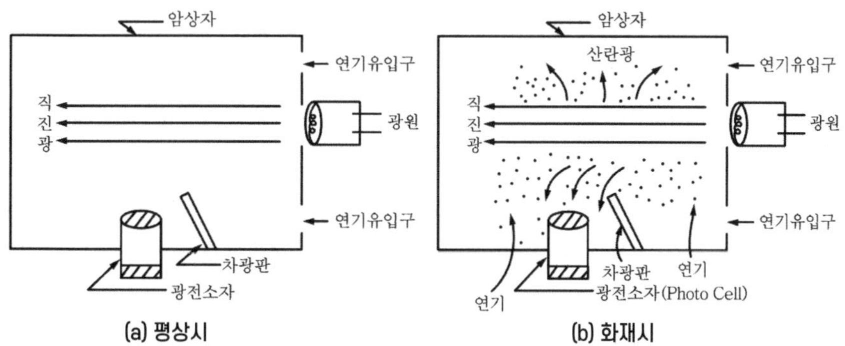

(a) 평상시 (b) 화재시

㉢ 광전식 분리형 감지기(발광소자와 수광소자가 분리형)

㉮ 구성 : 발광소자(광원), 수광소자 및 제어부로 구성되어 있으며, 스포트형과 달리 발광소자(광원), 수광소자가 서로 분리되어 설치된다.

㉯ 동작원리 : 감광식(減光式)의 감지기. 평상시 발광부에서 주기적으로 빛을 조사하면 수광부에서 수시로 빛을 감지한다. 그러나 화재로 발생한 연기가 발광부와 수광부의 광축선상에 축적되면 수광부로 조사되는 빛의 양이 감소되는데, 그 광량이 규정치 이하가 되면 화재로 인식하여 접점이 폐로, 화재신호를 발하게 된다.

㉰ 설치장소 : 공장, 창고, 쇼핑센터, 체육관, 전력용 Plant 등과 같이 천장이 높거나 비화재보 우려가 있는 공장 등

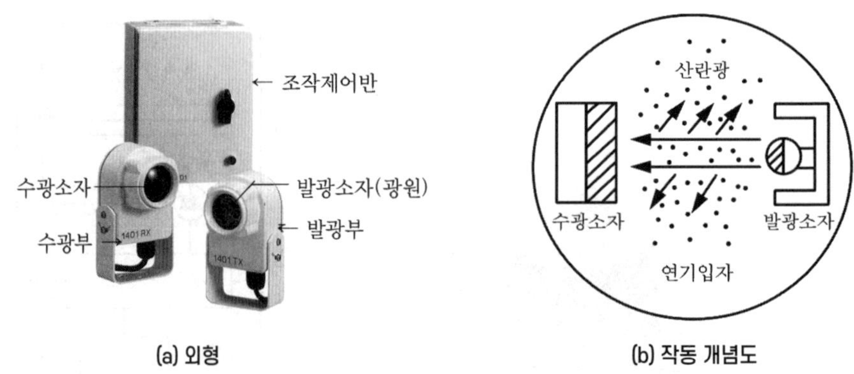

(a) 외형 (b) 작동 개념도

㉣ 공기흡입형 감지기(Air Sampling Detector)

㉮ 구조 : 관경 25[mm]의 PVC파이프로 된 흡입관에 연기샘플용 구멍(2[mm])을 내어 화재시 발생한 연기를 이 구멍을 통해 흡입하며, 흡입된 연기를 Cloud Chamber라고 하는 습윤실(상대습도가 높은 실)로 보낸다.

㉯ 작동원리 : 샘플구멍으로 유입된 연기가 습윤실로 들어오면 연기를 응결핵으로 하여 습윤실 내 물방울 입자가 커져 산란되는 빛의 양이 증가한다. 이후는 산란광식의 원리로 연기농도를 검출한다.

⑦ 복합형감지기 [열복합형, 연기복합형, 열연복합형]

㉠ 열복합형 : 차동식 스포트형과 정온식 스포트형의 두 성능을 갖춘 감지기로, 두 가지 기능이 동시에 작동되는 경우에 화재신호를 발하거나 2개의 화재신호를 각각 동시에 발한다.

㉡ 연기복합형 : 이온화식 스포트형과 광전식 스포트형의 두 성능을 갖춘 감지기로, 두 가지 기능이 동시에 작동되는 경우에 화재신호를 발하거나 2개의 화재신호를 각각 동시에 발한다.

㉢ 열연기복합형 : 차동식 스포트형과 이온화식 스포트형, 차동식 스포트형과 광전식 스포트형, 정온식 스포트형과 이온화식 스포트형, 정온식 스포트형과 광전식 스포트형의 성능을 갖춘 감지기로, 두 가지 기능이 동시에 작동되는 경우에 화재신호를 발하거나 2개의 화재신호를 각각 동시에 발한다.

⑧ 다신호식 감지기의 구조 및 기능 : 감지기의 성능, 종별, 공칭작동온도, 공칭축적시간 등의 기준에 따라 다른 종류의 화재신호를 하나의 스포트형 감지기에서 발하는 감지기이며, 복합형 감지기, 아날로그식 감지기 등이 여기에 속한다. 다신호식감지기를 수용하는 감지기는 2신호식 수신기에 연결하여 사용한다.

⑨ 불꽃감지기의 구조 및 기능

㉠ 적외선식 불꽃감지기(IR ; Infrared Flame Detector) : 화염에서 발산되는 적외선이 일정량 이상으로 변화할 때 검출하는 감지기로, 일국소의 적외선에 의하여 수광소자에 유입되는 수광량이 규정치 이상이면 작동하는 감지기. 온도, 습도, 진동 등이 없는 장소에 설치하며, 난로나 전기스토브 등의 열원이 감지기의 오동작 원인이 될 수 있으므로 감시각 범위 내에 오지 않도록 설치해야 한다.

㉡ 자외선식 불꽃감지기(UV ; Ultraviolet Flame Detector) : 화염에서 발산되는 자외선의 변화가 일정치 이상이 되면 작동하는 감지기로, 일국소의 자외선에 의해 수광소자로 유입되는 수광량 변화를 검출하여 작동하는 감지기이다.

㉢ 혼합형 불꽃감지기 : 일국소의 자외선 또는 적외선에 의해 수광소자로 유입되는 수광량 변화로 1개의 화재신호를 발하는 감지기이다.

㉣ 복합형 불꽃감지기 : 자외선과 적외선의 성능을 모두 갖춘 감지기로, 두 가지의 성능이 동시에 작동하거나 2개의 화재신호를 각각 발하는 감지기이다.

㉤ 도로형 불꽃감지기 : 도로에 국한하여 설치하는 감지기로, 불꽃의 검출 시야각이 180° 이상이다.

(6) 감지기의 설치기준

① 자동화재탐지설비의 감지기는 부착높이에 따라 다음 표에 따른 감지기를 설치해야 한다. 다만, 지하층 · 무창층 등으로서 환기가 잘되지 아니하거나 실내면적이 40㎡ 미만인 장소, 감지기의 부착면과 실내바닥과의 거리가 2.3m 이하인 곳으로서 일시적으로 발생한 열 · 연기 또는 먼지 등으로 인하여 화재신호를 발신할 우려가 있는 장소(축적기능이 있는 수신기를 설치한 장소를 제외한다)에는 다음 각 기준에서 정한 감지기중 적응성 있는 감지기를 설치해야 한다.

㉠ 불꽃감지기
㉡ 정온식감지선형감지기
㉢ 분포형감지기
㉣ 복합형감지기
㉤ 광전식분리형감지기
㉥ 아날로그방식의 감지기
㉦ 다신호방식의 감지기
㉧ 축적방식의 감지기

[부착높이에 따른 감지기의 종류]

부착높이	감지기의 종류
4m 미만	차동식(스포트형, 분포형) 보상식 스포트형 정온식(스포트형, 감지선형) 이온화식 또는 광전식(스포트형, 분리형, 공기흡입형) 열복합형, 연기복합형, 열연기복합형, 불꽃감지기
4m 이상 8m 미만	차동식(스포트형, 분포형) 보상식 스포트형 정온식(스포트형, 감지선형) 특종 또는 1종 이온화식 1종 또는 2종 광전식(스포트형, 분리형, 공기흡입형) 1종 또는 2종 열복합형, 연기복합형, 열연기복합형, 불꽃감지기
8m 이상 15m 미만	차동식 분포형 이온화식 1종 또는 2종 광전식(스포트형, 분리형, 공기흡입형) 1종 또는 2종 연기복합형 불꽃감지기
15m 이상 20m 미만	이온화식 1종 광전식(스포트형, 분리형, 공기흡입형) 1종 연기복합형 불꽃감지기
20m 이상	불꽃감지기 광전식(분리형, 공기흡입형) 중 아날로그방식

비고)

1. 감지기별 부착높이 등에 대하여 별도로 형식승인 받은 경우에는 그 성능 인정범위 내에서 사용할 수 있다.
2. 부착높이 20m 이상에 설치되는 광전식 중 아날로그방식의 감지기는 공칭감지농도 하한값이 감광율 5%/m 미만인 것으로 한다.

② 다음의 장소에는 연기감지기를 설치해야 한다. 다만, 교차회로방식에 따른 감지기가 설치된 장소 또는 오동작 우려가 없는 감지기가 설치된 장소에는 그렇지 않다.

㉠ 계단 · 경사로 및 에스컬레이터 경사로

㉡ 복도(30m 미만의 것을 제외한다)

㉢ 엘리베이터 승강로(권상기실이 있는 경우에는 권상기실) · 린넨슈트 · 파이프 피트 및 덕트 기타 이와 유사한 장소

㉣ 천장 또는 반자의 높이가 15m 이상 20m 미만의 장소

㉤ 다음의 어느 하나에 해당하는 특정소방대상물의 취침 · 숙박 · 입원 등 이와 유사한 용도로 사용되는 거실

㉮ 공동주택 · 오피스텔 · 숙박시설 · 노유자시설 · 수련시설

㉯ 교육연구시설 중 합숙소

㉰ 의료시설, 근린생활시설 중 입원실이 있는 의원 · 조산원

㉱ 교정 및 군사시설

㉲ 근린생활시설 중 고시원

③ 감지기는 다음의 기준에 따라 설치해야 한다. 다만, 교차회로방식에 사용되는 감지기, 급속한 연소 확대가 우려되는 장소에 사용되는 감지기 및 축적기능이 있는 수신기에 연결하여 사용하는 감지기는 축적기능이 없는 것으로 설치해야 한다.

㉠ 감지기(차동식분포형의 것을 제외한다)는 실내로의 공기유입구로부터 1.5m 이상 떨어진 위치에 설치할 것

㉡ 감지기는 천장 또는 반자의 옥내에 면하는 부분에 설치할 것

㉢ 보상식스포트형감지기는 정온점이 감지기 주위의 평상시 최고온도보다 20℃ 이상 높은 것으로 설치할 것

㉣ 정온식감지기는 주방 · 보일러실 등으로서 다량의 화기를 취급하는 장소에 설치하되, 공칭작동온도가 최고주위온도보다 20℃ 이상 높은 것으로 설치할 것

㉤ 차동식스포트형 · 보상식스포트형 및 정온식스포트형 감지기는 그 부착 높이 및 특정소방대상물에 따라 다음 표에 따른 바닥면적마다 1개 이상을 설치할 것

부착높이 및 특정소방대상물의 구분		감지기의 종류 (단위 : m^2)						
		차동식 스포트형		보상식 스포트형		정온식 스포트형		
		1종	2종	1종	2종	특종	1종	2종
4m 미만	주요구조부가 내화구조로 된 특정소방대상물 또는 그 부분	90	70	90	70	70	60	20
	기타 구조의 특정소방대상물 또는 그 부분	50	40	50	40	40	30	15
4m 이상 8m 미만	주요구조부가 내화구조로 된 특정소방대상물 또는 그 부분	45	35	45	35	35	30	-
	기타 구조의 특정소방대상물 또는 그 부분	30	25	30	25	25	15	-

㉥ 스포트형감지기는 45° 이상 경사되지 않도록 부착할 것

㉦ 공기관식 차동식분포형감지기는 다음의 기준에 따를 것

㉮ 공기관의 노출부분은 감지구역마다 20m 이상이 되도록 할 것

㉯ 공기관과 감지구역의 각 변과의 수평거리는 1.5m 이하가 되도록 하고, 공기관

상호간의 거리는 6m(주요구조부가 내화구조로 된 특정소방대상물 또는 그 부분에 있어서는 9m) 이하가 되도록 할 것

㉰ 공기관은 도중에서 분기하지 않도록 할 것

㉱ 하나의 검출부분에 접속하는 공기관의 길이는 100m 이하로 할 것

㉲ 검출부는 5° 이상 경사되지 않도록 부착할 것

㉳ 검출부는 바닥으로부터 0.8m 이상 1.5m 이하의 위치에 설치할 것

ⓞ 열전대식 차동식분포형감지기는 다음의 기준에 따를 것

㉮ 열전대부는 감지구역의 바닥면적 18㎡(주요구조부가 내화구조로 된 특정소방대상물에 있어서는 22㎡)마다 1개 이상으로 할 것. 다만, 바닥면적이 72㎡(주요구조부가 내화구조로 된 특정소방대상물에 있어서는 88㎡) 이하인 특정소방대상물에 있어서는 4개 이상으로 해야 한다.

㉯ 하나의 검출부에 접속하는 열전대부는 20개 이하로 할 것. 다만, 각각의 열전대부에 대한 작동여부를 검출부에서 표시할 수 있는 것(주소형)은 형식승인 받은 성능인정범위 내의 수량으로 설치할 수 있다.

ⓩ 열반도체식 차동식분포형감지기는 다음의 기준에 따를 것

㉮ 감지부는 그 부착높이 및 특정소방대상물에 따라 다음 표에 따른 바닥면적마다 1개 이상으로 할 것. 다만, 바닥면적이 다음 표에 따른 면적의 2배 이하인 경우에는 2개(부착높이가 8m 미만이고, 바닥면적이 다음 표에 따른 면적 이하인 경우에는 1개) 이상으로 해야 한다.

[부착높이 및 특정소방대상물의 구분에 따른 열반도체식 차동식분포형감지기의 종류]

부착높이 및 특정소방대상물의 구분		감지기의 종류(단위 : ㎡)	
		1종	2종
8m 미만	주요구조부가 내화구조로 된 특정소방대상물 또는 그 부분	65	36
	기타 구조의 특정소방대상물 또는 그 부분	40	23
8m 이상 15m 미만	주요구조부가 내화구조로 된 특정소방대상물 또는 그 부분	50	36
	기타 구조의 특정소방대상물 또는 그 부분	30	23

㉯ 하나의 검출부에 접속하는 감지부는 2개 이상 15개 이하가 되도록 할 것.
다만, 각각의 감지부에 대한 작동여부를 검출기에서 표시할 수 있는 것(주소형)은 형식승인 받은 성능인정범위 내의 수량으로 설치할 수 있다.

ⓒ 연기감지기는 다음의 기준에 따라 설치할 것

㉮ 연기감지기의 부착높이에 따라 다음 표에 따른 바닥면적마다 1개 이상으로 할 것

[부착높이에 따른 연기감지기의 종류]

부착높이	감지기의 종류(단위 : m^2)	
	1종 및 2종	3종
4m 미만	150	50
4m 이상 20m 미만	75	–

㉯ 감지기는 복도 및 통로에 있어서는 보행거리 30m(3종에 있어서는 20m)마다, 계단 및 경사로에 있어서는 수직거리 15m(3종에 있어서는 10m)마다 1개 이상으로 할 것

㉰ 천장 또는 반자가 낮은 실내 또는 좁은 실내에 있어서는 출입구의 가까운 부분에 설치할 것

㉱ 천장 또는 반자부근에 배기구가 있는 경우에는 그 부근에 설치할 것

㉲ 감지기는 벽 또는 보로부터 0.6m 이상 떨어진 곳에 설치할 것

㉪ 열복합형감지기의 설치에 관하여는 ㉢ 및 ㉤을, 연기복합형감지기의 설치에 관하여는 ㉧ 연기감지기 설치기준을, 열연기복합형감지기의 설치에 관하여는 ㉤ 열감지기 스포트형 감지면적기준 및 ㉧ 연기감지기 설치기준 중 ㉯ 또는 ㉲를 준용하여 설치할 것

㉫ 정온식감지선형감지기는 다음의 기준에 따라 설치할 것

㉮ 보조선이나 고정금구를 사용하여 감지선이 늘어지지 않도록 설치할 것

㉯ 단자부와 마감 고정금구와의설치간격은 10㎝ 이내로 설치할 것

㉰ 감지선형 감지기의 굴곡반경은 5㎝ 이상으로 할 것

㉱ 감지기와 감지구역의 각부분과의 수평거리가 내화구조의 경우 1종 4.5m 이하, 2종 3m 이하로 할 것. 기타 구조의 경우 1종 3m 이하, 2종 1m 이하로 할 것

㉲ 케이블트레이에 감지기를 설치하는 경우에는 케이블트레이 받침대에 마감금구를 사용하여 설치할 것

㉳ 지하구나 창고의 천장 등에 지지물이 적당하지 않는 장소에서는 보조선을 설치하고 그 보조선에 설치할 것

㉴ 분전반 내부에 설치하는 경우 접착제를 이용하여 돌기를 바닥에 고정시키고 그 곳에 감지기를 설치할 것

㉵ 그 밖의 설치방법은 형식승인 내용에 따르며 형식승인 사항이 아닌 것은 제조사의 시방서에 따라 설치할 것

㉬ 불꽃감지기는 다음의 기준에 따라 설치할 것

㉮ 공칭감시거리 및 공칭시야각은 형식승인 내용에 따를 것

㉯ 감지기는 공칭감시거리와 공칭시야각을 기준으로 감시구역이 모두 포용될 수 있도록 설치할 것

㉰ 감지기는 화재감지를 유효하게 감지할 수 있는 모서리 또는 벽 등에 설치할 것

㉱ 감지기를 천장에 설치하는 경우에는 감지기는 바닥을 향하여 설치할 것

㉲ 수분이 많이 발생할 우려가 있는 장소에는 방수형으로 설치할 것

㉳ 그 밖의 설치기준은 형식승인 내용에 따르며 형식승인 사항이 아닌 것은 제조사의 시방서에 따라 설치할 것

ⓗ 아날로그방식의 감지기는 공칭감지온도범위 및 공칭감지농도범위에 적합한 장소에, 다신호방식의 감지기는 화재신호를 발신하는 감도에 적합한 장소에 설치할 것. 다만, 이 기준에서 정하지 않는 설치방법에 대하여는 형식승인 사항이나 제조사의 시방서에 따라 설치할 수 있다.

ⓞ 광전식분리형감지기는 다음의 기준에 따라 설치할 것

㉮ 감지기의 수광면은 햇빛을 직접 받지 않도록 설치할 것

㉯ 광축(송광면과 수광면의 중심을 연결한 선)은 나란한 벽으로부터 0.6m 이상 이격하여 설치할 것

㉰ 감지기의 송광부와 수광부는 설치된 뒷벽으로부터 1m 이내 위치에 설치할 것

㉱ 광축의 높이는 천장 등(천장의 실내에 면한 부분 또는 상층의 바닥하부면을 말한다) 높이의 80% 이상일 것

㉲ 감지기의 광축의 길이는 공칭감시거리 범위 이내 일 것

㉳ 그 밖의 설치기준은 형식승인 내용에 따르며 형식승인 사항이 아닌 것은 제조사의 시방서에 따라 설치할 것

(7) 광전식분리형감지기 또는 불꽃감지기를 설치하거나 광전식공기흡입형감지기를 설치할 수 있는 장소

① 화학공장 · 격납고 · 제련소등 : 광전식분리형감지기 또는 불꽃감지기. 이 경우 각 감지기의 공칭감시거리 및 공칭시야각등 감지기의 성능을 고려해야 한다.

② 전산실 또는 반도체 공장등 : 광전식공기흡입형감지기. 이 경우 설치장소 · 감지면적 및 공기흡입관의 이격거리등은 형식승인 내용에 따르며 형식승인 사항이 아닌 것은 제조사의 시방서에 따라 설치해야 한다.

(8) 감지기 설치제외 장소

① 천장 또는 반자의 높이가 20m 이상인 장소. 다만, 2.4.1 단서의 감지기로서 부착높이에 따라 적응성이 있는 장소는 제외한다.

② 헛간 등 외부와 기류가 통하는 장소로서 감지기에 따라 화재발생을 유효하게 감지할 수 없는 장소
③ 부식성가스가 체류하고 있는 장소
④ 고온도 및 저온도로서 감지기의 기능이 정지되기 쉽거나 감지기의 유지관리가 어려운 장소
⑤ 목욕실 · 욕조나 샤워시설이 있는 화장실 · 기타 이와 유사한 장소
⑥ 파이프덕트 등 그 밖의 이와 비슷한 것으로서 2개층 마다 방화구획된 것이나 수평단면적이 5㎡ 이하인 것
⑦ 먼지 · 가루 또는 수증기가 다량으로 체류하는 장소 또는 주방 등 평상시 연기가 발생하는 장소(연기감지기에 한한다)
⑧ 프레스공장 · 주조공장 등 화재발생의 위험이 적은 장소로서 감지기의 유지관리가 어려운 장소

 Reference

일시적으로 발생한 열 · 연기 또는 먼지 등으로 인하여 화재신호를 발신할 우려가 있는 장소에는 표2.4.6(1) 및 표2.4.6(2)에 따라 그 장소에 적응성 있는 감지기를 설치할 수 있으며, 연기감지기를 설치할 수 없는 장소에는 표2.4.6(1) 적용하여 설치할 수 있다.

7 발신기

(1) 발신기의 정의

화재를 발견한 사람이 수동으로 누름스위치를 눌러 수신기로 화재신호를 발신하는 기기이다.
종류에는 P형(Push Button : 누름식)이 있다.

(2) 발신기의 구조 및 기능

P형 발신기 : 통상 발신기, 표시등(Pilot Lamp), 경종(Bell)이 하나의 함(발신기세트함)에 들어 있다.

㉠ 누름스위치 : 수동조작으로 화재신호를 발신하는 장치

㉡ 보호판 : 누름스위치 보호용 커버(무기질 또는 유기질 유리)

㉢ 전화잭 : 수신기와 통화할 때 송수화기 플러그를 꽂는 곳[전화선삭제]

㉣ 응답램프 : 발신기의 신호가 수신기로 전해졌음을 확인시키는 램프

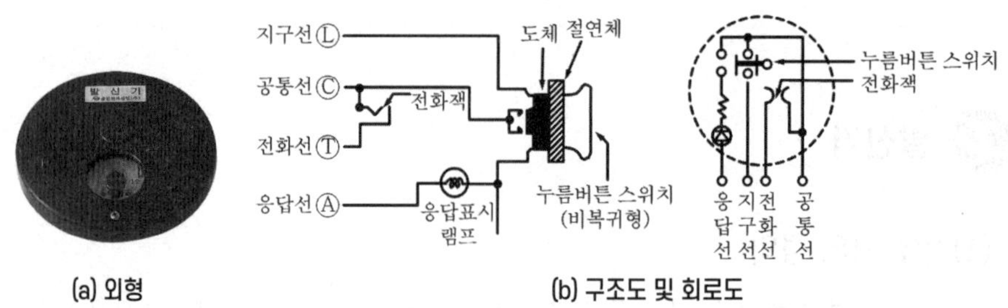

(a) 외형　　(b) 구조도 및 회로도

(3) 발신기의 설치기준

① 자동화재탐지설비의 발신기는 다음의 기준에 따라 설치해야 한다.

㉠ 조작이 쉬운 장소에 설치하고, 스위치는 바닥으로부터 0.8m 이상 1.5m 이하의 높이에 설치할 것

㉡ 특정소방대상물의 층마다 설치하되, 해당 층의 각 부분으로부터 하나의 발신기까지의 수평거리가 25m 이하가 되도록 할 것. 다만, 복도 또는 별도로 구획된 실로서 보행거리가 40m 이상일 경우에는 추가로 설치해야 한다.

㉢ 위 ㉡에도 불구하고 ㉡의 기준을 초과하는 경우로서 기둥 또는 벽이 설치되지 아니한 대형형공간의 경우 발신기는 설치 대상 장소의 가장 가까운 장소의 벽 또는 기둥 등에 설치할 것

② 발신기의 위치를 표시하는 표시등은 함의 상부에 설치하되, 그 불빛은 부착면으로부터 15° 이상의 범위 안에서 부착지점으로부터 10m 이내의 어느곳에서도 쉽게 식별할 수 있는 적색등으로 해야 한다.

8 표시등

발신기의 위치를 표시할 목적으로 설치되므로 발신기 직근에 설치하며 통상 위치표시등(Pilot Lamp)이라고 한다. 상시 점등되어 있는 적색의 등이다.

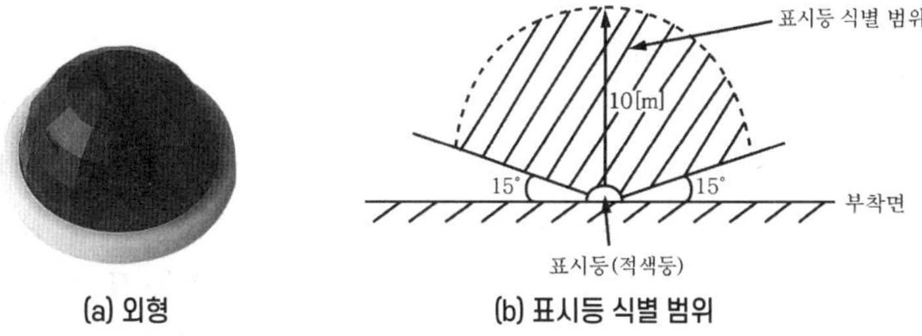

(a) 외형 (b) 표시등 식별 범위

9 음향장치

(1) 음향장치의 구분

① 위치에 따른 구분

㉠ 주음향장치 : 수신기 내부 또는 직근에 설치

㉡ 지구음향장치 : 발신기 직근 또는 발신기함 내에 설치

② 음색에 따른 구분

㉠ 경종(Bell) : 주로 경보설비에 사용되며, 강철재 내부에 장착된 공이가 빠르게 움직여 요란하게 타종한다.

㉡ 사이렌(Siren) : 주로 소화설비에 사용되며 전자사이렌, 모터사이렌 등이 있다.

㉢ 부저(Buzzer) : 누전경보기 등에 사용되며 경종이나 사이렌보다 음량이 작다.

(2) 음향장치의 설치기준

① 주음향장치는 수신기의 내부 또는 그 직근에 설치할 것

② 층수가 11층(공동주택의 경우에는 16층) 이상의 특정소방대상물은 다음 기준에 따라 경보를 발할 수 있도록 해야 한다.

㉠ 2층 이상의 층에서 발화한 때에는 발화층 및 그 직상 4개층에 경보를 발할 것

㉡ 1층에서 발화한 때에는 발화층 · 그 직상 4개층 및 지하층에 경보를 발할 것
㉢ 지하층에서 발화한 때에는 발화층 · 그 직상층 및 그 밖의 지하층에 경보를 발할 것

③ 지구음향장치는 특정소방대상물의 층마다 설치하되, 해당 층의 각 부분으로부터 하나의 음향장치까지의 수평거리가 25m 이하가 되도록 하고, 해당 층의 각부분에 유효하게 경보를 발할 수 있도록 설치할 것. 다만, 「비상방송설비의 화재안전기술기준(NFTC202)」에 적합한 방송설비를 자동화재탐지설비의 감지기와 연동하여 작동하도록 설치한 경우에는 지구음향장치를 설치하지 않을 수 있다.

④ 음향장치는 다음의 기준에 따른 구조 및 성능의 것으로 해야 한다.
㉠ 정격전압의 80% 전압에서 음향을 발할 수 있는 것으로 할 것. 다만 건전지를 주전원으로 사용하는 음향장치는 그렇지 않다.
㉡ 음향의 크기는 부착된 음향장치의 중심으로부터 1m 떨어진 위치에서 90dB 이상이 되는 것으로 할 것
㉢ 감지기 및 발신기의 작동과 연동하여 작동할 수 있는 것으로 할 것

⑤ ③에도 불구하고 ③의 기준을 초과하는 경우로서 기둥 또는 벽이 설치되지 아니한 대형공간의 경우 지구음향장치는 설치 대상 장소의 가장 가까운 장소의 벽 또는 기둥 등에 설치 할 것

10 시각경보장치

(1) 시각경보장치의 정의

자동화재탐지설비에서 발하는 화재신호를 시각경보기에 전달하여 청각장애인에게 점멸형태의 시각경보를 하는 장치를 말한다.

(2) 시각경보장치의 설치기준

① 복도 · 통로 · 청각장애인용 객실 및 공용으로 사용하는 거실(로비, 회의실, 강의실, 식당, 휴게실, 오락실, 대기실, 체력단련실, 접객실, 안내실, 전시실, 기타 이와 유사한 장소를 말한다)에 설치하며, 각 부분으로부터 유효하게 경보를 발할 수 있는 위치에 설치할 것

② 공연장 · 집회장 · 관람장 또는 이와유사한 장소에 설치하는 경우에는 시선이 집중되는 무대부 부분 등에 설치할 것

③ 설치 높이는 바닥으로부터 2m 이상 2.5m 이하의 장소에 설치할 것 다만, 천장의 높이가 2m 이하인 경우에는 천장으로부터 0.15m 이내의 장소에 설치해야 한다.

④ 시각경보장치의 광원은 전용의 축전지설비 또는 전기저장장치에 의하여 점등되도록

할 것. 다만, 시각경보기에 작동전원을 공급할 수 있도록 형식승인을 얻은 수신기를 설치한 경우에는 그렇지 않다.

11 전 원

(1) 상용전원

전기가 정상적으로 공급되는 축전지, 전기저장장치 또는 교류전압의 옥내간선으로 하고, 전원까지의 배선은 전용으로 할 것

(2) 비상전원

축전지설비 또는 전기저장장치를 사용하며, 상용전원 정전 시 자동적으로 절환되며, 상용전원 복구 시 자동적으로 비상전원에서 상용전원으로 자동 복구될 수 있을 것

(3) 전원의 설치기준

① 상용전원의 설치기준

㉠ 전원은 전기가 정상적으로 공급되는 축전지, 전기저장장치 또는 교류전압의 옥내간선으로 하고, 전원까지의 배선은 전용으로 할 것

㉡ 개폐기에는 “자동화재탐지설비용”이라고 표시한 표지를 할 것

② 예비전원의 확보 : 자동화재탐지설비에 대한 감시상태를 60분간 지속한 후 유효하게 10분 이상(층수가 30층 이상이면 30분 이상) 경보할 수 있는 축전지설비(수신기에 내장하는 경우도 포함) 또는 전기저장장치를 설치해야 한다. 다만, 상용전원이 축전지설비인 경우 또는 건전지를 주전원으로 사용하는 무선식설비인 경우에는 그렇지 않다.

12 배 선

① 전원회로의 배선은 「옥내소화전설비의 화재안전기술기준(NFTC 102)」에 따른 내화배선에 따르고, 그 밖의 배선(감지기 상호간 또는 감지기로부터 수신기에 이르는 감지기회로의 배선을 제외한다)은 「옥내소화전설비의 화재안전기술기준(NFTC 102)」에 따른 내화배선 또는 내열배선에 따라 설치할 것

② 감지기 상호간 또는 감지기로부터 수신기에 이르는 감지기회로의 배선은 다음의 기준에 따라 설치할 것

㉠ 아날로그식, 다신호식 감지기나 R형수신기용으로 사용되는 것은 전자파 방해를 받지 않는 실드선 등을 사용해야 하며, 광케이블의 경우에는 전자파방해를 받지 아니하고 내열성능이 있는 경우 사용할 것. 다만 전자파 방해를 받지 않는 방식의 경우에는 그렇지 않다.

㉡ ㉠외의 일반배선을 사용할 때는 「옥내소화전설비의 화재안전기술기준(NFTC 102)」에 따른 내화배선 또는 내열배선으로 사용할 것

③ 감지기회로의 도통시험을 위한 종단저항은 다음의 기준에 따를 것

㉠ 점검 및 관리가 쉬운 장소에 설치할 것

㉡ 전용함을 설치하는 경우 그 설치 높이는 바닥으로부터 1.5m 이내로 할 것

㉢ 감지기 회로의 끝부분에 설치하며, 종단감지기에 설치할 경우에는 구별이 쉽도록 해당 감지기의 기판 및 감지기 외부 등에 별도의 표시를 할 것

④ 감지기 사이의 회로의 배선은 송배전식으로 할 것

⑤ 전원회로의 전로와 대지 사이 및 배선 상호간의 절연저항은 「전기사업법」 제67조에 따른 기술기준이 정하는 바에 의하고, 감지기회로 및 부속회로의 전로와 대지 사이 및 배선 상호간의 절연저항은 1경계구역마다 직류 250V의 절연저항측정기를 사용하여 측정한 절연저항이 0.1MΩ 이상이 되도록 할 것

⑥ 자동화재탐지설비의 배선은 다른 전선과 별도의 관 · 덕트(절연효력이 있는 것으로 구획한 때에는 그 구획된 부분은 별개의 덕트로 본다) · 몰드 또는 풀박스 등에 설치할 것. 다만, 60V 미만의 약 전류회로에 사용하는 전선으로서 각각의 전압이 같을 때에는 그렇지 않다.

⑦ P형 수신기 및 G.P형 수신기의 감지기 회로의 배선에 있어서 하나의 공통선에 접속할 수 있는 경계구역은 7개 이하로 할 것

⑧ 자동화재탐지설비의 감지기회로의 전로저항은 50Ω 이하가 되도록 해야 하며, 수신기의 각 회로별 종단에 설치되는 감지기에 접속되는 배선의 전압은 감지기 정격전압의 80% 이상이어야 할 것

[표 2.4.6(1)]

설치장소별 감지기 적응성(연기감지기를 설치할 수 없는 경우 적용)

설치장소		적응열감지기									불꽃감지기	비고
환경상태	적응장소	차동식스포트형		차동식분포형		보상식스포트형		정온식		열아날로그식		
		1종	2종	1종	2종	1종	2종	특종	1종			
1. 먼지 또는 미분 등이 다량으로 체류하는 장소	쓰레기장, 하역장, 도장실, 섬유·목재·석재 등 가공 공장	○	○	○	○	○	○	○	×	○	○	1. 불꽃감지기에 따라 감시가 곤란한 장소 적응성이 있는 열감지기를 설치할 것 2. 차동식분포형감지기를 설치하는 경우에는 검출부에 먼지, 미분 등이 침입하지 않도록 조치할 것 3. 차동식스포트형감지기 또는 보상식스포트형감지기를 설치하는 경우에는 검출부에 먼지, 미분 등이 침입하지 않도록 조치할 것 4. 섬유, 목재가공 공장 등 화재확대가 급속하게 진행될 우려가 있는 장소에 설치하는 경우 정온식 감지기는 특종으로 설치할 것. 공칭작동 온도 75℃ 이하, 열아날로그식스포트형 감지기는 화재표시 설정은 80℃ 이하가 되도록 할 것
2. 수증기가 다량으로 머무는 장소	증기세정실, 탕비실, 소독실 등	×	×	×	○	×	○	○	○	○	○	1. 차동식분포형감지기 또는 보상식스포트형감지기는 급격한 온도 변화가 없는 장소에 한하여 사용할 것 2. 차동식분포형감지기를 설치하는 경우에는 검출부에 수증기가 침입하지 않도록 조치할 것 3. 보상식스포트형감지기, 정온식 감지기 또는 열아날로그식 감지기를 설치하는 경우에는 방수형으로 설치할 것 4. 불꽃감지기를 설치할 경우 방수형으로 할 것

설치장소		적응열감지기									불꽃감지기	비고
환경상태	적응장소	차동식 스포트형		차동식 분포형		보상식 스포트형		정온식		열아날로그식		
		1종	2종	1종	2종	1종	2종	특종	1종			
3. 부식성 가스가 발생할 우려가 있는 장소	도금공장, 축전지실, 오수 처리장 등	×	×	○	○	○	○	○	×	○	○	1. 차동식분포형감지기를 설치하는 경우에는 감지부가 피복되어 있고 검출부가 부식성가스에 영향을 받지 않는것 또는 검출부에 부식성가스가 침입하지 않도록 조치할 것 2. 보상식스포트형감지기, 정온식감지기 또는 열아날로그식 스포트형감지기를 설치하는 경우에는 부식성가스의 성상에 반응하지 않는 내산형 또는 내알칼리형으로 설치할 것
4. 주방, 기타 평상시에 연기가 체류하는 장소	주방, 조리실, 용접작업장 등	×	×	×	×	×	×	○	○	○	○	1. 주방, 조리실 등 습도가 많은 장소에는 방수형 감지기를 설치할 것 2. 불꽃감지기는 UV/IR형을 설치할 것
5. 현저하게 고온으로 되는 장소	건조실, 살균실, 보일러실, 주조실, 영사실, 스튜디오	×	×	×	×	×	×	○	○	○	×	–
6. 배기가스가 다량으로 체류하는 장소	주차장, 차고, 화물취급소 차로, 자가발전실, 트럭터미널, 엔진시험실	○	○	○	○	○	○	×	×	○	○	1. 불꽃감지기에 따라 감시가 곤란한 장소는 적응성이 있는 열감지기를 설치할 것 2. 열아날로그식스포트형감지기는 화재표시 설정이 60℃ 이하가 바람직하다.

설치장소		적응열감지기									불꽃감지기	비고
환경상태	적응장소	차동식스포트형 1종	차동식스포트형 2종	차동식분포형 1종	차동식분포형 2종	보상식스포트형 1종	보상식스포트형 2종	정온식 특종	정온식 1종	열아날로그식		
7. 연기가 다량으로 유입할 우려가 있는 장소	음식물배급실, 주방전실, 주방내 식품저장실, 음식물 운반용 엘리베이터, 주방 주변의 복도 및 통로, 식당 등	○	○	○	○	○	○	○	○	○	×	1. 고체연료 등 가연물이 수납되어 있는 음식물배급실, 주방전실에 설치하는 정온식감지기는 특종으로 설치할 것 2. 주방주변의 복도 및 통로, 식당 등에는 정온식감지기를 설치하지 말 것 3. 제1호 및 제2호의 장소에 열아날로그식스포트형감지기를 설치하는 경우에는 화재표시 설정을 60℃ 이하로 할 것
8. 물방울이 발생하는 장소	스레트 또는 철판으로 설치한 지붕 창고·공장, 패키지형 냉각기 전용수납실, 밀폐된 지하 창고, 냉동실 주변 등	×	×	○	○	○	○	○	○	○	○	1. 보상식스포트형감지기, 정온식감지기 또는 열아날로그식 스포트형감지기를 설치하는 경우에는 방수형으로 설치할 것 2. 보상식스포트형감지기는 급격한 온도변화가 없는 장소에 한하여 설치할 것 3. 불꽃감지기를 설치하는 경우에는 방수형으로 설치할 것
9. 불을 사용하는 설비로서 불꽃이 노출되는 장소	유리공장, 용선로가 있는 장소, 용접실, 주방, 작업장, 주조실 등	×	×	×	×	×	×	○	○	○	×	

주) 1. "○"는 해당 설치장소에 적응하는 것을 표시, "×"는 해당 설치장소에 적응하지않는 것을 표시
2. 차동식스포트형, 차동식분포형 및 보상식스포트형 1종은 감도가 예민하기 때문에 비화재보 발생은 2종에 비해 불리한 조건이라는 것을 유의할 것
3. 차동식분포형 3종 및 정온식 2종은 소화설비와 연동하는 경우에 한해서 사용 할 것
4. 다신호식감지기는 그 감지기가 가지고 있는 종별, 공칭작동온도별로 따르지 말고 상기 표에 따른 적응성이 있는 감지기로 할 것

[표2.4.6(2)]

설치장소별 감지기 적응성

설치장소		적응열감지기					적응연기감지기						불꽃감지기	비고
환경상태	적 응 장 소	차동식스포트형	차동식분포형	보상식스포트형	정온식	열아날로그식	이온화식스포트형	광전식스포트형	이온아날로그식스포트형	광전아날로그식스포트형	광전식분리형	광전아날로그식분리형		
1. 흡연에 의해 연기가 체류하며 환기가 되지 않는 장소	회의실, 응접실, 휴게실, 노래연습실, 오락실, 다방, 음식점, 대합실, 카바레 등의 객실, 집회장, 연회장 등	○	○	○	–	–	–	◎	–	◎	○	○	–	
2. 취침시설로 사용하는 장소	호텔 객실, 여관, 수면실 등	–	–	–	–	–	◎	◎	◎	◎	○	○	–	
3. 연기이외의 미분이 떠다니는 장소	복도, 통로 등	–	–	–	–	–	◎	◎	◎	◎	○	○	○	
4. 바람에 영향을 받기 쉬운 장소	로비, 교회, 관람장, 옥탑에 있는 기계실	–	○	–	–	–	–	◎	–	◎	○	○	○	
5. 연기가 멀리 이동해서 감지기에 도달하는 장소	계단, 경사로	–	–	–	–	–	–	○	–	○	○	○	–	광전식스포트형 감지기 또는 광전아날로그식스포트형 감지기를 설치하는 경우에는 해당 감지기 회로에 축적기능을 갖지않는 것으로 할 것
6. 훈소화재의 우려가 있는 장소	전화기기실, 통신기기실, 전산실, 기계제어실	–	–	–	–	–	–	○	–	○	○	○	–	
7.넓은 공간으로 천장이 높아 열 및 연기가 확산하는 장소	체육관, 항공기 격납고, 높은 천장의 창고·공장, 관람석 상부 등 감지기 부착 높이가 8m 이상의 장소	–	○	–	–	–	–	–	–	–	○	○	○	

주) 1. "○"는 해당 설치 장소에 적응하는 것을 표시
2. "◎" 해당 설치 장소에 연감지기를 설치하는 경우에는 해당 감지회로에 축적기능을 갖는 것을 표시
3. 차동식스포트형, 차동식분포형, 보상식스포트형 및 연기식(해당 감지기회로에 축적기능을 갖지 않는 것) 1종은 감도가 예민하기 때문에 비화재보 발생은 2종에 비해 불리한 조건이라는 것을 유의할 것
4. 차동식분포형 3종 및 정온식 2종은 소화설비와 연동하는 경우에 한해서 사용할 것
5. 광전식분리형감지기는 평상시 연기가 발생하는 장소 또는 공간이 협소한 경우에는 적응성이 없음
6. 넓은 공간으로 천장이 높아 열 및 연기가 확산하는 장소로서 차동식분포형 또는 광전식분리형 2종을 설치하는 경우에는 제조사의 사양에 따를 것
7. 다신호식감지기는 그 감지기가 가지고 있는 종별, 공칭작동온도별로 따르고 표에 따른 적응성이 있는 감지기로 할 것
8. 축적형감지기 또는 축적형중계기 혹은 축적형수신기를 설치하는 경우에는 2.4(감지기)에 따를 것

CHAPTER 18

자동화재속보설비 (NFTC204)

1 설치대상

자동화재속보설비를 설치해야 하는 특정소방대상물은 다음의 어느 하나에 해당하는 것으로 한다. 다만, 방재실 등 화재 수신기가 설치된 장소에 24시간 화재를 감시할 수 있는 사람이 근무하고 있는 경우에는 자동화재속보설비를 설치하지 않을 수 있다.

① 노유자 생활시설
② 노유자 시설로서 바닥면적이 500㎡ 이상인 층이 있는 것
③ 수련시설(숙박시설이 있는 것만 해당한다)로서 바닥면적이 500㎡ 이상인 층이 있는 것
④ 문화유산 중 「문화유산의 보존 및 활용에 관한 법률」 제23조에 따라 보물 또는 국보로 지정된 목조건축물
⑤ 근린생활시설 중 다음의 어느 하나에 해당하는 시설
  가) 의원, 치과의원 및 한의원으로서 입원실이 있는 시설
  나) 조산원 및 산후조리원
⑥ 의료시설 중 다음의 어느 하나에 해당하는 것
  가) 종합병원, 병원, 치과병원, 한방병원 및 요양병원(의료재활시설은 제외한다)
  나) 정신병원 및 의료재활시설로 사용되는 바닥면적의 합계가 500㎡ 이상인 층이 있는 것
⑦ 판매시설 중 전통시장

2 계통도 및 구성

자동화재탐지설비의 수신기에 접속하여 사용하며, 자동화재탐지설비의 화재감지신호를 소방서에 보낸다. 자동화재속보기, 전화선, 상용전원 및 예비전원, 배선 등으로 구성되어 있다.

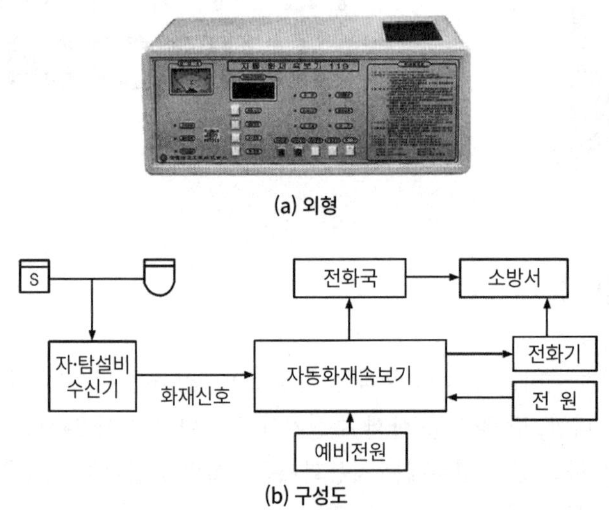

(a) 외형

(b) 구성도

자동화재속보설비의 기능

- 화재경보의 표시기능
- 작동시간 표시기능
- 작동횟수 표시기능
- 전화번호의 표시기능
- 비상스위치 작동 표시기능

3 종류 및 특징

(1) 종 류

① **A형 화재속보기** : P형 또는 R형 수신기로부터 입력된 화재신호를 20초 이내에 소방서로 통보하고 3회 이상 녹음내용을 자동적으로 반복 통보하는 성능이 있다. 지구등이 없는 구조이다.

② **B형 화재속보기** : P형 또는 R형 수신기에 A형 화재속보기의 기능을 겸한 것으로, 감지기 또는 발신기에서 오는 화재신호나 중계를 거쳐 오는 화재신호를 특정소방대상물의 관계인은 물론 소방서에 20초 이내에 녹음내용을 3회 이상 자동적으로 반복 통보하는 성능이 있다. 지구등이 있는 구조이다.(Tape의 녹음용량은 5분 이상으로 함)

(2) 특 징

① 화재발생 시 사람 없이도 신속한 속보가 가능하다.
② 녹음테이프로 정보를 전달하므로 정확히 통보할 수 있다.
③ 오보를 제어, 선별하는 기능이 있으므로 오보의 우려가 없다.
④ 일반전화에 용이하게 연결하여 사용할 수 있으며, 일반전화 사용 중에도 이를 차단하고 소방서로 즉시 속보할 수 있다.
⑤ 대규모 건물에 대하여도 1대의 자동화재속보설비로 대응할 수 있다.
⑥ 방재센터가 설치되어 있고 상주인이 근무하는 경우에는 설치를 면제할 수 있으나, 상주하지 않는 경우에는 반드시 자동화재속보설비를 설치해야 한다.

4 자동화재속보설비의 설치기준

① 자동화재탐지설비와 연동으로 작동하여 자동적으로 화재신호를 소방관서에 전달되는 것으로 할 것. 이 경우 부가적으로 특정소방대상물의 관계인에게 화재신호를 전달되도록 할 수 있다.
② 조직스위치는 비닥으로부터 0.8m 이상 1.5m 이하의 높이에 설치할 것
③ 속보기는 소방관서에 통신망으로 통보하도록 하며, 데이터 또는 코드전송방식을 부가적으로 설치할 수 있다. 다만, 데이터 및 코드전송방식의 기준은 소방청장이 정하여 고시한 「자동화재속보설비의 속보기의 성능인증 및 제품검사의 기술기준」 제5조제12호에 따른다.
④ 문화재에 설치하는 자동화재속보설비는 위 ①의 기준에도 불구하고 속보기에 감지기를 직접 연결하는 방식(자동화재탐지설비 1개의 경계구역에 한한다)으로 할 수 있다.
⑤ 속보기는 소방청장이 정하여 고시한 「자동화재속보설비의 속보기의 성능인증 및 제품검사의 기술기준」에 적합한 것으로 설치할 것

누전경보기(NFTC205)

1 설치대상

누전경보기는 계약전류용량(같은 건축물에 계약 종류가 다른 전기가 공급되는 경우에는 그 중 최대계약전류용량을 말한다)이 100암페어를 초과하는 특정소방대상물(내화구조가 아닌 건축물로서 벽 · 바닥 또는 반자의 전부나 일부를 불연재료 또는 준불연재료가 아닌 재료에 철망을 넣어 만든 것만 해당한다)에 설치해야 한다. 다만, 위험물 저장 및 처리 시설 중 가스시설, 지하가 중 터널 및 지하구의 경우에는 그렇지 않다.

2 구성요소

누전경보기(누전차단기)는 내화구조가 아닌 건축물로서 벽, 바닥 또는 천장의 전부나 일부를 불연재료 또는 준불연재료가 아닌 재료에 철망을 넣어 만든 건물의 전기설비로부터 누설전류를 탐지하여 경보를발하며 변류기와 수신부로 구성된다.

(1) 변류기(ZCT)

경계전로의 누설전류를 자동적으로 검출하여 이를 누전경보기의 수신부에 송신하는 것(관통형과 분할형이 있다)

(2) 수신부

변류기로부터 검출된 신호를 수신하여 누전의 발생을 해당 특정소방대상물의 관계인에게 경보하여 주는 것(차단기구를 갖는 것도 포함)으로 집합형과 단독형이 있다.
→ 기능 : 수신, 증폭, 경보, 표시, 차단기능

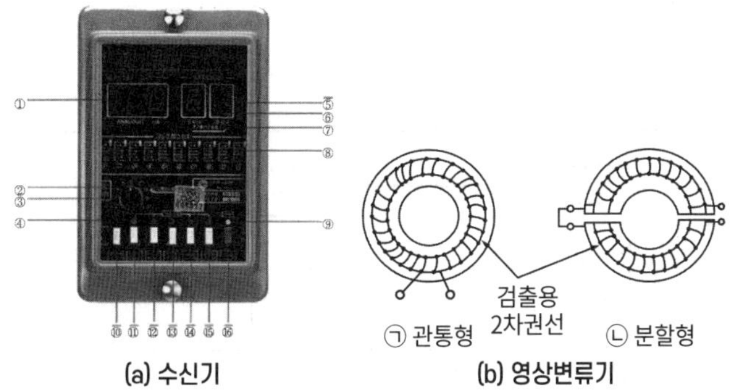

(a) 수신기 (b) 영상변류기

3 구조 및 기능

(1) 공칭작동전류 및 감도조정 범위

① **공칭작동 전류치** : 200[mA] 이하(누전경보기를 동작시키는 데 필요한 누설전류치로 제조자가 표시)

② **감도조정 범위** : 200[mA], 500[mA], 1,000[mA](최대치 1,000[mA] 즉, 1[A])

(2) 변류기(ZCT)

① **관통형 변류기** : 환상형 철심에 검출용 2차 코일을 내장시키고 수지로 몰딩 처리하여 중앙의 빈 공간에 전선을 통과시켜 누설전류를 검출하는 변류기(정확도가 높아 널리 사용)

② **분할형 변류기** : 철심을 2개로 분할하여 전선로를 차단하지 않고, 삽입시켜 누설전류를 검출하는 변류기

(3) 수신기

① **기능** : 수신부는 변류기에서 검출한 신호를 받아 계전기가 동작 가능하게 증폭시켜 계전기를 동작시켜 주고 관계자에게 경보음으로써 누전 사실을 알려준다.

② 수신부의 내부 구조

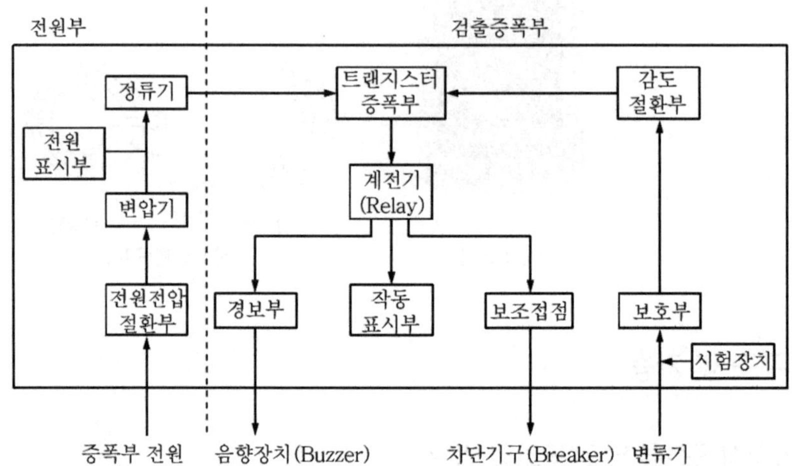

(4) 음향장치

① 사용전압의 80[%]인 전압에서 소리를 낼 것

② 음압(음량)은 무향실 내에서 정위치에 부착된 음향장치의 중심으로부터 1[m] 떨어진 지점에서 70[dB](고장표시장치용 음압은 60[dB]) 이상일 것

4 회로의 결선

① 상용전원은 분전반과 전용회로로 연결하며, 전용회로에 개폐기 및 과전류차단기(적색 표시)를 설치할 것

② 변류기에 선로의 전선을 모두 관통시킬 것
단상 3선식이면 3선, 3상 4선식이면 4선 모두 관통

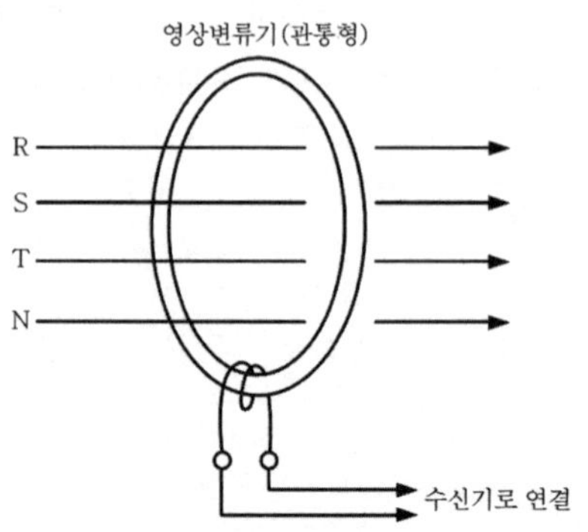

③ 수신기의 전원은 다른 전원과 병렬로 하지 말고, 변류기 이전에서 분리하여 별도의 배선으로 연결할 것
④ 누전으로 인해 보수를 한 후에도 수신기표시등이 계속 점등 상태에 있으므로 필히 복귀시킬 것
⑤ 기기 설치 후 모든 기능이 정상인지 동작상태 등을 확인할 것

5 설치기준

(1) 설치방법 등

① 경계전로의 정격전류가 60[A]를 초과하는 전로에 있어서는 1급 누전경보기를, 60[A] 이하의 전로에 있어서는 1급 또는 2급 누전경보기를 설치할 것. 다만, 정격전류가 60[A]를 초과하는 경계전로가 분기되어 각 분기회로의 정격전류가 60[A] 이하로 되는 경우 해당 분기회로마다 2급 누전경보기를 설치한 때에는 해당 경계전로에 1급 누전경보기를 설치한 것으로 본다.
② 변류기는 특정소방대상물의 형태, 인입선의 시설방법 등에 따라 옥외 인입선의 제1지점의 부하측 또는 제2종 접지선측의 점검이 쉬운 위치에 설치할 것. 다만, 인입선의 형태 또는 특정소방대상물의 구조상 부득이한 경우에는 인입구에 근접한 옥내에 설치할 수 있다.
③ 변류기를 옥외의 전로에 설치하는 경우에는 옥외형의 것을 설치할 것

(2) 수신부

① **수신부의 설치장소** : 옥내의 점검에 편리한 장소에 설치하되, 가연성의 증기 · 먼지 등이 체류할 우려가 있는 장소의 전기회로에는 해당 부분의 전기회로를 차단할 수 있는 차단기구를 가진 수신부를 설치해야 한다. 이 경우 차단기구의 부분은 해당 장소 외의 안전한 장소에 설치해야 한다.
② **수신부의 설치제외 장소** : 다만, 해당 누전경보기에 대하여 방폭 · 방식 · 방습 · 방온 · 방진 및 정전기 차폐 등의 방호조치를 한 것에 있어서는 그렇지 않다.
㉠ 가연성의 증기 · 먼지 · 가스 등이나 부식성의 증기 · 가스 등이 다량으로 체류하는 장소
㉡ 화약류를 제조하거나 저장 또는 취급하는 장소
㉢ 습도가 높은 장소
㉣ 온도의 변화가 급격한 장소
㉤ 대전류회로 · 고주파 발생회로 등에 따른 영향을 받을 우려가 있는 장소

(3) 음향장치

수위실 등 상시 사람이 근무하는 장소에 설치해야 하며, 그 음량 및 음색은 다른 기기의 소음 등과 명확히 구별할 수 있는 것으로 해야 한다.

(4) 전 원

① 전원은 분전반으로부터 전용회로로 하고, 각 극에 개폐기 및 15[A] 이하의 과전류차단기(배선용 차단기에 있어서는 20[A] 이하의 것으로 각 극을 개폐할 수 있는 것)를 설치할 것

② 전원을 분기할 때에는 다른 차단기에 따라 전원이 차단되지 않도록 할 것

③ 전원의 개폐기에는 “누전경보기용”이라고 표시한 표지를 할 것

CHAPTER 20 가스누설경보기 (NFTC206)

1 설치대상

가스누설경보기를 설치해야 하는 특정소방대상물(가스시설이 설치된 경우만 해당한다)은 다음의 어느 하나에 해당하는 것으로 한다.

① 문화 및 집회시설, 종교시설, 판매시설, 운수시설, 의료시설, 노유자 시설

② 수련시설, 운동시설, 숙박시설, 창고시설 중 물류터미널, 장례시설

2 용어정의

① "가연성가스 경보기"란 보일러 등 가스연소기에서 액화석유가스(LPG), 액화천연가스(LNG) 등의 가연성가스가 새는 것을 탐지하여 관계자나 이용자에게 경보하여 주는 것을 말한다. 다만, 탐지소자 외의 방법에 의하여 가스가 새는 것을 탐지하는 것, 점검용으로 만들어진 휴대용탐지기 또는 연동기기에 의하여 경보를 발하는 것은 제외한다.

② "일산화탄소 경보기"란 일산화탄소가 새는 것을 탐지하여 관계자나 이용자에게 경보하여 주는 것을 말한다. 다만, 탐지소자 외의 방법에 의하여 가스가 새는 것을 탐지하는 것, 점검용으로 만들어진 휴대용탐지기 또는 연동기기에 의하여 경보를 발하는 것은 제외한다.

③ "탐지부"란 가스누설경보기(이하 "경보기"라 한다) 중 가스누설을 탐지하여 중계기 또는 수신부에 가스누설 신호를 발신하는 부분을 말한다.

④ "수신부"란 경보기 중 탐지부에서 발하여진 가스누설신호를 직접 또는 중계기를 통하여 수신하고 이를 관계자에게 음향으로서 경보하여 주는 것을 말한다.

⑤ "분리형"이란 탐지부와 수신부가 분리되어 있는 형태의 경보기를 말한다.

⑥ "단독형"이란 탐지부와 수신부가 일체로 되어있는 형태의 경보기를 말한다.

⑦ "가스연소기"란 가스레인지 또는 가스보일러 등 가연성가스를 이용하여 불꽃을 발생하는 장치를 말한다.

3 가연성가스 경보기의 설치기준

① 가연성가스를 사용하는 가스연소기가 있는 경우에는 가연성가스(액화석유가스(LPG), 액화천연가스(LNG) 등)의 종류에 적합한 경보기를 가스연소기 주변에 설치해야 한다.

② 분리형 경보기의 수신부는 다음의 기준에 따라 설치해야 한다.

㉠ 가스연소기 주위의 경보기의 상태 확인 및 유지 관리에 용이한 위치에 설치할 것

㉡ 가스누설 경보음향의 음량과 음색이 다른 기기의 소음 등과 명확히 구별될 것

㉢ 가스누설 경보음향의 크기는 수신부로부터 1m 떨어진 위치에서 음압이 70dB 이상일 것

㉣ 수신부의 조작 스위치는 바닥으로부터의 높이가 0.8m 이상 1.5m 이하인 장소에 설치할 것

㉤ 수신부가 설치된 장소에는 관계자 등에게 신속히 연락할 수 있도록 비상연락번호를 기재한 표를 비치할 것

③ 분리형 경보기의 탐지부는 다음의 기준에 따라 설치해야 한다.

㉠ 탐지부는 가스연소기의 중심으로부터 직선거리 8m(공기보다 무거운 가스를 사용하는 경우에는 4m) 이내에 1개 이상 설치해야 한다.

㉡ 탐지부는 천장으로부터 탐지부 하단까지의 거리가 0.3m 이하가 되도록 설치한다. 다만, 공기보다 무거운 가스를 사용하는 경우에는 바닥면으로부터 탐지부 상단까지의 거리는 0.3m 이하로 한다.

④ 단독형 경보기는 다음의 기준에 따라 설치해야 한다.

㉠ 가스연소기 주위의 경보기의 상태 확인 및 유지 관리에 용이한 위치에 설치할 것

㉡ 가스누설 경보음향의 음량과 음색이 다른 기기의 소음 등과 명확히 구별될 것

㉢ 가스누설 경보음향장치는 수신부로부터 1m 떨어진 위치에서 음압이 70dB 이상일 것

㉣ 단독형 경보기는 가스연소기의 중심으로부터 직선거리 8m(공기보다 무거운 가스를 사용하는 경우에는 4m) 이내에 1개 이상 설치해야 한다.

㉤ 단독형 경보기는 천장으로부터 경보기 하단까지의 거리가 0.3m 이하가 되도록 설치한다. 다만, 공기보다 무거운 가스를 사용하는 경우에는 바닥면으로부터 단독형 경보기 상단까지의 거리는 0.3m 이하로 한다.

㉥ 경보기가 설치된 장소에는 관계자 등에게 신속히 연락할 수 있도록 비상연락번호를 기재한 표를 비치할 것

4 일산화탄소 경보기의 설치기준

① 일산화탄소 경보기를 설치하는 경우(타 법령에 따라 일산화탄소 경보기를 설치하는 경우를 포함한다)에는 가스연소기 주변(타 법령에 따라 설치하는 경우에는 해당 법령에서 지정한 장소)에 설치할 수 있다.
② 분리형 경보기의 수신부는 다음의 기준에 따라 설치해야 한다.
  ㉠ 가스누설 경보음향의 음량과 음색이 다른 기기의 소음 등과 명확히 구별될 것
  ㉡ 가스누설 경보음향의 크기는 수신부로부터 1m 떨어진 위치에서 음압이 70dB 이상일 것
  ㉢ 수신부의 조작 스위치는 바닥으로부터의 높이가 0.8m 이상 1.5m 이하인 장소에 설치할 것
  ㉣ 수신부가 설치된 장소에는 관계자 등에게 신속히 연락할 수 있도록 비상연락번호를 기재한 표를 비치할 것
③ 분리형 경보기의 탐지부는 천장으로부터 탐지부 하단까지의 거리가 0.3m 이하가 되도록 설치한다.
④ 단독형 경보기는 다음의 기준에 따라 설치해야 한다.
  ㉠ 가스누설 경보음향의 음량과 음색이 다른 기기의 소음 등과 명확히 구별될 것
  ㉡ 가스누설 경보음향장치는 수신부로부터 1m 떨어진 위치에서 음압이 70dB 이상일 것
  ㉢ 단독형 경보기는 천장으로부터 경보기 하단까지의 거리가 0.3m 이하가 되도록 설치한다.
  ㉣ 경보기가 설치된 장소에는 관계자 등에게 신속히 연락할 수 있도록 비상연락번호를 기재한 표를 비치할 것
⑤ ㉡ 내지 ㉣에도 불구하고 중앙소방기술심의위원회의 심의를 거쳐 일산화탄소경보기의 성능을 확보할 수 있는 별도의 설치방법을 인정받은 경우에는 해당 설치방법을 반영한 제조사의 시방서에 따라 설치할 수 있다.

5 설치제외 장소

분리형 경보기의 탐지부 및 단독형 경보기는 다음의 장소 이외의 장소에 설치한다.
① 출입구 부근 등으로서 외부의 기류가 통하는 곳
② 환기구 등 공기가 들어오는 곳으로부터 1.5m 이내인 곳
③ 연소기의 폐가스에 접촉하기 쉬운 곳
④ 가구 · 보 · 설비 등에 가려져 누설가스의 유통이 원활하지 못한 곳
⑤ 수증기 또는 기름 섞인 연기 등이 직접 접촉될 우려가 있는 곳

6 전 원

경보기는 건전지 또는 교류전압의 옥내간선을 사용하여 상시 전원이 공급되도록 해야 한다.

음향장치

① 사용전압의 80% 인 전압에서 음향을 발할 것
② 음압기준
　㉠ 공업용 : 90dB 이상
　㉡ 단독형 및 영업용 : 70dB 이상
　㉢ 고장표시 : 60dB 이상

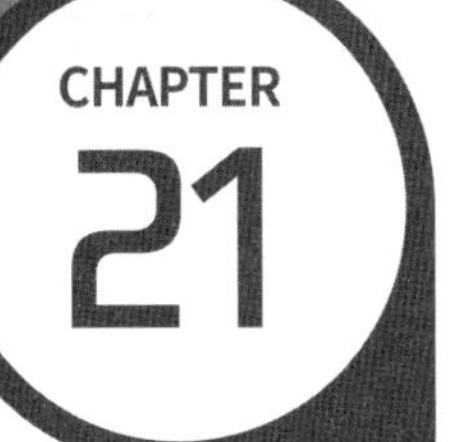

화재알림설비(NFTC207)

1 설치대상

화재알림설비를 설치해야 하는 특정소방대상물은 판매시설 중 전통시장으로 한다.

2 용어정의

이 기준에서 사용하는 용어의 정의는 다음과 같다.

① "화재알림형 감지기"란 화재 시 발생하는 열, 연기, 불꽃을 자동적으로 감지하는 기능 중 두 가지 이상의 성능을 가진 열 · 연기 또는 열 · 연기 · 불꽃 복합형 감지기로서 화재알림형 수신기에 주위의 온도 또는 연기의 양의 변화에 따라 각각 다른 전류 또는 전압 등(이하 "화재정보값"이라 한다)의 출력을 발하고, 불꽃을 감지하는 경우 화재신호를 발신하며, 자체 내장된 음향장치에 의하여 경보하는 것을 말한다.

② "화재알림형 중계기"란 화재알림형 감지기, 발신기 또는 전기적인 접점 등의 작동에 따른 화재정보값 또는 화재신호 등을 받아 이를 화재알림형 수신기에 전송하는 장치를 말한다.

③ "화재알림형 수신기"란 화재알림형 감지기나 발신기에서 발하는 화재정보값 또는 화재신호 등을 직접 수신하거나 화재알림형 중계기를 통해 수신하여 화재의 발생을 표시 및 경보하고, 화재정보값 등을 자동으로 저장하여, 자체 내장된 속보기능에 의해 화재신호를 통신망을 통하여 소방관서에는 음성 등의 방법으로 통보하고, 관계인에게는 문자로 전달할 수 있는 장치를 말한다.

④ "발신기"란 수동누름버튼 등의 작동으로 화재신호를 수신기에 발신하는 장치를 말한다.

⑤ "화재알림형 비상경보장치"란 발신기, 표시등, 지구음향장치(경종 또는 사이렌 등)를 내장한 것으로 화재발생 상황을 경보하는 장치를 말한다.

⑥ "원격감시서버"란 원격지에서 각각의 화재알림설비로부터 수신한 화재정보값 및 화재신호, 상태신호 등을 원격으로 감시하기 위한 서버를 말한다.

⑦ "공용부분"이란 전유부분 외의 건물부분, 전유부분에 속하지 아니하는 건물의 부속물, 「집합건물의 소유 및 관리에 관한 법률」 제3조제2항 및 제3항에 따라 공용부분으로 된 부속의 건물을 말한다.

3 화재알림설비의 구성요소

① 화재알림형 수신기
② 화재알림형 중계기
③ 화재알림형 감지기
④ 화재알림형 비상경보장치
⑤ 원격감시서버

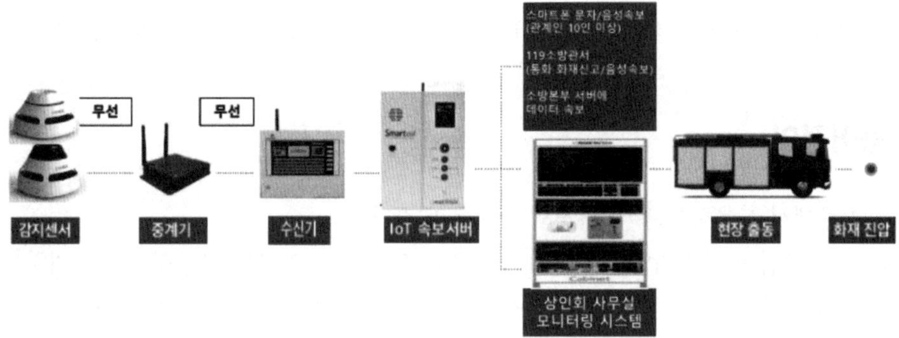

4 화재알림형 수신기

① 화재알림형 수신기는 다음의 기준에 적합한 것으로 설치하여야 한다.

㉠ 화재알림형 감지기, 발신기 등의 작동 및 설치지점을 확인할 수 있는 것으로 설치할 것

㉡ 해당 특정소방대상물에 가스누설탐지설비가 설치된 경우에는 가스누설탐지설비로부터 가스누설신호를 수신하여 가스누설경보를 할 수 있는 것으로 설치할 것. 다만, 가스누설탐지설비의 수신부를 별도로 설치한 경우에는 제외한다.

㉢ 화재알림형 감지기, 발신기 등에서 발신되는 화재정보 · 신호 등을 자동으로 1년 이상 저장할 수 있는 용량의 것으로 설치할 것. 이 경우 저장된 데이터는 수신기에서 확인할 수 있어야 하며, 복사 및 출력도 가능하여야 한다.

㉣ 화재알림형 수신기에 내장된 속보기능은 화재신호를 자동적으로 통신망을 통하여 소방관서에는 음성 등의 방법으로 통보하고, 관계인에게는 문자로 전달할 수 있는 것으로 설치할 것

② 화재알림형 수신기는 다음의 기준에 따라 설치하여야 한다.

㉠ 상시 사람이 근무하는 장소에 설치할 것. 다만, 사람이 상시 근무하는 장소가 없는 경우에는 관계인이 쉽게 접근할 수 있고 관리가 용이한 장소로서 화재 및 침수 등의

재해로 인한 피해를 받을 우려가 없는 곳에 설치하여야 한다.
㉡ 화재알림형 수신기가 설치된 장소에는 화재알림설비 일람도를 비치할 것
㉢ 화재알림형 수신기의 내부 또는 그 직근에 주음향장치를 설치할 것
㉣ 화재알림형 수신기의 음향기구는 그 음압 및 음색이 다른 기기의 소음 등과 명확히 구별될 수 있는 것으로 할 것
㉤ 화재알림형 수신기의 조작 스위치는 바닥으로부터의 높이가 0.8 m 이상 1.5 m 이하인 장소에 설치할 것
㉥ 하나의 특정소방대상물에 2 이상의 화재알림형 수신기를 설치하는 경우에는 화재알림형 수신기를 상호 간 연동하여 화재발생 상황을 각 화재알림형 수신기마다 확인할 수 있도록 할 것
㉦ 화재로 인하여 하나의 층의 화재알림형 비상경보장치 또는 배선이 단락되어도 다른 층의 화재통보에 지장이 없도록 각 층 배선 상에 유효한 조치를 할 것. 다만, 무선식의 경우 제외한다.

5 화재알림형 중계기

화재알림형 중계기를 설치할 경우 다음의 기준에 따라 설치하여야 한다.
① 화재알림형 수신기와 화재알림형 감지기 사이에 설치할 것
② 조작 및 점검에 편리하고 화재 및 침수 등의 재해로 인한 피해를 받을 우려가 없는 장소에 설치할 것. 다만, 외기에 개방되어 있는 장소에 설치하는 경우 빗물 · 먼지 등으로부터 화재알림형 중계기를 보호할 수 있는 구조로 설치하여야 한다.
③ 화재알림형 수신기에 따라 감시되지 않는 배선을 통하여 전력을 공급받는 것에 있어서는 전원입력측의 배선에 과전류 차단기를 설치하고 해당 전원의 정전이 즉시 화재알림형 수신기에 표시되는 것으로 하며, 상용전원 및 예비전원의 시험을 할 수 있도록 할 것

6 화재알림형 감지기

① 화재알림형 감지기 중 열을 감지하는 경우 공칭감지온도범위, 연기를 감지하는 경우 공칭감지농도범위, 불꽃을 감지하는 경우 공칭감시거리 및 공칭시야각 등에 따라 적합한 장소에 설치하여야 한다. 다만, 이 기준에서 정하지 않는 설치방법에 대하여는 형식승인 사항이나 제조사의 시방서에 따라 설치할 수 있다.

② 무선식의 경우 화재를 유효하게 검출할 수 있도록 해당 특정소방대상물에 음영구역이 없도록 설치하여야 한다.
③ 동작된 감지기는 자체 내장된 음향장치에 의하여 경보를 발하여야 하며, 음압은 부착된 화재알림형 감지기의 중심으로부터 1m 떨어진 위치에서 85dB 이상 되어야 한다.

7 비화재보방지

화재알림설비는 화재알림형 수신기 또는 화재알림형 감지기에 자동보정기능이 있는 것으로 설치하여야 한다. 다만, 자동보정기능이 있는 화재알림형 수신기에 연결하여 사용하는 화재알림형 감지기는 자동보정기능이 없는 것으로 설치한다.

8 화재알림형 비상경보장치

① 화재알림형 비상경보장치는 다음의 기준에 따라 설치하여야 한다. 다만, 전통시장의 경우 공용부분에 한하여 설치할 수 있다.
㉠ 층수가 11층(공동주택의 경우에는 16층) 이상의 특정소방대상물은 발화층에 따라 경보하는 층을 달리하여 경보를 발할 수 있도록 할 것. 다만, 그 외 특정소방대상물은 전층경보방식으로 경보를 발할 수 있도록 설치하여야 한다.
㉮ 2층 이상의 층에서 발화한 때에는 발화층 및 그 직상 4개 층에 경보를 발할 것
㉯ 1층에서 발화한 때에는 발화층 · 그 직상 4개 층 및 지하층에 경보를 발할 것
㉰ 지하층에서 발화한 때에는 발화층 · 그 직상층 및 기타의 지하층에 경보를 발할 것
㉡ 화재알림형 비상경보장치는 특정소방대상물의 층마다 설치하되, 해당 특정소방대상물의 각 부분으로부터 하나의 화재알림형 비상경보장치까지의 수평거리가 25m 이하(다만, 복도 또는 별도로 구획된 실로서 보행거리 40 m 이상일 경우에는 추가로 설치하여야 한다)가 되도록하고, 해당 층의 각 부분에 유효하게 경보를 발할 수 있도록 설치할 것. 다만, 「비상방송설비의 화재안전기술기준(NFTC 202)」에 적합한 방송설비를 화재알림형 감지기와 연동하여 작동하도록 설치한 경우에는 비상경보장치를 설치하지 아니하고, 발신기만 설치할 수 있다.
㉢ 위 ㉡에도 불구하고 ㉡의 기준을 초과하는 경우로서 기둥 또는 벽이 설치되지 아니한 대형공간의 경우 화재알림형 비상경보장치는 설치대상 장소 중 가장 가까운 장소의 벽 또는 기둥 등에 설치할 것
㉣ 화재알림형 비상경보장치는 조작이 쉬운 장소에 설치하고, 발신기의 스위치는 바닥으로부터 0.8m 이상 1.5m 이하의 높이에 설치할 것

ⓜ 화재알림형 비상경보장치의 위치를 표시하는 표시등은 함의 상부에 설치하되, 그 불빛은 부착면으로부터 15° 이상의 범위 안에서 부착지점으로부터 10m 이내의 어느 곳에서도 쉽게 식별할 수 있는 적색등으로 설치할 것

② 화재알림형 비상경보장치는 다음의 기준에 따른 구조 및 성능의 것으로 하여야 한다.

㉠ 정격전압의 80% 전압에서 음압을 발할 수 있는 것으로 할 것. 다만, 건전지를 주전원으로 사용하는 화재알림형 비상경보장치는 그렇지 않다.

㉡ 음압은 부착된 화재알림형 비상경보장치의 중심으로부터 1m 떨어진 위치에서 90dB 이상이 되는 것으로 할 것

㉢ 화재알림형 감지기 및 발신기의 작동과 연동하여 작동할 수 있는 것으로 할 것

③ 하나의 특정소방대상물에 2 이상의 화재알림형 수신기가 설치된 경우 어느 화재알림형 수신기에서도 화재알림형 비상경보장치를 작동할 수 있도록 하여야 한다.

9 원격감시서버

① 화재알림설비의 감시업무를 위탁할 경우 원격감시서버는 다음의 기준에 따라 설치할 것을 권장한다.

② 원격감시서버의 비상전원은 상용전원 차단 시 24시간 이상 전원을 유효하게 공급될 수 있는 것으로 설치한다.

③ 화재알림설비로부터 수신한 정보(주소, 화재정보 · 신호 등)를 1년 이상 저장할 수 있는 용량을 확보한다.

㉠ 저장된 데이터는 원격감시서버에서 확인할 수 있어야 하며, 복사 및 출력도 가능할 것

㉡ 저장된 데이터는 임의로 수정이나 삭제를 방지할 수 있는 기능이 있을 것

피난기구(NFTC301)

1 설치대상

피난기구는 특정소방대상물의 모든 층에 화재안전기준에 적합한 것으로 설치해야 한다. 다만, 피난층, 지상 1층, 지상 2층(노유자시설 중 피난층이 아닌 지상 1층과 피난층이 아닌 지상 2층은 제외) 및 층수가 11층 이상인 층과 위험물 저장 및 처리시설 중 가스시설, 지하가 중 터널 또는 지하구의 경우에는 그렇지 않다.

2 종류 및 용어정의

① "피난사다리"란 화재 시 긴급대피를 위해 사용하는 사다리를 말한다.

㉠ 고정식 사다리 : 상시 사용할 수 있도록 특정소방대상물의 벽면에 고정시켜 사용되는 것으로 구조상 수납식, 접어개기식 및 신축식 등이 있다.

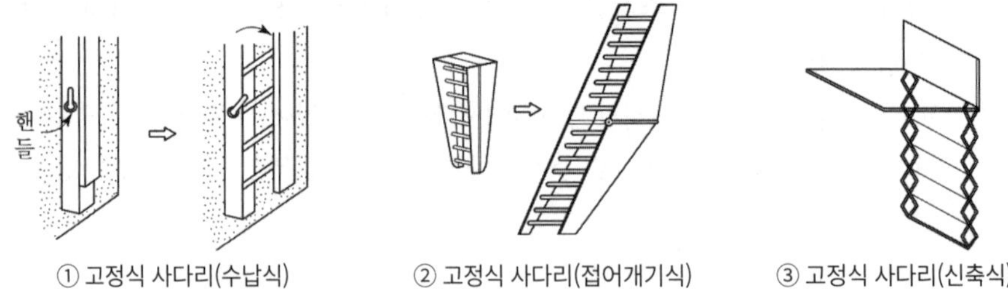

① 고정식 사다리(수납식) ② 고정식 사다리(접어개기식) ③ 고정식 사다리(신축식)

㉡ 올림식 사다리 : 특정소방대상물에 올림식 사다리의 상부 지지점을 걸고 올려 받혀서 사용하는 것으로서 신축식과 접어 굽히는 식이 있다.

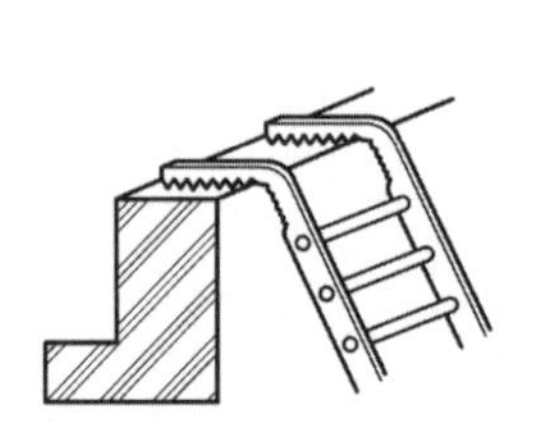

① 올림식 사다리(접어굽히는 식)

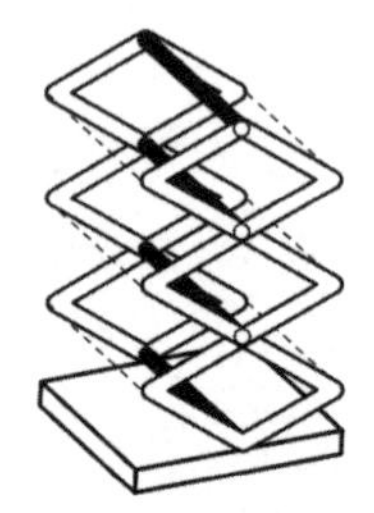

② 올림식 사다리(신축식)

㉢ 내림식 사다리 : 특정소방대상물의 견고한 부분에 달아 매어서 접어 개든가 축소시켜 보관하고 사용하는 것으로 접어개기식, 와이어식, 체인식 등이 있다.

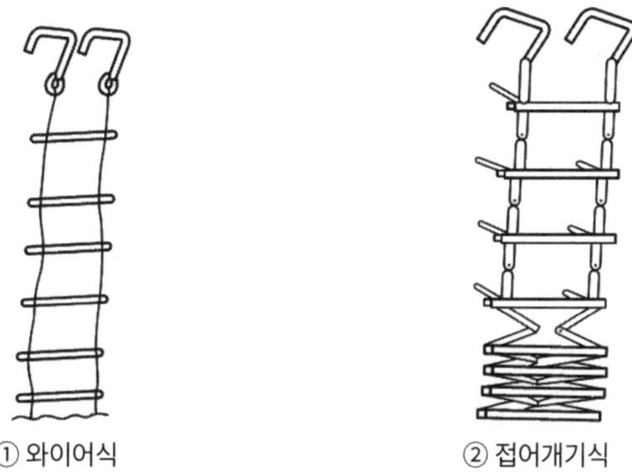

① 와이어식 ② 접어개기식

② "완강기"란 사용자의 몸무게에 따라 자동적으로 내려올 수 있는 기구중 사용자가 교대하여 연속적으로 사용할 수 있는 것을 말한다.

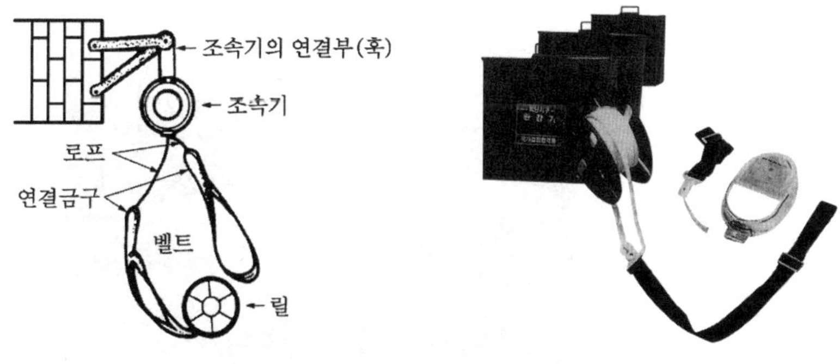

[완강기]

③ "간이완강기"란 사용자의 몸무게에 따라 자동적으로 내려올 수 있는 기구중 사용자가 연속적으로 사용할 수 없는 것을 말한다.

④ "구조대"란 포지 등을 사용하여 자루형태로 만든 것으로서 화재시 사용자가 그 내부에 들어가서 내려옴으로써 대피할 수 있는 것을 말한다.

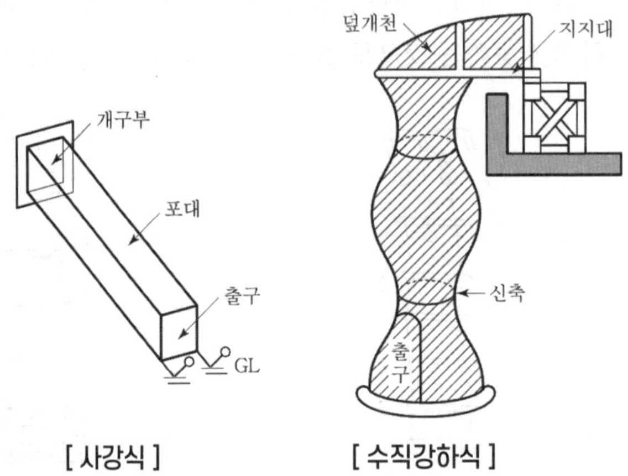

[사강식] [수직강하식]

⑤ "공기안전매트"란 화재 발생시 사람이 건축물 내에서 외부로 긴급히 뛰어 내릴 때 충격을 흡수하여 안전하게 지상에 도달할 수 있도록 포지에 공기 등을 주입하는 구조로 되어 있는 것을 말한다.

⑥ "피난밧줄"란 급격한 하강을 방지하기 위한 매듭 등을 만들어 놓은 밧줄을 말한다. [삭제 2015.1.23]

⑦ "다수인피난장비"란 화재 시 2인 이상의 피난자가 동시에 해당층에서 지상 또는 피난층으로 하강하는 피난기구를 말한다.

⑧ “승강식 피난기”란 사용자의 몸무게에 의하여 자동으로 하강하고 내려서면 스스로 상승하여 연속적으로 사용할 수 있는 무동력 승강식기기를 말한다.

⑨ “하향식 피난구용 내림식사다리”란 하향식 피난구 해치에 격납하여 보관하고 사용 시에는 시디리 등이 특정소방대상물과 접촉되지 않는 내림식 사다리를 말한다.

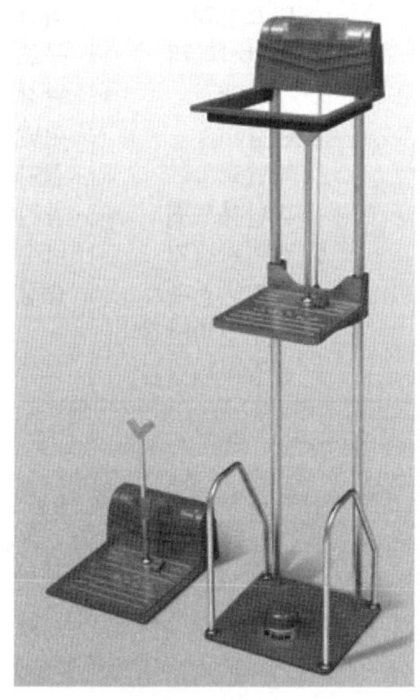

[승강식피난기]

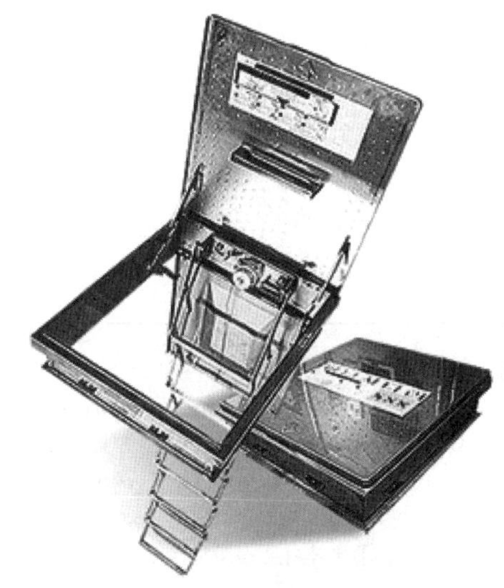

[하향식피난구용 내림식사다리]

3 피난기구의 적응성

층별 / 설치장소별 구분	1층	2층	3층	4층 이상 10층 이하
1.노유자시설	· 미끄럼대 · 구조대 · 피난교 · 다수인피난장비 · 승강식피난기	· 미끄럼대 · 구조대 · 피난교 · 다수인피난장비 · 승강식피난기	· 미끄럼대 · 구조대 · 피난교 · 다수인피난장비 · 승강식피난기	· 구조대1) · 피난교 · 다수인피난장비 · 승강식피난기
2.의료시설 · 근린생활시설 중 입원실이 있는 의원 · 접골원 · 조산원			· 미끄럼대 · 구조대 · 피난교 · 피난용트랩 · 다수인피난장비 · 승강식피난기	· 구조대 · 피난교 · 피난용트랩 · 다수인피난장비 · 승강식피난기
3.「다중이용업소의 안전관리에 관한 특별법 시행령」 제2조에 따른 다중이용업소로서 영업장의 위치가 4층 이하인 다중이용업소		· 미끄럼대 · 피난사다리 · 구조대 · 완강기 · 다수인피난장비 · 승강식피난기	· 미끄럼대 · 피난사다리 · 구조대 · 완강기 · 다수인피난장비 · 승강식피난기	· 미끄럼대 · 피난사다리 · 구조대 · 완강기 · 다수인피난장비 · 승강식피난기
4. 그 밖의 것			· 미끄럼대 · 피난사다리 · 구조대 · 완강기 · 피난교 · 피난용트랩 · 간이완강기 · 공기안전매트 · 다수인피난장비 · 승강식피난기	· 피난사다리 · 구조대 · 완강기 · 피난교 · 간이완강기2) · 공기안전매트3) · 다수인피난장비 · 승강식피난기

※ **비고**

1) 구조대의 적응성은 장애인 관련 시설로서 주된 사용자 중 스스로 피난이 불가한 자가 있는 경우 2.1.2.4에 따라 추가로 설치하는 경우에 한한다.

2), 3) 간이완강기의 적응성은 2.1.2.2에 따라 숙박시설의 3층 이상에 있는 객실에, 공기안전매트의 적응성은 2.1.2.3에 따라 공동주택(「공동주택관리법」 제2조제1항제2호 가목부터 라목까지 중 어느 하나에 해당하는 공동주택)에 추가로 설치하는 경우에 한한다.

4 피난기구의 설치수 선정

피난기구는 다음의 기준에 따른 개수 이상을 설치해야 한다.

① 층마다 설치하되, 숙박시설 · 노유자시설 및 의료시설로 사용되는 층에 있어서는 그 층의 바닥면적 500㎡마다, 위락시설 · 문화 및 집회시설 · 운동시설 · 판매시설로 사용되는 층 또는 복합용도의 층에 있어서는 그 층의 바닥면적 800㎡마다, 아파트등에 있어서는 각 세대마다, 그 밖의 용도의 층에 있어서는 그 층의 바닥면적 1,000㎡마다 1개 이상 설치할 것

② ①에 따라 설치한 피난기구 외에 숙박시설(휴양콘도미니엄을 제외한다)의 경우에는 추가로 객실마다 완강기 또는 2 이상의 간이완강기를 설치할 것

③ ①에 따라 설치한 피난기구 외에 4층 이상의 층에 설치된 노유자시설 중 장애인 관련시설로서 주된 사용자 중 스스로 피난이 불가한 자가 있는 경우에는 층마다 구조대를 1개 이상 추가로 설치할 것

5 피난기구의 설치기준

(1) 피난기구[완강기, 피난사다리, 미끄럼대, 구조대등]

① 피난기구는 계단 · 피난구 기타 피난시설로부터 적당한 거리에 있는 안전한 구조로 된 피난 또는 소화활동상 유효한 개구부(가로 0.5m 이상 세로 1m 이상인 것을 말한다. 이 경우 개부구 하단이 바닥에서 1.2m 이상이면 발판 등을 설치해야 하고, 밀폐된 창문은 쉽게 파괴할 수 있는 파괴장치를 비치해야 한다)에 고정하여 설치하거나 필요한 때에 신속하고 유효하게 설치할 수 있는 상태에 둘 것

② 피난기구를 설치하는 개구부는 서로 동일직선상이 아닌 위치에 있을 것. 다만, 피난교 · 피난용트랩 또는 간이완강기 · 아파트에 설치되는 피난기구(다수인 피난장비는 제외한다) 기타 피난 상 지장이 없는 것에 있어서는 그렇지 않다.

③ 피난기구는 특정소방대상물의 기둥 · 바닥 · 보 기타 구조상 견고한 부분에 볼트조임 · 매입 · 용접 기타의 방법으로 견고하게 부착할 것

④ 4층 이상의 층에 피난사다리(하향식 피난구용 내림식사다리는 제외한다)를 설치하는 경우에는 금속성 고정사다리를 설치하고, 해당 고정사다리에는 쉽게 피난할 수 있는 구조의 노대를 설치할 것

⑤ 완강기는 강하 시 로프가 건축물 또는 구조물 등과 접촉하여 손상되지 않도록 하고 로프의 길이는 부착위치에서 지면 기타 피난상 유효한 착지 면까지의 길이로 할 것

⑥ 미끄럼대는 안전한 강하속도를 유지하도록 하고, 전락방지를 위한 안전조치를 할 것

⑦ 구조대의 길이는 피난 상 지장이 없고 안정한 강하속도를 유지할 수 있는 길이로 할 것

(2) 다수인 피난장비

① 피난에 용이하고 안전하게 하강할 수 있는 장소에 적재 하중을 충분히 견딜 수 있도록 「건축물의 구조기준 등에 관한 규칙」 제3조에서 정하는 구조안전의 확인을 받아 견고하게 설치할 것

② 다수인피난장비 보관실(이하 "보관실"이라 한다)은 건물 외측보다 돌출되지 아니하고, 빗물 · 먼지 등으로부터 장비를 보호할 수 있는 구조일 것

③ 사용 시에 보관실 외측 문이 먼저 열리고 탑승기가 외측으로 자동으로 전개될 것

④ 하강 시에 탑승기가 건물 외벽이나 돌출물에 충돌하지 않도록 설치할 것

⑤ 상 · 하층에 설치할 경우에는 탑승기의 하강경로가 중첩되지 않도록 할 것

⑥ 하강 시에는 안전하고 일정한 속도를 유지하도록 하고 전복, 흔들림, 경로이탈 방지를 위한 안전조치를 할 것

⑦ 보관실의 문에는 오작동 방지조치를 하고, 문 개방 시에는 해당 특정소방대상물에 설치된 경보설비와 연동하여 유효한 경보음을 발하도록 할 것

⑧ 피난층에는 해당 층에 설치된 피난기구가 착지에 지장이 없도록 충분한 공간을 확보할 것

⑨ 한국소방산업기술원 또는 법 제46조제1항에 따라 성능시험기관으로 지정받은 기관에서 그 성능을 검증받은 것으로 설치할 것

(3) 승강식 피난기 및 하향식 피난구용 내림식사다리

① 승강식피난기 및 하향식 피난구용 내림식사다리는 설치경로가 설치층에서 피난층까지 연계될 수 있는 구조로 설치할 것. 단, 건축물의 구조 및 설치 여건상 불가피한 경우는 그렇지 않다.

② 대피실의 면적은 2㎡(2세대 이상일 경우에는 3㎡) 이상으로 하고, 건축법시행령 제46조 제4항의 규정에 적합해야 하며 하강구(개구부) 규격은 직경 60㎝ 이상일 것. 단, 외기와 개방된 장소에는 그렇지 않다.

③ 하강구 내측에는 기구의 연결 금속구 등이 없어야 하며 전개된 피난기구는 하강구 수평투영면적 공간 내의 범위를 침범하지 않는 구조이어야 할 것. 단, 직경 60㎝ 크기의 범위를 벗어난 경우이거나, 직하층의 바닥 면으로부터 높이 50㎝ 이하의 범위는 제외한다.

④ 대피실의 출입문은 60분+방화문 또는 60분방화문으로 설치하고, 피난방향에서 식별할 수 있는 위치에 "대피실" 표지판을 부착할 것. 단, 외기와 개방된 장소에는 그렇지 않다.

⑤ 착지점과 하강구는 상호 수평거리 15㎝ 이상의 간격을 둘 것
⑥ 대피실 내에는 비상조명등을 설치할 것
⑦ 대피실에는 층의 위치표시와 피난기구 사용설명서 및 주의사항 표지판을 부착 할 것
⑧ 대피실 출입문이 개방되거나, 피난기구 작동 시 해당층 및 직하층 거실에 설치된 표시등 및 경보장치가 작동되고, 감시 제어반에서는 피난기구의 작동을 확인할 수 있어야 할 것
⑨ 사용 시 기울거나 흔들리지 않도록 설치할 것
⑩ 승강식피난기는 한국소방산업기술원 또는 법 제46조제1항에 따라 성능시험기관으로 지정받은 기관에서 그 성능을 검증받은 것으로 설치할 것

6 표지 설치기준

피난기구를 설치한 장소에는 가까운 곳의 보기 쉬운 곳에 피난기구의 위치를 표시하는 발광식 또는 축광식표지와 그 사용방법을 표시한 표지(외국어 및 그림 병기)를 부착하되, 축광식표지는 소방청장이 정하여 고시한 「축광표지의 성능인증 및 제품검사의 기술기준」에 적합하여야 한다. 다만, 방사성물질을 사용하는 위치표지는 쉽게 파괴되지 않는 재질로 처리할 것

7 피난기구설치의 감소

① 피난기구를 설치해야 할 특정소방대상물 중 다음의 기준에 적합한 층에는 피난기구의 2분의 1을 감소할 수 있다. 이 경우 설치해야 할 피난기구의 수에 있어서 소수점 이하의 수는 1로 한다.
㉠ 주요구조부가 내화구조로 되어 있을 것
㉡ 직통계단인 피난계단 또는 특별피난계단이 2 이상 설치되어 있을 것
② 피난기구를 설치해야 할 특정소방대상물 중 주요구조부가 내화구조이고 다음의 기준에 적합한 건널복도가 설치되어 있는 층에는 피난기구 설치수 기준에 따른 피난기구의 수에서 해당 건널복도 수의 2배의 수를 뺀 수로 한다.
㉠ 내화구조 또는 철골조로 되어 있을 것
㉡ 건널복도 양단의 출입구에 자동폐쇄장치를 한 60분+방화문 또는 60분방화문(방화셔터 제외)이 설치되어 있을 것
㉢ 피난 · 통행 또는 운반의 전용 용도일 것

③ 피난기구를 설치해야 할 특정소방대상물 중 다음의 기준에 적합한 노대가 설치된 거실의 바닥면적은 피난기구의 설치개수 산정을 위한 바닥면적에서 이를 제외한다.
   ㉠ 노대를 포함한 특정소방대상물의 주요구조부가 내화구조일 것
   ㉡ 노대가 거실의 외기에 면하는 부분에 피난상 유효하게 설치되어 있어야 할 것
   ㉢ 노대가 소방사다리차가 쉽게 통행할 수 있는 도로 또는 공지에 면하여 설치되어 있거나, 또는 거실부분과 방화구획되어 있거나 또는 노대에 지상으로 통하는 계단 그 밖의 피난기구가 설치되어 있어야 할 것

8 피난기구의 설치제외

다음의 어느 하나에 해당하는 특정소방대상물 또는 그 부분에는 피난기구를 설치하지 않을 수 있다.
다만, 숙박시설(휴양콘도미니엄을 제외한다)에 설치되는 완강기 및 간이완강기의 경우에는 그렇지 않다.

① 다음의 기준에 적합한 층
   ㉠ 주요구조부가 내화구조로 되어 있어야 할 것
   ㉡ 실내의 면하는 부분의 마감이 불연재료 · 준불연재료 또는 난연재료로 되어 있고 방화구획이 「건축법 시행령」 제46조의 규정에 적합하게 구획되어 있어야 할 것
   ㉢ 거실의 각 부분으로부터 직접 복도로 쉽게 통할 수 있어야 할 것
   ㉣ 복도에 2 이상의 피난계단 또는 특별피난계단이 적합하게 설치되어 있어야 할 것
   ㉤ 복도의 어느 부분에서도 2 이상의 방향으로 각각 다른 계단에 도달할 수 있어야 할 것

② 다음 기준에 적합한 특정소방대상물 중 그 옥상의 직하층 또는 최상층
   ㉠ 주요구조부가 내화구조로 되어 있어야 할 것
   ㉡ 옥상의 면적이 1,500m^2 이상이어야 할 것
   ㉢ 옥상으로 쉽게 통할 수 있는 창 또는 출입구가 설치되어 있어야 할 것
   ㉣ 옥상이 소방사다리차가 쉽게 통행할 수 있는 도로(폭 6m 이상의 것을 말한다. 이하 같다) 또는 공지(공원 또는 광장 등을 말한다. 이하 같다)에 면하여 설치되어 있거나 옥상으로부터 피난층 또는 지상으로 통하는 2 이상의 피난계단 또는 특별피난계단이 설치되어 있어야 할 것

③ 주요구조부가 내화구조이고 지하층을 제외한 층수가 4층 이하이며 소방사다리차가 쉽게 통행할 수 있는 도로 또는 공지에 면하는 부분에 다음 기준을 모두 만족하는 개구부가 2 이상 설치되어 있는 층

㉠ 개구부의 크기가 지름 50cm 이상의 원이 내접할 수 있을 것
㉡ 해당 층의 바닥으로부터 개구부 밑부분까지의 높이가 1.2m 이내일 것
㉢ 도로 또는 차량이 진입할 수 있는 빈터를 향할 것
㉣ 화재시 건물로부터 쉽게 피난할 수 있도록 창살이나 그 밖의 장애물이 설치되지 않을 것
㉤ 내부 또는 외부에서 쉽게 부수거나 열 수 있을 것

④ 갓복도식 아파트 또는 「건축법 시행령」 제46조 제5항에 해당하는 구조 또는 시설을 설치하여 인접(수평 또는 수직)세대로 피난할 수 있는 구조로 되어 있는 아파트
⑤ 주요구조부가 내화구조로서 거실의 각 부분으로 직접 복도로 피난할 수 있는 학교(강의실 용도로 사용되는 층에 한한다)
⑥ 무인공장 또는 자동창고로서 사람의 출입이 금지된 장소
⑦ 건축물의 옥상 부분으로서 거실에 해당하지 아니하고 「건축법시행령」 제119조 제1항 제9호에 해당하여 층수로 산정된 층으로 사람이 근무하거나 거주하지 않는 장소

인명구조기구 (NFTC302)

1 설치대상

[특정소방대상물의 용도 및 장소별로 설치해야 할 인명구조기구]

특정소방대상물	인명구조기구의 종류	설치 수량
• 지하층을 포함하는 층수가 7층 이상인 관광호텔 및 5층 이상인 병원	• 방열복 또는 방화복 (안전모, 보호장갑 및 안전화 포함) • 공기호흡기 • 인공소생기	• 각 2개 이상 비치할 것. 다만, 병원의 경우에는 인공소생기를 설치하지 않을 수 있다.
• 문화 및 집회시설 중 수용인원 100명 이상의 영화상영관 • 판매시설 중 대규모 점포 • 운수시설 중 지하역사 • 지하가 중 지하상가	• 공기호흡기	• 층마다 2개 이상 비치할 것. 다만, 각 층마다 갖추어 두어야 할 공기호흡기 중 일부를 직원이 상주하는 인근 사무실에 갖추어 둘 수 있다.
• 물분무소화설비 중 이산화탄소 소화설비를 설치해야 하는 특정소방대상물	• 공기호흡기	• 이산화탄소소화설비가 설치된 장소의 출입구 외부 인근에 1대 이상 비치할 것

2 용어정의

① "방열복"이란 고온의 복사열에 가까이 접근하여 소방활동을 수행할 수 있는 내열피복을 말한다.

② "공기호흡기"란 소화활동 시에 화재로 인하여 발생하는 각종 유독가스 중에서 일정시간 사용할 수 있도록 제조된 압축공기식 개인호흡장비(보조마스크를 포함한다)를 말한다.

③ "인공소생기"란 호흡 부전 상태인 사람에게 인공호흡을 시켜 환자를 보호하거나 구급하는 기구를 말한다.

④ "방화복"이란 화재진압등의 소방활동을 수행할 수 있는 피복을 말한다.

3 설치기준

① 화재시 쉽게 반출 사용할 수 있는 장소에 비치할 것

② 인명구조기구가 설치된 가까운 장소의 보기 쉬운 곳에 "인명구조기구"라는 축광식표지와 그 사용방법을 표시한 표지를 부착하되 축광식표지는 소방청장이 고시한 「축광표지의 성능인증 및 제품검사의 기술기준」 적합한 것으로 할 것

③ 방열복은 소방청장이 고시한 「소방용방열복의 성능인증 및 제품검사의 기술기준」에 적합한 것으로 설치할 것

④ 방화복(안전모, 보호장갑 및 안전화를 포함한다)은 「소방장비관리법」 제10조제2항 및 「표준규격을 정해야 하는 소방장비의 종류고시」 제2조제1항제4호에 따른 표준규격에 적합한 것으로 설치할 것

CHAPTER 24 유도등 및 유도표지 (NFTC303)

1 설치대상

① 피난구유도등, 통로유도등 및 유도표지는 특정소방대상물에 설치한다. 다만, 다음의 어느 하나에 해당하는 경우는 제외한다.

가) 동물 및 식물 관련 시설 중 축사로서 가축을 직접 가두어 사육하는 부분

나) 지하가 중 터널

② 객석유도등은 다음의 어느 하나에 해당하는 특정소방대상물에 설치한다.

가) 유흥주점영업시설(「식품위생법 시행령」 제21조제8호라목의 유흥주점영업 중 손님이 춤을 출 수 있는 무대가 설치된 카바레, 나이트클럽 또는 그 밖에 이와 비슷한 영업시설만 해당한다)

나) 문화 및 집회시설

다) 종교시설

라) 운동시설

③ 피난유도선은 화재안전기준에서 정하는 장소에 설치한다.

2 유도등 및 유도표지의 종류

① 유도등

㉠ 피난구유도등 : 대형피난구유도등, 중형피난구유도등, 소형피난구유도등

㉡ 통로유도등 : 거실통로유도등, 복도통로유도등, 계단통로유도등

㉢ 객석유도등

② 유도표지

㉠ 피난구유도표지

㉡ 통로유도표지

③ 피난유도선

㉠ 축광방식 피난유도선

㉡ 광원점등방식 피난유도선

3 용어정의

① “유도등”이란 화재 시에 피난을 유도하기 위한 등으로서 정상상태에서는 상용전원에 따라 켜지고 상용전원이 정전되는 경우에는 비상전원으로 자동전환되어 켜지는 등을 말한다.

② “피난구유도등”이란 피난구 또는 피난경로로 사용되는 출입구를 표시하여 피난을 유도하는 등을 말한다.

③ “통로유도등”이란 피난통로를 안내하기 위한 유도등으로 복도통로유도등, 거실통로유도등, 계단통로유도등을 말한다.

④ “복도통로유도등”이란 피난통로가 되는 복도에 설치하는 통로유도등으로서 피난구의 방향을 명시하는 것을 말한다.

⑤ “거실통로유도등”이란 거주, 집무, 작업, 집회, 오락 그 밖에 이와 유사한 목적을 위하여 계속적으로 사용하는 거실, 주차장 등 개방된 통로에 설치하는 유도등으로 피난의 방향을 명시하는 것을 말한다.

⑥ “계단통로유도등”이란 피난통로가 되는 계단이나 경사로에 설치하는 통로유도등으로 바닥면 및 디딤바닥면을 비추는 것을 말한다.

⑦ “객석유도등”이란 객석의 통로, 바닥 또는 벽에 설치하는 유도등을 말한다.

⑧ “피난구유도표지”란 피난구 또는 피난경로로 사용되는 출입구를 표시하여 피난을 유도하는 표지를 말한다.

⑨ “통로유도표지”란 피난통로가 되는 복도, 계단등에 설치하는 것으로서 피난구의 방향을 표시하는 유도표지를 말한다.

⑩ “피난유도선”이란 햇빛이나 전등불에 따라 축광(이하 “축광방식”이라 한다)하거나 전류에 따라 빛을 발하는(이하 “광원점등방식”이라 한다) 유도체로서 어두운 상태에서 피난을 유도할 수 있도록 띠 형태로 설치되는 피난유도시설을 말한다.

⑪ “입체형”이란 유도등 표시면을 2면 이상으로 하고 각 면마다 피난유도표시가 있는 것을 말한다.

⑫ "3선식 배선"이란 평상시에는 유도등을 소등 상태로 유도등의 비상전원을 충전하고, 화재 등 비상시 점등 신호를 받아 유도등을 자동으로 점등되도록 하는 방식의 배선을 말한다.

4 유도등 및 유도표지의 적응성

특정소방대상물의 용도별로 설치하여야 할 유도등 및 유도표지는 다음 표에 따라 그에 적응하는 종류의 것으로 설치해야 한다.

설치장소	유도등 및 유도표지의 종류
1. 공연장·집회장(종교집회장 포함)·관람장·운동시설	• 대형피난구유도등 • 통로유도등 • 객석유도등
2. 유흥주점영업시설(「식품위생법 시행령」 제21조제8호라목의 유흥주점영업중 손님이 춤을 출 수 있는 무대가 설치된 카바레, 나이트클럽 또는 그 밖에 이와 비슷한 영업시설만 해당한다)	
3. 위락시설·판매시설·운수시설·「관광진흥법」 제3조제1항제2호에 따른 관광숙박업·의료시설·장례식장·방송통신시설·전시장·지하상가·지하철역사	• 대형피난구유도등 • 통로유도등
4. 숙박시설(제3호의 관광숙박업 외의 것을 말한다)·오피스텔	• 중형피난구유도등 • 통로유도등
5. 제1호부터 제3호까지 외의 건축물로서 지하층·무창층 또는 층수가 11층 이상인 특정소방대상물	
6. 제1호부터 제5호까지 외의 건축물로서 근린생활시설·노유자시설·업무시설·발전시설·종교시설(집회장 용도를 사용하는 부분 제외)·교육연구시설·수련시설·공장·창고시설·교정 및 군사시설(국방·군사시설 제외)·자동차정비공장·운전학원 및 정비학원·다중이용업소·복합건축물·아파트	• 소형피난구유도등 • 통로유도등
7. 그 밖의 것	• 피난구유도표지 • 통로유도표지

※ 비고

1. 소방서장은 특정소방대상물의 위치·구조 및 설비의 상황을 판단하여 대형피난구유도등을 설치해야 할 장소에 중형피난구유도등 또는 소형피난구유도등을, 중형피난구유도등을 설치해야 할 장소에 소형피난구유도등을 설치하게 할 수 있다.
2. 복합건축물의 경우, 주택의 세대 내에는 유도등을 설치하지 않을 수 있다.

5 피난구유도등의 설치장소 및 설치기준

① 피난구유도등의 설치 장소

㉠ 옥내로부터 직접 지상으로 통하는 출입구 및 그 부속실의 출입구

㉡ 직통계단·직통계단의 계단실 및 그 부속실의 출입구

㉢ 위 ㉠ 및 ㉡의 규정에 따른 출입구에 이르는 복도 또는 통로로 통하는 출입구

㉣ 안전구획된 거실로 통하는 출입구

② 피난구의 바닥으로부터 높이 1.5[m] 이상으로서 출입구에 인접하도록 설치할 것
③ 피난층으로 향하는 피난구의 위치를 안내할 수 있도록 ①㉠ 또는 ㉡의 출입구 인근 천장에 ①㉠ 또는 ㉡ 따라 설치된 피난구유도등의 면과 수직이 되도록 피난구유도등을 추가로 설치해야 한다. 다만, ①㉠ 또는 ㉡에 따라 설치된 피난구유도등이 입체형인 경우에는 그렇지 않다.
④ ③에 따라 추가로 설치하는 피난구유도등은 피난구의 식별이 용이하도록 피난구 방향의 화살표가 함께 표시된 것으로 설치해야 한다.

6 통로유도등의 설치장소 및 설치기준

통로유도등의 설치 장소 : 특정소방대상물의 각 거실과 그로부터 지상에 이르는 복도 또는 계단의 통로

① 복도통로유도등의 설치기준
㉠ 복도에 설치하되 피난구유도등설치장소 ①의 ㉠, ㉡에 따라 피난구유도등이 설치된 출입구의 맞은편 복도에는 입체형으로 설치하거나, 바닥에 설치할 것
㉡ 구부러진 모퉁이 및 ㉠에 따라 설치된 통로유도등을 기점으로 보행거리 20m마다 설치할 것
㉢ 바닥으로부터 높이 1[m] 이하의 위치에 설치할 것, 다만, 지하층 또는 무창층의 용도가 도매시장 · 소매시장 · 여객자동차터미널 · 지하역사 또는 지하상가인 경우에는 복도 · 통로 중앙부분의 바닥에 설치해야 한다.
㉣ 바닥에 설치하는 통로유도등은 하중에 따라 파괴되지 않는 강도의 것으로 할 것

② 거실통로유도등의 설치기준
㉠ 거실의 통로에 설치할 것. 다만, 거실의 통로가 벽체 등으로 구획된 경우에는 복도통로유도등을 설치할 것
㉡ 구부러진 모퉁이 및 보행거리 20[m]마다 설치할 것
㉢ 바닥으로부터 높이 1.5[m] 이상의 위치에 설치할 것(단, 거실통로에 기둥이 설치된 경우 기둥의 바닥으로부터 높이 1.5[m] 이하의 위치에 설치)

③ 계단통로유도등의 설치기준
㉠ 각 층의 경사로 참 또는 계단 참마다(1개층에 경사로 참 또는 계단 참이 2 이상 있는 경우에는 2개의 계단 참마다) 설치할 것
㉡ 바닥으로부터 높이 1[m] 이하의 위치에 설치할 것

④ 통행에 지장이 없도록 설치할 것
⑤ 주위에 이와 유사한 등화 · 광고물 · 게시물 등을 설치하지 않을 것

7 객석유도등의 설치장소 및 설치기준

① 객석유도등은 객석의 통로, 바닥 또는 벽에 설치할 것

② 객석 내의 통로가 경사로 또는 수평로로 되어 있는 부분에 있어서는 다음의 식에 따라 산출한 개수(소수점 이하의 수는 1로 본다)의 유도등을 설치해야 한다.

$$N(\text{설치개수}) = \frac{\text{객석 통로의 직선부분의 길이[m]}}{4} - 1(\text{개})$$

③ 객석 내의 통로가 옥외 또는 이와 유사한 부분에 있는 경우에는 해당 통로 전체에 미칠 수 있는 개수의 유도등을 설치할 것

표시면의 색상

- 피난구유도등 : 녹색바탕에 백색문자(녹색등화)
- 통로 유도등 : 백색바탕에 녹색문자(백색등화)
- 객석 유도등 : 백색바탕에 녹색문자(백색등화)

8 유도표지의 설치기준

① 설치기준

㉠ 계단에 설치하는 것을 제외하고는 각 층마다 복도 및 통로의 각 부분으로부터 하나의 유도표지까지의 보행거리가 15[m] 이하가 되는 곳과 구부러진 모퉁이의 벽에 설치할 것

㉡ 피난구유도표지는 출입구 상단에 설치하고, 통로유도표지는 바닥으로부터 높이 1[m] 이하의 위치에 설치할 것

㉢ 주위에는 이와 유사한 등화 · 광고물 · 게시물 등을 설치하지 않을 것

㉣ 유도표지는 부착판 등을 사용하여 쉽게 떨어지지 않도록 설치할 것

㉤ 축광방식의 유도표지는 외광 또는 조명장치에 의하여 상시 조명이 제공되거나 비상조명등에 의한 조명이 제공되도록 설치할 것

② 유도표지는 소방청장이 정하여 고시한 「축광표지의 성능인증 및 제품검사의 기술기준」에 적합한 것이어야 한다. 다만, 방사성물질을 사용하는 위치표지는 쉽게 파괴되지 않는 재질로 처리해야 한다.

9 피난유도선의 설치기준

① 축광방식의 피난유도선 설치기준

㉠ 구획된 각 실로부터 주출입구 또는 비상구까지 설치할 것

㉡ 바닥으로부터 높이 50[cm] 이하의 위치 또는 바닥 면에 설치할 것

㉢ 피난유도 표시부는 50[cm] 이내의 간격으로 연속되도록 설치할 것

㉣ 부착대에 의하여 견고하게 설치할 것

㉤ 외부의 빛 또는 조명장치에 의하여 상시 조명이 제공되거나 비상조명등에 의한 조명이 제공되도록 설치 할 것

② 광원점등방식의 피난유도선 설치기준

㉠ 구획된 각 실로부터 주출입구 또는 비상구까지 설치할 것

㉡ 피난유도 표시부는 바닥으로부터 높이 1[m] 이하의 위치 또는 바닥 면에 설치할 것

㉢ 피난유도 표시부는 50[cm] 이내의 간격으로 연속되도록 설치하되 실내장식물 등으로 설치가 곤란할 경우 1[m] 이내로 설치할 것

㉣ 수신기로부터의 화재신호 및 수동조작에 의하여 광원이 점등되도록 설치할 것

㉤ 비상전원이 상시 충전상태를 유지하도록 설치할 것

㉥ 바닥에 설치되는 피난유도 표시부는 매립하는 방식을 사용할 것

㉦ 피난유도 제어부는 조작 및 관리가 용이하도록 바닥으로부터 0.8[m] 이상 1.5[m] 이하의 높이에 설치할 것

③ 피난유도선은 소방청장이 정하여 고시한 「피난유도선의 성능인증 및 제품검사의 기술기준」에 적합한 것으로 설치해야 한다.

10 유도등의 전원

① 유도등의 상용전원은 전기가 정상적으로 공급되는 축전지설비, 전기저장장치 또는 교류전압의 옥내간선으로 하고, 전원까지의 배선은 전용으로 해야 한다.

② 비상전원은 다음의 기준에 적합하게 설치해야 한다.

㉠ 축전지로 할 것

㉡ 유도등을 20분 이상 유효하게 작동시킬 수 있는 용량으로 할 것. 다만, 다음 기준의 특정소방대상물의 경우에는 그 부분에서 피난층에 이르는 부분의 유도등을 60분 이상 유효하게 작동시킬 수 있는 용량으로 해야 한다.

㉮ 지하층을 제외한 층수가 11층 이상의 층

㉯ 지하층 또는 무창층으로서 용도가 도매시장 · 소매시장 · 여객자동차터미널 · 지하역사 또는 지하상가

③ 배선은 「전기사업법」 제67조에서 정한 것 외에 다음의 기준에 따라야 한다.

㉠ 유도등의 인입선과 옥내배선은 직접 연결할 것

㉡ 유도등은 전기회로에 점멸기를 설치하지 않고 항상 점등상태를 유지할 것. 다만, 특정소방대상물 또는 그 부분에 사람이 없거나 다음의 어느 하나에 해당하는 장소로서 3선식 배선에 따라 상시 충전되는 구조인 경우에는 그렇지 않다.

㉮ 외부의 빛에 의해 피난구 또는 피난방향을 쉽게 식별할 수 있는 장소

㉯ 공연장, 암실(暗室) 등으로서 어두어야 할 필요가 있는 장소

㉰ 특정소방대상물의 관계인 또는 종사원이 주로 사용하는 장소

㉢ 3선식 배선은 「옥내소화전설비의 화재안전기술기준(NFTC 102)」에 따른 내화배선 또는 내열배선으로 할 것

④ 3선식 배선으로 상시 충전되는 유도등의 전기회로에 점멸기를 설치하는 경우에는 다음의 어느 하나에 해당되는 경우에 점등되도록 해야 한다.

㉠ 자동화재탐지설비의 감지기 또는 발신기가 작동되는 때

㉡ 비상경보설비의 발신기가 작동되는 때

㉢ 상용전원이 정전되거나 전원선이 단선되는 때

㉣ 방재업무를 통제하는 곳 또는 전기실의 배전반에서 수동으로 점등하는 때

㉤ 자동소화설비가 작동되는 때

[3선식과 2선식 유도등 비교]

구분	3선식	2선식
특징	상시 소등, 비상시 점등	상시 및 비상시 점등
유도등 작동	• 점멸기로 유도등 소등 • 평상시 유도등 소등상태이나 예비전원은 늘 충전상태(감시상태) • 상용전원의 정전이나 단선 시 자동적으로 예비전원에 의해 20분 이상 유도등 점등	• 평상시 늘 점등상태 • 상용전원의 정전이나 단선 시 예비전원에 의해 유도등 점등(20분 이상)
결선	• 전원선(공통선), 점등선, 충전선의 3선 이용하여 접속 • 점멸기를 설치하여 축전지는 항상 충전 상태 유지	• 2선으로 결선 • 점멸기를 설치하지 않음
조건	• 소등 중에는 축전지가 항상 충전상태로 대기 • 화재시 또는 정전 시 자동 점등될 것	• 정상 시는 물론 화재 또는 정전 시 계속 점등될 것

구분	3선식	2선식
장점	• 조명이 양호하거나 주광이 확보되는 장소에는 소등하므로 합리적임 • 절전효과 • 등기구의 수명 연장	• 평상시 상시 점등되므로 불량 개소 파악 등 유지관리에 용이 • 평소 피난구의 위치, 피난 인식을 부여
단점	• 배선, 등기구, 램프 등의 이상 여부 파악이 어렵다. • 관리자의 잦은 손길이 요구 • 평소 피난구의 위치, 피난 인식을 상실	• 경제적 손실(전력 소모, 등기구 수명 단축 등) • 조명이 양호하거나 주광이 확보되는 장소에 상시 점등되는 불합리성이 있다.

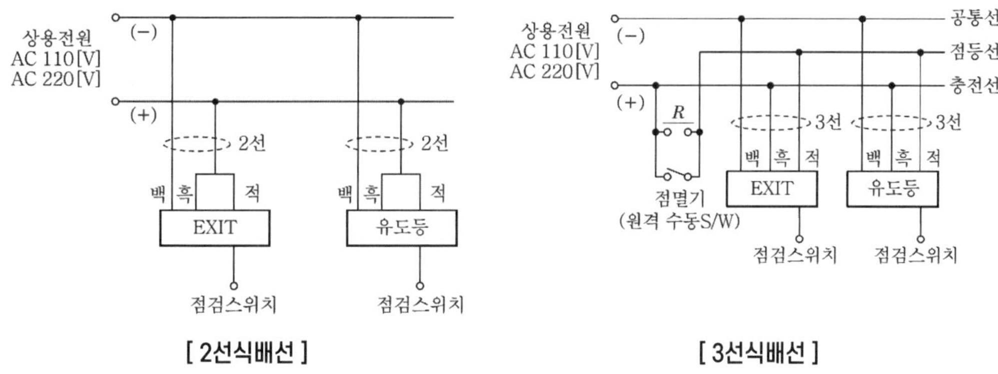

[2선식배선]

[3선식배선]

11 유도등 및 유도표지의 설치제외

① 피난구유도등의 설치제외

㉠ 바닥면적이 1,000[m^2] 미만인 층으로서 옥내로부터 직접 지상으로 통하는 출입구(외부의 식별이 용이한 경우에 한함)

㉡ 대각선 길이가 15m 이내인 구획된 실의 출입구

㉢ 거실 각 부분으로부터 하나의 출입구에 이르는 보행거리가 20[m] 이하이고 비상조명등과 유도표지가 설치된 거실의 출입구

㉣ 출입구가 3개소 이상 있는 거실로서 그 거실 각 부분으로부터 하나의 출입구에 이르는 보행 거리가 30[m] 이하인 경우에는 주된 출입구 2개소 외의 출입구(유도표지가 부착된 출입구). 다만, 공연장 · 집회장 · 관람장 · 전시장 · 판매시설 · 운수시설 · 숙박시설 · 노유자시설 · 의료시설 · 장례식장의 경우에는 그렇지 않다.

② 통로유도등의 설치제외

㉠ 구부러지지 아니한 복도 또는 통로로서 길이가 30[m] 미만인 복도 또는 통로

㉡ ㉠에 해당하지 않는 복도 또는 통로로서 보행거리가 20[m] 미만이고 그 복도 또는 통로와 연결된 출입구 또는 그 부속실의 출입구에 피난구유도등이 설치된 복도 또는 통로

③ 객석유도등의 설치제외

㉠ 주간에만 사용하는 장소로서 채광이 충분한 객석

㉡ 거실 등의 각 부분으로부터 하나의 거실출입구에 이르는 보행거리가 20[m] 이하인 객석의 통로로서 그 통로에 통로유도등이 설치된 객석

④ 유도표지의 설치제외

㉠ 유도등이 규정에 적합하게 설치된 출입구 · 복도 · 계단 및 통로

㉡ ①의 ㉠, ㉡과 ②에 해당하는 출입구 · 복도 · 계단 및 통로

CHAPTER 25 비상조명등(NFTC304)

1 설치대상

(1) 비상조명등을 설치해야 하는 특정소방대상물(창고시설 중 창고 및 하역장, 위험물 저장 및 처리 시설 중 가스시설 및 사람이 거주하지 않거나 벽이 없는 축사 등 동물 및 식물 관련 시설은 제외한다)은 다음의 어느 하나에 해당하는 것으로 한다.

① 지하층을 포함하는 층수가 5층 이상인 건축물로서 연면적 3천㎡ 이상인 경우에는 모든 층

② ①에 해당하지 않는 특정소방대상물로서 그 지하층 또는 무창층의 바닥면적이 450㎡ 이상인 경우에는 해당 층

③ 지하가 중 터널로서 그 길이가 500m 이상인 것

(2) 휴대용 비상조명등을 설치해야 하는 특정소방대상물은 다음의 어느 하나에 해당하는 것으로 한다.

① 숙박시설

② 수용인원 100명 이상의 영화상영관, 판매시설 중 대규모점포, 철도 및 도시철도 시설 중 지하역사, 지하가 중 지하상가

2 종류 및 정의

[비상조명등]

[휴대용비상조명등]

① "비상조명등"이란 화재발생 등에 따른 정전 시 안전하고 원활한 피난활동을 할 수 있도록 거실 및 피난통로 등에 설치되어 자동 점등되는 조명등을 말한다.

② "휴대용비상조명등"이란 화재발생 등으로 정전시 안전하고 원활한 피난을 위하여 피난자가 휴대할 수 있는 조명등을 말한다.

3 설치기준

① 비상조명등은 다음의 기준에 따라 설치해야 한다.

㉠ 특정소방대상물의 각 거실과 그로부터 지상에 이르는 복도 · 계단 및 그 밖의 통로에 설치할 것

㉡ 조도는 비상조명등이 설치된 장소의 각 부분의 바닥에서 1lx 이상이 되도록 할 것

㉢ 예비전원을 내장하는 비상조명등에는 평상시 점등 여부를 확인할 수 있는 점검스위치를 설치하고 해당 조명등을 유효하게 작동시킬 수 있는 용량의 축전지와 예비전원 충전장치를 내장할 것

㉣ 예비전원을 내장하지 않은 비상조명등의 비상전원은 자가발전설비, 축전지설비 또는 전기저장장치를 다음의 기준에 따라 설치해야 한다.

㉮ 점검에 편리하고 화재 및 침수 등의 재해로 인한 피해를 받을 우려가 없는 곳에 설치할 것

㉯ 상용전원으로부터 전력의 공급이 중단된 때에는 자동으로 비상전원으로부터 전력을 공급받을 수 있도록 할 것

㉰ 비상전원의 설치장소는 다른 장소와 방화구획 할 것. 이 경우 그 장소에는 비상전원의 공급에 필요한 기구나 설비외의 것(열병합발전설비에 필요한 기구나 설비는 제외한다)을 두어서는 아니 된다.

㉱ 비상전원을 실내에 설치하는 때에는 그 실내에 비상조명등을 설치할 것

㉤ ①의 ㉢과 ㉣에 따른 예비전원과 비상전원은 비상조명등을 20분 이상 유효하게 작동시킬 수 있는 용량으로 할 것. 다만, 다음의 특정소방대상물의 경우에는 그 부분에서 피난층에 이르는 부분의 비상조명등을 60분 이상 유효하게 작동시킬 수 있는 용량으로 해야 한다.

㉮ 지하층을 제외한 층수가 11층 이상의 층

㉯ 지하층 또는 무창층으로서 용도가 도매시장 · 소매시장 · 여객자동차터미널 · 지하역사 또는 지하상가

㉥ 영 별표 5 제15호 비상조명등의 설치면제 요건에서 "그 유도등의 유효범위"란 유도등의 조도가 바닥에서 1lx 이상이 되는 부분을 말한다.

② 휴대용비상조명등은 다음의 기준에 적합해야 한다.

㉠ 다음의 장소에 설치할 것

㉮ 숙박시설 또는 다중이용업소에는 객실 또는 영업장 안의 구획된 실마다 잘 보이는 곳(외부에 설치시 출입문 손잡이로부터 1m 이내 부분)에 1개 이상 설치

㉯ 「유통산업발전법」 제2조제3호에 따른 대규모점포(지하상가 및 지하역사는 제외한다)와 영화상영관에는 보행거리 50m 이내마다 3개 이상 설치

㉰ 지하상가 및 지하역사에는 보행거리 25m 이내마다 3개 이상 설치

㉡ 설치높이는 바닥으로부터 0.8m 이상 1.5m 이하의 높이에 설치할 것

㉢ 어둠속에서 위치를 확인할 수 있도록 할 것

㉣ 사용 시 자동으로 점등되는 구조일 것

㉤ 외함은 난연성능이 있을 것

㉥ 건전지를 사용하는 경우에는 방전 방지조치를 해야 하고, 충전식 밧데리의 경우에는 상시 충전되도록 할 것

㉦ 건전지 및 충전식 밧데리의 용량은 20분 이상 유효하게 사용할 수 있는 것으로 할 것

4 설치제외

① 다음의 어느 하나에 해당하는 경우에는 비상조명등을 설치하지 않을 수 있다.

㉠ 거실의 각 부분으로부터 하나의 출입구에 이르는 보행거리가 15m 이내인 부분

㉡ 의원 · 경기장 · 공동주택 · 의료시설 · 학교의 거실

② 지상 1층 또는 피난층으로서 복도 · 통로 또는 창문 등의 개구부를 통하여 피난이 용이한 경우 숙박시설로서 복도에 비상조명등을 설치 한 경우에는 휴대용비상조명등을 설치하지 않을 수 있다.

상수도소화용수설비 (NFTC401)

1 설치대상

상수도소화용수설비를 설치해야 하는 특정소방대상물은 다음 기준의 어느 하나에 해당하는 것으로 한다. 다만, 상수도소화용수설비를 설치해야 하는 특정소방대상물의 대지 경계선으로부터 180m 이내에 지름 75㎜ 이상인 상수도용 배수관이 설치되지 않은 지역의 경우에는 화재안전기준에 따른 소화수조 또는 저수조를 설치해야 한다.

㉠ 연면적 5천m^2 이상인 것. 다만, 위험물 저장 및 처리 시설 중 가스시설, 지하가 중 터널 또는 지하구의 경우에는 제외한다.

㉡ 가스시설로서 지상에 노출된 탱크의 저장용량의 합계가 100톤 이상인 것

㉢ 자원순환 관련 시설 중 폐기물재활용시설 및 폐기물처분시설

2 용어의 정의

① "호칭지름"이란 일반적으로 표기하는 배관의 직경을 말한다.

② "수평투영면"이란 건축물을 수평으로 투영하였을 경우의 면을 말한다.

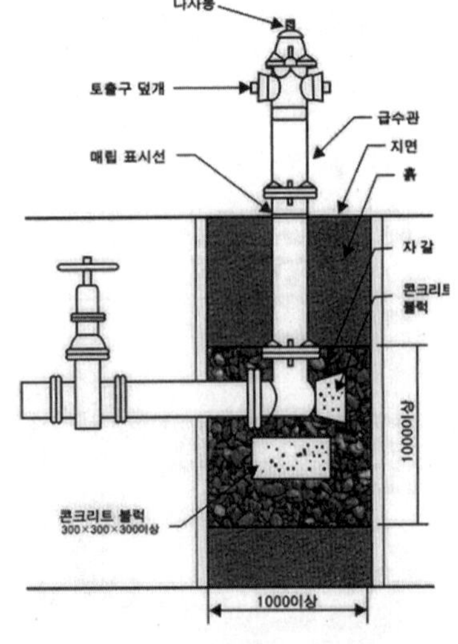

3 설치기준

상수도 소화용수설비는 「수도법」에 따른 기준 외에 다음 기준에 따라 설치해야 한다.

① 호칭지름 75mm 이상의 수도배관에 호칭지름 100mm 이상의 소화전을 접속할 것

② 소화전은 소방자동차 등의 진입이 쉬운 도로변 또는 공지에 설치할 것

③ 소화전은 특정소방대상물의 수평투영면의 각 부분으로부터 140m 이하가 되도록 설치할 것

④ 지상식소화전의 호스접결구는 지면으로부터 높이가 0.5m이상 1m이하가 되도록 설치할 것

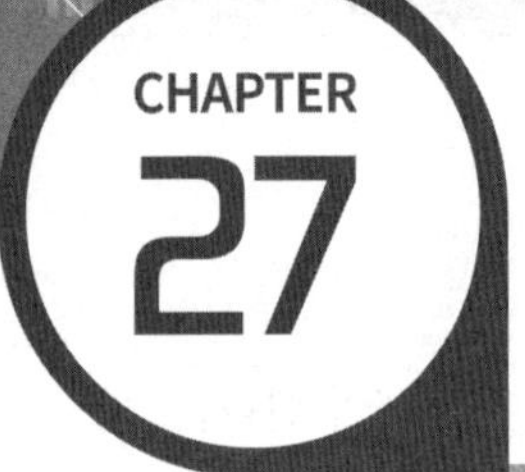

소화수조 및 저수조 (NFTC402)

1 설치대상

상수도소화용수설비를 설치해야 하는 특정소방대상물은 다음 기준의 어느 하나에 해당하는 것으로 한다. 다만, 상수도소화용수설비를 설치해야 하는 특정소방대상물의 대지 경계선으로부터 180m 이내에 지름 75㎜ 이상인 상수도용 배수관이 설치되지 않은 지역의 경우에는 화재안전기준에 따른 소화수조 또는 저수조를 설치해야 한다.

㉠ 연면적 5천㎡ 이상인 것. 다만, 위험물 저장 및 처리 시설 중 가스시설, 지하가 중 터널 또는 지하구의 경우에는 그렇지 않다.
㉡ 가스시설로서 지상에 노출된 탱크의 저장용량의 합계가 100톤 이상인 것
㉢ 자원순환 관련시설 중 폐기물재활용시설 및 폐기물처분시설

2 용어의 정의

① "소화수조 또는 저수조"란 수조를 설치하고 여기에 소화에 필요한 물을 항시 채워두는 것으로서, 소화수조는 소화용수의 전용 수조를 말하고, 저수조란 소화용수와 일반 생활용수의 겸용 수조를 말한다.
② "채수구"란 소방차의 소방호스와 접결되는 흡입구를 말한다.
③ "흡수관투입구"란 소방차의 흡수관이 투입될 수 있도록 소화수조 또는 저수조에 설치된 원형 또는 사각형의 투입구를 말한다.

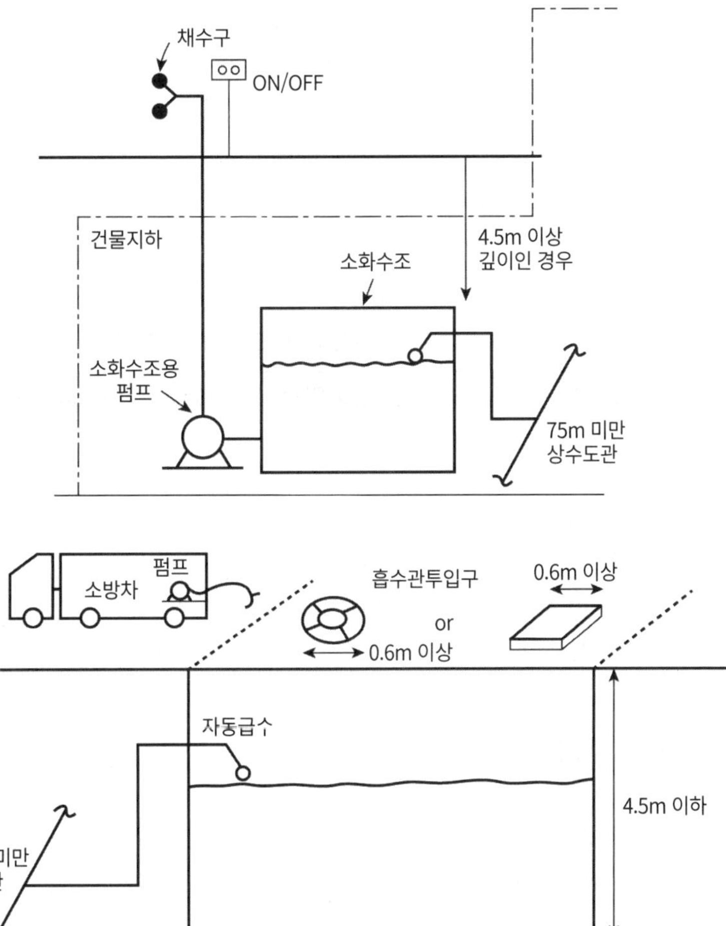

3 소화수조 등

① 소화수조, 저수조의 채수구 또는 흡수관투입구는 소방차가 2m 이내의 지점까지 접근할 수 있는 위치에 설치해야 한다.

② 소화수조 또는 저수조의 저수량은 특정소방대상물의 연면적을 다음 표에 따른 기준면적으로 나누어 얻은 수(소수점 이하의 수는 1로 본다)에 $20m^3$를 곱한 양 이상이 되도록 해야 한다.

[소방대상물별 기준면적]

소방대상물의 구분	기준면적
1. 1층 및 2층의 바닥면적 합계가 $15,000m^2$ 이상인 소방대상물	$7,500m^2$
2. 제1호에 해당하지 않는 그 밖의 소방대상물	$12,500m^2$

③ 소화수조 또는 저수조는 다음의 기준에 따라 흡수관투입구 또는 채수구를 설치해야 한다.

㉠ 지하에 설치하는 소화용수설비의 흡수관투입구는 그 한 변이 0.6m 이상이거나 직경이 0.6m 이상인 것으로 하고, 소요수량이 $80m^3$ 미만인 것은 1개 이상, $80m^3$ 이상인 것은 2개 이상을 설치해야 하며, "흡수관투입구"라고 표시한 표지를 할 것

㉡ 소화용수설비에 설치하는 채수구는 다음의 기준에 따라 설치할 것

㉮ 채수구는 다음 표에 따라 소방용호스 또는 소방용흡수관에 사용하는 구경 65mm 이상의 나사식 결합 금속구를 설치할 것

[소요수량에 따른 채수구의 수]

소요수량	$20m^3$ 이상 $40m^3$ 미만	$40m^3$ 이상 $100m^3$ 미만	$100m^3$ 이상
채수구의 수	1개	2개	3개

㉯ 채수구는 지면으로부터의 높이가 0.5m 이상, 1m 이하의 위치에 설치하고 "채수구"라고 표시한 표지를 할 것

④ 소화용수설비를 설치해야 할 특정소방대상물에 있어서 유수의 양이 $0.8m^3/min$ 이상인 유수를 사용할 수 있는 경우에는 소화수조를 설치하지 않을 수 있다.

4 가압송수장치

① 소화수조 또는 저수조가 지표면으로부터의 깊이(수조 내부바닥까지의 길이를 말한다)가 4.5m 이상인 지하에 있는 경우에는 다음 표에 따라 가압송수장치를 설치해야 한다. 다만, 규정에 따른 저수량을 지표면으로부터 4.5m 이하인 지하에서 확보할 수 있는 경우에는 소화수조 또는 저수조의 지표면으로부터의 깊이에 관계없이 가압송수장치를 설치하지 않을 수 있다.

[소요수량에 따른 가압송수장치의 1분당 양수량]

소요수량	$20m^3$ 이상 $40m^3$ 미만	$40m^3$ 이상 $100m^3$ 미만	$100m^3$ 이상
가압송수장치의 1분당 양수량	1,100L 이상	2,200L 이상	3,300L 이상

② 소화수조가 옥상 또는 옥탑의 부분에 설치된 경우에는 지상에 설치된 채수구에서의 압력이 0.15MPa 이상이 되도록 해야 한다.

③ 전동기 또는 내연기관에 따른 펌프를 이용하는 가압송수장치는 다음의 기준에 따라 설치해야 한다.

㉠ 기동장치로는 보호판을 부착한 기동스위치를 채수구 직근에 설치할 것

㉡ 그 밖의 사항은 옥내소화전과 동일

제연설비(NFTC501)

1 설치대상

① 문화 및 집회시설, 종교시설, 운동시설 중 무대부의 바닥면적이 200㎡ 이상인 경우에는 해당 무대부

② 문화 및 집회시설 중 영화상영관으로서 수용인원 100명 이상인 경우에는 해당 영화상영관

③ 지하층이나 무창층에 설치된 근린생활시설, 판매시설, 운수시설, 숙박시설, 위락시설, 의료시설, 노유자 시설 또는 창고시설(물류터미널로 한정한다)로서 해당 용도로 사용되는 바닥면적의 합계가 1천㎡ 이상인 경우 해당 부분

④ 운수시설 중 시외버스정류장, 철도 및 도시철도 시설, 공항시설 및 항만시설의 대기실 또는 휴게시설로서 지하층 또는 무창층의 바닥면적이 1천㎡ 이상인 경우에는 모든 층

⑤ 지하가(터널은 제외한다)로서 연면적 1천㎡ 이상인 것

⑥ 지하가 중 예상 교통량, 경사도 등 터널의 특성을 고려하여 행정안전부령으로 정하는 터널

⑦ 특정소방대상물(갓복도형 아파트등은 제외한다)에 부설된 특별피난계단, 비상용 승강기의 승강장 또는 피난용 승강기의 승강장

2 용어의 정의

① "제연설비"란 화재가 발생한 거실의 연기를 배출함과 동시에 옥외의 신선한 공기를 공급하여 거주자들이 안전하게 피난하고, 소방대가 원활한 소화활동을 할 수 있도록 연기를 제어하는 설비를 말한다.

② "제연구역"이란 제연경계(제연경계가 면한 천장 또는 반자를 포함한다)에 의해 구획된 건물 내의 공간을 말한다.

③ "예상제연구역"이란 화재 시 연기의 제어가 요구되는 제연구역을 말한다.

④ "제연경계의 폭"이란 제연경계가 면한 천장 또는 반자로부터 그 제연경계의 수직하단 끝부분까지의 거리를 말한다.

⑤ "수직거리"란 제연경계의 하단 끝으로부터 그 수직한 하부 바닥면까지의 거리를 말한다.

⑥ "공동예상제연구역"이란 2개 이상의 예상제연구역을 동시에 제연하는 구역을 말한다.

⑦ "방화문"이란 「건축법 시행령」 제64조의 규정에 따른 60분+ 방화문, 60분 방화문 또는 30분 방화문으로써 언제나 닫힌 상태를 유지하거나 화재감지기와 연동하여 자동적으로 닫히는 구조를 말한다.

⑧ "통로배출방식"이란 거실 내 연기를 직접 옥외로 배출하지 않고 거실에 면한 통로의 연기를 옥외로 배출하는 방식을 말한다.

⑨ "유입풍도"란 예상제연구역으로 공기를 유입하도록 하는 풍도를 말한다.

⑩ "배출풍도"란 예상제연구역의 공기를 외부로 배출하도록 하는 풍도를 말한다.

⑪ "댐퍼"란 풍도 내부의 연기 또는 공기의 흐름을 조절하기 위해 설치하는 장치를 말한다.

⑫ "풍량조절댐퍼"란 송풍기(또는 공기조화기) 토출측에 설치하여 유입풍도로 공급되는 공기의 유량을 조절하는 장치를 말한다.

3 제연설비의 제연구역

① 제연구역의 구획기준

㉠ 하나의 제연구역의 면적은 1,000m^2 이내로 할 것

㉡ 거실과 통로(복도를 포함한다. 이하같다)는 각각 제연구획할 것

㉢ 통로상의 제연구역은 보행중심선의 길이가 60m를 초과하지 않을 것

㉣ 하나의 제연구역은 직경 60m 원내에 들어갈 수 있을 것

㉤ 하나의 제연구역은 2개 이상 층에 미치지 않도록 할 것. 다만, 층의 구분이 불분명한 부분은 그 부분을 다른 부분과 별도로 제연구획해야 한다.

② 제연구역의 구획은 보 · 제연경계벽(이하 "제연경계"라 한다) 및 벽(화재시 자동으로 구획되는 가동벽 · 셔터 · 방화문을 포함한다. 이하 같다)으로 하되, 다음의 기준에 적합해야 한다.

㉠ 재질은 내화재료, 불연재료 또는 제연경계벽으로 성능을 인정받은 것으로서 화재시 쉽게 변형 · 파괴되지 아니하고 연기가 누설되지 않는 기밀성 있는 재료로 할 것

㉡ 제연경계는 제연경계의 폭이 0.6m 이상이고, 수직거리는 2m 이내이어야 한다. 다만, 구조상 불가피한 경우는 2m를 초과할 수 있다.

㉢ 제연경계벽은 배연 시 기류에 따라 그 하단이 쉽게 흔들리지 않고, 가동식의 경우에는 급속히 하강하여 인명에 위해를 주지 않는 구조일 것

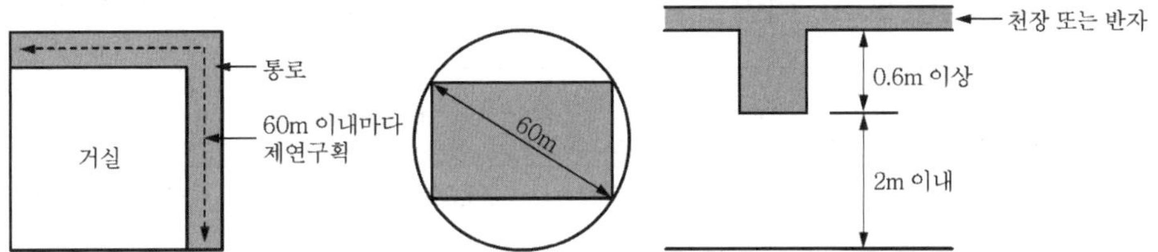

4 제연방식

① 예상제연구역에 대하여는 화재 시 연기배출(이하 "배출"이라 한다)과 동시에 공기유입이 될 수 있게 하고, 배출구역이 거실일 경우에는 통로에 동시에 공기가 유입될 수 있도록 해야 한다.

② ①의 규정에도 불구하고 통로와 인접하고 있는 거실의 바닥면적이 50m^2 미만으로 구획(제연경계에 따른 구획은 제외한다. 다만, 거실과 통로와의 구획은 그렇지 않다)되고 그 거실에 통로가 인접하여 있는 경우에는 화재 시 그 거실에서 직접 배출하지 아니하고 인접한 통로의 배출로 갈음할 수 있다. 다만, 그 거실이 다른 거실의 피난을 위한 경유 거실인 경우에는 그 거실에서 직접 배출해야 한다.

③ 통로의 주요 구조부가 내화구조이며 마감이 불연재료 또는 난연재료로 처리되고 가연성 물질이 없는 경우에 그 통로는 예상제연구역으로 간주하지 않을 수 있다. 다만, 화재 시 연기의 유입이 우려되는 통로는 그렇지 않다.

5 배출량 및 배출방식

각 예상제연구역에서의 배출량은 제연구역의 면적, 배출방식 및 수직거리에 따라 다음 기준에 의해 얻어진 양 이상으로 하며, 수직거리가 구획부분에 따라 다른 경우는 수직거리가 긴 것을 기준으로 한다.

(1) 거실의 바닥면적이 400m^2 미만으로 구획된 예상제연구역의 배출량

Q=바닥면적(m^2)×1m^3/m^2·min×60min/hr(최저 5,000m^3/hr 이상으로 할 것)

(2) 바닥면적이 50m^2 미만인 예상제연구역을 통로배출방식으로 하는 경우

통로보행 중심선의 길이	수직거리	배출량	비고
40m 이하	2m 이하	25,000m^3/hr 이상	벽으로 구획된 경우 포함
	2m 초과 2.5m 이하	30,000m^3/hr 이상	
	2.5m 초과 3m 이하	35,000m^3/hr 이상	
	3m 초과	45,000m^3/hr 이상	

통로보행 중심선의 길이	수직거리	배출량	비고
40m 초과 60m 이하	2m 이하	30,000m^3/hr 이상	벽으로 구획된 경우 포함
	2m 초과 2.5m 이하	35,000m^3/hr 이상	
	2.5m 초과 3m 이하	40,000m^3/hr 이상	
	3m 초과	50,000m^3/hr 이상	

(3) 거실의 바닥면적이 400m^2 이상 1,000m^2 이하로 구획된 예상제연구역인 경우

직경	수직거리	배출량
40m 이하	2m 이하	40,000m^3/hr 이상
	2m 초과 2.5m 이하	45,000m^3/hr 이상
	2.5m 초과 3m 이하	50,000m^3/hr 이상
	3m 초과	60,000m^3/hr 이상
40m 초과 60m 이하	2m 이하	45,000m^3/hr 이상
	2m 초과 2.5m 이하	50,000m^3/hr 이상
	2.5m 초과 3m 이하	55,000m^3/hr 이상
	3m 초과	65,000m^3/hr 이상

(4) 예상제연구역이 통로인 경우

수직거리	배출량
2m 이하	45,000m^3/hr 이상
2m 초과 2.5m 이하	50,000m^3/hr 이상
2.5m 초과 3m 이하	55,000m^3/hr 이상
3m 초과	65,000m^3/hr 이상

(5) 배출방식별 배출량

① **독립배출방식** : 각 예상제연구역별로 산출된 배출량 이상을 배출할 것

② **공동배출방식**

㉠ 예상제연구역이 벽으로 구획된 경우 : 각 예상제연구역의 배출량을 합한 것 이상을 배출할 것. 다만, 예상제연구역의 바닥면적이 400㎡ 미만인 경우 배출량은 바닥면적 1㎡ 당 1㎥/min 이상으로 하고 공동예상구역 전체 배출량은 5,000㎥/hr 이상으로 할 것

㉡ 예상제연구역이 제연경계로 구획된 경우 : 각 예상제연구역의 배출량 중 최대의 것으로 할 것. 이 경우 공동제연예상구역이 거실일 때에는 그 바닥면적이 1,000m^2 이하이며, 직경 40m 원 안에 들어가야 하고, 공동제연예상구역이 통로일 때에는 보행중심선의 길이를 40m 이하로 해야 한다.

※ 거실과 통로는 공동배출방식으로 할 수 없다.

6 배출구의 설치위치

① 바닥면적이 400m^2 미만인 예상제연구역

㉠ 예상제연구역이 벽으로 구획되어 있는 경우 : 천장 또는 반자와 바닥 사이의 중간 윗부분에 설치할 것

㉡ 예상제연구역 중 어느 한 부분이 제연경계로 구획되어 있는 경우 : 천장 · 반자 또는 이에 가까운 벽의 부분에 설치할 것. 다만, 배출구를 벽에 설치하는 경우에는 배출구의 하단이 해당 예상제연구역에서 제연경계의 폭이 가장 짧은 제연경계의 하단보다 높이 되도록 해야 한다.

② 통로인 예상제연구역과 바닥면적이 400m^2 이상인 통로 외의 예상제연구역

㉠ 예상제연구역이 벽으로 구획되어 있는 경우 : 천장 · 반자 또는 이에 가까운 벽의 부분에 설치할 것. 다만, 배출구를 벽에 설치한 경우에는 배출구의 하단과 바닥 간의 최단거리가 2m 이상이어야 한다.

㉡ 예상제연구역 중 어느 한 부분이 제연경계로 구획되어 있을 경우 : 천장 · 반자 또는 이에 가까운 벽의 부분(제연경계를 포함한다)에 설치할 것. 다만, 배출구를 벽 또는 제연경계에 설치하는 경우에는 배출구의 하단이 해당 예상제연구역에서 제연경계의 폭이 가장 짧은 제연경계의 하단보다 높이 되도록 설치해야 한다.

③ 예상제연구역의 각 부분으로부터 하나의 배출구까지의 수평거리는 10m 이내가 되도록 해야 한다.

7 공기유입방식 및 유입구

① 예상제연구역에 대한 공기유입방식

㉠ 유입풍도를 경유한 강제유입방식

㉡ 자연유입방식

㉢ 인접한 제연구역 또는 통로에 유입되는 공기가 해당구역으로 유입되는 방식

② 예상제연구역에 설치되는 공기유입구의 기준

㉠ 바닥면적 400m^2 미만의 거실인 예상제연구역(제연경계에 따른 구획을 제외한다. 다만, 거실과 통로와의 구획은 그렇지 않다)에 대해 바닥 외의 장소에 설치하고 공기유입구와 배출구 간의 직선거리는 5m 이상 또는 구획된 실의 장변의 2분의 1 이상으로 할 것. 다만, 공연장 · 집회장 · 위락시설의 용도로 사용되는 부분의 바닥면적이 200㎡를 초과하는 경우의 공기유입구는 ㉡의 기준에 따른다.

㉡ 바닥면적이 400㎡ 이상의 거실인 예상제연구역에 대해서는 바닥으로부터 1.5m 이하의 높이에 설치하고 그 주변은 공기의 유입에 장애가 없도록 할 것

㉢ ㉠과 ㉡에 해당하는 것 외의 예상제연구역에 대한 유입구는 다음 기준에 따를 것. 다만, 제연경계로 인접하는 구역의 유입공기가 해당 예상제연구역으로 유입되게 한 때에는 그렇지 않다.

㉮ 유입구를 벽에 설치할 경우에는 ㉡의 기준에 따를 것

㉯ 유입구를 벽 외의 장소에 설치할 경우에는 유입구 상단이 천장 또는 반자와 바닥 사이의 중간 아랫부분보다 낮게 되도록 하고, 수직거리가 가장 짧은 제연경계 하단보다 낮게 되도록 설치할 것

③ 공동예상제연구역에 설치되는 공기유입구의 기준

㉠ 공동예상제연구역 안에 설치된 각 예상제연구역이 벽으로 구획되어 있을 때에는 각 예상제연구역의 바닥면적에 따라 ②의 ㉠ 및 ②의 ㉡에 따라 설치할 것

㉡ 공동예상제연구역 안에 설치된 각 예상제연구역의 일부 또는 전부가 제연경계로 구획되어 있을 때에는 공동예상제연구역 안의 1개 이상의 장소에 ②의 ㉢에 따라 설치할 것

④ 인접한 제연구역 또는 통로에 유입되는 공기를 해당 예상제연구역에 대한 공기유입으로 하는 경우에는 그 인접한 제연구역 또는 통로의 유입구가 제연경계 하단보다 높은 경우에는 그 인접한 제연구역 또는 통로의 화재 시 그 유입구는 다음의 어느 하나에 적합할 것

㉠ 각 유입구는 자동폐쇄 될 것

㉡ 해당 구역 내에 설치된 유입풍도가 해당 제연구획부분을 지나는 곳에 설치된 댐퍼는 자동폐쇄될 것

⑤ 예상제연구역에 공기가 유입되는 순간의 풍속은 5m/s 이하가 되도록 하고, ② 부터 ④ 까지의 유입구의 구조는 유입공기를 상향으로 분출하지 않도록 설치해야 한다. 다만, 유입구가 바닥에 설치되는 경우에는 상향으로 분출이 가능하며 이때의 풍속은 1m/s 이하가 되도록 해야 한다.

⑥ 예상제연구역에 대한 공기유입구의 크기는 해당 예상제연구역의 배출량 $1m^3$/min에 대하여 $35cm^2$ 이상으로 해야 한다.

⑦ 예상제연구역에 대한 공기유입량은 규정에 따른 배출량의 배출에 지장이 없는 양으로 해야 한다.

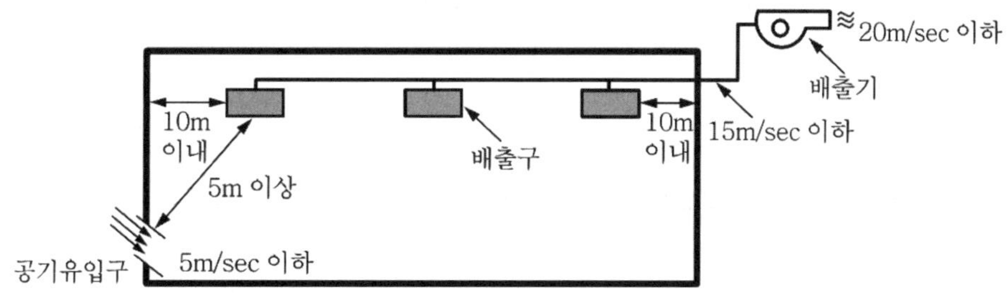

8 배출기 및 배출풍도

① 배출기의 설치기준

㉠ 배출기의 배출능력은 규정에 의한 배출량 이상이 되도록 할 것

㉡ 배출기와 배출풍도의 접속부분에 사용하는 캔버스는 내열성(석면재료는 제외한다)이 있는 것으로 할 것

㉢ 배출기의 전동기 부분과 배풍기 부분은 분리하여 설치하고, 배풍기 부분은 유효한 내열처리를 할 것

② 배출풍도의 기준

㉠ 배출풍도는 아연도금강판 또는 이와 동등 이상의 내식성 · 내열성이 있는 것으로 하며, 「건축법 시행령」 제2조제10호에 따른 불연재료(석면재료를 제외한다)인 단열재료 풍도 외부에 유효한 단열처리를 하고, 강판의 두께는 배출풍도의 크기에 따라 다음 표에 따른 기준 이상으로 할 것

[배출풍도 크기에 따른 강판의 두께]

풍도단면의 긴변 또는 직경의 크기	450mm 이하	450mm 초과 750mm 이하	750mm 초과 1,500mm 이하	1,500mm 초과 2,250mm 이하	2,250mm 초과
강판두께	0.5mm	0.6mm	0.8mm	1.0mm	1.2mm

㉡ 배출기의 흡입측 풍도 안의 풍속은 15m/sec 이하, 배출측 풍속은 20m/sec 이하로 할 것

9 유입풍도 등

① 유입풍도는 아연도금강판 또는 이와 동등 이상의 내식성 · 내열성이 있는 것으로 하며, 유입풍도 안의 풍속은 20m/sec 이하로 하고 풍도의 강판 두께는 배출풍도의 크기에 따른 강판두께 기준에 따른다.

② 옥외에 면하는 배출구 및 공기유입구는 비 또는 눈 등이 들어가지 않도록 하고, 배출된 연기가 공기유입구로 순환 유입되지 않도록 해야 한다.

10 댐퍼

① 제연설비의 풍도에 댐퍼를 설치하는 경우 댐퍼를 확인, 정비할 수 있는 점검구를 풍도에 설치할 것. 이 경우 댐퍼가 반자 내부에 설치되는 때에는 댐퍼 직근의 반자에도 점검구(지름 60cm 이상의 원이 내접할 수 있는 크기)를 설치하고 제연설비용 점검구임을 표시해야 한다.

② 제연설비 댐퍼의 설정된 개방 및 폐쇄 상태를 제어반에서 상시 확인할 수 있도록 할 것

③ 제연설비가 영 별표 5 제17호 가목 1)에 따라 공기조화설비와 겸용으로 설치되는 경우 풍량조절댐퍼는 각 설비별 기능에 따른 작동 시 각각의 풍량을 충족하는 개구율로 자동조절될 수 있는 기능이 있어야 할 것

11 제연설비의 전원 및 기동

① 비상전원은 자가발전설비, 축전지설비 또는 전기저장장치로서 다음의 기준에 따라 설치해야 한다.

㉠ 점검에 편리하고 화재 및 침수 등의 재해로 인한 피해를 받을 우려가 없는 곳에 설치할 것

㉡ 제연설비를 유효하게 20분 이상 작동할 수 있도록 할 것

㉢ 상용전원으로부터 전력의 공급이 중단된 때에는 자동으로 비상전원으로부터 전력을 공급받을 수 있도록 할 것

㉣ 비상전원의 설치장소는 다른 장소와 방화구획할 것. 이 경우 그 장소에는 비상전원의 공급에 필요한 기구나 설비 외의 것을 두어서는 아니 된다.

㉤ 비상전원을 실내에 설치하는 때에는 그 실내에 비상조명등을 설치할 것

② 제연설비의 작동은 해당 제연구역에 설치된 화재감지기와 연동되어야 하며, 예상 제연구역(또는 인접장소)마다 설치된 수동기동장치 및 제어반에서 수동으로 기동이 가능하도록 해야 한다.
③ ②에 따른 제연설비의 작동에는 다음의 사항이 포함되어야 하며, 예상제연구역(또는 인접장소)마다 설치되는 수동기동장치는 바닥으로부터 0.8m 이상 1.5m 이하의 높이에 문 개방 등으로 인한 위치 확인에 장애가 없고 접근이 쉬운 위치에 설치해야 한다.
㉠ 해당 제연구역의 구획을 위한 제연경계벽 및 벽의 작동
㉡ 해당 제연구역의 공기유입 및 연기배출 관련 댐퍼의 작동
㉢ 공기유입송풍기 및 배출송풍기의 작동

12 성능확인

① 제연설비는 설계목적에 적합한지 검토하고 제연설비의 성능과 관련된 건물의 모든 부분(건축설비를 포함한다)이 완성되는 시점에 맞추어 시험 · 측정 및 조정(이하 "시험 등"이라 한다)을 해야 한다.
② 제연설비의 시험 등은 다음의 기준에 따라 실시해야 한다.
㉠ 송풍기 풍량 및 송풍기 모터의 전류, 전압을 측정할 것
㉡ 제연설비 시험시에는 제연구역에 설치된 화재감지기(수동기동장치를 포함한다)를 동작시켜 해당 제연설비가 정상적으로 작동되는지 확인할 것
㉢ 제연구역의 공기유입량 및 유입풍속, 배출량은 모든 유입구 및 배출구에서 측정할 것
㉣ 제연구역의 출입문, 방화셔터, 공기조화설비 등이 제연설비와 연동된 상태에서 측정할 것
③ 제연설비 시험 등의 평가는 이 기준에서 정하는 성능 및 다음의 기준에 따른다.
㉠ 배출구별 배출량은 배출구별 설계 배출량의 60% 이상이어야 하며, 제연구역별 배출구의 배출량 합계는 위의 배출량 및 배출방식 기준에 따른 설계배출량 이상일 것
㉡ 유입구별 공기유입량은 유입구별 설계 유입량의 60% 이상이어야 하며, 제연구역별 유입구의 공기유입량 합계는 배출량 및 배출방식 기준에 따른 설계유입량을 충족할 것
㉢ 제연구역의 구획이 설계조건과 동일한 조건에서 ㉠에 따라 측정한 배출량이 설계배출량 이상인 경우에는 ㉡에 따라 측정한 공기유입량이 설계유입량에 일부 미달되더라도 적합한 성능으로 볼 것

12 설치제외

제연설비를 설치해야 할 특정소방대상물 중 화장실 · 목욕실 · 주차장 · 발코니를 설치한 숙박시설(가족호텔 및 휴양콘도미니엄에 한한다)의 객실과 사람이 상주하지 않는 기계실 · 전기실 · 공조실 · 50m^2 미만의 창고 등으로 사용되는 부분에 대하여는 배출구 · 공기유입구의 설치 및 배출량 산정에서 이를 제외한다.

특별피난계단의 계단실 및 부속실 제연설비(NFTC501A)

1 설치대상

특정소방대상물(갓복도형 아파트는 제외한다)에 부설된 특별피난계단, 비상용 승강기의 승강장 또는 피난용승강기의 승강장

[제연설비 설치대상]

적용대상	관련법률
특정소방대상물(갓복도형 아파트 제외)에 부설된 특별피난계단 비상용승강기 승강장, 피난용승강기 승강장	「소방시설 설치 및 관리에 관한 법률 시행령」 별표 4
• 특별피난계단설치 : 지상 11층 이상, 지하 3층 이하 16층 이상 공동주택 • 비상용승강기 : 높이 31m 이상, 10층 이상 공동주택 • 피난용승강기 : 고층건축물의 경우 승용승강기 중 1대 이상	「건축법」 제64조 「건축법 시행령」 제35조 「주택건설기준 등에 관한 규정」 제15조 제2항

Reference

건축법 시행령 35조

① 법 제49조제1항에 따라 5층 이상 또는 지하 2층 이하인 층에 설치하는 직통계단은 국토교통부령으로 정하는 기준에 따라 피난계단 또는 특별피난계단으로 설치해야 한다. 다만, 건축물의 주요구조부가 내화구조 또는 불연재료로 되어 있는 경우로서 다음 각 호의 어느 하나에 해당하는 경우에는 그렇지 않다.
1. 5층 이상인 층의 바닥면적의 합계가 200제곱미터 이하인 경우
2. 5층 이상인 층의 바닥면적 200제곱미터 이내마다 방화구획이 되어 있는 경우

② 건축물(갓복도식 공동주택은 제외한다)의 11층(공동주택의 경우에는 16층) 이상인 층(바닥면적이 400제곱미터 미만인 층은 제외한다) 또는 지하 3층 이하인 층(바닥면적이 400제곱미터 미만인 층은 제외한다)으로부터 피난층 또는 지상으로 통하는 직통계단은 제1항에도 불구하고 특별피난계단으로 설치해야 한다.

③ 제1항에서 판매시설의 용도로 쓰는 층으로부터의 직통계단은 그 중 1개소 이상을 특별피난계단으로 설치해야 한다.

④ 건축물의 5층 이상인 층으로서 문화 및 집회시설 중 전시장 또는 동·식물원, 판매시설, 운수시설(여객용 시설만 해당한다), 운동시설, 위락시설, 관광휴게시설(다중이 이용하는 시설만 해당한다) 또는 수련시설 중 생활권 수련시설의 용도로 쓰는 층에는 제34조에 따른 직통계 외에 그 층의 해당 용도로 쓰는 바닥면적의 합계가 2천 제곱미터를 넘는 경우에는 그 넘는 2천 제곱미터 이내마다 1개소의 피난계단 또는 특별피난계단(4층 이하의 층에는 쓰지 않는 피난계단 또는 특별피난계단만 해당한다)을 설치해야 한다.

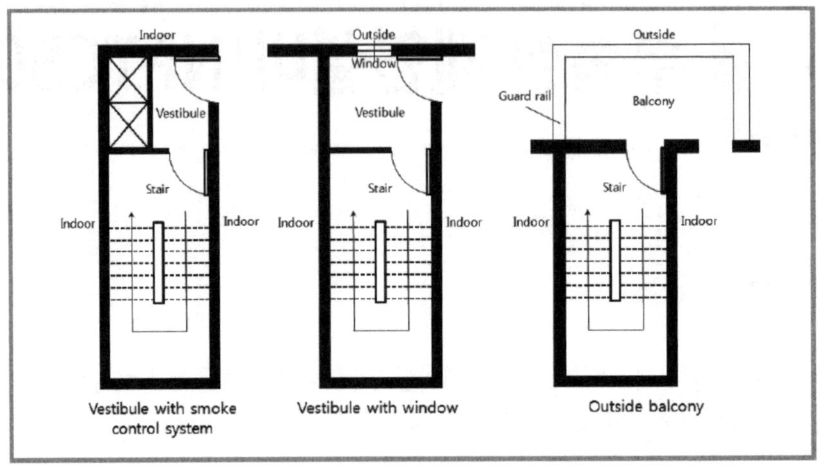

[특별피난계단의 종류]

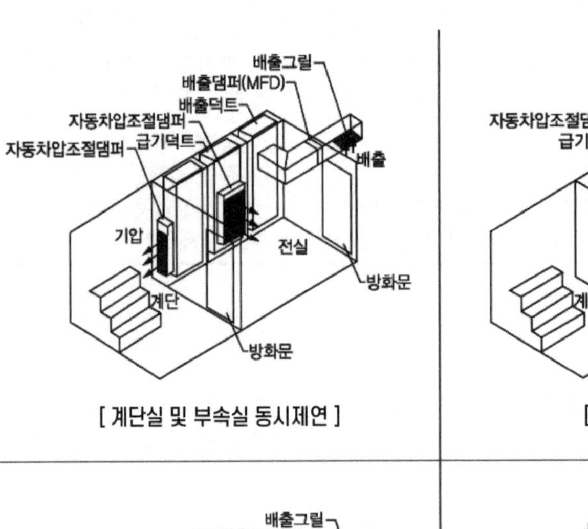

[계단실 및 부속실 동시제연]

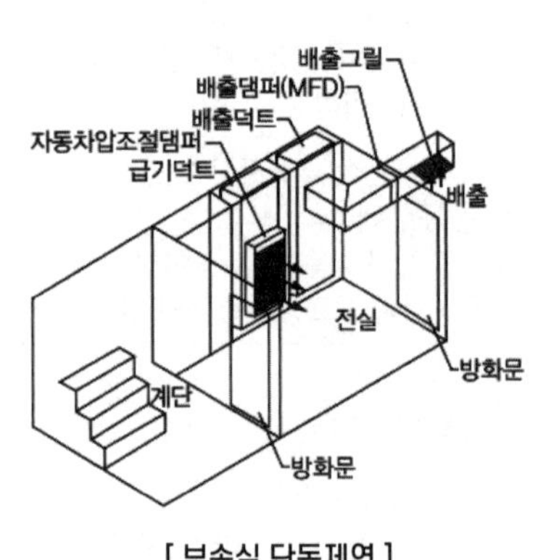

[부속실 단독제연]

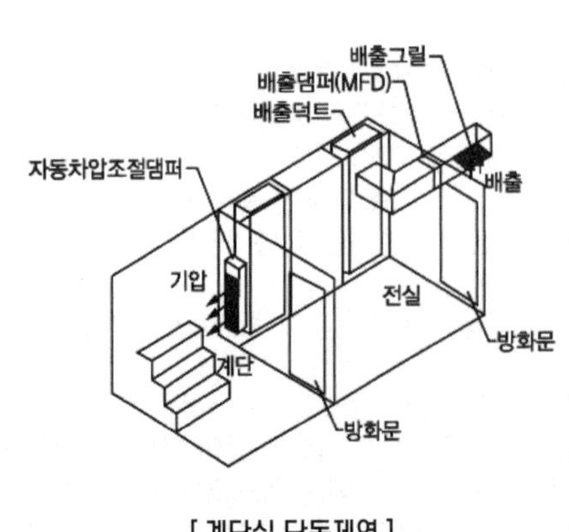

[계단실 단독제연]

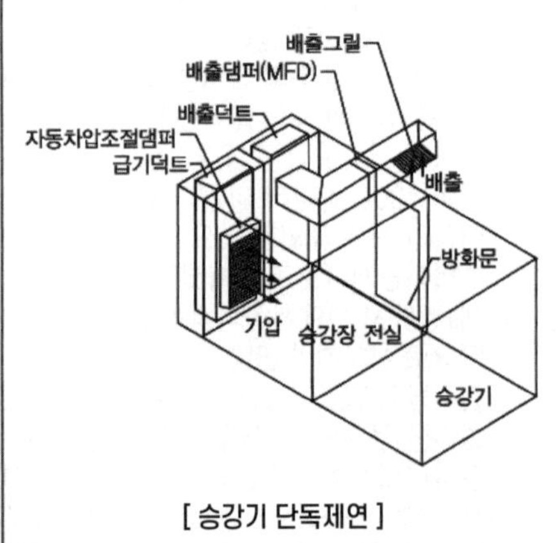

[승강기 단독제연]

2 용어의 정의

① "제연구역"이란 제연하고자 하는 계단실, 부속실을 말한다.

② "방연풍속"이란 옥내로부터 제연구역 내로 연기의 유입을 유효하게 방지할 수 있는 풍속을 말한다.

③ "급기량"이란 제연구역에 공급해야 할 공기의 양을 말한다.

④ "누설량"이란 틈새를 통하여 제연구역으로부터 흘러나가는 공기량을 말한다.

⑤ "보충량"이란 방연풍속을 유지하기 위하여 제연구역에 보충해야 할 공기량을 말한다.

⑥ "플랩댐퍼"란 제연구역의 압력이 설정압력범위를 초과하는 경우 제연구역의 압력을 배출하여 설정압력 범위를 유지하게 하는 과압방지장치를 말한다.

⑦ "유입공기"란 제연구역으로부터 옥내로 유입하는 공기로서 차압에 따라 누설하는 것과 출입문의 개방에 따라 유입하는 것 등을 말한다.

⑧ "거실제연설비"란 「제연설비의 화재안전기술기준(NFTC 501)」의 기준에 따른 옥내의 제연설비를 말한다.

⑨ "자동차압급기댐퍼"란 제연구역과 옥내 사이의 차압을 압력센서 등으로 감지하여 제연구역에 공급되는 풍량의 조절로 제연구역의 차압 유지를 자동으로 제어할 수 있는 댐퍼를 말한다.

3 제연방식

① 제연구역에 옥외의 신선한 공기를 공급하여 제연구역의 기압을 제연구역 이외의 옥내(이하 "옥내"라 한다)보다 높게 하되 일정한 기압의 차이(이하 "차압"이라한다)를 유지하게 함으로써 옥내로부터 제연구역 내로 연기가 침투하지 못하도록 할 것

② 피난을 위하여 제연구역의 출입문이 일시적으로 개방되는 경우 방연풍속을 유지하도록 옥외의 공기를 제연구역 내로 보충공급하도록 할 것

③ 출입문이 닫히는 경우 제연구역의 과압을 방지할 수 있는 유효한 조치를 하여 차압을 유지할 것

4 제연구역의 선정

① 계단실 및 그 부속실을 동시에 제연하는 것

② 부속실을 단독으로 제연하는 것
③ 계단실을 단독으로 제연하는 것

5 제연설비의 설치기준

(1) 차압 등

① 제연구역과 옥내와의 사이에 유지해야 하는 최소차압은 40Pa(옥내에 스프링클러설비가 설치된 경우에는 12.5Pa) 이상으로 해야 한다.
② 제연설비가 가동되었을 경우 출입문의 개방에 필요한 힘은 110N 이하로 해야 한다.
③ 출입문이 일시적으로 개방되는 경우 개방되지 않는 제연구역과 옥내와의 차압은 ①의 기준에도 불구하고 ①의 기준에 따른 차압의 70% 이상이어야 한다.
④ 계단실과 부속실을 동시에 제연하는 경우 부속실의 기압은 계단실과 같게 하거나 계단실의 기압보다 낮게 할 경우에는 부속실과 계단실의 압력 차이는 5Pa 이하가 되도록 해야 한다.

(2) 급기량

급기량 = 누설량 + 보충량

① **누설량** : 제연구역의 압력이 주변 화재실의 압력보다 크기 때문에 출입문이 폐쇄되어 있어도 틈새를 통해서 공기가 누설되는데 이때 누설되는 양을 말하며, 출입문이 2개소 이상인 경우에는 각 출입문의 누설틈새면적을 합한 것으로 한다.

Reference

누설풍량 계산식

$$Q = 0.827 \times A \times P^{\frac{1}{n}}$$

Q : 누설풍량(m^3/sec), A : 틈새면적(m^2), P : 실내외의 압력차(Pa)
n : 상수(일반출입문 : 2, 창문 : 1.6)

② **보충량** : 피난을 위하여 제연구역의 출입문이 일시적으로 개방되는 경우 방연풍속을 유지하도록 공기를 제연구역 내로 보충하는 공기량으로 부속실의 수가 20개 이하는 1개층 이상, 20을 초과하는 경우에는 2개층 이상의 보충량으로 한다.

(3) 방연풍속

방연풍속은 제연구역의 선정방식에 따라 다음 표의 기준에 적합해야 한다.

[제연구역의 선정방식에 따른 방연풍속]

제연구역		방연풍속
계단실 및 그 부속실을 동시에 제연하는 것 또는 계단실만 단독으로 제연하는 것		0.5m/s 이상
부속실만 단독으로 제연하는 것	부속실 또는 승강장이 면하는 옥내가 거실인 경우	0.7m/s 이상
	부속실이 면하는 옥내가 복도로서 그 구조가 방화구조(내화시간이 30분 이상인 구조를 포함한다)인 것	0.5m/s 이상

(4) 과압방지조치

제연구역에서 발생하는 과압을 해소하기 위해 과압방지장치를 설치하는 등의 과압방지조치를 해야 한다. 다만 제연구역내에 과압발생의 우려가 없다는 것을 시험 또는 공학적인 자료로 입증하는 경우에는 과압방지조치를 하지 않을 수 있다.

(5) 누설틈새의 면적 등

제연구역으로부터 공기가 누설하는 틈새면적은 다음의 기준에 따라야 한다.

① 출입문의 틈새면적 산출식

출입문의 틈새면적은 다음의 식에 따라 산출하는 수치를 기준으로 할 것
다만, 방화문의 경우에는 「한국산업표준」에서 정하는 「문세트(KS F3109)」에 따른 기준을 고려하여 산출할 수 있다.

$$A = (L/\ell) \times Ad$$

A : 출입문의 틈새(m^2)
L : 출입문 틈새의 길이(m). 다만, L의 수치가 ℓ의 수치 이하인 경우에는 ℓ의 수치로 할 것
ℓ : 외여닫이문이 설치되어 있는 경우에는 5.6, 쌍여닫이문이 설치되어 있는 경우에는 9.2, 승강기의 출입문이 설치되어 있는 경우에는 8.0으로 할 것
Ad : 외여닫이문으로 제연구역의 실내 쪽으로 열리도록 설치하는 경우에는 0.01, 제연구역의 실외 쪽으로 열리도록 설치하는 경우에는 0.02, 쌍여닫이문의 경우에는 0.03, 승강기의 출입문에 대하여는 0.06으로 할 것

② **창문의 틈새면적 산출** : 창문의 틈새길이 1m당 틈새면적은 다음과 같다.
창문의 틈새면적은 다음의 식에 따라 산출하는 수치를 기준으로 할 것. 다만, [한국산업표준]에서 정하는 [창세트 (KS F 3117)]에 따른 기준을 고려하여 선정할 수 있다.

창문의 종류		틈새면적(m^2/m)
여닫이식	창틀에 방수팩킹이 없는 경우	2.55×10^{-4}
	창틀에 방수팩킹이 있는 경우	3.61×10^{-5}
미닫이식		1.00×10^{-4}

③ 제연구역으로부터 누설하는 공기가 승강기의 승강로를 경유하여 승강로의 외부로 유출하는 유출면적은 승강로와 승강로 상부의 기계실사이의 개구부 면적을 합한 것을 기준으로 할 것
④ 제연구역을 구성하는 벽체(반자속의 벽체를 포함한다)가 벽돌 또는 시멘트블록 등의 조적구조이거나 석고판 등의 조립구조인 경우에는 불연재료를 사용하여 틈새를 조정할 것
⑤ 제연설비의 완공 시 제연구역의 출입문 등은 크기 및 개방방식이 해당 설비의 설계 시와 같도록 할 것

(6) 유입공기의 배출

① 유입공기는 화재층의 제연구역과 면하는 옥내로부터 옥외로 배출되도록 해야 한다. 다만, 직통계단식 공동주택의 경우에는 그렇지 않다.
② 유입공기의 배출방식
㉠ 수직풍도에 따른 배출 : 옥상으로 직통하는 전용의 배출용 수직풍도를 설치하여 배출하는 것으로서 다음의 어느 하나에 해당하는 것
㉮ 자연배출식 : 굴뚝효과에 따라 배출하는 것
㉯ 기계배출식 : 수직풍도의 상부에 전용의 배출용 송풍기를 설치하여 강제로 배출하는 것. 다만, 지하층만을 제연하는 경우 배출용 송풍기의 설치위치는 배출된 공기로 인하여 피난 및 소화활동에 지장을 주지 않는 곳에 설치할 수 있다.
㉡ 배출구에 따른 배출 : 건물의 옥내와 면하는 외벽마다 옥외와 통하는 배출구를 설치하여 배출하는 것
㉢ 제연설비에 따른 배출 : 거실제연설비가 설치되어 있고 해당 옥내로부터 옥외로 배출해야 하는 유입공기의 양을 거실제연설비의 배출량에 합하여 배출하는 경우 유입공기의 배출은 해당 거실제연설비에 따른 배출로 갈음할 수 있다.

(7) 수직풍도에 따른 배출

수직풍도에 따른 배출은 다음의 기준에 적합해야 한다.

① 수직풍도는 내화구조로 하되 [건축물의 피난 · 방화구조 등의 기준에 관한 규칙] 제3조 제1호 또는 제2호의 기준 이상의 성능으로 할 것

② 수직풍도의 내부면은 두께 0.5mm 이상의 아연도금강판 또는 동등 이상의 내식성 · 내열성이 있는 것으로 마감하되 접합부에 대하여는 통기성이 없도록 조치할 것

③ 각 층의 옥내와 면하는 수직풍도의 관통부에는 다음의 기준에 적합한 댐퍼(이하 “배출댐퍼”라 한다)를 설치해야 한다.

㉠ 배출댐퍼는 두께 1.5mm 이상의 강판 또는 이와 동등 이상의 성능이 있는 것으로 설치해야 하며 비내식성 재료의 경우에는 부식방지 조치를 할 것

㉡ 평상시 닫힌 구조로 기밀상태를 유지할 것

㉢ 개폐 여부를 해당 장치 및 제어반에서 확인할 수 있는 감지기능을 내장하고 있을 것

㉣ 구동부의 작동상태와 닫혀 있을 때의 기밀상태를 수시로 점검할 수 있는 구조일 것

㉤ 풍도의 내부마감상태에 대한 점검 및 댐퍼의 정비가 가능한 이 · 탈착식 구조로 할 것

㉥ 화재층에 설치된 화재감지기의 동작에 따라 해당 층의 댐퍼가 개방될 것

㉦ 개방 시의 실제개구부(개구율을 감안한 것을 말한다)의 크기는 아래 ④의 기준에 따른 수직풍도의 최소내부단면적 이상으로 할 것

㉧ 댐퍼는 풍도 내의 공기흐름에 지장을 주지 않도록 수직풍도의 내부로 돌출하지 않게 설치할 것

④ 수직풍도의 내부단면적

㉠ 자연배출식의 경우 다음 식에 따라 산출하는 수치 이상으로 할 것. 다만, 수직풍도의 길이가 100m를 초과하는 경우에는 산출수치의 1.2배 이상의 수치를 기준으로 해야 한다.

$$AP = QN/2$$

AP : 수직풍도의 내부단면적(m^2)
QN : 수직풍도가 담당하는 1개 층의 제연구역의 출입문(옥내와 면하는 출입문을 말한다) 1개의 면적(m^2)과 방연풍속(m/s)을 곱한 값(m^3/s)

㉡ 송풍기를 이용한 기계배출식의 경우 풍속 15m/sec 이하로 할 것

⑤ 기계배출식에 따라 배출하는 경우 배출용 송풍기는 다음의 기준에 적합할 것

㉠ 열기류에 노출되는 송풍기 및 그 부품들은 250°C의 온도에서 1시간 이상 가동상태를 유지할 것

㉡ 송풍기의 풍량은 ④의 ㉠ 의 기준에 따른 QN에 여유량을 더한 양을 기준으로 할 것
㉢ 송풍기는 화재감지기의 동작에 따라 연동하도록 할 것
㉣ 송풍기의 풍량을 실측할 수 있는 유효한 조치를 할 것
㉤ 송풍기는 다른 장소와 방화구획되고 접근과 점검이 용이한 장소에 설치할 것

⑥ 수직풍도의 상부의 말단(기계배출식 송풍기도 포함한다)은 빗물이 흘러들지 않는 구조로 하고, 옥외의 풍압에 따라 배출성능이 감소하지 않도록 유효한 조치를 할 것

(8) 배출구에 따른 배출

배출구에 따른 배출은 다음의 기준에 적합해야 한다.

① 배출구에는 다음의 기준에 적합한 장치(이하 "개폐기"라 한다)를 설치할 것
㉠ 빗물과 이물질이 유입하지 않는 구조로 할 것
㉡ 옥외 쪽으로만 열리도록 하고 옥외의 풍압에 따라 자동으로 닫히도록 할 것
㉢ 배출댐퍼는 두께 1.5mm 이상의 강판 또는 이와 동등 이상의 성능이 있는 것으로 설치해야 하며 비내식성 재료의 경우에는 부식방지조치를 할 것
㉣ 평상시 닫힌 구조로 기밀상태를 유지할 것
㉤ 개폐 여부를 해당 장치 및 제어반에서 확인할 수 있는 감지기능을 내장하고 있을 것
㉥ 구동부의 작동상태와 닫혀 있을 때의 기밀상태를 수시로 점검할 수 있는 구조일 것
㉦ 풍도의 내부마감상태에 대한 점검 및 댐퍼의 정비가 가능한 이 · 탈착식 구조로 할 것
㉧ 화재 층에 설치된 화재감지기의 동작에 따라 해당 층의 댐퍼가 개방될 것
㉨ 개방 시의 실제개구부의 크기는 수직풍도의 내부단면적과 같도록 할 것

② 개폐기의 개구면적은 다음 식에 따라 산출한 수치 이상으로 할 것

$$AO = QN / 2.5$$

AO : 개폐기의 개구면적(m^2)
QN : 수직풍도가 담당하는 1개 층의 제연구역의 출입문(옥내와 면하는 출입문을 말한다) 1개의 면적(m^2)과 방연풍속(m/s)을 곱한 값(m^3/s)

(9) 급 기

① 부속실만을 제연하는 경우 동일 수직선상의 모든 부속실은 하나의 전용 수직풍도를 통해 동시에 급기할 것. 다만, 동일 수직선상에 2대 이상의 급기송풍기가 설치되는 경우에는 수직풍도를 분리하여 설치할 수 있다.

② 계단실 및 부속실을 동시에 제연하는 경우 계단실에 대하여는 그 부속실의 수직풍도를 통해 급기할 수 있다.

③ 계단실만을 제연하는 경우에는 전용 수직풍도를 설치하거나 계단실에 급기풍도 또는

급기 송풍기를 직접 연결하여 급기하는 방식으로 할 것

④ 하나의 수직풍도마다 전용의 송풍기로 급기할 것

⑤ 비상용승강기 또는 피난용승강기의 승강장을 제연하는 경우에는 해당 승강기의 승강로를 급기풍도로 사용할 수 있다.

(10) 급기구

① 급기용 수직풍도와 직접 면하는 벽체 또는 천장(당해 수직풍도와 천장급기구 사이의 풍도를 포함한다)에 고정하되, 급기되는 기류 흐름이 출입문으로 인하여 차단되거나 방해받지 않도록 옥내와 면하는 출입문으로부터 가능한 먼 위치에 설치할 것

② 계단실과 그 부속실을 동시에 제연하거나 또는 계단실만을 제연하는 경우 급기구는 계단실 매 3개 층 이하의 높이마다 설치할 것. 다만, 계단실의 높이가 31m 이하로서 계단실만을 제연하는 경우에는 하나의 계단실에 하나의 급기구만을 설치할 수 있다.

③ 급기구의 댐퍼 설치는 다음의 기준에 적합할 것

㉠ 급기댐퍼의 재질은 「자동차압급기댐퍼의 성능인증 및 제품검사의 기술기준」에 적합한 것으로 할 것

㉡ 자동차압급기댐퍼는 「자동차압급기댐퍼의 성능인증 및 제품검사의 기술기준」에 적합한 것으로 설치할 것

㉢ 자동차압급기댐퍼가 아닌 댐퍼는 개구율을 수동으로 조절할 수 있는 구조로 할 것

㉣ 화재감지기에 따라 모든 제연구역의 댐퍼가 개방되도록 할 것
다만, 둘 이상의 특정소방대상물이 지하에 설치된 주차장으로 연결되어 있는 경우에는 특정소방대상물의 화재감지기 및 주차장에서 하나의 특정소방대상물의 제연구역으로 들어가는 입구에 설치된 제연용 연기감지기의 작동에 따라 해당 특정소방대상물의 수직풍도에 연결된 모든 제연구역의 댐퍼가 개방되도록 하거나 해당 특정소방대상물을 포함한 둘 이상의 특정소방대상물의 모든 제연구역의 댐퍼가 개방되도록 할 것

㉤ 댐퍼의 작동이 전기적방식에 의하는 경우 (7)의 ③의 ㉡ ~ ㉤의 기준을, 기계적방식에 따른 경우 (7)의 ③의 ㉢ ~ ㉤ 기준을 준용할 것

㉥ 그 밖의 설치기준은 수직풍도의 관통부에 설치하는 댐퍼의 설치기준과 동일

(11) 급기풍도

① 급기풍도는 내화구조로 하되 「건출물의 피난 · 방화 구조 등의 기준에 관한 규칙」 제3조 제1호 또는 제2호의 기준 이상의 성능으로 할 것

② 급기풍도의 내부면은 두께 0.5mm 이상의 아연도금강판 또는 동등 이상의 내식성 · 내열성이 있는 것으로 마감하되 접합부에 대하여는 통기성이 없도록 조치할 것

③ 수직풍도 이외의 풍도로서 금속판으로 설치하는 풍도는 다음의 기준에 적합할 것

㉠ 풍도는 아연도금강판 또는 이와 동등 이상의 내식성 · 내열성이 있는 것으로 하며, 불연재료(석면재료를 제외한다)인 단열재로 풍도외부에 유효한 단열처리를 하고, 강판의 두께는 풍도의 크기에 따라 다음 표에 따른 기준 이상으로 할 것. 다만, 방화구획이 되는 전용실에 급기송풍기와 연결되는 풍도는 단열이 필요 없다.

풍도단면의 긴변 또는 직경의 크기	450mm 이하	450mm 초과 750mm 이하	750mm 초과 1,500mm 이하	1,500mm 초과 2,250mm 이하	2,250mm 초과
강판두께	0.5mm	0.6mm	0.8mm	1.0mm	1.2mm

㉡ 풍도에서의 누설량은 급기량의 10%를 초과하지 않을 것

④ 풍도는 정기적으로 풍도 내부를 청소할 수 있는 구조로 할 것

⑤ 풍도내의 풍속은 15m/s 이하로 할 것

(12) 급기송풍기

① 송풍기의 송풍능력은 송풍기가 담당하는 제연구역에 대한 급기량의 1.15배 이상으로 할 것. 다만 풍도에서의 누설을 실측하여 조정하는 경우에는 그렇지 않다.

② 송풍기에는 풍량조절장치를 설치하여 풍량조절을 할 수 있도록 할 것

③ 송풍기에는 풍량을 실측할 수 있는 유효한 조치를 할 것

④ 송풍기는 인접장소의 화재로부터 영향을 받지 않고 접근 및 점검이 용이한 곳에 설치할 것

⑤ 송풍기는 옥내 화재감지기의 동작에 따라 작동하도록 할 것

⑥ 송풍기와 연결되는 캔버스는 내열성(석면재료를 제외한다)이 있는 것으로 할 것

(13) 외기 취입구

① 외기를 옥외로부터 취입하는 경우 취입구는 연기 또는 공해물질 등으로 오염된 공기를 취입 하지 않는 위치에 설치해야 하며, 배기구 등(유입공기, 주방의 조리대의 배출공기 또는 화장실의 배출공기 등을 배출하는 배기구를 말한다)으로부터 수평거리 5m 이상, 수직거리 1m 이상 낮은 위치에 설치할 것

② 취입구를 옥상에 설치하는 경우에는 옥상의 외곽면으로부터 수평거리 5m 이상, 외곽면의 상단으로부터 하부로 수직거리 1m 이하의 위치에 설치할 것

③ 취입구는 빗물과 이물질이 유입하지 않는 구조로 할 것

④ 취입구는 취입공기가 옥외의 바람의 속도와 방향에 따라 영향을 받지 않는 구조로 할 것

(14) 제연구역 및 옥내의 출입문

① 제연구역 출입문의 기준

㉠ 제연구역의 출입문(창문을 포함)은 언제나 닫힌 상태를 유지하거나 자동폐쇄장치에 의해 자동으로 닫히는 구조로 할 것. 다만, 아파트인 경우 제연구역과 계단실 사이의 출입문은 자동폐쇄장치에 의하여 자동으로 닫히는 구조로 해야 한다.

㉡ 제연구역의 출입문에 설치하는 자동폐쇄장치는 제연구역의 기압에도 불구하고 출입문을 용이하게 닫을 수 있는 충분한 폐쇄력이 있을 것

㉢ 제연구역의 출입문 등에 자동폐쇄장치를 사용하는 경우에는 「자동폐쇄장치의 성능인증 및 제품검사의 기술기준」에 적합한 것으로 설치할 것

② 옥내 출입문의 기준

㉠ 출입문은 언제나 닫힌 상태를 유지하거나 자동폐쇄장치에 의해 자동으로 닫히는 구조로 할 것

㉡ 거실 쪽으로 열리는 구조의 출입문에 자동폐쇄장치를 설치하는 경우에는 출입문의 개방 시 유입공기의 압력에도 불구하고 출입문을 용이하게 닫을 수 있는 충분한 폐쇄력이 있는 것으로 할 것

(15) 수동기동장치

① 배출댐퍼 및 개폐기의 직근과 제연구역에는 다음의 기준에 따른 장치의 작동을 위하여 수동기동장치를 설치하고 스위치는 바닥으로부터 0.8m 이상 1.5m 이하의 높이에 설치해야 한다. 다만, 계단실 및 그 부속실을 동시에 제연하는 제연구역에는 그 부속실에만 설치할 수 있다.

㉠ 전 층의 제연구역에 설치된 급기댐퍼의 개방

㉡ 해당 층의 배출댐퍼 또는 개폐기의 개방

㉢ 급기송풍기 및 유입공기의 배출용 송풍기(설치한 경우에 한한다)의 작동

㉣ 개방·고정된 모든 출입문(제연구역과 옥내 사이의 출입문에 한한다)의 개폐장치의 작동

② ①의 기준에 따른 장치는 옥내에 설치된 수동발신기의 조작에 따라 작동할 수 있도록 해야 한다.

(16) 제어반

① 제어반에는 제어반의 기능을 1시간 이상 유지할 수 있는 용량의 비상용 축전지를 내장할 것. 다만 해당 제어반이 종합방재제어반에 함께 설치되어 종합방재제어반으로부터 이 기준에 따른 용량의 전원을 공급받을 수 있는 경우에는 그렇지 않다.

② 제어반은 다음의 기능을 보유할 것

㉠ 급기용 댐퍼의 개폐에 대한 감시 및 원격조작기능
㉡ 배출댐퍼 또는 개폐기의 작동 여부에 대한 감시 및 원격조작기능
㉢ 급기송풍기와 유입공기의 배출용 송풍기(설치한 경우에 한한다)의 작동 여부에 대한 감시 및 원격조작기능
㉣ 제연구역 출입문의 일시적인 고정개방 및 해정에 대한 감시 및 원격조작기능
㉤ 수동기동장치의 작동 여부에 대한 감시기능
㉥ 급기구 개구율의 자동조절장치(설치한 경우에 한한다)의 작동 여부에 대한 감시기능. 다만, 급기구에 차압표시계를 고정 부착한 자동차압급기댐퍼를 설치하고 해당 제어반에도 차압표시계를 설치한 경우에는 그렇지 않다.
㉦ 감시선로의 단선에 대한 감시기능
㉧ 예비전원이 확보되고 예비전원의 적합여부를 시험할 수 있어야 할 것

(17) 비상전원

비상전원은 자가발전설비, 축전지설비 또는 전기저장장치로서 다음의 기준에 따라 설치해야 한다. 다만, 2 이상의 변전소(전기사업법 제67조 및 「전기설비기술기준」 제3조제2호에 따른 변전소를 말한다)에서 전력을 동시에 공급받을 수 있거나 하나의 변전소로부터 전력공급이 중단되는 때에 자동으로 다른 변전소로부터 전원을 공급받을 수 있도록 상용전원을 설치한 경우에는 그렇지 않다.

① 점검에 편리하고 화재 및 침수 등의 재해로 인한 피해를 받을 우려가 없는 곳에 설치할 것
② 제연설비를 유효하게 20분(층수가 30층 이상 49층 이하는 40분, 50층 이상은 60분) 이상 작동할 수 있도록 할 것
③ 상용전원으로부터 전력의 공급이 중단된 때에는 자동으로 비상전원으로부터 전력을 공급 받을 수 있도록 할 것
④ 비상전원의 설치장소는 다른 장소와 방화구획 할 것. 이 경우 그 장소에는 비상전원의 공급에 필요한 기구나 설비 외의 것을 두어서는 아니 된다.
⑤ 비상전원을 실내에 설치하는 때에는 그 실내에 비상조명등을 설치할 것

(18) 성능확인

① 제연설비는 설계목적에 적합한지 사전에 검토하고 건물의 모든 부분(건축설비를 포함한다)이 완성되는 시점에 맞추어 시험 · 측정 및 조정(이하 "시험 등"이라 한다)을 해야 한다.
② 제연설비의 시험 등은 다음의 기준에 따라 실시해야 한다.
㉠ 제연구역의 모든 출입문 등의 크기와 열리는 방향이 설계 시와 동일한지 여부를

확인하고, 동일하지 아니한 경우 급기량과 보충량 등을 다시 산출하여 조정가능 여부 또는 재설계 · 개수의 여부를 결정할 것

㉡ 제연구역의 출입문 및 복도와 거실(옥내가 복도와 거실로 되어 있는 경우에 한한다) 사이의 출입문마다 제연설비가 작동하고 있지 아니한 상태에서 그 폐쇄력을 측정할 것

㉢ 층별로 화재감지기(수동기동장치를 포함한다)를 동작시켜 제연설비가 작동하는지 여부를 확인할 것. 다만, 둘 이상의 특정소방대상물이 지하에 설치된 주차장으로 연결되어 있는 경우에는 특정소방대상물의 화재감지기 및 주차장에서 하나의 특정소방대상물의 제연구역으로 들어가는 입구에 설치된 제연용 연기감지기의 작동에 따라 해당 특정소방대상물의 수직풍도에 연결된 모든 제연구역의 댐퍼가 개방되도록 하거나 해당 특정소방대상물을 포함한 둘 이상의 특정소방대상물의 모든 제연구역의 댐퍼가 개방되도록 하고 비상전원을 작동시켜 급기 및 배기용 송풍기의 성능이 정상인지 확인할 것

㉣ ㉢의 기준에 따라 제연설비가 작동하는 경우 다음의 기준에 따른 시험 등을 실시할 것

㉮ 부속실과 면하는 옥내 및 계단실의 출입문을 동시에 개방할 경우, 유입공기의 풍속이 규정에 따른 방연풍속에 적합한지 여부를 확인하고, 적합하지 아니한 경우에는 급기구의 개구율과 송풍기의 풍량조절댐퍼 등을 조정하여 적합하게 할 것. 이 경우 유입공기의 풍속은 출입문의 개방에 따른 개구부를 대칭적으로 균등분할하는 10 이상의 지점에서 측정하는 풍속의 평균치로 할 것

㉯ ㉮의 기준에 따른 시험 등의 과정에서 출입문을 개방하지 않는 제연구역의 실제 차압이 기준에 적합한지 여부를 출입문 등에 차압측정공을 설치하고 이를 통하여 차압측정기구로 실측하여 확인 · 조정할 것

㉰ 제연구역의 출입문이 모두 닫혀 있는 상태에서 제연설비를 가동시킨 후 출입문의 개방에 필요한 힘을 측정하여 규정에 따른 개방력에 적합한지 여부를 확인하고, 적합하지 아니한 경우에는 급기구의 개구율 조정 및 플랩댐퍼와 풍량조절용 댐퍼 등의 조정에 따라 적합하도록 조치할 것. 이때 제연구역의 출입문과 면하는 옥내에 거실제연설비가 설치된 경우에는 이 기준에 따른 제연설비와 해당 거실제연설비를 동시에 작동시킨 상태에서 출입문의 개방력을 측정할 것

㉱ ㉮의 기준에 따른 시험 등의 과정에서 부속실의 개방된 출입문이 자동으로 완전히 닫히는지 여부를 확인하고, 닫힌 상태를 유지할 수 있도록 조정할 것

CHAPTER 30 연결송수관설비(NFTC502)

1 설치대상

연결송수관설비를 설치해야 하는 특정소방대상물(위험물 저장 및 처리시설 중 가스시설 및 지하구는 제외한다)은 다음의 어느 하나에 해당하는 것으로 한다.

① 층수가 5층 이상으로서 연면적 6천m² 이상인 경우에는 모든 층

② ①에 해당하지 않는 특정소방대상물로서 지하층을 포함하는 층수가 7층 이상인 경우에는 모든 층

③ ① 및 ②에 해당하지 않는 특정소방대상물로서 지하층의 층수가 3층 이상이고 지하층의 바닥면적의 합계가 1천m² 이상인 경우에는 모든 층

④ 지하가 중 터널로서 길이가 1천m 이상인 것

2 계통도

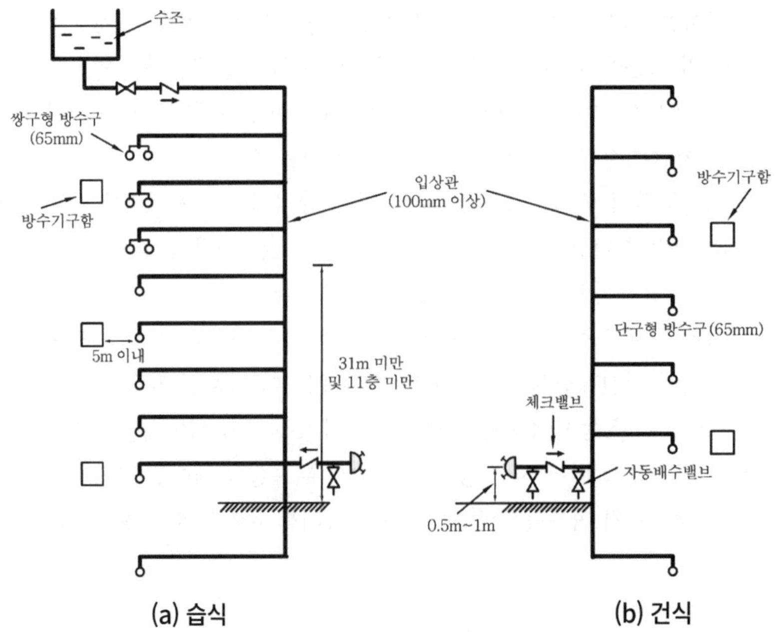

(a) 습식 (b) 건식

3 용어의 정의

① "송수구"란 소화설비에 소화용수를 보급하기 위하여 건물 외벽 또는 구조물의 외벽에 설치하는 관을 말한다.

② "방수구"란 소화설비로부터 소화용수를 방수하기 위하여 건물내벽 또는 구조물의 외벽에 설치하는 관을 말한다.

4 설치기준

(1) 송수구

① 소방차가 쉽게 접근할 수 있고 잘보이는 장소에 설치할 것

② 지면으로부터 높이가 0.5m 이상, 1m 이하의 위치에 설치할 것

③ 송수구는 화재층으로부터 지면으로 떨어지는 유리창 등이 송수 및 그 밖의 소화작업에 지장을 주지 않는 장소에 설치할 것

④ 송수구로부터 연결송수관설비의 주배관에 이르는 연결배관에 개폐밸브를 설치한 때에는 그 개폐상태를 쉽게 확인 및 조작할 수 있는 옥외 또는 기계실 등의 장소에 설치할 것. 이 경우 개폐밸브에는 그 밸브의 개폐상태를 감시제어반에서 확인할 수 있도록 급수개폐밸브 작동표시 스위치(이하 "탬퍼스위치"라 한다)를 다음 기준에 따라 설치해야 한다.

㉠ 급수개폐밸브가 잠길 경우 탬퍼스위치의 동작으로 인하여 감시제어반 또는 수신기에 표시되어야하며 경보음을 발할 것

㉡ 탬퍼스위치는 감시제어반 또는 수신기에서 동작의 유무확인과 동작시험, 도통시험을 할 수 있을 것

㉢ 탬퍼스위치에 사용되는 전기배선은 내화전선 또는 내열전선으로 설치할 것

⑤ 구경 65mm의 쌍구형으로 할 것

⑥ 송수구에는 그 가까운 곳의 보기 쉬운 곳에 송수압력범위를 표시한 표지를 할 것

⑦ 송수구는 연결송수관의 수직배관마다 1개 이상을 설치할 것. 다만, 하나의 건축물에 설치된 각 수직배관이 중간에 개폐밸브가 설치되지 아니한 배관으로 상호 연결되어 있는 경우에는 건축물마다 1개씩 설치할 수 있다.

⑧ 송수구의 부근에는 자동배수밸브 및 체크밸브를 다음의 기준에 따라 설치할 것. 이 경우 자동배수밸브는 배관 안의 물이 잘 빠질 수 있는 위치에 설치하되, 배수로 인하여 다른 물건이나 장소에 피해를 주지 않아야 한다.

㉠ 습식의 경우에는 송수구 · 자동배수밸브 · 체크밸브의 순으로 설치할 것

㉡ 건식의 경우에는 송수구 · 자동배수밸브 · 체크밸브 · 자동배수밸브의 순으로 설치할 것

⑨ 송수구에는 가까운 곳의 보기 쉬운 곳에 "연결송수관설비송수구"라고 표시한 표지를 설치할 것

⑩ 송수구에는 이물질을 막기 위한 마개를 씌울 것

(2) 배관 등

① 배관은 다음의 기준에 따라 설치해야 한다.

㉠ 주배관의 구경은 100mm 이상의 것으로 할 것. 다만, 주배관의 구경이 100mm 이상인 옥내소화전설비의 배관과는 겸용할 수 있다.

㉡ 지면으로부터의 높이가 31m 이상인 특정소방대상물 또는 지상 11층 이상인 특정소방대상물에 있어서는 습식설비로 할 것

② 연결송수관설비의 수직배관은 내화구조로 구획된 계단실(부속실을 포함한다) 또는 파이프덕트 등 화재의 우려가 없는 장소에 설치해야 한다. 다만, 학교 또는 공장이거나 배관주위를 1시간 이상의 내화성능이 있는 재료로 보호하는 경우에는 그렇지 않다.

③ 기타 배관규정은 옥내소화전 배관규정과 동일

(3) 방수구

① 연결송수관설비의 방수구는 그 특정소방대상물의 층마다 설치할 것

방수구를 설치하지 않아도 되는 층

- 아파트의 1층 및 2층
- 소방차의 접근이 가능하고 소방대원이 소방차로부터 각 부분에 쉽게 도달할 수 있는 피난층
- 송수구가 부설된 옥내소화전을 설치한 특정소방대상물로서 다음에 해당하는 층
  - 지하층을 제외한 층수가 4층 이하이고 연면적이 6,000m^2 미만인 특정소방대상물의 지상층
  - 지하층의 층수가 2 이하인 특정소방대상물의 지하층

② 방수구는 아파트 또는 바닥면적이 1,000m^2 미만인 층에 있어서는 계단으로부터 5m 이내에, 바닥면적 1,000m^2 이상인 층에 있어서는 각 계단으로부터 5m 이내에 설치할 것

③ 각 부분으로부터 방수구까지의 수평거리

㉠ 지하가 또는 지하층의 바닥면적의 합계가 3,000m^2 이상인 것 : 25m

㉡ ㉠에 해당하지 않는 것 : 50m

④ 11층 이상의 부분에 설치하는 방수구는 쌍구형으로 할 것

11층 이상인 층 중 단구형 방수구를 설치할 수 있는 경우

- 아파트의 용도로 사용되는 층
- 스프링클러설비가 유효하게 설치되어 있고 방수구가 2개소 이상 설치된 층

⑤ 방수구의 호스접결구는 바닥으로부터 높이 0.5m 이상, 1m 이하의 위치에 설치할 것
⑥ 방수구는 연결송수관설비의 전용방수구 또는 옥내소화전방수구로서 구경 65mm의 것으로 설치할 것
⑦ 방수구의 위치표시는 표시등 또는 축광식표지로 하되 다음의 기준에 따라 설치할 것
　㉠ 표시등을 설치하는 경우에는 함의 상부에 설치하되, 소방청장이 고시한 「표시등의 성능인증 및 제품검사의 기술기준」에 적합한 것으로 설치할 것
　㉡ 축광식표지를 설치하는 경우에는 소방청장이 고시한 「축광표지의 성능인증 및 제품검사의 기술기준」에 적합한 것으로 설치할 것
⑧ 방수구는 개폐기능을 가진 것으로 설치해야하며, 평상시 닫힌 상태를 유지할 것

(4) 방수기구함

연결송수관설비의 방수용기구함을 다음의 기준에 따라 설치해야 한다.

① 방수기구함은 피난층과 가장 가까운 층을 기준으로 3개 층마다 설치하되, 그 층의 방수구마다 보행거리 5m 이내에 설치할 것
② 방수기구함에는 길이 15m의 호스와 방사형 관창을 다음의 기준에 따라 비치할 것
　㉠ 호스는 방수구에 연결하였을 때 그 방수구가 담당하는 구역의 각 부분에 유효하게 물이 뿌려질 수 있는 개수 이상을 비치할 것. 이 경우 쌍구형 방수구는 단구형 방수구의 2배 이상의 개수를 설치해야 한다.
　㉡ 방사형 관창은 단구형 방수구의 경우에는 1개, 쌍구형 방수구의 경우에는 2개 이상 비치할 것
③ 방수기구함에는 "방수기구함"이라고 표시한 축광식 표지를 할 것. 이 경우 축광식 표지는 소방청장이 고시한 「축광표지의 성능인증 및 제품검사의 기술기준」에 적합한 것으로 설치해야 한다.

(5) 가압송수장치

지표면에서 최상층 방수구의 높이가 70m 이상의 특정소방대상물에는 다음의 기준에 따라 연결송수관설비의 가압송수장치를 설치해야 한다.

① 펌프의 토출량은 다음 기준에 적합할 것

대상물의 층 당 방수구	1~3개	4개	5개 이상
일반 대상물	2,400ℓ/min 이상	3,200ℓ/min 이상	4,000ℓ/min 이상
계단실형 아파트	1,200ℓ/min 이상	1,600ℓ/min 이상	2,000ℓ/min 이상

② 펌프의 양정은 최상층에 설치된 노즐선단의 압력이 0.35MPa 이상의 압력이 되도록 할 것

③ 가압송수장치는 방수구가 개방될 때 자동으로 기동되거나 또는 수동스위치의 조작에 따라 기동되도록 할 것. 이 경우 수동스위치는 2개 이상을 설치하되, 그 중 1개는 다음의 기준에 따라 송수구의 부근에 설치해야 한다.

㉠ 송수구로부터 5m 이내의 보기 쉬운 장소에 바닥으로부터 높이 0.8m 이상, 1.5m 이하로 설치할 것

㉡ 1.5mm 이상의 강판함에 수납하여 설치하고 "연결송수관설비 수동스위치"라고 표시한 표지를 부착할 것. 이 경우 문짝은 불연재료로 설치할 수 있다.

㉢ 접지하고 빗물 등이 들어가지 않는 구조로 할 것

④ 펌프의 성능시험을 위한 전용수조를 설치할 것. 다만 성능시험에 지장을 주지 않는 경우 다른 설비의 수조와 겸용할 수 있다.

⑤ 수조의 유효수량은 펌프정격토출량의 150%로 5분 이상 방수할 수 있는 양 이상이 되도록 해야 한다.

⑥ 펌프의 성능시험시 방수되는 물로 침수피해가 발생하지 않도록 배수설비가 되어 있을 것

⑦ 그 밖의 사항은 옥내소화전과 동일

연결살수설비(NFTC503)

1 설치대상

① 판매시설, 운수시설, 창고시설 중 물류터미널로서 해당 용도로 사용되는 부분의 바닥면적의 합계가 1천㎡ 이상인 경우에는 해당 시설

② 지하층(피난층으로 주된 출입구가 도로와 접한 경우는 제외한다)으로서 바닥면적의 합계가 150㎡ 이상인 경우에는 지하층의 모든 층. 다만, 「주택법 시행령」 제46조제1항에 따른 국민주택규모 이하인 아파트등의 지하층(대피시설로 사용하는 것만 해당한다)과 교육연구시설 중 학교의 지하층의 경우에는 700㎡ 이상인 것으로 한다.

③ 가스시설 중 지상에 노출된 탱크의 용량이 30톤 이상인 탱크시설

④ ① 및 ②의 특정소방대상물에 부속된 연결통로

2 계통도

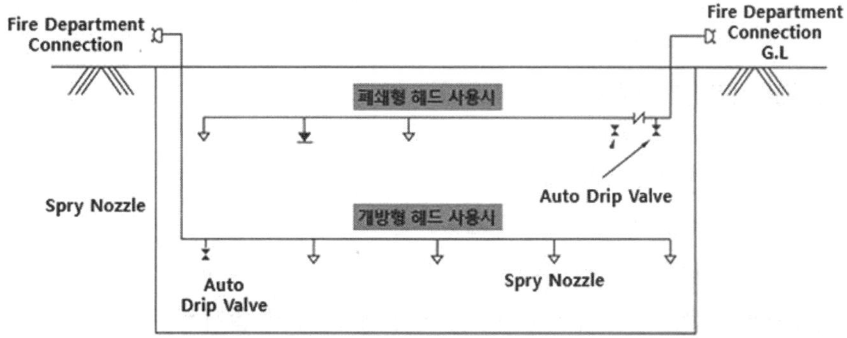

3 설치기준

(1) 송수구 등

① 송수구의 설치기준

㉠ 소방차가 쉽게 접근할 수 있고 노출된 장소에 설치할 것

㉡ 가연성 가스의 저장 · 취급시설에 설치하는 연결살수설비의 송수구는 그 방호대상물로부터 20m 이상의 거리를 두거나 방호대상물에 면하는 부분이 높이 1.5m 이상, 폭 2.5m 이상의 철근콘크리트 벽으로 가려진 장소에 설치해야 한다.

㉢ 송수구는 구경 65mm의 쌍구형으로 설치할 것. 다만, 하나의 송수구역에 부착하는 살수헤드의 수가 10개 이하인 것에 있어서는 단구형으로 할 수 있다.

㉣ 개방형 헤드를 사용하는 송수구의 호스접결구는 각 송수구역마다 설치할 것. 다만, 송수구역을 선택할 수 있는 선택밸브가 설치되어 있고, 각 송수구역의 주요구조부가 내화구조로 되어 있는 경우에는 그렇지 않다.

㉤ 소방관의 호스연결 등 소화작업에 용이하도록 지면으로부터 높이가 0.5m 이상 1m 이하의 위치에 설치할 것

㉥ 송수구로부터 주배관에 이르는 연결배관에는 개폐밸브를 설치하지 않을 것. 다만, 스프링클러설비 · 물분무소화설비 · 포소화설비 또는 연결송수관설비의 배관과 겸용하는 경우에는 그렇지 않다.

㉦ 송수구의 부근에는 "연결살수설비 송수구"라고 표시한 표지와 송수구역 일람표를 설치할 것. 다만, 선택밸브를 설치한 경우에는 그렇지 않다.

㉧ 송수구에는 이물질을 막기 위한 마개를 씌워야 한다.

② 연결살수설비의 선택밸브의 설치기준

㉠ 화재시 연소의 우려가 없는 장소로서 조작 및 점검이 쉬운 위치에 설치할 것

㉡ 자동개방밸브에 따른 선택밸브를 사용하는 경우에 있어서는 송수구역에 방수하지 않고 자동밸브의 작동시험이 가능하도록 할 것

㉢ 선택밸브의 부근에는 송수구역 일람표를 설치할 것

③ 송수구의 가까운 부분에 자동배수밸브 및 체크밸브의 설치기준

㉠ 폐쇄형 헤드를 사용하는 설비의 경우에는 송수구 · 자동배수밸브 · 체크밸브의 순으로 설치할 것

㉡ 개방형 헤드를 사용하는 설비의 경우에는 송수구 · 자동배수밸브의 순으로 설치할 것

㉢ 자동배수밸브는 배관 안의 물이 잘 빠질 수 있는 위치에 설치하되, 배수로 인하여 다른 물건 또는 장소에 피해를 주지 않을 것

④ 개방형 헤드를 사용하는 연결살수설비에 있어서 하나의 송수구역에 설치하는 살수헤드의 수는 10개 이하가 되도록 해야 한다.

(2) 배관 등

① 배관의 구경

㉠ 연결살수설비 전용헤드를 사용하는 경우

하나의 배관에 부착하는 연결살수설비 전용헤드의 개수	1개	2개	3개	4개 또는 5개	6개 이상 10개 이하
배관의 구경(mm)	32	40	50	65	80

㉡ 스프링클러헤드를 사용하는 경우

급수관의 직경 / 구분	25	32	40	50	65	80	90	100	125	150
가	2	3	5	10	30	60	80	100	160	161 이상
나	2	4	7	15	30	60	65	100	160	161 이상
다	1	2	5	8	15	27	40	55	90	90 이상

② 주배관은 다음의 어느 하나에 해당하는 배관 또는 수조에 접속해야 한다. 이 경우 접속부분에는 체크밸브를 설치하되 점검하기 쉽게 해야 한다.

㉠ 옥내소화전설비의 주배관(옥내소화전설비가 설치된 경우에 한정한다)

㉡ 수도배관(연결살수설비가 설치된 건축물 안에 설치된 수도배관 중 구경이 가장 큰 배관을 말한다)

㉢ 옥상에 설치된 수조(다른 설비의 수조를 포함한다)

③ 폐쇄형 헤드를 사용하는 연결살수설비에는 다음의 기준에 따른 시험배관을 설치해야 한다.

㉠ 송수구에서 가장 먼 거리에 위치한 가지배관의 끝으로부터 연결하여 설치할 것

㉡ 시험장치 배관의 구경은 25mm 이상으로 하고, 그 끝에는 물받이통 및 배수관을 설치하여 시험 중 방사된 물이 바닥으로 흘러내리지 않도록 할 것. 다만, 목욕실 · 화장실 또는 그 밖의 배수처리가 쉬운 장소의 경우에는 물받이통 또는 배수관을 설치하지 않을 수 있다.

④ 개방형 헤드를 사용하는 연결살수설비의 수평주행배관은 헤드를 향하여 상향으로 100분의 1 이상의 기울기로 설치하고 주배관 중 낮은 부분에는 자동배수밸브를 설치해야 한다.

⑤ 가지배관 또는 교차배관을 설치하는 경우에는 가지배관의 배열은 토너먼트방식이 아니어야 하며, 가지배관은 교차배관 또는 주배관에서 분기되는 지점을 기점으로 한쪽 가지배관에 설치되는 헤드의 개수는 8개 이하로 해야 한다.

⑥ 습식 연결살수설비의 배관은 동결방지조치를 하거나 동결의 우려가 없는 장소에 설치해야 한다. 다만, 보온재를 사용할 경우에는 난연재료 성능 이상인 것으로 해야 한다.

⑦ 급수배관에 설치되어 급수를 차단할 수 있는 개폐밸브는 개폐표시형으로 해야 한다. 이 경우 펌프의 흡입측 배관에는 버터플라이밸브 외의 개폐표시형 밸브를 설치해야 한다.

⑧ 연결살수설비 교차배관의 위치 · 청소구 및 가지배관의 헤드설치는 다음의 기준에 따른다.

㉠ 교차배관은 가지배관과 수평으로 설치하거나 또는 가지배관 밑에 설치하고 그 구경은 ①의 규정에 따르되, 최소구경이 40mm 이상이 되도록 할 것

㉡ 폐쇄형헤드를 사용하는 연결살수설비의 청소구는 주배관 또는 교차배관 끝에 40mm 이상 크기의 개폐밸브를 설치하고, 호스접결이 가능한 나사식 또는 고정배수 배관식으로 할 것. 이 경우 나사식의 개폐밸브는 옥내소화전 호스접결용의 것으로 하고, 나사보호용의 캡으로 마감해야 한다.

㉢ 폐쇄형 헤드를 사용하는 연결살수설비에 하향식 헤드를 설치하는 경우에는 가지배관으로부터 헤드에 이르는 헤드접속배관은 가지관상부에서 분기할 것. 다만, 소화설비용 수원의 수질이 「먹는물관리법」 규정에 따라 먹는 물의 수질기준에 적합하고 덮개가 있는 저수조로부터 물을 공급받는 경우에는 가지배관의 측면 또는 하부에서 분기할 수 있다.

(3) 연결살수설비 헤드

① 연결살수설비의 헤드는 연결살수설비 전용헤드 또는 스프링클러헤드로 설치해야 한다.

② 연결살수설비 헤드의 설치기준

㉠ 천장 또는 반자의 실내에 면하는 부분에 설치할 것

㉡ 천장 또는 반자의 각 부분으로부터 하나의 살수헤드까지의 수평거리가 연결살수설비 전용헤드의 경우은 3.7m 이하, 스프링클러헤드의 경우는 2.3m 이하로 할 것. 다만, 살수헤드의 부착면과 바닥과의 높이가 2.1m 이하인 부분에 있어서는 살수헤드의 살수분포에 따른 거리로 할 수 있다.

③ 폐쇄형 스프링클러헤드를 설치하는 경우의 설치기준

㉠ 그 설치장소의 평상시 최고 주위온도에 따라 다음 표에 따른 표시온도의 것으로 설치할 것. 다만, 높이가 4m 이상인 공장 및 창고(랙크식 창고를 포함한다)에 설치하는 스프링클러헤드는 그 설치장소의 평상시 최고 주위온도에 관계없이 표시온도 121℃ 이상의 것으로 할 수 있다.

설치장소의 최고 주위온도	표시온도
39℃ 미만	79℃ 미만
39℃ 이상 64℃ 미만	79℃ 이상 121℃ 미만
64℃ 이상 106℃ 미만	121℃ 이상 162℃ 미만
106℃ 이상	162℃ 이상

㉡ 살수가 방해되지 않도록 스프링클러헤드로부터 반경 60cm 이상의 공간을 보유할 것. 다만, 벽과 스프링클러헤드 간의 공간은 10cm 이상으로 한다.

㉢ 스프링클러헤드와 그 부착면(상향식 헤드의 경우에는 그 헤드의 직상부의 천장 · 반자 또는 이와 비슷한 것을 말한다. 이하 같다)과의 거리는 30cm 이하로 할 것

㉣ 배관 · 행거 및 조명기구 등 살수를 방해하는 것이 있는 경우에는 ㉡과 ㉢의 규정에도 불구하고 그로부터 아래에 설치하여 살수에 장애가 없도록 할 것. 다만, 연결살수헤드와 장애물과의 이격거리를 장애물 폭의 3배 이상 확보한 경우에는 그렇지 않다.

㉤ 스프링클러헤드의 반사판은 그 부착면과 평행하게 설치할 것. 다만, 측벽형헤드 또는 ㉦에 따라 연소할 우려가 있는 개구부에 설치하는 스프링클러헤드의 경우에는 그렇지 않다.

㉥ 천장의 기울기가 10분의 1을 초과하는 경우에는 가지배관을 천장의 마루와 평행하게 설치하고, 스프링클러헤드는 다음의 어느 하나의 기준에 적합하게 설치할 것

㉮ 천장의 최상부에 스프링클러헤드를 설치하는 경우에는 최상부에 설치하는 스프링클러헤드의 반사판을 수평으로 설치할 것

㉯ 천장의 최상부를 중심으로 가지관을 서로 마주보게 설치하는 경우에는 최상부의 가지배관 상호 간의 거리가 가지배관상의 스프링클러헤드 상호 간의 거리의 2분의 1 이하(최소 1m 이상이 되어야 한다)가 되게 스프링클러헤드를 설치하고, 가지관의 최상부에 설치하는 스프링클러헤드는 천장의 최상부로부터의 수직거리가 90cm 이하가 되도록 할 것. 톱날지붕, 둥근지붕 기타 이와 유사한 지붕의 경우에도 이에 준한다.

㉦ 연소할 우려가 있는 개구부에는 그 상하좌우에 2.5m 간격으로(개구부의 폭이2.5m 이하인 경우에는 그 중앙에) 스프링클러헤드를 설치하되, 스프링클러헤드와 개구부의 내측면으로부터의 직선거리는 15cm 이하가 되도록 할 것. 이 경우 사람이 상시 출입하는 개구부로서 통행에 지장이 있는 때에는 개구부의 상부 또는 측면(개구부의 폭이 9m 이하인 경우에 한한다)에 설치하되, 헤드 상호 간의 간격은 1.2m 이하로 설치해야 한다.

ⓞ 습식 연결살수설비 외의 설비에는 상향식 스프링클러헤드를 설치할 것. 다만, 다음의 어느 하나에 해당하는 경우에는 그렇지 않다.

㉮ 드라이펜던트 스프링클러헤드를 사용하는 경우

㉯ 스프링클러헤드의 설치장소가 동파의 우려가 없는 곳인 경우

㉰ 개방형 스프링클러헤드를 사용하는 경우

ⓩ 측벽형 스프링클러헤드를 설치하는 경우 긴변의 한쪽 벽에 일렬로 설치(폭이 4.5m 이상 9m 이하인 실은 긴변의 양쪽에 각각 일렬로 설치하되 마주보는 스프링클러헤드가 나란하도록 설치)하고 3.6m 이내마다 설치할 것

④ 가연성 가스의 저장 · 취급시설에 설치하는 연결살수설비의 헤드의 설치기준

㉠ 연결살수설비 전용의 개방형 헤드를 설치할 것

㉡ 가스저장탱크 · 가스홀더 및 가스발생기의 주위에 설치하되, 헤드상호 간의 거리는 3.7m 이하로 할 것

㉢ 헤드의 살수범위는 가스저장탱크 · 가스홀더 및 가스발생기의 몸체의 중간 윗부분의 모든 부분이 포함되도록 해야 하고 살수된 물이 흘러내리면서 살수범위에 포함되지 않은 부분에도 모두 적셔질 수 있도록 할 것

(4) 헤드의 설치제외 장소

① 상점(영 별표 2 제5호와 제6호의 판매시설과 운수시설을 말하며, 바닥면적이 150㎡ 이상인 지하층에 설치된 것을 제외한다)으로서 주요구조부가 내화구조 또는 방화구조로 되어 있고 바닥면적이 500㎡ 미만으로 방화구획되어 있는 특정소방대상물 또는 그 부분

② 계단실(특별피난계단의 부속실을 포함한다) · 경사로 · 승강기의 승강로 · 파이프덕트 · 목욕실 · 수영장(관람석부분을 제외한다) · 화장실 · 직접 외기에 개방되어 있는 복도 그 밖의 이와 유사한 장소

③ 통신기기실 · 전자기기실 · 기타 이와 유사한 장소

④ 발전실 · 변전실 · 변압기 · 기타 이와 유사한 전기설비가 설치되어 있는 장소

⑤ 병원의 수술실 · 응급처치실 · 기타 이와 유사한 장소

⑥ 천장과 반자 양쪽이 불연재료로 되어 있는 경우로서 그 사이의 거리 및 구조가 다음의 어느 하나에 해당하는 부분

㉠ 천장과 반자 사이의 거리가 2m 미만인 부분

㉡ 천장과 반자 사이의 벽이 불연재료이고 천장과 반자 사이의 거리가 2m 이상으로서 그 사이에 가연물이 존재하지 않는 부분

⑦ 천장 · 반자 중 한쪽이 불연재료로 되어있고 천장과 반자 사이의 거리가 1m 미만인 부분

⑧ 천장 및 반자가 불연재료 외의 것으로 되어 있고 천장과 반자 사이의 거리가 0.5m 미만인 부분
⑨ 펌프실 · 물탱크실 그 밖의 이와 비슷한 장소
⑩ 현관 또는 로비 등으로서 바닥으로부터 높이가 20m 이상인 장소
⑪ 냉장창고의 냉장실 또는 냉동창고의 냉동실
⑫ 고온의 노가 설치된 장소 또는 물과 격렬하게 반응하는 물품의 저장 또는 취급장소
⑬ 불연재료로 된 특정소방대상물 또는 그 부분으로서 다음의 어느 하나에 해당하는 장소
  ㉠ 정수장 · 오물처리장 그 밖의 이와 비슷한 장소
  ㉡ 펄프공장의 작업장 · 음료수공장의 세정 또는 충전하는 작업장 그 밖의 이와 비슷한 장소
  ㉢ 불연성의 금속 · 석재 등의 가공공장으로서 가연성 물질을 저장 또는 취급하지 않는 장소
⑭ 실내에 설치된 테니스장 · 게이트볼장 · 정구장 또는 이와 비슷한 장소로서 실내바닥 · 벽 · 천장이 불연재료 또는 준불연재료로 구성되어 있고, 가연물이 존재하지 않는 장소로서 관람석이 없는 운동시설 부분(지하층은 제외한다)

(5) 소화설비의 겸용

연결살수설비의 송수구를 스프링클러설비 · 간이스프링클러설비 · 화재조기진압용 스프링클러설비 · 물분무소화설비 · 포소화설비와 겸용으로 설치하는 경우에는 스프링클러설비의 송수구 설치기준에 따르고, 옥내소화전설비의 송수구와 겸용으로 설치하는 경우에는 옥내소화전설비의 송수구의 설치기준에 따르되 각각의 소화설비의 기능에 지장이 없도록 해야 한다.

비상콘센트설비(NFTC504)

1 설치대상

비상콘센트설비를 설치해야 하는 특정소방대상물(위험물 저장 및 처리시설 중 가스시설 및 지하구는 제외한다)은 다음 어느 하나에 해당하는 것으로 한다.

① 층수가 11층 이상인 특정소방대상물의 경우에는 11층 이상의 층

② 지하층의 층수가 3층 이상이고 지하층의 바닥면적의 합계가 1천㎡ 이상인 것은 지하층의 모든 층

③ 지하가 중 터널로서 길이가 5백m 이상인 것

2 계통도

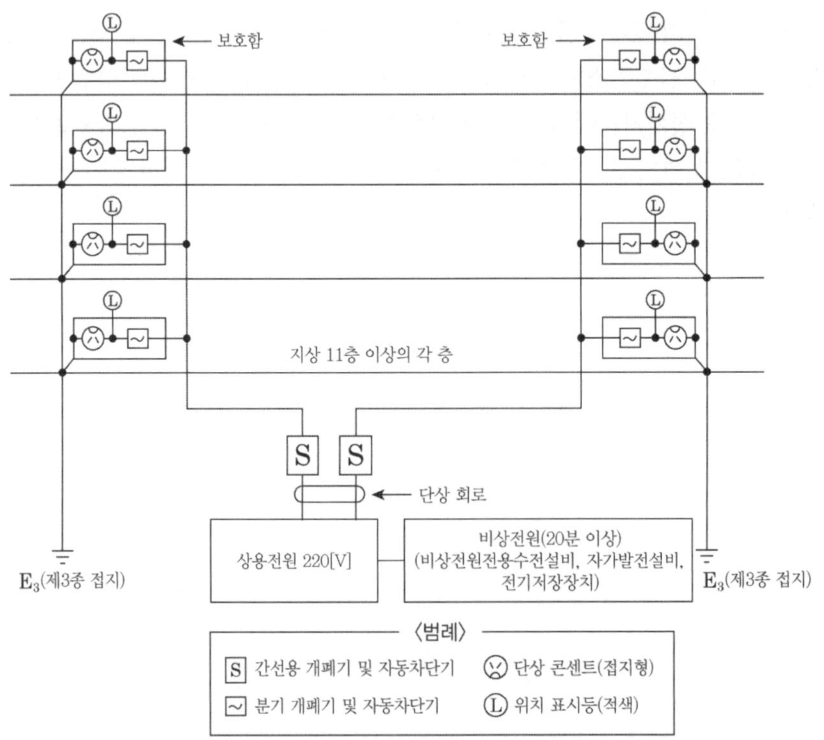

3 용어의 정의

① "비상콘센트설비"란 상용전원으로부터 전력의 공급이 중단된 때에는 자동으로 공급되는 전원을 말한다.
② "저압"이란 직류는 1.5kV 이하, 교류는 1kV 이하인 것을 말한다.
③ "고압"이란 직류는 1.5kV를, 교류는 1kV를 초과하고, 7kV 이하인 것을 말한다.
④ "특고압"이란 7kV를 초과하는 것을 말한다.

4 설치기준

(1) 전원 및 콘센트 등

① 전원의 기준

㉠ 상용전원회로의 배선은 저압수전인 경우에는 인입개폐기의 직후에서, 고압수전 또는 특고압수전인 경우에는 전력용 변압기 2차측의 주차단기 1차측 또는 2차측에서 분기하여 전용배선으로 할 것

㉡ 지하층을 제외한 층수가 7층 이상으로서 연면적이 2,000[m^2] 이상이거나 지하층의 바닥면적의 합계가 3,000[m^2] 이상인 특정소방대상물의 비상콘센트설비에는 자가발전설비, 비상전원수전설비, 축전지설비 또는 전기저장장치를 비상전원으로 설치할 것. 다만, 2 이상의 변전소에서 전력을 동시에 공급받을 수 있거나 하나의 변전소로부터 전력의 공급이 중단되는 때에는 자동으로 다른 변전소로부터 전력을 공급받을 수 있도록 상용전원을 설치한 경우(2중모선 배전방식의 경우)에는 비상전원을 설치하지 않을 수 있다.

㉢ 위 ㉡의 규정에 따른 비상전원 중 자가발전설비, 축전지설비 또는 전기저장장치는 다음의 기준에 따라 설치하고, 비상전원수전설비는 「소방시설용 비상전원수전설비의 화재안전기술기준(NFTC 602)」에 따라 설치할 것

㉮ 점검에 편리하고 화재 및 침수 등의 재해로 인한 피해를 받을 우려가 없는 곳에 설치할 것

㉯ 비상콘센트설비를 유효하게 20분 이상 작동시킬 수 있는 용량으로 할 것

㉰ 상용전원으로부터 전력의 공급이 중단된 때에는 자동으로 비상전원으로부터 전력을 공급받을 수 있도록 할 것

㉱ 비상전원의 설치장소는 다른 장소와 방화구획할 것. 이 경우 그 장소에는 비상전원의 공급에 필요한 기구나 설비 외의 것(열병합발전설비에 필요한 기구나 설비

는 제외한다)을 두어서는 안된다.

㉮ 비상전원을 실내에 설치하는 때에는 그 실내에 비상조명등을 설치할 것

② 전원회로(비상콘센트에 전력을 공급하는 회로)의 기준

㉠ 비상콘센트설비의 전원회로는 단상교류 220[V]인 것으로서, 그 공급용량은 1.5[kVA] 이상인 것으로 할 것

㉡ 전원회로는 각 층에 있어서 2 이상이 되도록 설치할 것. 다만, 설치해야 할 층의 비상콘센트가 1개인 때에는 하나의 회로로 할 수 있다.

㉢ 전원회로는 주배전반에서 전용회로로 할 것. 다만, 다른 설비 회로의 사고에 따른 영향을 받지 않도록 되어 있는 것에 있어서는 그렇지 않다.

㉣ 전원으로부터 각 층의 비상콘센트에 분기되는 경우에는 분기배선용 차단기를 보호함 안에 설치할 것

㉤ 콘센트마다 배선용 차단기를 설치해야 하며, 충전부가 노출되지 않도록 할 것

㉥ 개폐기에는 "비상콘센트"라고 표시한 표지를 할 것

㉦ 비상콘센트용 풀박스 등은 방청도장을 한 것으로서, 두께 1.6[mm] 이상의 철판으로 할 것

㉧ 하나의 전용회로에 설치하는 비상콘센트는 10개 이하로 할 것. 이 경우 전선의 용량은 각 비상콘센트(비상콘센트가 3개 이상인 경우에는 3개)의 공급용량을 합한 용량 이상의 것으로 해야 한다.

③ 플러그(Plug) 접속기 : 접지형 2극 플러그접속기(KS C 8305)를 사용할 것

④ 접지공사 : 플러그접속기 칼받이의 접지극에는 접지공사를 할 것

⑤ 비상콘센트의 설치기준

㉠ 바닥으로부터 높이 0.8[m] 이상 1.5[m] 이하의 위치에 설치할 것

㉡ 비상콘센트의 배치는 아파트 또는 바닥면적이 1,000[m^2] 미만인 층은 계단의 출입구(계단의 부속실을 포함하며 계단이 2 이상 있는 경우에는 그 중 1개의 계단)로부터 5[m] 이내에, 바닥면적 1,000[m^2] 이상인 층은 각 계단의 출입구 또는 계단부속실의 출입구(계단의 부속실을 포함하며 계단이 3 이상 있는 층의 경우에는 그 중 2개의 계단)로부터 5[m] 이내에 설치하되, 그 비상콘센트로부터 그 층의 각 부분까지의 거리가 다음의 기준을 초과하는 경우에는 그 기준 이하가 되도록 비상콘센트를 추가하여 설치할 것

㉮ 지하상가 또는 지하층의 바닥면적의 합계가 3,000[m^2] 이상인 것은 수평거리 25[m]

㉯ 그 밖의 것은 수평거리 50[m]

⑥ **절연저항 및 절연내력의 적합기준**

㉠ 절연저항 : 전원부와 외함 사이를 500[V] 절연저항계로 측정할 때 20[MΩ] 이상일 것

㉡ 절연내력 : 전원부와 외함 사이에 다음과 같이 실효전압을 가하는 시험에서 1분 이상 견디는 것일 것

㉮ 정격전압이 150[V] 이하인 경우 : 1,000[V]의 실효전압을 인가

㉯ 정격전압이 150[V] 초과인 경우 : (정격전압×2)+1,000[V]의 실효전압을 인가

(2) 보호함의 기준

① 보호함에는 쉽게 개폐할 수 있는 문을 설치할 것

② 보호함 표면에 "비상콘센트"라고 표시한 표지를 할 것

③ 보호함 상부에 적색의 표시등을 설치할 것. 다만, 비상콘센트의 보호함을 옥내소화전함 등과 접속하여 설치하는 경우에는 옥내소화전함 등의 표시등과 겸용할 수 있다.

(a) 단독형(매입)

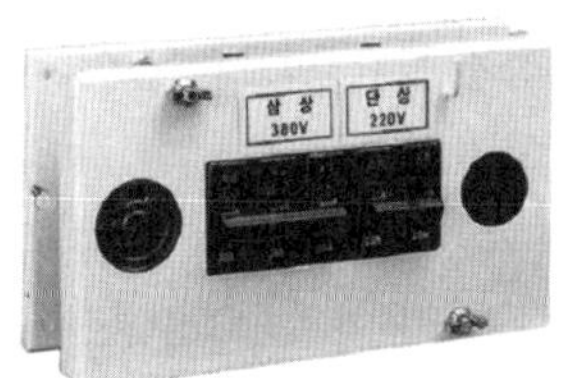

(b) 소화전함 내장형

(3) 배선의 기준

① 전원회로의 배선은 내화배선으로, 그 밖의 배선은 내화배선 또는 내열배선으로 할 것

② ①에 따른 내화배선 및 내열배선에 사용하는 전선의 종류 및 설치방법은 「옥내소화전설비의 화재안전기술기준(NFTC 102)」의 기준에 따를 것

비상콘센트설비의 배선

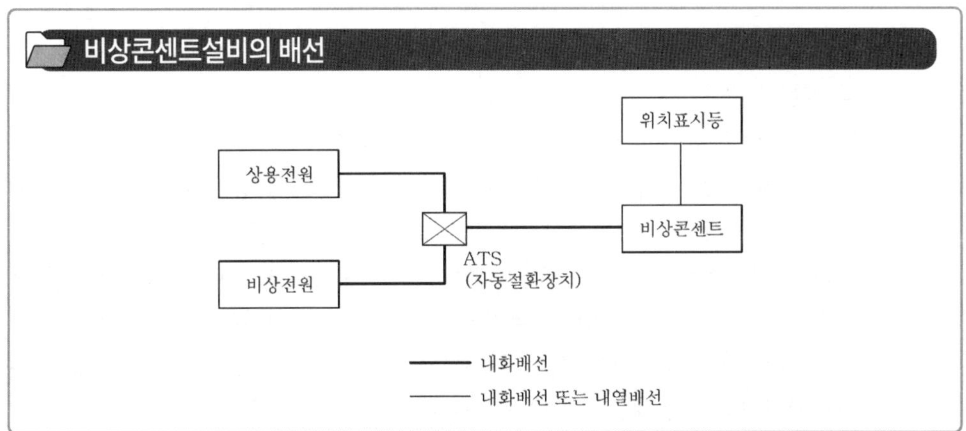

무선통신보조설비 (NFTC505)

1 설치대상

무선통신보조설비를 설치해야 하는 특정소방대상물(위험물 저장 및 처리시설 중 가스시설은 제외한다)은 다음 어느 하나에 해당하는 것으로 한다.

① 지하가(터널은 제외한다)로서 연면적 1천㎡ 이상인 것

② 지하층의 바닥면적의 합계가 3천㎡ 이상인 것 또는 지하층의 층수가 3층 이상이고 지하층의 바닥면적의 합계가 1천㎡ 이상인 것은 지하층의 모든 층

③ 지하가 중 터널로서 길이가 500m 이상인 것

④ 지하가 중 공동구

⑤ 층수가 30층 이상인 것으로서 16층 이상 부분의 모든 층

2 용어정의

① "누설동축케이블"이란 동축케이블의 외부도체에 가느다란 홈을 만들어서 전파가 외부로 새어나갈 수 있도록 한 케이블을 말한다.

② "분배기"란 신호의 전송로가 분기되는 장소에 설치하는 것으로 임피던스 매칭(Matching)과 신호 균등분배를 위해 사용하는 장치를 말한다.

③ "분파기"란 서로 다른 주파수의 합성된 신호를 분리하기 위해서 사용하는 장치를 말한다.

④ "혼합기"란 2 이상의 입력신호를 원하는 비율로 조합한 출력이 발생하도록 하는 장치를 말한다.

⑤ "증폭기"란 전압, 전류의 진폭을 늘려 감도등을 개선하는 장치를 말한다.

⑥ "무선중계기"란 안테나를 통하여 수신된 무전기 신호를 증폭한 후 음영지역에 재방사하여 무전기 상호 간 송수신이 가능하도록 하는 장치를 말한다.

⑦ "옥외안테나"란 감시제어반 등에 설치된 무선중계기의 입력과 출력포트에 연결되어 송수신 신호를 원활하게 방사 · 수신하기 위해 옥외에 설치하는 장치를 말한다.

⑧ "임피던스"란 교류회로에 전압이 가해졌을 때 전류의 흐름을 방해하는 값으로서 교류회로에서의 전류에 대한 전압의 비를 말한다.

3 설치기준

(1) 설치제외

지하층으로서 특정소방대상물의 바닥부분 2면 이상이 지표면과 동일하거나 지표면으로부터의 깊이가 1m 이하인 경우에는 해당 층에 한하여 무선통신보조설비를 설치하지 않을 수 있다.

(2) 누설동축케이블 등의 설치기준

① 무선통신보조설비의 누설동축케이블 등은 다음의 기준에 따라 설치해야 한다.

㉠ 소방전용주파수대에서 전파의 전송 또는 복사에 적합한 것으로서 소방전용의 것으로 할 것. 다만, 소방대 상호 간의 무선연락에 지장이 없는 경우에는 다른 용도와 겸용할 수 있다.

㉡ 누설동축케이블과 이에 접속하는 안테나 또는 동축케이블과 이에 접속하는 안테나로 구성할 것

㉢ 누설동축케이블 및 동축케이블은 불연 또는 난연성의 것으로서 습기 등의 환경조건에 따라 전기의 특성이 변질되지 않는 것으로 하고, 노출하여 설치한 경우에는 피난 및 통행에 장애가 없도록 할 것

㉣ 누설동축케이블 및 동축케이블은 화재에 따라 해당 케이블의 피복이 소실된 경우에 케이블 본체가 떨어지지 않도록 4m 이내마다 금속제 또는 자기제 등의 지지금구로 벽 · 천장 · 기둥 등에 견고하게 고정할 것. 다만, 불연재료로 구획된 반자 안에 설치하는 경우에는 그렇지 않다.

㉤ 누설동축케이블 및 안테나는 금속판 등에 따라 전파의 복사 또는 특성이 현저하게 저하되지 않는 위치에 설치할 것

㉥ 누설동축케이블 및 안테나는 고압의 전로로부터 1.5m 이상 떨어진 위치에 설치할 것. 다만, 해당 전로에 정전기 차폐장치를 유효하게 설치한 경우에는 그렇지 않다.

㉦ 누설동축케이블의 끝부분에는 무반사 종단저항을 견고하게 설치할 것

② 누설동축케이블 또는 동축케이블의 임피던스는 50Ω으로 하고, 이에 접속하는 안테나 · 분배기 기타의 장치는 해당 임피던스에 적합한 것으로 해야 한다.

③ 무선통신보조설비는 다음의 기준에 따라 설치해야 한다.

㉠ 누설동축케이블 또는 동축케이블과 이에 접속하는 안테나가 설치된 층은 모든 부분(계단실, 승강기, 별도 구획된 실 포함)에서 유효하게 통신이 가능할 것

㉡ 옥외 안테나와 연결된 무전기와 건축물 내부에 존재하는 무전기 간의 상호통신,

건축물 내부에 존재하는 무전기 간의 상호통신, 옥외 안테나와 연결된 무전기와 방재실 또는 건축물 내부에 존재하는 무전기와 방재실 간의 상호통신이 가능할 것

(3) 옥외안테나의 설치기준

옥외안테나는 다음의 기준에 따라 설치해야 한다.

① 건축물, 지하가, 터널 또는 공동구의 출입구(「건축법 시행령」 제39조에 따른 출구 또는 이와 유사한 출입구를 말한다) 및 출입구 인근에서 통신이 가능한 장소에 설치할 것

② 다른 용도로 사용되는 안테나로 인한 통신장애가 발생하지 않도록 설치할 것

③ 옥외안테나는 견고하게 파손의 우려가 없는 곳에 설치하고 그 가까운 곳의 보기 쉬운 곳에 "무선통신보조설비 안테나"라는 표시와 함께 통신 가능거리를 표시한 표지를 설치할 것

④ 수신기가 설치된 장소 등 사람이 상시 근무하는 장소에는 옥외 안테나의 위치가 모두 표시된 옥외안테나 위치표시도를 비치할 것

(4) 분배기 등의 설치기준

분배기 · 분파기 및 혼합기 등은 다음의 기준에 따라 설치해야 한다.

① 먼지 · 습기 및 부식 등에 따라 기능에 이상을 가져오지 않도록 할 것

② 임피던스는 50Ω의 것으로 할 것

③ 점검에 편리하고 화재 등의 재해로 인한 피해의 우려가 없는 장소에 설치할 것

(5) 증폭기 등의 설치기준

증폭기 및 무선중계기를 설치하는 경우에는 다음의 기준에 따라 설치해야 한다.

① 상용전원은 전기가 정상적으로 공급되는 축전지설비, 전기저장장치(외부 전기에너지를 저장해 두었다가 필요한 때 전기를 공급하는 장치) 또는 교류전압의 옥내간선으로 하고, 전원까지의 배선은 전용으로 할 것

② 증폭기의 전면에는 주 회로전원의 정상 여부를 표시할 수 있는 표시등 및 전압계를 설치할 것

③ 증폭기에는 비상전원이 부착된 것으로 하고 해당 비상전원 용량은 무선통신보조설비를 유효하게 30분 이상 작동시킬 수 있는 것으로 할 것

④ 증폭기 및 무선중계기를 설치하는 경우에는 「전파법」 제58조의2에 따른 적합성평가를 받은 제품으로 설치하고 임의로 변경하지 않도록 할 것

⑤ 디지털 방식의 무전기를 사용하는데 지장이 없도록 설치할 것

소방시설용 비상전원수전설비 (NFTC602)

1 설치대상

[스프링클러설비]

차고 · 주차장으로서 스프링클러설비가 설치된 부분의 바닥면적(포소화설비가 설치된 차고 · 주차장의 바닥면적을 포함) 합계가 1,000[m^2] 미만인 특정소방대상물

[간이스프링클러설비]

간이스프링클러설비 설치장소

[포소화설비]

① 호스릴포소화설비 또는 포소화전만을 설치한 차고, 주차장

② 포헤드설비 또는 고정포방출설비가 설치된 부분의 바닥면적(스프링클러설비가 설치된 차고 · 주차장의 바닥면적 포함) 합계가 1,000[m^2] 미만인 특정소방대상물

[비상콘센트설비]

① 지하층을 제외한 층수가 7층 이상으로서 연면적이 2,000[m^2] 이상인 특정소방대상물

② 지하층 바닥면적 합계가 3,000[m^2] 이상인 특정소방대상물

2 용어의 정의

① "소방회로"란 소방부하에 전원을 공급하는 전기회로를 말한다.

② "일반회로"란 소방회로 이외의 전기회로를 말한다.

③ "수전설비"란 전력수급용 계기용변성기 · 주차단장치 및 그 부속기기를 말한다.

④ "변전설비"란 전력용변압기 및 그 부속장치를 말한다.

⑤ "전용큐비클식"이란 소방회로용의 것으로 수전설비, 변전설비와 그 밖의 기기 및 배선을 금속제 외함에 수납한 것을 말한다.

⑥ "공용큐비클식"이란 소방회로 및 일반회로 겸용의 것으로서 수전설비, 변전설비와 그

밖의 기기 및 배선을 금속제 외함에 수납한 것을 말한다.

⑦ “전용배전반”이란 소방회로 전용의 것으로서 개폐기, 과전류차단기, 계기와 그 밖의 배선용기기 및 배선을 금속제 외함에 수납한 것을 말한다.

⑧ “공용배전반”이란 소방회로 및 일반회로 겸용의 것으로서 개폐기, 과전류차단기, 계기와 그 밖의 배선용기기 및 배선을 금속제 외함에 수납한 것을 말한다.

⑨ “전용분전반”이란 소방회로 전용의 것으로서 분기 개폐기, 분기과전류차단기와 그 밖의 배선용기기 및 배선을 금속제 외함에 수납한 것을 말한다.

⑩ “공용분전반”이란 소방회로 및 일반회로 겸용의 것으로서 분기개폐기, 분기과전류차단기와 그 밖의 배선용기기 및 배선을 금속제 외함에 수납한 것을 말한다.

3 전압의 종류

① "저압"이란 직류는 1.5kV 이하, 교류는 1kV 이하인 것을 말한다.

② "고압"이란 직류는 1.5kV를, 교류는 1kV를 초과하고, 7kV 이하인 것을 말한다.

③ "특고압"이란 7kV를 초과하는 것을 말한다.

4 고압 또는 특고압수전인 경우

① 일반전기사업자로부터 특별고압 또는 고압으로 수전하는 비상전원 수전설비는 방화구획형, 옥외개방형 또는 큐비클(Cubicle)형으로서 방화구획형은 다음 기준에 적합하게 설치해야 한다.

㉠ 전용의 방화구획 내에 설치할 것

㉡ 소방회로배선은 일반회로배선과 불연성의 격벽으로 구획할 것. 다만, 소방회로배선과 일반회로배선을 15㎝ 이상 떨어져 설치한 경우는 그렇지 않다.

㉢ 일반회로에서 과부하, 지락사고 또는 단락사고가 발생한 경우에도 이에 영향을 받지 아니하고 계속하여 소방회로에 전원을 공급시켜 줄 수 있어야 할 것

㉣ 소방회로용 개폐기 및 과전류차단기에는 “소방시설용”이라 표시할 것

㉤ 전기회로는 그림 2.2.1.5 같이 결선할 것

[그림 2.2.1.5]

고압 또는 특별고압 수전의 전기회로

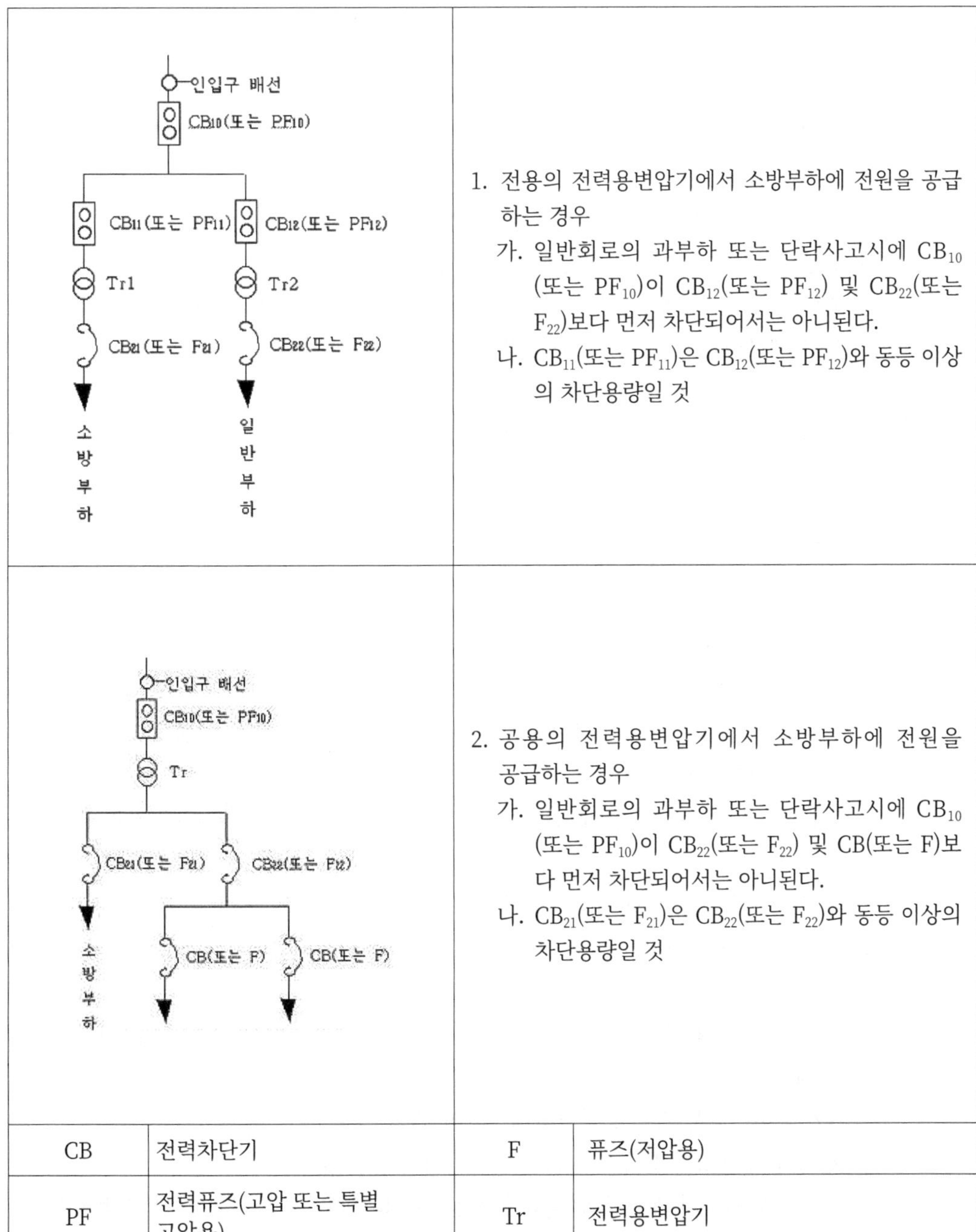

1. 전용의 전력용변압기에서 소방부하에 전원을 공급하는 경우
   가. 일반회로의 과부하 또는 단락사고시에 CB_{10}(또는 PF_{10})이 CB_{12}(또는 PF_{12}) 및 CB_{22}(또는 F_{22})보다 먼저 차단되어서는 아니된다.
   나. CB_{11}(또는 PF_{11})은 CB_{12}(또는 PF_{12})와 동등 이상의 차단용량일 것

2. 공용의 전력용변압기에서 소방부하에 전원을 공급하는 경우
   가. 일반회로의 과부하 또는 단락사고시에 CB_{10}(또는 PF_{10})이 CB_{22}(또는 F_{22}) 및 CB(또는 F)보다 먼저 차단되어서는 아니된다.
   나. CB_{21}(또는 F_{21})은 CB_{22}(또는 F_{22})와 동등 이상의 차단용량일 것

CB	전력차단기	F	퓨즈(저압용)
PF	전력퓨즈(고압 또는 특별고압용)	Tr	전력용변압기

② 옥외개방형은 다음 기준에 적합하게 설치해야 한다.
   ㉠ 건축물의 옥상에 설치하는 경우에는 그 건축물에 화재가 발생할 경우에도 화재로 인한 손상을 받지 않도록 할 것
   ㉡ 공지에 설치하는 경우에는 인접 건축물에 화재가 발생한 경우에도 화재로 인한 손상을 받지 않도록 할 것
   ㉢ 그 밖의 옥외개방형의 설치에 관하여는 위 ①의 ㉡부터 ㉤까지의 규정에 적합하게 설치할 것
③ 큐비클형은 다음 기준에 적합하게 설치해야 한다.
   ㉠ 전용큐비클 또는 공용큐비클식으로 설치할 것
   ㉡ 외함은 두께 2.3㎜ 이상의 강판과 이와 동등 이상의 강도와 내화성능이 있는 것으로 제작해야 하며, 개구부(㉢의 각 기준에 해당하는 것은 제외한다)에는 60분+ 방화문, 60분 방화문 또는 30분 방화문을 설치할 것
   ㉢ 다음 기준(옥외에 설치하는 것은 ㉮부터 ㉰까지)에 해당하는 것은 외함에 노출하여 설치할 수 있다.
      ㉮ 표시등(불연성 또는 난연성재료로 덮개를 설치한 것에 한한다)
      ㉯ 전선의 인입구 및 인출구
      ㉰ 환기장치
      ㉱ 전압계(퓨즈 등으로 보호한 것에 한한다)
      ㉲ 전류계(변류기의 2차측에 접속된 것에 한한다)
      ㉳ 계기용 전환스위치(불연성 또는 난연성재료로 제작된 것에 한한다)
   ㉣ 외함은 건축물의 바닥 등에 견고하게 고정할 것
   ㉤ 외함에 수납하는 수전설비, 변전설비와 그 밖의 기기 및 배선은 다음 기준에 적합하게 설치할 것
      ㉮ 외함 또는 프레임(Frame) 등에 견고하게 고정할 것
      ㉯ 외함의 바닥에서 10㎝(시험단자, 단자대 등의 충전부는 15㎝) 이상의 높이에 설치할 것
   ㉥ 전선 인입구 및 인출구에는 금속관 또는 금속제 가요전선관을 쉽게 접속할 수 있도록 할 것
   ㉦ 환기장치는 다음 기준에 적합하게 설치할 것
      ㉮ 내부의 온도가 상승하지 않도록 환기장치를 할 것
      ㉯ 자연환기구의 개부구 면적의 합계는 외함의 한 면에 대하여 해당 면적의 3분의 1 이하로 할 것. 이 경우 하나의 통기구의 크기는 직경 10㎜ 이상의 둥근 막대가 들어가서는 안된다.

㉰ 자연환기구에 따라 충분히 환기할 수 없는 경우에는 환기설비를 설치할 것

㉱ 환기구에는 금속망, 방화댐퍼 등으로 방화조치를 하고, 옥외에 설치하는 것은 빗물 등이 들어가지 않도록 할 것

ⓞ 공용큐비클식의 소방회로와 일반회로에 사용되는 배선 및 배선용기기는 불연재료로 구획할 것

ⓩ 그 밖의 큐비클형의 설치에 관하여는 ①의 ㉡부터 ㉤까지의 규정 및 한국산업표준에 적합할 것

5 저압수전인 경우

전기사업자로부터 저압으로 수전하는 비상전원설비는 전용배전반(1 · 2종) · 전용분전반(1 · 2종) 또는 공용분전반(1 · 2종)으로 해야 한다.

① 제1종 배전반 및 제1종 분전반은 다음 기준에 적합하게 설치해야 한다.

㉠ 외함은 두께 1.6㎜(전면판 및 문은 2.3㎜) 이상의 강판과 이와 동등 이상의 강도와 내화성능이 있는 것으로 제작할 것

㉡ 외함의 내부는 외부의 열에 의해 영향을 받지 않도록 내열성 및 단열성이 있는 재료를 사용하여 단열할 것. 이 경우 단열부분은 열 또는 진동에 따라 쉽게 변형되지 않아야 한다.

㉢ 다음의 기준에 해당하는 것은 외함에 노출하여 설치할 수 있다.

㉮ 표시등(불연성 또는 난연성재료로 덮개를 설치한 것에 한한다)

㉯ 전선의 인입구 및 입출구

㉣ 외함은 금속관 또는 금속제 가요전선관을 쉽게 접속할 수 있도록 하고, 해당 접속부분에는 단열조치를 할 것

㉤ 공용배전반 및 공용분전반의 경우 소방회로와 일반회로에 사용하는 배선 및 배선용기기는 불연재료로 구획되어야 할 것

② 제2종 배전반 및 제2종 분전반은 다음 기준에 적합하게 설치해야 한다.

㉠ 외함은 두께 1㎜(함 전면의 면적이 1,000㎠를 초과하고 2,000㎠ 이하인 경우에는 1.2㎜, 2,000㎠를 초과하는 경우에는 1.6㎜) 이상의 강판과 이와 동등 이상의 강도와 내화성능이 있는 것으로 제작할 것

㉡ ① ㉢의 ㉮, ㉯에 정한 것과 120℃의 온도를 가했을 때 이상이 없는 전압계 및 전류계는 외함에 노출하여 설치할 것

㉢ 단열을 위해 배선용 불연전용실 내에 설치할 것

㉣ 그 밖의 제2종 배전반 및 제2종 분전반의 설치에 관하여는 ①의 ㉣ 및 ㉤의 규정에

적합할 것

③ 그 밖의 배전반 및 분전반의 설치에 관하여는 다음 기준에 적합해야 한다.

㉠ 일반회로에서 과부하 · 지락사고 또는 단락사고가 발생한 경우에도 이에 영향을 받지 아니하고 계속하여 소방회로에 전원을 공급시켜 줄 수 있어야 할 것

㉡ 소방회로용 개폐기 및 과전류차단기에는 "소방시설용"이라는 표시를 할 것

㉢ 전기회로는 그림 2.3.1.3.3과 같이 결선할 것

[그림 2.3.1.3.3]

저압수전의 전기회로

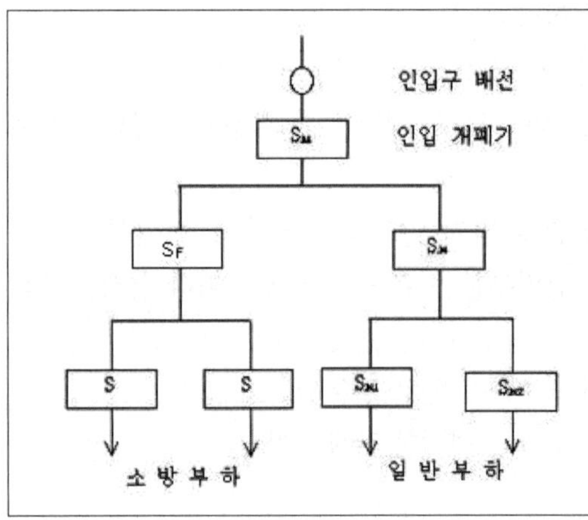

1. 일반회로의 과부하 또는 단락사고시 S_M이 S_N, S_{N1} 및 S_{N2}보다 먼저 차단 되어서는 안된다.
2. S_F는 S_N과 동등 이상의 차단용량일 것

S : 저압용개폐기 및 과전류차단기

도로터널(NFTC603)

1 설치대상

[터널 길이에 따른 소방시설의 종류]

① **500m 이상** : 비상경보설비, 비상조명등설비, 비상콘센트설비, 무선통신보조설비
② **1,000m 이상** : 옥내소화전설비, 자동화재탐지설비, 연결송수관설비
③ **모든 터널** : 소화기
④ **지하가 중 예상 교통량, 경사도 등 터널의 특성을 고려하여 행정안전부령으로 정하는 위험등급 이상에 해당하는 터널 :** 물분무소화설비, 제연설비

2 용어정의

① "도로터널"이란 「도로법」 제10조에 따른 도로의 일부로서 자동차의 통행을 위해 지붕이 있는 구조물을 말한다.
② "설계화재강도"란 터널내 화재시 소화설비 및 제연설비 등의 용량산정을 위해 적용하는 차종별 최대열방출률(MW)을 말한다.
③ "종류환기방식"이란 터널 안의 배기가스와 연기 등을 배출하는 환기방식으로서 기류를 종방향(출입구 방향)으로 흐르게 하여 환기하는 방식을 말한다.
④ "대배기구방식"이란 횡류환기방식의 일종으로 배기구에 개방/폐쇄가 가능한 전동댐퍼를 설치하여 화재시 화재지점부근의 배기구를 개방하여 집중적으로 배연할 수 있는 제연방식을 말한다.
⑤ "횡류환기방식"이란 터널 안의 배기가스와 연기 등을 배출하는 환기방식으로서 기류를 횡방향(바닥에서 천장)으로 흐르게 하여 환기하는 방식을 말한다.
⑥ "반횡류환기방식"이란 터널 안의 배기가스와 연기 등을 배출하는 환기방식으로서 터널에 수직배기구를 설치해서 횡방향과 종방향으로 기류를 흐르게 하여 환기하는 방식을 말한다.
⑦ "양방향터널"이란 하나의 터널 안에서 차량의 흐름이 서로 마주보게 되는 터널을 말한다.
⑧ "일방향터널"이란 하나의 터널 안에서 차량의 흐름이 하나의 방향으로만 진행되는

터널을 말한다.

⑨ “연기발생률”이란 일정한 설계화재강도의 차량에서 단위 시간당 발생하는 연기량을 말한다.

⑩ “피난연결통로”란 본선터널과 병설된 상대터널 또는 본선터널과 평행한 피난대비터널을 연결하는 통로를 말한다.

⑪ “배기구”란 터널 안의 오염공기를 배출하거나 화재시 연기를 배출하기 위한 개구부를 말한다.

⑫ “배연용팬”이란 화재시 연기 및 열기류를 배출하기 위한 팬을 말한다.

3 소화기 설치기준

① 소화기의 능력단위(「소화기구 및 자동소화장치의 화재안전기술기준(NFTC 101)」 1.7.1.6에 따른 수치를 말한다. 이하 같다)는 A급 화재는 3단위 이상, B급 화재는 5단위 이상 및 C급 화재에 적응성이 있는 것으로 할 것

② 소화기의 총중량은 사용 및 운반의 편리성을 고려하여 7kg 이하로 할 것

③ 소화기는 주행차로의 우측 측벽에 50m 이내의 간격으로 2개 이상을 설치하며, 편도 2차선 이상의 양방향 터널과 4차로 이상의 일방향 터널의 경우에는 양쪽 측벽에 각각 50m 이내의 간격으로 엇갈리게 2개 이상을 설치할 것

④ 바닥면(차로 또는 보행로를 말한다. 이하 같다)으로부터 1.5m 이하의 높이에 설치할 것

⑤ 소화기구함의 상부에 “소화기”라고 조명식 또는 반사식의 표지판을 부착하여 사용자가 쉽게 인지할 수 있도록 할 것

4 옥내소화전설비 설치기준

① 소화전함과 방수구는 주행차로 우측 측벽을 따라 50m 이내의 간격으로 설치하며, 편도 2차선 이상의 양방향 터널이나 4차로 이상의 일방향 터널의 경우에는 양쪽 측벽에 각각 50m 이내의 간격으로 엇갈리게 설치할 것

② 수원은 그 저수량이 옥내소화전의 설치개수 2개(4차로 이상의 터널의 경우 3개)를 동시에 40분 이상 사용할 수 있는 충분한 양 이상을 확보할 것

③ 가압송수장치는 옥내소화전 2개(4차로 이상의 터널인 경우 3개)를 동시에 사용할 경우 각 옥내소화전의 노즐선단에서의 방수압력은 0.35MPa 이상이고 방수량은 190L/min 이상이 되는 성능의 것으로 할 것. 다만, 하나의 옥내소화전을 사용하는 노즐선단에서의 방수압력이 0.7MPa을 초과할 경우에는 호스접결구의 인입측에 감압장치를 설치해

야 한다.

④ 압력수조나 고가수조가 아닌 전동기 또는 내연기관에 의한 펌프를 이용하는 가압송수장치는 주펌프와 동등 이상의 성능이 있는 별도의 펌프로서 내연기관의 기동과 연동하여 작동되거나 비상전원을 연결한 예비펌프를 추가로 설치할 것

⑤ 방수구는 40mm 구경의 단구형을 옥내소화전이 설치된 벽면의 바닥면으로부터 1.5m 이하의 쉽게 사용 가능한 높이에 설치할 것

⑥ 소화전함에는 옥내소화전 방수구 1개, 15m 이상의 소방호스 3본 이상 및 방수노즐을 비치할 것

⑦ 옥내소화전설비의 비상전원은 옥내소화전설비를 유효하게 40분 이상 작동할 수 있어야 할 것

5 물분무소화설비 설치기준

① 물분무 헤드는 도로면에 1㎡당 6L/min 이상의 수량을 균일하게 방수할 수 있도록 할 것

② 물분무설비의 하나의 방수구역은 25m 이상으로 하며, 3개 방수구역을 동시에 40분 이상 방수할 수 있는 수량을 확보 할 것

③ 물분무설비의 비상전원은 물분무소화설비를 유효하게 40분 이상 작동할 수 있어야 할 것

6 비상경보설비 설치기준

① 발신기는 주행차로 한쪽 측벽에 50m 이내의 간격으로 설치하며, 편도 2차선 이상의 양방향 터널이나 4차로 이상의 일방향 터널의 경우에는 양쪽의 측벽에 각각 50m 이내의 간격으로 엇갈리게 설치할 것

② 발신기는 바닥면으로부터 0.8m 이상 1.5m 이하의 높이에 설치할 것

③ 음향장치는 발신기 설치위치와 동일하게 설치할 것. 다만, 「비상방송설비의 화재안전기술기준(NFTC 202)」에 적합하게 설치된 방송설비를 비상경보설비와 연동하여 작동하도록 설치한 경우에는 비상경보설비의 지구음향장치를 설치하지 않을 수 있다.

④ 음향장치의 음량은 부착된 음향장치의 중심으로부터 1m 떨어진 위치에서 90dB 이상이 되도록 할 것

⑤ 음향장치는 터널 내부 전체에 동시에 경보를 발하도록 설치할 것

⑥ 시각경보기는 주행차로 한쪽 측벽에 50m 이내의 간격으로 비상경보설비의 상부 직근에 설치하고, 설치된 전체 시각경보기는 동기방식에 의해 작동될 수 있도록 할 것

7 자동화재탐지설비 설치기준

① 터널에 설치할 수 있는 감지기의 종류는 다음의 어느 하나와 같다.
   ㉠ 차동식분포형감지기
   ㉡ 정온식감지선형감지기(아날로그식에 한한다. 이하 같다)
   ㉢ 중앙기술심의위원회의 심의를 거쳐 터널화재에 적응성이 있다고 인정된 감지기

② 하나의 경계구역의 길이는 100m 이하로 해야 한다.

③ ①에 의한 감지기의 설치기준은 다음 기준과 같다. 다만, 중앙기술심의위원회의 심의를 거쳐 제조사의 시방서에 따른 설치방법이 터널화재에 적합하다고 인정되는 경우에는 다음의 기준에 의하지 아니하고 심의결과에 의한 제조사의 시방서에 따라 설치할 수 있다.
   ㉠ 감지기의 감열부(열을 감지하는 기능을 갖는 부분을 말한다. 이하 같다)와 감열부 사이의 이격거리는 10m 이하로, 감지기와 터널 좌 · 우측 벽면과의 이격거리는 6.5m 이하로 설치할 것
   ㉡ ㉠에도 불구하고 터널 천장의 구조가 아치형의 터널에 감지기를 터널 진행방향으로 설치하고자 하는 경우에는 감열부와 감열부 사이의 이격거리를 10m 이하로 하여 아치형 천장의 중앙 최상부에 1열로 감지기를 설치해야 하며, 감지기를 2열 이상으로 설치하고자 하는 경우에는 감열부와 감열부 사이의 이격거리는 10m 이하로 감지기 간의 이격거리는 6.5m 이하로 설치할 것
   ㉢ 감지기를 천장면(터널 안 도로 등에 면한 부분 또는 상층의 바닥 하부면을 말한다. 이하 같다)에 설치하는 경우에는 감기기가 천장면에 밀착되지 않도록 고정금구 등을 사용하여 설치할 것
   ㉣ 형식승인 내용에 설치방법이 규정된 경우에는 형식승인 내용에 따라 설치할 것. 다만, 감지기와 천장면과의 이격거리에 대해 제조사의 시방서에 규정되어 있는 경우에는 시방서의 규정에 따라 설치할 수 있다.

④ ②에도 불구하고 감지기의 작동에 의하여 다른 소방시설 등이 연동되는 경우로서 해당 소방시설 등의 작동을 위한 정확한 발화위치를 확인할 필요가 있는 경우에는 경계구역의 길이가 해당 설비의 방호구역 등에 포함되도록 설치해야 한다.

⑤ 발신기 및 지구음향장치는 비상경보설비설치기준을 준용하여 설치해야 한다.

8 비상조명등 설치기준

① 상시 조명이 소등된 상태에서 비상조명등이 점등되는 경우 터널안의 차도 및 보도의 바닥면의 조도는 10lx 이상, 그 외 모든 지점의 조도는 1lx 이상이 될 수 있도록 설치할 것
② 비상조명등의 비상전원은 상용전원이 차단되는 경우 자동으로 비상조명등을 유효하게 60분 이상 작동할 수 있을 것
③ 비상조명등에 내장된 예비전원이나 축전지설비는 상용전원의 공급에 의하여 상시 충전상태를 유지할 수 있도록 설치할 것

9 제연설비 설치기준

① 제연설비는 다음의 기준을 만족하도록 설계해야 한다.
  ㉠ 설계화재강도 20MW를 기준으로 하고, 이 때 연기발생률은 80㎥/s로 하며, 배출량은 발생된 연기와 혼합된 공기를 충분히 배출할 수 있는 용량 이상을 확보할 것
  ㉡ ㉠에도 불구하고 화재강도가 설계화재강도 보다 높을 것으로 예상될 경우 위험도 분석을 통하여 설계화재강도를 설정하도록 할 것
② 제연설비는 다음의 기준에 따라 설치해야 한다.
  ㉠ 종류환기방식의 경우 제트팬의 소손을 고려하여 예비용 제트팬을 설치하도록 할 것
  ㉡ 횡류환기방식(또는 반횡류환기방식) 및 대배기구 방식의 배연용 팬은 덕트의 길이에 따라서 노출온도가 달라질 수 있으므로 수치해석 등을 통해서 내열온도 등을 검토한 후에 적용하도록 할 것
  ㉢ 대배기구의 개폐용 전동모터는 정전 등 전원이 차단되는 경우에도 조작상태를 유지할 수 있도록 할 것
  ㉣ 화재에 노출이 우려되는 제연설비와 전원공급선 및 제트팬 사이의 전원공급장치 등은 250℃의 온도에서 60분 이상 운전상태를 유지할 수 있도록 할 것
③ 제연설비의 기동은 다음의 어느 하나에 의하여 자동 또는 수동으로 기동될 수 있도록 해야 한다.
  ㉠ 화재감지기가 동작되는 경우
  ㉡ 발신기의 스위치 조작 또는 자동소화설비의 기동장치를 동작시키는 경우
  ㉢ 화재수신기 또는 감시제어반의 수동조작스위치를 동작시키는 경우
④ 제연설비의 비상전원은 제연설비를 유효하게 60분 이상 작동할 수 있도록 해야 한다.

10 연결송수관설비 설치기준

① 방수노즐 선단에서의 방수압력은 0.35MPa 이상, 방수량은 400L/min 이상을 유지할 수 있도록 할 것

② 방수구는 50m 이내의 간격으로 옥내소화전함에 병설하거나 독립적으로 터널출입구 부근과 피난연결통로에 설치할 것

③ 방수기구함은 50m 이내의 간격으로 옥내소화전함 안에 설치하거나 독립적으로 설치하고, 하나의 방수기구함에는 65㎜ 방수노즐 1개와 15m 이상의 호스 3본을 설치하도록 비치할 것

11 무선통신보조설비 설치기준

① 무선통신보조설비의 옥외안테나는 방재실 인근과 터널의 입구 및 출구, 피난연결통로 등에 설치해야 한다.

② 라디오 재방송설비가 설치되는 터널의 경우에는 무선통신보조설비와 겸용으로 설치할 수 있다.

12 비상콘센트설비 설치기준

① 비상콘센트설비의 전원회로는 단상교류 220V인 것으로서, 그 공급용량은 1.5kVA 이상인 것으로 할 것

② 전원회로는 주배전반에서 전용회로로 할 것. 다만, 다른 설비의 회로 사고에 따른 영향을 받지 않도록 되어 있는 것은 그렇지 않다.

③ 콘센트마다 배선용 차단기(KS C 8321)를 설치해야 하며, 충전부가 노출되지 않도록 할 것

④ 주행차로의 우측 측벽에 50m 이내의 간격으로 바닥으로부터 0.8m 이상 1.5m 이하의 높이에 설치할 것

CHAPTER 36 고층건축물(NFTC604)

1 용어정의

① 이 기준에서 사용하는 용어의 정의는 다음과 같다.
  ㉠ "고층건축물"이란 「건축법」 제2조제1항제19호 규정에 따른 건축물을 말한다.
  ㉡ "급수배관"이란 수원 및 옥외송수구로부터 소화설비에 급수하는 배관을 말한다.

② 이 기준에서 사용하는 용어는 ①에서 규정한 것을 제외하고는 관계법령 및 개별 기술기준에서 정하는 바에 따른다.

[건축법 용어정의]
"고층건축물"이란 층수가 30층 이상이거나 높이가 120미터 이상인 건축물을 말한다.

2 옥내소화전설비 설치기준

① 수원은 그 저수량이 옥내소화전의 설치개수가 가장 많은 층의 설치개수(5개 이상 설치된 경우에는 5개)에 5.2㎥(호스릴옥내소화전설비를 포함한다)를 곱한 양 이상이 되도록 해야 한다. 다만, 층수가 50층 이상인 건축물의 경우에는 7.8㎥를 곱한 양 이상이 되도록 해야 한다.

② 수원은 ①에 따라 산출된 유효수량 외에 유효수량의 3분의 1 이상을 옥상(옥내소화전설비가 설치된 건축물의 주된 옥상을 말한다. 이하 같다)에 설치해야 한다. 다만, 「옥내소화전설비의 화재안전기술기준(NFTC 102)」 2.1.2(2) 또는 2.1.2(3)에 해당하는 경우에는 그렇지 않다. (고가수조방식인 경우와 수원이 건축물의 최상층에 설치된 방수구보다 높은 위치에 설치된 경우)

③ 전동기 또는 내연기관에 의한 펌프를 이용하는 가압송수장치는 옥내소화전설비 전용으로 설치해야 하며, 주펌프와 동등 이상의 성능이 있는 별도의 펌프로서 내연기관의 기동과 연동하여 작동되거나 비상전원을 연결한 예비펌프를 추가로 설치해야 한다.

④ 내연기관의 연료량은 펌프를 40분(50층 이상인 건축물의 경우에는 60분) 이상 운전할 수 있는 용량일 것

⑤ 급수배관은 전용으로 해야 한다. 다만, 옥내소화전설비의 성능에 지장이 없는 경우에는 연결송수관설비의 배관과 겸용할 수 있다.

⑥ 50층 이상인 건축물의 옥내소화전 주배관 중 수직배관은 2개 이상(주배관 성능을 갖는 동일 호칭배관)으로 설치해야 하며, 하나의 수직배관의 파손 등 작동 불능 시에도 다른 수직배관으로부터 소화용수가 공급되도록 구성해야 한다.

⑦ 비상전원은 자가발전설비, 축전지설비(내연기관에 따른 펌프를 사용하는 경우에는 내연기관의 기동 및 제어용 축전지를 말한다) 또는 전기저장장치로서 옥내소화전설비를 유효하게 40분(50층 이상인 건축물의 경우에는 60분)이상 작동할 수 있어야 한다.

3 스프링클러설비 설치기준

① 수원은 그 저수량이 스프링클러설비 설치장소별 스프링클러헤드의 기준개수에 3.2㎥를 곱한 양 이상이 되도록 해야 한다. 다만, 50층 이상인 건축물의 경우에는 4.8㎥를 곱한 양 이상이 되도록 해야 한다.

② 수원은 ①에 따라 산출된 유효수량 외에 유효수량의 3분의 1 이상을 옥상(스프링클러설비가 설치된 건축물의 주된 옥상을 말한다. 이하 같다)에 설치해야 한다. 다만, 「스프링클러설비의 화재안전기술기준(NFTC 103)」 2.1.2(2) 또는 2.1.2(3)에 해당하는 경우에는 그렇지 않다.(고가수조를 가압송수장치로 설치한 경우 또는 수원이 건축물의 최상층에 설치된 헤드보다 높은 위치에 설치된 경우)

③ 전동기 또는 내연기관에 의한 펌프를 이용하는 가압송수장치는 스프링클러설비 전용으로 설치해야 하며, 주펌프와 동등이상의 성능이 있는 별도의 펌프로서 내연기관의 기동과 연동하여 작동되거나 비상전원을 연결한 예비펌프를 추가로 설치해야 한다.

④ 내연기관의 연료량은 펌프를 40분(50층 이상인 건축물의 경우에는 60분) 이상 운전할 수 있는 용량일 것

⑤ 급수배관은 전용으로 설치해야 한다.

⑥ 50층 이상인 건축물의 스프링클러설비 주배관 중 수직배관은 2개 이상(주배관 성능을 갖는 동일 호칭배관)으로 설치하고, 하나의 수직배관이 파손 등 작동 불능 시에도 다른 수직배관으로부터 소화용수가 공급되도록 구성해야 하며, 각각의 수직배관에 유수검지장치를 설치해야 한다.

⑦ 50층 이상인 건축물의 스프링클러 헤드에는 2개 이상의 가지배관으로부터 양방향에서 소화수가 공급되도록 하고, 수리계산에 의한 설계를 해야 한다.

⑧ 스프링클러설비의 음향장치는 「스프링클러설비의 화재안전기술기준(NFTC 103)」 2.6(음향장치 및 기동장치)에 따라 설치하되, 다음의 기준에 따라 경보를 발할 수 있도록 해야 한다.

㉠ 2층 이상의 층에서 발화한 때에는 발화층 및 그 직상 4개층에 경보를 발할 것
㉡ 1층에서 발화한 때에는 발화층 · 그 직상 4개층 및 지하층에 경보를 발할 것
㉢ 지하층에서 발화한 때에는 발화층 · 그 직상층 및 기타의 지하층에 경보를 발할 것

⑨ 비상전원은 자가발전설비, 축전지설비(내연기관에 따른 펌프를 사용하는 경우에는 내연기관의 기동 및 제어용 축전지를 말한다) 또는 전기저장장치로서 스프링클러설비를 유효하게 40분 이상 작동할 수 있을 것. 다만, 50층 이상인 건축물의 경우에는 60분 이상 작동할 수 있어야 한다.

4 비상방송설비 설치기준

① 비상방송설비의 음향장치는 다음의 기준에 따라 경보를 발할 수 있도록 해야 한다.
㉠ 2층 이상의 층에서 발화한 때에는 발화층 및 그 직상 4개층에 경보를 발할 것
㉡ 1층에서 발화한 때에는 발화층 · 그 직상 4개층 및 지하층에 경보를 발할 것
㉢ 지하층에서 발화한 때에는 발화층 · 그 직상층 및 기타의 지하층에 경보를 발할 것

② 비상방송설비에는 그 설비에 대한 감시상태를 60분간 지속한 후 유효하게 30분 이상 경보할 수 있는 비상전원으로서 축전지설비(수신기에 내장하는 경우를 포함한다) 또는 전기저장장치를 설치할 것

5 자동화재탐지설비 설치기준

① 감지기는 아날로그방식의 감지기로서 감지기의 작동 및 설치지점을 수신기에서 확인할 수 있는 것으로 설치해야 한다. 다만, 공동주택의 경우에는 감지기별로 작동 및 설치지점을 수신기에서 확인할 수 있는 아날로그방식 외의 감지기로 설치할 수 있다.

② 자동화재탐지설비의 음향장치는 다음의 기준에 따라 경보를 발할 수 있도록 해야 한다.
㉠ 2층 이상의 층에서 발화한 때에는 발화층 및 그 직상 4개층에 경보를 발할 것
㉡ 1층에서 발화한 때에는 발화층 · 그 직상 4개층 및 지하층에 경보를 발할 것
㉢ 지하층에서 발화한 때에는 발화층 · 그 직상층 및 기타의 지하층에 경보를 발할 것

③ 50층 이상인 건축물에 설치하는 다음의 통신 · 신호배선은 이중배선을 설치하도록 하고 단선시에도 고장표시가 되며 정상 작동할 수 있는 성능을 갖도록 설비를 해야 한다.
㉠ 수신기와 수신기 사이의 통신배선
㉡ 수신기와 중계기 사이의 신호배선
㉢ 수신기와 감지기 사이의 신호배선

④ 자동화재탐지설비에는 그 설비에 대한 감시상태를 60분간 지속한 후 유효하게 30분 이상 경보할 수 있는 축전지설비(수신기에 내장하는 경우를 포함한다) 또는 전기저장장치를 설치해야 한다. 다만, 상용전원이 축전지설비인 경우에는 그렇지 않다.

6 특별피난계단의 계단실 및 부속실 제연설비 설치기준

특별피난계단의 계단실 및 부속실 제연설비는 「특별피난계단의 계단실 및 부속실 제연설비의 화재안전기술기준(NFTC 501A)」에 따라 설치하되, 비상전원은 자가발전설비, 축전지설비, 전기저장장치로 하고 제연설비를 유효하게 40분 이상 작동할 수 있도록 해야 한다. 다만, 50층 이상인 건축물의 경우에는 60분 이상 작동할 수 있어야 한다.

7 피난안전구역의 소방시설 설치기준

「초고층 및 지하연계 복합건축물 재난관리에 관한 특별법시행령」 제14조제2항

제14조(피난안전구역 설치기준 등)

① 초고층 건축물등의 관리주체는 법 제18조제1항에 따라 다음 각 호의 구분에 따른 피난안전구역을 설치해야 한다.

1. 초고층 건축물 : 「건축법 시행령」 제34조제3항에 따른 피난안전구역을 설치할 것
2. 16층 이상 29층 이하인 지하연계 복합건축물 : 지상층별 거주밀도가 제곱미터당 1.5명을 초과하는 층은 해당 층의 사용형태별 면적의 합의 10분의 1에 해당하는 면적을 피난안전구역으로 설치할 것
3. 초고층 건축물등의 지하층이 법 제2조제2호나목의 용도로 사용되는 경우 : 해당 지하층에 별표 2의 피난안전구역 면적 산정기준에 따라 피난안전구역을 설치하거나, 선큰[지표 아래에 있고 외기(外氣)에 개방된 공간으로서 건축물 사용자 등의 보행 · 휴식 및 피난 등에 제공되는 공간을 말한다. 이하 같다]을 설치할 것

② 제1항에 따라 설치하는 피난안전구역은 「건축법 시행령」 제34조제5항에 따른 피난안전구역의 규모와 설치기준에 맞게 설치해야 하며, 다음 각 호의 소방시설(「소방시설 설치 및 관리에 관한 법률 시행령」 별표 1에 따른 소방시설을 말한다)을 모두 갖추어야 한다.
이 경우 소방시설은 「소방시설 설치 및 관리에 관한 법률」 제12조제1항에 따른 화재안전기준에 맞는 것이어야 한다.

1. 소화설비 중 소화기구(소화기 및 간이소화용구만 해당한다), 옥내소화전설비 및 스프링클러설비
2. 경보설비 중 자동화재탐지설비
3. 피난설비 중 방열복, 공기호흡기(보조마스크를 포함한다), 인공소생기, 피난유도선(피난안전구역으로 통하는 직통계단 및 특별피난계단을 포함한다), 피난안전구역으로 피난을 유도하기 위한 유도등 · 유도표지, 비상조명등 및 휴대용비상조명등
4. 소화활동설비 중 제연설비, 무선통신보조설비

(피난안전구역의 소방시설) 「초고층 및 지하연계 복합건축물 재난관리에 관한 특별법시행령」 제14조제2항에 따라 피난안전구역에 설치하는 소방시설은 표 2.6.1과 같이 설치해야 하며, 이 기준에서 정하지 아니한 것은 개별 기술기준에 따라 설치해야 한다.

[표 2.6.1]

[피난안전구역에 설치하는 소방시설 설치기준]

구 분	설치기준
1. 제연설비	피난안전구역과 비 제연구역간의 차압은 50Pa(옥내에 스프링클러설비가 설치된 경우에는 12.5Pa) 이상으로 해야 한다. 다만 피난안전구역의 한쪽 면 이상이 외기에 개방된 구조의 경우에는 설치하지 않을 수 있다.
2.피난유도선	피난유도선은 다음의 기준에 따라 설치해야 한다. 가. 피난안전구역이 설치된 층의 계단실 출입구에서 피난안전구역 주 출입구 또는 비상구까지 설치할 것 나. 계단실에 설치하는 경우 계단 및 계단참에 설치할 것 다. 피난유도 표시부의 너비는 최소 25mm 이상으로 설치할 것 라. 광원점등방식(전류에 의하여 빛을 내는 방식)으로 설치하되, 60분 이상 유효하게 작동할 것
3. 비상조명등	피난안전구역의 비상조명등은 상시 조명이 소등된 상태에서 그 비상조명등이 점등되는 경우 각 부분의 바닥에서 조도는 10lx 이상이 될 수 있도록 설치할 것
4. 휴대용 비상조명등	가. 피난안전구역에는 휴대용비상조명등을 다음의 기준에 따라 설치해야 한다. 1) 초고층 건축물에 설치된 피난안전구역 : 피난안전구역 위층의 재실자수(「건축물의 피난 · 방화구조 등의 기준에 관한 규칙」 별표 1의2에 따라 산정된 재실자 수를 말한다)의 10분의 1 이상 2) 지하연계 복합건축물에 설치된 피난안전구역 : 피난안전구역이 설치된 층의 수용인원(영 별표 7에 따라 산정된 수용인원을 말한다)의 10분의 1 이상 나. 건전지 및 충전식 건전지의 용량은 40분 이상 유효하게 사용할 수 있는 것으로 한다. 다만, 피난안전구역이 50층 이상에 설치되어 있을 경우의 용량은 60분 이상으로 할 것
5. 인명구조 기구	가. 방열복, 인공소생기를 각 2개 이상 비치할 것 나. 45분 이상 사용할 수 있는 성능의 공기호흡기(보조마스크를 포함한다)를 2개 이상 비치해야 한다. 다만, 피난안전구역이 50층 이상에 설치되어 있을 경우에는 동일한 성능의 예비용기를 10개 이상 비치할 것 다. 화재시 쉽게 반출할 수 있는 곳에 비치할 것 라. 인명구조기구가 설치된 장소의 보기 쉬운 곳에 "인명구조기구"라는 표지판 등을 설치할 것

8 연결송수관설비 설치기준

① 연결송수관설비의 배관은 전용으로 한다. 다만, 주배관의 구경이 100mm 이상인 옥내소화전설비와 겸용할 수 있다.

② 내연기관의 연료량은 펌프를 40분(50층 이상인 건축물의 경우에는 60분) 이상 운전할 수 있는 용량일 것

③ 연결송수관설비의 비상전원은 자가발전설비, 축전지설비(내연기관에 따른 펌프를 사용하는 경우에는 내연기관의 기동 및 제어용 축전지를 말한다) 또는 전기저장장치로서 연결송수관설비를 유효하게 40분 이상 작동할 수 있어야 할 것. 다만, 50층 이상인 건축물의 경우에는 60분 이상 작동할 수 있어야 한다.

지하구(NFTC605)

1 설치대상

지하구[용어정의]

① 전력 · 통신용의 전선이나 가스 · 냉난방용의 배관 또는 이와 비슷한 것을 집합수용하기 위하여 설치한 지하 인공구조물로서 사람이 점검 또는 보수를 하기 위하여 출입이 가능한 것 중 다음의 어느 하나에 해당하는 것

㉠ 전력 또는 통신사업용 지하 인공구조물로서 전력구(케이블 접속부가 없는 경우에는 제외한다) 또는 통신구 방식으로 설치된 것

㉡ ㉠ 외의 지하 인공구조물로서 폭이 1.8미터 이상이고 높이가 2미터 이상이며 길이가 50미터 이상인 것

② 「국토의 계획 및 이용에 관한 법률」 제2조제9호에 따른 공동구

2 지하구에 설치되는 소방시설

① 소화기구 및 자동소화장치
② 자동화재탐지설비
③ 유도등
④ 연소방지설비
⑥ 연소방지재
⑦ 방화벽
⑧ 무선통신보조설비
⑨ 통합감시시설

3 용어정의

① “지하구”란 영 [별표2] 제28호에서 규정한 지하구를 말한다.

② “제어반”이란 설비, 장치 등의 조작과 확인을 위해 제어용 계기류, 스위치 등을 금속제

외함에 수납한 것을 말한다.

③ “분전반”이란 분기개폐기 · 분기과전류차단기 그밖에 배선용기기 및 배선을 금속제 외함에 수납한 것을 말한다.

④ “방화벽”이란 화재 시 발생한 열, 연기 등의 확산을 방지하기 위하여 설치하는 벽을 말한다.

⑤ “분기구”란 전기, 통신, 상하수도, 난방 등의 공급시설의 일부를 분기하기 위하여 지하구의 단면 또는 형태를 변화시키는 부분을 말한다.

⑥ “환기구”란 지하구의 온도, 습도의 조절 및 유해가스를 배출하기 위해 설치되는 것으로 자연환기구와 강제환기구로 구분된다.

⑦ “작업구”란 지하구의 유지관리를 위하여 자재, 기계기구의 반 · 출입 및 작업자의 출입을 위하여 만들어진 출입구를 말한다.

⑧ “케이블접속부”란 케이블이 지하구 내에 포설되면서 발생하는 직선 접속 부분을 전용의 접속재로 접속한 부분을 말한다.

⑨ “특고압 케이블”이란 사용전압이 7,000V를 초과하는 전로에 사용하는 케이블을 말한다.

⑩ "분기배관"이란 배관 측면에 구멍을 뚫어 2 이상의 관로가 생기도록 가공한 배관으로서 다음의 분기배관을 말한다.

㉠ "확관형 분기배관" : 배관의 측면에 조그만 구멍을 뚫고 소성가공으로 확관시켜 배관용접이음자리를 만들거나 배관 용접이음자리에 배관이음쇠를 용접 이음한 배관을 말한다.

㉡ "비확관형 분기배관" : 배관의 측면에 분기호칭내경 이상의 구멍을 뚫고 배관이음쇠를 용접 이음한 배관을 말한다.

4 소화기구 및 자동소화장치의 설치기준

① 소화기구는 다음의 기준에 따라 설치해야 한다.

㉠ 소화기의 능력단위(「소화기구 및 자동소화장치의 화재안전기술기준(NFTC 101)」 1.7.1.6에 따른 수치를 말한다. 이하같다)는 A급 화재는 개당 3단위 이상, B급 화재는 개당 5단위 이상 및 C급 화재에 적응성이 있는 것으로 할 것

㉡ 소화기 한대의 총중량은 사용 및 운반의 편리성을 고려하여 7kg 이하로 할 것

㉢ 소화기는 사람이 출입할 수 있는 출입구(환기구, 작업구를 포함한다) 부근에 5개 이상 설치할 것

㉣ 소화기는 바닥면으로부터 1.5m 이하의 높이에 설치할 것

㉤ 소화기의 상부에 “소화기”라고 표시한 조명식 또는 반사식의 표지판을 부착하여

사용자가 쉽게 알 수 있도록 할 것

② 지하구 내 발전실 · 변전실 · 송전실 · 변압기실 · 배전반실 · 통신기기실 · 전산기기실 · 기타 이와 유사한 시설이 있는 장소 중 바닥면적이 300㎡ 미만인 곳에는 유효설치 방호체적 이내의 가스 · 분말 · 고체에어로졸 · 캐비닛형 자동소화장치를 설치해야 한다. 다만, 해당 장소에 물분무등소화설비를 설치한 경우에는 설치하지 않을 수 있다.

③ 제어반 또는 분전반마다 가스 · 분말 · 고체에어로졸 자동소화장치 또는 유효설치 방호체적 이내의 소공간용 소화용구를 설치해야 한다.

④ 케이블접속부(절연유를 포함한 접속부에 한한다)마다 다음의 어느 하나에 해당하는 자동소화장치를 설치하되 소화성능이 확보될 수 있도록 방호공간을 구획하는 등 유효한 조치를 해야 한다.

㉠ 가스 · 분말 · 고체에어로졸 자동소화장치

㉡ 중앙소방기술심의위원회의 심의를 거쳐 소방청장이 인정하는 자동소화장치

5 자동화재탐지설비의 설치기준

① 감지기는 다음 기준에 따라 설치해야 한다.

㉠ 「자동화재탐지설비 및 시각경보장치의 화재안전기술기준(NFTC 203)」 2.4.1(1)부터 2.4.1(8)의 감지기 중 먼지 · 습기 등의 영향을 받지 않고 발화지점(1m 단위)과 온도를 확인할 수 있는 것을 설치할 것

㉡ 지하구 천장의 중심부에 설치하되 감지기와 천장 중심부 하단과의 수직거리는 30cm 이내로 할 것. 다만, 형식승인 내용에 설치방법이 규정되어 있거나, 중앙기술심의위원회의 심의를 거쳐 제조사 시방서에 따른 설치방법이 지하구 화재에 적합하다고 인정되는 경우에는 형식승인 내용 또는 심의결과에 의한 제조사 시방서에 따라 설치할 수 있다.

㉢ 발화지점이 지하구의 실제거리와 일치하도록 수신기 등에 표시할 것

㉣ 공동구 내부에 상수도용 또는 냉 · 난방용 설비만 존재하는 부분은 감지기를 설치하지 않을 수 있다.

② 발신기, 지구음향장치 및 시각경보기는 설치하지 않을 수 있다.

6 유도등의 설치기준

사람이 출입할 수 있는 출입구(환기구, 작업구를 포함한다)에는 해당 지하구 환경에 적합한 크기의 피난구유도등을 설치해야 한다.

7 연소방지설비의 설치기준

① 연소방지설비의 배관은 다음의 기준에 따라 설치해야 한다.

㉠ 배관용 탄소강관(KS D 3507) 또는 압력배관용 탄소강관(KS D 3562)이나 이와 동등 이상의 강도 · 내부식성 및 내열성을 가진 것으로 할 것

㉡ 급수배관(송수구로부터 연소방지설비 헤드에 급수하는 배관을 말한다. 이하 같다)은 전용으로 할 것

㉢ 배관의 구경은 다음의 기준에 적합한 것이어야 한다.

㉮ 연소방지설비전용헤드를 사용하는 경우에는 다음 표에 따른 구경 이상으로 할 것

하나의 배관에 부착하는 연소방지설비 전용헤드의 개수	1개	2개	3개	4개 또는 5개	6개 이상
배관의 구경	32mm	40mm	50mm	65mm	80mm

㉯ 개방형 스프링클러헤드를 사용하는 경우에는 「스프링클러설비의 화재안전기술기준(NFTC 103)」[표 2.5.3.3]의 기준에 따를 것

㉣ 교차배관은 가지배관과 수평으로 설치하거나 또는 가지배관 밑에 설치하고, 그 구경은 위㉢에 따르되, 최소구경이 40㎜ 이상이 되도록 할 것

㉤ 배관에 설치되는 행거는 다음의 기준에 따라 설치해야 한다.

㉮ 가지배관에는 헤드의 설치지점 사이마다 1개 이상의 행거를 설치하되, 헤드간의 거리가 3.5m을 초과하는 경우에는 3.5m 이내마다 1개 이상 설치할 것. 이 경우 상향식헤드와 행거 사이에는 8㎝ 이상의 간격을 두어야 한다

㉯ 교차배관에는 가지배관과 가지배관 사이마다 1개 이상의 행거를 설치하되, 가지배관 사이의 거리가 4.5m을 초과하는 경우에는 4.5m 이내마다 1개 이상 설치할 것

㉰ 수평주행배관에는 4.5m 이내마다 1개 이상 설치할 것

㉥ 확관형 분기배관을 사용할 경우에는 「분기배관의 성능인증 및 제품검사의 기술기준」에 적합한 것으로 설치할 것

② 연소방지설비의 헤드는 다음의 기준에 따라 설치해야 한다.

㉠ 천장 또는 벽면에 설치할 것

㉡ 헤드간의 수평거리는 연소방지설비 전용헤드의 경우에는 2m 이하, 개방형 스프링클러헤드의 경우에는 1.5m 이하로 할 것

㉢ 소방대원의 출입이 가능한 환기구 · 작업구마다 지하구의 양쪽방향으로 살수헤드를 설정하되, 한쪽 방향의 살수구역의 길이는 3m 이상으로 할 것. 다만, 환기구 사이의 간격이 700m를 초과할 경우에는 700m 이내마다 살수구역을 설정하되,

지하구의 구조를 고려하여 방화벽을 설치한 경우에는 그렇지 않다.

㉣ 연소방지설비 전용헤드를 설치할 경우에는 「소화설비용헤드의 성능인증 및 제품검사 기술기준」에 적합한 살수헤드를 설치할 것

③ 송수구는 다음의 기준에 따라 설치해야 한다.

㉠ 소방차가 쉽게 접근할 수 있는 노출된 장소에 설치하되, 눈에 띄기 쉬운 보도 또는 차도에 설치할 것

㉡ 송수구는 구경 65㎜의 쌍구형으로 할 것

㉢ 송수구로부터 1m 이내에 살수구역 안내표지를 설치할 것

㉣ 지면으로부터 높이가 0.5m 이상 1m 이하의 위치에 설치할 것

㉤ 송수구의 가까운 부분에 자동배수밸브(또는 직경 5㎜의 배수공)를 설치할 것. 이 경우 자동배수밸브는 배관 안의 물이 잘 빠질 수 있는 위치에 설치하되, 배수로 인하여 다른 물건 또는 장소에 피해를 주지 않아야 한다.

㉥ 송수구로부터 주배관에 이르는 연결배관에는 개폐밸브를 설치하지 않을 것

㉦ 송수구에는 이물질을 막기 위한 마개를 씌울 것

8 연소방지재 설치기준

지하구 내에 설치하는 케이블 · 전선 등에는 다음의 기준에 따라 연소방지재를 설치해야 한다. 다만, 케이블 · 전선 등을 다음 ①의 난연성능 이상을 충족하는 것으로 설치한 경우에는 연소방지재를 설치하지 않을 수 있다.

① 연소방지재는 한국산업표준(KS C IEC 60332-3-24)에서 정한 난연성능 이상의 제품을 사용하되 다음의 기준을 충족할 것

㉠ 시험에 사용되는 연소방지재는 시료(케이블 등)의 아래쪽(점화원으로부터 가까운 쪽)으로부터 30cm 지점부터 부착 또는 설치할 것

㉡ 시험에 사용되는 시료(케이블 등)의 단면적은 325㎟로 한다.

㉢ 시험성적서의 유효기간은 발급 후 3년으로 할 것

② 연소방지재는 다음에 해당하는 부분에 ①과 관련된 시험성적서에 명시된 방식으로 시험성적서에 기준 명시된 길이 이상으로 설치하되, 연소방지재 간의 설치 간격은 350m를 넘지 않도록 해야 한다.

㉠ 분기구

㉡ 지하구의 인입부 또는 인출부

㉢ 절연유 순환펌프 등이 설치된 부분

㉣ 기타 화재발생 위험이 우려되는 부분

9 방화벽 설치기준

방화벽은 다음의 기준에 따라 설치하고, 항상 닫힌 상태를 유지하거나 자동폐쇄장치에 의하여 화재 신호를 받으면 자동으로 닫히는 구조로 해야 한다.

① 내화구조로서 홀로 설 수 있는 구조일 것
② 방화벽의 출입문은 건축법 시행령 제64조에 따른 방화문으로서 60분+ 또는 60분 방화문으로 설치할 것
③ 방화벽을 관통하는 케이블 · 전선 등에는 국토교통부 고시(「건축자재등 품질인정 및 관리기준」)에 따라 내화채움 구조로 마감할 것
④ 방화벽은 분기구 및 국사 · 변전소 등의 건축물과 지하구가 연결되는 부위(건축물로부터 20m 이내)에 설치할 것
⑤ 자동폐쇄장치를 사용하는 경우에는 「자동폐쇄장치의 성능인증 및 제품검사의 기술기준」에 적합한 것으로 설치할 것

10 무선통신보조설비 설치기준

무선통신보조설비의 옥외안테나는 방재실인근과 공동구의 입구 및 연소방지설비 송수구가 설치된 장소(지상)에 설치해야 한다.

11 통합감시시설 설치기준

통합감시시설은 다음의 기준에 따라 설치한다.

① 소방관서와 지하구의 통제실 간에 화재 등 소방활동과 관련된 정보를 상시 교환할 수 있는 정보통신망을 구축할 것
② ①의 정보통신망(무선통신망을 포함한다)은 광케이블 또는 이와 유사한 성능을 가진 선로일 것
③ 수신기는 지하구의 통제실에 설치하되 화재신호, 경보, 발화지점 등 수신기에 표시되는 정보가 다음의 표에 적합한 방식으로 119상황실이 있는 관할 소방관서의 정보통신장치에 표시되도록 할 것

통합감시시설 구성 표준 프로토콜 정의서

1. 적용

지하구의 수신기 정보를 관할 소방관서의 정보통신장치에 표시하기 위하여 적용하는 Modbus-RTU 프로토콜방식에 대한 규정이다.

1.1 Ethernet은 현장에서 할당된 IP와 고정PORT로 TCP접속한다.

1.2 IP: 할당된 수신기 IP와 관제시스템 IP

1.3 PORT: 4000(고정)

1.4 Modbus 프로토콜 형식을 따르되 수신기에 대한 request 없이, 수신기는 주기적으로 (3~5초)상위로 데이터를 전송한다.

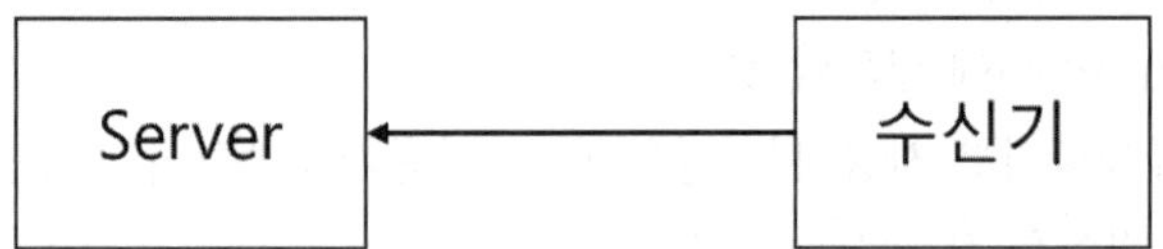

2. Modbus RTU 구성

2.1 Modbus RTUprotocol의 packet 구조는 아래와 같다.

Device Address	Function Code	Data	CRC-16
1 byte	1 byte	N bytes	2 bytes

2.2 각 필드의 의미는 다음과 같다.

항 목	길 이	설 명
Device Address	1 byte	수신기의ID
Function Code	1 byte	0x00 고정사용
Data	N bytes	Data 구성 참고
CRC	2 bytes	Modbus CRC-16 사용

2.3 Data 구성

SOP	Length	PID	MID	Zone수량	Zone번호	상태정보	거리(H)	거리(L)	Reserved	EOP
1 byte	1 byte	1 byte	1 byte	1 byte	1 byte	1 byte	1 byte	1 byte	1 byte	1 byte

SOP : Start of Packet → 0x23 고정
Length : Length 이후부터 EOP까지의 length
PID : 제품 ID로 Device Address 와 동일
MID : 제조사 ID로 reserved
Zone 수량 : 감시하는 zone 수량, 0x00 ~ 0xff.
Zone 번호 : 감시하는 zone의 번호
상태정보 : 정상(0x00), 단선(0x1f), 화재(0x2f)
거리 : 정상상태에서는 해당 zone의 감시거리. 화재시 화재 발생거리.
Reserved : reserved
EOP : End of Packet → 0x36 고정

2.4 CRC-16

CRC는 기본적으로 Modbus CRC-16을 사용한다.

```
WORD CRC16 (const BYTE *nData, WORD wLength)
{
staticconst WORD wCRCTable[] = {
    0X0000, 0XC0C1, 0XC181, 0X0140, 0XC301, 0X03C0, 0X0280, 0XC241,
    0XC601, 0X06C0, 0X0780, 0XC741, 0X0500, 0XC5C1, 0XC481, 0X0440,
    0XCC01, 0X0CC0, 0X0D80, 0XCD41, 0X0F00, 0XCFC1, 0XCE81, 0X0E40,
    0X0A00, 0XCAC1, 0XCB81, 0X0B40, 0XC901, 0X09C0, 0X0880, 0XC841,
    0XD801, 0X18C0, 0X1980, 0XD941, 0X1B00, 0XDBC1, 0XDA81, 0X1A40,
    0X1E00, 0XDEC1, 0XDF81, 0X1F40, 0XDD01, 0X1DC0, 0X1C80, 0XDC41,
    0X1400, 0XD4C1, 0XD581, 0X1540, 0XD701, 0X17C0, 0X1680, 0XD641,
    0XD201, 0X12C0, 0X1380, 0XD341, 0X1100, 0XD1C1, 0XD081, 0X1040,
    0XF001, 0X30C0, 0X3180, 0XF141, 0X3300, 0XF3C1, 0XF281, 0X3240,
    0X3600, 0XF6C1, 0XF781, 0X3740, 0XF501, 0X35C0, 0X3480, 0XF441,
    0X3C00, 0XFCC1, 0XFD81, 0X3D40, 0XFF01, 0X3FC0, 0X3E80, 0XFE41,
    0XFA01, 0X3AC0, 0X3B80, 0XFB41, 0X3900, 0XF9C1, 0XF881, 0X3840,
    0X2800, 0XE8C1, 0XE981, 0X2940, 0XEB01, 0X2BC0, 0X2A80, 0XEA41,
    0XEE01, 0X2EC0, 0X2F80, 0XEF41, 0X2D00, 0XEDC1, 0XEC81, 0X2C40,
    0XE401, 0X24C0, 0X2580, 0XE541, 0X2700, 0XE7C1, 0XE681, 0X2640,
    0X2200, 0XE2C1, 0XE381, 0X2340, 0XE101, 0X21C0, 0X2080, 0XE041,
```

```
    0XA001, 0X60C0, 0X6180, 0XA141, 0X6300, 0XA3C1, 0XA281, 0X6240,
    0X6600, 0XA6C1, 0XA781, 0X6740, 0XA501, 0X65C0, 0X6480, 0XA441,
    0X6C00, 0XACC1, 0XAD81, 0X6D40, 0XAF01, 0X6FC0, 0X6E80, 0XAE41,
    0XAA01, 0X6AC0, 0X6B80, 0XAB41, 0X6900, 0XA9C1, 0XA881, 0X6840,
    0X7800, 0XB8C1, 0XB981, 0X7940, 0XBB01, 0X7BC0, 0X7A80, 0XBA41,
    0XBE01, 0X7EC0, 0X7F80, 0XBF41, 0X7D00, 0XBDC1, 0XBC81, 0X7C40,
    0XB401, 0X74C0, 0X7580, 0XB541, 0X7700, 0XB7C1, 0XB681, 0X7640,
    0X7200, 0XB2C1, 0XB381, 0X7340, 0XB101, 0X71C0, 0X7080, 0XB041,
    0X5000, 0X90C1, 0X9181, 0X5140, 0X9301, 0X53C0, 0X5280, 0X9241,
    0X9601, 0X56C0, 0X5780, 0X9741, 0X5500, 0X95C1, 0X9481, 0X5440,
    0X9C01, 0X5CC0, 0X5D80, 0X9D41, 0X5F00, 0X9FC1, 0X9E81, 0X5E40,
    0X5A00, 0X9AC1, 0X9B81, 0X5B40, 0X9901, 0X59C0, 0X5880, 0X9841,
    0X8801, 0X48C0, 0X4980, 0X8941, 0X4B00, 0X8BC1, 0X8A81, 0X4A40,
    0X4E00, 0X8EC1, 0X8F81, 0X4F40, 0X8D01, 0X4DC0, 0X4C80, 0X8C41,
    0X4400, 0X84C1, 0X8581, 0X4540, 0X8701, 0X47C0, 0X4680, 0X8641,
    0X8201, 0X42C0, 0X4380, 0X8341, 0X4100, 0X81C1, 0X8081, 0X4040 };

BYTE nTemp;
WORD wCRCWord = 0xFFFF;

    while (wLength--)
    {
nTemp = *nData++ ^ wCRCWord;
wCRCWord>>= 8;
wCRCWord  ^= wCRCTable[nTemp];
    }
    return wCRCWord;
}
```

2.5 예제

예) Device Address 0x76번의 수신기가 100m 와 200m인 2개 zone을 감시 중 정상상태

Device Address	Function Code	SOP	Len	PID	MID	Zone 수량	Zone 번호	상태 정보	거리(H)	거리 (L)	Zone 번호	상태 정보	거리(H)	거리 (L)	Reserved	EOP	CRC-16
1 byte	1 byte	1 byte	1 byte	1byte	1 byte	1 byte	1 byte	1 byte	1 byte	1 byte	1 byte	1 byte	1 byte	1 byte	1 byte	1 byte	2 bytes
0x4C	0x00	0x23	0x0d	0x4C	reserved	0x02	0x01	0x00	0x00	0x64	0x02	0x00	0x00	0xC8	reserved	0x36	0x8426

건설현장(NFTC606)

1 임시소방시설의 종류 및 설치대상

■ 소방시설 설치 및 관리에 관한 법률 시행령 [별표 8]

임시소방시설의 종류와 설치기준 등(제18조제2항 및 제3항 관련)

1. 임시소방시설의 종류

가. 소화기

나. 간이소화장치: 물을 방사(放射)하여 화재를 진화할 수 있는 장치로서 소방청장이 정하는 성능을 갖추고 있을 것

다. 비상경보장치: 화재가 발생한 경우 주변에 있는 작업자에게 화재사실을 알릴 수 있는 장치로서 소방청장이 정하는 성능을 갖추고 있을 것

라. 가스누설경보기: 가연성 가스가 누설되거나 발생된 경우 이를 탐지하여 경보하는 장치로서 법 제37조에 따른 형식승인 및 제품검사를 받은 것

마. 간이피난유도선: 화재가 발생한 경우 피난구 방향을 안내할 수 있는 장치로서 소방청장이 정하는 성능을 갖추고 있을 것

바. 비상조명등: 화재가 발생한 경우 안전하고 원활한 피난활동을 할 수 있도록 자동 점등되는 조명장치로서 소방청장이 정하는 성능을 갖추고 있을 것

사. 방화포: 용접 · 용단 등의 작업 시 발생하는 불티로부터 가연물이 점화되는 것을 방지해주는 천 또는 불연성 물품으로서 소방청장이 정하는 성능을 갖추고 있을 것

2. 임시소방시설을 설치해야 하는 공사의 종류와 규모

가. 소화기: 법 제6조제1항에 따라 소방본부장 또는 소방서장의 동의를 받아야 하는 특정소방대상물의 신축 · 증축 · 개축 · 재축 · 이전 · 용도변경 또는 대수선 등을 위한 공사 중 법 제15조제1항에 따른 화재위험작업의 현장(이하 이 표에서 "화재위험작업현장"이라 한다)에 설치한다.

나. 간이소화장치: 다음의 어느 하나에 해당하는 공사의 화재위험작업현장에 설치한다.

1) 연면적 3천m^2 이상

2) 지하층, 무창층 또는 4층 이상의 층. 이 경우 해당 층의 바닥면적이 600m^2 이상인 경우만 해당한다.

다. 비상경보장치: 다음의 어느 하나에 해당하는 공사의 화재위험작업현장에 설치한다.

1) 연면적 400m^2 이상

2) 지하층 또는 무창층. 이 경우 해당 층의 바닥면적이 150m^2 이상인 경우만 해당한다.

라. 가스누설경보기: 바닥면적이 150㎡ 이상인 지하층 또는 무창층의 화재위험작업현장에 설치한다.
마. 간이피난유도선: 바닥면적이 150㎡ 이상인 지하층 또는 무창층의 화재위험작업현장에 설치한다.
바. 비상조명등: 바닥면적이 150㎡ 이상인 지하층 또는 무창층의 화재위험작업현장에 설치한다.
사. 방화포: 용접 · 용단 작업이 진행되는 화재위험작업현장에 설치한다.

3. 임시소방시설과 기능 및 성능이 유사한 소방시설로서 임시소방시설을 설치한 것으로 보는 소방시설
가. 간이소화장치를 설치한 것으로 보는 소방시설: 소방청장이 정하여 고시하는 기준에 맞는 소화기(연결송수관설비의 방수구 인근에 설치한 경우로 한정한다) 또는 옥내소화전설비
나. 비상경보장치를 설치한 것으로 보는 소방시설: 비상방송설비 또는 자동화재탐지설비
다. 간이피난유도선을 설치한 것으로 보는 소방시설: 피난유도선, 피난구유도등, 통로유도등 또는 비상조명등

2 소화기의 성능 및 설치기준

소화기의 설치기준은 다음과 같다.

① 소화기의 소화약제는 「소화기구 및 자동소화장치의 화재안전기술기준(NFTC 101)」 2.1.1.1의 표 2.1.1.1에 따른 적응성이 있는 것을 설치할 것
② 각 층 계단실마다 계단실 출입구 부근에 능력단위 3단위 이상인 소화기 2개 이상을 설치하고, 영 제18조제1항에 해당하는 작업을 하는 경우 작업종료 시까지 작업지점으로부터 5m 이내의 쉽게 보이는 장소에 능력단위 3단위 이상인 소화기 2개 이상과 대형소화기 1개 이상을 추가 배치할 것
③ "소화기"라고 표시한 축광식 표지를 소화기 설치장소 보기 쉬운 곳에 부착하여야 한다.

소화기의 성능 및 설치기준 NFPC606
제5조(소화기의 성능 및 설치기준) 소화기의 성능 및 설치기준은 다음 각 호와 같다.
1. 소화기의 소화약제는 「소화기구 및 자동소화장치의 화재안전성능기준(NFPC101)」 제4조제1호에 따른 적응성이 있는 것을 설치해야 한다.
2. 각 층 계단실마다 계단실 출입구 부근에 능력단위 3단위 이상인 소화기 2개 이상을 설치하고, 영 제18조제1항에 해당하는 작업을 하는 경우 작업종료 시까지 작업지점으로부터 5미터 이내의 쉽게 보이는 장소에 능력단위 3단위 이상인 소화기 2개 이상과 대형소화기 1개 이상을 추가 배치해야 한다.
3. "소화기"라고 표시한 축광식 표지를 소화기 설치장소 보기 쉬운 곳에 부착하여야 한다.

3 간이소화장치의 성능 및 설치기준

영 제18조제1항에 해당하는 작업을 하는 경우 작업종료 시까지 작업지점으로부터 25m 이내에 배치하여 즉시 사용이 가능하도록 할 것

간이소화장치의 성능 및 설치기준 NFPC606
제6조(간이소화장치의 성능 및 설치기준) 간이소화장치의 성능 및 설치기준은 다음 각 호와 같다.
1. 20분 이상의 소화수를 공급할 수 있는 수원을 확보해야 한다.
2. 소화수의 방수압력은 0.1 메가파스칼 이상, 방수량은 분당 65리터 이상이어야 한다.
3. 영 제18조제1항에 해당하는 작업을 하는 경우 작업종료 시까지 작업지점으로부터 25미터이내에 배치하여 즉시 사용이 가능하도록 해야 한다.
4. 간이소화장치는 소방청장이 정하여 고시한 「간이소화장치의 성능인증 및 제품검사의 기술기준」에 적합한 것으로 해야 한다.
5. 영 제18조제2항 별표 8 제3호가목에 따라 해당 특정소방대상물에 설치되는 다음 각 목의 소방시설을 사용승인 전이라도 「소방시설공사업법」 제14조에 따른 완공검사(이하 "완공검사"라 한다)를 받아 사용할 수 있게 된 경우 간이소화장치를 배치하지 않을 수 있다.
   가. 옥내소화전설비
   나. 연결송수관설비와 연결송수관설비의 방수구 인근에 대형소화기를 6개 이상 배치한 경우

4 비상경보장치의 성능 및 설치기준

① 피난층 또는 지상으로 통하는 각 층 직통계단의 출입구마다 설치할 것
② 발신기를 누를 경우 해당 발신기와 결합된 경종이 작동할 것. 이 경우 다른 장소에 설치된 경종도 함께 연동하여 작동되도록 설치할 수 있다.
③ 발신기의 위치표시등은 함의 상부에 설치하되, 그 불빛은 부착 면으로부터 15도 이상의 범위 안에서 부착지점으로부터 10m 이내의 어느 곳에서도 쉽게 식별할 수 있는 적색등으로 할 것
④ 시각경보장치는 발신기함 상부에 위치하도록 설치하되 바닥으로부터 2m 이상 2.5m 이하의 높이에 설치하여 건설현장의 각 부분에 유효하게 경보할 수 있도록 할 것
⑤ "비상경보장치"라고 표시한 표지를 비상경보장치 상단에 부착할 것

비상경보장치의 성능 및 설치기준 NFPC606

제7조(비상경보장치의 성능 및 설치기준) 비상경보장치의 성능 및 설치기준은 다음 각 호와 같다.

1. 피난층 또는 지상으로 통하는 각 층 직통계단의 출입구마다 설치해야 한다.
2. 발신기를 누를 경우 해당 발신기와 결합된 경종이 작동해야 한다. 이 경우 다른 장소에 설치된 경종도 함께 연동하여 작동되도록 설치할 수 있다.
3. 경종의 음량은 부착된 음향장치의 중심으로부터 1미터 떨어진 위치에서 100데시벨 이상이 되는 것으로 설치해야 한다.
4. 발신기의 위치표시등은 함의 상부에 설치하되, 그 불빛은 부착 면으로부터 15도 이상의 범위 안에서 부착지점으로부터 10미터 이내의 어느 곳에서도 쉽게 식별할 수 있는 적색등으로 할 것
5. 시각경보장치는 발신기함 상부에 위치하도록 설치하되 바닥으로부터 2미터 이상 2.5미터 이하의 높이에 설치하여 건설현장의 각 부분에 유효하게 경보할 수 있도록 할 것
6. 발신기와 경종은 각각 「발신기의 형식승인 및 제품검사의 기술기준」과 「경종의 형식승인 및 제품검사의 기술기준」에 적합한 것으로, 표시등은 「표시등의 성능인증 및 제품검사의 기술기준」에 적합한 것으로 설치해야 한다.
7. "비상경보장치"라고 표시한 표지를 비상경보장치 상단에 부착해야 한다.
8. 비상경보장치를 20분 이상 유효하게 작동시킬 수 있는 비상전원을 확보해야 한다.
9. 영 제18조제2항 별표 8 제3호나목에 따라 해당 특정소방대상물에 설치되는 자동화재탐지설비 또는 비상방송설비를 사용승인 전이라도 완공검사를 받아 사용할 수 있게 된 경우 비상경보장치를 설치하지 않을 수 있다.

5 가스누설경보기의 성능 및 설치기준

영 제18조제1항제1호에 따른 가연성가스를 발생시키는 작업을 하는 지하층 또는 무창층 내부(내부에 구획된 실이 있는 경우에는 구획실마다)에 가연성가스를 발생시키는 작업을 하는 부분으로부터 수평거리 10m 이내에 바닥으로부터 탐지부 상단까지의 거리가 0.3m 이하인 위치에 설치할 것

가스누설경보기의 성능 및 설치기준 NFPC606

제8조(가스누설경보기의 성능 및 설치기준) 가스누설경보기의 성능 및 설치기준은 다음 각 호와 같다.

1. 영 제18조제1항제1호에 따른 가연성가스를 발생시키는 작업을 하는 지하층 또는 무창층 내부(내부에 구획된 실이 있는 경우에는 구획실마다)에 가연성가스를 발생시키는 작업을 하는 부분으로부터 수평거리 10미터 이내에 바닥으로부터 탐지부 상단까지의 거리가 0.3미터 이하인 위치에 설치해야 한다.
2. 가스누설경보기는 소방청장이 정하여 고시한 「가스누설경보기의 형식승인 및 제품검사의 기술기준」에 적합한 것으로 설치해야 한다.

6 간이피난유도선의 성능 및 설치기준

① 영 제18조제2항 별표 8 제2호마목에 따른 지하층이나 무창층에는 간이피난유도선을 녹색 계열의 광원점등방식으로 해당 층의 직통계단마다 계단의 출입구로부터 건물 내부로 10m 이상의 길이로 설치할 것
② 바닥으로부터 1m 이하의 높이에 설치하고, 피난유도선이 점멸하거나 화살표로 표시하는 등의 방법으로 작업장의 어느 위치에서도 피난유도선을 통해 출입구로의 피난방향을 알 수 있도록 할 것
③ 층 내부에 구획된 실이 있는 경우에는 구획된 각 실로부터 가장 가까운 직통계단의 출입구까지 연속하여 설치할 것

간이피난유도선의 성능 및 설치기준 NFPC606

제9조(간이피난유도선의 성능 및 설치기준) 간이피난유도선의 성능 및 설치기준은 다음 각 호와 같다.

1. 영 제18조제2항 별표 8 제2호마목에 따른 지하층이나 무창층에는 간이피난유도선을 녹색 계열의 광원점등방식으로 해당 층의 직통계단마다 계단의 출입구로부터 건물 내부로 10미터 이상의 길이로 설치해야 한다.
2. 바닥으로부터 1미터 이하의 높이에 설치하고, 피난유도선이 점멸하거나 화살표로 표시하는 등의 방법으로 작업장의 어느 위치에서도 피난유도선을 통해 출입구로의 피난방향을 알 수 있도록 해야 한다.
3. 층 내부에 구획된 실이 있는 경우에는 구획된 각 실로부터 가장 가까운 직통계단의 출입구까지 연속하여 설치해야 한다.
4. 공사 중에는 상시 점등되도록 하고, 간이피난유도선을 20분 이상 유효하게 작동시킬 수 있는 비상전원을 확보해야 한다.
5. 영 제18조제2항 별표 8 제3호다목에 따라 해당 특정소방대상물에 설치되는 피난유도선, 피난구유도등, 통로유도등 또는 비상조명등을 사용승인 전이라도 완공검사를 받아 사용할 수 있게 된 경우 간이피난유도선을 설치하지 않을 수 있다.

7 비상조명등의 성능 및 설치기준

① 영 제18조제2항 별표 8 제2호바목에 따른 지하층이나 무창층에서 피난층 또는 지상으로 통하는 직통계단의 계단실 내부에 각 층마다 설치할 것
② 비상조명등이 설치된 장소의 조도는 각 부분의 바닥에서 1lx 이상이 되도록 할 것
③ 비상경보장치가 작동할 경우 연동하여 점등되는 구조로 설치할 것

비상조명등의 성능 및 설치기준 NFPC606

제10조(비상조명등의 성능 및 설치기준) 비상조명등의 성능 및 설치기준은 다음 각 호와 같다.

1. 영 제18조제2항 별표 8 제2호바목에 따른 지하층이나 무창층에서 피난층 또는 지상으로 통하는 직통계단의 계단실 내부에 각 층마다 설치해야 한다.
2. 비상조명등이 설치된 장소의 조도는 각 부분의 바닥에서 1 럭스 이상이 되도록 해야 한다.
3. 비상조명등을 20분(지하층과 지상 11층 이상의 층은 60분) 이상 유효하게 작동시킬 수 있는 비상전원을 확보해야 한다.
4. 비상경보장치가 작동할 경우 연동하여 점등되는 구조로 설치해야 한다.
5. 비상조명등은 소방청장이 정하여 고시한 「비상조명등의 형식승인 및 제품검사의 기술기준」에 적합한 것으로 해야 한다.

8 방화포의 성능 및 설치기준

용접 · 용단 작업 시 11m 이내에 가연물이 있는 경우 해당 가연물을 방화포로 보호할 것

방화포의 성능 및 설치기준 NFPC606

제11조(방화포의 성능 및 설치기준) 방화포의 성능 및 설치기준은 다음 각 호와 같다.

1. 용접 · 용단 작업 시 11미터 이내에 가연물이 있는 경우 해당 가연물을 방화포로 보호하여야 한다. 다만, 「산업안전보건기준에 관한 규칙」 제241조제2항제4호에 따른 비산방지조치를 한 경우에는 방화포를 설치하지 않을 수 있다.
2. 소방청장이 정하여 고시한 「방화포의 성능인증 및 제품검사의 기술기준」에 적합한 것으로 설치해야 한다.

9 소방안전관리자의 업무

NFPC 제12조(소방안전관리자의 업무) 건설현장에 배치되는 소방안전관리자는 다음 각 호의 업무를 수행해야 한다.

1. 방수 · 도장 · 우레탄폼 성형 등 가연성가스 발생 작업과 용접 · 용단 및 불꽃이 발생하는 작업이 동시에 이루어지지 않도록 수시로 확인해야 한다.
2. 가연성가스가 발생되는 작업을 할 경우에는 사전에 가스누설경보기의 정상작동 여부를 확인하고, 작업 중 또는 작업 후 가연성가스가 체류되지 않도록 충분한 환기조치를 실시해야 한다.
3. 용접 · 용단 작업을 할 경우에는 성능인증 받은 방화포가 설치기준에 따라 적정하게 도포되어 있는지 확인해야 한다.
4. 위험물 등이 있는 장소에서 화기 등을 취급하는 작업이 이루어지지 않도록 확인해야 한다.

전기저장시설(NFTC607)

1 용어정의

이 기준에서 사용하는 용어의 정의는 다음과 같다.

① "전기저장장치"란 생산된 전기를 전력 계통에 저장했다가 전기가 가장 필요한 시기에 공급해 에너지 효율을 높이는 것으로 배터리(이차전지에 한정한다. 이하 같다), 배터리 관리 시스템, 전력 변환 장치 및 에너지 관리 시스템 등으로 구성되어 발전 · 송배전 · 일반 건축물에서 목적에 따라 단계별 저장이 가능한 장치를 말한다.

② "옥외형 전기저장장치 설비"란 컨테이너, 패널 등 전기저장장치 설비 전용 건축물의 형태로 옥외의 구획된 실에 설치된 전기저장장치를 말한다.

③ "옥내형 전기저장장치 설비"란 전기저장장치 설비 전용 건축물이 아닌 건축물의 내부에 설치되는 전기저장장치로 '옥외형 전기저장장치 설비'가 아닌 설비를 말한다.

④ "배터리실"이란 전기저장장치 중 배터리를 보관하기 위해 별도로 구획된 실을 말한다.

⑤ "더블인터락(Double-Interlock) 방식"이란 준비작동식스프링클러설비의 작동방식 중 화재감지기와 스프링클러헤드가 모두 작동되는 경우 준비작동식유수검지장치가 개방되는 방식을 말한다.

2 전기저장시설에 설치해야 하는 소방시설등의 종류

① 소화기
② 스프링클러설비
③ 배터리용 소화장치
④ 자동화재탐지설비
⑤ 배출설비

3 설치장소의 구조

전기저장장치는 관할 소방대의 원활한 소방활동을 위해 지면으로부터 지상 22미터 이내, 지하 9미터 이내로 설치해야 한다.

4 방화구획

전기저장장치 설치장소의 벽체, 바닥 및 천장은 「건축물의 피난 · 방화구조 등의 기준에 관한 규칙」에 따라 건축물의 다른 부분과 방화구획 해야 한다. 다만, 배터리실 외의 장소와 옥외형 전기저장장치 설비는 방화구획 하지 않을 수 있다.

5 소화기 설치기준

소화기는 「소화기구 및 자동소화장치의 화재안전기술기준(NFTC 101)」 [표 2.1.1.3] 제2호에 따라 구획된 실마다 추가하여 설치해야 한다.

6 스프링클러 설치기준

스프링클러설비는 다음의 기준에 따라 설치해야 한다. 다만, 배터리실 외의 장소에는 스프링클러헤드를 설치하지 않을 수 있다.

① 스프링클러설비는 습식스프링클러설비 또는 준비작동식스프링클러설비(신속한 작동을 위해 '더블인터락' 방식은 제외한다)로 설치할 것
② 전기저장장치가 설치된 실의 바닥면적(바닥면적이 230m^2 이상인 경우에는 230m^2) 1m^{2}에 분당 12.2L/min 이상의 수량을 균일하게 30분 이상 방수할 수 있도록 할 것
③ 스프링클러헤드 방수로 인해 인접 헤드에 미치는 영향을 최소화하기 위하여 스프링클러헤드 사이의 간격을 1.8m 이상 유지할 것. 이 경우 헤드 사이의 최대 간격은 스프링클러설비의 소화성능에 영향을 미치지 않는 간격 이내로 해야 한다.
④ 준비작동식스프링클러설비를 설치할 경우 아래의 자동화재탐지설비 설치기준 중 ②에 따른 감지기를 설치할 것
⑤ 스프링클러설비를 30분 이상 작동할 수 있는 비상전원을 갖출 것
⑥ 준비작동식스프링클러설비의 경우 전기저장장치의 출입구 부근에 수동식 기동장치를 설치할 것

⑦ 소방자동차로부터 전기저장장치 설비에 송수할 수 있는 송수구를 「스프링클러설비의 화재안전기술기준(NFTC 103)」 2.8(송수구)에 따라 설치할 것

7 배터리용 소화장치 설치기준

다음의 어느 하나에 해당하는 경우에는 2.2에도 불구하고 중앙소방기술심의위원회의 심의를 거쳐 소방청장이 인정하는 시험방법으로 2.9.2에 따른 시험기관에서 전기저장장치에 대한 소화성능을 인정받은 배터리용 소화장치를 설치할 수 있다.

① 옥외형 전기저장장치 설비가 컨테이너 내부에 설치된 경우

② 옥외형 전기저장장치 설비가 다른 건축물, 주차장, 공용도로, 적재된 가연물, 위험물 등으로부터 30미터 이상 떨어진 지역에 설치된 경우

8 자동화재탐지설비 설치기준

① 자동화재탐지설비는 「자동화재탐지설비 및 시각경보장치의 화재안전기술기준(NFTC 203)」에 따라 설치해야한다. 다만, 옥외형 전기저장장치 설비에는 자동화재탐지설비를 설치하지 않을 수 있다.

② 화재감지기는 다음 어느 하나에 해당하는 감지기를 설치해야 한다.

㉠ 공기흡입형 감지기 또는 아날로그식 연기감지기(감지기의 신호처리방식은 「자동화재탐지설비 및 시각경보장치의 화재안전기술기준(NFTC 203)」 1.7.2에 따른다)

㉡ 중앙소방기술심의위원회의 심의를 통해 전기저장장치에 적응성이 있다고 인정된 감지기

9 배출설비 설치기준

배출설비는 다음의 기준에 따라 설치해야 한다.

① 배풍기 · 배출덕트 · 후드 등을 이용하여 강제적으로 배출할 것

② 바닥면적 $1m^2$에 시간당 $18m^3$ 이상의 용량을 배출할 것

③ 화재감지기의 감지에 따라 작동할 것

④ 옥외와 면하는 벽체에 설치할 것

10 화재안전성능

① 소방본부장 또는 소방서장은 중앙소방기술심의위원회의 심의를 거쳐 소방청장이 인정하는 시험방법에 따라 ②에 따른 시험기관에서 화재안전 성능을 인정받은 경우에는 인정받은 성능 범위 안에서 스프링클러설비 및 배터리용 소화장치를 적용하지 않을 수 있다.

② 전기저장시설의 화재안전성능과 관련된 시험은 다음의 시험기관에서 수행할 수 있다.

㉠ 한국소방산업기술원

㉡ 한국화재보험협회 부설 방재시험연구원

㉢ ①에 따라 소방청장이 인정하는 시험방법으로 화재안전성능을 시험할 수 있는 비영리 국가 공인시험기관(「국가표준기본법」 제23조에 따라 한국인정기구로부터 시험기관으로 인정받은 기관을 말한다)

공동주택(NFTC608)

1 용어정의

이 기준에서 사용하는 용어의 정의는 다음과 같다.

① "공동주택"이란 영 [별표2] 제1호에서 규정한 대상을 말한다.
② "아파트등"이란 영 [별표2] 제1호 가목에서 규정한 대상을 말한다.
③ "기숙사"란 영 [별표2] 제1호 라목에서 규정한 대상을 말한다.
④ "갓복도식 공동주택"이란 「건축물의 피난 · 방화구조 등의 기준에 관한 규칙」 제9조제4항에서 규정한 대상을 말한다.
⑤ "주배관"이란 「스프링클러설비의 화재안전기술기준(NFTC 103)」 1.7.1.19에서 규정한 것을 말한다.
⑥ "부속실"이란 「특별피난계단의 계단실 및 부속실 제연설비의 화재안전기술기준(NFTC 501A)」 1.1.1에서 규정한 부속실을 말한다.

2 소화기구 및 자동소화장치

① 소화기는 다음의 기준에 따라 설치해야 한다.
㉠ 바닥면적 100 ㎡ 마다 1단위 이상의 능력단위를 기준으로 설치할 것
㉡ 아파트등의 경우 각 세대 및 공용부(승강장, 복도 등)마다 설치할 것
㉢ 아파트등의 세대 내에 설치된 보일러실이 방화구획되거나, 스프링클러설비 · 간이스프링클러설비 · 물분무등소화설비 중 하나가 설치된 경우에는 「소화기구 및 자동소화장치의 화재안전기술기준(NFTC 101)」[표 2.1.1.3]제1호 및 제5호를 적용하지 않을 수 있다.(부속용도추가 중 보일러실등,연소기등)
㉣ 아파트등의 경우 『소화기구 및 자동소화장치의 화재안전기술기준(NFTC 101)』 2.2에 따른 소화기의 감소 규정을 적용하지 않을 것
㉤ 주거용 주방자동소화장치는 아파트등의 주방에 열원(가스 또는 전기)의 종류에 적합한 것으로 설치하고, 열원을 차단할 수 있는 차단장치를 설치해야 한다.

3 옥내소화전설비

옥내소화전설비는 다음의 기준에 따라 설치해야 한다.

① 호스릴(hose reel) 방식으로 설치할 것

② 복층형 구조인 경우에는 출입구가 없는 층에 방수구를 설치하지 아니할 수 있다.

③ 감시제어반 전용실은 피난층 또는 지하 1층에 설치할 것. 다만, 상시 사람이 근무하는 장소 또는 관계인이 쉽게 접근할 수 있고 관리가 용이한 장소에 감시제어반 전용실을 설치할 경우에는 지상 2층 또는 지하 2층에 설치할 수 있다.

4 스프링클러설비

스프링클러설비는 다음의 기준에 따라 설치해야 한다.

① 폐쇄형스프링클러헤드를 사용하는 아파트등은 기준개수 10개(스프링클러헤드의 설치개수가 가장 많은 세대에 설치된 스프링클러헤드의 개수가 기준개수보다 작은 경우에는 그 설치개수를 말한다)에 1.6㎥를 곱한 양 이상의 수원이 확보되도록 할 것. 다만, 아파트등의 각 동이 주차장으로 서로 연결된 구조인 경우 해당 주차장 부분의 기준개수는 30개로 할 것

② 아파트등의 경우 화장실 반자 내부에는 「소방용 합성수지배관의 성능인증 및 제품검사의 기술기준」에 적합한 소방용 합성수지배관으로 배관을 설치할 수 있다. 다만, 소방용 합성수지배관 내부에 항상 소화수가 채워진 상태를 유지할 것

③ 하나의 방호구역은 2개 층에 미치지 아니하도록 할 것. 다만, 복층형 구조의 공동주택에는 3개 층 이내로 할 수 있다.

④ 아파트등의 세대 내 스프링클러헤드를 설치하는 천장 · 반자 · 천장과 반자사이 · 덕트 · 선반등의 각 부분으로부터 하나의 스프링클러헤드까지의 수평거리는 2.6 m 이하로 할 것.

⑤ 외벽에 설치된 창문에서 0.6 m 이내에 스프링클러헤드를 배치하고, 배치된 헤드의 수평거리 이내에 창문이 모두 포함되도록 할 것. 다만, 다음의 기준에 어느 하나에 해당하는 경우에는 그렇지 않다.

㉠ 창문에 드렌처설비가 설치된 경우

㉡ 창문과 창문 사이의 수직부분이 내화구조로 90 cm 이상 이격되어 있거나, 「발코니 등의 구조변경절차 및 설치기준」 제4조제1항부터 제5항까지에서 정하는 구조와 성능의 방화판 또는 방화유리창을 설치한 경우

ⓒ 발코니가 설치된 부분

⑥ 거실에는 조기반응형 스프링클러헤드를 설치할 것

⑦ 감시제어반 전용실은 피난층 또는 지하 1층에 설치할 것. 다만, 상시 사람이 근무하는 장소 또는 관계인이 쉽게 접근할 수 있고 관리가 용이한 장소에 감시제어반 전용실을 설치할 경우에는 지상 2층 또는 지하 2층에 설치할 수 있다.

⑧ 「건축법 시행령」 제46조제4항에 따라 설치된 대피공간에는 헤드를 설치하지 않을 수 있다.

⑨ 「스프링클러설비의 화재안전기술기준(NFTC 103)」 2.7.7.1 및 2.7.7.3의 기준에도 불구하고 세대 내 실외기실 등 소규모 공간에서 해당 공간 여건상 헤드와 장애물 사이에 60cm 반경을 확보하지 못하거나 장애물 폭의 3배를 확보하지 못하는 경우에는 살수방해가 최소화되는 위치에 설치할 수 있다.

5 물분무소화설비

물분무소화설비의 감시제어반 전용실은 피난층 또는 지하 1층에 설치해야 한다. 다만, 상시 사람이 근무하는 장소 또는 관계인이 쉽게 접근할 수 있고 관리가 용이한 장소에 감시제어반 전용실을 설치할 경우에는 지상 2층 또는 지하 2층에 설치할 수 있다.

6 포소화설비

포소화설비의 감시제어반 전용실은 피난층 또는 지하 1층에 설치해야 한다. 다만, 상시 사람이 근무하는 장소 또는 관계인이 쉽게 접근할 수 있고 관리가 용이한 장소에 감시제어반 전용실을 설치할 경우에는 지상 2층 또는 지하 2층에 설치할 수 있다.

7 옥외소화전설비

옥외소화전설비는 다음의 기준에 따라 설치해야 한다.

① 기동장치는 기동용수압개폐장치 또는 이와 동등 이상의 성능이 있는 것을 설치할 것

② 감시제어반 전용실은 피난층 또는 지하 1층에 설치할 것. 다만, 상시 사람이 근무하는 장소 또는 관계인이 쉽게 접근할 수 있고 관리가 용이한 장소에 감시제어반 전용실을 설치할 경우에는 지상 2층 또는 지하 2층에 설치할 수 있다.

8 자동화재탐지설비

① 감지기는 다음 기준에 따라 설치해야 한다.
  ㉠ 아날로그방식의 감지기, 광전식 공기흡입형 감지기 또는 이와 동등 이상의 기능 · 성능이 인정되는 것으로 설치할 것
  ㉡ 감지기의 신호처리방식은 「자동화재탐지설비 및 시각경보장치의 화재안전기술기준(NFTC 203)」 1.7.1.2에 따른다.
  ㉢ 세대 내 거실(취침용도로 사용될 수 있는 통상적인 방 및 거실을 말한다)에는 연기감지기를 설치할 것
  ㉣ 감지기 회로 단선 시 고장표시가 되며, 해당 회로에 설치된 감지기가 정상 작동될 수 있는 성능을 갖도록 할 것
② 복층형 구조인 경우에는 출입구가 없는 층에 발신기를 설치하지 아니할 수 있다.

9 비상방송설비

비상방송설비는 다음의 기준에 따라 설치해야 한다.
① 확성기는 각 세대마다 설치할 것
② 아파트등의 경우 실내에 설치하는 확성기 음성입력은 2 W 이상일 것

10 피난기구

① 피난기구는 다음의 기준에 따라 설치해야 한다.
  ㉠ 아파트등의 경우 각 세대마다 설치할 것
  ㉡ 피난장애가 발생하지 않도록 하기 위하여 피난기구를 설치하는 개구부는 동일 직선상이 아닌 위치에 있을 것. 다만, 수직 피난방향으로 동일 직선상인 세대별 개구부에 피난기구를 엇갈리게 설치하여 피난장애가 발생하지 않는 경우에는 그렇지 않다.
  ㉢ 「공동주택관리법」 제2조제1항제2호(마목은 제외함)에 따른 "의무관리대상 공동주택"의 경우에는 하나의 관리주체가 관리하는 공동주택 구역마다 공기안전매트 1개 이상을 추가로 설치할 것. 다만, 옥상으로 피난이 가능하거나 수평 또는 수직 방향의 인접세대로 피난할 수 있는 구조인 경우에는 추가로 설치하지 않을 수 있다.
② 갓복도식 공동주택 또는 「건축법 시행령」 제46조제5항에 해당하는 구조 또는 시설을 설치하여 수평 또는 수직 방향의 인접세대로 피난할 수 있는 아파트는 피난기구를 설치하지 않을 수 있다.

③ 승강식 피난기 및 하향식 피난구용 내림식 사다리가 「건축물의 피난 · 방화구조 등의 기준에 관한 규칙」 제14조에 따라 방화구획된 장소(세대 내부)에 설치될 경우에는 해당 방화구획된 장소를 대피실로 간주하고, 대피실의 면적규정과 외기에 접하는 구조로 대피실을 설치하는 규정을 적용하지 않을 수 있다.

11 유도등

유도등은 다음의 기준에 따라 설치해야 한다.

① 소형 피난구 유도등을 설치할 것. 다만, 세대 내에는 유도등을 설치하지 않을 수 있다.

② 주차장으로 사용되는 부분은 중형 피난구유도등을 설치할 것

③ 「건축법 시행령」 제40조제3항제2호나목 및 「주택건설기준 등에 관한 규정」 제16조의2 제3항에 따라 비상문자동개폐장치가 설치된 옥상 출입문에는 대형 피난구유도등을 설치할 것

④ 내부구조가 단순하고 복도식이 아닌 층에는 「유도등 및 유도표지의 화재안전기술기준(NFTC 303)」 2.2.1.3 및 2.3.1.1.1 기준을 적용하지 아니할 것

12 비상조명등

비상조명등은 각 거실로부터 지상에 이르는 복도 · 계단 및 그 밖의 통로에 설치해야 한다. 다만, 공동주택의 세대 내에는 출입구 인근 통로에 1개 이상 설치한다.

13 특별피난계단의 계단실 및 부속실 제연설비

특별피난계단의 계단실 및 부속실 제연설비는 「특별피난계단의 계단실 및 부속실 제연설비의 화재안전기술기준(NFTC 501A)」 2.22의 기준에 따라 성능확인을 해야 한다. 다만, 부속실을 단독으로 제연하는 경우에는 부속실과 면하는 옥내 출입문만 개방한 상태로 방연풍속을 측정할 수 있다.

14 연결송수관설비

① 방수구는 다음의 기준에 따라 설치해야 한다.

㉠ 층마다 설치할 것. 다만, 아파트등의 1층과 2층(또는 피난층과 그 직상층)에는 설치하지 않을 수 있다.

㉡ 아파트등의 경우 계단의 출입구(계단의 부속실을 포함하며 계단이 2 이상 있는 경우에는 그 중 1개의 계단을 말한다)로부터 5m 이내에 방수구를 설치하되, 그 방수구로부터 해당 층의 각 부분까지의 수평거리가 50m를 초과하는 경우에는 방수구를 추가로 설치할 것

㉢ 쌍구형으로 할 것. 다만, 아파트등의 용도로 사용되는 층에는 단구형으로 설치할 수 있다.

㉣ 송수구는 동별로 설치하되, 소방차량의 접근 및 통행이 용이하고 잘 보이는 장소에 설치할 것

② 펌프의 토출량은 2,400ℓ/min 이상(계단식 아파트의 경우에는 1,200ℓ/min 이상)으로 하고, 방수구 개수가 3개를 초과(방수구가 5개 이상인 경우에는 5개)하는 경우에는 1개마다 800ℓ/min(계단식 아파트의 경우에는 400ℓ/min 이상)를 가산해야 한다.

15 비상콘센트설비

아파트등의 경우에는 계단의 출입구(계단의 부속실을 포함하며 계단이 2개 이상 있는 경우에는 그 중 1개의 계단을 말한다)로부터 5m 이내에 비상콘센트를 설치하되, 그 비상콘센트로부터 해당 층의 각 부분까지의 수평거리가 50m를 초과하는 경우에는 비상콘센트를 추가로 설치해야 한다.

창고시설(NFTC609)

1 용어정의

이 기준에서 사용하는 용어의 정의는 다음과 같다.

① "창고시설"이란 영 별표2 제16호에서 규정한 창고시설을 말한다.
② "한국산업표준규격(KS)"이란 「산업표준화법」 제12조에 따라 산업통상자원부장관이 고시한 산업표준을 말한다.
③ "랙식 창고"란 한국산업표준규격(KS)의 랙(rack) 용어(KS T 2023)에서 정하고 있는 물품 보관용 랙을 설치하는 창고시설을 말한다.
④ "적층식 랙"이란 한국산업표준규격(KS)의 랙 용어(KS T 2023)에서 정하고 있는 선반을 다층식으로 겹쳐 쌓는 랙을 말한다.
⑤ "라지드롭형(large-drop type) 스프링클러헤드"란 동일 조건의 수압력에서 큰 물방울을 방출하여 화염의 전파속도가 빠르고 발열량이 큰 저장창고 등에서 발생하는 대형화재를 진압할 수 있는 헤드를 말한다.
⑥ "송기공간"이란 랙을 일렬로 나란하게 맞대어 설치하는 경우 랙 사이에 형성되는 공간(사람이나 장비가 이동하는 통로는 제외한다)을 말한다.

2 소화기구 및 자동소화장치

창고시설 내 배전반 및 분전반마다 가스자동소화장치 · 분말자동소화장치 · 고체에어로졸자동소화장치 또는 소공간용 소화용구를 설치해야 한다.

3 옥내소화전설비

옥내소화전설비는 다음의 기준에 따라 설치해야 한다.
① 수원의 저수량은 옥내소화전의 설치개수가 가장 많은 층의 설치개수(2개 이상 설치된 경우에는 2개)에 5.2m^3 (호스릴옥내소화전설비를 포함한다)를 곱한 양 이상이 되도록

해야 한다.

② 사람이 상시 근무하는 물류창고 등 동결의 우려가 없는 경우에는 「옥내소화전설비의 화재안전기술기준(NFTC 102)」 2.2.1.9의 단서를 적용하지 않는다.(수동방식적용조항, 동결우려가없는 경우 자동기동방식)

③ 비상전원은 자가발전설비, 축전지설비(내연기관에 따른 펌프를 사용하는 경우에는 내연기관의 기동 및 제어용 축전지를 말한다) 또는 전기저장장치(외부 전기에너지를 저장해 두었다가 필요한 때 전기를 공급하는 장치)로서 옥내소화전설비를 유효하게 40분 이상 작동할 수 있어야 한다.

4 스프링클러설비

① 스프링클러설비의 설치방식은 다음 기준에 따른다.

㉠ 창고시설에 설치하는 스프링클러설비는 라지드롭형 스프링클러헤드를 습식으로 설치할 것. 다만, 다음의 어느 하나에 해당하는 경우에는 건식스프링클러설비로 설치할 수 있다.

㉮ 냉동창고 또는 영하의 온도로 저장하는 냉장창고

㉯ 창고시설 내에 상시 근무자가 없어 난방을 하지 않는 창고시설

㉡ 랙식 창고의 경우에는 ㉠에 따라 설치하는 것 외에 라지드롭형 스프링클러헤드를 랙 높이 3m 이하 마다 설치할 것. 이 경우 수평거리 15cm 이상의 송기공간이 있는 랙식 창고에는 랙 높이 3m 이하마다 설치하는 스프링클러헤드를 송기공간에 설치할 수 있다.

㉢ 창고시설에 적층식 랙을 설치하는 경우 적층식 랙의 각 단 바닥면적을 방호구역 면적으로 포함할 것

㉣ ㉠ 내지 ㉢에도 불구하고 천장 높이가 13.7 m 이하인 랙식 창고에는 「화재조기진압용 스프링클러설비의 화재안전기술기준(NFTC 103B)」에 따른 화재조기진압용 스프링클러설비를 설치할 수 있다.

㉤ 높이가 4m 이상인 창고(랙식 창고를 포함한다)에 설치하는 폐쇄형 스프링클러 헤드는 그 설치장소의 평상시 최고 주위온도에 관계 없이 표시온도 121℃ 이상의 것으로 할 수 있다.

② 수원의 저수량은 다음의 기준에 적합해야 한다.

㉠ 라지드롭형 스프링클러헤드의 설치개수가 가장 많은 방호구역의 설치개수(30개 이상 설치된 경우에는 30개)에 3.2㎥(랙식 창고의 경우에는 9.6㎥)를 곱한 양 이상이 되도록 할 것

㉡ ①의 ㉣에 따라 화재조기진압용 스프링클러설비를 설치하는 경우 「화재조기진압용 스프링클러설비의 화재안전기술기준(NFTC 103B)」 2.2.1에 따를 것

③ 가압송수장치의 송수량은 다음 기준의 기준에 적합해야 한다.

㉠ 가압송수장치의 송수량은 0.1 MPa의 방수압력 기준으로 160 L/min 이상의 방수성능을 가진 기준 개수의 모든 헤드로부터의 방수량을 충족시킬 수 있는 양 이상인 것으로 할 것. 이 경우 속도수두는 계산에 포함하지 않을 수 있다.

㉡ ①의 ㉣에 따라 화재조기진압용 스프링클러설비를 설치하는 경우 「화재조기진압용 스프링클러설비의 화재안전기술기준(NFTC 103B)」 2.3.1.10에 따를 것

④ 교차배관에서 분기되는 지점을 기점으로 한쪽 가지배관에 설치되는 헤드의 개수(반자 아래와 반자속의 헤드를 하나의 가지배관 상에 병설하는 경우에는 반자 아래에 설치하는 헤드의 개수)는 4개 이하로 해야 한다. 다만, ①의 ㉣에 따라 화재조기진압용 스프링클러설비를 설치하는 경우에는 그렇지 않다.

⑤ 스프링클러헤드는 다음의 기준에 적합해야 한다.

㉠ 라지드롭형 스프링클러헤드를 설치하는 천장 · 반자 · 천장과 반자사이 · 덕트 · 선반 등의 각 부분으로 부터 하나의 스프링클러헤드까지의 수평거리는 「화재의 예방 및 안전관리에 관한 법률 시행령」 별표2의 특수가연물을 저장 또는 취급하는 창고는 1.7m 이하, 그 외의 창고는 2.1m(내화구조로 된 경우에는 2.3m를 말한다) 이하로 할 것

㉡ 화재조기진압용 스프링클러헤드는 「화재조기진압용 스프링클러설비의 화재안전기술기준(NFTC 103B)」 2.7.1에 따라 설치할 것

⑥ 물품의 운반 등에 필요한 고정식 대형기기 설비의 설치를 위해 「건축법 시행령」 제46조제2항에 따라 방화구획이 적용되지 아니하거나 완화 적용되어 연소할 우려가 있는 개구부에는 「스프링클러설비의 화재안전기술기준(NFTC 103)」 2.7.7.6에 따른 방법으로 드렌처설비를 설치해야 한다.

⑦ 비상전원은 자가발전설비, 축전지설비(내연기관에 따른 펌프를 사용하는 경우에는 내연기관의 기동 및 제어용 축전지를 말한다) 또는 전기저장장치(외부 전기에너지를 저장해 두었다가 필요한 때 전기를 공급하는 장치를 말한다. 이하 같다)로서 스프링클러설비를 유효하게 20분(랙식 창고의 경우 60분을 말한다) 이상 작동할 수 있어야 한다.

5 비상방송설비

① 확성기의 음성입력은 3W(실내에 설치하는 것을 포함한다) 이상으로 해야 한다.

② 창고시설에서 발화한 때에는 전 층에 경보를 발해야 한다.

③ 비상방송설비에는 그 설비에 대한 감시상태를 60분간 지속한 후 유효하게 30분 이상

경보할 수 있는 축전지설비(수신기에 내장하는 경우를 포함한다. 이하 같다) 또는 전기저장장치를 설치해야 한다.

6 자동화재탐지설비

① 감지기 작동 시 해당 감지기의 위치가 수신기에 표시되도록 해야 한다.
②「개인정보 보호법」 제2조제7호에 따른 영상정보처리기기를 설치하는 경우 수신기는 영상정보의 열람 · 재생 장소에 설치해야 한다.
③ 영 제11조에 따라 스프링클러설비를 설치해야 하는 창고시설의 감지기는 다음 기준에 따라 설치해야 한다.
  ㉠ 아날로그방식의 감지기, 광전식 공기흡입형 감지기 또는 이와 동등 이상의 기능 · 성능이 인정되는 감지기를 설치할 것
  ㉡ 감지기의 신호처리 방식은「자동화재탐지설비 및 시각경보장치의 화재안전기술기준(NFTC 203)」 1.7.2에 따른다.
④ 창고시설에서 발화한 때에는 전 층에 경보를 발해야 한다.
⑤ 자동화재탐지설비에는 그 설비에 대한 감시상태를 60분간 지속한 후 유효하게 30분 이상 경보할 수 있는 비상전원으로서 축전지설비 또는 전기저장장치를 설치해야 한다. 다만, 상용전원이 축전지설비인 경우에는 그렇지 않다.

7 유도등

① 피난구유도등과 거실통로유도등은 대형으로 설치해야 한다.
② 피난유도선은 연면적 15,000㎡ 이상인 창고시설의 지하층 및 무창층에 다음의 기준에 따라 설치해야 한다.
  ㉠ 광원점등방식으로 바닥으로부터 1m 이하의 높이에 설치할 것
  ㉡ 각 층 직통계단 출입구로부터 건물 내부 벽면으로 10m 이상 설치할 것
  ㉢ 화재 시 점등되며 비상전원 30분 이상을 확보할 것
  ㉣ 피난유도선은 소방청장이 정하여 고시하는「피난유도선 성능인증 및 제품검사의 기술기준」에 적합한 것으로 설치할 것

8 소화수조 및 저수조

소화수조 또는 저수조의 저수량은 특정소방대상물의 연면적을 5,000㎡로 나누어 얻은 수(소수점 이하의 수는 1로 본다)에 20㎥를 곱한 양 이상이 되도록 해야 한다.

문제 PART

소방기계시설의 구조 및 원리 예상문제

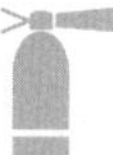

소방기계시설의 구조 및 원리
예상문제

001 소방대상물의 각 부분으로부터 하나의 소형소화기까지의 보행거리는 몇 m 이내이어야 하는가?

① 30[m] 이내
② 25[m] 이내
③ 20[m] 이내
④ 15[m] 이내

2.1.1.4 소화기는 다음의 기준에 따라 설치할 것
2.1.1.4.1 특정소방대상물의 각 층마다 설치하되, 각층이 2 이상의 거실로 구획된 경우에는 각 층마다 설치하는 것 외에 바닥면적이 33㎡ 이상으로 구획된 각 거실(아파트의 경우에는 각 세대를 말한다)에도 배치할 것
2.1.1.4.2 특정소방대상물의 각 부분으로부터 1개의 소화기까지의 보행거리가 소형소화기의 경우에는 20m 이내, 대형소화기의 경우에는 30m 이내가 되도록 배치할 것. 다만, 가연성물질이 없는 작업장의 경우에는 작업장의 실정에 맞게 보행거리를 완화하여 배치할 수 있다.

002 능력단위가 2단위 이상이 되도록 소화기를 설치해야 할 특정소방대상물 또는 그 부분에 있어서 간이소화용구의 능력단위가 전체 능력단위의 1/2을 초과해도 되는 특정소방대상물은?

① 노유자시설
② 문화시설
③ 교육연구시설
④ 업무시설

2.1.1.5 능력단위가 2단위 이상이 되도록 소화기를 설치해야 할 특정소방대상물 또는 그 부분에 있어서는 간이소화용구의 능력단위가 전체 능력단위의 2분의 1을 초과하지 않게 할 것. 다만, 노유자시설의 경우에는 그렇지 않다.

003 소화기구(자동소화장치를 제외한다)는 거주자 등이 손쉽게 사용할 수 있는 장소에 바닥으로부터 몇 m이내의 높이에 비치해야 하는가?

① 1m
② 1.2m
③ 1.5m
④ 2m

2.1.1.6 소화기구(자동확산소화기를 제외한다)는 거주자 등이 손쉽게 사용할 수 있는 장소에 바닥으로부터 높이 1.5m 이하의 곳에 비치하고, 소화기에 있어서는 "소화기", 투척용소화용구에 있어서는 "투척용소화용구", 마른모래에 있어서는 "소화용모래", 팽창질석 및 팽창진주암에 있어서는 "소화질석"이라고 표시한 표지를 보기 쉬운 곳에 부착할 것. 다만, 소화기 및 투척용소화용구의 표지는 「축광표지의 성능인증 및 제품검사의 기술기준」에 적합한 축광식표지로 설치하고, 주차장의 경우 표지를 바닥으로부터 1.5m 이상의 높이에 설치할 것

004 아파트에 설치하는 주거용 주방자동소화장치의 설치기준 중 부적합한 것은?

① 소화약제 방출구는 환기구의 청소부분과 분리되어 있어야 할 것
② 감지부는 형식승인 받은 유효한 높이 및 위치에 설치할 것
③ 가스차단장치는 주방배관의 개폐밸브로부터 1[m] 이하의 위치에 설치할 것
④ 가스용 주방자동소화장치를 사용하는 경우 탐지부는 수신부와 분리하여 설치하되, 공기보다 가벼운 가스를 사용하는 경우에는 천장면으로부터 30[㎝] 이하의 위치에 설치할 것

정답 : 001. ③ 002. ① 003. ③ 004. ③

2.1.2.1 주거용 주방자동소화장치는 다음의 기준에 따라 설치할 것
   2.1.2.1.1 소화약제 방출구는 환기구(주방에서 발생하는 열기류 등을 밖으로 배출하는 장치를 말한다. 이하 같다)의 청소부분과 분리되어 있어야 하며, 형식승인 받은 유효설치 높이 및 방호면적에 따라 설치할 것
   2.1.2.1.2 감지부는 형식승인 받은 유효한 높이 및 위치에 설치할 것
   2.1.2.1.3 차단장치(전기 또는 가스)는 상시 확인 및 점검이 가능하도록 설치할 것
   2.1.2.1.4 가스용 주방자동소화장치를 사용하는 경우 탐지부는 수신부와 분리하여 설치하되, 공기보다 가벼운 가스를 사용하는 경우에는 천장 면으로부터 30㎝ 이하의 위치에 설치하고, 공기보다 무거운 가스를 사용하는 장소에는 바닥 면으로부터 30㎝ 이하의 위치에 설치할 것
   2.1.2.1.5 수신부는 주위의 열기류 또는 습기 등과 주위온도에 영향을 받지 않고 사용자가 상시 볼 수 있는 장소에 설치할 것

005 소화기의 능력단위를 설명한 것 중에 옳지 않은 것은?

① 소화기의 능력단위는 용기 내에 충전되어 있는 소화약제의 양에 의하여 달라진다.
② 동일 소화약제 그리고 동일량이면 일반화재(A급 화재)나 유류화재(B급 화재)의 능력단위는 동일하다.
③ 전기화재(C급 화재)에 대해서는 능력단위는 존재하지 않는다.
④ 소화기의 능력단위를 판정하려면 능력단위 측정모형으로 모형시험을 한다.

1.7.1.6 "능력단위"란 소화기 및 소화약제에 따른 간이소화용구에 있어서는 법 제37조제1항에 따라 형식승인 된 수치를 말하며, 소화약제 외의 것을 이용한 간이소화용구에 있어서는 표 1.7.1.6에 따른 수치를 말한다.
※ 3.3kg 분말소화기의 경우 A급화재 3단위, B급화재 5단위, C급화재 적응의 능력단위를 갖는다.

006 캐비닛형자동소화장치의 설치기준으로 옳지 않은 것은?

① 분사헤드의 설치 높이는 방호구역의 바닥으로부터 최소 0.2[m] 이상 최대 3.7[m] 이하로 해야 한다.
② 방호구역 내의 화재감지기의 감지에 따라 작동되도록 할 것
③ 화재감지기의 회로는 교차회로방식으로 설치할 것
④ 구획된 장소의 방호체적 이하를 방호할 수 있는 소화성능이 있을 것

2.1.2.3 캐비닛형자동소화장치는 다음의 기준에 따라 설치할 것
   2.1.2.3.1 분사헤드(방출구)의 설치 높이는 방호구역의 바닥으로부터 형식승인을 받은 범위 내에서 유효하게 소화약제를 방출시킬 수 있는 높이에 설치할 것
   2.1.2.3.2 화재감지기는 방호구역 내의 천장 또는 옥내에 면하는 부분에 설치하되 「자동화재탐지설비 및 시각경보장치의 화재안전기술기준(NFTC 203)」 2.4(감지기)에 적합하도록 설치할 것
   2.1.2.3.3 방호구역 내의 화재감지기의 감지에 따라 작동되도록 할 것
   2.1.2.3.4 화재감지기의 회로는 교차회로방식으로 설치할 것. 다만, 화재감지기를 「자동

정답 : 005. ② 006. ④

화재탐지설비 및 시각경보장치의 화재안전기술기준(NFTC 203)」 2.4.1 단서의 각 감지기로 설치하는 경우에는 그렇지 않다.

2.1.2.3.5 교차회로 내의 각 화재감지기회로별로 설치된 화재감지기 1개가 담당하는 바닥면적은 「자동화재탐지설비 및 시각경보장치의 화재안전기술기준(NFTC 203)」 2.4.3.5, 2.4.3.8 및 2.4.3.10에 따른 바닥면적으로 할 것

2.1.2.3.6 개구부 및 통기구(환기장치를 포함한다. 이하 같다)를 설치한 것에 있어서는 소화약제가 방출되기 전에 해당 개구부 및 통기구를 자동으로 폐쇄할 수 있도록 할 것. 다만, 가스압에 의하여 폐쇄되는 것은 소화약제 방출과 동시에 폐쇄할 수 있다.

2.1.2.3.7 작동에 지장이 없도록 견고하게 고정할 것

2.1.2.3.8 구획된 장소의 방호체적 이상을 방호할 수 있는 소화성능이 있을 것

Reference

1) 소화기구의 종류
   ① 소화기
   ② 자동확산소화기
   ③ 간이소화용구
2) 자동소화장치의 종류
   ① 주거용주방자동소화장치
   ② 상업용주방자동소화장치
   ③ 캐비닛형자동소화장치
   ④ 가스자동소화장치
   ⑤ 분말자동소화장치
   ⑥ 고체에어로졸자동소화장치
3) 간이소화용구의 종류
   ① 종류
      ㉠ 마른모래, 팽창질석, 팽창진주암
      ㉡ 투척용소화용구
      ㉢ 에어로졸식소화용구
   ② 간이소화용구의 능력단위

간이소화용구		능력단위
1. 마른모래	삽을 상비한 50L 이상의 것 1포	0.5단위
2. 팽창질석 또는 팽창진주암	삽을 상비한 80L 이상의 것 1포	0.5단위

4) 가스, 분말, 고체에어로졸 자동소화장치는 다음의 기준에 따라 설치해야 한다.
   가. 소화약제 방출구는 형식승인 받은 유효설치범위 내에 설치할 것
   나. 자동소화장치는 방호구역내에 형식승인 된 1개의 제품을 설치할 것. 이 경우 연동방식으로서 하나의 형식을 받은 경우에는 1개의 제품으로 본다.
   다. 감지부는 형식승인된 유효설치범위 내에 설치해야 하며 설치장소의 평상시 최고주위온도에 따라 다음 표에 따른 표시온도의 것으로 설치할 것. 다만, 열감지선의 감지부는 형식승인 받은 최고주위온도범위 내에 설치해야 한다.

설치장소의 최고주위온도	표시온도
39℃ 미만	79℃ 미만
39℃ 이상 64℃ 미만	79℃ 이상 121℃ 미만
64℃ 이상 106℃ 미만	121℃ 이상 162℃ 미만
106℃ 이상	162℃ 이상

라. 다목에도 불구하고 화재감지기를 감지부로 사용하는 경우에는 캐비닛형자동소화장치의 감지기 설치기준(2.1.2.3.2부터 2.1.2.3.5까지)에 따를 것

007 **지하층, 무창층, 밀폐된 거실로서 그 바닥면적이 20[m²] 미만의 장소에 설치할 수 있는 소화기의 종류로 옳은 것은?**

① 이산화탄소소화기　② 강화액소화기
③ 할론2402소화기　④ 할론1211소화기

2.1.3 이산화탄소 또는 할로겐화합물을 방출하는 소화기구(자동확산소화기를 제외한다)는 지하층이나 무창층 또는 밀폐된 거실로서 그 바닥면적이 20m² 미만의 장소에는 설치할 수 없다. 다만, 배기를 위한 유효한 개구부가 있는 장소인 경우에는 그렇지 않다.

008 **간이소화용구 중 마른모래(삽을 상비한 50[L] 이상의 것 1포)의 능력단위로 옳은 것은?**

① 0.5단위　② 1단위
③ 1.5단위　④ 2단위

소화약제 외의 것을 이용한 간이소화용구의 능력단위

간이소화용구		능력단위
1. 마른모래	삽을 상비한 50L 이상의 것 1포	0.5단위
2. 팽창질석 또는 팽창진주암	삽을 상비한 80L 이상의 것 1포	0.5단위

009 **다음은 소화기구 및 자동소화장치의 화재안전기술상 소화기 감소 기준에 관한 내용 중 일부이다. (　)에 들어갈 설비에 해당하지 않는 것은?**

소형소화기를 설치해야 할 특정소방대상물 또는 그 부분에 (　　　)를 설치한 경우에는 해당 설비의 유효범위의 부분에 대하여는 소화기의 능력단위, 부속용도별로 추가해야 할 소화기 및 자동소화장치에 따른 소형소화기의 3분의 2를 감소할 수 있다.

① 옥내소화전설비　② 스프링클러설비
③ 이산화탄소소화설비　④ 대형소화기

정답 : 007. ②　008. ①　009. ④

2.2 (소화기의 감소)

2.2.1 소형소화기를 설치해야 할 특정소방대상물 또는 그 부분에 옥내소화전설비 · 스프링클러설비 · 물분무등소화설비 · 옥외소화전설비 또는 대형소화기를 설치한 경우에는 해당 설비의 유효범위의 부분에 대하여는 2.1.1.2 및 2.1.1.3에 따른 소화기의 3분의 2(대형소화기를 둔 경우에는 2분의 1)를 감소할 수 있다. 다만, 층수가 11층 이상인 부분, 근린생활시설, 위락시설, 문화 및 집회시설, 운동시설, 판매시설, 운수시설, 숙박시설, 노유자시설, 의료시설, 업무시설(무인변전소를 제외한다), 방송통신시설, 교육연구시설, 항공기 및 자동차관련시설, 관광 휴게시설은 그렇지 않다.

2.2.2 대형소화기를 설치해야 할 특정소방대상물 또는 그 부분에 옥내소화전설비 · 스프링클러설비 · 물분무등소화설비 또는 옥외소화전설비를 설치한 경우에는 해당 설비의 유효범위안의 부분에 대하여는 대형소화기를 설치하지 않을 수 있다.

010 건축물의 주요구조부가 내화구조이고, 벽 및 반자의 실내에 면하는 부분이 불연재료로 된 교육연구시설은 해당 바닥면적 몇 [㎡]마다 소화기구의 능력단위를 1단위로 해야 하는가?

① 50[㎡]　② 100[㎡]
③ 200[㎡]　④ 400[㎡]

[특정소방대상물별 소화기구의 능력단위]

특정소방대상물	소화기구의 능력단위
1. 위락시설	해당 용도의 바닥면적 30㎡ 마다 능력단위 1단위 이상
2. 공연장 · 집회장 · 관람장 · 문화재 · 장례시설 및 의료시설	해당 용도의 바닥면적 50㎡ 마다 능력단위 1단위 이상
3. 근린생활시설 · 판매시설 · 운수시설 · 숙박시설 · 노유자시설 · 전시장 · 공동주택 · 업무시설 · 방송통신시설 · 공장 · 창고시설 · 항공기 및 자동차 관련 시설 및 관광휴게시설	해당 용도의 바닥면적 100㎡ 마다 능력단위 1단위 이상
4. 그 밖의 것	해당 용도의 바닥면적 200㎡ 마다 능력단위 1단위 이상

[비고] 소화기구의 능력단위를 산출함에 있어서 건축물의 주요구조부가 내화구조이고, 벽 및 반자의 실내에 면하는 부분이 불연재료 · 준불연재료 또는 난연재료로 된 특정소방대상물에 있어서는 위 표의 바닥면적의 2배를 해당 특정소방대상물의 기준면적으로 한다.

011 건축물의 주요구조부가 내화구조이고, 벽 및 반자의 실내에 면하는 부분이 불연재료로 되어 있는 바닥면적이 40,000[㎡]인 교육연구시설에 필요한 소화기구의 능력단위로 옳은 것은?

① 10단위　② 50단위
③ 100단위　④ 400단위

$$\frac{40,000m^2}{400m^2/\text{단위}} = 100\text{단위}$$

정답 : 010. ④　011. ③

012 보일러실에 자동확산소화기를 설치하지 아니 할 수 있는 경우가 아닌 것은?

① 스프링클러설비가 설치된 경우
② 물분무소화설비가 설치된 경우
③ 이산화탄소소화설비가 설치된 경우
④ 옥내소화전설비가 설치된 경우

[부속용도별로 추가해야 할 소화기구 및 자동소화장치]

<table>
<tr><th colspan="2">용도별</th><th>소화기구의 능력단위</th></tr>
<tr><td colspan="2">1. 다음 각목의 시설. 다만, 스프링클러설비 · 간이스프링클러설비 · 물분무등소화설비 또는 상업용주방자동소화장치가 설치된 경우에는 자동확산소화기를 설치하지 않을 수 있다.
가. 보일러실 · 건조실 · 세탁소 · 대량 화기 취급소
나. 음식점(지하가의 음식점을 포함한다) · 다중이용업소 · 호텔 · 기숙사 · 노유자시설 · 의료시설· 업무시설 · 공장 · 장례식장 · 교육연구시설 · 교정 및 군사시설의 주방. 다만, 의료시설 · 업무시설 및 공장의 주방은 공동취사를 위한 것에 한한다.
다. 관리자의 출입이 곤란한 변전실 · 송전실 · 변압기실 및 배전반실(불연재료로 된 상자안에 장치된 것을 제외한다)</td><td>1. 해당 용도의 바닥면적 25㎡마다 능력단위 1단위 이상의 소화기로 할 것. 이 경우 나목의 주방에 설치하는 소화기 중 1개 이상은 주방화재용 소화기(K급)로 설치해야 한다.
2. 자동확산소화기는 해당 용도의 바닥면적을 기준으로 $10m^2$ 이하는 1개, $10m^2$ 초과는 2개 이상을 설치하되, 보일러, 조리기구, 변전설비 등 방호대상에 유효하게 분사될 수 있는 위치에 배치될 수 있는 수량으로 설치할 것</td></tr>
<tr><td colspan="2">2. 발전실 · 변전실 · 송전실 · 변압기실 · 배전반실 · 통신기기실 · 전산기기실 · 기타 이와 유사한 시설이 있는 장소. 다만, 제1호 다목의 장소를 제외한다.</td><td>해당 용도의 바닥면적 50㎡마다 적응성이 있는 소화기 1개 이상 또는 유효설치방호체적 이내의 가스 · 분말 · 고체에어로졸 자동소화장치, 캐비닛형자동소화장치(다만, 통신기기실 · 전자기기실을 제외한 장소에 있어서는 교류600V 또는 직류750V 이상의 것에 한한다)</td></tr>
<tr><td colspan="2">3. 「위험물안전관리법 시행령」 별표1에 따른 지정수량의 1/5 이상 지정수량 미만의 위험물 을 저장 또는 취급하는 장소</td><td>능력단위 2단위 이상 또는 유효설치방호체적 이내의 가스 · 분말 · 고체에어로졸 자동 소화장치, 캐비닛형자동소화장치</td></tr>
<tr><td rowspan="2">4. 「화재예방법 시행령」 별표2에 따른 특수가연물을 저장 또는 취급하는 장소</td><td>「화재예방법 시행령」 별표2에서 정하는 수량 이상</td><td>「화재예방법 시행령」 별표2에서 정하는 수량의 50배 이상마다 능력단위 1단위 이상</td></tr>
<tr><td>「화재예방법 시행령」 별표2에서 정하는 수량의 500배 이상</td><td>대형소화기 1개 이상</td></tr>
</table>

정답 : 012. ④

<table>
<tr><th colspan="4">용도별</th><th>소화기구의 능력단위</th></tr>
<tr><td colspan="2" rowspan="2">5.「고압가스안전관리법」·「액화석유가스의 안전관리 및 사업법」및「도시가스 사업법」에서 규정하는 가연성 가스를 연료로 사용 하는 장소</td><td colspan="2">액화석유가스 기타 가연성가스를 연료로 사용하는 연소기기가 있는 장소</td><td>각 연소기로부터 보행거리 10m 이내에 능력단위 3단위 이상의 소화기 1개 이상. 다만, 상업용 주방자동소화장치가 설치된 장소는 제외한다.</td></tr>
<tr><td colspan="2">액화석유가스 기타 가연성가스를 연료로 사용하기 위하여 저장하는 저장실(저장량 300kg 미만은 제외한다)</td><td>능력단위 5단위 이상의 소화기 2개 이상 및 대형소화기 1개 이상</td></tr>
<tr><td rowspan="6">6.「고압가스안전관리법」·「액화석유가스의 안전관리 및 사업법」또는「도시가스 사업법」에서 규정하는 가연성가스를 제조하거나 연료외의 용도로 저장·사용하는 장소</td><td rowspan="6">저장하고 있는 양 또는 1개월 동안 제조·사용하는 양</td><td rowspan="2">200kg 미만</td><td>저장하는 장소</td><td>능력단위 3단위 이상의 소화기 2개 이상</td></tr>
<tr><td>제조·사용하는 장소</td><td>능력단위 3단위 이상의 소화기 2개 이상</td></tr>
<tr><td rowspan="2">200kg 이상 300kg 미만</td><td>저장하는 장소</td><td>능력단위 5단위 이상의 소화기 2개 이상</td></tr>
<tr><td>제조·사용하는 장소</td><td>바닥면적 50m²마다 능력단위 5단위 이상의 소화기 1개 이상</td></tr>
<tr><td rowspan="2">300kg 이상</td><td>저장하는 장소</td><td>대형소화기 2개 이상</td></tr>
<tr><td>제조·사용하는 장소</td><td>바닥면적 50m²마다 능력단위 5단위 이상의 소화기 1개 이상</td></tr>
<tr><td colspan="4">7. 마그네슘합금 칩을 저장 또는 취급하는 장소</td><td>금속화재용 소화기(D급) 1개 이상을 금속 재료로부터 보행거리 20m 이내로 설치할 것</td></tr>
</table>

비고

액화석유가스 · 기타 가연성가스를 제조하거나 연료외의 용도로 사용하는 장소에 소화기를 설치하는 때에는 해당 장소 바닥면적 $50m^2$ 이하인 경우에도 해당 소화기를 2개 이상 비치해야 한다.

013 **보일러실등의 용도로 사용되는 장소에 자동확산소화기를 2개 이상 추가로 설치해야 하는 바닥면적 기준으로 옳은 것은?**

① 10[m²] 이하　② 10[m²] 초과
③ 20[m²] 이하　④ 20[m²] 초과

12번 문제 해설 참조

014 **평상시 최고주위온도가 45°C인 장소에 설치하는 분말자동소화장치의 감지부는 표시온도 몇 °C의 것으로 설치해야 하는가?**

① 79°C 미만　② 79°C 이상 121°C 미만
③ 121°C 이상 162°C 미만　④ 162°C 이상

6번 문제 해설 참조

정답 : 013. ②　014. ②

015 소화기의 형식승인 및 제품검사의 기술기준에 따른 합성수지 노화시험의 종류에 해당되지 않는 것은?

① 공기가열노화시험 ② 소화약제 노출시험
③ 내후성시험 ④ 내압시험

▪ 소화기의 형식승인 및 제품검사의 기술기준
제5조(합성수지 노화시험)
소화기에 사용되는 주요부품이 합성수지재질인 경우에는 다음 각 호의 시험을 하는 경우에 변형 또는 균열 등이 생기지 아니해야 하며 노화시험 후 성능 및 기능에 이상이 생기지 아니해야 한다. 다만, 소화약제와 상시 접촉하지 않는 부품의 경우에는 제2호의 시험을 생략한다.
1. 공기가열노화시험
(100±5)℃의 온도에서 180일 동안 가열 노화시킨다. 다만, 100℃의 온도에서 견디지 못하는 재료는 (87±5)℃의 온도에서 430일 동안 시험한다.
2. 소화약제 노출시험
소화약제와 접촉된 상태로 (87±5)℃의 온도에서 210일 동안 시험한다.
3. 내후성시험
카본아크원을 사용하여 자외선에 17분간을 노출하고 물에 3분간 노출(크세논아크원을 사용하는 경우 자외선에 102분간을 노출하고 물에 18분간 노출)하는 것을 1싸이클로하여 720시간 동안 시험한다.

016 소화기의 형식승인 및 제품검사의 기술기준에 따른 차량용 소화기의 종류로 옳지 않은 것은?

① 강화액소화기(봉상주수로 방사되는 것에 한함)
② 할로겐화합물소화기
③ 이산화탄소소화기
④ 포소화기

▪ 소화기의 형식승인 및 제품검사의 기술기준
제9조(차량용소화기)
자동차에 설치하는 소화기(이하 "자동차용 소화기"라 한다)는 강화액소화기(안개모양으로 방사되는 것에 한한다), 할로겐화합물소화기, 이산화탄소소화기, 포소화기 또는 분말소화기이어야 한다.

017 옥내소화전설비의 규정 방수압력과 방수량으로 옳게 연결된 것은?

① 0.1[MPa] - 80[L/분] ② 0.1[MPa] - 20[L/분]
③ 0.17[MPa] - 130[L/분] ④ 0.25[MPa] - 350[L/분]

0.17MPa, 130LPM

정답 : 015. ④ 016. ① 017. ③

018 **옥내소화전설비에서 송수펌프의 토출량을 옳게 나타낸 것은?**

① $Q = N \times 130$ [L/min]
② $Q = N \times 350$ [L/min]
③ $Q = N \times 80$ [L/min]
④ $Q = N \times 160$ [L/min]

019 **옥내소화전설비의 수원의 저수량은 옥내소화전의 설치개수가 가장 많은 층의 설치개수(2개 이상 설치된 경우에는 2개)에 얼마를 곱한 양 이상이 되도록 해야 하는가? (단, 30층 미만인 경우에 한정한다)**

① 2.6[m³]
② 5[m³]
③ 7[m³]
④ 13[m³]

수원의 양
옥내소화전설비의 수원은 그 저수량이 옥내소화전의 설치개수가 가장 많은 층의 설치개수(2개 이상 설치된 경우에는 2개)에 2.6m³(호스릴옥내소화전설비를 포함한다)를 곱한 양 이상이 되도록 해야 한다. 다만, 층수가 30층 이상 49층 이하는 5.2m³를, 50층 이상은 7.8m³를 곱한 양 이상이 되도록 해야 한다.(30층 이상의 경우 최대 5개)

020 **다음의 조건과 같은 특정소방대상물에 필요한 옥내소화전설비의 전용수원의 양으로 옳은 것은?**

- 옥내소화전 설비가 설치 된 소방대상물의 층수는 25층이다.
- 층별 옥내소화전의 설치 수는 아래와 같다.
  1층 ~ 2층 : 5개, 3층 ~ 4층 : 4개, 5층 ~ 25층 : 3개

① 5.2[m³]
② 7.8[m³]
③ 13[m³]
④ 54.6[m³]

$2 \times 2.6m^3 = 5.2m^3$

021 **옥내소화전설비 수원의 저수량이 15,000[L]일 경우 필요한 옥상수원의 저수량으로 옳은 것은?**

① 5,000L 이상
② 7,500L 이상
③ 10,000L 이상
④ 15,000L 이상

옥상수원의 양
옥내소화전설비의 수원은 제1항에 따라 산출된 유효수량 외에 유효수량의 3분의 1 이상을 옥상(옥내소화전설비가 설치된 건축물의 주된 옥상을 말한다. 이하 같다)에 설치해야 한다.

정답 : 018. ① 019. ① 020. ① 021. ①

022 **수계소화설비의 배관에 개폐밸브로서 개폐표시형의 것(OS & Y 밸브 등)을 설치하는 이유로서 가장 적합한 것은?**

① 개폐조작이 용이하기 때문이다.
② 개폐상태 여부를 용이하게 육안 판별하기 위해서이다.
③ 소방관의 수시점검을 위한 편의를 제공하기 위해서이다.
④ 밸브의 고장을 가급적 막기 위해서다.

023 **옥내소화전설비 펌프의 토출측 배관에 설치하는 설비로 옳지 않은 것은?**

① 연성계 ② 수온의 상승을 방지하기 위한 배관
③ 성능시험배관 ④ 압력계

해설

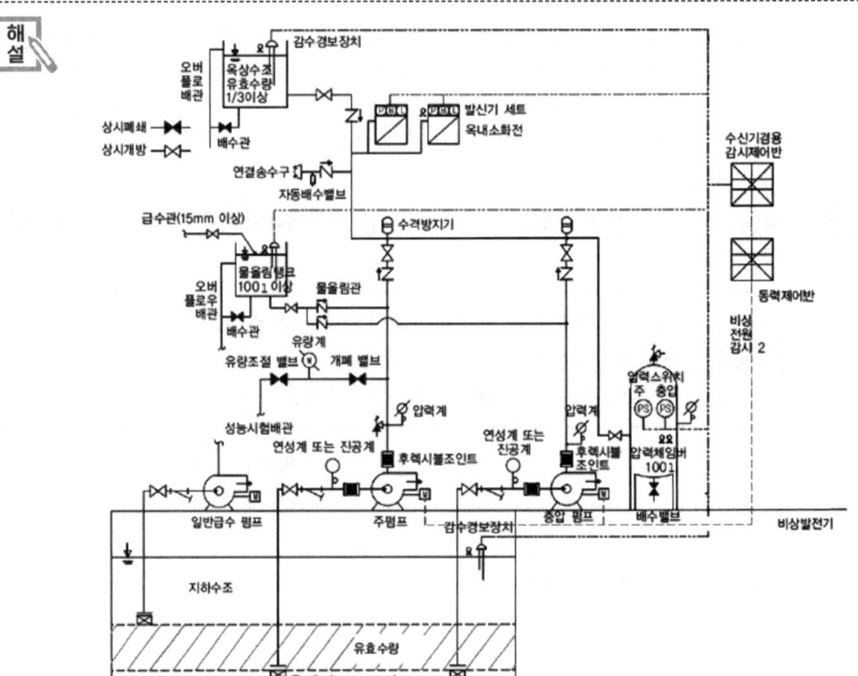

024 **옥내소화전설비의 가압송수장치에 대한 설치기준 중 옳지 않은 것은?**

① 내연기관의 기동은 소화전함의 위치에서 원격조작이 가능하고, 기동을 명시하는 황색표시등을 설치할 것
② 펌프에는 토출측에 압력계, 흡입측에 연성계를 설치할 것
③ 펌프에는 정격 부하 운전시의 펌프 성능을 시험하기 위한 배관설비를 할 것
④ 펌프에는 체절운전시에 수온 상승 방지를 위한 순환배관을 설치할 것

해설 적색표시등 설치

정답 : 022. ② 023. ① 024. ①

025 30층 미만인 특정소방대상물의 옥내소화전설비 설치기준으로 옳지 않은 것은?

① 수원의 저수량은 옥내소화전의 설치개수가 가장 많은 층의 설치개수(2개를 초과시 2개)에 2.6[m³]를 곱하여 얻은 양 이상 되도록 해야 한다.
② 방수압력은 0.17[MPa] 이상이고, 방수량은 매분 150[L] 이상이어야 한다.
③ 가압송수장치는 점검이 편리하고 화재 등의 피해우려가 없는 곳에 설치해야 한다.
④ 펌프의 흡입측 배관은 공기고임이 생기지 않는 구조로 하고 여과장치를 설치해야 한다.

 130LPM 이상

026 옥내소화전설비용 수조와 일반급수설비용 수조를 겸용시 소화에 필요한 유효수량으로 옳은 것은?

① 저수조의 바닥면과 일반 급수용 펌프의 풋밸브 사이의 수량
② 일반 급수펌프의 풋밸브와 옥내소화전용 펌프의 풋밸브 사이의 수량
③ 옥내소화전용 펌프의 풋밸브와 지하수조 상단 사이의 수량
④ 저수조의 바닥면과 상단 사이의 전체수량

 2.1 수원

2.1.1 옥내소화전설비의 수원은 그 저수량이 옥내소화전의 설치개수가 가장 많은 층의 설치개수(2개 이상 설치된 경우에는 2개)에 2.6m³(호스릴옥내소화전설비를 포함한다)를 곱한 양 이상이 되도록 해야 한다.

2.1.2 옥내소화전설비의 수원은 2.1.1에 따라 계산하여 나온 유효수량 외에 유효수량의 3분의 1 이상을 옥상(옥내소화전설비가 설치된 건축물의 주된 옥상을 말한다. 이하 같다)에 설치해야 한다. 다만, 다음의 어느 하나에 해당하는 경우에는 그렇지 않다.

(1) 지하층만 있는 건축물
(2) 2.2.2에 따른 고가수조를 가압송수장치로 설치한 경우
(3) 수원이 건축물의 최상층에 설치된 방수구보다 높은 위치에 설치된 경우
(4) 건축물의 높이가 지표면으로부터 10m 이하인 경우
(5) 주펌프와 동등 이상의 성능이 있는 별도의 펌프로서 내연기관의 기동과 연동하여 작동되거나 비상전원을 연결하여 설치한 경우
(6) 2.2.1.9의 단서에 해당하는 경우
(7) 2.2.4에 따라 가압수조를 가압송수장치로 설치한 경우

2.1.3 옥상수조(2.1.1에 따라 계산하여 나온 유효수량의 3분의 1 이상을 옥상에 설치한 설비를 말한다. 이하 같다)는 이와 연결된 배관을 통하여 상시 소화수를 공급할 수 있는 구조의 특정소방대상물인 경우에는 둘 이상의 특정소방대상물이 있더라도 하나의 특정소방대상물에만 이를 설치할 수 있다.

2.1.4 옥내소화전설비의 수원을 수조로 설치하는 경우에는 소화설비의 전용수조로 해야 한다. 다만, 다음의 어느 하나에 해당하는 경우에는 그렇지 않다.

2.1.4.1 옥내소화전설비용 펌프의 풋밸브 또는 흡수배관의 흡수구(수직회전축펌프의 흡수구를 포함한다. 이하 같다)를 다른 설비(소화용 설비 외의 것을 말한다. 이하 같다)의 풋밸브 또는 흡수구보다 낮은 위치에 설치한 때

 정답 : 025. ② 026. ②

2.1.4.2 2.2.2에 따른 고가수조로부터 옥내소화전설비의 수직배관에 물을 공급하는 급수구를 다른 설비의 급수구보다 낮은 위치에 설치한 때

2.1.5 2.1.1 및 2.1.2에 따른 저수량을 산정함에 있어서 다른 설비와 겸용하여 옥내소화전설비용 수조를 설치하는 경우에는 옥내소화전설비의 풋밸브 · 흡수구 또는 수직배관의 급수구와 다른 설비의 풋밸브 · 흡수구 또는 수직배관의 급수구와의 사이의 수량을 그 유효수량으로 한다.

2.1.6 옥내소화전설비용 수조는 다음 각호의 기준에 따라 설치해야 한다.

2.1.6.1 점검에 편리한 곳에 설치할 것

2.1.6.2 동결방지조치를 하거나 동결의 우려가 없는 장소에 설치할 것

2.1.6.3 수조의 외측에 수위계를 설치할 것. 다만, 구조상 불가피한 경우에는 수조의 맨홀 등을 통하여 수조 안의 물의 양을 쉽게 확인할 수 있도록 해야 한다.

2.1.6.4 수조의 상단이 바닥보다 높은 때에는 수조의 외측에 고정식 사다리를 설치할 것

2.1.6.5 수조가 실내에 설치된 때에는 그 실내에 조명설비를 설치할 것

2.1.6.6 수조의 밑 부분에는 청소용 배수밸브 또는 배수관을 설치할 것

2.1.6.7 수조 외측의 보기 쉬운 곳에 "옥내소화전소화설비용 수조"라고 표시한 표지를 할 것. 이 경우 그 수조를 다른 설비와 겸용하는 때에는 그 겸용되는 설비의 이름을 표시한 표지를 함께 해야 한다.

2.1.6.8 소화설비용 펌프의 흡수배관 또는 소화설비의 수직배관과 수조의 접속부분에는 "옥내소화전소화설비용 배관"이라고 표시한 표지를 할 것. 다만, 수조와 가까운 장소에 소화설비용 펌프가 설치되고 해당 펌프에 2.2.1.15에 따른 표지를 설치한 때에는 그렇지않다.

027 옥내소화전설비의 수원에 대한 설명으로 옳은 것은?

① 30층인 소방대상물에 옥내소화전이 가장 많이 설치된 층의 개수가 4개일 때 수원의 용량은 10.4[㎥] 이상이어야 한다.

② 가압송수장치를 고가수조로 설치할 경우 유효수량의 1/3을 옥상에 별도로 설치할 필요가 없다.

③ 지하층만 있는 경우 유효수량의 1/3 이상을 지상 1층 높이에 설치해야 한다.

④ 수조에 맨홀을 설치할 경우 수조의 외측에 수위계는 설치하지 않아도 좋다.

26번 문제 해설 참조

028 옥내소화전설비 수조의 설치기준으로 옳지 않은 것은?

① 수조를 실내에 설치하였을 경우에는 조명설비를 설치한다.

② 수조의 상단이 바닥보다 높을 때는 수조 내측에 사다리를 설치한다.

③ 점검이 편리한 곳에 설치한다.

④ 수조 밑부분에 청소용 배수밸브, 배수관을 설치한다.

26번 문제 해설 참조

정답 : 027. ② 028. ②

029 **옥내소화전설비의 기압송수장치 설치기준 중 펌프를 이용하는 가압송수장치에 대한 내용으로 옳지 않은 것은?**

① 기동용수압개폐장치 중 압력챔버를 사용할 경우 그 용적은 100[L] 이상으로 한다.
② 펌프의 흡입측에는 진공계, 토출측에는 연성계를 설치한다.
③ 가압송수장치에는 체절운전시 수온의 상승을 방지하기 위한 순환배관을 설치한다.
④ 가압송수장치에는 정격부하 운전시 펌프의 성능을 시험하기 위하여 배관을 사용한다.

030 **옥내소화전설비에서 가압송수장치의 기동을 나타내는 표시등의 색상은?**

① 청색 ② 황색
③ 흑색 ④ 적색

적색 표시등

031 **옥내소화전설비의 수원을 수조로 설치하는 경우 옥내소화전설비용 펌프의 흡입축에 설치하는 풋밸브의 기능으로 옳은 것은?**

① 여과, 체크밸브기능 ② 송수 및 여과기능
③ 급수 및 체크밸브기능 ④ 여과 및 유량측정기능

풋밸브의 기능 : 여과기능, 체크밸브기능

032 **옥내소화전설비의 화재안전기준상 펌프의 성능 및 성능시험배관에 관한 설명으로 옳은 것은?**

① 펌프의 성능은 체절운전 시 정격토출압력의 150[%]를 초과하지 아니해야 할 것
② 정격토출량의 150[%]로 운전 시 정격토출압력의 65[%] 이상이 되어야 할 것
③ 성능시험배관은 펌프의 토출측에 설치된 개폐밸브 이후에서 분기할 것
④ 유량측정장치는 펌프의 정격토출압력의 165[%] 이상까지 측정할 수 있는 성능이 있을 것

2.2.1.7 펌프의 성능은 체절운전 시 정격토출압력의 140%를 초과하지 않고, 정격토출량의 150%로 운전 시 정격토출압력의 65% 이상이 되어야 하며, 펌프의 성능을 시험할 수 있는 성능시험배관을 설치할 것. 다만, 충압펌프의 경우에는 그렇지 않다.
2.3.7 펌프의 성능시험배관은 다음의 기준에 적합하도록 설치해야 한다.
2.3.7.1 성능시험배관은 펌프의 토출 측에 설치된 개폐밸브 이전에서 분기하여 직선으로설치하고, 유량측정장치를 기준으로 전단 직관부에는 개폐밸브를 후단 직관부에는 유량조절밸브를 설치할 것. 이 경우 개폐밸브와 유량측정장치 사이의 직관부 거리 및 유량측정장치와 유량조절밸브 사이의 직관부 거리는 해당 유량측정장치 제조사의 설치사양에 따르고, 성능시험배관의 호칭지름은 유량측정장치의 호칭지름에 따른다.
2.3.7.2 유량측정장치는 펌프의 정격토출량의 175% 이상까지 측정할 수 있는 성능이 있을 것

정답 : 029. ② 030. ④ 031. ① 032. ②

033 옥내소화전설비의 화재안전기준상 펌프의 성능시험배관의 설치 위치로 옳은 것은?

① 펌프의 토출측과 개폐밸브 사이 ② 펌프의 흡입측과 개폐밸브 사이
③ 펌프로부터 가장 가까운 소화전 사이 ④ 펌프로부터 가장 먼 소화전 사이

32번 문제 해설 참조

034 옥내소화전설비의 화재안전기준상 정격부하운전시 펌프의 성능을 시험하기 위해 설치하는 배관은?

① 순환배관 ② 급수배관
③ 성능시험배관 ④ 드레인배관

035 충압펌프의 정격토출압력은 충압펌프에서 최고위 호스접결구까지의 자연압보다 몇 [MPa]이 더 커야 하는가?

① 0.1 ② 0.2
③ 0.3 ④ 0.5

2.2.1.13 기동용수압개폐장치를 기동장치로 사용할 경우에는 다음의 기준에 따른 충압펌프를 설치할 것
2.2.1.13.1 펌프의 토출압력은 그 설비의 최고위 호스접결구의 자연압보다 적어도 0.2 ㎫이 더 크도록 하거나 가압송수장치의 정격토출압력과 같게 할 것
2.2.1.13.2 펌프의 정격토출량은 정상적인 누설량보다 적어서는 안 되며, 옥내소화전설비가 자동적으로 작동할 수 있도록 충분한 토출량을 유지할 것

036 옥내소화전설비의 화재안전기준상 옥내소화전설비의 펌프의 전양정의 공식의 내용 중 옳지 않은 것은?

$$H = h_1 + h_2 + h_3 + 17$$

① H는 전양정 ② h_1은 노즐선단 방수압력의 환산수두
③ h_2는 배관의 마찰손실수두 ④ h_3는 낙차

$H = h_1 + h_2 + h_3 + 17m$

H : 전양정(m) h_1 : 배관 및 관부속물 마찰손실수두(m)
h_2 : 호스마찰손실수두(m) h_3 : 실양정(m)

정답 : 033. ① 034. ③ 035. ② 036. ②

037 옥내소화전설비의 화재안전기준상 물올림장치의 용량은 얼마 이상이어야 하는가?

① 50[L] ② 100[L]
③ 150[L] ④ 200[L]

2.2.1.12 수원의 수위가 펌프보다 낮은 위치에 있는 가압송수장치에는 다음의 기준에 따른 물올림장치를 설치할 것
2.2.1.12.1 물올림장치에는 전용의 수조를 설치할 것
2.2.1.12.2 수조의 유효수량은 100L 이상으로 하되, 구경 15㎜ 이상의 급수배관에 따라 해당 수조에 물이 계속 보급되도록 할 것

038 옥내소화전용 물올림장치의 감수경보가 울렸을 경우에 감수의 원인이라고 생각할 수 없는 것은?

① 급수차단
② 자동급수장치의 고장
③ 펌프 토출측 체크밸브의 누수
④ 물올림장치의 배수밸브의 개방

039 소방펌프의 토출측에 설치한 압력계의 바늘이 심한 진동을 일으킬 때 이를 방지할 수 있는 방법이 아닌 것은?

① 펌프에서 발생되는 진동원인을 제거한다.
② 압력계를 배관에 부착할 때 동 배관을 코일처럼 감은 뒤 연결한다.
③ 플랙시블 호스를 이용하여 압력계를 연결한다.
④ 압력계를 주배관에 연결한다.

040 옥내소화전이 2개소 설치되어 있고 수원의 공급은 모터펌프로 한다. 수원으로부터 가장 먼 소화전의 앵글밸브까지의 요구되는 수두가 29.4m라고 할 때 모터의 용량은 몇 [kW] 이상이어야 하는가? (단, 호스 및 관창의 마찰손실수두는 3.6m, 펌프의 효율은 65%이며, 전동기에 직결한 것으로 한다)

① 1.59kW ② 2.59kW
③ 3.59kW ④ 4.59kW

$$P(kW) = \frac{\gamma\, Q\, H}{102\eta}K$$

γ : $1{,}000kgf/m^3$

Q : $2 \times 130L/\min = 260L/\min ≒ \frac{0.26}{60}m^3/\sec$

H : $29.4m + 3.6m + 17m = 50m$

η : 0.65

K : 1.1

$$\therefore P(kW) = \frac{1{,}000 \times \frac{0.26}{60} \times 50}{102 \times 0.65} \times 1.1 ≒ 3.59kW$$

정답 : 037. ② 038. ③ 039. ④ 040. ③

041 **기동용수압개폐장치의 구성요소 중 압력챔버의 역할이 아닌 것은?**

① 수격작용 방지
② 배관 내의 이물질 침투방지
③ 배관 내의 압력저하시 충압펌프의 자동기동
④ 배관 내의 압력저하시 주펌프의 자동기동

해설 압력챔버의 역할 : 펌프의 자동기동 및 정지, 수격작용방지

042 **옥내소화전설비의 가압송수장치의 기동장치로 기동용수압개폐장치 중 압력챔버를 사용할 경우, 압력챔버 용적은 얼마 이상이어야 하는가?**

① 50[L] 이상 ② 100[L] 이상
③ 150[L] 이상 ④ 200[L] 이상

해설 100L 이상

043 **가압송수장치에 부설된 장치로 내부에 공기실이 있어 수격을 흡수할 수 있으며 관로상의 미소압력누설시 공기팽창으로 보충하며 설정압력 이하로 관로압력이 강하될 때는 전동기를 기동시키는 등의 기능을 하는 장치는?**

① 감압밸브 또는 오리피스의 설치 ② 중간펌프
③ 압력챔버 ④ 체절운전방지장치

044 **가압송수장치의 체절운전 시 체절 압력 미만에서 개방되는 순환 배관상에 설치하는 밸브의 종류로 옳은 것은?**

① Glove Valve ② Relief Valve
③ Check Valve ④ Drain Valve

045 **소화설비의 송수펌프에 진동이 심하게 발생될 때 그 원인이 아닌 것은?**

① 모터와 펌프와의 축결합 상태 불량
② 임펠러의 마모 발생
③ 펌프의 기초 부실
④ 캐비테이션의 발생

정답 : 041. ② 042. ② 043. ③ 044. ② 045. ②

046 **옥내소화전설비의 가압수송장치에는 체절운전 시 수온의 상승을 방지하기 위하여 무엇을 설치해야 하는가?**

① 순환배관 ② 시험배관
③ 수압개폐장치 ④ 물올림장치

047 **옥내소화전설비의 펌프 토출측 배관에 설치되는 부속장치 중에서 펌프와 체크밸브(또는 개폐밸브)사이에 설치되는 것이 아닌 것은?**

① 펌프의 성능시험배관
② 기동용수압개폐장치
③ 물올림장치
④ 펌프의 체절운전 시 수온의 상승을 방지하기 위한 순환배관

048 **옥내소화전설비의 방수량으로 옳은 것은?**

① $Q=0.653D^2\sqrt{10P}$
② $Q=K\sqrt{10P}$
③ $Q=N\times 250$ [l/min]
④ $Q=N\times 350$ [l/min]

049 **압력수조를 이용한 가압송수장치에 설치해야 하는 설비에 해당되지 않는 것은?**

① 급기관 ② 급수관
③ 압력계 ④ 수동식 공기압축기

2.2.2 고가수조의 자연낙차를 이용한 가압송수장치는 다음의 기준에 따라 설치해야 한다.
2.2.2.1 고가수조의 자연낙차수두(수조의 하단으로부터 최고층에 설치된 소화전 호스 접결구까지의 수직거리를 말한다)는 다음의 식 (2.2.2.1)에 따라 계산하여 나온 수치 이상 유지되도록 할 것
$H = h_1 + h_2 + 17$(호스릴옥내소화전 설비를 포함한다) … (2.2.2.1)
여기에서
H: 필요한 낙차(m)
h_1: 호스의 마찰손실수두(m)
h_2: 배관의 마찰손실수두(m)
2.2.2.2 고가수조에는 수위계 · 배수관 · 급수관 · 오버플로우관 및 맨홀을 설치할 것

2.2.3 압력수조를 이용한 가압송수장치는 다음의 기준에 따라 설치해야 한다.
2.2.3.1 압력수조의 압력은 다음의 식 (2.2.3.1)에 따라 계산하여 나온 수치 이상 유지되도록 할 것
$P = p_1 + p_2 + p_3 + 0.17$(호스릴옥내소화전설비를 포함한다) … (2.2.3.1)
여기에서
P: 필요한 압력(MPa)

정답 : 046. ① 047. ② 048. ① 049. ④

p_1: 호스의 마찰손실수두압(MPa)
p_2: 배관의 마찰손실수두압(MPa)
p_3: 낙차의 환산수두압(MPa)
2.2.3.2 압력수조에는 수위계 · 급수관 · 배수관 · 급기관 · 맨홀 · 압력계 · 안전장치 및 압력 저하 방지를 위한 자동식 공기압축기를 설치할 것

2.2.4 가압수조를 이용한 가압송수장치는 다음의 기준에 따라 설치해야 한다.
2.2.4.1 가압수조의 압력은 2.2.1.3에 따른 방수압 및 방수량을 20분 이상 유지되도록 할 것
2.2.4.2 가압수조 및 가압원은 「건축법 시행령」 제46조에 따른 방화구획 된 장소에 설치할 것
2.2.4.3 가압수조를 이용한 가압송수장치는 소방청장이 정하여 고시한 「가압수조식가압송수장치의 성능인증 및 제품검사의 기술기준」에 적합한 것으로 설치할 것

050 옥내소화전설비의 주배관 중 수직배관의 구경은 최소 몇 mm 이상이어야 하는가?

① 30[㎜] 이상　② 40[㎜] 이상
③ 50[㎜] 이상　④ 60[㎜] 이상

2.3.5 펌프의 토출 측 주배관의 구경은 유속이 4㎧ 이하가 될 수 있는 크기 이상으로 해야 하고, 옥내소화전방수구와 연결되는 가지배관의 구경은 40㎜(호스릴옥내소화전설비의 경우에는 25㎜) 이상으로 해야 하며, 주배관중 수직배관의 구경은 50㎜(호스릴옥내소화전설비의 경우에는 32㎜) 이상으로 해야 한다.
2.3.6 연결송수관설비의 배관과 겸용할 경우의 주배관은 구경 100㎜ 이상, 방수구로 연결되는 배관의 구경은 65㎜ 이상의 것으로 해야 한다.

051 연결송수관설비의 배관과 옥내소화전설비의 배관을 겸용할 경우 주배관의 구경은?

① 50[㎜] 이상　② 80[㎜] 이상
③ 100[㎜] 이상　④ 120[㎜] 이상

50번 문제 해설 참조

052 펌프의 토출측 주배관의 구경은 유속이 얼마 이하가 될 수 있는 크기 이상으로 해야 하는가?

① 1[m/s]　② 2[m/s]
③ 3[m/s]　④ 4[m/s]

50번 문제 해설 참조

정답 : 050. ③　051. ③　052. ④

053 다음은 옥내소화전설비의 화재안전기술기준 상 펌프의 흡입 측 배관의 설치기준이다. (　　)에 들어갈 내용으로 옳은 것은?

> 2.3.4 펌프의 흡입 측 배관은 다음의 기준에 따라 설치해야 한다.
> 2.3.4.1 공기 고임이 생기지 않는 구조로 하고 (　　　)를 설치할 것
> 2.3.4.2 수조가 펌프보다 낮게 설치된 경우에는 각 펌프(충압펌프를 포함한다)마다 수조로부터 별도로 설치할 것

① 여과장치　　② 개폐밸브
③ 플렉시블 조인트　　④ 선택밸브

2.3.4 펌프의 흡입 측 배관은 다음의 기준에 따라 설치해야 한다.
2.3.4.1 공기고임이 생기지 아니하는 구조로 하고 여과장치를 설치할 것
2.3.4.2 수조가 펌프보다 낮게 설치된 경우에는 각 펌프(충압펌프를 포함한다)마다 수조로부터 별도로 설치할 것

054 옥내소화전설비의 배관의 설치기준에 대한 설명으로 옳지 않은 것은?

① 펌프의 흡입 측 배관에 여과장치를 설치한다.
② 주배관 중 수직배관은 구경 50[㎜] 이상의 것으로 한다.
③ 연결송수관과 겸용하는 경우의 가지관은 구경 50[㎜] 이상의 것으로 한다.
④ 연결송수관의 설비와 겸용할 경우의 주배관의 구경은 100[㎜] 이상의 것으로 한다.

50번, 53번 문제 해설 참조

055 배관의 지지간격을 결정하는 조건에 가장 관계가 없는 것은?

① 사용하는 관의 자중과 치수　　② 배관 속을 흐르는 유체의 중량
③ 배관 속을 흐르는 유체의 흐름방향　　④ 접속하는 기기의 진동

056 배관에 설치하는 체크밸브(Check Valve)에 표시해야 하는 사항이 아닌 것은?

① 유수량　　② 호칭구경
③ 사용압력　　④ 유수의 방향

 Reference

① 배관과 배관이음쇠는 다음의 어느 하나에 해당하는 것 또는 동등 이상의 강도 · 내식성 및 내열성을 국내 · 외 공인기관으로부터 인정 받은 것을 사용해야 하고, 배관용 스테인리스강관(KS D 3576)의 이음을 용접으로 할 경우에는 텅스텐 불활성가스

정답 : 053. ①　054. ③　055. ③　056. ①

아크용접방식에 따른다. 다만, 본 조에서 정하지 않은 사항은 건설기술 진흥법 제44조제1항의 규정에 따른 건축기계설비공사 표준설명서에 따른다.

1. 배관 내 사용압력이 1.2MPa 미만일 경우에는 다음의 어느 하나에 해당하는 것
   가. 배관용 탄소강관(KS D 3507)
   나. 이음매 없는 구리 및 구리합금관(KS D 5301). 다만, 습식의 배관에 한한다.
   다. 배관용 스테인리스강관(KS D 3576) 또는 일반배관용 스테인리스강관(KS D 3595)
   라. 덕타일 주철관(KS D 4311)
2. 배관 내 사용압력이 1.2MPa 이상일 경우에는 다음의 어느 하나에 해당하는 것
   가. 압력배관용탄소강관(KS D 3562
   나. 배관용 아크용접 탄소강강관(KS D 3583)

② 위 ①에도 불구하고 다음의 어느 하나에 해당하는 장소에는 소방청장이 정하여 고시한 「소방용합성수지배관의 성능인증 및 제품검사의 기술기준」에 적합한 소방용 합성수지배관으로 설치할 수 있다.

1. 배관을 지하에 매설하는 경우
2. 다른 부분과 내화구조로 구획된 덕트 또는 피트의 내부에 설치하는 경우
3. 천장(상층이 있는 경우에는 상층바닥의 하단을 포함한다. 이하 같다)과 반자를 불연재료 또는 준불연 재료로 설치하고 그 내부에 습식으로 배관을 설치하는 경우

③ 급수배관은 전용으로 해야 한다. 다만, 옥내소화전의 기동장치의 조작과 동시에 다른 설비의 용도에 사용하는 배관의 송수를 차단할 수 있거나, 옥내소화전설비의 성능에 지장이 없는 경우에는 다른 설비와 겸용할 수 있다.

④ 삭제 ⑤ 흡입측배관기준 ⑥ 토출측배관구경기준

⑦ 연결송수관겸용배관구경기준

⑧ 성능시험배관기준

⑨ 가압송수장치의 체절운전 시 수온의 상승을 방지하기 위하여 체크밸브와 펌프사이에서 분기한 구경 20㎜ 이상의 배관에 체절압력 미만에서 개방되는 릴리프밸브를 설치해야 한다.

⑩ 동결방지조치를 하거나 동결의 우려가 없는 장소에 설치해야 한다. 다만, 보온재를 사용할 경우에는 난연재료 성능이상의 것으로 해야 한다.

⑪ 급수배관에 설치되어 급수를 차단할 수 있는 개폐밸브(옥내소화전방수구를 제외한다)는 개폐표시형으로 해야 한다. 이 경우 펌프의 흡입측 배관에는 버터플라이밸브 외의 개폐표시형밸브를 설치해야 한다.

⑫ 배관은 다른 설비의 배관과 쉽게 구분이 될 수 있는 위치에 설치하거나, 그 배관표면 또는 배관 보온재표면의 색상은 「한국산업표준(배관계의 식별 표시, KS A 0503)」 또는 적색으로 식별이 가능하도록 소방용설비의 배관임을 표시해야 한다.

⑬ 옥내소화전설비에는 소방차로부터 그 설비에 송수할 수 있는 송수구를 다음의 기준에 의하여 설치해야 한다.

1. 송수구는 소방차가 쉽게 접근할 수 있는 잘 보이는 장소에 설치하되 화재층으로부터 지면으로 떨어지는 유리창 등이 송수 및 그 밖의 소화작업에 지장을 주지 아니하는 장소에 설치할 것
2. 송수구로부터 주 배관에 이르는 연결배관에는 개폐밸브를 설치하지 아니할 것. 다만, 스프링클러설비 · 물분무소화설비 · 포소화설비 또는 연결송수관 설비의 배관과 겸용하는 경우에는 그러하지 아니하다.
3. 지면으로부터 높이가 0.5m 이상 1m 이하의 위치에 설치할 것
4. 구경 65㎜의 쌍구형 또는 단구형으로 할 것
5. 송수구의 가까운 부분에 자동배수밸브(또는 직경 5㎜의 배수공) 및 체크밸브를 설치할 것. 이 경우 자동배수밸브는 배관안의 물이 잘 빠질 수 있는 위치에 설치하되, 배수로 인하여 다른 물건 또는 장소에 피해를 주지 아니해야 한다.
6. 송수구에는 이물질을 막기 위한 마개를 씌울 것

⑭ 확관형 분기배관을 사용할 경우에는 소방청장이 정하여 고시한 「분기배관의 성능인증 및 제품검사의 기술기준」에 적합한 것으로 설치해야 한다.

057 배관의 팽창 등에 따른 사고방지를 위해 배관의 도중에 설치하는 신축이음의 종류에 해당되지 않는 것은?

① 슬리브형 ② 벨로우즈형
③ 루프형 ④ 유니온형

신축이음의 종류 : 루프이음, 슬리브이음, 벨로우즈이음, 스위블이음

058 다음은 옥내소화전설비의 화재안전기술기준상 비상전원 설치대상에 관한 내용이다. (　　)에 들어갈 내용으로 옳은 것은?

> 2.5.2 다음의 어느 하나에 해당하는 특정소방대상물의 옥내소화전설비에는 비상전원을 설치해야 한다. 다만, 2 이상의 변전소(「전기사업법」 제67조에 따른 변전소를 말한다. 이하 같다)에서 전력을 동시에 공급받을 수 있거나 하나의 변전소로부터 전력의 공급이 중단되는 때에는 자동으로 다른 변전소로 부터 전원을 공급받을 수 있도록 상용전원을 설치한 경우와 가압수조방식에는 비상전원을 설치하지 않을 수 있다.
> 2.5.2.1 층수가 (ㄱ)층 이상으로서 연면적 (ㄴ) 이상인 것
> 2.5.2.2 2.5.2.1에 해당하지 않는 특정소방대상물로서 지하층의 바닥면적 합계가 (ㄷ) 이상인 것

	ㄱ	ㄴ	ㄷ
①	5	1,000㎡	2,000㎡
②	7	2,000㎡	3,000㎡
③	10	1,000㎡	3,000㎡
④	15	3,000㎡	5,000㎡

2.5 전원

2.5.1 옥내소화전설비에는 그 특정소방대상물의 수전방식에 따라 다음의 기준에 따른 상용전원회로의 배선을 설치해야 한다. 다만, 가압수조방식으로서 모든 기능이 20분 이상 유효하게 지속될 수 있는 경우에는 그렇지 않다.

2.5.1.1 저압수전인 경우에는 인입개폐기의 직후에서 분기하여 전용배선으로 해야 하며, 전용의 전선관에 보호되도록 할 것

2.5.1.2 특별고압수전 또는 고압수전일 경우에는 전력용 변압기 2차측의 주차단기 1차측에서 분기하여 전용배선으로 하되, 상용전원의 상시공급에 지장이 없을 경우에는 주차단기 2차측에서 분기하여 전용배선으로 할 것. 다만, 가압송수장치의 정격입력전압이 수전전압과 같은 경우에는 2.5.1.1의 기준에 따른다.

2.5.2 다음의 어느 하나에 해당하는 특정소방대상물의 옥내소화전설비에는 비상전원을 설치해야 한다. 다만, 2 이상의 변전소(「전기사업법」 제67조에 따른 변전소를 말한다. 이하 같다)에서 전력을 동시에 공급받을 수 있거나 하나의 변전소로부터 전력의 공급이 중단되는 때에는 자동으로 다른 변전소로부터 전원을 공급받을 수 있도록 상용전원을 설치한 경우와 가압수조방식에는 비상전원을 설치하지 않을 수 있다.

정답 : 057. ④ 058. ②

2.5.2.1 층수가 7층 이상으로서 연면적 2,000㎡ 이상인 것

2.5.2.2 2.5.2.1에 해당하지 않는 특정소방대상물로서 지하층의 바닥면적 합계가 3,000 ㎡ 이상인 것

2.5.3 2.5.2에 따른 비상전원은 자가발전설비, 축전지설비(내연기관에 따른 펌프를 사용하는 경우에는 내연기관의 기동 및 제어용 축전지를 말한다) 또는 전기저장장치(외부 전기에너지를 저장해 두었다가 필요한 때 전기를 공급하는 장치)로서 다음의 기준에 따라 설치해야 한다.

2.5.3.1 점검에 편리하고 화재 및 침수 등의 재해로 인한 피해를 받을 우려가 없는 곳에설치할 것

2.5.3.2 옥내소화전설비를 유효하게 20분 이상 작동할 수 있어야 할 것

2.5.3.3 상용전원으로부터 전력의 공급이 중단된 때에는 자동으로 비상전원으로부터 전력을 공급받을 수 있도록 할 것

2.5.3.4 비상전원(내연기관의 기동 및 제어용 축전기를 제외한다)의 설치장소는 다른 장소와 방화구획 할 것. 이 경우 그 장소에는 비상전원의 공급에 필요한 기구나 설비 외의 것(열병합발전설비에 필요한 기구나 설비는 제외한다)을 두어서는 안 된다.

2.5.3.5 비상전원을 실내에 설치하는 때에는 그 실내에 비상조명등을 설치할 것

059 **옥내소화전설비의 화재안전기술기준상 비상전원의 용량은 옥내소화전설비를 유효하게 몇 분 이상 작동할 수 있는 것으로 해야 하는가? (단, 29층인 건물이다)**

① 10분
② 20분
③ 30분
④ 40분

58번 해설 참조

060 **옥내소화전설비의 화재안전기술기준상 전원의 배선 기준으로 옳은 것은?**

① 저압수전일 경우에는 인입개폐기의 직후에서 분기하여 전용배선으로 한다.
② 고압수전일 경우에는 전력용 변압기 2차측에서 직접 분기하여 전용배선으로 한다.
③ 특별고압수전일 경우에는 전력용 변압기 1차측의 주차단기 1차측에서 분기하여 전용배선으로 한다.
④ 승강기전원 등 특수동력전원과 공용하여 사용한다.

58번 해설 참조

정답 : 059. ② 060. ①

061 **다음은 옥내소화전설비의 화재안전기술기준상 제어반 설치 기준 중 일부이다. (　　　)에 들어갈 내용으로 옳은 것은?**

> 2.6.1 소화설비에는 제어반을 설치하되, (ㄱ)과 (ㄴ)으로 구분하여 설치해야 한다. 다만, 다음의 어느 하나에 해당하는 경우에는 감시제어반과 동력제어반으로 구분하여 설치하지 않을 수 있다.
> 2.6.1.1 2.5.2의 각 기준의 어느 하나에 해당하지 않는 특정소방대상물에 설치되는 옥내소화전설비
> 2.6.1.2 내연기관에 따른 가압송수장치를 사용하는 옥내소화전설비
> 2.6.1.3 고가수조에 따른 가압송수장치를 사용하는 옥내소화전설비
> 2.6.1.4 가압수조에 따른 가압송수장치를 사용하는 옥내소화전설비

	㉠	㉡		㉠	㉡
①	주전원제어반	예비전원제어반	②	상시제어반	임시제어반
③	감시제어반	동력제어반	④	옥내제어반	옥외제어반

2.6 제어반

2.6.1 소화설비에는 제어반을 설치하되, 감시제어반과 동력제어반으로 구분하여 설치해야 한다. 다만, 다음의 어느 하나에 해당하는 경우에는 감시제어반과 동력제어반으로 구분하여 설치하지 않을 수 있다.

2.6.1.1 2.5.2의 각 기준의 어느 하나에 해당하지 않는 특정소방대상물에 설치되는 옥내소화전설비

2.6.1.2 내연기관에 따른 가압송수장치를 사용하는 옥내소화전설비

2.6.1.3 고가수조에 따른 가압송수장치를 사용하는 옥내소화전설비

2.6.1.4 가압수조에 따른 가압송수장치를 사용하는 옥내소화전설비

2.6.2 감시제어반의 기능은 다음의 기준에 적합해야 한다.

2.6.2.1 각 펌프의 작동여부를 확인할 수 있는 표시등 및 음향경보기능이 있어야 할 것

2.6.2.2 각 펌프를 자동 및 수동으로 작동시키거나 중단시킬 수 있어야 할 것

2.6.2.3 비상전원을 설치한 경우에는 상용전원 및 비상전원의 공급여부를 확인할 수 있어야 할 것

2.6.2.4 수조 또는 물올림수조가 저수위로 될 때 표시등 및 음향으로 경보할 것

2.6.2.5 다음의 각 확인회로마다 도통시험 및 작동시험을 할 수 있도록 할 것

(1) 기동용수압개폐장치의 압력스위치회로

(2) 수조 또는 물올림수조의 저수위감시회로

(3) 2.3.10에 따른 개폐밸브의 폐쇄상태 확인회로

(4) 그 밖의 이와 비슷한 회로

2.6.2.6 예비전원이 확보되고 예비전원의 적합여부를 시험할 수 있어야 할 것

2.6.3 감시제어반은 다음의 기준에 따라 설치해야 한다.

2.6.3.1 화재 및 침수 등의 재해로 인한 피해를 받을 우려가 없는 곳에 설치할 것

2.6.3.2 감시제어반은 옥내소화전설비의 전용으로 할 것. 다만, 옥내소화전설비의 제어에 지장이 없는 경우에는 다른 설비와 겸용할 수 있다.

2.6.3.3 감시제어반은 다음의 기준에 따른 전용실 안에 설치할 것. 다만, 2.6.1의 단서에따른 각 기준의 어느 하나에 해당하는 경우와 공장, 발전소 등에서 설비를 집중 제어 · 운전할 목적으로 설치하는 중앙제어실 내에 감시제어반을 설치하는 경우에는 그렇지 않다.

정답 : 061. ③

2.6.3.3.1 다른 부분과 방화구획을 할 것. 이 경우 전용실의 벽에는 기계실 또는 전기실 등의 감시를 위하여 두께 7㎜ 이상의 망입유리(두께 16.3㎜ 이상의 접합유리 또는 두께 28㎜ 이상의 복층유리를 포함한다)로 된 4 ㎡ 미만의 붙박이창을 설치할 수 있다.

2.6.3.3.2 피난층 또는 지하 1층에 설치할 것. 다만, 다음의 어느 하나에 해당하는 경우에는 지상 2층에 설치하거나 지하 1층 외의 지하층에 설치할 수 있다.

(1) 「건축법 시행령」 제35조에 따라 특별피난계단이 설치되고 그 계단(부속실을 포함한다) 출입구로부터 보행거리 5 m 이내에 전용실의 출입구가 있는 경우

(2) 아파트의 관리동(관리동이 없는 경우에는 경비실)에 설치하는 경우

2.6.3.3.3 비상조명등 및 급・배기설비를 설치할 것

2.6.3.3.4 「무선통신보조설비의 화재안전기술기준(NFTC 505)」 2.2.3에 따라 유효하게 통신이 가능할 것(영 별표 4의 제5호마목에 따른 무선통신보조설비가 설치된 특정소방대상물에 한한다)

2.6.3.3.5 바닥면적은 감시제어반의 설치에 필요한 면적 외에 화재 시 소방대원이 그 감시제어반의 조작에 필요한 최소면적 이상으로 할 것

2.6.3.4 2.6.3.3에 따른 전용실에는 특정소방대상물의 기계・기구 또는 시설 등의 제어 및 감시설비 외의 것을 두지 않을 것

2.6.4 동력제어반은 다음의 기준에 따라 설치해야 한다.

2.6.4.1 앞면은 적색으로 하고 "옥내소화전소화설비용 동력제어반"이라고 표시한 표지를 설치할 것

2.6.4.2 외함은 두께 1.5㎜ 이상의 강판 또는 이와 동등 이상의 강도 및 내열성능이 있는 것으로 할 것

2.6.4.3 그 밖의 동력제어반의 설치에 관하여는 2.6.3.1 및 2.6.3.2의 기준을 준용할 것

062 옥내소화전설비의 화재안전기준에 대한 설명 중 옳은 것은?

① 소방대상물의 각 부분으로부터 1개의 소화전까지의 수평거리는 25[m] 이상이 되어야 한다.

② 29층 이하일 때 수원의 수량은 전층 소화전의 합계 수에 2.6[㎥]를 곱하여 얻은 양 이상이 되어야 한다.

③ 설치되어 있는 모든 소화전을 동시에 사용하여 방수압력 0.17[MPa], 방수량 130[L/min] 이상이 되어야 한다.

④ 지하층을 제외한 층수가 7층 이상으로 연면적이 2,000[㎡] 이상인 건물에 설치할 때는 비상전원이 필요하다.

① 이하
② 최다층 소화전(최대 2개)
③ 최다층 모든 소화전(최대 2개)

정답 : 062. ④

063 구경이 50[mm]의 배관에 260[L/min]의 유체가 흐르고 있다. 이 배관의 100[m]당 압력 손실[MPa]을 구하시오. (단, 배관의 조도는 100이며, 계산값은 소수점 넷째자리에서 반올림하여 소수점 셋째자리까지 구하시오)

① 0.115　　② 0.189
③ 0.315　　④ 0.415

해설

$$\Delta P = 6.05 \times 10^4 \times \frac{260^{1.85}}{100^{1.85} \times 50^{4.87}} \times 100 = 0.1885 \fallingdotseq 0.189$$

064 다음은 무엇을 구하는 공식인가?

$$\frac{0.163 \times Q \times H}{E} \times 1.1$$

① 마찰손실 산출 공식　　② 펌프모터의 소요동력 산출 공식
③ 배관구경 결정 공식　　④ 분말 소화약제 산출 공식

065 건축물의 내부에 옥내소화전이 3개 설치되어 있으며, 옥내소화전의 노즐 구경이 13[mm], 총양정이 80[m], 펌프의 효율이 55[%]이라면 이곳에 설치해야 할 펌프의 전동기 용량은 얼마가 되겠는가? (단, 여유율은 10[%]이다)

① 5.3[kW]　　② 6.8[kW]
③ 12[kW]　　④ 15[kW]

해설

$$P(kW) = \frac{\gamma\, Q\, H}{102\,\eta}K$$

γ : $1{,}000kgf/m^3$

Q : $2 \times 130L/\min = 260L/\min \fallingdotseq \frac{0.26}{60} m^3/\sec$

H : $80m$

η : 0.55

K : 1.1

$$\therefore\ P(kW) = \frac{1{,}000 \times \frac{0.26}{60} \times 80}{102 \times 0.55} \times 1.1 \fallingdotseq 6.8kW$$

066 옥내소화전이 층당 4개소 설치되어 있고 수원의 공급은 모터펌프로 한다. 수원으로부터 가장 먼 소화전의 앵글밸브까지의 요구되는 수두가 29.4[m]라고 할 때 모터의 용량은 몇 [kW] 이상이어야 하는가? (단, 호스 및 관창의 마찰손실수두는 13.6[m], 펌프의 효율은 75[%]이며, k=1.1이다)

① 1.59[kW]　　② 2.59[kW]
③ 3.74[kW]　　④ 4.59[kW]

정답 : 063. ②　064. ②　065. ②　066. ③

해설

$$P(kW) = \frac{\gamma\, Q\, H}{102\,\eta} K$$

γ : $1{,}000 kgf/m^3$

Q : $2 \times 130 L/\min = 260 L/\min \fallingdotseq \frac{0.26}{60} m^3/\sec$

H : $29.4m + 13.6m + 17m = 60m$

η : 0.75

K : 1.1

$$\therefore P(kW) = \frac{1{,}000 \times \frac{0.26}{60} \times 60}{102 \times 0.75} \times 1.1 \fallingdotseq 3.74 kW$$

067

어느 옥내소화전설비에서 최고위 옥내소화전들로부터 법정기준에 적합한 방수를 가능하게 하기 위한 펌프의 소요 송수량 및 송수압력을 계산해보니 각각 260[L/min] 및 0.4[MPa] 이었다. 이 펌프의 소요동력은 약 몇 [kW]인가? (단, 펌프의 효율과 펌프와 전동기간의 축동력 전달계수는 각각 0.6 및 1.1이라 한다)

① 2.5 ② 3.1
③ 3.8 ④ 4.6

해설

$$P(kW) = \frac{1{,}000 \times \frac{0.26}{60} \times 40}{102 \times 0.6} \times 1.1 \fallingdotseq 3.1 kW$$

068

소화설비의 송수펌프에 진동이 심하게 발생될 때 그 원인으로 옳지 않은 것은?

① 모터와 펌프와의 축결합 상태 불량 ② 임펠러의 마모 발생
③ 펌프의 기초부실 ④ 캐비테이션의 발생

069

옥내소화전함에 설치하는 표시등 기준으로 옳은 것은?

① 부착면과 10도 이상의 각도 범위내에서 전방 10[m]거리에서 식별가능한 적색등이어야 한다.
② 부착면과 10도 이상의 각도 범위내에서 전방 15[m]거리에서 식별가능한 황색등이어야 한다.
③ 부착면과 15도 이상의 각도로 범위내에서 전방 10[m]거리에서 식별가능한 적색등이어야 한다.
④ 부착면과 15도 이상의 각도로 범위내에서 전방 10[m]거리에서 식별가능한 황색등이어야 한다.

070

옥내소화전설비의 화재안전기술기준상 표시등의 설치기준으로 옳지 않은 것은?

① 옥내소화전설비의 위치를 표시하는 표시등은 함의 상부에 설치할 것
② 표시등이 불빛은 부착면으로부터 15도 이상의 범위 안에서 부착지점으로부터 10[m] 이내의 어느 곳에서도 쉽게 식별할 수 있을 것
③ 가압송수장치의 시동을 표시하는 표시등은 옥내소화전함의 상부 또는 그 직근에 설치할 것
④ 사용전압의 130[%]인 전압을 10시간 연속하여 가하는 경우 단선, 현저한 광속변화, 전류변화 등의 현상이 발생하지 아니할 것

해설

24시간 연속하여 가하는 경우

정답 : 067. ② 068. ② 069. ③ 070. ④

071 옥내소화전의 설치위치로 가장 적당한 것은?

① 계단　② 통로
③ 벽측　④ 복도

벽에 설치(벽부형) 통로=복도

072 옥내소화전설비의 방수구 설치기준에 관한 설명이다. 옳지 않은 것은?

① 방수구는 소방대상물의 각 부분으로부터 보행거리 25[m] 이하가 되도록 설치해야 한다.
② 바닥으로부터의 높이가 1.5[m] 이하가 되도록 설치해야 한다.
③ 호스는 호칭구경 40[mm] 이상의 것으로 물이 유효하게 뿌려질 수 있는 길이로 설치할 것
④ 방수구는 소방대상물의 각층마다 설치한다.

수평거리 25m 이하

073 옥내소화전설비의 방수구는 바닥으로부터 몇 m 이하의 위치에 설치해야 하는가?

① 1.5[m] 이상　② 1.5[m] 이하
③ 1.5~2.0[m]　④ 1.0[m] 이하

1.5m 이하

074 옥내소화전함에 설치하는 기구로서 옳지 않은 것은?

① 호스(40[mm] × 15[m])　② 앵글밸브(40[mm] × 1개)
③ 관창(13[mm] × 1개)　④ 배수밸브

075 옥내소화전함에 사용하는 강판 재질의 두께는 얼마 이상인가?

① 1.0[mm]　② 1.5[mm]
③ 2.0[mm]　④ 0.5[mm]

정답 : 071. ③　072. ①　073. ②　074. ④　075. ②

▪ 소화전함의 성능인증 및 제품검사의 기술기준

제3조(구조)

① 소화전함의 일반구조는 다음 각 호에 적합해야 한다.

1. 견고해야 하며 쉽게 변형되지 않는 구조여야 한다.
2. 보수 및 점검이 쉬워야 한다.
3. <삭제 2017.12.28.>
4. <삭제 2017.12.28.>
5. 소화전함의 내부폭은 180밀리미터 이상이어야 한다. 다만, 소화전함이 원통형인 경우 단면 원은 가로 500밀리미터, 세로 180밀리미터의 직사각형을 포함할 수 있는 크기여야 한다.
6. <삭제 2017.12.28.>
7. 여닫이 방식의 문은 120도 이상 열리는 구조여야 한다. 다만, 지하소화장치함의 문은 80도 이상 개방되고 고정할 수 있는 장치가 있어야 한다.
8. 문은 두 번 이하의 동작에 의하여 열리는 구조이어야 한다. 다만, 지하소화장치함은 제외한다.
9. 문의 잠금장치는 외부 충격에 의하여 쉽게 열리지 않는 구조여야 한다.
10. 문의 면적은 0.5제곱미터 이상이어야 하며, 짧은 변의 길이(미닫이 방식의 경우 최대 개방길이)는 500밀리미터 이상이어야 한다.
11. 미닫이 방식의 문을 사용하는 경우, 최대 개방 시 문에 의해 가려지는 내부 공간은 소방용품이 적재될 수 없도록 칸막이 등으로 구획해야 한다.
12. 소화전함의 두께(현무암 무기질 복합소재 포함)는 1.5밀리미터 이상이어야 한다. 다만, 합성수지를 사용하는 것은 두께 4.0밀리미터 이상이어야 한다.

② 옥내소화전함은 설치방법에 따라 노출형과 매립형으로 구분하며, 다음 각 호에 적합해야 한다.

1. <삭제 2017.12.28.>
2. 소화전용 배관이 통과하는 부분의 구경은 32밀리미터 이상이어야 한다.
3. 표시등(위치표시등, 기동표시등)을 설치하기 위한 타공은 함의 상부에 해야 한다.
4. <삭제 2017.12.28.>
5. 문을 포함한 외함은 내함에 결합시킬 수 있는 구조여야 하며, 입식의 것은 다리를 갖는 구조로 할 수 있다.
6. <삭제 2017.12.28.>
7. 경종이 소화전함 내에 설치할 수 있는 구조인 것은 경종의 발신음을 외부로 전달할 수 있는 구조여야 한다.
8. 표시등 및 경종을 설치하는 부분은 방수용기구를 보관하는 부분과 구획해야 하며, 별도의 문이 있는 구조여야 한다.

③ 옥외소화전함의 구조는 다음 각 호에 적합해야 한다.

1. <삭제 2017.12.28.>
2. 소화전용배관이 통과하는 부분이 있는 경우 구경은 80밀리미터 이상이어야 한다.
3. 표시등(위치표시등, 기동표시등)을 설치하기 위한 타공은 함의 상부에 해야 한다.
4. <삭제 2017.12.28.>
5. 건물벽면에 부착하는 구조의 것은 벽면에 결합할 수 있는 구조여야 하며, 입식의 것은 300밀리미터 이상의 다리를 갖는 구조여야 한다.
6. 함의 바닥면으로부터 30 밀리미터 이상의 높이에 철망 등을 설치해야 한다.
7. 경종이 소화전함 내에 설치할 수 있는 구조인 것은 경종의 발신음을 외부로 전달할 수 있는 구조여야 한다.
8. 표시등 및 경종을 설치하는 부분은 방수용기구를 보관하는 부분과 구획해야 하며, 별도의 문이 있는 구조여야 한다.

④ 비상소화장치함의 구조는 함의 바닥면으로부터 30 밀리미터 이상의 높이에 철망 등을

설치해야 한다.

⑤ 지하소화장치함의 구조는 다음 각 호에 적합해야 한다. <신설 2023.6.23.>
1. 함 내부에 물이 고이지 않도록 배수구를 두어야 한다.
2. 문이 닫힌 상태에서 함 내부로 물이 들어가지 않도록 조치해야 한다.
3. 문 외부표면 부분에는 요철 등의 미끄럼방지 조치를 해야 한다.
4. 문의 원활한 개방을 위해 가스 스프링(gas spring) 등 보조장치를 사용할 수 있다.
5. 문의 개방을 위해 적절한 형태의 손잡이를 2개 이상 갖추어야 한다.

제4조(외관) 소화전함의 외관은 다음 각 호에 적합해야 한다.
1. 표면은 매끈하고 결함이 없어야 한다.
2. 균열 및 변형 등 손상이 없어야 한다.
3. 절단 또는 용접 등으로 인한 모서리 부분 등은 사람에게 해를 끼치지 않도록 조치되어 있어야 한다.
4. 칠 및 도금부분의 긁힘, 기포 또는 오염이 없어야 한다.

제7조(재료)
① 소화전함의 각 부분은 내구성이 우수한 재료로 제작해야 한다.
② 소화전함에 사용되는 금속재료(지하소화장치함 제외)는 아래 [표]에 적합한 것이거나 이와 동등 이상의 강도가 있는 것이어야 한다. 다만, 옥내소화전함의 경우 문의 일부를 난연재료 또는 망유리로 할 수 있다.

표준	재료
KS D 3501(열간 압연 연강판 및 강대)	SPHC에 적합한 것일 것
KS D 3528(전기 아연 도금 강판 및 강대)	SECC에 적합한 것일 것
KS D 3698(냉간 압연 스테인리스 강판 및 강대)	STS 304에 적합한 것일 것

③ 소화전함의 재료로 제2항에 규정한 것 이외에 합성수지 또는 현무암 무기질 복합소재 재료는 내열성 및 난연성이 있는 것으로서 시험은 가로 200밀리미터, 세로 200밀리미터의 시험편으로 하거나 함의 일부분에서 채취하여 다음 방법으로 한다. <개정 2024.5.10.>
1. 섭씨(80±2)도에서 24시간 방치하여도 열에 의한 변형이 생기지 않아야 한다.
2. 자외선 카본아크등식 내후성시험기로 다음 표의 시험조건에 따라 시험하였을 때 표면이 분말로 되는 현상, 부풀음, 벗겨짐 등이 생기지 않아야 한다. 다만, 크세논 아크 광원(6,500와트)을 사용하는 경우에는 340나노미터, 제곱미터당 0.3와트의 자외선 및 다음 표의 조사시간 및 시험온도조건으로 시험할 수 있다.

항 목	조 건
자외선 카본아크 등의 수	2등
전원전압	220V, 3상
평균전압, 전류	120~145V, 15~17V
조사시간	120시간
블랙패널손도계기가 나타내는 온도	(63±3)℃
시험편 표면에 물분사	하지 않음

제11조(표시) 소화전함에는 다음 각 호의 사항을 보기 쉬운 부위에 잘 지워지지 않도록 표시해야 한다.
1. 품명 및 성능인증번호
2. 제조년월 및 제조번호

3. 제조업체명
4. 옥내소화전함에는 그 표면에 "소화전", 옥외소화전함에는 그 표면에 "옥외소화전" 또는 "호스격납함", 비상소화장치함에는 그 표면에 "비상소화장치", 지하소화장치함에는 그 표면에 양각 또는 음각으로 "지하소화장치"라는 표시 <개정 2017.12.28., 2021.01.14., 2023.6.23.>
5. <삭제 2017.12.28.>
6. 함의 규격(가로, 세로, 폭)
7. 사용상의 주의사항
8. 그 밖에 필요한 사항

076 가압수조를 이용하는 가압송수장치의 설치기준으로 옳지 않은 것은?

① 가압수조의 압력은 규정에 따른 방수량 및 방수압이 20분 이상 유지되도록 할 것
② 가압수조는 최대상용압력 1.8배의 물의 압력을 가하는 경우 물이 새지 않고 변형이 없을 것
③ 가압수조 및 가압원은 방화구획 된 장소에 설치 할 것
④ 가압수조에는 수위계 · 급수관 · 배수관 · 급기관 · 압력계 · 안전장치 및 수조에 소화수와 압력을 보충할 수 있는 장치를 설치할 것

▪ 가압수조식가압송수장치의 성능인증 및 제품검사의 기술기준
제3조(일반구조) 가압수조장치의 일반구조는 다음 각 호에 적합해야 한다.

1. 가압수조장치는 수조, 가압용기, 제어반, 압력조정장치, 성능시험배관 및 기타 필요한 기기 등으로 구성해야 하며, 시공, 점검 및 정비가 용이한 구조이어야 한다.
2. 공기를 가압가스로 사용하는 가압수조장치는 수조에 저장된 유효소화수를 모두 방출한 후에는 가압가스가 방출되지 아니하는 구조이어야 한다.
3. 압력계는 KS규격에 적합한 인증제품이거나, 국제적으로 공인된 규격(UL, FM, JIS 등)에 합격한 것이어야 한다.
4. 수조의 급기관과 압력조정장치 및 압력조정장치와 집합관 사이에는 가압가스의 공급을 차단할 수 있는 개폐밸브를 설치해야 한다.
5. 수조의 소화수 수위나 가압압력이 설정값보다 낮아지는 때에는 소화수보충장치나 가압가스보충장치가 작동해야 한다. 다만, 가압가스가 불연성기체일 경우에는 설비의 성능을 충분히 발휘할 수 있도록 예비가압원을 보유해야 한다.
6. 소화수보충장치는 다음 각 목에 적합해야 한다.
   가. 토출압력은 수조의 설정압력보다 높아야 하고, 토출량은 4L/min 이상일 것
   나. 토출측에서 보충장치로 역류를 방지하기 위한 체크밸브와 개폐밸브를 설치할 것
7. 가압가스보충장치는 다음 각 목에 적합해야 한다.
   가. 토출압력은 가압용기의 압력보다 높아야 하고, 토출량은 80L/min 이상일 것
   나. 토출측에서 보충장치로 역류를 방지하기 위한 체크밸브와 개폐밸브를 설치할 것
8. 가압수조장치의 성능을 확인할 수 있는 장치(이하 '성능시험배관'이라 한다)는 다음 각 목에 적합하게 설치해야 한다.
   가. 성능시험배관에는 시험밸브, 유량계 등을 설치하여 가압수조장치의 성능을 유효하게 시험 확인할 수 있는 구조일 것
   나. 성능시험배관의 구경은 가압수조장치의 정격토출량을 충분히 흘려보낼 수 있는 크기 이상일 것
   다. 성능시험배관 시험밸브는 유량계 전단에 설치할 것
   라. 시험밸브와 유량계 사이는 직관으로 하고 그 길이는 당해 직관 구경의 10배 이상이어야 하며, 유량계 후단의 배관은 직관으로 하고 그 길이는 당해 직관 구경의 4배 이상일 것
   마. 성능시험배관 등에 사용하는 밸브에는 개폐방향이 표시되어 있을 것

정답 : 076. ②

9. 제8호의 성능시험배관에 설치하는 유량계는 다음 각 목에 적합해야 한다.
   가. 해당 가압수조장치 정격토출량의 120% 이상 300% 이하의 범위를 측정할 수 있을 것
   나. 눈금단위는 최대측정범위를 20등분 이상으로 등분되어 있을 것
   다. 적정한 유량시험장치에 유량계를 설치하여 시험하는 경우, 유량계의 지시값은 표준유량계 지시값의 ±5% 범위이내일 것

제5조(수조)
① 수조의 구조는 다음 각 호에 적합해야 한다.
1. 수위계 · 급수관 · 배수관 · 급기관 · 압력계 · 안전장치와 맨홀 등이 있는 구조일 것
2. 맨홀은 안지름 400mm 이상의 원형 크기일 것 (다만, 압력용기의 모양이나 용도로 인해 맨홀을 설치할 수 없을 경우, 최소한 단축(100mm) × 장축(150mm) 크기의 핸드홀 2개 또는 면적이 동등한 동일한 구멍 2개가 있을 것)
3. 맨홀이 물탱크 상부에 설치된 경우에는 물탱크 내부에 점검용 사다리를 설치할 것
4. 물탱크 등의 내부는 방식처리를 할 것
5. 물탱크의 내부용적은 유효저수량의 110% 이상일 것

077 옥내소화전설비의 화재안전기준상 압력수조를 이용한 가압송수장치에 설치해야 하는 설비가 아닌 것은?

① 수위계 ② 급기관
③ 수동식 공기압축기 ④ 맨홀

2.2.3 압력수조를 이용한 가압송수장치는 다음의 기준에 따라 설치해야 한다.
2.2.3.1 압력수조의 압력은 다음의 식에 따라 산출한 수치 이상으로 할 것
$P = p_1 + p_2 + p_3 + 0.17$(호스릴옥내소화전설비를 포함한다)
P : 필요한 압력(MPa)
p_1: 호스의 마찰손실수두압(MPa)
p_2: 배관의 마찰손실수두압(MPa)
p_3: 낙차의 환산수두압(MPa)
2.2.3.2. 압력수조에는 수위계 · 급수관 · 배수관 · 급기관 · 맨홀 · 압력계 · 안전장치 및 압력저하 방지를 위한 자동식 공기압축기를 설치할 것

078 옥내소화전이 각층에 3개씩 설치, 스프링클러헤드가 각층에 50개씩 설치된 15층 건축물에 펌프와 수조를 겸용하여 사용한다. 이때 필요한 최소 저수량은 몇 m^3인가?

① $42.8m^3$ ② $52.8m^3$
③ $53.2m^3$ ④ $60.8m^3$

$$Q(m^3) = 2 \times 2.6m^3 + 30 \times 1.6m^3 = 53.2m^3$$

 정답 : 077. ③ 078. ③

079 **옥내소화전이 각층에 3개씩 설치, 스프링클러헤드가 각층에 50개씩 설치된 15층 건축물에 펌프와 수조를 겸용하여 사용한다. 이때 필요한 최소 토출량은 몇 LPM인가?**

① 1,690LPM ② 2,000LPM
③ 2,660LPM ④ 3,290LPM

$Q(l/\min) = 2 \times 130 l/\min + 30 \times 80 l/\min = 2{,}660 l/\min$

080 **옥외소화전설비의 화재안전기술기준에 관한 설명으로 옳지 않은 것은?**

① 옥외소화전설비의 수원은 옥외소화전설치개수(2 이상일 때는 2) × 3.5[㎥] 이상이다.
② 노즐선단의 방수압은 0.25[MPa] 이상이다.
③ 호스접결구는 각 소장대상물로부터 하나의 호스접결구까지 수평거리 40[m] 이하이다.
④ 호스는 구경 65[mm]의 것으로 해야 한다.

2.1 수원
2.1.1 옥외소화전설비의 수원은 그 저수량이 옥외소화전의 설치개수(옥외소화전이 2개 이상 설치된 경우에는 2개)에 7㎥를 곱한 양 이상이 되도록 해야 한다.
2.2 가압송수장치
2.2.1.3 특정소방대상물에 설치된 옥외소화전(2개 이상 설치된 경우에는 2개의 옥외소화전)을 동시에 사용할 경우 각 옥외소화전의 노즐선단에서의 방수압력이 0.25㎫ 이상이고, 방수량이 350L/min 이상이 되는 성능의 것으로 할 것. 다만, 하나의 옥외소화전을 사용하는 노즐선단에서의 방수압력이 0.7㎫을 초과할 경우에는 호스접결구의 인입측에 감압장치를 설치해야 한다.
2.3 배관 등
2.3.1 호스접결구는 지면으로부터의 높이가 0.5m 이상 1m 이하의 위치에 설치하고 특정소방대상물의 각 부분으로부터 하나의 호스접결구까지의 수평거리가 40m 이하가 되도록 설치해야 한다.
2.3.2 호스는 구경 65㎜의 것으로 해야 한다.

081 **옥외소화전설비의 화재안전기술기준상 규정 방수압력과 방수량으로 옳은 것은?**

① 0.13[MPa] - 130[L/min] ② 0.25[MPa] - 350[L/min]
③ 0.35[MPa] - 350[L/min] ④ 0.17[MPa] - 130[L/min]

082 **일반 건축물에 옥외소화전이 6개 설치되어 있는데 송수펌프를 설치한다면 펌프의 토출량 [m³/min]은 얼마인가?**

① 0.5[m³/min] ② 0.7[m³/min]
③ 1.05[m³/min] ④ 0.65[m³/min]

$Q = 2 \times 350 l/\min = 700 l/\min = 0.7 m^3/\min$

정답 : 079. ③ 080. ① 081. ② 082. ②

083 옥외소화전소화설비의 화재안전기술기준에 따라 옥외소화전이 3개 설치되어 있다. 이곳에 설치해야 할 수원의 양[m^3]은 얼마 이상인가?

① 7[m^3] ② 14[m^3]
③ 18[m^3] ④ 21[m^3]

084 옥외소화전의 노즐의 구경은 얼마인가?

① 11[mm] ② 13[mm]
③ 16[mm] ④ 19[mm]

옥내소화전 노즐 : 13mm
옥외소화전 노즐 : 19mm

085 옥외소화전설비의 화재안전기술기준상 소방대상물의 각 부분으로부터 하나의 호스접결구까지의 수평거리는 몇 [m] 이하가 되도록 설치해야 하는가?

① 25[m] ② 30[m]
③ 40[m] ④ 50[m]

수평거리 40m

086 옥외소화전설비의 고가수조의 자연낙차를 이용한 가압송수장치에 필요한 낙차를 산출하는 식으로 옳은 것은?

① $H = h_1 + h_2 + 10$ ② $H = h_1 + h_2 + 17$
③ $H = h_1 + h_2 + 25$ ④ $H = h_1 + h_2 + 35$

2.2.2 고가수조의 자연낙차를 이용한 가압송수장치는 다음의 기준에 따라 설치해야 한다.
2.2.2.1 고가수조의 자연낙차수두(수조의 하단으로부터 최고층에 설치된 소화전 호스 접결구까지의 수직거리를 말한다)는 다음의 식에 따라 산출한 수치 이상이 유지되도록 할 것

$H = h_1 + h_2 + 25$

H : 필요한 낙차(m)
h_1 : 호스의 마찰손실수두(m)
h_2 : 배관의 마찰손실수두(m)

2.2.2.2 고가수조에는 수위계 · 배수관 · 급수관 · 오버플로우관 및 맨홀을 설치할 것

정답 : 083. ② 084. ④ 085. ③ 086. ③

087 **가압송수 펌프가 옥외소화전보다 10[m] 높은 곳에 설치된 옥외소화전설비가 있다. 배관의 마찰손실수두가 15[m], 호스의 마찰손실수두가 2[m]일 경우, 가압송수 펌프의 토출압력은 몇 [MPa] 이상이어야 하는가?**

① 0.32　② 0.42
③ 0.52　④ 0.57

$H = 15m + 2m - 10m + 25m = 32m = 0.32MPa$

088 **어느 물소화설비에서 수원으로 내용적이 16[㎥]인 압력수조가 설치되어 있다. 이 수조 내에는 항상 10[㎥]의 물이 0.6[MPa]의 압력으로 채워져 있다. 화재 진화 후 압력수조내의 압력이 0.2[MPa]를 지시하였다면 이 수조에서 소모된 물의 양은? (단, 대기압은 0.1[MPa]이라고 하고, 수조에 대한 압축 공기의 공급장치는 화재시 가동하지 않았다고 가정한다)**

① 6[㎥]　② 8[㎥]
③ 10[㎥]　④ 14[㎥]

$P_1 V_1 = P_2 V_2$
$(0.6+0.1) \times 6m^3 = (0.2+0.1) \times V_2$
$V_2 = 14m^3$
팽창된 공기부피는 8m³ 따라서 소모된 물의 양은 8m³

089 **건축물의 외부에 옥외소화전이 3개 설치되어 있다. 총양정이 150[m], 펌프의 효율이 60[%]일 경우 펌프의 전동기 용량으로 적합한 것은?**

① 21[kW]　② 24[kW]
③ 32[kW]　④ 51[kW]

$$P(kW) = \frac{1{,}000 \times \frac{0.7}{60} \times 150}{102 \times 0.6} \times 1.1 = 31.45... \fallingdotseq 32kW$$

090 **옥외소화전설비에서 사용되는 소방용 호스접결구의 구경은?**

① 40[mm]　② 50[mm]
③ 65[mm]　④ 100[mm]

091 **옥외소화전함은 옥외소화전으로부터 얼마의 거리에 설치해야 하는가?**

① 5[m] 이내　② 6[m] 이내
③ 7[m] 이내　④ 8[m] 이내

정답 : 087. ①　088. ②　089. ③　090. ③　091. ①

소화전함 등

① 옥외소화전설비에는 옥외소화전마다 그로부터 5m 이내의 장소에 소화전함을 다음의 기준에 따라 설치해야 한다.
   1. 옥외소화전이 10개 이하 설치된 때에는 옥외소화전마다 5m 이내의 장소에 1개 이상의 소화전함을 설치해야 한다.
   2. 옥외소화전이 11개 이상 30개 이하 설치된 때에는 11개 이상의 소화전함을 각각 분산하여 설치해야 한다.
   3. 옥외소화전이 31개 이상 설치된 때에는 옥외소화전 3개마다 1개 이상의 소화전함을 설치해야 한다.

② 옥외소화전설비의 함은 소방청장이 정하여 고시한「소화전함 성능인증 및 제품검사의 기술기준」에 적합한 것으로 설치하되 밸브의 조작, 호스의 수납 등에 충분한 여유를 가질 수 있도록 할 것. 연결송수관의 방수구를 같이 설치하는 경우에도 또한 같다.

③ 옥외소화전설비의 소화전함 표면에는 “옥외소화전”이라고 표시한 표지를 하고, 가압송수장치의 조작부 또는 그 부근에는 가압송수장치의 기동을 명시하는 적색등을 설치해야 한다.

④ 표시등은 다음의 기준에 따라 설치해야 한다.
   1. 옥외소화전설비의 위치를 표시하는 표시등은 함의 상부에 설치하되, 설치하되, 소방청장이 정하여 고시한「표시등의 성능인증 및 제품검사의 기술기준」에 적합한 것으로 할 것
   2. 가압송수장치의 기동을 표시하는 표시등은 옥외소화전함의 상부 또는 그 직근에 설치하되 적색등으로 할 것. 다만, 자체소방대를 구성하여 운영하는 경우(「위험물안전관리법 시행령」 별표 8에서 정한 소방자동차와 자체소방대원의 규모를 말한다) 가압송수장치의 기동표시등을 설치하지 않을 수 있다.

092 옥외소화전함에 설치하지 않아도 되는 것은?

① 옥외소화전이라고 표시한 표지 ② 가압송수장치 조작 스위치
③ 가압송수장치 기동확인램프 ④ 가압송수장치 정지확인램프

91번 문제 해설 참조

093 옥외소화전설비의 비상전원은 해당 옥외소화전설비를 유효하게 몇 분 이상 작동할 수 있는 용량 이상이어야 하는가?

① 10 ② 20
③ 60 ④ 설치하지 않아도 된다.

전원

옥외소화전설비에는 그 특정소방대상물의 수전방식에 따라 다음의 기준에 따른 상용전원회로의 배선을 설치해야 한다. 다만, 가압수조방식으로서 모든 기능이 20분 이상 유효하게 지속될 수 있는 경우에는 그렇지않다.
1. 저압수전인 경우에는 인입개폐기의 직후에서 분기하여 전용배선으로 해야 하며, 전용의 전선관에 보호 되도록 할 것
2. 특별고압수전 또는 고압수전일 경우에는 전력용 변압기 2차측의 주차단기 1차측에서 분기하여 전용배선으로 하되, 상용전원의 상시공급에 지장이 없을 경우에는 주차단기 2차측에서 분기하여 전용배선으로 할 것. 다만, 가압송수장치의 정격입력전압이 수전전압과 같은 경우에는 위 1의 기준에 따른다.

정답 : 092. ④ 093. ④

094 **옥외소화전설비의 화재안전기준상 옥외소화전이 60개 설치되어 있을 때 소화전함 설치개수는 몇 개인가?**

① 5 ② 11 ③ 20 ④ 30

91번 문제 해설 참조

095 **용량 2[t]의 탱크에 물을 가득 채운 소방차가 화재현장에 출동하여 노즐압력 0.4[MPa], 노즐구경 2.5[㎝]를 사용하여 방수할 경우 소방차 내의 물이 전부 방수되는데 소요되는 시간은 얼마인가?**

① 약 2분 30초 ② 약 3분 30초
③ 약 4분 30초 ④ 약 5분 30초

$Q(l/\text{min}) = 0.653 \times 25^2 \times \sqrt{10 \times 0.4} = 816.25l/\text{min}$

$2{,}000l \div 816.25l/\text{min} = 2.45\text{min}$

따라서 약 2분 30초

096 **화재안전기술기준상 스프링클러설비와 물분무소화설비에 관한 설명으로 옳은 것은?**

① 스프링클러의 물의 입자는 물분무의 물의 입자보다 작다.
② 어느 것이나 전기시설 소화에 적당하다.
③ 물분무소화설비는 항공기 격납고에 설치할 수 있다.
④ 물분무소화설비는 자동화재감지장치가 필요치 않다.

097 **다음 중 습식스프링클러설비의 특징에 해당하지 않는 것은?**

① 보온이 필요하다.
② 구조가 간단하다.
③ 건식스프링클러설비에 비해 시설비가 많이 든다.
④ 오동작으로 인한 물의 피해가 크다.

098 **스프링클러설비의 종류 중 습식에 비해 준비작동식의 장점으로 볼 수 없는 것은?**

① 배관의 수명이 길다.
② 화재시 헤드가 개방되기 전에 경보발령이 가능하다.
③ 동파 우려가 없다.
④ 헤드의 작동온도가 같을 경우 화재시 살수개시시간이 빠르다.

정답 : 094. ③ 095. ① 096. ③ 097. ③ 098. ④

099 소화펌프 흡입배관의 구경이 서로 다를 때는 반드시 엑센트릭 레듀샤(편심 레듀샤)를 설치해야 한다. 그 이유로 옳은 것은?

① 펌프의 작동시 진동에 의해 배관에 미치는 충격을 분산하기 위해서이다.
② 엑센트릭 레듀샤는 콘센트릭 레듀샤에 비해 마찰손실이 적고 내부에서 형성되는 와류가 거의 없기 때문이다.
③ 수평 흡입배관에 적절한 기울기를 주기 위해서이다.
④ 배관에서 발생되는 진동을 최대한 흡수하기 위해서이다.

100 스프링클러설비 배관의 직경을 정하는데 있어 가장 중요한 요소는 무엇인가?

① 유속　　② 압력　　③ 압력손실　　④ 헤드의 형식

2.5.3.3 배관의 구경은 규정에 적합하도록 수리계산에 의하거나 표2.5.3.3(스프링클러헤드 수별 급수관의 구경)의 기준에 따라 설치할 것. 다만, 수리계산에 따르는 경우 가지배관의 유속은 6㎧, 그 밖의 배관의 유속은 10㎧를 초과할 수 없다.

101 폐쇄형 건식스프링클러설비의 계통도로 옳은 것은?

① 가압송수장치 $\xrightarrow{\text{물}}$ 자동경보밸브 $\xrightarrow{\text{물}}$ 폐쇄형 헤드
② 가압송수장치 $\xrightarrow{\text{물}}$ 건식 밸브 $\xrightarrow{\text{압축공기}}$ 폐쇄형 헤드
③ 가압송수장치 $\xrightarrow{\text{공기}}$ 건식밸브 $\xrightarrow{\text{공기}}$ 폐쇄형 헤드
④ 가압송수장치 $\xrightarrow{\text{물}}$ 준비작동식 밸브 $\xrightarrow{\text{공기}}$ 폐쇄형 헤드

102 다음 중 건식스프링클러설비의 구성 요소에 해당되지 않는 것은?

① 리타딩 챔버　　② 익져스트
③ 에어 레귤레이터　　④ 액셀레이터

리타딩 챔버 : 습식유수검지장치

103 스프링클러설비시스템 중에서 건식스프링클러설비에 물의 공급을 신속하게 하기 위하여 설치하는 부속장치는 무엇인가?

① 익져스터(Exhauster)　　② 리타딩 챔버(Retarding Chamber)
③ 파일럿 밸브(Pilot Valve)　　④ 중간 챔버(Intermediate Chamber)

정답 : 099. ②　100. ①　101. ②　102. ①　103. ①

104 스프링클러설비의 가압송수장치는 작동하고 있으나 헤드에서 물이 나오지 않을 경우 그 원인으로 부적합한 것은?

① 제어밸브의 자동 밸브가 닫혀 있다.
② 헤드가 막혀있다.
③ 배관이 막혀있다.
④ 전기계통의 접촉이 불량하다.

105 스프링클러설비의 화재안전기술기준상 개방형헤드를 설치해야 하는 장소로 옳은 것은?

① 공동주택의 거실
② 병원의 입원실
③ 공연장의 무대부
④ 방화문 주변

2.7 헤드

2.7.1 스프링클러헤드는 특정소방대상물의 천장·반자·천장과 반자 사이·덕트·선반 기타 이와 유사한 부분(폭이 1.2m를 초과하는 것에 한한다)에 설치해야 한다. 다만, 폭이 9m 이하인 실내에 있어서는 측벽에 설치할 수 있다.

2.7.2 <삭제 2024.1.1.>

2.7.3 스프링클러헤드를 설치하는 천장·반자·천장과 반자 사이·덕트·선반 등의 각 부분으로부터 하나의 스프링클러헤드까지의 수평거리는 다음의 기준과 같이 해야 한다. 다만, 성능이 별도로 인정된 스프링클러헤드를 수리계산에 따라 설치하는 경우에는 그렇지 않다.

2.7.3.1 무대부·「화재의 예방 및 안전관리에 관한 법률 시행령」 별표 2의 특수가연물을 저장 또는 취급하는 장소에 있어서는 1.7m 이하

2.7.3.2 <삭제 2024.1.1.>

2.7.3.3 <삭제 2024.1.1.>

2.7.3.4 2.7.3.1부터 2.7.3.3까지 규정 외의 특정소방대상물에 있어서는 2.1m 이하(내화구조로 된 경우에는 2.3m 이하)

2.7.4 영 별표 4 소화설비의 소방시설 적용기준란 제1호라목3)에 따른 무대부 또는 연소할 우려가 있는 개구부에 있어서는 개방형스프링클러헤드를 설치해야 한다.

2.7.5 다음의 어느 하나에 해당하는 장소에는 조기반응형 스프링클러헤드를 설치해야 한다.

(1) 공동주택·노유자시설의 거실

(2) 오피스텔·숙박시설의 침실 (3) 병원 · 의원의 입원실

2.7.6 폐쇄형스프링클러헤드는 그 설치장소의 평상시 최고 주위온도에 따라 다음 표 2.7.6에 따른 표시온도의 것으로 설치해야 한다. 다만, 높이가 4m 이상인 공장에 설치하는 스프링클러헤드는 그 설치장소의 평상시 최고 주위온도에 관계없이 표시온도 121℃ 이상의 것으로 할 수 있다.<개정 2024.1.1.>

설치장소의 최고 주위온도	표시온도
39℃ 미만	79℃ 미만
39℃ 이상 64℃ 미만	79℃ 이상 121℃ 미만
64℃ 이상 106℃ 미만	121℃ 이상 162℃ 미만
106℃ 이상	162℃ 이상

2.7.7 스프링클러헤드는 다음의 방법에 따라 설치해야 한다.

2.7.7.1 살수가 방해되지 않도록 스프링클러헤드로부터 반경 60㎝ 이상의 공간을 보유할 것. 다만, 벽과 스프링클러헤드간의 공간은 10㎝ 이상으로 한다.

2.7.7.2 스프링클러헤드와 그 부착면(상향식헤드의 경우에는 그 헤드의 직상부의 천장·반자 또는 이와 비슷한 것을 말한다. 이하 같다)과의 거리는 30㎝ 이하로 할 것

정답 : 104. ④ 105. ③

2.7.7.3 배관·행거 및 조명기구 등 살수를 방해하는 것이 있는 경우에는 2.7.7.1 및 2.7.7.2에도 불구하고 그로부터 아래에 설치하여 살수에 장애가 없도록 할 것. 다만, 스프링클러헤드와 장애물과의 이격거리를 장애물폭의 3배 이상 확보한 경우에는 그렇지 않다.

2.7.7.4 스프링클러헤드의 반사판은 그 부착 면과 평행하게 설치할 것. 다만, 측벽형 헤드 또는 2.7.7.6에 따른 연소할 우려가 있는 개구부에 설치하는 스프링클러 헤드의 경우에는 그렇지 않다.

2.7.7.5 천장의 기울기가 10분의 1을 초과하는 경우에는 가지관을 천장의 마루와 평행하게 설치하고, 스프링클러헤드는 다음의 어느 하나에 적합하게 설치할 것

2.7.7.5.1 천장의 최상부에 스프링클러헤드를 설치하는 경우에는 최상부에 설치하는 스프링클러헤드의 반사판을 수평으로 설치할 것

2.7.7.5.2 천장의 최상부를 중심으로 가지관을 서로 마주보게 설치하는 경우에는 최상부의 가지관 상호간의 거리가 가지관상의 스프링클러헤드 상호간의 거리의 2분의 1이하(최소 1m 이상이 되어야 한다)가 되게 스프링클러헤드를 설치하고, 가지관의 최상부에 설치하는 스프링클러헤드는 천장의 최상부로부터의 수직거리가 90㎝ 이하가 되도록 할 것. 톱날지붕, 둥근지붕 기타 이와 유사한 지붕의 경우에도 이에 준한다.

2.7.7.6 연소할 우려가 있는 개구부에는 그 상하좌우에 2.5m 간격으로(개구부의 폭이 2.5m 이하인 경우에는 그 중앙에) 스프링클러헤드를 설치하되, 스프링클러헤드와 개구부의 내측 면으로부터 직선거리는 15㎝ 이하가 되도록 할 것. 이 경우 사람이 상시 출입하는 개구부로서 통행에 지장이 있는 때에는 개구부의 상부 또는 측면(개구부의 폭이 9m 이하인 경우에 한한다)에 설치하되, 헤드 상호간의 간격은 1.2m 이하로 설치해야 한다.

2.7.7.7 습식스프링클러설비 및 부압식스프링클러설비 외의 설비에는 상향식스프링클러헤드를 설치할 것. 다만, 다음의 어느 하나에 해당하는 경우에는 그렇지 않다.

(1) 드라이펜딘드스프링클러헤드를 사용하는 경우
(2) 스프링클러헤드의 설치장소가 동파의 우려가 없는 곳인 경우
(3) 개방형스프링클러헤드를 사용하는 경우

2.7.7.8 측벽형스프링클러헤드를 설치하는 경우 긴 변의 한쪽 벽에 일렬로 설치(폭이 4.5m 이상 9m 이하인 실에 있어서는 긴변의 양쪽에 각각 일렬로 설치하되 마주보는 스프링클러헤드가 나란히꼴이 되도록 설치)하고 3.6m 이내마다 설치할 것

2.7.7.9 상부에 설치된 헤드의 방출수에 따라 감열부에 영향을 받을 우려가 있는 헤드에는 방출수를 차단할 수 있는 유효한 차폐판을 설치할 것

2.7.8 2.7.7.2에도 불구하고 특정소방대상물의 보와 가장 가까운 스프링클러 헤드는 다음 표 2.7.8의 기준에 따라 설치해야 한다. 다만, 천장 면에서 보의 하단까지의 길이가 55㎝를 초과하고 보의 하단 측면 끝부분으로부터 스프링클러헤드까지의 거리가 스프링클러헤드 상호간 거리의 2분의 1 이하가 되는 경우에는 스프링클러헤드와 그 부착 면과의 거리를 55㎝ 이하로 할 수 있다.

스프링클러헤드의 반사판 중심과 보의 수평거리	스프링클러헤드의 반사판 높이와 보의 하단 높이의 수직거리
0.75m 미만	보의 하단보다 낮을 것
0.75m 이상 1m 미만	0.1m 미만일 것
1m 이상 1.5m 미만	0.15m 미만일 것
1.5m 이상	0.3m 미만일 것

106 **준비작동식스프링클러설비의 준비작동식 유수검지장치 2차측 배관에는 무엇을 채워 놓는가?**

① 물 ② 부동액
③ 고압가스 ④ 저압의 공기

[스프링클러설비의 종류 및 특징]

설비의 종류	사용 헤드	유수검지장치 등	배관상태(1차측/2차측)	감지지와 연동성
습식	폐쇄형	습식유수검지장치	가압수/가압수	없음
건식	폐쇄형	건식유수검지장치	가압수/압축공기	없음
준비작동식	폐쇄형	준비작동식유수검지장치	가압수/저압공기	있음
부압식	폐쇄형	준비작동식유수검지장치	가압수/부압수	있음
일제살수식	개방형	일제개방밸브	가압수/대기압	있음

107 **스프링클러설비의 화재안전기술기준상 천장의 기울기가 10분의 1을 초과하는 경우 가지관의 최상부에 설치하는 스프링클러헤드는 천장의 최상부로부터 수직거리 몇 cm 이내에 설치해야 하는가?**

① 50cm ② 70cm
③ 90cm ④ 120cm

105번 문제 해설 참조

108 **무대부에 개방형 스프링클러헤드를 정방형으로 배치하고자 할 때 헤드간의 거리는 몇 m 이내로 해야 하는가?**

① 약 1.86m ② 약 2.40m
③ 약 3.25m ④ 약 3.6m

$S = 2R\cos 45° = 2 \times 1.7\text{m} \times \cos 45° = 2.4\text{m}$

109 **스프링클러설비의 화재안전기술기준상 규정방수량과 방수압은?**

① 80[L/min], 0.1[MPa] ② 130[L/min], 0.1[MPa]
③ 80[L/min], 0.17[MPa] ④ 130[L/min], 0.17[MPa]

정답 : 106. ④ 107. ③ 108. ② 109. ①

110 **스프링클러설비의 화재안전기술기준상 하나의 헤드 선단에서의 규정 방수압력은?**

① 0.17[MPa] ② 0.25[MPa]
③ 0.1 ~ 1.2[MPa] ④ 0.1 ~ 0.35[MPa]

111 **스프링클러설비의 화재안전기술기준상 지하층을 제외한 층수가 10층인 병원 건물에 습식 스프링클러설비가 설치되어 있다면 스프링클러설비에 필요한 수원의 양은 얼마이상이어야 하는가? (단, 헤드는 각 층별로 200개씩 설치되어 있고 헤드의 부착높이는 3m이다.)**

① $16m^3$ ② $24m^3$
③ $32m^3$ ④ $48m^3$

$10 \times 1.6m^3 = 16m^3$

수원의 양

① 폐쇄형 스프링클러헤드를 사용하는 경우
- 30층 미만의 경우 : 수원의 양(m^3) = $N \times 1.6m^3$ 이상 = $N \times 80\ell/min \times 20min$ 이상
- 30층 이상 49층 이하의 경우 : 수원의 양(m^3) = $N \times 3.2m^3$ 이상 = $N \times 80\ell/min \times 40min$ 이상
- 50층 이상의 경우 : 수원의 양(m^3) = $N \times 4.8m^3$ 이상 = $N \times 80\ell/min \times 60min$ 이상

N : 스프링클러헤드의 설치개수가 가장 많은 층의 설치수(최대기준개수 이하)

기준개수

스프링클러설비 설치장소			기준개수
지하층을 제외한 층수가 10층 이하인 소방대상물	공장	특수가연물을 저장 · 취급하는 것	30
		그 밖의 것	20
	근린생활시설 · 판매시설 · 운수시설 또는 복합건축물	판매시설 또는 복합건축물 (판매시설이 설치되는 복합 건축물을 말한다)	30
		그 밖의 것	20
	그 밖의 것	헤드의 부착높이가 8m 이상인 것	20
		헤드의 부착높이가 8m 미만인 것	10
지하층을 제외한 층수가 11층 이상인 소방대상물 · 지하가 또는 지하역사			30
비고 : 하나의 소방대상물이 2 이상의 "스프링클러헤드의 기준개수"란에 해당하는 때에는 기준개수가 많은 것을 기준으로 한다. 다만, 각 기준개수에 해당하는 수원을 별도로 설치하는 경우에는 그렇지 않다.			

② 개방형 헤드를 사용하는 경우

㉠ 최대 방수구역의 헤드 수가 30개 이하일 때
수원(m^3)=$N \times 1.6m^3$ 이상
N : 최대 방수구역의 헤드 수

㉡ 최대 방수구역의 헤드 수가 30개를 초과할 때
수원(m^3)=$Q \times 20min$ 이상
Q : 가압송수장치의 분당송수량(m^3/min)

정답 : 110. ③ 111. ①

112 **정격토출량이 2.4[㎥/min]인 펌프를 설치한 스프링클러설비에서 성능시험배관의 유량측정장치는 얼마까지 측정할 수 있어야 하는가?**

① 1.56[㎥/min] ② 2.4[㎥/min]
③ 3.6[㎥/min] ④ 4.2[㎥/min]

해설
175% 이상 측정가능해야 함.
$2.4 \times 1.75 = 4.2m^3/\mathrm{min}$

113 **스프링클러설비의 화재안전기술기준상 스프링클러설비의 설치 장소와 헤드설치 기준개수가 옳지 않은 것은?**

① 10층 이하 공장(특수가연물) : 30개
② 10층 이하의 도매시장, 백화점 : 30개
③ 아파트 : 20개
④ 지하가 : 30개

114 **스프링클러설비의 화재안전기술기준상 10층 이하의 근린생활시설로서 헤드의 부착높이가 4[m]인 장소에 설치된 스프링클러설비의 수원의 저수량은 얼마 이상인가?**

① 16㎥ ② 32㎥
③ 48㎥ ④ 64㎥

해설
근린생활시설 기준개수 : 20개

115 **스프링클러설비의 화재안전기술기준상 스프링클러헤드의 방사량이 150[L/min]일 경우 헤드의 방사압력[MPa]을 구하시오. (단, 방출상수 K는 80이며, 계산값은 소수점 셋째자리에서 반올림하여 소수점 둘째자리까지 구하시오)**

① 0.25 ② 0.35
③ 0.45 ④ 0.55

해설
$150l/\mathrm{min} = 80\sqrt{10 \times P}$
$P = 0.351 \fallingdotseq 0.35$

정답 : 112. ④ 113. ③ 114. ② 115. ②

116 다음은 스프링클러소화설비의 화재안전기술기준상 헤드의 설치기준 중 일부이다. ( )에 들어갈 수치로 옳은 것은?

> 2.7 헤드
> 2.7.1 스프링클러헤드는 특정소방대상물의 천장 · 반자 · 천장과 반자 사이 · 덕트 · 선반 기타 이와 유사한 부분(폭이 1.2m를 초과하는 것에 한한다)에 설치해야 한다. 다만, 폭이 ( )m 이하인 실내에 있어서는 측벽에 설치할 수 있다.

① 3　② 5　③ 7　④ 9

117 스프링클러설비의 화재안전기술기준상 스프링클러헤드의 수평거리로 옳지 않은 것은?

① 극장의 무대부 - 1.7[m] 이하　② 일반건축물 - 2.1[m] 이하
③ 내화건축물 - 2.3[m] 이하　④ 특수가연물 저장 · 취급 장소 - 2.5[m] 이하

118 가로 10m, 세로 15m의 내화구조의 건축물에 폐쇄형스프링클러헤드를 정방형으로 배치하는 경우 필요한 헤드의 최소 설치개수는?

① 10개　② 20개
③ 30개　④ 40개

$S = 2R\cos 45^\circ = 2 \times 2.3m \times \cos 45^\circ = 3.25m$

가로열설치수 $= \dfrac{12m}{3.25m} = 3.69 \ \therefore 4$개

세로열설치수 $= \dfrac{15m}{3.25m} = 4.67 \ \therefore 5$개　　$\therefore\ 4 \times 5 = 20$개

119 특수가연물을 저장 및 취급하는 가로 48m, 세로 24m인 창고에 라지드롭형 스프링클러헤드를 정방형으로 배치하는 경우 필요한 헤드의 최소 설치개수와 벽으로부터 이격거리를 옳게 나열한 것은? (단, 창고에는 랙이 설치되어 있지 않다.)

① 98개 – 1.8m　② 120개 – 1.7m
③ 153개 – 1.5m　④ 200개 – 1.2m

① 헤드 설치개수

$S = 2 \times 1.7m \times \cos 45° = 2.404... ≒ 2.4$

가로열 설치 수 $= \dfrac{48m}{2.4m} = 20$개

세로열 설치 수 $= \dfrac{24m}{2.4m} = 10$개　　∴헤드 설치 수 = 20×10 = 200개

② 벽으로부터 이격거리 = 2.4m ÷ 2 = 1.2m

 정답 : 116. ④　117. ④　118. ②　119. ④

120 **스프링클러설비의 화재안전기술기준상 조기반응형 스프링클러헤드를 설치하지 않아도 되는 장소는?**

① 노유자시설의 거실　　② 숙박시설의 침실
③ 오피스텔의 침실　　④ 병원의 응급실

105번 문제 해설 참조

121 **스프링클러설비의 화재안전기술기준상 스프링클러헤드의 설치기준으로 옳지 않은 것은?**

① 살수가 방해되지 아니하도록 스프링클러헤드로부터 반경 60[cm] 이상의 공간을 보유해야 한다.
② 스프링클러헤드와 그 부착면과의 거리는 30[cm] 이하로 해야 한다.
③ 스프링클러헤드의 반사판이 그 부착면과 평행되게 설치해야 한다.
④ 배관, 행거, 조명기구 등 살수를 방해하는 것이 있는 경우에는 그로부터 그 밑으로 60[cm] 이상 거리를 두어야 한다.

105번 문제 해설 참조

122 **스프링클러 헤드를 부착할 때 관 이음쇠의 규격으로 옳은 것은?**

① 티(25A×25A)　　② 레듀샤(25A×15A)
③ 이경소켓(25A)　　④ 파이프(25A)

해설

레듀샤 25×15

123 **다음은 스프링클러설비의 화재안전기술기준상 준비작동식유수검지장치 또는 일제개방밸브를 사용하는 스프링클러설비에 있어서 유수검지장치 또는 밸브 2차 측 배관의 부대설비 설치기준이다. (　)에 들어갈 내용으로 옳은 것은??**

> 2.5.11 준비작동식유수검지장치 또는 일제개방밸브를 사용하는 스프링클러설비에 있어서 유수검지장치 또는 밸브 2차 측 배관의 부대설비는 다음의 기준에 따른다.
> 2.5.11.1 (ㄱ)밸브를 설치할 것
> 2.5.11.2 2.5.11.1에 따른 밸브와 준비작동식유수검지장치 또는 일제개방밸브 사이의 배관은 다음의 기준과 같은 구조로 할 것
> 2.5.11.2.1 수직배수배관과 연결하고 동 연결배관상에는 개폐밸브를 설치할 것
> 2.5.11.2.2 자동배수장치 및 (ㄴ)를 설치할 것
> 2.5.11.2.3 2.5.11.2.2에 따른 (ㄴ)는 수신부에서 준비작동식유수검지장치 또는 일제개방밸브의 작동 여부를 확인할 수 있게 설치할 것

	ㄱ	ㄴ		ㄱ	ㄴ
①	체크	탬퍼스위치	②	체크	압력스위치
③	개폐표시형	탬퍼스위치	④	개폐표시형	압력스위치

정답 : 120. ④　121. ④　122. ②　123. ④

2.5.11 준비작동식유수검지장치 또는 일제개방밸브를 사용하는 스프링클러설비에 있어서 유수검지장치 또는 밸브 2차 측 배관의 부대설비는 다음의 기준에 따른다.
2.5.11.1 개폐표시형밸브를 설치할 것
2.5.11.2 2.5.11.1에 따른 밸브와 준비작동식유수검지장치 또는 일제개방밸브 사이의 배관은 다음의 기준과 같은 구조로 할 것
2.5.11.2.1 수직배수배관과 연결하고 동 연결배관상에는 개폐밸브를 설치할 것
2.5.11.2.2 자동배수장치 및 압력스위치를 설치할 것
2.5.11.2.3 2.5.11.2.2에 따른 압력스위치는 수신부에서 준비작동식유수검지장치 또는 일제개방밸브의 작동 여부를 확인할 수 있게 설치할 것

124 **폐쇄형스프링클러헤드 설치장소의 평상시 최고 주위온도가 102[℃]일 경우 이곳에 설치하는 스프링클러헤드는 표시온도가 얼마인 것으로 해야 하는가?**

① 79[℃] 미만
② 121[℃] 미만
③ 162[℃] 미만
④ 180[℃] 미만

2.7.6 폐쇄형스프링클러헤드는 그 설치장소의 평상시 최고 주위온도에 따라 다음 표에 따른 표시온도의 것으로 설치해야 한다. 다만, 높이가 4m 이상인 공장에 설치하는 스프링클러헤드는 그 설치장소의 평상시 최고 주위온도에 관계없이 표시온도 121℃ 이상의 것으로 할 수 있다.

설치장소의 최고 주위온도	표시온도
39℃ 미만	79℃ 미만
39℃ 이상 64℃ 미만	79℃ 이상 121℃ 미만
64℃ 이상 106℃ 미만	121℃ 이상 162℃ 미만
106℃ 이상	162℃ 이상

125 **폐쇄형 스프링클러헤드의 설치장소에 관한 기준이 되는 최고 주위온도(T_A)는 다음 식에 의해 구하여진 온도를 말한다. 여기서, 상수 K는 얼마인가? (단, T_M은 헤드의 표시온도)**

$$T_A = K \cdot T_M - 27.3$$

① 1.0
② 0.7
③ 0.8
④ 0.9

Ta = 0.9Tm - 27.3℃
Ta : 최고주위온도, Tm : 헤드의 표시온도

 정답 : 124. ③ 125. ④

126 스프링클러설비의 화재안전기술기준상 스프링클러헤드의 설치제외장소에 해당되지 않는 것은?

① 통신기기실, 전자기기실
② 변전실, 발전실
③ 천장, 반자 중 한쪽이 불연재료로 되어 있고 천장과 반자 사이의 거리가 1[m] 미만인 부분
④ 현관 또는 로비 등으로서 바닥으로부터 높이가 10[m] 이상인 장소

2.12 헤드의 설치제외

2.12.1 스프링클러설비를 설치해야 할 특정소방대상물에 있어서 다음의 어느 하나에 해당하는 장소에는 스프링클러헤드를 설치하지 않을 수 있다.

2.12.1.1 계단실(특별피난계단의 부속실을 포함한다) · 경사로 · 승강기의 승강로 · 비상용승강기의 승강장 · 파이프덕트 및 덕트피트(파이프 · 덕트를 통과시키기 위한 구획된 구멍에 한한다) · 목욕실 · 수영장(관람석부분을 제외한다) · 화장실 · 직접 외기에 개방되어 있는 복도 · 기타 이와 유사한 장소

2.12.1.2 통신기기실·전자기기실 · 기타 이와 유사한 장소

2.12.1.3 발전실 · 변전실 · 변압기 · 기타 이와 유사한 전기설비가 설치되어 있는 장소

2.12.1.4 병원의 수술실 · 응급처치실 · 기타 이와 유사한 장소

2.12.1.5 천장과 반자 양쪽이 불연재료로 되어 있는 경우로서 그 사이의 거리 및 구조가다음의 어느 하나에 해당하는 부분

2.12.1.5.1 천장과 반자 사이의 거리가 2m 미만인 부분

2.12.1.5.2 천장과 반자 사이의 벽이 불연재료이고 천장과 반자사이의 거리가 2m 이상으로서 그 사이에 가연물이 존재하지 않는 부분

2.12.1.6 천장 · 반자 중 한쪽이 불연재료로 되어 있고 천장과 반자사이의 거리가 1m 미만인 부분

2.12.1.7 천장 및 반자가 불연재료 외의 것으로 되어 있고 천장과 반자사이의 거리가 0.5m 미만인 부분

2.12.1.8 펌프실·물탱크실 엘리베이터 권상기실 그 밖의 이와 비슷한 장소

2.12.1.9 현관 또는 로비 등으로서 바닥으로부터 높이가 20m 이상인 장소

2.12.1.10 영하의 냉장창고의 냉장실 또는 냉동창고의 냉동실

2.12.1.11 고온의 노가 설치된 장소 또는 물과 격렬하게 반응하는 물품의 저장 또는 취급장소

2.12.1.12 불연재료로 된 특정소방대상물 또는 그 부분으로서 다음의 어느 하나에 해당하는 장소

2.12.1.12.1 정수장 · 오물처리장 그 밖의 이와 비슷한 장소

2.12.1.12.2 펄프공장의 작업장 · 음료수공장의 세정 또는 충전하는 작업장 그 밖의 이와 비슷한 장소

2.12.1.12.3 불연성의 금속 · 석재 등의 가공공장으로서 가연성물질을 저장 또는 취급하지 않는 장소

2.12.1.12.4 가연성 물질이 존재하지 않는 「건축물의 에너지절약설계기준」에 따른 방풍실

2.12.1.13 실내에 설치된 테니스장 · 게이트볼장 · 정구장 또는 이와 비슷한 장소로서 실내 바닥 · 벽 · 천장이 불연재료 또는 준불연재료로 구성되어 있고 가연물이 존재하지 않는 장소로서 관람석이 없는 운동시설(지하층은 제외한다)

정답 : 126. ④

127 **스프링클러헤드의 감열체 중 이융성 금속으로 융착되거나 이융성 물질에 의하여 조립된 것은?**

① 프레임
② 디플렉터
③ 유리밸브
④ 퓨즈블링크

128 **글라스벌브형(Glass Bulb Type)의 스프링클러헤드에 봉입하는 물질은?**

① 물
② 휘발유
③ 경유
④ 알코올 - 에테르

129 **폐쇄형 스프링클러헤드에 있어서 급격한 수압을 고려해서 행하는 시험은?**

① 살수분포시험
② 수격시험
③ 강도시험
④ 진동시험

130 **스프링클러설비의 경보장치인 리타딩 챔버의 역할에 해당하지 않는 것은?**

① 안전 밸브의 역할
② 배관 및 압력스위치 손상 보호
③ 오보 방지
④ 자동 배수장치

131 **지하3층, 지상20층 규모의 오피스텔 지하1층에서 화재발생으로 인한 유수검지장치의 동작으로 경보해야 하는 층을 표현한 것으로 옳은 것은?**

① 지하전층 및 지상1층
② 지하전층
③ 지상1층부터 지상5층 및 지하전층
④ 지하1층 및 지상1층

해설

2.6.1.6 층수가 11층(공동주택의 경우 16층) 이상의 특정소방대상물은 다음의 기준에 따라 경보를 발할 수 있도록 해야 한다.
2.6.1.6.1 2층 이상의 층에서 발화한 때에는 발화층 및 그 직상 4개층에 경보를 발할 것
2.6.1.6.2 1층에서 발화한 때에는 발화층 · 그 직상 4개층 및 지하층에 경보를 발할 것
2.6.1.6.3 지하층에서 발화한 때에는 발화층 · 그 직상층 및 기타의 지하층에 경보를 발할 것

132 **스프링클러설비의 화재안전기술기준상 음향장치는 정격전압의 몇 %에서 음향을 발할 수 있어야 하는가?**

① 70
② 90
③ 80
④ 100

해설

2.6.1.7 음향장치는 다음의 기준에 따른 구조 및 성능의 것으로 할 것
2.6.1.7.1 정격전압의 80% 전압에서 음향을 발할 수 있는 것으로 할 것
2.6.1.7.2 음향의 크기는 부착된 음향장치의 중심으로부터 1m 떨어진 위치에서 90dB 이상이 되는 것으로 할 것

정답 : 127. ④ 128. ④ 129. ② 130. ④ 131. ① 132. ③

133 주 밸브인 게이트밸브의 요크에 걸어서 밸브의 개폐를 수신반에 전달하는 장치는?

① 모니터 스위치 ② 탬퍼 스위치
③ 압력수조 수위감시스위치 ④ 주 밸브 감시스위치

134 포스트 인디게이트 밸브를 설치하는 이유는?

① 지하배관 내 유속과 압력을 조절하기 위해 ② 지하배관 내 개폐를 용이하게 하기 위해
③ 지하배관 내 동결방지를 위해 ④ 지하배관 내를 분기하기 위해

135 스프링클러설비의 유수검지장치 표시사항이 아닌 것은?

① 제조번호 ② 사용압력
③ 제조자성명 ④ 설치방향

유수제어밸브의 형식승인 및 제품검사의 기술기준

제6조(표시) 유수제어밸브에는 다음 사항을 보기 쉬운 부위에 잘 지워지지 아니하도록 표시해야 한다. 다만, 제14호 및 제15호는 포장 또는 취급설명서에 표시할 수 있다.

1. 종별 및 형식
2. 형식승인번호
3. 제조연월 및 제조번호
4. 제조업체명 또는 상호
5. 안지름, 호칭압력 및 사용압력범위
6. 유수 방향의 화살 표시
7. 설치방향
8. 2차측에 압력설정이 필요한 것에는 압력설정값
9. 검지유량상수
10. 습식유수검지장치에 있어서는 최저사용압력에 있어서 부작동 유량
11. 일제개방밸브 개방용 제어부의 사용압력범위(제어동력에 1차측의 압력과 다른 압력을 사용하는 것에 한한다)
12. 일제개방밸브 제어동력에 사용하는 유체의 종류(제어동력에 가압수 등 이외에 유체의 압력을 사용하는 것에 한한다)
13. 일제개방밸브 제어동력의 종류(제어동력에 압력을 사용하지 아니하는 것에 한한다)
14. 설치방법 및 취급상의 주의사항
15. 품질보증에 관한 사항(보증기간, 보증내용, A/S방법, 자체검사필증 등)

136 소방대상물의 각 층마다 설치하는 스프링클러설비의 제어밸브는 그 층 바닥으로부터 몇 [m] 높이에 설치해야 하는가?

① 0.8[m] 이상 1.5[m] 이하 ② 0.5[m] 이상 1.0[m] 이하
③ 0.3[m] 이상 1.3[m] 이하 ④ 1.0[m] 이상 2.0[m] 이하

137 개방형스프링클러설비에서 하나의 방수구역을 담당하는 헤드의 개수는 몇 개 이하로 설치해야 하는가?

① 25개 ② 30개
③ 40개 ④ 50개

정답 : 133. ② 134. ② 135. ③ 136. ① 137. ④

2.3 폐쇄형스프링클러설비의 방호구역 및 유수검지장치

2.3.1 폐쇄형스프링클러헤드를 사용하는 설비의 방호구역(스프링클러설비의 소화범위에 포함된 영역을 말한다. 이하 같다) 및 유수검지장치는 다음의 기준에 적합해야 한다.

2.3.1.1 하나의 방호구역의 바닥면적은 3,000㎡를 초과하지 않을 것. 다만, 폐쇄형스프링클러설비에 격자형배관방식(2 이상의 수평주행배관 사이를 가지배관으로 연결하는 방식을 말한다)을 채택하는 때에는 3,700㎡ 범위 내에서 펌프용량, 배관의 구경 등을 수리학적으로 계산한 결과 헤드의 방수압 및 방수량이 방호구역 범위 내에서 소화목적을 달성하는데 충분하도록 해야 한다.

2.3.1.2 하나의 방호구역에는 1개 이상의 유수검지장치를 설치하되, 화재 시 접근이 쉽고 점검하기 편리한 장소에 설치할 것

2.3.1.3 하나의 방호구역은 2개 층에 미치지 않도록 할 것. 다만, 1개 층에 설치되는 스프링클러헤드의 수가 10개 이하인 경우와 복층형구조의 공동주택에는 3개 층 이내로 할 수 있다.

2.3.1.4 유수검지장치를 실내에 설치하거나 보호용 철망 등으로 구획하여 바닥으로부터 0.8m 이상 1.5m 이하의 위치에 설치하되, 그 실 등에는 가로 0.5m 이상 세로 1m 이상의 개구부로서 그 개구부에는 출입문을 설치하고 그 출입문 상단에 "유수검지장치실" 이라고 표시한 표지를 설치할 것. 다만, 유수검지장치를 기계실(공조용기계실을 포함한다)안에 설치하는 경우에는 별도의 실 또는 보호용 철망을 설치하지 않고 기계실 출입문 상단에 "유수검지장치실"이라고 표시한 표지를 설치할 수 있다.

2.3.1.5 스프링클러헤드에 공급되는 물은 유수검지장치를 지나도록 할 것. 다만, 송수구를 통하여 공급되는 물은 그렇지 않다.

2.3.1.6 자연낙차에 따른 압력수가 흐르는 배관 상에 설치된 유수검지장치는 화재 시 물의 흐름을 검지할 수 있는 최소한의 압력이 얻어질 수 있도록 수조의 하단으로부터 낙차를 두어 설치할 것

2.3.1.7 조기반응형 스프링클러헤드를 설치하는 경우에는 습식유수검지장치 또는 부압식스프링클러설비를 설치할 것

2.4 개방형스프링클러설비의 방수구역 및 일제개방밸브

2.4.1 개방형스프링클러설비의 방수구역 및 일제개방밸브는 다음의 기준에 적합해야 한다.

2.4.1.1 하나의 방수구역은 2개 층에 미치지 않아야 한다.

2.4.1.2 방수구역마다 일제개방밸브를 설치해야 한다

2.4.1.3 하나의 방수구역을 담당하는 헤드의 개수는 50개 이하로 할 것. 다만, 2개 이상의 방수구역으로 나눌 경우에는 하나의 방수구역을 담당하는 헤드의 개수는 25개 이상으로 해야 한다.

2.4.1.4 일제개방밸브의 설치 위치는 2.3.1.4의 기준에 따르고, 표지는 "일제개방밸브실"이라고 표시해야 한다.

138 습식스프링클러설비에서 하향식헤드를 회향식으로 설치하는 이유로서 옳은 것은?

① 시공시 행거의 설치를 용이하게 하기 위해서이다.

② 관 내의 유수에 따라 발생할 수도 있는 써지로 인한 헤드의 진동을 조금이라도 완화시켜주기 위해서이다.

③ 설치 예정지점에 헤드의 설치, 시공을 용이하게 하기 위해서이다.

④ 관 내에 축적 될 수도 있는 이물질에 의해 헤드의 오리피스가 막히는 것을 가급적 방지하기 위해서이다.

139 표시온도가 163~203[℃]인 퓨지블링크형 스프링클러헤드의 프레임 색상은?

① 흰색　　② 파랑색

③ 빨강색　　④ 초록색

정답 : 138. ④　　139. ③

스프링클러헤드의 형식승인 및 제품검사의 기술기준

제12조의6(표시) 헤드에는 다음 사항을 보기 쉬운 부위에 잘 지워지지 아니하도록 표시해야 한다. 다만, 제2호 내지 제4호 및 제10호 내지 제13호는 포장 또는 취급설명서에 표시할 수 있다.
1. 종 별
2. 형 식
3. 형식승인번호
4. 제조번호 또는 로트번호
5. 제조년도
6. 제조업체명 또는 상호
7. 표시온도(폐쇄형헤드에 한한다)
8. <삭제>
9. 표시온도에 따른 다음표의 색표시(폐쇄형헤드에 한한다)

유리벌브형		퓨지블링크형	
표시온도(℃)	액체의 색별	표시온도(℃)	프레임의 색별
57℃	오렌지	77℃ 미만	색 표시 안함
68℃	빨강	78~120℃	흰색
79℃	노랑	121~162℃	파랑
93℃	초록	163~203℃	빨강
141℃	파랑	204~259℃	초록
182℃	연한자주	260~319℃	오렌지
227℃ 이상	검정	320℃ 이상	검정

10. 최고주위온도(폐쇄형헤드에 한한다)
11. 취급상의 주의사항
12. <삭제>
13. 품질보증에 관한 사항(보증기간, 보증내용, A/S방법, 자체검사필증 등)

140 **스프링클러설비의 화재안전기술기준상 하나의 가지배관에 설치되는 스프링클러헤드의 수는 몇 개 이하이어야 하는가?**

① 6 ② 8
③ 10 ④ 12

2.5.9 가지배관의 배열은 다음의 기준에 따른다.
2.5.9.1 토너먼트(tournament)배관 방식이 아닐 것
2.5.9.2 교차배관에서 분기되는 지점을 기점으로 한쪽 가지배관에 설치되는 헤드의 개수(반자 아래와 반자속의 헤드를 하나의 가지배관 상에 병설하는 경우에는 반자 아래에 설치하는 헤드의 개수)는 8개 이하로 할 것. 다만, 다음의 어느 하나에 해당하는 경우에는 그렇지 않다.
2.5.9.2.1 기존의 방호구역안에서 칸막이 등으로 구획하여 1개의 헤드를 증설하는 경우
2.5.9.2.2 습식스프링클러설비 또는 부압식스프링클러설비에 격자형 배관방식(2 이상

정답 : 140. ②

의 수평주행배관 사이를 가지배관으로 연결하는 방식을 말한다)을 채택하는 때에는 펌프의 용량, 배관의 구경 등을 수리학적으로 계산한 결과 헤드의 방수압 및 방수량이 소화목적을 달성하는 데 충분하다고 인정되는 경우

2.5.9.3 가지배관과 헤드 사이의 배관을 신축배관으로 하는 경우에는 소방청장이 정하여 고시한 「스프링클러설비신축배관 성능인증 및 제품검사의 기술기준」에 적합한 것으로 설치할 것. 이 경우 신축배관의 설치길이는 2.7.3의 거리를 초과하지 않아야 한다.

141 스프링클러설비의 화재안전기술기준상 배관의 설치기준 중 옳은 것은?

① 교차배관의 최소 구경은 20[mm] 이하로 한다.
② 수직관에 청소구를 설치해야 한다.
③ 수직배수배관의 구경은 50[mm] 이상으로 한다.
④ 가지배관의 배열은 토너먼트 방식으로 한다.

① 40mm
② 교차배관 끝에 청소구 설치
③ 정답
④ 토너먼트방식이 아닐 것

142 스프링클러설비의 화재안전기술기준상 수평주행배관에 설치하는 행거는 몇 [m] 이내마다 1개 이상 설치하는가?

① 2.5 ② 3.5
③ 4.5 ④ 5.5

2.5.13 배관에 설치되는 행거는 다음의 기준에 따라 설치해야 한다.
2.5.13.1 가지배관에는 헤드의 설치지점 사이마다 1개 이상의 행거를 설치하되, 헤드간의 거리가 3.5m를 초과하는 경우에는 3.5m 이내마다 1개 이상 설치할 것. 이 경우 상향식헤드와 행거 사이에는 8㎝ 이상의 간격을 두어야 한다.
2.5.13.2 교차배관에는 가지배관과 가지배관 사이마다 1개 이상의 행거를 설치하되, 가지배관 사이의 거리가 4.5m를 초과하는 경우에는 4.5m이내마다 1개 이상 설치할 것
2.5.13.3 2.5.13.1 및 2.5.13.2의 수평주행배관에는 4.5m 이내마다 1개 이상 설치할 것

143 스프링클러설비의 화재안전기술기준상 유수검지장치를 사용하는 설비의 시험배관의 구경은 얼마인가?

① 15[mm] ② 20[mm]
③ 25[mm] ④ 30[mm]

2.5.12 습식유수검지장치 또는 건식유수검지장치를 사용하는 스프링클러설비와 부압식스프링클러설비에는 동 장치를 시험할 수 있는 시험장치를 다음의 기준에 따라 설치해야 한다.

정답 : 141. ③ 142. ③ 143. ③

2.5.12.1 습식스프링클러설비 및 부압식스프링클러설비에 있어서는 유수검지장치 2차 측 배관에 연결하여 설치하고 건식스프링클러설비인 경우 유수검지장치에서 가장 먼 거리에 위치한 가지배관의 끝으로부터 연결하여 설치할 것. 이 경우 유수검지장치 2차 측설비의 내용적이 2,840L를 초과하는 건식스프링클러설비는 시험장치 개폐밸브를 완전개방 후 1분 이내에 물이 방사되어야 한다.

2.5.12.2 시험장치 배관의 구경은 25㎜ 이상으로 하고, 그 끝에 개폐밸브 및 개방형헤드 또는 스프링클러헤드와 동등한 방수성능을 가진 오리피스를 설치할 것. 이 경우 개방형헤드는 반사판 및 프레임을 제거한 오리피스만으로 설치할 수 있다.

2.5.12.3 시험배관의 끝에는 물받이 통 및 배수관을 설치하여 시험 중 방사된 물이 바닥에 흘러내리지 않도록 할 것. 다만, 목욕실·화장실 또는 그 밖의 곳으로서 배수처리가 쉬운 장소에 시험배관을 설치한 경우에는 그렇지 않다.

144 스프링클러설비의 화재안전기술기준상 교차배관의 최소구경은 얼마 이상으로 해야 하는가?

① 20[mm] ② 30[mm]
③ 40[mm] ④ 50[mm]

2.5.10 교차배관의 위치 · 청소구 및 가지배관의 헤드설치는 다음의 기준에 따른다.

2.5.10.1 교차배관은 가지배관과 수평으로 설치하거나 또는 가지배관 밑에 설치하고, 그 구경은 2.5.3.3에 따르되 최소구경이 40㎜ 이상이 되도록 할 것. 다만, 패들형유수검지장치를 사용하는 경우에는 교차배관의 구경과 동일하게 설치할 수 있다.

2.5.10.2 청소구는 교차배관 끝에 40㎜ 이상 크기의 개폐밸브를 설치하고, 호스접결이 가능한 나사식 또는 고정배수 배관식으로 할 것. 이 경우 나사식의 개폐밸브는 옥내소화전 호스접결용의 것으로 하고, 나사보호용의 캡으로 마감해야 한다.

2.5.10.3 하향식헤드를 설치하는 경우에 가지배관으로부터 헤드에 이르는 헤드접속배관은 가지관상부에서 분기할 것. 다만, 소화설비용 수원의 수질이 「먹는물관리법」 제5조에 따라 먹는물의 수질기준에 적합하고 덮개가 있는 저수조로부터 물을 공급받는 경우에는 가지배관의 측면 또는 하부에서 분기할 수 있다.

145 습식스프링클러설비의 배관의 통수소제에 관한 설명으로 옳은 것은?

① 테스트 밸브(시험배관)의 밸브를 개방함으로써 통수소제를 실시할 수 있다.
② 교차배관의 말단부로부터 배수하는 방법으로 통수소제를 실시할 수 있다.
③ 열림 밸브 교차부의 앵글밸브를 개방하여 배관 내의 물을 배수시켜 통수소제를 실시할 수 있다.
④ 배관의 통수소제는 최소한 월 1회씩 실시하게 된다.

146 스프링클러설비의 화재안전기술기준상 습식스프링클러설비에 시험장치를 설치하는 이유로 옳은 것은?

① 정기적인 배관의 통수소제를 위해서이다.
② 배관 내 수압의 정상상태 여부를 수시 확인하기 위해서이다.
③ 실제로 헤드를 개방하지 않고도 가압송수장치의 성능시험을 시행할 수 있게 하기 위해서이다.
④ 유수경보장치의 기능을 점검하기 위해서이다.

정답 : 144. ③ 145. ② 146. ④

147 건식스프링클러설비 유수검지장치의 정상기능 상태 여부를 점검하기 위한 시험장치의 설치위치로 옳은 것은?

① 교차배관 말단
② 유수검지장치로부터 가장 먼 가지배관의 말단
③ 유수검지장치로부터 가장 가까운 가지배관의 말단
④ 유수검지장치와 가지배관 사이

148 스프링클러설비를 설치한 하나의 층 바닥면적이 7,500[㎡]일 때 유수검지장치를 몇 개 이상 설치해야 하는가?

① 1개 ② 2개
③ 3개 ④ 4개

$\frac{7,500m^2}{3,000m^2} = 2.5 \therefore 3$개

149 스프링클러설비의 화재안전기술기준상 습식스프링클러설비 또는 부압식스프링클러설비 외의 설비에 설치하는 수평주행배관의 기울기로서 옳은 것은?

① 수평주행배관은 헤드를 향하여 상향으로 1/500 이상의 기울기를 가질 것
② 수평주행배관은 헤드를 향하여 상향으로 2/200 이상의 기울기를 가질 것
③ 수평주행배관은 헤드를 향하여 상향으로 1/100 이상의 기울기를 가질 것
④ 수평주행배관은 헤드를 향하여 상향으로 1/250 이상의 기울기를 가질 것

2.5.17 스프링클러설비 배관의 배수를 위한 기울기는 다음의 기준에 따른다.
2.5.17.1 습식스프링클러설비 또는 부압식스프링클러설비의 배관을 수평으로 할 것. 다만, 배관의 구조상 소화수가 남아 있는 곳에는 배수밸브를 설치해야 한다.
2.5.17.2 습식스프링클러설비 또는 부압식스프링클러설비 외의 설비에는 헤드를 향하여 상향으로 수평주행배관의 기울기를 500분의 1 이상, 가지배관의 기울기를 250분의 1 이상으로 할 것. 다만, 배관의 구조상 기울기를 줄 수 없는 경우에는 배수를 원활하게 할 수 있도록 배수밸브를 설치해야 한다.
[참고 : 연결살수설비 1/100, 물분무주차장바닥 2/100, 화재조기진압용창고구조 기울기 168/1000 초과하지 아니할 것]

150 스프링클러설비의 화재안전기술기준상 음향장치는 유수검지장치 및 일제개방밸브 등의 담당구역의 각 부분으로부터 수평거리 몇[m] 이하가 되도록 설치해야 하는가?

① 10 ② 15
③ 20 ④ 25

정답 : 147. ② 148. ③ 149. ① 150. ④

151 습식스프링클러설비 배관의 동파방지법으로 옳지 않은 것은?

① 보온재를 이용한 배관보온법
② 히팅코일을 이용한 가열법
③ 순환펌프를 이용한 물의 유동법
④ 에어 컴프레셔를 이용한 방법

동파방지 : ㉠ 보온재이용 ㉡ 히팅코일
㉢ 부동액주입 ㉣ 중앙난방 ㉤ 순환펌프이용

152 폐쇄형스프링클러설비의 방호구역 및 유수검지장치의 설치기준으로 옳지 않은 것은?

① 하나의 방호구역의 바닥면적은 3,000[㎡]를 초과하지 않도록 해야 한다.
② 하나의 방호구역에는 1개 이상의 유수검지장치를 설치해야 한다.
③ 하나의 방호구역은 2개 층에 미치지 않아야 한다.
④ 유수검지장치는 바닥으로부터 0.5[m] 이상 1.0[m] 이하의 위치에 설치하고 근방의 보기 쉬운 곳에 해당 장치의 명칭을 표시한 표지를 해야 한다.

해설

0.8 이상 1.5m 이하

153 아래의 식은 스프링클러설비의 무엇을 산출하는 공식인가?

$$Q = K\sqrt{10P}$$

① 방수량
② 하중
③ 흡입량
④ 살수분포량

154 스프링클러설비의 화재안전기술기준상 비상전원 설치기준으로 옳은 것은?

① 실내에 설치할 때는 그 실내에 비상조명등을 설치한다.
② 설치장소는 다른 장소와 일반 칸막이 등으로 구획한다.
③ 상용전원 정전시 수동으로 전환한다.
④ 본 설비를 유효하게 10분 이상 작동한다.

② 방화구획
③ 자동으로 전환
④ 20분 [30층 이상 : 40분, 50층 이상 : 60분]

정답 : 151. ④ 152. ④ 153. ① 154. ①

155 스프링클러설비의 화재안전기술기준상 감시제어반의 기능 및 설치기준으로 옳지 않은 것은?

① 각 펌프의 작동 여부를 확인할 수 있는 표시등 및 음향경보기능이 있을 것
② 비상전원의 공급 여부를 확인할 수 있어야 할 것
③ 확인 회로마다 도통시험을 할 수 있을 것
④ 절연저항시험을 할 수 있을 것

· 제어반의 기능 : 각,각,각,예,비,저

2.10.2 감시제어반의 기능은 다음의 기준에 적합해야 한다.

2.10.2.1 각 펌프의 작동여부를 확인할 수 있는 표시등 및 음향경보기능이 있어야 할 것
2.10.2.2 각 펌프를 자동 및 수동으로 작동시키거나 중단시킬 수 있어야 할 것
2.10.2.3 비상전원을 설치한 경우에는 상용전원 및 비상전원의 공급여부를 확인할 수 있어야 할 것
2.10.2.4 수조 또는 물올림수조가 저수위로 될 때 표시등 및 음향으로 경보할 것
2.10.2.5 예비전원이 확보되고 예비전원의 적합여부를 시험할 수 있어야 할 것

※ 다음의 각 확인회로마다 도통시험 및 작동시험을 할 수 있도록 할 것
가. 기동용수압개폐장치의 압력스위치회로
나. 수조 또는 물올림탱크의 저수위감시회로
다. 유수검지장치 또는 일제개방밸브의 압력스위치회로
라. 일제개방밸브를 사용하는 설비의 화재감지기회로
마. 개폐밸브의 폐쇄상태 확인회로
바. 그 밖의 이와 비슷한 회로

156 스프링클러설비의 화재안전기술기준상 비상전원의 설치기준으로 옳지 않은 것은?

① 비상전원은 해당 설비를 20분 이상 작동시킬 수 있어야 한다.
② 상용전원 정전시 자동으로 비상전원으로 전환되어야 한다.
③ 비상전원의 종류는 자가발전설비와 축전지설비 등 2가지 종류가 있다.
④ 비상전원을 실내에 설치하는 때에는 그 실내에 비상조명등을 설치한다.

2.9.2 스프링클러설비에는 자가발전설비, 축전지설비(내연기관에 따른 펌프를 설치한 경우에는 내연기관의 기동 및 제어용축전지를 말한다. 이하 같다) 또는 전기저장장치(외부 전기에너지를 저장해 두었다가 필요한 때 전기를 공급하는 장치. 이하 같다)에 따른 비상전원을 설치해야 한다. 다만, 차고·주차장으로서 스프링클러설비가 설치된 부분의 바닥면적(「포소화설비의 화재안전기술기준(NFTC 105)」의 2.10.2.2에 따른 차고·주차장의 바닥면적을 포함한다)의 합계가 1,000㎡ 미만인 경우에는 비상전원수전설비로 설치할 수 있으며, 2 이상의 변전소(「전기사업법」 제67조에 따른 변전소를 말한다. 이하 같다)에서 전력을 동시에 공급받을 수 있거나 하나의 변전소로부터 전력의 공급이 중단되는 때에는 자동으로 다른 변전소로부터 전력을 공급받을 수 있도록 상용전원을 설치한 경우와 가압수조방식에는 비상전원을 설치하지 않을 수 있다.

2.9.3 2.9.2에 따른 비상전원 중 자가발전설비, 축전지설비 또는 전기저장장치는 다음의 기준에 따라 설치하고, 비상전원수전설비는 「소방시설용 비상전원수전설비의 화재안전기술기준(NFTC 602)」에 따라 설치해야 한다.

2.9.3.1 점검에 편리하고 화재 및 침수 등의 재해로 인한 피해를 받을 우려가 없는 곳에 설치할 것

정답 : 155. ④　　156. ③

2.9.3.2 스프링클러설비를 유효하게 20분 이상 작동할 수 있어야 할 것
2.9.3.3 상용전원으로부터 전력의 공급이 중단된 때에는 자동으로 비상전원으로부터 전력을 공급받을 수 있도록 할 것
2.9.3.4 비상전원(내연기관의 기동 및 제어용 축전지를 제외한다)의 설치장소는 다른 장소와 방화구획 할 것. 이 경우 그 장소에는 비상전원의 공급에 필요한 기구나 설비 외의것(열병합발전설비에 필요한 기구나 설비는 제외한다)을 두어서는 안 된다.
2.9.3.5 비상전원을 실내에 설치하는 때에는 그 실내에 비상조명등을 설치할 것
2.9.3.6 옥내에 설치하는 비상전원실에는 옥외로 직접 통하는 충분한 용량의 급배기설비를 설치할 것
2.9.3.7 비상전원의 출력용량은 다음 각 기준을 충족할 것
2.9.3.7.1 비상전원 설비에 설치되어 동시에 운전될 수 있는 모든 부하의 합계 입력용량을 기준으로 정격출력을 선정할 것. 다만, 소방전원 보존형 발전기를 사용할 경우에는 그렇지 않다.
2.9.3.7.2 기동전류가 가장 큰 부하가 기동될 때에도 부하의 허용 최저입력전압 이상의 출력전압을 유지할 것
2.9.3.7.3 단시간 과전류에 견디는 내력은 입력용량이 가장 큰 부하가 최종 기동할 경우에도 견딜 수 있을 것
2.9.3.8 자가발전설비는 부하의 용도와 조건에 따라 다음의 어느 하나를 설치하고 그 부하 용도별 표지를 부착해야 한다. 다만, 자가발전설비의 정격출력용량은 하나의 건축물에 있어서 소방부하의 설비용량을 기준으로 하고, 2.9.3.8.2의 경우 비상부하는 국토해양부장관이 정한 「건축전기설비설계기준」의 수용률 범위 중 최대값 이상을 적용한다.
2.9.3.8.1 소방전용 발전기: 소방부하용량을 기준으로 정격출력용량을 산정하여 사용하는 발전기
2.9.3.8.2 소방부하 겸용 발전기: 소방 및 비상부하 겸용으로서 소방부하와 비상부하의 전원용량을 합산하여 정격출력용량을 산정하여 사용하는 발전기
2.9.3.8.3 소방전원 보존형 발전기: 소방 및 비상부하 겸용으로서 소방부하의 전원용량을 기준으로 정격출력용량을 산정하여 사용하는 발전기
2.9.3.9 비상전원실의 출입구 외부에는 실의 위치와 비상전원의 종류를 식별할 수 있도록 표지판을 부착할 것

157 **유량 2,400[lpm], 양정 100[m]인 스프링클러설비 펌프를 구동시킬 전동기의 용량은 몇 [HP]인가? (단, 이 때 펌프의 효율은 0.6, 전달계수는 1.1이라 한다.)**

① 75　② 97
③ 125　④ 200

$$P(HP) = \frac{1{,}000 \times \frac{2.4}{60} \times 100}{76 \times 0.6} \times 1.1 \fallingdotseq 96.5HP$$

158 **준비작동식 스프링클러설비에서 화재발생시 헤드가 개방되었음에도 불구하고 정상적인 살수가 되지 않을 경우 그 원인으로 볼 수 없는 것은?**

① 화재감지기의 고장　② 전자개방밸브 회로의 고장
③ 경보용 압력스위치의 고장　④ 준비작동밸브 1차측의 개폐밸브 차단

정답 : 157. ②　158. ③

159 폐쇄형 스프링클러헤드의 감도를 예상하는 지수인 RTI와 관련이 깊은 것은?

① 기류의 온도와 비열　　② 기류의 온도, 속도 및 작동시간
③ 기류의 비열 및 유동방향　　④ 기류의 온도, 속도 및 비열

- 조기반응형 헤드 : RTI 50 이하인 속동형 헤드로 습식설비에 한하여 설치할 수 있다.
- 반응시간지수(RTI) : RTI(Response Time Index)란 헤드의 열에 대한 민감도 즉, 열감도를 의미하며 폐쇄형 헤드 감열부의 용융, 파괴 등에 필요한 열을 주위로부터 얼마나 빠른 시간에 흡수할 수 있는지를 나타내는 헤드 작동시간에 따른 지수이다.

$RTI = \tau\sqrt{u}$

RTI : $\sqrt{m \cdot sec}$, τ : 감열체의 시간상수(sec), u : 기류의 속도(m/sec)

- 반응시간지수(RTI)에 따른 분류
  - 표준반응형(Standard Response) 헤드 : RTI가 80 초과 350 이하인 헤드로 가장 일반적인 헤드
  - 특수반응형(Special Response) 헤드 : RTI가 50 초과 80 이하인 헤드
  - 조기반응형(Fast Response) 헤드 : RTI가 50 이하인 헤드로 속동형 헤드 또는 조기반응형 헤드라 한다.

160 스프링클러설비의 화재안전기술기준상 연소할 우려가 있는 개구부에 설치하는 드렌처설비의 설치기준으로 옳지 않은 것은?

① 드렌처헤드는 개구부 위측에 2.5[m] 이내마다 1개를 설치한다.
② 제어밸브는 바닥면으로부터 0.8[m] 이상 1.5[m] 이하의 위치에 설치한다.
③ 드렌처헤드의 방수량은 60[L/min] 이상이어야 한다.
④ 드렌처헤드 선단의 방수압력은 0.1[MPa] 이상이어야 한다.

2.12.2 2.7.7.6의 연소할 우려가 있는 개구부에 다음의 기준에 따른 드렌처설비를 설치한 경우에는 해당 개구부에 한하여 스프링클러헤드를 설치하지 않을 수 있다.

2.12.2.1 드렌처헤드는 개구부 위 측에 2.5m 이내마다 1개를 설치할 것
2.12.2.2 제어밸브(일제개방밸브 · 개폐표시형밸브 및 수동조작부를 합한 것을 말한다. 이하 같다)는 특정소방대상물 층마다에 바닥 면으로부터 0.8m 이상 1.5m 이하의 위치에 설치할 것
2.12.2.3 수원의 수량은 드렌처헤드가 가장 많이 설치된 제어밸브의 드렌처헤드의 설치개수에 1.6m³를 곱하여 얻은 수치 이상이 되도록 할 것
2.12.2.4 드렌처설비는 드렌처헤드가 가장 많이 설치된 제어밸브에 설치된 드렌처헤드를 동시에 사용하는 경우에 각각의 헤드선단에 방수압력이 0.1MPa 이상, 방수량이 80/min 이상이 되도록 할 것
2.12.2.5 수원에 연결하는 가압송수장치는 점검이 쉽고 화재 등의 재해로 인한 피해우려가 없는 장소에 설치할 것

Reference

2.7.7.6 연소할 우려가 있는 개구부에는 그 상하좌우에 2.5m 간격으로(개구부의 폭이 2.5m 이하인 경우에는 그 중앙에) 스프링클러헤드를 설치하되, 스프링클러헤드와 개구부의 내측 면으로부터 직선거리는 15㎝ 이하가 되도록 할 것. 이 경우 사람이 상시 출입하는 개구부로서 통행에 지장이 있는 때에는 개구부의 상부 또는 측면(개구부의 폭이 9m 이하인 경우에 한한다)에 설치하되, 헤드 상호간의 간격은 1.2m 이하로 설치해야 한다.

정답 : 159. ②　　160. ③

161 스프링클러설비의 화재안전기술기준상 개구부의 길이가 20[m]일 경우 설치해야 할 드렌처헤드의 개수는?

① 8　　② 6
③ 5　　④ 3

$$\frac{20m}{2.5m} = 8$$

162 드렌처설비의 헤드 설치수가 5개일 때 그 수원의 수량으로 옳은 것은?

① 2,000[L]　　② 3,000[L]
③ 4,000[L]　　④ 8,000[L]

$5 \times 1.6m^3 = 8m^3 = 8{,}000L$

163 간이스프링클러설비의 화재안전기술기준상 특정소방대상물의 각 부분으로부터 하나의 간이헤드까지의 수평거리는 몇 m 이하가 되도록 해야 하는가?

① 1.7m　　② 2.1m
③ 2.3m　　④ 2.5m

간이헤드 수평거리 2.3m

164 근린생활시설(바닥면적합계 1,000㎡ 이상)에 설치하는 간이스프링클러설비의 수원의 양으로 옳은 것은? (간이형헤드 설치)

① $1m^3$　　② $2m^3$
③ $5m^3$　　④ $7m^3$

1] 설치대상
간이스프링클러설비를 설치해야 하는 특정소방대상물은 다음의 어느 하나에 해당하는 것으로 한다.
1) 공동주택 중 연립주택 및 다세대주택(연립주택 및 다세대주택에 설치하는 간이스프링클러설비는 화재안전기준에 따른 주택전용 간이스프링클러설비를 설치한다)
2) 근린생활시설 중 다음의 어느 하나에 해당하는 것
가) 근린생활시설로 사용하는 부분의 바닥면적 합계가 1천㎡ 이상인 것은 모든 층
나) 의원, 치과의원 및 한의원으로서 입원실이 있는 시설
다) 조산원 및 산후조리원으로서 연면적 600㎡ 미만인 시설
3) 의료시설 중 다음의 어느 하나에 해당하는 시설
가) 종합병원, 병원, 치과병원, 한방병원 및 요양병원(의료재활시설은 제외한다)으로 사용되는 바닥면적의 합계가 600㎡ 미만인 시설
나) 정신의료기관 또는 의료재활시설로 사용되는 바닥면적의 합계가 300㎡ 이상 600㎡ 미만인 시설

정답 : 161. ①　162. ④　163. ③　164. ③

다) 정신의료기관 또는 의료재활시설로 사용되는 바닥면적의 합계가 300㎡ 미만이고, 창살(철재 · 플라스틱 또는 목재 등으로 사람의 탈출 등을 막기 위하여 설치한 것을 말하며, 화재 시 자동으로 열리는 구조로 되어 있는 창살은 제외한다)이 설치된 시설

4) 교육연구시설 내에 합숙소로서 연면적 100㎡ 이상인 경우에는 모든 층

5) 노유자 시설로서 다음의 어느 하나에 해당하는 시설

가) 제7조제1항제7호 각 목에 따른 시설[같은 호 가목2) 및 같은 호 나목부터 바목까지의 시설 중 단독주택 또는 공동주택에 설치되는 시설은 제외하며, 이하 "노유자 생활시설"이라 한다]

나) 가)에 해당하지 않는 노유자 시설로 해당 시설로 사용하는 바닥면적의 합계가 300㎡ 이상 600㎡ 미만인 시설

다) 가)에 해당하지 않는 노유자 시설로 해당 시설로 사용하는 바닥면적의 합계가 300㎡ 미만이고, 창살(철재 · 플라스틱 또는 목재 등으로 사람의 탈출 등을 막기 위하여 설치한 것을 말하며, 화재 시 자동으로 열리는 구조로 되어 있는 창살은 제외한다)이 설치된 시설

6) 숙박시설로 사용되는 바닥면적의 합계가 300㎡ 이상 600㎡ 미만인 시설

7) 건물을 임차하여 「출입국관리법」 제52조제2항에 따른 보호시설로 사용하는 부분

8) 복합건축물(별표 2 제30호나목의 복합건축물만 해당한다)로서 연면적 1천㎡ 이상인 것은 모든 층

2] 수원의 양

2.1.1.1 상수도직결형의 경우에는 수돗물

2.1.1.2 수조("캐비닛형"을 포함한다)를 사용하고자 하는 경우에는 적어도 1개 이상의 자동급수장치를 갖추어야 하며, 2개의 간이헤드에서 최소 10분[영 별표 4 제1호마목2)가) 또는 6)과 8)에 해당하는 경우에는 5개의 간이헤드에서 최소 20분] 이상 방수할 수 있는 양 이상을 수조에 확보할 것

참고]

2.2.1 방수압력(상수도직결형은 상수도압력)은 가장 먼 가지배관에서 2개[영 별표 4 제1호마목2)가) 또는 6)과 8)에 해당하는 경우에는 5개]의 간이헤드를 동시에 개방할 경우 각각의 간이헤드 선단 방수압력은 0.1㎫ 이상, 방수량은 50L/min 이상이어야 한다. 다만, 2.3.1.7에 따른 주차장에 표준반응형스프링클러헤드를 사용할 경우 헤드 1개의 방수량은 80L/min 이상이어야 한다.

165 간이스프링클러설비의 하나의 방호구역의 면적은 몇 m^2 이하여야 하는가?

① $500m^2$　② $1,000m^2$
③ $2,000m^2$　④ $3,000m^2$

간이스프링클러 방호구역 : $1,000m^2$

간이헤드 수별 급수관의 구경

(단위 : mm)

급수관의 구경 / 구분	25	32	40	50	65	80	100	125	150
가	2	3	5	10	30	60	100	160	161 이상
나	2	4	7	15	30	60	100	160	161 이상

정답 : 165. ②

[비고]
1. 폐쇄형스프링클러헤드를 사용하는 설비의 경우로서 1개층에 하나의 급수배관(또는 밸브 등)이 담당하는 구역의 최대면적은 1,000㎡를 초과하지 않을 것
2. 폐쇄형스프링클러헤드를 설치하는 경우에는 "가"란의 헤드 수에 따를 것.
3. 폐쇄형스프링클러헤드를 설치하고 반자 아래의 헤드와 반자속의 헤드를 동일 급수관의 가지관상에 병설하는 경우에는 "나"란의 헤드 수에 따를 것
4. "캐비닛형" 및 "상수도직결형"을 사용하는 경우 주배관은 32mm, 수평주행배관은 32mm, 가지배관은 25mm 이상으로 할 것. 이 경우 최장배관은 캐비닛형간이스프링클러설비의 성능인증 및 제품검사 기술기준에 따라 인정받은 길이로 하며 하나의 가지배관에는 간이헤드를 3개 이내로 설치해야 한다.

166 **간이스프링클러설비에 상수도 직결방식으로 가압송수장치를 사용하는 경우 배관 및 밸브의 설치순서로 옳은 것은?**

① 수도용계량기, 급수차단장치, 개폐표시형밸브, 체크밸브, 압력계, 유수검지장치(압력스위치등 유수검지장치와 동등 이상의 기능과 성능이 있는 것을 포함한다. 이하 같다), 2개의 시험밸브
② 수원, 연성계 또는 진공계(수원이 펌프보다 높은 경우를 제외한다. 이하 같다), 펌프 또는 압력수조, 압력계, 체크밸브, 성능시험배관, 개폐표시형밸브, 유수검지장치, 시험밸브
③ 수원, 가압수조, 압력계, 체크밸브, 성능시험배관, 개폐표시형밸브, 유수검지장치, 2개의 시험밸브
④ 수원, 연성계 또는 진공계(수원이 펌프보다 높은 경우를 제외한다. 이하 같다), 펌프 또는 압력수조, 압력계, 체크밸브, 개폐표시형밸브, 2개의 시험밸브

배관 및 밸브의 설치순서
2.5.16.1 상수도직결형은 다음의 기준에 따라 설치할 것
2.5.16.1.1 수도용계량기, 급수차단장치, 개폐표시형밸브, 체크밸브, 압력계, 유수검지장치(압력스위치 등 유수검지장치와 동등 이상의 기능과 성능이 있는 것을 포함한다. 이하 같다), 2개의 시험밸브의 순으로 설치할 것
2.5.16.1.2 간이스프링클러설비 이외의 배관에는 화재시 배관을 차단할 수 있는 급수차단장치를 설치할 것
2.5.16.2 펌프 등의 가압송수장치를 이용하여 배관 및 밸브 등을 설치하는 경우에는 수원, 연성계 또는 진공계(수원이 펌프보다 높은 경우를 제외한다. 이하 같다), 펌프 또는 압력수조, 압력계, 체크밸브, 성능시험배관, 개폐표시형밸브, 유수검지장치, 시험밸브의 순으로 설치할 것.
2.5.16.3 가압수조를 가압송수장치로 이용하여 배관 및 밸브등을 설치하는 경우에는 수원, 가압수조, 압력계, 체크밸브, 성능시험배관, 개폐표시형밸브, 유수검지장치, 2개의 시험밸브의 순으로 설치할 것
2.5.16.4 캐비닛형의 가압송수장치에 배관 및 밸브 등을 설치하는 경우에는 수원, 연성계 또는 진공계(수원이 펌프보다 높은 경우를 제외한다. 이하 같다), 펌프 또는 압력수조, 압력계, 체크밸브, 개폐표시형밸브, 2개의 시험밸브의 순으로 설치할 것. 다만, 소화용수의 공급은 상수도와 직결된 바이패스관 또는 펌프에서 공급받아야 한다.

정답 : 167. ①

167 간이스프링클러설비의 화재안전기준상 간이헤드의 작동온도는 실내의 최대 주위 천장온도가 0℃ 이상 38℃ 이하인 경우 공칭작동온도 몇 ℃ 범위의 것을 사용해야 하는가?

① 57℃에서 77℃의 것

② 79℃에서 109℃의 것

③ 47℃에서 59℃의 것

④ 79℃에서 107℃의 것

2.6 간이헤드

2.6.1 간이헤드는 다음의 기준에 적합한 것을 사용해야 한다.

2.6.1.1 폐쇄형간이헤드를 사용할 것

2.6.1.2 간이헤드의 작동온도는 실내의 최대 주위천장온도가 0℃ 이상 38℃ 이하인 경우 공칭작동온도가 57℃에서 77℃의 것을 사용하고, 39℃ 이상 66℃ 이하인 경우에는 공칭작동온도가 79℃에서 109℃의 것을 사용할 것

2.6.1.3 간이헤드를 설치하는 천장 · 반자 · 천장과 반자사이 · 덕트 · 선반 등의 각 부분으로부터 간이헤드까지의 수평거리는 2.3m(「스프링클러헤드의 형식승인 및 제품검사의 기술기준」 유효반경의 것으로 한다) 이하가 되도록 해야 한다. 다만, 성능이 별도로 인정된 간이헤드를 수리계산에 따라 설치하는 경우에는 그렇지 않다.

2.6.1.4 상향식간이헤드 또는 하향식간이헤드의 경우에는 간이헤드의 디플렉터에서 천장 또는 반자까지의 거리는 25㎜에서 102㎜ 이내가 되도록 설치해야 하며, 측벽형간이헤드의 경우에는 102㎜에서 152㎜ 사이에 설치할 것. 다만, 플러쉬 스프링클러헤드의 경우에는 천장 또는 반자까지의 거리를 102㎜ 이하가 되도록 설치할 수 있다.

168 화재조기진압용스프링클러설비를 설치할 수 있는 랙크식창고의 구조에 대한 설명 중 옳지 않은 것은?

① 해당층의 높이가 13.4m 이하일 것. 다만, 2층 이상일 경우에는 해당층의 바닥을 내화구조로 하고 다른 부분과 방화구획 할 것

② 천장의 기울기가 1,000분의 168을 초과하지 않아야 하고, 이를 초과하는 경우에는 반자를 지면과 수평으로 설치할 것

③ 천장은 평평해야 하며 철재나 목재트러스 구조인 경우, 철재나 목재의 돌출부분이 102㎜를 초과하지 아니할 것

④ 보로 사용되는 목재 · 콘크리트 및 철재사이의 간격이 0.9m 이상 2.3m 이하일 것. 다만, 보의 간격이 2.3m 이상인 경우에는 화재조기진압용 스프링클러헤드의 동작을 원활히 하기 위하여 보로 구획된 부분의 천장 및 반자의 넓이가 28㎡를 초과하지 아니할 것

2.1 설치장소의 구조

2.1.1 화재조기진압용 스프링클러설비를 설치할 장소의 구조는 다음의 기준에 적합해야 한다.

2.1.1.1 해당층의 높이가 13.7m 이하일 것. 다만, 2층 이상일 경우에는 해당층의 바닥을 내화구조로 하고 다른 부분과 방화구획 할 것

2.1.1.2 천장의 기울기가 1,000분의 168을 초과하지 않아야 하고, 이를 초과하는 경우에는 반자를 지면과 수평으로 설치할 것

정답 : 167. ① 168. ①

2.1.1.3 천장은 평평해야 하며 철재나 목재트러스 구조인 경우, 철재나 목재의 돌출부분이 102㎜를 초과하지 아니할 것
2.1.1.4 보로 사용되는 목재 · 콘크리트 및 철재사이의 간격이 0.9m 이상 2.3m 이하일 것. 다만, 보의 간격이 2.3m 이상인 경우에는 화재조기진압용 스프링클러헤드의 동작을 원활히 하기 위하여 보로 구획된 부분의 천장 및 반자의 넓이가 28㎡를 초과하지 아니할 것
2.1.1.5 창고내의 선반의 형태는 하부로 물이 침투되는 구조로 할 것

169 화재조기진압용스프링클러설비의 수원의 양을 선정하는 공식으로 옳은 것은?

① 수원의 양 $Q(l) = 12 \times K\sqrt{10P} \times 60$
② 수원의 양 $Q(l) = 6 \times K\sqrt{10P} \times 60$
③ 수원의 양 $Q(l) = 12 \times K\sqrt{10P} \times 20$
④ 수원의 양 $Q(l) = 8 \times K\sqrt{10P} \times 40$

2.2 수원의 양
2.2.1 화재조기진압용 스프링클러설비의 수원은 수리학적으로 가장 먼 가지배관 3개에 각각 4개의 스프링클러헤드가 동시에 개방되었을 때 헤드선단의 압력이 표2.2.1에 의한 값 이상으로 60분간 방수할 수 있는 양으로 계산식은 다음과 같다.

수원의 양 $Q(l) = 12 \times K\sqrt{10P} \times 60$

Q : 수원의 양, K : 방출계수(l/min·MPa$^{\frac{1}{2}}$)
P : 헤드선단의 압력(MPa), 12 : 12개, 60 : 60[min]

Reference

표2.2.1 화재조기진압용 스프링클러헤드의 최소방사압력(MPa)

최대층고	최대저장 높이	화재조기진압용 스프링클러헤드				
		K = 360 하향식	K = 320 하향식	K = 240 하향식	K = 240 상향식	K = 200 하향식
13.7 m	12.2 m	0.28	0.28	–	–	–
13.7 m	10.7 m	0.28	0.28	–	–	–
12.2 m	10.7 m	0.17	0.28	0.36	0.36	0.52
10.7 m	9.1 m	0.14	0.24	0.36	0.36	0.52
9.1 m	7.6 m	0.10	0.17	0.24	0.24	0.34

정답 : 169. ①

170 **화재조기진압용 스프링클러설비의 화재안전기준상 헤드의 설치기준으로 옳지 않은 것은?**

① 헤드 하나의 방호면적은 6.0㎡ 이상 9.3㎡ 이하로 할 것
② 가지배관의 헤드 사이의 거리는 천장의 높이가 9.1m 미만인 경우에는 2.4m 이상 3.7m 이하로, 9.1m 이상 13.7m 이하인 경우에는 3.1m 이하로 할 것
③ 헤드의 반사판은 천장 또는 반자와 평행하게 설치하고 저장물의 최상부와 514㎜ 이상 확보되도록 할 것
④ 하향식 헤드의 반사판의 위치는 천장이나 반자 아래 125㎜ 이상 355㎜ 이하일 것

2.7 헤드
2.7.1 화재조기진압용 스프링클러설비의 헤드는 다음 기준에 적합해야 한다.
2.7.1.1 헤드 하나의 방호면적은 6.0㎡ 이상 9.3㎡ 이하로 할 것
2.7.1.2 가지배관의 헤드 사이의 거리는 천장의 높이가 9.1m 미만인 경우에는 2.4m 이상 3.7m 이하로, 9.1m 이상 13.7m 이하인 경우에는 3.1m 이하으로 할 것
2.7.1.3 헤드의 반사판은 천장 또는 반자와 평행하게 설치하고 저장물의 최상부와 914㎜ 이상 확보되도록 할 것
2.7.1.4 하향식 헤드의 반사판의 위치는 천장이나 반자 아래 125㎜ 이상 355㎜ 이하일 것
2.7.1.5 상향식 헤드의 감지부 중앙은 천장 또는 반자와 101㎜ 이상 152㎜ 이하이어야 하며, 반사판의 위치는 스프링클러배관의 윗부분에서 최소 178㎜ 상부에 설치되도록 할 것
2.7.1.6 헤드와 벽과의 거리는 헤드 상호간 거리의 2분의 1을 초과하지 않아야 하며 최소 102㎜ 이상일 것
2.7.1.7 헤드의 작동온도는 74℃ 이하일 것. 다만, 헤드 주위의 온도가 38℃ 이상의 경우에는 그 온도에서의 화재시험 등에서 헤드작동에 관하여 공인기관의 시험을 거친 것을 사용할 것

171 **화재조기진압용 스프링클러설비의 화재안전기술기준상 저장물의 간격은 모든 방향에서 얼마 이상의 간격을 유지해야 하는가?**

① 102mm ② 120mm
③ 152mm ④ 182mm

2.8 저장물의 간격
2.8.1 저장물품 사이의 간격은 모든 방향에서 152mm 이상의 간격을 유지해야 한다.

172 **물분무소화설비와 개방형 스프링클러소화설비의 다른 점은?**

① 일제살수방식
② 질식소화
③ 냉각소화
④ 자동화재탐지설비의 감지기 작동에 의한 자동기동

정답 : 170. ③ 171. ③ 172. ②

173 **물분무소화설비의 화재안전기술기준상 물분무헤드를 설치하지 않을 수 있는 장소는?**

① 전기실　　② 윤활유 배관
③ 엔진실　　④ 마그네슘 저장실

2.1.2 물분무헤드의 설치제외
2.1.2.1 다음의 각 장소에는 물분무헤드를 설치하지 않을 수 있다.
2.1.2.1.1 물과 심하게 반응하는 물질 또는 물과 반응하여 위험한 물질을 생성하는 물질을 저장 또는 취급하는 장소
2.1.2.1.2 고온의 물질 및 증류범위가 넓어 끓어 넘치는 위험이 있는 물질을 저장 또는 취급하는 장소
2.1.2.1.3 운전시에 표면의 온도가 260℃ 이상으로 되는 등 직접 분무를 하는 경우 그 부분에 손상을 입힐 우려가 있는 기계장치 등이 있는 장소

174 **물분무소화설비의 수원의 양을 산출하는 기준으로 옳지 않은 것은? (단, 바닥면적 1[㎡]에 대한 방수량)**

① 콘베이어 벨트 등의 경우는 매분 10[L]　　② 특수가연물은 매분 10[L]
③ 차고는 매분 20[L]　　④ 주차장은 매분 10[L]

수원의 양
① 특수가연물을 저장 또는 취급하는 소방대상물
$Q = A(m^2) \times 10l/m^2 \cdot min \times 20min$
Q : 수원(l), A : 바닥면적(최대방수구역 바닥면적, 최소 $50m^2$ 이상)
② 차고 또는 주차장
$Q = A(m^2) \times 20l/m^2 \cdot min \times 20min$
Q : 수원(l), A : 바닥면적(최대방수구역 바닥면적, 최소 $50m^2$ 이상)
③ 절연유 봉입 변압기
$Q = A(m^2) \times 10l/m^2 \cdot min \times 20min$
Q : 수원(l), A : 바닥면적을 제외한 표면적을 합한 면적(m^2)
④ 케이블트레이, 케이블덕트
$Q = A(m^2) \times 12l/m^2 \cdot min \times 20min$
Q : 수원(l), A : 투영된 바닥면적(m^2)
※ 투영(投影)된 바닥면적 : 위에서 빛을 비출 때 바닥 그림자의 면적
⑤ 콘베이어 벨트 등
$Q = A(m^2) \times 10l/m^2 \cdot min \times 20min$
Q : 수원(l), A : 벨트부분의 바닥면적(m^2)
⑥ 위험물 저장탱크
$Q = L(m) \times 37l/m \cdot min \times 20min$
Q : 수원(l), L : 탱크의 원주둘레길이(m)

정답 : 173. ④　174. ④

175 물분무소화설비의 화재안전기술기준상 전압이 155[kV]인 전기기기와 물분무헤드 사이의 유지거리로 옳은 것은?

① 80[㎝] 이상
② 110[㎝] 이상
③ 150[㎝] 이상
④ 180[㎝] 이상

[전기기기와 물분무헤드 사이의 유지거리]

전압(kV)	거리(cm)	전압(kV)	거리(cm)
66 이하	70이상	154 초과 181 이하	180 이상
66 초과 77 이하	80 이상	181 초과 220 이하	210 이상
77 초과 110 이하	110 이상	220 초과 275 이하	260 이상
110 초과 154 이하	150 이상	-	-

176 물분무소화설비의 화재안전기술기준상 제어밸브는 바닥으로부터 얼마의 위치에 설치해야 하는가?

① 0.5~1.0[m]
② 0.8~1.5[m]
③ 1.0~1.5[m]
④ 1.5[m] 이하

177 물분무소화설비의 화재안전기술기준상 배수설비의 설치기준으로 옳지 않은 것은?

① 차량이 주차하는 장소의 적당한 곳에 높이 10[㎝] 이상의 경계턱으로 배수구를 설치해야 한다.
② 배수구에는 새어나온 기름을 모아 소화할 수 있도록 길이 40[m] 이하마다 집수관, 소화핏트 등 기름분리장치를 설치해야 한다.
③ 차량이 주차하는 바닥은 배수구를 향하여 1/200 이상의 기울기를 유지해야 한다.
④ 배수설비는 가압송수장치의 최대 송수능력의 수량을 유효하게 배수할 수 있는 크기 및 기울기로 해야 한다.

차고 또는 주차장에 설치하는 배수설비
① 차량이 주차하는 장소의 적당한 곳에 높이 10㎝ 이상의 경계턱으로 배수구를 설치할 것
② 배수구에는 새어나온 기름을 모아 소화할 수 있도록 길이 40m 이하 마다 집수관 · 소화핏트 등 기름분리장치를 설치할 것
③ 차량이 주차하는 바닥은 배수구를 향하여 100분의 2 이상의 기울기를 유지할 것
④ 배수설비는 가압송수장치의 최대송수능력의 수량을 유효하게 배수할 수 있는 크기 및 기울기로 할 것

정답 : 175. ④ 176. ② 177. ③

178 **다음은 물분무소화설비의 화재안전기술기준상 물분무헤드의 설치제외 장소에 관한 내용 중 일부이다. ( )에 들어갈 내용으로 옳은 것은?**

운전시에 표면의 온도가 ( ) 이상으로 되는 등 직접 분무를 하는 경우 그 부분에 손상을 입힐 우려가 있는 기계장치 등이 있는 장소

① 100[℃]　　② 160[℃]
③ 200[℃]　　④ 260[℃]

173번 문제 해설 참조

179 **다음은 미분무소화설비의 화재안전기술기준상 미분무소화설비의 정의에 관한 내용이다. ( )에 들어갈 내용으로 옳은 것은?**

"미분무소화설비"란 가압된 물이 헤드 통과 후 미세한 입자로 분무됨으로써 소화성능을 가지는 설비로서, 소화력을 증가시키기 위해 ( ) 등을 첨가할 수 있다.

① 기포안정제　　② 중탄산나트륨
③ 강화액　　④ 분말소화약제

1.7 용어의 정의
1.7.1 이 기준에서 사용하는 용어의 정의는 다음과 같다.
1.7.1.1 "미분무소화설비"란 가압된 물이 헤드 통과 후 미세한 입자로 분무됨으로써 소화성능을 가지는 설비로서, 소화력을 증가시키기 위해 강화액 등을 첨가할 수 있다.
1.7.1.2 "미분무"란 물만을 사용하여 소화하는 방식으로 최소설계압력에서 헤드로부터 방출되는 물입자 중 99%의 누적체적분포가 400㎛ 이하로 분무되고 A, B, C급화재에 적응성을 갖는 것을 말한다.
1.7.1.3 "미분무헤드"란 하나 이상의 오리피스를 가지고 미분무소화설비에 사용되는 헤드를 말한다.
1.7.1.4 "개방형 미분무헤드"란 감열체 없이 방수구가 항상 열려져 있는 헤드를 말한다.
1.7.1.5 "폐쇄형 미분무헤드"란 정상상태에서 방수구를 막고 있는 감열체가 일정온도에서 자동적으로 파괴 · 용융 또는 이탈됨으로써 방수구가 개방되는 헤드를 말한다.
1.7.1.6 "저압 미분무소화설비"란 최고사용압력이 1.2MPa 이하인 미분무소화설비를 말한다.
1.7.1.7 "중압 미분무소화설비"란 사용압력이 1.2MPa을 초과하고 3.5MPa 이하인 미분무소화설비를 말한다.
1.7.1.8 "고압 미분무소화설비"란 최저사용압력이 3.5MPa을 초과하는 미분무소화설비를 말한다.

정답 : 178. ④　179. ③

180 미분무소화설비는 어느 화재에 적응성이 있는가?

① A급 화재　② A, B급 화재
③ A, B, C급 화재　④ D급 화재

179번 문제 해설 참조

181 사용압력에 따른 미분무소화설비의 분류로 옳은 것은?

① 사용압력 1.0[MPa] 초과 2.5[MPa] 이하 - 중압 미분무소화설비
② 사용압력1.2[MPa] 초과 3.5[MPa] 이하 - 중압 미분무소화설비
③ 최저사용압력 2.5[MPa] 초과 - 고압 미분무소화설비
④ 최고사용압력 1.0[MPa] 이하 - 저압 미분무소화설비

179번 문제 해설 참조

182 미분무소화설비에서 수원의 양을 구하는 공식의 설명으로 옳지 않은 것은?

$$Q = N \times D \times T \times S + V$$

① N : 방호구역(방수구역) 내 헤드의 개수　② D : 설계유량[m^3/min]
③ T : 설계방수시간[min]　④ V : 배관의 총면적[m^2]

2.3.4 수원의 양은 다음의 식을 이용하여 계산한 양 이상으로 해야 한다.
Q = N×D×T×S+V
Q : 수원의 양[m^3], N : 방호구역(방수구역) 내 헤드의 개수, D : 설계유량(m^3/min),
T : 설계방수시간(min), S : 안전율(1.2 이상), V : 배관의 총체적(m^3)

183 미분무소화설비의 수원에 사용되는 필터의 메쉬는 헤드 오리피스 지름의 몇 [%] 이하가 되어야 하는가?

① 50[%]　② 60[%]
③ 70[%]　④ 80[%]

2.3 수원
2.3.1 미분무수 소화설비에 사용되는 용수는 「먹는물관리법」 제5조에 적합하고, 저수조 등에 충수할 경우 필터 또는 스트레이너를 통해야 하며, 사용되는 물에는 입자 · 용해고체 또는 염분이 없어야 한다.
2.3.2 배관의 연결부(용접부 제외) 또는 주배관의 유입측에는 필터 또는 스트레이너를 설치해야 하고, 사용되는 스트레이너에는 청소구가 있어야 하며, 검사 · 유지관리

정답 : 180. ③　181. ②　182. ④　183. ④

및 보수 시에 배치위치를 변경하지 않아야 한다. 다만, 노즐이 막힐 우려가 없는 경우에는 설치하지 않을 수 있다.

2.3.3 사용되는 필터 또는 스트레이너의 메쉬는 헤드 오리피스 지름의 80% 이하가 되어야 한다.

184 미분무소화설비의 가압송수장치에 대한 설명으로 옳지 않은 것은?

① 펌프를 이용하는 가압송수장치는 펌프를 겸용할 수 있다.

② 펌프의 토출측에는 압력계를 체크밸브 이전의 펌프토출측 가까운 곳에 설치할 것

③ 압력수조의 토출측에는 사용압력의 1.5배 범위를 초과하는 압력계를 설치해야 한다.

④ 가압수조의 수조는 최대상용압력 1.5배의 수압을 가하는 경우 물이 새지 않고 변형이 없을 것

전용

185 개방형 미분무소화설비에는 헤드를 향하여 상향으로 수평주행배관의 기울기는 얼마 이상으로 해야 하는가?

① 1/100　② 1/250

③ 1/500　④ 1/1,000

2.8.12 미분무설비 배관의 배수를 위한 기울기는 다음의 기준에 따른다.

2.8.12.1 폐쇄형 미분무소화설비의 배관을 수평으로 할 것. 다만, 배관의 구조상 소화수가 남아 있는 곳에는 배수밸브를 설치해야 한다.

2.8.12.2 개방형 미분무소화설비에는 헤드를 향하여 상향으로 수평주행배관의 기울기를 500분의 1 이상, 가지배관의 기울기를 250분의 1 이상으로 할 것. 다만, 배관의 구조상 기울기를 줄 수 없는 경우에는 배수를 원활하게 할 수 있도록 배수밸브를 설치해야 한다.

186 호스릴방식의 미분무소화설비는 방호대상물의 각 부분으로부터 하나의 호스 접결구까지의 수평거리가 몇 [m] 이하가 되도록 해야 하는가?

① 15[m]　② 20[m]

③ 25[m]　④ 50[m]

2.8.14 호스릴방식의 설치는 다음의 기준에 따라 설치해야 한다.

2.8.14.1 차고 또는 주차장 외의 장소에 설치하되 방호대상물의 각 부분으로부터 하나의 호스 접결구까지의 수평거리가 25m 이하가 되도록 할 것

2.8.14.2 소화약제 저장용기의 개방밸브는 호스의 설치장소에서 수동으로 개폐할 수 있는 것으로 할 것

2.8.14.3 소화약제 저장용기의 가장 가까운 곳의 보기 쉬운 곳에 표시등을 설치하고, "호스릴 미분무소화설비"라고 표시한 표지를 할 것

2.8.14.4 그 밖의 사항은 「옥내소화전설비의 화재안전기술기준(NFTC 102)」 2.4(함 및 방수구 등)에 적합할 것

정답 : 184. ①　185. ③　186. ③

187 **미분무소화설비의 음향장치는 방호구역 또는 방수구역마다 설치하되 그 구역의 각 부분으로부터 하나의 음향장치까지의 수평거리가 몇 [m] 이하가 되도록 해야 하는가?**

① 15[m] ② 20[m]
③ 25[m] ④ 50[m]

188 **다음 중 포소화설비의 특징이 아닌 것은?**

① 포의 내화성이 커서 대규모 화재에 적합하다.
② 옥외에서는 옥외소화전보다 소화효과가 적다.
③ 화재의 확대방지를 하여 화재를 최소한 줄일 수 있다.
④ 소화약제는 인체에 무해하다.

189 **다음 중 공기포를 형성하는 곳은 어느 것인가?**

① 저장탱크 ② 혼합장치
③ 포헤드 ④ 흡입관

190 **다음 중 고정포 방출구 발포기(Foam Chamber)의 구성요소가 아닌 것은?**

① Nozzle ② Foam-maker
③ Chambcr ④ Deflector

191 **다음 중 포소화설비의 구성요소에 해당되지 않는 설비는?**

① 포원액 탱크 ② 가압송수장치
③ 정압작동장치 ④ 혼합장치

정압작동장치 : 분말소화설비

192 **포소화설비에 사용되는 가압송수장치인 펌프의 수두[m] 계산식으로 옳은 것은? (단, H = 전 수두[m], h_1 = 노즐선단의 방사 압력환산수두[m], h_2 = 낙차[m], h_3 = 관로의 마찰손실수두[m], h_4 = 호스의 마찰손실수두[m]이다)**

① $H = h_1 + h_2$ ② $H = h_1 + h_2 + h_3$
③ $H = h_2 + h_3 + h_4$ ④ $H = h_1 + h_2 + h_3 + h_4$

정답 : 187. ③ 188. ② 189. ③ 190. ① 191. ③ 192. ④

193 **다음 소화설비 중 소화약제의 방사압력이 가장 큰 것은?**

① 스프링클러설비 ② 옥내소화전설비
③ 옥외소화전설비 ④ 포소화전설비

① 0.1MPa 이상 ② 0.17MPa 이상 ③ 0.25MPa 이상 ④ 0.35MPa 이상

194 **포소화설비의 화재안전기술기준상 차고 · 주차장에 설치하는 호스릴포소화설비 또는 포소화전설비의 설치기준으로 옳지 않은 것은?**

① 저발포소화약제를 사용할 수 있는 것으로 할 것
② 호스릴 또는 호스를 호스릴포방수구 또는 포소화전방수구로부터 분리하여 비치할 때는 그로부터 5[m] 이내에 호스릴함 또는 호스함을 설치해야 한다.
③ 호스릴함 또는 호스함은 바닥으로부터 높이 1.5[m] 이하의 위치에 설치해야 한다.
④ 방호대상물의 각 부분으로부터 하나의 호스릴 방수구까지의 수평거리는 15[m] 이하가 되어야 한다.

3m 이내
2.9.3 차고 · 주차장에 설치하는 호스릴포소화설비 또는 포소화전설비는 다음의 기준에 따라야 한다.
2.9.3.1 특정소방대상물의 어느 층에 있어서도 그 층에 설치된 호스릴포방수구 또는 포소화전방수구(호스릴포방수구 또는 포소화전방수구가 5개 이상 설치된 경우에는 5개)를 동시에 사용할 경우 각 이동식 포노즐 선단의 포수용액 방사압력이 0.35MPa 이상이고 300L/min 이상(1개층의 바닥면적이 200㎡ 이하인 경우에는 230L/min 이상)의 포수용액을 수평거리 15m 이상으로 방사할 수 있도록 할 것
2.9.3.2 저발포의 포소화약제를 사용할 수 있는 것으로 할 것
2.9.3.3 호스릴 또는 호스를 호스릴포방수구 또는 포소화전방수구로 분리하여 비치하는 때에는 그로부터 3m 이내의 거리에 호스릴함 또는 호스함을 설치할 것
2.9.3.4 호스릴함 또는 호스함은 바닥으로부터 높이 1.5m 이하의 위치에 설치하고 그 표면에는 "포호스릴함(또는 포소화전함)"이라고 표시한 표지와 적색의 위치표시등을 설치할 것
2.9.3.5 방호대상물의 각 부분으로부터 하나의 호스릴포방수구까지의 수평거리는 15m 이하(포소화전방수구의 경우에는 25m 이하)가 되도록 하고 호스릴 또는 호스의 길이는 방호대상물의 각 부분에 포가 유효하게 뿌려질 수 있도록 할 것

195 **포소화설비의 약제혼합방식의 종류 중 펌프와 발포기의 중간에 설치된 벤추리관의 벤추리 작용에 의하여 포소화약제를 흡입 · 혼합하는 방식은?**

① 펌프 프로포셔너방식 ② 라인 프로포셔너방식
③ 프레셔사이드 프로포셔너방식 ④ 프레셔 프로포셔너방식

2.6 혼합장치
2.6.1 포 소화약제의 혼합장치는 포 소화약제의 사용농도에 적합한 수용액으로 혼합할

정답 : 193. ④ 194. ② 195. ②

수 있도록 다음 각 호의 어느 하나에 해당하는 방식에 따르되, 법 제40조에 따라 제품검사에 합격한 것으로 설치해야 한다.
1. 펌프 프로포셔너방식
2. 프레셔 프로포셔너방식
3. 라인 프로포셔너방식
4. 프레셔 사이드 프로포셔너방식
5. 압축공기포 믹싱챔버방식

196 **포소화설비의 혼합방식 중 펌프의 토출관에 압입기를 설치하여 포소화약제 압입용펌프로 포소화약제를 압입시켜 혼합하는 방식은?**

① 라인 프로포셔너방식
② 펌프 프로포셔너방식
③ 프레셔사이드 프로포셔너방식
④ 프레셔 프로포셔너방식

197 **플루팅 루프탱크의 측면과 원형파이프 사이의 환상부분에 포를 방출하는 발포기의 명칭은?**

① Ⅰ형 포방출구　　② Ⅲ형 포방출구
③ Ⅱ형 포방출구　　④ 특형 포방출구

고정포방출구의 종류
- Ⅰ형 방출구 : 고정 지붕구조의 탱크에 상부포주입법을 이용하는 것으로서 방출된 포가 액면 아래로 몰입되거나 액면을 뒤섞지 않고 액면상을 덮을 수 있는 통계단 또는 미끄럼판 등의 설비 및 탱크 내의 위험물증기가 외부로 역류되는 것을 저지할 수 있는 구조 · 기구를 갖는 포방출구
- Ⅱ형 방출구 : 고정지붕구조 또는 부상덮개부착 고정지붕구조의 탱크에 상부포주입법을 이용하는 것으로서 방출된 포가 탱크 옆판의 내면을 따라 흘러내려 가면서 액면 아래로 몰입되거나 액면을 뒤섞지 않고 액면상을 덮을 수 있는 반사판 및 탱크 내의 위험물증기가 외부로 역류되는 것을 저지할 수 있는 구조 · 기구를 갖는 포방출구

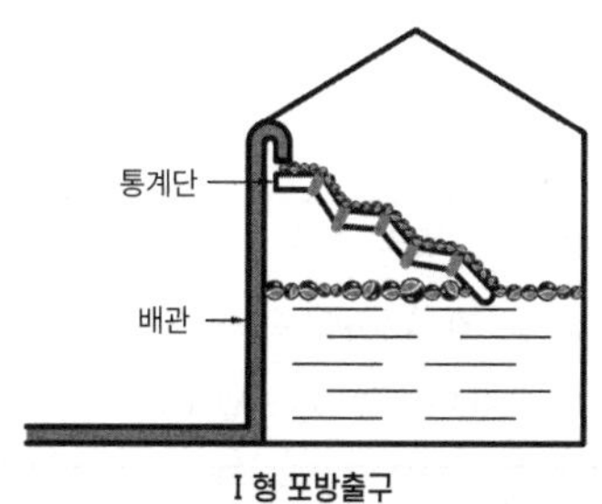

Ⅰ형 포방출구

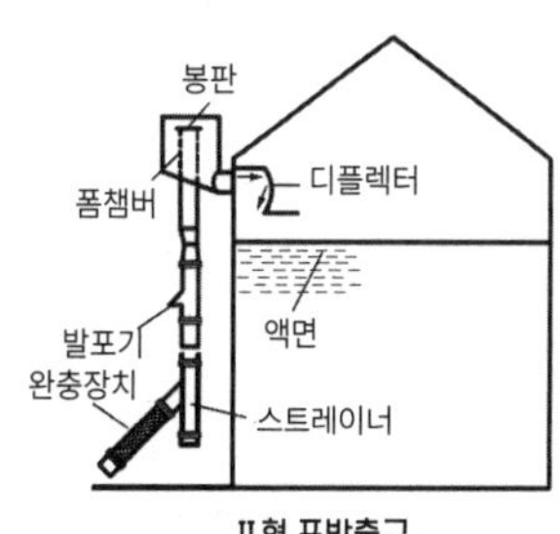

Ⅱ형 포방출구

- Ⅲ형 방출구 : 고정지붕구조의 탱크에 저부포주입법을 이용하는 것으로서 송포관으로부터 포를 방출하는 포방출구
- Ⅳ형 방출구 : 고정지붕구조의 탱크에 저부포주입법을 이용하는 것으로서 평상시에는 탱크의 액면하의 저부에 설치된 격납통에 수납되어 있는 특수호스 등이 송포관의 말단에 접속되어 있다가 포를 보내는 것에 의하여 특수호스 등이 전개되어 그 선단이 액면까지 도달한 후 포를 방출하는 포방출구

정답 : 196. ③　　197. ④

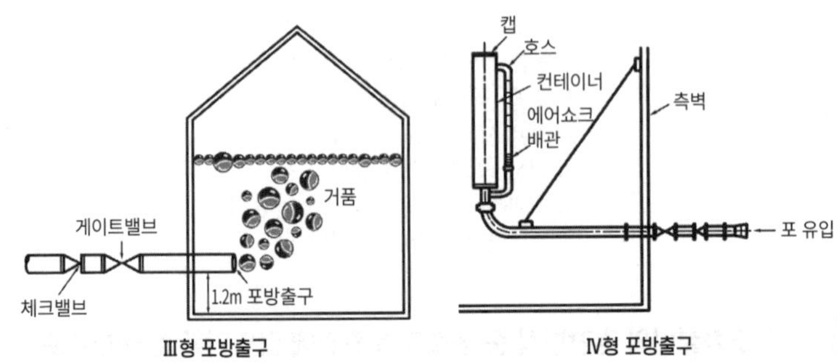

Ⅲ형 포방출구　　　　Ⅳ형 포방출구

- 특형 방출구 : 부상지붕구조의 탱크에 상부포주입법을 이용하는 것으로서 부상지붕의 부상부분상에 높이 0.9[m] 이상의 금속제의 칸막이를 탱크 옆판의 내측으로부터 1.2[m] 이상 이격하여 설치하고 탱크 옆판과 칸막이에 의하여 형성된 환상부분에 포를 주입하는 것이 가능한 구조의 반사판을 갖는 포방출구

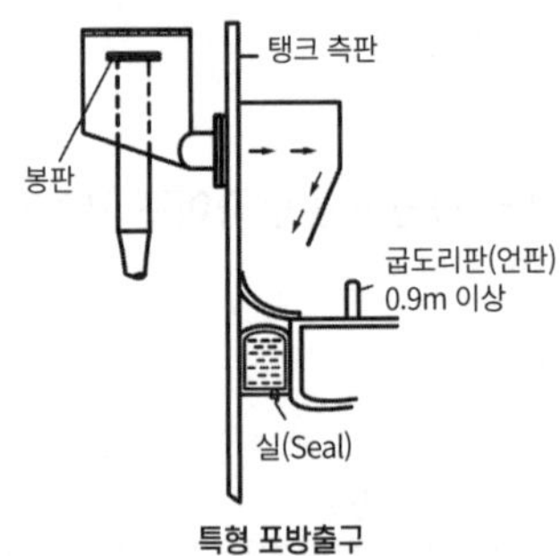

특형 포방출구

198 포의 팽창비율에 따른 고발포 중 제2종 기계포의 팽창비율은?

① 80배 이상 250배 미만
② 250배 이상 500배 미만
③ 500배 이상 1,000배 미만
④ 1,000배 이상

팽창비율에 따른 포방출구의 종류

팽창비율에 따른 포의 종류	포방출구의 종류
팽창비가 20 이하인 것(저발포)	포헤드, 압축공기포헤드
팽창비가 80 이상 1,000 미만인 것(고발포)	고발포용 고정포방출구

고발포의 구분	팽창비
제1종 기계포	80 이상 250 미만
제2종 기계포	250 이상 500 미만
제3종 기계포	500 이상 1,000 미만

정답 : 198. ②

팽창비

$$팽창비 = \frac{방출\ 후\ 포의\ 체적}{방출\ 전\ 포수용액의\ 체적}$$

199 **직경이 30[m]인 특수가연물 저장소에 고정포방출구를 1개 설치하였다. 소화에 필요한 약제량은 얼마인가? (단, 표면적당 방출량 4[L/㎡·분], 3[%]원액, 방출 시간 20분)**

① 1,700[L] 이상
② 2,546[L] 이상
③ 2,950[L] 이상
④ 3,280[L] 이상

$$\begin{aligned} Q(l) &= A \times Q \times T \times S \\ &= \frac{\pi}{4}(30m)^2 \times 4l/m^2 \cdot \min \times 20\min \times 0.03 \\ &= 1{,}696.46l \fallingdotseq 1{,}700l \end{aligned}$$

200 **포 소화약제의 저장량은 다음 공식에 의거 고정포방출구에서 방출하기 위하여 필요한 양 이상으로 해야 한다. 공식에 대한 설명 중 옳지 않은 것은?**

$$Q = A \times Q_1 \times T \times S$$

① Q_1 : 단위 포소화수용액의 양[L/㎡ · min]
② T : 방출시간[min]
③ A : 탱크의 체적[㎥]
④ S : 포 소화약제의 사용농도[%]

A : 저장탱크의 액표면적[m^2]

201 **포소화설비에서 포워터 스프링클러헤드가 5개 설치된 경우 수원의 양[㎥]은?**

① 1.75[㎥]
② 2.75[㎥]
③ 3.75[㎥]
④ 4.75[㎥]

$$\begin{aligned} Q(l) &= N \times 75l/\min \times 10\min \\ &= 5 \times 75l/\min \times 10\min = 3{,}750l = 3.75m^3 \end{aligned}$$

202 **바닥면적이 150[㎡]인 주차장에 호스릴방식으로 포소화설비를 설치하였다. 이곳에 설치한 포방출구는 5개이고 포소화약제의 농도는 6[%]이다. 이때 필요한 포소화약제의 양[L]은 얼마인가?**

① 810[L]
② 1,080[L]
③ 1,350[L]
④ 1,800[L]

정답 : 199. ① 200. ③ 201. ③ 202. ③

$$Q(l) = N \times 6{,}000l \times S \times 0.75$$
$$= 5 \times 6{,}000l \times 0.06 \times 0.75 = 1{,}350l$$

203 **포소화설비의 화재안전기술기준상 차고 또는 주차장에 설치하는 포소화설비의 수동식 가동장치는 방사구역마다 몇 개 이상 설치해야 하는가?**

① 1 ② 2
③ 3 ④ 4

2.8.1 포소화설비의 수동식 기동장치는 다음의 기준에 따라 설치해야 한다.
2.8.1.1 직접조작 또는 원격조작에 따라 가압송수장치 · 수동식개방밸브 및 소화약제 혼합장치를 기동할 수 있는 것으로 할 것
2.8.1.2 이상의 방사구역을 가진 포소화설비에는 방사구역을 선택할 수 있는 구조로 할 것
2.8.1.3 기동장치의 조작부는 화재 시 쉽게 접근할 수 있는 곳에 설치하되, 바닥으로부터 0.8m 이상 1.5m 이하의 위치에 설치하고, 유효한 보호장치를 설치할 것
2.8.1.4 기동장치의 조작부 및 호스 접결구에는 가까운 곳의 보기 쉬운 곳에 각각 "기동장치의 조작부" 및 "접결구"라고 표시한 표지를 설치할 것
2.8.1.5 차고 또는 주차장에 설치하는 포소화설비의 수동식 기동장치는 방사구역마다 1개 이상 설치할 것
2.8.1.6 항공기격납고에 설치하는 포소화설비의 수동식 기동장치는 각 방사구역마다 2개 이상을 설치하되, 그 중 1개는 각 방사구역으로부터 가장 가까운 곳 또는 조작에 편리한 장소에 설치하고, 1개는 화재감지수신기를 설치한 감시실 등에 설치할 것

204 **이산화탄소소화설비의 특징이 아닌 것은?**

① 화재 진화 후 깨끗하다.
② 부속이 고압배관, 고압밸브에 사용해야 한다.
③ 소음이 적다.
④ 기계화재에 효과가 없다.

205 **이산화탄소소화설비의 화재안전기술기준에 관한 설명으로 옳은 것은?**

① "전역방출방식"이란 소화약제 공급장치에 배관 및 분사헤드 등을 설치하여 직접 화점에 소화약제를 방출하는 방식을 말한다.
② "설계농도"란 규정된 실험 조건의 화재를 소화하는데 필요한 소화약제의 농도(형식승인대상의 소화약제는 형식승인된 소화농도)를 말한다.
③ 저장용기의 충전비는 고압식은 1.1 이상 1.4 이하로 한다.
④ 소화약제 저장용기는 온도가 40℃ 이하이고, 온도변화가 작은 곳에 설치할 것

① "전역방출방식"이란 소화약제 공급장치에 배관 및 분사헤드 등을 설치하여 밀폐 방호구역 전체에 소화약제를 방출하는 방식을 말한다.
② "설계농도"란 방호대상물 또는 방호구역의 소화약제 저장량을 산출하기 위한 농도로서 소화농도에 안전율을 고려하여 설정한 농도를 말한다.
③ 저장용기의 충전비는 고압식은 1.5 이상 1.9 이하, 저압식은 1.1 이상 1.4 이하로 할 것

정답 : 203. ① 204. ③ 205. ④

206 이산화탄소소화약제의 저장과 방출에 관한 설명으로 옳지 않은 것은?

① 이산화탄소는 상온에서 용기에 액체 상태로 저장한다.
② 이산화탄소의 증기압으로 완전 방출이 어려우므로 질소가스로 충전 가압한다.
③ 20[℃]에서의 CO_2저장용기의 내압력은 충전비와 관계가 있다.
④ 이산화탄소의 방출시 용기 내의 온도는 급강하한다.

207 주차장이나 통신기기실에 적합한 탄산가스소화설비의 방출방식은?

① 전역방출방식　② 국소방출방식
③ 이동식 방출방식　④ 반이동식 방출방식

208 전역방출방식 이산화탄소소화설비의 구성요소가 아닌 것은?

① CO_2용기　② 원심펌프
③ 선택밸브　④ 기동용기

209 이산화탄소소화설비의 저압식 저장용기에 설치하는 부속장치가 아닌 것은?

① 액면계　② 압력계
③ 압력경보장치　④ 선택밸브

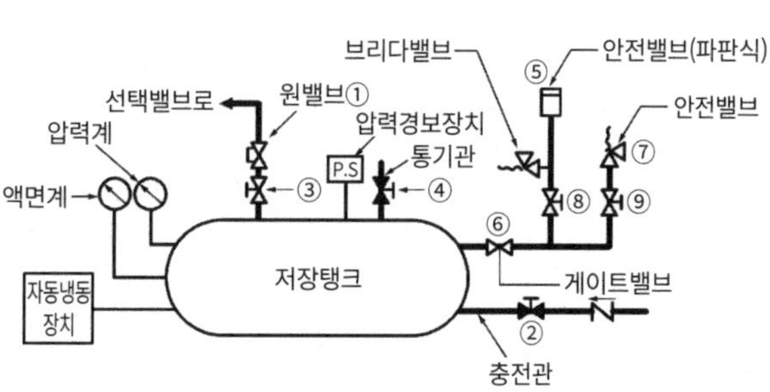

[저압식 저장용기]

정답 : 206. ②　207. ①　208. ②　209. ④

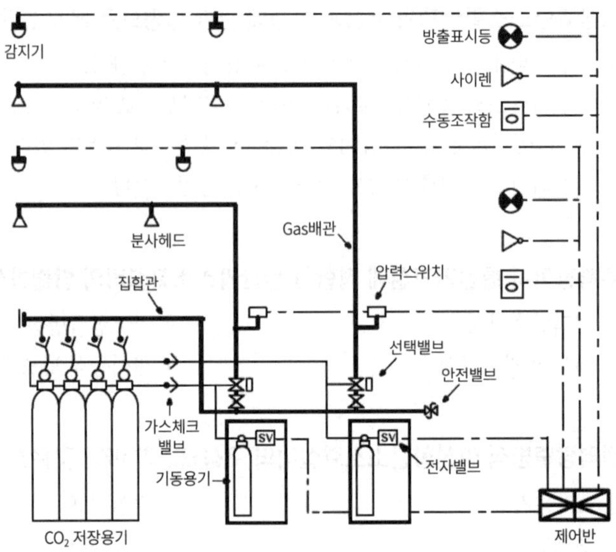

210 **이산화탄소소화설비의 저압식 저장용기에 설치하는 자동냉동장치는 용기내부의 온도와 압력을 얼마로 유지할 수 있어야 하는가?**

① 15[℃], 5.3[MPa]　　② 15[℃], 2.1[MPa]
③ -18[℃], 5.3[MPa]　　④ -18[℃], 2.1[MPa]

2.1.2 이산화탄소 소화약제의 저장용기는 다음의 기준에 적합해야 한다.
2.1.2.1 저장용기의 충전비는 고압식은 1.5 이상 1.9 이하, 저압식은 1.1 이상 1.4 이하로 할 것
2.1.2.2 저압식 저장용기에는 내압시험압력의 0.64배부터 0.8배의 압력에서 작동하는 안전밸브와 내압시험압력의 0.8배부터 내압시험압력에서 작동하는 봉판을 설치할 것
2.1.2.3 저압식 저장용기에는 액면계 및 압력계와 2.3MPa 이상 1.9MPa 이하의 압력에서 작동하는 압력경보장치를 설치할 것
2.1.2.4 저압식 저장용기에는 용기내부의 온도가 섭씨 영하 18℃ 이하에서 2.1MPa의 압력을 유지할 수 있는 자동냉동장치를 설치할 것
2.1.2.5 저장용기는 고압식은 25MPa 이상, 저압식은 3.5MPa 이상의 내압시험압력에 합격한 것으로 할 것
2.1.3 이산화탄소 소화약제 저장용기의 개방밸브는 전기식 · 가스압력식 또는 기계식에 따라 자동으로 개방되고 수동으로도 개방되는 것으로서 안전장치가 부착된 것으로 해야 한다.
2.1.4 이산화탄소 소화약제 저장용기와 선택밸브 또는 개폐밸브 사이에는 배관의 최소사용설계압력과 최대허용압력 사이의 압력에서 작동하는 안전장치를 설치해야 하며, 안전장치를 통하여 나온 소화가스는 전용의 배관을 통하여 건축물 외부로 배출될 수 있도록 해야 한다. 이 경우 안전장치로 용전식을 사용해서는 안된다.

정답 : 210. ④

211 **이산화탄소 소화설비의 저압식 저장용기에 설치하는 압력경보장치의 작동 압력은 얼마인가?**

① 2.1[MPa] 이상 1.9[MPa] 이하 ② 2.3[MPa] 이상 1.9[MPa] 이하
③ 2.1[MPa] 이상 1.4[MPa] 이하 ④ 2.3[MPa] 이상 1.4[MPa] 이하

210번 문제 해설 참조

212 **이산화탄소 소화약제의 저장용기 충전비로 옳은 것은?**

① 저압식은 1.1 이상 고압식은 1.5 이상 ② 저압식은 1.4 이상 고압식은 2.0 이상
③ 저압식은 1.9 이상 고압식은 2.5 이상 ④ 저압식은 2.3 이상 고압식은 3.0 이상

210번 문제 해설 참조

213 **이산화탄소 소화약제의 저장용기에 관한 설치기준 중 옳지 않은 것은?**

① 저장용기의 충전비는 고압식과 저압식 모두 1.1 이상 1.4 이하로 해야 한다.
② 저압식 저장용기에는 내압시험 압력의 0.64배부터 0.8배의 압력에서 작동하는 안전밸브를 설치해야 한다.
③ 저압식 저장용기에는 액면계 및 압력계와 압력경보장치를 설치해야 한다.
④ 저장용기는 고압식은 25[MPa] 이상의 내압 시험에 합격한 것을 사용해야 한다.

해설
210번 문제 해설 참조

214 **이산화탄소소화설비의 소화약제 저장용기의 선택밸브 또는 개폐밸브 사이에 설치하는 안전장치의 작동압력으로 옳은 것은?**

① 내압시험압력의 0.64배부터 0.8배까지 ② 내압시험압력의 1.0배
③ 최소사용설계압력과 최대허용압력 사이 ④ 17~25[MPa]

210번 문제 해설 참조

215 **호스릴이산화탄소소화설비는 방호대상물의 각 부분으로부터 하나의 호스접결구까지의 수평거리가 몇 [m] 이하가 되어야 하는가?**

① 15[m] ② 20[m]
③ 25[m] ④ 40[m]

정답 : 211. ② 212. ① 213. ① 214. ③ 215. ①

구 분	저장량(kg)	분당방사량(kg/min)	수평거리(m)
이산화탄소	90	60	15
하론2402	50	45	20
하론1211	50	40	20
하론1301	45	35	20
분말1종	50	45	15
분말2,3종	30	27	15
분말4종	20	18	15

2.7.4 호스릴이산화탄소소화설비는 다음의 기준에 따라 설치해야 한다.

2.7.4.1 방호대상물의 각 부분으로부터 하나의 호스접결구까지의 수평거리가 15m 이하가 되도록 할 것

2.7.4.2 호스릴이산화탄소소화설비의 노즐은 20℃에서 하나의 노즐마다 60kg/min 이상의 소화약제를 방출할 수 있는 것으로 할 것

2.7.4.3 소화약제 저장용기는 호스릴을 설치하는 장소마다 설치할 것

2.7.4.4 소화약제 저장용기의 개방밸브는 호스릴의 설치장소에서 수동으로 개폐할 수 있는 것으로 할 것

2.7.4.5 소화약제 저장용기의 가장 가까운 곳의 보기 쉬운 곳에 적색의 표시등을 설치하고, 호스릴이산화탄소소화설비가 있다는 뜻을 표시한 표지를 할 것

216

이산화탄소소화설비의 화재안전기술기준상 호스릴이산화탄소설비의 설치기준으로 옳지 않은 것은?

① 노즐당 이산화탄소 약제 방출량은 20[℃]에서 1분당 60[kg] 이상이어야 한다.
② 소화약제 저장용기는 호스릴 2개마다 1개 이상 설치해야 한다.
③ 소화약제 저장용기의 가장 가까운 보기 쉬운 곳에 표시등을 설치해야 한다.
④ 저장용기의 개방밸브는 호스의 설치장소에서 수동으로 개폐할 수 있어야 한다.

215번 문제 해설 참조

217

호스릴이산화탄소소화설비의 설치수가 2개일 경우 소화약제의 저장량은 몇 [kg] 이상으로 해야 하는가?

① 100 ② 140
③ 180 ④ 200

215번 문제 해설 참조

정답 : 216. ② 217. ③

218 호스릴이산화탄소소화설비의 설치기준으로 옳지 않은 것은?

① 방호대상물의 각 부분으로부터 하나의 호스접결구까지의 수평거리가 15[m] 이하가 되도록 한다.
② 노즐은 20[℃]에서 하나의 노즐마다 60[kg/min] 이상의 소화약제를 방사할 수 있는 것으로 한다.
③ 소화약제 저장용기는 호스릴을 설치하는 장소마다 설치한다.
④ 소화약제 저장용기의 개방밸브는 호스의 설치장소에서 자동으로 개폐할 수 있는 것으로 한다.

215번 문제 해설 참조

219 이산화탄소소화설비의 화재안전기술기준상 수동식 기동장치의 설치기준으로 옳지 않은 것은?

① 해당 방호구역의 출입구 부분 등 조작을 하는 자가 쉽게 피난할 수 있는 장소에 설치할 것
② 기동장치의 조작부는 바닥으로부터 높이 0.8[m] 이상 1.5[m] 이하의 위치에 설치할 것
③ 기동장치의 방출용 스위치는 음향 경보장치와 연동하여 조작될 수 있는 것으로 할 것
④ 모든 기동장치에는 전원 표시등을 설치할 것

2.3.1 이산화탄소소화설비의 수동식 기동장치는 다음의 기준에 따라 설치해야 한다. 이 경우 수동식 기동장치의 부근에는 소화약제의 방출을 지연시킬 수 있는 방출지연스위치(자동복귀형 스위치로서 수동식 기동장치의 타이머를 순간 정지시키는 기능의 스위치를 말한다)를 설치해야 한다.
- 2.3.1.1 전역방출방식은 방호구역마다, 국소방출방식은 방호대상물마다 설치할 것
- 2.3.1.2 해당 방호구역의 출입구 부근 등 조작을 하는 자가 쉽게 피난할 수 있는 장소에 설치할 것
- 2.3.1.3 기동장치의 조작부는 바닥으로부터 0.8m 이상 1.5m 이하의 위치에 설치하고, 보호판 등에 따른 보호장치를 설치할 것
- 2.3.1.4 기동장치 인근의 보기 쉬운 곳에 "이산화탄소소화설비 수동식 기동장치"라는 표지를 할 것
- 2.3.1.5 전기를 사용하는 기동장치에는 전원표시등을 설치할 것
- 2.3.1.6 기동장치의 방출용스위치는 음향경보장치와 연동하여 조작될 수 있는 것으로 할 것
- 2.3.1.7 기동장치에는 보호장치를 설치해야 하며, 보호장치를 개방하는 경우 기동장치에 설치된 부저 또는 벨 등에 의하여 경고음을 발할 것 <신설 2024.8.1.>
- 2.3.1.8 기동장치를 옥외에 설치하는 경우 빗물 또는 외부 충격의 영향을 받지 아니하도록 설치할 것 <신설 2024.8.1.>

220 이산화탄소소화설비의 화재안전기술기준상 자동식 기동장치 중 가스압력식 기동장치의 기동용가스용기의 제척은 얼마인가?

① 0.5[L] 이상　　② 1.0[L] 이상
③ 2.0[L] 이상　　④ 5.0[L] 이상

정답 : 218. ④　219. ④　220. ④

2.3.2 이산화탄소소화설비의 자동식 기동장치는 자동화재탐지설비의 감지기의 작동과 연동하는 것으로서 다음의 기준에 따라 설치해야 한다.

2.3.2.1 자동식 기동장치에는 수동으로도 기동할 수 있는 구조로 할 것

2.3.2.2 전기식 기동장치로서 7병 이상의 저장용기를 동시에 개방하는 설비는 2병 이상의 저장용기에 전자개방밸브를 부착할 것

2.3.2.3 가스압력식 기동장치는 다음의 기준에 따를 것

2.3.2.3.1 기동용가스용기 및 해당 용기에 사용하는 밸브는 25MPa 이상의 압력에 견딜 수 있는 것으로 할 것

2.3.2.3.2 기동용가스용기에는 내압시험압력의 0.8배부터 내압시험압력 이하에서 작동하는 안전장치를 설치할 것

2.3.2.3.3 기동용가스용기의 체적은 5L 이상으로 하고, 해당 용기에 저장하는 질소 등의 비활성기체는 6.0MPa 이상(21℃ 기준)의 압력으로 충전할 것

2.3.2.3.4 질소 등의 비활성기체 기동용가스용기에는 충전여부를 확인할 수 있는 압력게이지를 설치할 것

2.3.2.4. 기계식 기동장치는 저장용기를 쉽게 개방할 수 있는 구조로 할 것

2.3.3 이산화탄소소화설비가 설치된 부분의 출입구 등의 보기 쉬운 곳에 소화약제의 방사를 표시하는 표시등을 설치해야 한다.

221 **이산화탄소소화설비의 전기식 기동장치로서 7병 이상 저장용기를 동시에 개방하는 설비에는 몇 병 이상의 저장용기에 전자개방밸브를 부착해야 하는가?**

① 1병 ② 2병
③ 3병 ④ 4병

220번 문제 해설 참조

222 **이산화탄소소화설비의 화재안전기술기준에 따라 면화류를 저장하는 창고에 다음 조건과 같이 이산화탄소소화설비가 설치된 경우 이산화탄소 소화약제의 저장량은 얼마인가?**

○ 방호체적 $100m^3$
○ 개구부 면적 $2m^2$
○ 이산화탄소의 설계농도 75%
○ 자동폐쇄장치 미설치

① 270 ② 290
③ 300 ④ 370

$$W(kg) = V(m^3) \times \alpha(kg/m^3) + A(m^2) \times \beta(kg/m^2)$$
$$= 100m^3 \times 2.7kg/m^3 + 2m^2 \times 10\,kg/m^2$$
$$= 290kg$$

정답 : 221. ② 222. ②

223 **방호체적 500[㎥]인 전산기기실에 이산화탄소소화설비를 전역방출방식으로 설치하고자 한다. 이때 필요한 이산화탄소소화약제의 저장량[kg]은 얼마인가?**

① 1,120　　② 520
③ 680　　④ 650

$$W(kg) = V(m^3) \times \alpha(kg/m^3) = 500m^3 \times 1.3kg/m^3 = 650kg$$

224 **이산화탄소소화설비의 화재안전기술기준상 가연성 액체 또는 가연성 가스의 소화에 필요한 설계농도가 가장 높은 것은?**

① 에탄　　② 부탄
③ 프로판　　④ 메탄

① 에탄 : 40%　② 부탄 : 34%　③ 프로판 : 36%　④ 메탄 : 34%

225 **이산화탄소소화설비의 화재안전기술기준에 따라 메탄을 저장하는 창고에 다음 조건과 같이 이산화탄소소화설비가 설치된 경우 이산화탄소 소화약제의 저장량은 얼마인가?**

> ○ 방호체적 500m³
> ○ 개구부 면적 4m²
> ○ 이산화탄소의 설계농도 50%
> ○ 보정계수 1.64
> ○ 자동폐쇄장치 미설치

① 420[kg]　　② 520[kg]
③ 676[kg]　　④ 750[kg]

$$W(kg) = V(m^3) \times \alpha(kg/m^3) \times N + A(m^2) \times \beta(kg/m^2) = 500m^3 \times 0.8kg/m^3 \times 1.64 + 4m^2 \times 5kg/m^2 = 676kg$$

226 **이산화탄소소화설비의 화재안전기술기준상 국소방출방식의 이산화탄소소화설비의 분사헤드가 이산화탄소소화약제의 저장량을 방출하는 데 필요한 시간은?**

① 10초 이내　　② 30초 이내
③ 1분 이내　　④ 2분 이내

정답 : 223. ④　224. ①　225. ③　226. ②

2.7.2 국소방출방식의 이산화탄소소화설비의 분사헤드는 다음의 기준에 따라 설치해야 한다.
2.7.2.1 소화약제의 방출에 따라 가연물이 비산하지 않는 장소에 설치할 것
2.7.2.2 이산화탄소 소화약제의 저장량은 30초 이내에 방출할 수 있는 것으로 할 것
2.7.2.3 성능 및 방출압력이 2.7.1.1 및 2.7.1.2의 기준에 적합한 것으로 할 것

227

이산화탄소소화설비의 소화약제가 방출되어 해당 방호구역의 이산화탄소 농도가 40%가 되었을 경우, 이때의 산소의 연소한계농도는 얼마인가?

① 1.26[%]　② 8.4[%]
③ 12.6[%]　④ 15.6[%]

$$CO_2(\%) = \frac{21 - O_2}{21} \times 100$$

$$40 = \frac{21 - O_2}{21} \times 100$$

$$O_2 = 21 - \frac{40 \times 21}{100} = 12.6\%$$

228

산소농도를 15[%] 이하로 제어하면 일반적으로 소화가 가능하다고 한다. 만약 이산화탄소소화약제를 방출하여 산소농도가 12[%]가 되었다면, 이때 공기 중의 이산화탄소의 농도는 몇 [%]인가?

① 42.9[%]　② 45.9[%]
③ 78.9[%]　④ 88.9[%]

$$CO_2(\%) = \frac{21 - 12}{21} \times 100$$

$$= 42.857\%$$

229

이산화탄소소화설비가 설치된 체적 20[m³]의 전기실에 화재 발생 시 방출되어야 하는 이산화탄소소화약제의 양[m³]은 얼마인가? (단, 한계산소농도는 15[%]이다)

① 3[m³]　② 4[m³]
③ 8[m³]　④ 9[m³]

$$CO_2(m^3) = \frac{21 - O_2}{O_2} \times V$$

$$= \frac{21 - 15}{15} \times 20m^3$$

$$= 8m^3$$

정답 : 227. ③　228. ①　229. ③

230 이산화탄소소화설비의 고압식 분사헤드의 방사압력으로 옳은 것은?

① 0.9[MPa] 이상
② 1.05[MPa] 이상
③ 1.4[MPa] 이상
④ 2.1[MPa] 이상

231 이산화탄소소화설비의 화재안전기술기준상 제어반이 갖추어야 할 기능이 아닌 것은?

① 전원표시등
② 음향경보장치의 작동기능
③ 소화약제의 방출기능
④ 제어반의 위치표시

2.4 제어반 등
2.4.1 이산화탄소소화설비의 제어반 및 화재표시반은 다음의 기준에 따라 설치해야 한다. 다만, 자동화재탐지설비의 수신기 제어반이 화재표시반의 기능을 가지고 있는 것은 화재표시반을 설치하지 않을 수 있다.
2.4.1.1 제어반은 수동기동장치 또는 화재감지기에서의 신호를 수신하여 음향경보장치의 작동, 소화약제의 방출 또는 지연 등 기타의 제어기능을 가진 것으로 하고, 제어반에는 전원표시등을 설치할 것
2.4.1.2 화재표시반은 제어반에서의 신호를 수신하여 작동하는 기능을 가진 것으로 하되, 다음의 기준에 따라 설치할 것
2.4.1.2.1 각 방호구역마다 음향경보장치의 조작 및 감지기의 작동을 명시하는 표시등과 이와 연동하여 작동하는 벨 · 버저 등의 경보기를 설치할 것. 이 경우 음향경보장치의 조작 및 감지기의 작동을 명시하는 표시등을 겸용할 수 있다.
2.4.1.2.2 수동식 기동장치는 그 방출용스위치의 작동을 명시하는 표시등을 설치할 것
2.4.1.2.3 소화약제의 방출을 명시하는 표시등을 설치할 것
2.4.1.2.4 자동식 기동장치는 자동 · 수동의 절환을 명시하는 표시등을 설치할 것
2.4.1.3 제어반 및 화재표시반은 화재 및 침수 등의 재해로 인한 피해를 받을 우려가 없고 점검에 편리한 장소에 설치할 것
2.4.1.4 제어반 및 화재표시반에는 해당 회로도 및 취급설명서를 비치할 것
2.4.1.5 수동잠금밸브의 개폐여부를 확인할 수 있는 표시등을 설치할 것

232 이산화탄소소화설비의 전기식 수동기동조작함에 설치하지 않아도 되는 것은?

① 조작스위치
② 조작스위치 보호판
③ 전원표시등
④ 전화잭

- SP(SVP)[9선] : 전원+, 전원-, 감지기A, 감지기B, PS(밸브개방확인), TS(밸브주의), sol(밸브개방), 사이렌, 전화
- 가스계수동조작함 [8선] : 전원+, 전원-, 감지기A, 감지기B, 사이렌, 방출표시등, 기동S/W, 비상S/W

233 이산화탄소소화설비의 제어반의 설치장소로 적합지 않은 것은?

① 화재로 인한 피해 우려가 없는 장소
② 진동 및 충격에 의한 영향이 없는 장소
③ 부식성 가스가 발생하는 장소
④ 점검에 편리한 장소

231번 문제 해설 참조

정답 : 230. ④ 231. ④ 232. ④ 233. ③

234 이산화탄소소화설비의 약제방출표시등의 주된 설치 목적은?

① 가스방출시 소방대가 방출표시를 보고 방호대상 지역에 진입하기 위하여 설치
② 가스방출시 방호대상 지역에 외부의 사람이 진입하지 못하도록 설치
③ 가스방출의 이상 유무를 확인하기 위하여 설치
④ 감지기의 오작동을 표시하기 위하여 설치

235 이산화탄소소화설비의 음향경보장치는 소화약제의 방출개시 후 몇 분 이상 경보를 계속할 수 있어야 하는가?

① 1　　② 2
③ 3　　④ 4

236 이산화탄소소화설비의 화재안전기술기준상 분사헤드의 설치제외 장소에 해당되지 않는 것은?

① 이황화탄소를 저장 · 취급하는 곳
② 벤조일퍼옥사이드(B.P.O)를 저장 · 취급하는 곳
③ 셀룰로이드 제품을 저장 · 취급하는 곳
④ 니트로셀룰로오스를 저장 · 취급하는 곳

해설

2.8 분사헤드 설치제외
2.8.1 이산화탄소소화설비의 분사헤드는 다음 각 호의 장소에 설치하여서는 아니 된다.
2.8.1.1 방재실 · 제어실 등 사람이 상시 근무하는 장소
2.8.1.2 니트로셀룰로스 · 셀룰로이드제품 등 자기연소성물질을 저장 · 취급하는 장소
2.8.1.3 나트륨 · 칼륨 · 칼슘 등 활성금속물질을 저장 · 취급하는 장소
2.8.1.4 전시장 등의 관람을 위하여 다수인이 출입 · 통행하는 통로 및 전시실 등
② : 유기과산화물 ③, ④ : 5류위험물 ① : 4류인화성액체

237 할론소화설비에서 소화약제 저장용기 내에 가압용 가스로 옳은 것은?

① 질소　　② 이산화탄소
③ 메탄　　④ 수소

238 통신기기실에 설치하는 소화설비로 가장 적합한 것은?

① 스프링클러설비　　② 옥내소화전설비
③ 할론소화설비　　④ 분말소화설비

239 할론소화약제의 저장용기 중 할론1211에 있어서의 충전비는 얼마인가?

① 0.51 이상 0.67 미만　　② 0.7 이상 1.4 이하
③ 0.67 이상 2.75 이하　　④ 0.9 이상 1.6 이하

정답 : 234. ②　235. ①　236. ①　237. ①　238. ③　239. ②

저장용기의 설치기준

㉠ 축압식 저장용기의 압력은 온도 20℃에서 할론 1211을 저장하는 것에 있어서는 1.1MPa 또는 2.5MPa, 할론 1301을 저장하는 것에 있어서는 2.5MPa 또는 4.2MPa이 되도록 질소가스로 축압해야 한다.

㉡ 동일 집합관에 접속되는 용기의 소화약제 충전량은 동일 충전비의 것이어야 한다.

㉢ 저장용기의 충전비

㉮ 할론 2402
- 가압식 : 0.51 이상, 0.67 미만
- 축압식 : 0.67 이상, 2.75 이하

㉯ 할론 1211
- 0.7 이상, 1.4 이하

㉰ 할론 1301
- 0.9 이상, 1.6 이하

㉣ 가압용 가스용기는 질소가스가 충전된 것으로 하고, 그 압력은 21℃에서 2.5MPa 또는 4.2MPa이 되도록 해야 한다.

㉤ 할론소화약제 저장용기의 개방밸브는 전기식 · 가스압력식 또는 기계식에 따라 자동으로 개방되고 수동으로도 개방되는 것으로서 안전장치가 부착된 것으로 해야 한다.

240 상온인 20[℃]에서 할론소화약제별 저장용기의 충전 압력을 옳게 표시한 것은?

	소화약제의 종류	저압[MPa]	고압[MPa]
①	Halon 1301	2.5	4.2
②	Halon 1211	1.4	2.5
③	Halon 2402	1.7	3.8
④	Halon 1301	2.0	4.0

239번 문제 해설 참조

241 체적 50[m³]의 전산실에 전역방출방식의 할론소화설비를 설치하는 경우, 할론1301의 저장량은 몇 [kg] 이상이어야 하는가? (단, 전산실에는 자동폐쇄장치가 부착하되 개구부가 있음)

① 13 ② 16
③ 19 ④ 22

$$W(kg) = V(m^3) \times \alpha\,(kg/m^3)$$
$$= 50m^3 \times 0.32kg/m^3$$
$$= 16kg$$

정답 : 240. ① 241. ②

242 **체적이 400[㎥]인 특수가연물 저장소(면화류)에 자동폐쇄장치를 설치하지 않은 개구부의 면적이 4[㎡]이다. 이 곳에 전역방출방식의 할론1301 소화설비를 설치하려고 할 때 저장해야 하는 소화약제의 양은 얼마인가?**

① 137.6[kg] ② 172.0[kg]
③ 154.8[kg] ④ 223.6[kg]

$$W(kg) = V(m^3) \times \alpha(kg/m^3) + A(m^2) \times \beta(kg/m^2)$$
$$= 400m^3 \times 0.52kg/m^3 + 4m^2 \times 3.9kg/m^2$$
$$= 223.6kg$$

243 **국소방출방식 할론소화설비의 소화약제 산출 공식에 관한 설명으로 옳지 않은 것은?**

$$Q = X - Y\frac{a}{A}$$

① Q는 방호공간 1[㎥]에 대한 할로겐화합물소화약제량이다.
② a는 방호대상물 주위에 설치된 벽면적 합계이다.
③ A는 방호공간의 벽면적이다.
④ X는 개구부 면적이다.

그 밖의 경우
$W = V \times Q \times \beta$
W : 할론 약제량(kg), V : 방호공간의 체적(m^3), Q : 방호공간 $1m^2$당의 약재량(kg/m^2),
β : 약제별 계수(2402, 1211은 1.1, 할론 1301은 1.25)
㉮ 방호공간 : 방호대상물의 각 부분으로부터 0.6m의 거리에 따라 둘러싸인 공간
㉯ 방호공간 $1m^3$당의 약제량

$$Q = X - Y\frac{a}{A}$$

Q : 방호공간 $1m^3$에 대한 소화약제의 양(kg/m^3)
a : 방호대상물 주위에 설치된 벽 면적의 합계(m^2)
A : 방호공간의 벽 면적(벽이 없는 경우에는 벽이 있는 것으로 가정한 면적)의 합계(m^2)

소화약제의 종별	X의 수치	Y의 수치
할론 2402	5.2	3.9
할론 1211	4.4	3.3
할론 1301	4.0	3.0

244 **방호구역이 110[㎥]인 소방대상물에 할론1301소화설비를 설치하고자 한다. 소화에 필요한 할론의 설계농도가 8[%]일 경우 필요한 약제량은? (단, 설계기준 온도는 20[℃], 할론1301의 비체적은 0.16[㎥/kg]이다)**

① 69.78[kg] ② 59.78[kg]
③ 79.98[kg] ④ 89.78[kg]

정답 : 242. ④ 243. ④ 244. ②

$$W(kg) = \frac{V}{S} \times \left(\frac{C}{100-C}\right) = \frac{110m^3}{0.16m^3/kg} \times \left(\frac{8}{100-8}\right) = 59.78kg$$

245 **호스릴방식의 할론소화설비의 경우 하나의 노즐에 대하여 할론1301의 소화약제의 양을 얼마 이상으로 해야 하는가?**

① 40[kg] ② 45[kg]
③ 50[kg] ④ 30[kg]

2.2.1.3 호스릴방식의 할론소화설비는 하나의 노즐에 대하여 다음 표 2.2.1.3에 따른 양 이상으로 할 것

표 2.2.1.3 호스릴할론소화설비의 소화약제 종류에 따른 소화약제의 양

소화약제의 종류	소화약제의 양
할론 2402 또는 1211	50kg
할론 1301	45kg

246 **할론소화설비의 화재안전기준상 Halon1301을 방출하는 분사헤드의 방출압력은 얼마인가?**

① 0.1[MPa] 이상 ② 0.2[MPa] 이상
③ 0.9[MPa] 이상 ④ 1.4[MPa] 이상

해설

2.7 분사헤드
2.7.1 전역방출방식의 할론소화설비의 분사헤드는 다음의 기준에 따라 설치해야 한다.
2.7.1.1 방출된 소화약제가 방호구역의 전역에 균일하게 신속히 확산할 수 있도록 할 것
2.7.1.2 할론 2402를 방출하는 분사헤드는 해당 소화약제가 무상으로 분무되는 것으로 할 것
2.7.1.3 분사헤드의 방출압력은 할론 2402를 방출하는 것은 0.1MPa 이상, 할론 1211을 방출하는 것은 0.2MPa 이상, 할론1301을 방출하는 것은 0.9MPa 이상으로 할 것
2.7.1.4 2.2(소화약제)에 따른 기준저장량의 소화약제를 10초 이내에 방출할 수 있는 것으로 할 것

247 **호스릴방식의 소화설비 중에서 방호대상물의 각 부분으로부터 하나의 호스 접결구까지의 수평거리를 20[m]로 할 수 있는 것은?**

① 포소화설비 ② 이산화탄소소화설비
③ 할론소화설비 ④ 분말소화설비

정답 : 245. ② 246. ③ 247. ③

Reference

화재 시 현저하게 연기가 찰 우려가 없는 장소로서 다음 각 호의 어느 하나에 해당하는 장소는 호스릴할론소화설비를 설치할 수 있다. (차고, 주차장 제외)

1. 지상 1층 및 피난층에 있는 부분으로서 지상에서 수동 또는 원격조작에 따라 개방할 수 있는 개구부의 유효면적의 합계가 바닥면적의 15% 이상이 되는 부분
2. 전기설비가 설치되어 있는 부분 또는 다량의 화기를 사용하는 부분(해당 설비의 주위 5m 이내의 부분을 포함한다)의 바닥면적이 해당 설비가 설치되어 있는 구획의 바닥면적의 5분의 1 미만이 되는 부분

248 할론 1301을 이용한 할론소화설비를 동작시키는 감지기 배선은?

① 제어반과 직접 연결되는 배선　　② 송배전방식의 교차회로배선
③ 감지기상호 간 직렬배선　　④ 감지기상호 간 병렬배선

249 할론소화설비의 화재안전기술기준상 배관의 설치기준으로 옳지 않은 것은?

① 전용으로 한다.
② 동관을 사용하는 경우 이음이 없는 것을 사용한다.
③ 강관을 사용하는 경우 배관은 압력배관용 탄소강관 중 이음이 없는 것을 사용한다.
④ 주 배관은 반드시 스케줄 80 이상의 압력배관용 탄소강관을 사용한다.

2.5.1 할론소화설비의 배관은 다음의 기준에 따라 설치해야 한다.
2.5.1.1 배관은 전용으로 할 것
2.5.1.2 강관을 사용하는 경우의 배관은 압력배관용탄소강관(KS D 3562) 중 스케줄 40 이상의 것 또는 이와 동등 이상의 강도를 가진 것으로서 아연도금 등에 따라 방식처리된 것을 사용할 것
2.5.1.3 동관을 사용하는 경우에는 이음이 없는 동 및 동합금관(KS D 5301)의 것으로서 고압식은 16.5MPa 이상, 저압식은 3.75MPa 이상의 압력에 견딜 수 있는 것을 사용할 것
2.5.1.4 배관부속 및 밸브류는 강관 또는 동관과 동등 이상의 강도 및 내식성이 있는 것으로 할 것

250 다음 중 불활성기체소화약제의 기본성분이 아닌 것은?

① 헬륨　　② 네온
③ 아르곤　　④ 산소

1.7.1.1 "할로겐화합물 및 불활성기체소화약제"란 할로겐화합물(할론 1301, 할론 2402, 할론 1211 제외) 및 불활성기체로서 전기적으로 비전도성이며 휘발성이 있거나 증발 후 잔여물을 남기지 않는 소화약제를 말한다.
1.7.1.2 "할로겐화합물소화약제"란 불소, 염소, 브롬 또는 요오드 중 하나 이상의 원소를 포함하고 있는 유기화합물을 기본성분으로 하는 소화약제를 말한다.

정답 : 248. ②　249. ④　250. ④

1.7.1.3 "불활성기체소화약제"란 헬륨, 네온, 아르곤 또는 질소가스 중 하나 이상의 원소를 기본성분으로 하는 소화약제를 말한다.

251 **다음 중 할로겐화합물(청정)소화약제의 종류가 아닌 것은?**

① HCFC BLEND A ② HFC-125
③ HFC-23 ④ CF_3Br

252 **다음 중 불활성기체소화약제의 종류에 해당되지 않는 것은?**

① IG-01 ② IG-02
③ IG-541 ④ IG-55

해설

소화약제	화학식
퍼플루오로부탄(이하 "FC-3-1-10"이라 한다.)	C_4F_{10}
하이드로클로로플루오로카본혼화제(이하 "HCFC BLEND A"라 한다.)	HCFC-123($CHCl_2CF_3$) : 4.75% HCFC-22($CHClF_2$) : 82% HCFC-124($CHClFCF_3$) : 9.5% $C_{10}H_{16}$: 3.75%
클로로테트라플루오로에탄(이하 "HCFC-124"라 한다.)	$CHClFCF_3$
펜타플루오로에탄(이하 "HFC-125"라 한다.)	CHF_2CF_3
헵타플루오로프로판(이하 "HFC-227ea"라 한다.)	CF_3CHFCF_3
트리플루오로메탄(이하 "HFC-23"라 한다.)	CHF_3
헥사플루오로프로판(이하 "HFC-236fa"라 한다.)	$CF_3CH_2CF_3$
트리플루오로이오다이드(이하 "FIC-13I1"라 한다.)	CF_3I
불연성 · 불활성기체혼합가스(이하 "IG-01"라 한다.)	Ar
불연성 · 불활성기체혼합가스(이하 "IG-100"라 한다.)	N_2
불연성 · 불활성기체혼합가스(이하 "IG-541"라 한다.)	N_2 : 52%, Ar : 40%, CO_2 : 8%
불연성 · 불활성기체혼합가스(이하 "IG-55"라 한다.)	N_2 : 50%, Ar : 50%
도데카플루오르-2-메틸펜탄-3-원(이하 "FK-5-1-12"라 한다.)	$CF_3CF_2C(O)CF(CF_3)_2$

253 **현재 국내 및 국제적으로 적용되고 있는 할로겐화합물 및 불활성기체소화약제(Clean Agent) 중 약제의 저장용기 내에서 저장상태가 기체상태의 압축가스인 약제는?**

① INERGEN ② NAFS-III
③ FM-200 ④ FE-13

254 **할로겐화합물 및 불활성기체소화설비를 설치할 수 없는 장소는?**

① 제3류 위험물 저장소 ② 전기실
③ 제4류 위험물 저장소 ④ 컴퓨터실

정답 : 251. ④ 252. ② 253. ① 254. ①

2.2.1 할로겐화합물 및 불활성기체소화설비는 다음의 장소에는 설치할 수 없다.
2.2.1.1 사람이 상주하는 곳으로써 2.4.2의 최대허용설계농도를 초과하는 장소
2.2.1.2 「위험물안전관리법 시행령」 별표 1의 제3류위험물 및 제5류위험물을 저장 · 보관 · 사용하는 장소. 다만, 소화성능이 인정되는 위험물은 제외한다.

255 할로겐화합물 및 불활성기체소화설비의 기동장치의 설치기준으로 옳지 않은 것은?

① 수동식 기동장치는 방호구역마다 설치할 것
② 기동장치의 조작부는 바닥으로부터 0.5[m] 이상 1[m] 이하에 설치할 것
③ 전기를 사용하는 기동장치에는 전원표시등을 설치할 것
④ 5[kg] 이하의 힘을 가하여 기동할 수 있는 구조로 설치할 것

2.5 기동장치
2.5.1 할로겐화합물 및 불활성기체소화설비의 수동식 기동장치는 다음의 기준에 따라 설치해야 한다. 이 경우 수동식 기동장치의 부근에는 소화약제의 방출을 지연시킬 수 있는 방출지연스위치(자동복귀형 스위치로서 수동식 기동장치의 타이머를 순간 정지시키는 기능의 스위치를 말한다)를 설치해야 한다.
2.5.1.1 방호구역마다 설치할 것
2.5.1.2 해당 방호구역의 출입구 부근 등 조작을 하는 자가 쉽게 피난할 수 있는 장소에 설치할 것
2.5.1.3 기동장치의 조작부는 바닥으로부터 0.8m 이상 1.5m 이하의 위치에 설치하고, 보호판 등에 따른 보호장치를 설치할 것
2.5.1.4 기동장치 인근의 보기 쉬운 곳에 "할로겐화합물 및 불활성기체소화설비 수동식 기동장치"라는 표지를 할 것
2.5.1.5 전기를 사용하는 기동장치에는 전원표시등을 설치할 것
2.5.1.6 기동장치의 방출용스위치는 음향경보장치와 연동하여 조작될 수 있는 것으로 할 것
2.5.1.7 50N 이하의 힘을 가하여 기동할 수 있는 구조로 할 것
2.5.1.8 기동장치에 보호장치를 설치해야 하며, 보호장치를 개방하는 경우 기동장치에 설치된 부저 또는 벨 등에 의하여 경고음을 발할 것 <신설 2024. 8. 1>
2.5.1.9 기동장치를 옥외에 설치하는 경우 빗물 또는 외부 충격의 영향을 받지 아니하도록 설치할 것 <신설 2024. 8. 1>
2.5.2 할로겐화합물 및 불활성기체소화설비의 자동식 기동장치는 자동화재탐지설비의 감지기의 작동과 연동하는 것으로서 다음의 기준에 따라 설치해야 한다.
2.5.2.1 자동식 기동장치에는 수동으로도 기동할 수 있는 구조로 할 것
2.5.2.2 전기식 기동장치로서 7병 이상의 저장용기를 동시에 개방하는 설비는 2병 이상의 저장용기에 전자 개방밸브를 부착할 것
2.5.2.3 가스압력식 기동장치는 다음의 기준에 따를 것
2.5.2.3.1 기동용가스용기 및 해당 용기에 사용하는 밸브는 25㎫ 이상의 압력에 견딜수 있는 것으로 할 것
2.5.2.3.2 기동용가스용기에는 내압시험압력의 0.8배부터 내압시험압력 이하에서 작동하는 안전장치를 설치할 것
2.5.2.3.3 기동용가스용기의 체적은 5 L 이상으로 하고, 해당 용기에 저장하는 질소 등의 비활성기체는 6.0㎫ 이상(21℃ 기준)의 압력으로 충전할 것. 다만, 기동용가스용기의 체적을 1L 이상으로 하고, 해당 용기에 저장하는 이산화탄소의 양은 0.6 kg 이상으로 하며, 충전비는 1.5 이상 1.9 이하의 기동용가스용기로 할 수 있다.
2.5.2.3.4 질소 등의 비활성기체 기동용가스용기에는 충전 여부를 확인할 수 있는 압게이지를 설치할 것
2.5.2.4 기계식 기동장치는 저장용기를 쉽게 개방할 수 있는 구조로 할 것
2.5.3 할로겐화합물 및 불활성기체소화설비가 설치된 부분의 출입구 등의 보기 쉬운 곳에 소화약제의 방출을 표시하는 표시등을 설치해야 한다.

정답 : 255. ②

256 **할로겐화합물 및 불활성기체소화설비의 화재안전기술기준상 저장용기의 설치기준으로 옳지 않은 것은?**

① 저장용기는 약제명 · 저장용기의 자체중량과 총중량 · 충전일시 · 충전압력 및 약제의 체적을 표시할 것
② 집합관에 접속되는 저장용기는 동일한 내용적을 가진 것으로 충전량 및 충전압력이 같도록 할 것
③ 저장용기에 충전량 및 충전압력을 확인할 수 있는 장치를 하는 경우에는 해당 소화약제에 적합한 구조로 할 것
④ 저장용기의 약제량 손실이 5%를 초과하거나 압력손실이 10%를 초과할 경우 재충전하거나 저장용기를 교체할 것 다만, 불활성기체소화약제 저장용기의 경우에는 압력손실이 10%를 초과할 경우 재충전하거나 저장용기를 교체해야 한다.

2.3 저장용기
2.3.1 할로겐화합물 및 불활성기체 소화약제의 저장용기는 다음의 기준에 적합한 장소에 설치해야 한다.
2.3.1.1 방호구역 외의 장소에 설치할 것. 다만, 방호구역 내에 설치할 경우에는 피난 및 조작이 용이하도록 피난구 부근에 설치해야 한다.
2.3.1.2 온도가 55℃ 이하이고, 온도 변화가 작은 곳에 설치할 것
2.3.1.3 직사광선 및 빗물이 침투할 우려가 없는 곳에 설치할 것
2.3.1.4 저장용기를 방호구역 외에 설치한 경우에는 방화문으로 구획된 실에 설치할 것
2.3.1.5 용기의 설치장소에는 해당 용기가 설치된 곳임을 표시하는 표지를 할 것
2.3.1.6 용기 간의 간격은 점검에 지장이 없도록 3㎝ 이상의 간격을 유지할 것
2.3.1.7 저장용기와 집합관을 연결하는 연결배관에는 체크밸브를 설치할 것. 다만, 저장용기가 하나의 방호구역만을 담당하는 경우에는 그렇지 않다.
2.3.2 할로겐화합물 및 불활성기체소화약제의 저장용기는 다음의 기준에 적합해야 한다.
2.3.2.1 저장용기의 충전밀도 및 충전압력은 표 2.3.2.1(1) 및 표 2.3.2.1(2)에 따를 것
2.3.2.2 저장용기는 약제명 · 저장용기의 자체중량과 총중량 · 충전일시 · 충전압력 및 약제의 체적을 표시할 것
2.3.2.3 동일 집합관에 접속되는 저장용기는 동일한 내용적을 가진 것으로 충전량 및 충전압력이 같도록 할 것
2.3.2.4 저장용기에 충전량 및 충전압력을 확인할 수 있는 장치를 하는 경우에는 해당 소화약제에 적합한 구조로 할 것
2.3.2.5 저장용기의 약제량 손실이 5%를 초과하거나 압력손실이 10%를 초과할 경우에는 재충전하거나 저장용기를 교체할 것. 다만, 불활성기체 소화약제 저장용기의 경우에는 압력손실이 5%를 초과할 경우 재충전하거나 저장용기를 교체해야 한다.
2.3.3 하나의 방호구역을 담당하는 저장용기의 소화약제의 체적 합계보다 소화약제의 방출 시 방출경로가 되는 배관(집합관을 포함한다)의 내용적의 비율이 할로겐화합물 및 불활성기체소화약제 제조업체(이하 "제조업체"라 한다)의 설계기준에서 정한 값 이상일 경우에는 해당 방호구역에 대한 설비는 별도 독립방식으로 해야 한다.
2.3.4 할로겐화합물 및 불활성기체소화약제 저장용기와 선택밸브 또는 개폐밸브 사이에는 배관의 최소사용설계압력과 최대허용압력 사이의 압력에서 작동하는 안전장치를 설치해야 하며, 안전장치를 통하여 나온 소화가스는 전용의 배관 등을 통하여 건축물 외부로 배출될 수 있도록 해야 한다. 이 경우 안전장치로 용전식을 사용해서는 안된다. <신설 2024.8.1.>

정답 : 256. ④

257 할로겐화합물 및 불활성기체소화설비의 분사헤드의 설치높이로 옳은 것은?

① 최소 0.1[m] 이상 최대 3.2[m] 이하
② 최소 0.1[m] 이상 최대 3.5[m] 이하
③ 최소 0.2[m] 이상 최대 3.5[m] 이하
④ 최소 0.2[m] 이상 최대 3.7[m] 이하

2.9 분사헤드
2.9.1 할로겐화합물 및 불활성기체소화설비의 분사헤드는 다음의 기준에 따라야 한다.
2.9.1.1 분사헤드의 설치 높이는 방호구역의 바닥으로부터 최소 0.2m 이상 최대 3.7m 이하로 해야 하며 천장높이가 3.7m를 초과할 경우에는 추가로 다른 열의 분사헤드를 설치할 것. 다만, 분사헤드의 성능인정 범위 내에서 설치하는 경우에는 그렇지 않다.
2.9.1.2 분사헤드의 개수는 방호구역에 2.7.3에 따른 방출시간이 충족되도록 설치할 것
2.9.1.3 분사헤드에는 부식방지조치를 해야 하며 오리피스의 크기, 제조일자, 제조업체가 표시되도록 할 것
2.9.2 분사헤드의 방출률 및 방출압력은 제조업체에서 정한 값으로 할 것
2.9.3 분사헤드의 오리피스의 면적은 분사헤드가 연결되는 배관구경 면적의 70% 이하가 되도록 할 것

258 할로겐화합물 및 불활성기체소화설비의 화재안전기술기준상 최대허용설계농도가 가장 높은 물질은 어느 것인가?

① FC-3-1-10　　② HFC-124
③ HFC-23　　④ IG-01

[할로겐화합물 및 불활성기체소화약제 최대허용 설계농도]

소화약제	최대허용 설계농도(%)
FC－3－1－10	40
HCFC BLEND A	10
HCFC－124	1.0
HFC－125	11.5
HFC－227ea	10.5
HFC－23	30
HFC－236fa	12.5
FIC－13I1	0.3
FK－5－1－12	10
IG－01	43
IG－100	43
IG－541	43
IG－55	43

정답 : 257. ④　　258. ④

259 할로겐화합물 및 불활성기체소화설비의 비상전원은 몇 분 이상 작동할 수 있어야 하는가?

① 10분　　② 20분
③ 30분　　④ 60분

2.13.1 할로겐화합물 및 불활성기체소화설비의 비상전원은 자가발전설비, 전기저장장치 또는 축전지설비(제어반에 내장하는 경우를 포함한다)로서 다음의 기준에 따라 설치해야 한다. 다만, 2 이상의 변전소(「전기사업법」 제67조에 따른 변전소를 말한다. 이하 같다)에서 전력을 동시에 공급받을 수 있거나 하나의 변전소로부터 전력의 공급이 중단되는 때에는 자동으로 다른 변전소로부터 전력을 공급받을 수 있도록 상용전원을 설치한 경우에는 비상전원을 설치하지 않을 수 있다.

2.13.1.1 점검에 편리하고 화재 및 침수 등의 재해로 인한 피해를 받을 우려가 없는 곳에 설치할 것

2.13.1.2 할로겐화합물 및 불활성기체소화설비를 유효하게 20분 이상 작동할 수 있어야 할 것

2.13.1.3 상용전원으로부터 전력의 공급이 중단된 때에는 자동으로 비상전원으로부터 전력을 공급받을 수 있도록 할 것

2.13.1.4 비상전원의 설치장소는 다른 장소와 방화구획 할 것. 이 경우 그 장소에는 비상전원의 공급에 필요한 기구나 설비 외의 것(열병합발전설비에 필요한 기구나 설비는 제외한다)을 두어서는 아니 된다.

2.13.1.5 비상전원을 실내에 설치하는 때에는 그 실내에 비상조명등을 설치할 것

260 할로겐화합물 및 불활성기체소화약제의 저장용기에 표시사항이 아닌 것은?

① 약제명　　② 저장용기의 자체중량과 총중량
③ 약제의 색상　　④ 충전압력

256번 문제 해설 참조

261 할로겐화합물 및 불활성기체소화약제 저장용기 설치장소의 유지온도로 옳은 것은?

① 35℃ 이하　　② 40℃ 이하
③ 50℃ 이하　　④ 55℃ 이하

256번 문제 해설 참조

정답 : 259. ②　　260. ③　　261. ④

262 **할로겐화합물 및 불활성기체소화설비의 화재안전기술기준상 배관의 구경 설치기준으로 옳은 것은?**

① 10초 이내에 방호구역 각 부분에 최소설계농도의 90% 이상 해당하는 약제량이 방출할 수 있는 수량
② 10초 이내에 방호구역 각 부분에 최소설계농도의 95% 이상 해당하는 약제량이 방출할 수 있는 수량
③ 1분 이내(B급화재)에 방호구역 각 부분에 최소설계농도의 90% 이상 해당하는 약제량이 방출할 수 있는 수량
④ 1분 이내(B급화재)에 방호구역 각 부분에 최소설계농도의 95% 이상 해당하는 약제량이 방출할 수 있는 수량

2.7.3 배관의 구경은 해당 방호구역에 할로겐화합물소화약제는 10초 이내에 불활성기체소화약제는 A · C급 화재 2분, B급 화재는 1분이내에 방호구역 각 부분에 최소설계농도의 95% 이상에 해당하는 약제량이 방출되도록 해야 한다.

263 **할로겐화합물 및 불활성기체소화약제 중 "IG-541"의 주성분을 옳게 나타낸 것은?**

① N_2 : 40%, Ar : 40%, CO_2 : 20%
② N_2 : 52%, Ar : 40%, CO_2 : 8%
③ N_2 : 60%, Ar : 32%, CO_2 : 8%
④ N_2 : 48%, Ar : 32%, CO_2 : 20%

252번 문제 해설 참조

264 **할론겐화합물소화약제 저장량 산정식으로 옳은 것은? (단, W : 소화약제의 무게(kg), V : 방호구역의 체적(m^3), S : 소화약제별 선형상수 ($K_1+K_2\times t$)(m^3/kg) C : 체적에 따른 소화약제의 설계농도(%),t : 방호구역의 최소예상온도(℃))**

① W = V/S × [(100-C) /C]
② W = V/S × [(100+C) /C]
③ W = V/S × [C / (100-C)]
④ W = V/S × [C / (100+C)]

소화약제량의 산정
① 할로겐화합물소화약제는 다음 공식에 따라 산출한 양 이상으로 할 것

$$W = \frac{V}{S} \times \left[\frac{C}{(100-C)}\right]$$

W : 소화약제의 무게(kg), V : 방호구역의 체적(m^3)
S : 소화약제별 선형상수[$K_1+K_2\times t$](m^3/kg)
C : 체적에 따른 소화약제의 설계농도(%)=소화농도×안전계수(A급 화재 1.2, B급 화재 1.3, C급 화재 1.35), t : 방호구역의 최소예상온도(℃)
② 불활성기체소화약제는 다음 공식에 의하여 산출된 량 이상이 되도록 할 것
$Q(m^3)=V(m^3)\times X(m^3/m^3)$
Q : 소화약제의 체적(m^3), V : 방호구역의 체적(m^3)
X : 방호구역 $1m^3$당 필요한 약제(m^3)

정답 : 262. ④　263. ②　264. ③

$$X = 2.303\left(\frac{V_S}{S}\right) \times Log\left(\frac{100}{100 - C}\right)$$

X : 공간체적당 더해진 소화약제의 부피(m^3/m^3)
S : 소화약제별 선형상수($K_1 + K_2 \times t$)(m^3/kg)
C : 체적에 따른 소화약제의 설계농도(%)(소화농도×안전계수(A급 화재 1.2, B급 화재 1.3, C급 화재 1.35)
V_s : 20℃에서 소화약제의 비체적(m^3/kg), t : 방호구역의 최소예상온도(℃)

A · B · C급 화재별 안전계수 <신설 2024. 8. 1.>

설계농도	소화농도	안전계수
A급	A급	1.2
B급	B급	1.3
C급	A급	1.35

265 배관의 두께를 선정하는 공식에서 잘못 설명된 것은?

$$관의\ 두께(t) = \frac{PD}{2SE} + A$$

① t는 관의 두께로서 단위는 mm이다.
② SE는 최대허용응력으로서 배관재질 인장강도의 1/3과 항복점의 1/4값 중 적은값을 선정한다.
③ A는 나사이음등의 허용값으로서 단위는 mm이다.
④ P는 최대허용압력으로서 단위는 kPa이다.

배관의 두께는 다음의 계산식에서 구한 값(t) 이상일 것. 다만, 방출헤드 설치부는 제외한다.

$$관의\ 두께(t) = \frac{PD}{2SE} + A$$

t : 배관의 두께(mm), P : 최대허용압력(kPa), D : 배관의 바깥지름(cm)
SE : 최대허용응력(kPa)(배관재질 인장강도의 1/4값과 항복점의 2/3값 중 적은 값×배관이음 효율×1.2)
A : 나사이음, 홈이음 등의 허용값(mm)(헤드설치부분은 제외한다.)

• 나사이음 : 나사의 높이 • 절단홈이음 : 홈의 깊이 • 용접이음 : 0

배관이음 효율

• 이음매 없는 배관 : 1.0
• 전기저항 용접배관 : 0.85
• 가열맞대기 용접배관 : 0.60

266 분말소화설비의 화재안전기술기준상 저장용기의 설치장소로 옳지 않은 것은?

① 방호구역 내에 설치한다.
② 온도가 40[℃] 이하이고 온도변화가 적은 곳에 설치한다.
③ 직사광선 및 빗물의 침투할 우려가 없는 곳에 설치한다.
④ 방화문으로 구획된 실에 설치한다.

정답 : 265. ② 266. ①

2.1.1 분말소화약제의 저장용기는 다음의 기준에 적합한 장소에 설치해야 한다.
2.1.1.1 방호구역 외의 장소에 설치할 것. 다만, 방호구역 내에 설치할 경우에는 피난 및 조작이 용이하도록 피난구 부근에 설치해야 한다.
2.1.1.2 온도가 40℃ 이하이고, 온도변화가 적은 곳에 설치할 것
2.1.1.3 직사광선 및 빗물이 침투할 우려가 없는 곳에 설치할 것
2.1.1.4 방화문으로 구획된 실에 설치할 것
2.1.1.5 용기의 설치장소에는 해당용기가 설치된 곳임을 표시하는 표지를 할 것
2.1.1.6 용기간의 간격은 점검에 지장이 없도록 3㎝ 이상의 간격을 유지할 것
2.1.1.7 저장용기와 집합관을 연결하는 연결배관에는 체크밸브를 설치할 것. 다만, 저장용기가 하나의 방호구역만을 담당하는 경우에는 그렇지 않다.

267 **분말소화설비의 화재안전기술기준에 따라 제1종 소화분말 250[kg]을 저장하는 경우 저장용기의 내용적[L]은 얼마 이상으로 해야 하는가?**

① 200[L] ② 250[L]
③ 312.5[L] ④ 375[L]

$250kg \times 0.8L/kg = 200L$

2.1.2 분말소화약제의 저장용기는 다음의 기준에 적합해야 한다.
2.1.2.1 저장용기의 내용적은 다음 표에 따를 것

소화약제의 종별	소화약제 1kg당 저장용기의 내용적
제1종 분말(탄산수소나트륨을 주성분으로 한 분말)	0.8L
제2종 분말(탄산수소칼륨을 주성분으로 한 분말)	1L
제3종 분말(인산염을 주성분으로 한 분말)	1L
제4종 분말(탄산수소칼륨과 요소가 화합된 분말)	1.25L

2.1.2.2 저장용기에는 가압식은 최고사용압력의 1.8배 이하, 축압식은 용기의 내압시험압력의 0.8배 이하의 압력에서 작동하는 안전밸브를 설치할 것
2.1.2.3 저장용기에는 저장용기의 내부압력이 설정압력으로 되었을 때 주밸브를 개방하는 정압작동 장치를 설치할 것
2.1.2.4 저장용기의 충전비는 0.8 이상으로 할 것
2.1.2.5 저장용기 및 배관에는 잔류 소화약제를 처리할 수 있는 청소장치를 설치할 것
2.1.2.6 축압식 저장용기에는 사용압력의 범위를 표시한 지시압력계를 설치할 것

268 **분말소화설비 저장용기의 충전비는 얼마 이상이어야 하는가?**

① 0.8 ② 1.0
③ 1.25 ④ 1.5

267번 문제 해설 참조

정답 : 267. ①　　268. ①

269 **체적이 400[m³]인 소방대상물에 제3종 분말소화설비를 설치하려고 한다. 이곳에는 자동 폐쇄장치가 설치되어 있지 않는 개구부의 면적이 5[m²]일 때 소화약제 저장량은?**

① 262.5[kg] ② 157.5[kg]
③ 105[kg] ④ 205[kg]

$W = 400\text{m}^3 \times 0.36\text{kg/m}^3 + 5\text{m}^2 \times 2.7\text{kg/m}^3 = 157.5\text{kg}$

소화약제량의 산정
① 전역방출방식

$W = (V \times \alpha) + (A \times \beta)$

W : 분말소화약제량(kg), V : 방호구역의 체적(m^3)
α : 방호구역의 체적 $1m^3$당의 약제량(kg/m^3)
A : 자동폐쇄장치가 없는 개구부의 면적(m^3)
β : 개구부의 면적 $1m^2$당의 약제량
[방호구역 $1m^3$에 대한 약제량과 자동폐쇄장치가 없는 개구부 $1m^3$당 가산량]

소화약제의 종별	방호구역 $1m^3$에 대한 약제량	가산량(개구부 $1m^3$에 대한 약제량)
제1종 분말	0.6kg	4.5kg
제2종, 3종 분말	0.36kg	2.7kg
제4종 분말	0.24kg	1.8kg

270 **제1종 분말을 사용한 전역방출방식의 분말소화설비에 있어서 방호구역 1[m³]에 대한 소화약제의 저장량은 얼마인가?**

① 0.6[kg] ② 0.36[kg]
③ 0.24[kg] ④ 0.72[kg]

0.6kg/m^3

271 **제3종 호스릴 분말소화설비를 설치하려고 한다. 노즐의 수가 2개일 때 소화약제의 저장량은 얼마가 필요한가?**

① 40[kg] ② 60[kg]
③ 80[kg] ④ 100[kg]

정답 : 269. ② 270. ① 271. ②

2×30kg = 60kg

구분	저장량(kg)	분당방사량(kg/min)	수평거리(m)
이산화탄소	90	60	15
할론2402	50	45	20
할론1211	50	40	20
할론1301	45	35	20
제1종 분말	50	45	15
제2종 분말 또는 제3종 분말	30	27	15
제4종 분말	20	18	15

272 **전역방출방식 분말소화설비에서 방호구역의 개구부에 자동폐쇄장치를 설치하지 아니한 경우에 개구부의 면적 1제곱미터에 대한 분말소화약제의 가산량으로 잘못 연결된 것은?**

① 제1종 분말 - 4.5[kg]　② 제2종 분말 - 2.7[kg]
③ 제3종 분말 - 2.5[kg]　④ 제4종 분말 - 1.8[kg]

269번 문제 해설 참조

273 **분말소화설비의 화재안전기술기준상 가압용가스에 질소가스를 사용하는 것에 있어서 20[kg]의 소화약제를 사용하였을 때 필요한 질소의 양은 얼마 이상으로 하는가?**

① 200[L]　② 400[L]
③ 600[L]　④ 800[L]

20kg × 40L/kg = 800L

2.2 가압용가스용기

2.2.1 분말소화약제의 가스용기는 분말소화약제의 저장용기에 접속하여 설치해야 한다.

2.2.2 분말소화약제의 가압용가스 용기를 3병 이상 설치한 경우에는 2개 이상의 용기에 전자개방밸브를 부착해야 한다.

2.2.3 분말소화약제의 가압용가스 용기에는 2.5MPa 이하의 압력에서 조정이 가능한 압력조정기를 설치해야 한다.

2.2.4 가압용가스 또는 축압용가스는 다음의 기준에 따라 설치해야 한다.

2.2.4.1 가압용가스 또는 축압용가스는 질소가스 또는 이산화탄소로 할 것

2.2.4.2 가압용가스에 질소가스를 사용하는 것의 질소가스는 소화약제 1kg마다 40L(35°C에서 1기압의 압력상태로 환산한 것) 이상, 이산화탄소를 사용하는 것의 이산화탄소는 소화약제 1kg에 대하여 20g에 배관의 청소에 필요한 양을 가산한 양 이상으로 할 것

2.2.4.3 축압용가스에 질소가스를 사용하는 것의 질소가스는 소화약제 1kg에 대하여 10L(35°C에서 1기압의 압력상태로 환산한 것) 이상, 이산화탄소를 사용하는 것의 이산화탄소는 소화약제 1kg에 대하여 20g에 배관의 청소에 필요한 양을 가산한 양 이상으로 할 것

2.2.4.4 저장용기 및 배관의 청소에 필요한 양의 가스는 별도의 용기에 저장할 것

정답 : 272. ③　273. ④

274 **분말소화설비의 가압용가스용기의 가압 및 축압용 가스로 사용할 수 있는 것은?**

① 질소 ② 이산화질소 ③ 일산화탄소 ④ 수소

해설 질소 또는 이산화탄소

275 **분말소화약제의 가압용가스용기를 몇 병 이상 설치한 경우에 2개 이상의 용기에 전자 개방밸브를 부착해야 하는가?**

① 2병 ② 3병 ③ 4병 ④ 5병

해설 273번 문제 해설 참조

276 **분말소화설비에서 방호구역이 2개일 때 선택밸브는 몇 개를 설치해야 하는가?**

① 1개 ② 2개 ③ 3개 ④ 4개

해설 2개의 선택밸브

277 **분말소화설비 저장용기가 가압식일 때 설치되는 안전밸브의 작동압력으로 옳은 것은?**

① 최고 사용압력의 1.5배 이하 ② 최고 사용압력의 1.8배 이하
③ 내압시험의 1.5배 이하 ④ 내압시험의 압력의 1.8배 이하

해설 267번 문제 해설 참조

278 **분말소화설비 작동 후 저장용기 및 배관에 설치하여 잔류 소화약제를 처리할 수 있는 장치는 무엇인가?**

① 배출장치 ② 청소장치 ③ 분해장치 ④ 배수장치

해설 청소장치 [배기밸브, 클리닝밸브]

279 **차고 또는 주차장에 적합한 분말소화설비의 소화약제는?**

① 제1종 분말 ② 제2종 분말 ③ 제3종 분말 ④ 제4종 분말

해설 제3종분말

정답 : 274. ① 275. ② 276. ② 277. ② 278. ② 279. ③

280 분말소화설비의 화재안전기술기준상 분말소화약제의 방출시간으로 옳은 것은?

① 20초 ② 30초
③ 40초 ④ 60초

2.8 분사헤드
2.8.1 전역방출방식의 분말소화설비의 분사헤드는 다음의 기준에 따라 설치해야 한다.
2.8.1.1 방출된 소화약제가 방호구역의 전역에 균일하고 신속하게 확산할 수 있도록 할 것
2.8.1.2 2.3.2.1에 따른 소화약제 저장량을 30초 이내에 방출할 수 있는 것으로 할 것
2.8.2 국소방출방식의 분말소화설비의 분사헤드는 다음의 기준에 따라 설치해야 한다.
2.8.2.1 소화약제의 방출에 따라 가연물이 비산하지 않는 장소에 설치할 것
2.8.2.2 2.3.2.2에 따른 기준저장량의 소화약제를 30초 이내에 방출할 수 있는 것으로 할 것
2.8.3 화재 시 현저하게 연기가 찰 우려가 없는 장소로서 다음의 어느 하나에 해당하는 장소에는 호스릴방식의 분말소화설비를 설치할 수 있다. 다만, 차고 또는 주차의 용도로 사용되는 장소는 제외한다.
2.8.3.1 지상 1층 및 피난층에 있는 부분으로서 지상에서 수동 또는 원격조작에 따라 개방할 수 있는 개구부의 유효면적의 합계가 바닥면적의 15% 이상이 되는 부분
2.8.3.2 전기설비가 설치되어 있는 부분 또는 다량의 화기를 사용하는 부분(해당 설비의 주위 5m 이내의 부분을 포함한다)의 바닥면적이 해당 설비가 설치되어 있는 구획의 바닥면적의 5분의 1 미만이 되는 부분
2.8.4 호스릴방식의 분말소화설비는 다음의 기준에 따라 설치해야 한다.
2.8.4.1 방호대상물의 각 부분으로부터 하나의 호스접결구까지의 수평거리가 15m 이하가 되도록 할 것
2.8.4.2 소화약제 저장용기의 개방밸브는 호스릴의 설치장소에서 수동으로 개폐할 수 있는 것으로 할 것
2.8.4.3 소화약제 저장용기는 호스릴을 설치하는 장소마다 설치할 것
2.8.4.4 호스릴방식의 분말소화설비의 노즐은 하나의 노즐마다 1분당 다음 표 2.8.4.4에 따른 소화약제를 방출할 수 있는 것으로 할 것

[표 2.8.4.4 호스릴방식의 분말소화설비의 소화약제 종별 1분당 방출하는 소화약제의 양]

소화약제의 종별	1분당 방사하는 소화약제의 양
제1종 분말	45kg
제2종 분말 또는 제3종 분말	27kg
제4종 분말	18kg

2.8.4.5 소화약제 저장용기의 가장 가까운 곳의 보기 쉬운 곳에 적색의 표시등을 설치하고, 호스릴방식의 분말소화설비가 있다는 뜻을 표시한 표지를 할 것

281 분말소화설비의 화재안전기술기준상 제4종 분말을 소화약제로 사용하는 호스릴방식의 분말소화설비의 노즐 하나의 1분당 방출하는 소화약제의 양은 얼마인가?

① 45[kg] ② 27[kg]
③ 18[kg] ④ 9[kg]

280번 문제 해설 참조

정답 : 280. ② 281. ③

282 분말소화설비의 전역방출방식에 있어 방호구역의 체적이 500[m³]일 때 분사헤드의 최소 설치수는? (단, 제1종 소화분말로서 분사헤드 1개의 방출량은 20[kg/min·개]이다.)

① 35개 ② 134개
③ 9개 ④ 30개

$$헤드\ 수 = \frac{총방출량(kg/\mathrm{min})}{헤드1개의\ 방출량(\mathrm{kg/min}\cdot 개)}$$

$$\frac{500\mathrm{m}^3 \times 0.6\mathrm{kg/m}^3 \div 0.5\mathrm{min}}{20\mathrm{kg/min}\cdot 개} = 30개$$

283 분말소화설비의 정압작동장치의 종류에 해당되지 않는 것은?

① 압력스위치 방식 ② 기계적인 방식
③ 시한릴레이 방식 ④ 전기적인 방식

압력스위치방식, 기계적방식, 시한릴레이방식, 타이머방식, 봉판식, 스프링식

284 분말소화설비의 가압식 약제 저장용기에 설치하는 정압작동장치에 관한 사항 중 옳지 않은 것은?

① 기동장치가 작동한 뒤에 저장용기의 압력이 설정압력 이상이 될 때에 방출밸브를 개방시키는 장치이다.
② 저장용기마다 이것을 설치해야 한다.
③ 분말약제의 고체상태를 유동상태로 변환시켜 주기 위한 것이다.
④ 탱크에 과도한 압력이 걸려서 위험하지 않도록 탱크의 압력을 일정하게 해주는 장치이다.

285 분말소화설비 작동 후 배관 속에 잔류하고 있는 소화약제는 어떻게 처리하는가?

① 그대로 방치해 둔다. ② 물로 씻어낸다.
③ 고압의 질소가스로 청소한다. ④ 습기를 방지하고 꼭 막아둔다.

286 분말소화설비의 화재안전기술기준상 가압용가스 및 축압용가스에 대한 설치기준 중 옳지 않은 것은?

① 가압용가스 또는 축압용가스는 질소가스 또는 이산화탄소로 할 것
② 가압용가스에 질소가스를 사용하는 것에 있어서 질소가스는 소화약제 1kg마다 40L(25℃에서 1기압의 압력상태로 환산한 것)에 배관의 청소에 필요한 양을 가산한 양 이상으로 할 것
③ 축압용 가스에 이산화탄소를 사용하는 것에 있어서 이산화탄소는 소화약제 1kg에 대하여 20g에 배관의 청소에 필요한 양을 가산한 양 이상으로 할 것
④ 배관의 청소에 필요한 양의 가스는 별도의 용기에 저장할 것

273번 문제 해설 참조

정답 : 282. ④ 283. ④ 284. ③ 285. ③ 286. ②

287 분말소화설비의 화재안전기술기준상 배관의 설치기준으로 옳지 않은 것은?

① 동관의 경우에는 배관의 최고사용압력의 1.2배 이상의 압력에 견딜 수 있어야 한다.
② 배관은 전용으로 한다.
③ 강관을 사용하는 경우, 배관은 아연 도금에 의한 배관용 탄소 강관을 사용한다.
④ 밸브류는 개폐위치 또는 개폐 방향을 표시한 것으로 한다.

2.6 배관
2.6.1 분말소화설비의 배관은 다음의 기준에 따라 설치해야 한다.
2.6.1.1 배관은 전용으로 할 것
2.6.1.2 강관을 사용하는 경우의 배관은 아연도금에 따른 배관용탄소강관(KS D 3507)이나 이와 동등 이상의 강도 · 내식성 및 내열성을 가진 것으로 할 것. 다만, 축압식분말소화설비에 사용하는 것 중 20℃에서 압력이 2.5㎫ 이상 4.2㎫ 이하인 것은 압력배관용탄소강관(KS D 3562) 중 이음이 없는 스케줄 40 이상의 것 또는 이와 동등 이상의 강도를 가진 것으로서 아연도금으로 방식 처리된 것을 사용해야 한다.
2.6.1.3 동관을 사용하는 경우의 배관은 고정압력 또는 최고사용압력의 1.5배 이상의 압력에 견딜 수 있는 것을 사용할 것
2.6.1.4 밸브류는 개폐위치 또는 개폐방향을 표시한 것으로 할 것
2.6.1.5 배관의 관부속 및 밸브류는 배관과 동등 이상의 강도 및 내식성이 있는 것으로 할것
2.6.1.6 확관형 분기배관을 사용할 경우에는 소방청장이 정하여 고시한 「분기배관의 성능 인증 및 제품검사의 기술기준」에 적합한 것으로 설치할 것

288 다음은 분말소화설비의 화재안전기술기준상 배관의 설치기준 중 일부이다. (　　　)에 들어갈 내용으로 옳은 것은?

> 강관을 사용하는 경우의 배관은 아연도금에 따른 배관용탄소강관(KS D 3507)이나 이와 동등 이상의 강도 · 내식성 및 내열성을 가진 것으로 할 것. 다만, 축압식분말소화설비에 사용하는 것 중 20 °C에서 압력이 (　　　　)인 것은 압력배관용탄소강관(KS D 3562) 중 이음이 없는 스케줄 40 이상의 것 또는 이와 동등 이상의 강도를 가진 것으로서 아연도금으로 방식 처리된 것을 사용해야 한다.

① 4.5MPa 이상 9.5MPa 이하　　② 1.1MPa 이상 2.5MPa 이하
③ 2.5MPa 이상 4.2MPa 이하　　④1.9MPa 이상 2.3MPa 이하

287번 문제 해설 참조

289 분말소화설비의 배관을 토너먼트 방식으로 설치하는 이유로 옳은 것은?

① 헤드의 일정한 압력을 유지하기 위해
② 헤드의 일정한 방사량과 방사압력을 유지하기 위해
③ 배관의 마찰손실을 적게 하기 위해
④ 헤드의 일정한 방사량을 유지하기 위해

정답 : 287. ①　288. ③　289. ②

290 **피난기구의 화재안전기술기준상 의료시설에 적응성이 있는 피난기구에 해당되지 않는 것은?**

① 피난사다리 ② 미끄럼대
③ 구조대 ④ 피난용트랩

구분 \ 설치장소별 \ 층별	1층	2층	3층	4층 이상 10층 이하
1. 노유자시설	· 미끄럼대 · 구조대 · 피난교 · 다수인피난장비 · 승강식피난기	· 미끄럼대 · 구조대 · 피난교 · 다수인피난장비 · 승강식피난기	· 미끄럼대 · 구조대 · 피난교 · 다수인피난장비 · 승강식피난기	· 구조대1) · 피난교 · 다수인피난장비 · 승강식피난기
2. 의료시설 · 근린생활시설 중 입원실이 있는 의원 · 접골원 · 조산원			· 미끄럼대 · 구조대 · 피난교 · 피난용트랩 · 다수인피난장비 · 승강식피난기	· 구조대 · 피난교 · 피난용트랩 · 다수인피난장비 · 승강식피난기
3. 「다중이용업소의 안전 관리에 관한 특별법 시행령」 제2조에 따른 다중이용업소로서 영업장의 위치가 4층 이하인 다중 이용업소		· 미끄럼대 · 피난사다리 · 구조대 · 완강기 · 다수인피난장비 · 승강식피난기	· 미끄럼대 · 피난사다리 · 구조대 · 완강기 · 다수인피난장비 · 승강식피난기	· 미끄럼대 · 피난사다리 · 구조대 · 완강기 · 다수인피난장비 · 승강식피난기
4. 그 밖의 것			· 미끄럼대 · 피난사다리 · 구조대 · 완강기 · 피난교 · 피난용트랩 · 간이완강기 · 공기안전매트 · 다수인피난장비 · 승강식피난기	· 피난사다리 · 구조대 · 완강기 · 피난교 · 간이완강기2) · 공기안전매트3) · 다수인피난장비 · 승강식피난기

[비고]
1) 구조대의 적응성은 장애인 관련 시설로서 주된 사용자 중 스스로 피난이 불가한 자가 있는 경우 2.1.2.4에 따라 추가로 설치하는 경우에 한한다.
2), 3) 간이완강기의 적응성은 2.1.2.2에 따라 숙박시설의 3층 이상에 있는 객실에, 공기안전매트의 적응성은 2.1.2.3에 따라 공동주택(「공동주택관리법」 제2조제1항제2호 가목부터 라목까지 중 어느 하나에 해당하는 공동주택)에 추가로 설치하는 경우에 한한다.

정답 : 290. ①

291 **다음 중 피난구조설비에 해당되지 않는 것은?**

① 완강기 ② 구조대
③ 승강기 ④ 유도등

292 **피난기구의 화재안전기술기준상 피난기구의 수를 선정하는 기준 중 옳지 않은 것은?**

① 층마다 설치할 것
② 숙박시설 · 노유자시설 및 의료시설로 사용되는 층에 있어서는 그 층의 바닥면적 500m^2 마다 설치할 것
③ 위락시설 · 문화집회 및 운동시설 · 판매시설로 사용되는 층 또는 복합용도의 층에 있어서는 그 층의 바닥면적 700m^2마다 설치할 것
④ 계단실형 아파트에 있어서는 각 세대마다, 그 밖의 용도의 층에 있어서는 그 층의 바닥면적 1,000m^2마다 1개 이상 설치할 것

2.1.2 피난기구는 다음의 기준에 따른 개수 이상을 설치해야 한다.

2.1.2.1 층마다 설치하되, 숙박시설 · 노유자시설 및 의료시설로 사용되는 층에 있어서는 그 층의 바닥면적 500m^2마다, 위락시설 · 문화집회 및 운동시설 · 판매시설로 사용되는 층 또는 복합용도의 층(하나의 층이 영 별표 2 제1호 나목 내지 라목 또는 제4호 또는 제8호 내지 제18호 중 2 이상의 용도로 사용되는 층을 말한다)에 있어서는 그 층의 바닥면적 800m^2마다, 계단실형 아파트에 있어서는 각 세대마다, 그 밖의 용도의 층에 있어서는 그 층의 바닥면적 1,000m^2마다 1개 이상 설치할 것

2.1.2.2 2.1.2.1에 따라 설치한 피난기구 외에 숙박시설(휴양콘도미니엄을 제외한다)의 경우에는 추가로 객실마다 완강기 또는 2 이상의 간이완강기를 설치할 것

2.1.2.3 ~~2.1.2.1에 따라 설치한 피난기구 외에 공동주택(「공동주택관리법」 제2조제1항제2호 가목부터 라목까지 중 어느 하나에 해당하는 공동주택에 한한다)의 경우에는 하나의 관리주체가 관리하는 공동주택 구역마다 공기안전매트 1개 이상을 추가로 설치할 것. 다만, 옥상으로 피난이 가능하거나 인접세대로 피난할 수 있는 구조인 경우에는 추가로 설치하지 않을 수 있다.~~ <삭제 2024. 1. 1>

2.1.2.4 2.1.2.1에 따라 설치한 피난기구 외에 4층 이상의 층에 설치된 노유자시설 중 장애인 관련 시설로서 주된 사용자 중 스스로 피난이 불가한 자가 있는 경우에는 층마다 구조대를 1개 이상 추가로 설치할 것

293 **피난기구의 화재안전기술기준상 피난기구의 설치기준 중 옳지 않은 것은?**

① 피난기구는 계단 · 피난구 기타 피난시설로부터 적당한 거리에 있는 안전한 구조로 된 피난 또는 소화활동상 유효한 개구부(가로 0.8m 이상 세로 1.5m 이상인 것을 말한다. 이 경우 개부구 하단이 바닥에서 1.2m 이상이면 발판 등을 설치해야 하고, 밀폐된 창문은 쉽게 파괴할 수 있는 파괴장치를 비치해야 한다)에 고정하여 설치하거나 필요한 때에 신속하고 유효하게 설치할 수 있는 상태에 둘 것
② 피난기구를 설치하는 개구부는 서로 동일직선상이 아닌 위치에 있을 것. 다만, 미끄럼봉 · 피난교 · 피난용트랩 · 피난밧줄 또는 간이완강기 · 아파트에 설치되는 피난기구(다수인 피난장비는 제외한다) 기타 피난 상 지장이 없는 것에 있어서는 그러하지 아니하다.
③ 피난기구는 소방대상물의 기둥 · 바닥 · 보 기타 구조상 견고한 부분에 볼트조임 · 매입 · 용접 기타의 방법으로 견고하게 부착할 것
④ 4층 이상의 층에 피난사다리(하향식 피난구용 내림식사다리는 제외한다)를 설치하는 경우에는 금속성 고정사다리를 설치하고, 당해 고정사다리에는 쉽게 피난할 수 있는 구조의 노대를 설치할 것

정답 : 291. ③ 292. ③ 293. ①

2.1.3 피난기구는 다음의 기준에 따라 설치해야 한다.

2.1.3.1 피난기구는 계단 · 피난구 기타 피난시설로부터 적당한 거리에 있는 안전한 구조로 된 피난 또는 소화 활동상 유효한 개구부(가로 0.5m 이상 세로 1m 이상인 것을 말한다. 이 경우 개구부 하단이 바닥에서 1.2m 이상이면 발판 등을 설치하여야 하고, 밀폐된 창문은 쉽게 파괴할 수 있는 파괴장치를 비치해야 한다)에 고정하여 설치하거나 필요한 때에 신속하고 유효하게 설치할 수 있는 상태에 둘 것

2.1.3.2 피난기구를 설치하는 개구부는 서로 동일직선상이 아닌 위치에 있을 것. 다만, 피난교 · 피난용트랩 · 간이완강기 · 아파트에 설치되는 피난기구(다수인피난장비는 제외한다) 기타 피난 상 지장이 없는 것에 있어서는 그렇지 않다.

2.1.3.3 피난기구는 특정소방대상물의 기둥 · 바닥 · 보 기타 구조상 견고한 부분에 볼트조임 · 매입 · 용접 기타의 방법으로 견고하게 부착할 것

2.1.3.4 4층 이상의 층에 피난사다리(하향식 피난구용 내림식사다리는 제외한다)를 설치하는 경우에는 금속성 고정사다리를 설치하고, 당해 고정사다리에는 쉽게 피난할 수 있는 구조의 노대를 설치할 것

2.1.3.5 완강기는 강하 시 로프가 건축물 또는 구조물 등과 접촉하여 손상되지 않도록 하고, 로프의 길이는 부착위치에서 지면 또는 기타 피난상 유효한 착지 면까지의 길이로 할 것

2.1.3.6 미끄럼대는 안전한 강하속도를 유지하도록 하고, 전락방지를 위한 안전조치를 할 것

2.1.3.7 구조대의 길이는 피난 상 지장이 없고 안정한 강하속도를 유지할 수 있는 길이로 할 것

2.1.3.8 다수인피난장비는 다음의 기준에 적합하게 설치할 것

2.1.3.8.1 피난에 용이하고 안전하게 하강할 수 있는 장소에 적재 하중을 충분히 견딜 수 있도록 「건축물의 구조기준 등에 관한 규칙」 제3조에서 정하는 구조안전의 확인을 받아 견고하게 설치할 것

2.1.3.8.2 다수인피난장비 보관실(이하 "보관실"이라 한다)은 건물 외측보다 돌출되지 아니하고, 빗물 · 먼지 등으로부터 장비를 보호할 수 있는 구조일 것

2.1.3.8.3 사용 시에 보관실 외측 문이 먼저 열리고 탑승기가 외측으로 자동으로 전개될 것

2.1.3.8.4 하강 시에 탑승기가 건물 외벽이나 돌출물에 충돌하지 않도록 설치할 것

2.1.3.8.5 상 · 하층에 설치할 경우에는 탑승기의 하강경로가 중첩되지 않도록 할 것

2.1.3.8.6 하강 시에는 안전하고 일정한 속도를 유지하도록 하고 전복, 흔들림, 경로이탈 방지를 위한 안전조치를 할 것

2.1.3.8.7 보관실의 문에는 오작동 방지조치를 하고, 문 개방 시에는 해당 특정소방대상물에 설치된 경보설비와 연동하여 유효한 경보음을 발하도록 할 것

2.1.3.8.8 피난층에는 해당 층에 설치된 피난기구가 착지에 지장이 없도록 충분한 공간을 확보할 것

2.1.3.8.9 한국소방산업기술원 또는 법 제46조제1항에 따라 성능시험기관으로 지정받은 기관에서 그 성능을 검증받은 것으로 설치할 것

2.1.3.9 승강식 피난기 및 하향식 피난구용 내림식사다리는 다음의 기준에 적합하게 설치할 것

2.1.3.9.1 승강식 피난기 및 하향식 피난구용 내림식사다리는 설치경로가 설치 층에서 피난층까지 연계될 수 있는 구조로 설치할 것. 다만, 건축물의 구조 및 설치 여건 상 불가피한 경우에는 그렇지 않다.

2.1.3.9.2 대피실의 면적은 2㎡(2세대 이상일 경우에는 3㎡) 이상으로 하고, 「건축법 시행령」 제46조제4항 각 호의 규정에 적합하여야 하며 하강구(개구부) 규격은 직경 60㎝ 이상일 것. 다만, 외기와 개방된 장소에는 그렇지 않다.

2.1.3.9.3 하강구 내측에는 기구의 연결 금속구 등이 없어야 하며 전개된 피난기구는 하강구 수평투영면적 공간내의 범위를 침범하지 않는 구조이어야 할 것. 다만, 직경 60㎝ 크기의 범위를 벗어난 경우이거나, 직하층의 바닥 면으로부터 높이 50㎝ 이하의 범위는 제외한다.

2.1.3.9.4 대피실의 출입문은 60분+ 방화문 또는 60분 방화문으로 설치하고, 피난방향에서 식별할 수 있는 위치에 "대피실" 표지판을 부착할 것. 다만, 외기와 개방된 장소에는 그렇지 않다.
2.1.3.9.5 착지점과 하강구는 상호 수평거리 15㎝ 이상의 간격을 둘 것
2.1.3.9.6 대피실 내에는 비상조명등을 설치할 것
2.1.3.9.7 대피실에는 층의 위치표시와 피난기구 사용설명서 및 주의사항 표지판을 부착할 것
2.1.3.9.8 대피실 출입문이 개방되거나, 피난기구 작동 시 해당층 및 직하층 거실에 설치된 표시등 및 경보장치가 작동되고, 감시 제어반에서는 피난기구의 작동을 확인할 수 있어야 할 것
2.1.3.9.9 사용 시 기울거나 흔들리지 않도록 설치할 것
2.1.3.9.10 승강식 피난기는 한국소방산업기술원 또는 법 제46조제1항에 따라 성능시험기관으로 지정받은 기관에서 그 성능을 검증받은 것으로 설치할 것

294 내림식 사다리의 종류로 옳지 않은 것은?

① 접이식　　② 와이어식
③ 체인식　　④ 회전식

295 피난기구의 화재안전기술기준상 다수인 피난장비에 대한 설치기준 중 옳지 않은 것은?

① 다수인피난장비 보관실(이하 "보관실"이라 한다)은 건물 외측보다 돌출되지 아니하고, 빗물·먼지등으로부터 장비를 보호할 수 있는 구조 일 것
② 사용 시에 보관실 외측 문이 먼저 열리고 탑승기가 외측으로 자동 및 수동으로 전개될 것
③ 하강 시에 탑승기가 건물 외벽이나 돌출물에 충돌하지 않도록 설치할 것
④ 상·하층에 설치할 경우에는 탑승기의 하강경로가 중첩되지 않도록 할 것

293번 문제 해설 참조

296 피난기구의 화재안전기술기준상 승강식 피난기 및 하향식 피난구용 내림식사다리에 대한 설치기준 중 옳지 않은 것은?

① 승강식피난기 및 하향식 피난구용 내림식사다리는 설치경로가 설치층에서 피난층까지 연계될 수 있는 구조로 설치할 것. 단, 건축물의 구조 및 설치 여건상 불가피한 경우는 그렇지 않다.
② 대피실의 면적은 3㎡(2세대 이상일 경우에는 5㎡) 이상으로 하고, 건축법시행령 제46조제4항의 규정에 적합해야 하며 하강구(개구부) 규격은 직경 60㎝ 이상일 것. 단, 외기와 개방된 장소에는 그렇지 않다.
③ 하강구 내측에는 기구의 연결 금속구 등이 없어야 하며 전개된 피난기구는 하강구 수평투영면적 공간 내의 범위를 침범하지 않는 구조이어야 할 것. 단, 직경 60㎝ 크기의 범위를 벗어난 경우이거나, 직하층의 바닥 면으로부터 높이 50㎝ 이하의 범위는 제외한다.
④ 대피실의 출입문은 60분+ 또는 60분방화문으로 설치하고, 피난방향에서 식별할 수 있는 위치에 "대피실" 표지판을 부착할 것. 단, 외기와 개방된 장소에는 그렇지 않다.

정답 : 294. ④　295. ②　296. ②

293번 문제 해설 참조

297 **사다리 하부에 미끄럼 방지장치를 해야 하는 사다리는 다음 중 어느 것인가?**

① 내림식 사다리
② 수납식 사다리
③ 올림식 사다리
④ 신축식 사다리

298 **피난사다리의 횡봉의 간격으로 옳은 것은?**

① 25㎝ 이상 45㎝ 이하
② 30㎝ 이상 50㎝ 이하
③ 25㎝ 이상 35㎝ 이하
④ 30㎝ 이상 60㎝ 이하

피난사다리의 형식승인 및 제품검사의 기술기준

제3조(일반구조) 피난사다리의 구조는 다음 각 호에 적합해야 한다.

1. 안전하고 확실하며 쉽게 사용할 수 있는 구조이어야 한다.
2. 피난사다리는 2개 이상의 종봉(내림식사다리에 있어서는 이에 상당하는 와이어로프·체인 그 밖의 금속제의 봉 또는 관을 말한다. 이하 같다) 및 횡봉으로 구성되어야 한다. 다만, 고정식사다리인 경우에는 종봉의 수를 1개로 할 수 있다.
3. 피난사다리(종봉이 1개인 고정식사다리는 제외한다)의 종봉의 간격은 최외각 종봉 사이의 안치수가 30㎝ 이상이어야 한다.
4. 피난사나리의 횡봉은 지름 14㎜ 이상 35㎜ 이하의 원형인 단면이거나 또는 이와 비슷한 손으로 잡을 수 있는 형태의 단면이 있는 것이어야 한다.
5. 피난사다리의 횡봉은 종봉에 동일한 간격으로 부착한 것이어야 하며, 그 간격은 25㎝ 이상 35㎝ 이하이어야 한다.
6. 피난사다리 횡봉의 디딤면은 미끄러지지 아니하는 구조이어야 한다.
7. 절단 또는 용접 등으로 인한 모서리 부분은 사람에게 해를 끼치지 않도록 조치되어 있어야 한다. <신설 2024. 5. 7.>

299 **피난기구의 화재안전기술기준상 4층 이상의 층에 설치할 수 있는 피난사다리는?**

① 고정식 사다리
② 이동식 사다리
③ 올림식 사다리
④ 내림식 사다리

293번 문제 해설 참조

정답 : 297. ③ 298. ③ 299. ①

300 **피난기구의 축광식 표지에 대한 기준 중 옳지 않은 것은?**

① 방사성물질을 사용하는 위치표지는 쉽게 파괴되지 아니하는 재질로 처리할 것
② 위치표지는 주위 조도 0lx에서 60분간 발광 후 직선거리 10m 떨어진 위치에서 보통시력으로 표시면의 문자 또는 화살표 등을 쉽게 식별할 수 있는 것으로할것
③ 위치표지의 표시면은 쉽게 변형 · 변질 또는 변색되지 아니할 것
④ 위치표지의 표지면의 휘도는 주위 조도 0lx에서 20분간 발광 후 7mcd/m^2로 할 것

2.1.4 피난기구를 설치한 장소에는 가까운 곳의 보기 쉬운 곳에 피난기구의 위치를 표시하는 발광식 또는 축광식표지와 그 사용방법을 표시한 표지를 부착하되, 축광식표지는 소방청장이 정하여 고시한 「축광표지의 성능인증 및 제품검사의 기술기준」에 적합해야 한다. 다만, 방사성물질을 사용하는 위치표지는 쉽게 파괴되지 아니하는 재질로 처리할 것

[축광표지의 성능인증 및 제품검사 기술기준]

제8조(식별도시험) ① 축광유도표지 및 축광위치표지는 200lx 밝기의 광원으로 20분간 조사시킨 상태에서 다시 주위조도를 0lx로 하여 60분간 발광시킨 후 직선거리 20m(축광위치표지의 경우 10m)떨어진 위치에서 유도표지 또는 위치표지가 있다는 것이 식별되어야 하고, 유도표지는 직선거리 3m의 거리에서 표시면의 표시 중 주체가 되는 문자 또는 주체가 되는 화살표등이 쉽게 식별되어야 한다. 이 경우 측정자는 보통 시력(시력 1.0에서 1.2의 범위를 말한다)을 가진 자로서 시험실시 20분전까지 암실에 들어가 있어야 한다.
② 축광보조표지는 200lx 밝기의 광원으로 20분간 조사 시킨 상태에서 다시 주위조도를 0lx로 하여 60분간 발광시킨 후 직선거리 10m 떨어진 위치에서 보조축광표지가 있다는 것이 식별되어야 한다. 이 경우 측정자의 조건은 제1항의 조건을 적용한다.

제9조(휘도시험) 축광표지의 표시면을 0lx 상태에서 1시간 이상 방치한 후 200lx 밝기의 광원으로 20분간 조사시킨 상태에서 다시 주위조도를 0lx로 하여 휘도시험을 실시하는 경우 다음 각 호에 적합해야 한다.
1. 5분간 발광시킨 후의 휘도는 1㎡당 110mcd 이상이어야 한다.
2. 10분간 발광시킨 후의 휘도는 1㎡당 50mcd 이상이어야 한다.
3. 20분간 발광시킨 후의 휘도는 1㎡당 24mcd 이상이어야 한다.
4. 60분간 발광시킨 후의 휘도는 1㎡당 7mcd 이상이어야 한다.

301 **피난기구의 화재안전기기술기준상 피난기구를 설치해야 할 소방대상물 중 주요구조부가 내화구조로서 건널복도가 설치된 층의 피난기구 설치 수를 건널복도수의 2배의 수를 뺀 수로 설치할 수 있는 건널복도의 구조로 옳지 않은 것은?**

① 내화구조 또는 철골조로 되어 있을 것
② 건널복도 양단의 출입구에 자동폐쇄장치를 한 60분+, 60분 또는 30분방화문이 설치되어 있을 것
③ 사람들이 피난 · 통행하는 용도일 것
④ 물건을 운반하는 전용 용도일 것

2.3 피난기구 설치의 감소
2.3.1 피난기구를 설치해야 할 특정소방대상물 중 다음의 기준에 적합한 층에는 2.1.2에 따른 피난기구의 2분의 1을 감소할 수 있다. 이 경우 설치해야 할 피난기구의 수에 있어서 소수점 이하의 수는 1로 한다.
2.3.1.1 주요구조부가 내화구조로 되어 있을 것

정답 : 300. ④ 301. ②

2.3.1.2 직통계단인 피난계단 또는 특별피난계단이 2 이상 설치되어 있을 것
2.3.2 피난기구를 설치해야 할 소방대상물 중 주요구조부가 내화구조이고 다음의 기준에 적합한 건널 복도가 설치되어 있는 층에는 2.1.2에 따른 피난기구의 수에서 해당 건널 복도의 수의 2배의 수를 뺀 수로 한다.
2.3.2.1 내화구조 또는 철골조로 되어 있을 것
2.3.2.2 건널 복도 양단의 출입구에 자동폐쇄장치를 한 60분+ 방화문 또는 60분 방화문(방화셔터를 제외한다)이 설치되어 있을 것
2.3.2.3 피난 · 통행 또는 운반의 전용 용도일 것
2.3.3 피난기구를 설치해야 할 특정소방대상물 중 다음의 기준에 적합한 노대가 설치된 거실의 바닥면적은 2.1.2에 따른 피난기구의 설치개수 산정을 위한 바닥면적에서 이를 제외한다.
2.3.3.1 노대를 포함한 특정소방대상물의 주요구조부가 내화구조일 것
2.3.3.2 노대가 거실의 외기에 면하는 부분에 피난 상 유효하게 설치되어 있어야 할 것
2.3.3.3 노대가 소방사다리차가 쉽게 통행할 수 있는 도로 또는 공지에 면하여 설치되어 있거나, 거실부분과 방화 구획되어 있거나 또는 노대에 지상으로 통하는 계단 그 밖의 피난기구가 설치되어 있어야 할 것

302 피난기구의 화재안전기기술기준상 옥상의 직하층 또는 최상층에 피난기구를 설치하지 않을 수 있는 특정소방대상물의 구조로서 옳지 않은 것은?

① 주요구조부가 내화구조로 되어 있어야 할 것
② 옥상의 면적이 1,000m^2 이상이어야 할 것
③ 옥상으로 쉽게 통할 수 있는 창 또는 출입구가 설치되어 있어야 할 것
④ 옥상이 소방사다리차가 쉽게 통행할 수 있는 도로 또는 공지에 면하여 설치되어 있을 것

해설

2.2 설치제외
2.2.1 영 별표 5 제14호 피난구조설비의 설치면제 요건의 규정에 따라 다음의 어느 하나에 해당하는 특정소방대상물 또는 그 부분에는 피난기구를 설치하지 않을 수 있다. 다만, 2.1.2.2에 따라 숙박시설(휴양콘도미니엄을 제외한다)에 설치되는 완강기 및 간이완강기의 경우에는 그렇지 않다.
2.2.1.1 다음의 기준에 적합한 층
2.2.1.1.1 주요구조부가 내화구조로 되어 있어야 할 것
2.2.1.1.2 실내의 면하는 부분의 마감이 불연재료 · 준불연재료 또는 난연재료로 되어 있고 방화구획이 「건축법 시행령」 제46조의 규정에 적합하게 구획되어 있어야 할 것
2.2.1.1.3 거실의 각 부분으로부터 직접 복도로 쉽게 통할 수 있어야 할 것
2.2.1.1.4 복도에 2 이상의 피난계단 또는 특별피난계단이 「건축법 시행령」 제35조에 적합하게 설치되어 있어야 할 것
2.2.1.1.5 복도의 어느 부분에서도 2 이상의 방향으로 각각 다른 계단에 도달할 수 있어야 할 것
2.2.1.2 다음의 기준에 적합한 특정소방대상물 중 그 옥상의 직하층 또는 최상층(문화 및 집회시설, 운동시설 또는 판매시설을 제외한다)
2.2.1.2.1 주요구조부가 내화구조로 되어 있어야 할 것
2.2.1.2.2 옥상의 면적이 1,500m^2 이상이어야 할 것
2.2.1.2.3 옥상으로 쉽게 통할 수 있는 창 또는 출입구가 설치되어 있어야 할 것
2.2.1.2.4 옥상이 소방사다리차가 쉽게 통행할 수 있는 도로(폭 6m 이상의 것을 말한다. 이하 같다) 또는 공지(공원 또는 광장 등을 말한다. 이하 같다) 에 면하여 설치되어 있거나 옥상으로부터 피난층 또는 지상으로 통하는 2 이상의 피난

정답 : 302. ②

계단 또는 특별피난계단이 「건축법 시행령」 제35조의 규정에 적합하게 설치되어 있어야 할 것

2.2.1.3 주요구조부가 내화구조이고 지하층을 제외한 층수가 4층 이하이며 소방사다리차가 쉽게 통행할 수 있는 도로 또는 공지에 면하는 부분에 영 제2조제1호 각 목의 기준에 적합한 개구부가 2 이상 설치되어 있는 층(문화집회 및 운동시설 · 판매시설 및 영업시설 또는 노유자시설의 용도로 사용되는 층으로서 그 층의 바닥면적이 1,000㎡ 이상인 것을 제외한다)

2.2.1.4 갓복도식 아파트 또는 「건축법 시행령」 제46조제5항에 해당하는 구조 또는 시설을 설치하여 인접(수평 또는 수직)세대로 피난할 수 있는 아파트

2.2.1.5 주요구조부가 내화구조로서 거실의 각 부분으로 직접 복도로 피난할 수 있는 학교 (강의실 용도로 사용되는 층에 한한다)

2.2.1.6 무인공장 또는 자동창고로서 사람의 출입이 금지된 장소(관리를 위하여 일시적으로 출입하는 장소를 포함한다)

2.2.1.7 건축물의 옥상부분으로서 거실에 해당하지 아니하고 「건축법 시행령」 제119조제1항제9호에 해당하여 층수로 산정된 층으로 사람이 근무하거나 거주하지 않는 장소

303 **금속제 피난사다리에 표시할 사항 중 불필요한 것은?**

① 종별 ② 길이

③ 형식번호 ④ 관리책임자

[피난사다리의 형식승인 및 제품검사의 기술기준]

제11조(표시)

피난사다리에 다음 사항을 보기 쉬운 부위에 잘 지워지지 아니하도록 표시해야 한다. 다만, 제6호 및 제8호는 취급설명서에 표시할 수 있다.

1. 종별 및 형식
2. 형식승인번호
3. 제조연월 및 제조번호
4. 제조업체명
5. 길이

5의2 자체중량(고정식 및 하향식 피난구용 내림식사다리 제외)

6. 사용안내문(사용방법, 취급상의 주의사항)
7. 용도(하향식피난구용 내림식사다리에 한하며, "하향식피난구용"으로 표시한다) <2011. 5. 13 개정>
8. 품질보증에 관한 사항(보증기간, 보증내용, A/S방법, 자체검사필증 등)

304 **완강기의 구성 부분으로서 다음 중 적합한 것은?**

① 속도조절기, 로프, 벨트, 연결금속구 ② 설치공구, 체인, 벨트, 연결금속구

③ 속도조절기, 로프, 벨트, 세로봉 ④ 속도조절기, 체인, 벨트, 연결금속구

[완강기의 형식승인 및 제품검사의 기술기준]

(시행 2023.7.12.) [소방청고시 제2023-3호, 2023.7.12., 일부개정]

제3조(일반구조) 완강기 및 간이완강기의 구조 및 성능은 다음 각 호에 적합해야 한다.

1. 속도조절기 · 속도조절기의 연결부 · 로프 · 연결금속구 및 벨트로 구성되어야 한다.
2. 강하시 사용자를 심하게 선회시키지 아니해야 한다.

정답 : 303. ④ 304. ①

3. 속도조절기는 다음 각 목에 적합해야 한다.
   가. 견고하고 내구성이 있어야 한다.
   나. 평상시에 분해 청소 등을 하지 아니하여도 작동할 수 있어야 한다.
   다. 강하시 발생하는 열에 의하여 기능에 이상이 생기지 아니해야 한다.
   라. 속도조절기는 사용 중에 분해 · 손상 · 변형되지 아니해야 하며, 속도조절기의 이탈이 생기지 아니하도록 덮개를 해야 한다.
   마. 강하시 로프가 손상되지 아니해야 한다.
   바. 속도조절기의 풀리(pulley) 등으로부터 로프가 노출되지 아니하는 구조이어야 한다.
4. 기능에 이상이 생길 수 있는 모래나 기타의 이물질이 쉽게 들어가지 아니하도록 견고한 덮개로 덮어져 있어야 한다.
5. 로프는 와이어로프이어야 하며 다음 각 목에 적합해야 한다.
   가. 와이어로프의 지름은 3㎜ 이상 또는 안전계수(와이어 파단하중(N)을 최대사용하중(N)으로 나눈 값) 5이상이어야 하며 전체 길이에 걸쳐 균일한 구조이어야 한다.
   나. 와이어로프에 외장을 하는 경우에는 전체 길이에 걸쳐 균일하게 외장을 해야 한다.
6. 벨트는 다음 각 목에 적합해야 한다.
   가. 쉽게 착용하고 쉽게 벗을 수 있을 것
   나. 사용할 때 벗겨지거나 풀어지지 아니하고 또한 벨트가 꼬이지 않아야 한다.
   다. 벨트의 너비는 45㎜ 이상이어야 하고 벨트의 최소원주길이는 55㎝ 이상 65㎝ 이하이어야 하며, 최대원주길이는 160㎝ 이상 180㎝ 이하이어야 하고 최소원주길이 부분에는 너비 100㎜ 두께 10㎜ 이상의 충격보호재를 덧씌워야 한다.
   라. 강하시 사용자가 감시하거나 동작하는데 지장이 생기지 아니해야 한다.
   마. 사용자의 가슴둘레에 맞도록 벨트길이를 조정할 수 있는 고리가 있어야 하며 최대원주길이 벨트의 중앙이 고리에 고정되어야 하고 최소원주길이벨트의 고리는 원형이 되어야 한다.
   바. 표면은 매끄럽고 감촉이 좋으며, 조직의 얼룩 · 흠 등이 없고, 끝에는 올풀림방지처리를 해야 한다.
   사. 완강기의 충격보호재 표면에는 벨트착용법을 표시해야 한다.
   아. 완강기의 잘못된 사용 방지를 위해 충격보호재를 씌우지 않는 벨트부분에는 망 등을 사용하여 감싸야 한다.
7. 연결금속구는 각 항목에 적합해야 한다.
   가. 연결금속구는 사용 중 분해, 손상 또는 변형이 생기지 아니해야 하며, 사용 중 흔들림 · 충격 등으로 연결후크가 풀리지 않도록 풀림방지조치를 해야 한다.
   나. 사용하는 리벳이나 부품 그 밖의 이와 유사한 것은 사용자를 다치게 하여서는 아니된다.
   다. 지지대에 거치하고자 사용되는 연결금속구는 장축 150㎜, 단축 50㎜ 이상 타원형 모양으로 쉽게 연결할 수 있는 구조이어야 한다.
   라. 로프, 벨트에 사용되는 연결금속구는 가공 버(bur)를 제거해야 하며 그 접촉부위에는 연질재로 보호조치를 해야 한다.
   마. 완강기 벨트연결에 사용되는 연결금속구의 단면은 원형이외의 형상이어야 한다.
8. 부품 및 덮개를 나사로 체결할 경우 풀림방지조치를 해야 한다.

제4조(최대사용하중 및 최대사용자수 등) ① 최대사용하중은 1,500N 이상의 하중이어야 한다.
② 최대사용자수(1회에 강하할 수 있는 사용자의 최대수를 말한다. 이하 같다)는 최대사용하중을 1,500N으로 나누어서 얻은 값(1미만의 수는 계산하지 아니한다)으로 한다.
③ 최대사용자수에 상당하는 수의 벨트가 있어야 한다.

제10조(표시) 완강기 및 간이완강기는 다음 사항을 보기 쉬운 부위에 잘 지워지지 아니하도록 표시해야 한다. 다만, 제8호와 제10호는 보관함 또는 취급설명서에 표시할 수 있다.
1. 품명 및 형식
2. 형식승인번호
3. 제조연월 및 제조번호
4. 제조업체명 또는 상호
5. 길이
6. 최대사용하중
7. 최대사용자수
8. 사용안내문(설치 및 사용방법, 취급상의 주의사항)
9. "본 제품은 1회용임"(간이완강기에 한함)

10. 품질보증에 관한 사항(보증기간, 보증내용, A/S방법, 자체검사필증 등)

제12조(강하속도) 로프의 길이를 최대한으로 사용하는 높이(로프의 길이가 15m를 초과하는 것은 15m의 높이)에 완강기를 설치하고 강하시험을 하는 경우 완강기의 강하속도는 다음 각 호에 적합해야 하며, 주위온도 시험조건은 -20~50℃의 상태에서 해야한다.

1. 250N · 750N · 1500N의 하중, 최대사용자수에 750N을 곱하여 얻은 값의 하중, 최대사용하중에 상당하는 하중으로 좌우 교대하여 각각 1회 연속 강하시키는 경우 각각의 강하속도는 25㎝/s 이상 150㎝/s 미만이어야 한다.
2. 완강기는 최대사용자수에 750N을 곱하여 얻은 값의 하중으로 좌우 교대하여 각각 10회 연속 강하시키는 시험을 하는 경우 각각의 강하속도는 어느 경우에나 20회의 평균 강하속도의 85% 이상 115% 이하이어야 한다.
3. 최대사용하중에 상당한 하중으로 좌우 교대하여, 각각 10(로프의 최대길이가 15m를 초과하는 것에 있어서는 로프의 길이를 15m로 나누어 얻어진 값에 10을 곱하여 얻어진 수치(소수점 첫째자리에서 절상))회 강하시키는 것을 1회로 하여, 5회 반복하는 시험을 한 후, 제1호의 시험을 하는 경우 동호에서 규정하는 속도범위 이내이어야 하며, 기능 또는 구조에 이상이 생기지 아니해야 한다.

305 완강기의 안전 하강속도는?

① 25~150[㎝/s]
② 18~160[㎝/s]
③ 20~200[㎝/s]
④ 25~250[㎝/s]

304번 문제 해설 참조

306 완강기의 구조에 관한 사항으로 옳지 않은 것은?

① 완강기의 속도조절기는 연결금속구과 연결되도록 한다.
② 완강기의 속도조절기는 내구성이 있는 회전에 의한, 발열이 없고 모래 등의 이물질이 용이하게 들어가지 않도록 한다.
③ 완강기의 속도조절기는 피난자가 그 강하 속도를 조절할 수 있다.
④ 완강기의 속도조절기는 피난자의 체중에 의하여 로프가 [V]자 홈이 있는 활자를 회전시켜 이 회전이 치차에 의하여 원심 브레이크를 작동시켜 강하속도를 조정한다.

304번 문제 해설 참조

307 포지등을 사용하여 자루형태로 만든 것으로서 화재시 사용자가 그 내부에 들어가서 내려옴으로써 대피할 수 있는 피난기구는 무엇인가?

① 완강기
② 구조대
③ 피난사다리
④ 공기안전매트

정답 : 305. ① 306. ③ 307. ②

308 피난구조설비에 해당되지 않는 것은?

① 통로유도등 ② 유도표지
③ 비상경보설비 ④ 객석유도등

309 인명구조기구의 설치대상 및 설치수에 대한 기준 중 옳지 않은 것은?

① 인명구조기구는 지하층을 포함하는 층수가 7층 이상인 관광호텔에 설치할 것
② 인명구조기구는 지하층을 포함하는 층수가 5층 이상인 병원에 설치할 것
③ 수용인원 100명 이상의 문화 및 집회시설 중 영화상영관, 판매시설 중 대규모점포, 운수시설 중 지하역사, 지하가 중 지하상가에는 층마다 공기호흡기를 2개 이상 비치할 것
④ 물분무등소화설비 중 이산화탄소소화설비를 설치해야 하는 특정소방대상물의 출입구 외부 인근에 2개 이상 비치할 것

설치대상

특정소방대상물	인명구조기구의 종류	설치 수량
• 지하층을 포함하는 층수가 7층 이상인 관광호텔 및 5층 이상인 병원	• 방열복 또는 방화복(안전모, 보호장갑 및 안전화 포함) • 공기호흡기 • 인공소생기	• 각 2개 이상 비치할 것. 다만, 병원의 경우에는 인공소생기를 설치하지 않을 수 있다.
• 문화 및 집회시설 중 수용인원 100명 이상의 영화상영관 • 판매시설 중 대규모 점포 • 운수시설 중 지하역사 • 지하가 중 지하상가	• 공기호흡기	• 층마다 2개 이상 비치할 것. 다만, 각 층마다 갖추어 두어야 할 공기호흡기 중 일부를 직원이 상주하는 인근 사무실에 갖추어 둘 수 있다.
• 물분무소화설비 중 이산화탄소 소화설비를 설치해야 하는 특정소방대상물	• 공기호흡기	• 이산화탄소소화설비가 설치된 장소의 출입구 외부 인근에 1개 이상 비치할 것

310 인명구조기구의 종류로 옳지 않은 것은?

① 방열복 ② 공기호흡기
③ 인공소생기 ④ 방독면

311 12층의 사무소 건축물로 1층의 바닥면적이 5,000[m²]이고 연면적이 60,000[m²]인 경우 소화용수의 저수량으로 몇 [m³]가 가장 타당한가?

① 80 ② 100 ③ 120 ④ 140

정답 : 308. ③ 309. ④ 310. ④ 311. ②

$$\frac{60,000m^2}{12,500m^2} = 4.8 \quad \therefore 5$$

$$\therefore 5 \times 20m^3 = 100m^3$$

소화수조 또는 저수조의 저수량은 소방대상물의 연면적을 다음 표에 따른 기준면적으로 나누어 얻은 수(소수점 이하의 수는 1로 본다)에 $20m^3$를 곱한 양 이상이 되도록 해야 한다.

소방대상물의 구분	면 적
1층 및 2층의 바닥면적 합계가 $15,000m^2$ 이상인 소방대상물	$7,500m^2$
그 밖의 소방대상물	$12,500m^2$

312

1층과 2층의 바닥 면적의 합이 15,000[㎡]이고, 연면적이 20,000[㎡]인 경우 소화수조를 설치하는데 필요한 수원의 양은 얼마인가?

① 20[㎥] ② 40[㎥] ③ 60[㎥] ④ 80[㎥]

$$\frac{20,000m^2}{7,500m^2} = 2.66 \; \therefore \; 3 \qquad \therefore 3 \times 20m^3 = 60m^3$$

313

소화수조 및 저수조의 화재안전기술기준상 지면으로부터 5[m] 깊이의 지하에 설치된 소화용수설비에 있어서 소요 소화용수량이 100[㎥]인 경우 설치해야 할 채수구의 수(Ⓐ)와 가압송수장치의 1분당 양수량(Ⓑ)으로 옳은 것은?

① Ⓐ : 1개, Ⓑ : 1,100[L] 이상 ② Ⓐ : 2개, Ⓑ : 2,200[L] 이상
③ Ⓐ : 3개, Ⓑ : 3,300[L] 이상 ④ Ⓐ : 4개, Ⓑ : 4,400[L] 이상

• 소화수조 등

① 소화수조, 저수조의 채수구 또는 흡수관투입구는 소방차가 2m 이내의 지점까지 접근할 수 있는 위치에 설치해야 한다.

② 소화수조 또는 저수조의 저수량은 소방대상물의 연면적을 다음 표에 따른 기준면적으로 나누어 얻은 수(소수점 이하의 수는 1로 본다)에 $20m^3$를 곱한 양 이상이 되도록 해야 한다.

[소방대상물 및 기준면적]

소방대상물의 구분	면 적
1층 및 2층의 바닥면적 합계가 $15,000m^2$ 이상인 소방대상물	$7,500m^2$
그 밖의 소방대상물	$12,500m^2$

③ 소화수조 또는 저수조는 다음의 기준에 따라 흡수관투입구 또는 채수구를 설치해야 한다.

㉠ 지하에 설치하는 소화용수설비의 흡수관투입구는 그 한 변이 0.6m 이상이거나 직경이 0.6m 이상인 것으로 하고, 소요수량이 $80m^3$ 미만인 것에 있어서는 1개 이상, $80m^3$ 이상인 것에 있어서는 2개 이상을 설치해야 하며, "흡수관투입구"라고 표시한 표지를 할 것

㉡ 소화용수설비에 설치하는 채수구는 다음의 기준에 따라 설치할 것

ⓐ 채수구는 다음 표에 따라 소방용 호스 또는 소방용 흡수관에 사용하는 구경 65mm 이상의 나사식 결합 금속구를 설치할 것

정답 : 312. ③ 313. ③

[소요수량에 따른 채수구의 수]

소요수량	$20m^3$ 이상 $40m^3$ 미만	$40m^3$ 이상 $100m^3$ 미만	$100m^3$ 이상
채수구의 수	1개	2개	3개

ⓑ 채수구는 지면으로부터의 높이가 0.5m 이상, 1m 이하의 위치에 설치하고 "채수구"라고 표시한 표지를 할 것

④ 소화용수설비를 설치해야 할 소방대상물에 있어서 유수의 양이 $0.8m^3$/min 이상인 유수를 사용할 수 있는 경우에는 소화수조를 설치하지 않을 수 있다.

• 가압송수장치

① 소화수조 또는 저수조가 지표면으로부터의 깊이(수조 내부바닥까지의 길이를 말한다)가 4.5m 이상인 지하에 있는 경우에는 다음 표에 따라 가압송수장치를 설치해야 한다. 다만, 규정에 따른 저수량을 지표면으로부터 4.5m 이하인 지하에서 확보할 수 있는 경우에는 소화수조 또는 저수조의 지표면으로부터의 깊이에 관계없이 가압송수장치를 설치하지 않을 수 있다.

[소요수량에 따른 가압송수장치의 1분당 양수량]

소요수량	$20m^3$ 이상 $40m^3$ 미만	$40m^3$ 이상 $100m^3$ 미만	$100m^3$ 이상
가압송수장치의 1분당 양수량	1,100L 이상	2,200L 이상	3,300L 이상

② 소화수조가 옥상 또는 옥탑의 부분에 설치된 경우에는 지상에 설치된 채수구에서의 압력이 0.15MPa 이상이 되도록 해야 한다.

③ 전동기 또는 내연기관해에 따른 펌프를 이용하는 가압송수장치는 다음의 기준에 따라 설치해야 한다.

㉠ 기동장치로는 보호판을 부착한 기동스위치를 채수구 직근에 설치할 것

㉡ 그 밖의 사항은 옥내소화전과 동일

314

소화수조 및 저수조의 화재안전기술기준상 소화용수설비에 설치하는 채수구는 지면으로부터 높이는 얼마인가?

① 0.2[m] 이상 1.2[m] 이하　　② 0.5[m] 이상 1.2[m] 이하
③ 0.5[m] 이상 1[m] 이하　　④ 0.2[m] 이상 1[m] 이하

313번 문제 해설 참조

315

소화수조 및 저수조의 화재안전기술기준상 소화수조는 소방차가 채수구로부터 몇 [m]까지 접근해야 하는가?

① 1[m]　　② 2[m]
③ 3[m]　　④ 5[m]

313번 문제 해설 참조

정답 : 314. ③　　315. ②

316 소방용수시설 중 저수조의 설치기준으로 옳지 않은 것은?

① 지면으로부터 낙차가 5[m] 이상일 것
② 흡수부분의 수심이 0.5[m] 이상일 것
③ 소방펌프자동차가 용이하게 접근할 수 있을 것
④ 흡수관의 투입구가 네모의 경우에는 한 변의 길이가 60[㎝] 이상일 것

① 5m → 4.5m
■ 소방기본법 시행규칙 [별표 3]

소방용수시설의 설치기준(제6조제2항관련)

1. 공통기준
   가. 국토의 계획 및 이용에 관한 법률 제36조제1항제1호의 규정에 의한 주거지역 · 상업지역 및 공업지역에 설치하는 경우 : 소방대상물과의 수평거리를 100미터 이하가 되도록 할 것
   나. 가목 외의 지역에 설치하는 경우 : 소방대상물과의 수평거리를 140미터 이하가 되도록 할 것
2. 소방용수시설별 설치기준
   가. 소화전의 설치기준 : 상수도와 연결하여 지하식 또는 지상식의 구조로 하고, 소방용호스와 연결하는 소화전의 연결금속구의 구경은 65밀리미터로 할 것
   나. 급수탑의 설치기준 : 급수배관의 구경은 100밀리미터 이상으로 하고, 개폐밸브는 지상에서 1.5미터 이상 1.7미터 이하의 위치에 설치하도록 할 것
   다. 저수조의 설치기준
      (1) 지면으로부터의 낙차가 4.5미터 이하일 것
      (2) 흡수부분의 수심이 0.5미터 이상일 것
      (3) 소방펌프자동차가 쉽게 접근할 수 있도록 할 것
      (4) 흡수에 지장이 없도록 토사 및 쓰레기 등을 제거할 수 있는 설비를 갖출 것
      (5) 흡수관의 투입구가 사각형의 경우에는 한 변의 길이가 60센티미터 이상, 원형의 경우에는 지름이 60센티미터 이상일 것
      (6) 저수조에 물을 공급하는 방법은 상수도에 연결하여 자동으로 급수되는 구조일 것

317 소화수조 및 저수조의 화재안전기술기준상 소화수조 또는 저수조가 지표면으로부터 깊이 몇 [m] 이상인 경우에 가압송수장치를 설치해야 하는가?

① 3.2[m] ② 4.5[m] ③ 5.5[m] ④ 10[m]

313번 문제 해설 참조

318 소화수조 및 저수조의 화재안전기술기준에 관한 설명 중 옳지 않은 것은?

① 소화수조가 옥상 또는 옥탑의 부분에 설치된 경우에는 지상에 설치된 채수구에서의 압력이 0.15[MPa] 이하가 되도록 해야 한다.
② 소화수조의 깊이가 지표면으로부터 4.5[m] 이상인 때에는 가압송수장치를 설치해야 한다.
③ 채수구는 지면으로부터 높이가 0.5[m] 이상 1[m] 이하의 위치에 설치해야 한다.
④ 소화수조의 채수구는 소방차가 2[m] 이내의 지점까지 접근할 수 있는 위치에 설치해야 한다.

정답 : 316. ① 317. ② 318. ①

313번 문제 해설 참조

319 **지하에 설치하는 소화용수설비의 소요수량이 80[m³]일 경우에 채수구는 몇 개를 설치해야 하는가?**

① 4개 ② 3개 ③ 2개 ④ 1개

313번 문제 해설 참조

320 **상수도소화용수설비의 설치대상에 관한 설명으로 옳지 않은 것은?**

① 연면적이 5,000[m²] 이상인 건물에 설치
② 상수도용 배관이 설치되지 않은 지역에 있어서는 채수구를 부착한 소화수조로 대체가능
③ 가스시설, 지하구 또는 지하가 중 터널의 경우에는 설치 제외가 가능함
④ 가스시설로서 지상에 노출된 탱크의 저장용량 합계가 30[t] 이상인 것

설치대상
상수도소화용수설비를 설치해야 하는 특정소방대상물은 다음 각 목의 어느 하나와 같다. 다만, 상수도소화용수설비를 설치해야 하는 특정소방대상물의 대지 경계선으로부터 180m 이내에 지름 75㎜ 이상인 상수도용 배수관이 설치되지 않은 지역의 경우에는 화재안전기준에 따른 소화수조 또는 저수조를 설치해야 한다.
㉠ 연면적 5천m² 이상인 것. 다만, 위험물 저장 및 처리 시설 중 가스시설, 지하가 중 터널 또는 지하구의 경우에는 그러하지 아니하다.
㉡ 가스시설로서 지상에 노출된 탱크의 저장용량의 합계가 100톤 이상인 것

321 **상수도소화용수설비의 화재안전기술기준상 상수도소화용수설비의 설치기준으로 옳지 않은 것은?**

① 호칭지름 75[㎜] 이상의 수도배관에 호칭지름 100[㎜] 이상의 소화전을 접속해야 한다.
② 지상식 소화전의 호수접결구는 지면으로부터 높이가 0.8m 이상 1.5m 이하가 되도록 설치한다.
③ 소화전은 소방자동차 등의 진입이 쉬운 도로변 또는 공지에 설치한다.
④ 소화전은 소방대상물의 수평투영면의 각 부분으로부터 140[m] 이하가 되도록 설치한다.

② 0.8m 이상 1.5m 이하 → 0.5m 이상 1m 이하

2.1 상수도소화용수설비의 설치기준
2.1.1 상수도소화용수설비는 「수도법」에 따른 기준 외에 다음의 기준에 따라 설치해야 한다.
2.1.1.1 호칭지름 75㎜ 이상의 수도배관에 호칭지름 100㎜ 이상의 소화전을 접속할 것
2.1.1.2 소화전은 소방자동차 등의 진입이 쉬운 도로변 또는 공지에 설치할 것
2.1.1.3 소화전은 특정소방대상물의 수평투영면의 각 부분으로부터 140m 이하가 되도록 설치할 것
2.1.1.4 지상식 소화전의 호스접결구는 지면으로부터 높이가 0.5m 이상 1m 이하가 되도록 설치할 것 <신설 2024.7.1.>

정답 : 319. ③ 320. ④ 321. ②

322 **상수도소화용수설비의 소화전은 소방대상물의 수평투영면의 각 부분으로부터 몇 [m] 이하가 되도록 설치해야 하는가?**

① 100[m] ② 120[m] ③ 140[m] ④ 150[m]

321번 문제 해설 참조

323 **제연설비의 화재안전기술기준상 제연구획에 대한 설명 중 옳지 않은 것은?**

① 하나의 제연구역의 면적은 1,000[m²] 이내로 해야 한다.
② 거실과 통로는 각각 제연구획하여야 한다.
③ 제연구역의 구획은 보 · 제연경계벽 및 벽으로 해야 한다.
④ 통로상의 제연구역은 보행 중심선으로 길이가 최대 50[m] 이내이어야 한다.

2.1.1 제연설비의 설치장소는 다음의 기준에 따른 제연구역으로 구획해야 한다.
2.1.1.1 하나의 제연구역의 면적은 1,000m² 이내로 할 것
2.1.1.2 거실과 통로(복도를 포함한다. 이하 같다)는 각각 제연구획 할 것
2.1.1.3 통로상의 제연구역은 보행중심선의 길이가 60m를 초과하지 않을 것
2.1.1.4 하나의 제연구역은 직경 60m 원내에 들어갈 수 있을 것
2.1.1.5 하나의 제연구역은 2 이상의 층에 미치지 않도록 할 것. 다만, 층의 구분이 불분명한 부분은 그 부분을 다른 부분과 별도로 제연구획 해야 한다.

324 **제연설비의 화재안전기술기준에 관한 설명으로 옳지 않은 것은?**

① 배출기의 흡입측 풍도 안의 풍속은 20[㎧] 이하로 하고 배출측 풍속은 15[㎧] 이하로 한다.
② 하나의 제연구역의 면적은 1,000[m²] 이내로 한다.
③ 예상제연구역에 대해서는 화재시 연기배출과 동시에 공기유입이 될 수 있게 하고 배출구역이 거실일 경우에는 통로에 동시에 공기가 유입될 수 있도록 해야 한다.
④ 예상제연구역의 각 부분으로부터 하나의 배출구까지의 수평거리는 10[m] 이내가 되도록 한다.

배출기 및 배출풍도
① 배출기의 설치기준
㉠ 배출기의 배출능력은 규정에 의한 배출량 이상이 되도록 할 것
㉡ 배출기와 배출풍도의 접속부분에 사용하는 캔버스는 내열성(석면재료는 제외한다)이 있는 것으로 할 것
㉢ 배출기의 전동기 부분과 배풍기 부분은 분리하여 설치해야 하며, 배풍기 부분은 유효한 내열처리를 할 것
② 배출풍도의 기준
㉠ 배출풍도는 아연도금강판 또는 이와 동등 이상의 내식성 · 내열성이 있는 것으로 하며, 「건축법 시행령」 제2조제10호에 따른 불연재료(석면재료를 제외한다)인 단열재로 풍도 외부에 유효한 단열처리를 하고, 강판의 두께는 배출풍도의 크기에 따라 다음 표에 따른 기준 이상으로 할 것

정답 : 322. ③ 323. ④ 324. ①

[배출풍도 크기에 따른 강판의 두께]

풍도단면의 긴변 또는 직경의 크기	450mm 이하	450mm 초과 750mm 이하	750mm 초과 1,500mm 이하	1,500mm 초과 2,250mm 이하	2,250mm 초과
강판두께	0.5mm	0.6mm	0.8mm	1.0mm	1.2mm

㉡ 배출기의 흡입측 풍도 안의 풍속은 15m/sec 이하, 배출측 풍속은 20m/sec 이하로 할 것

325 **송풍기 등을 사용하여 건축물 내부에 발생한 연기를 제연구획까지 풍도를 설치하여 강제로 제연하는 방식은?**

① 밀폐방연방식 ② 자연제연방식
③ 강제제연방식 ④ 스모크타워제연방식

 기계제연방식

326 **제연설비에 전용 샤프트를 설치하여 건물 내·외부의 온도차와 화재시 발생되는 열기에 의한 밀도 차이를 이용하여 지붕외부의 루프모니터 등을 이용하여 옥외로 배출·환기시키는 방식을 무엇이라 하는가?**

① 자연방식 ② 루프모니터방식
③ 스모크타워방식 ④ 루프해치방식

 스모크타워제연방식

327 **제연설비의 화재안전기술기준상 용어의 정의로 옳지 않은 것은?**

① "제연구역"이라 함은 제연경계(제연경계가 면한 천장 또는 반자를 포함한다)에 의해 구획된 건물 내의 공간을 말한다.
② "예상제연구역"이라 함은 화재발생시 연기의 제어가 요구되는 제연구역을 말한다.
③ "제연경계의 폭"이라 함은 제연경계가 면한 천장 또는 반자로부터 그 제연경계의 수직하단까지의 거리를 말한다.
④ "수직거리"라 함은 제연구역의 바닥으로부터 그 천장까지의 거리를 말한다.

 1.7 용어의 정의
1.7.1 이 기준에서 사용하는 용어의 정의는 다음과 같다.
1.7.1.1 "제연설비"란 화재가 발생한 거실의 연기를 배출함과 동시에 옥외의 신선한 공기를 공급하여 거주자들이 안전하게 피난하고, 소방대가 원활한 소화활동을 할 수 있도록 연기를 제어하는 설비를 말한다.
1.7.1.2 "제연구역"이란 제연경계(제연경계가 면한 천장 또는 반자를 포함한다)에 의해 구획된 건물 내의 공간을 말한다.
1.7.1.3 "제연경계"란 연기를 예상제연구역 내에 가두거나 이동을 억제하기 위한 보 또는

 정답 : 325. ③ 326. ③ 327. ④

제연경계벽 등을 말한다.
1.7.1.4 "제연경계벽"이란 제연경계가 되는 가동형 또는 고정형의 벽을 말한다.
1.7.1.5 "제연경계의 폭"이란 제연경계가 면한 천장 또는 반자로부터 그 제연경계의 수직 하단 끝부분까지의 거리를 말한다.
1.7.1.6 "수직거리"란 제연경계의 하단 끝으로부터 그 수직한 하부 바닥면까지의 거리를 말한다.
1.7.1.7 "예상제연구역"이란 화재 시 연기의 제어가 요구되는 제연구역을 말한다.
1.7.1.8 "공동예상제연구역"이란 2개 이상의 예상제연구역을 동시에 제연하는 구역을 말한다.
1.7.1.9 "통로배출방식"이란 거실 내 연기를 직접 옥외로 배출하지 않고 거실에 면한 통로의 연기를 옥외로 배출하는 방식을 말한다.
1.7.1.10 "보행중심선"이란 통로 폭의 한 가운데 지점을 연장한 선을 말한다.
1.7.1.11 "유입풍도"란 예상제연구역으로 공기를 유입하도록 하는 풍도를 말한다.
1.7.1.12 "배출풍도"란 예상 제연구역의 공기를 외부로 배출하도록 하는 풍도를 말한다.
1.7.1.13 "방화문"이란 「건축법 시행령」 제64조의 규정에 따른 60분+ 방화문, 60분 방화문 또는 30분 방화문으로써 언제나 닫힌 상태를 유지하거나 화재감지기와 연동하여 자동적으로 닫히는 구조를 말한다.
1.7.1.14 "불연재료"란 「건축법 시행령」 제2조제10호에 따른 기준에 적합한 재료로서, 불에 타지 않는 성질을 가진 재료를 말한다.
1.7.1.15 "난연재료"란 「건축법 시행령」 제2조제9호에 따른 기준에 적합한 재료로서, 불에 잘 타지 않는 성능을 가진 재료를 말한다.

328 제연설비의 화재안전기술기준상 하나의 제연구획의 면적은 몇 [㎡] 이내로 해야 하는가?

① 500[㎡] ② 1,000[㎡]
③ 1,500[㎡] ④ 2,000[㎡]

323번 문제 해설 참조

329 제연설비의 화재안전기술기준상 예상제연구역의 각 부분으로부터 하나의 배출구까지의 수평거리는?

① 10[m] ② 15[m]
③ 20[m] ④ 25[m]

2.4.2 예상제연구역의 각 부분으로부터 하나의 배출구까지의 수평거리는 10m 이내가 되도록 해야 한다.

330 제연설비의 화재안전기술기준상 예상제연구역에 공기가 유입되는 순간의 풍속은?

① 3[㎧] ② 5[㎧]
③ 10[㎧] ④ 15[㎧]

2.5.5 예상제연구역에 공기가 유입되는 순간의 풍속은 5㎧ 이하가 되도록 하고, 2.5.2부터 2.5.4까지의 유입구의 구조는 유입공기를 상향으로 분출하지 않도록 설치해야 한다. 다만, 유입구가 바닥에 설치되는 경우에는 상향으로 분출이 가능하며 이때의 풍속은 1㎧ 이하가 되도록 해야 한다.

정답 : 328. ② 329. ① 330. ②

331 제연풍도 등의 설치에 관한 설명 중 옳지 않은 것은?

① 배출기의 전동기 부분과 배풍기 부분은 격리하여 설치한다.
② 배출기와 배출풍도의 접속 부분에 사용하는 캔버스는 내열성이 있는 것으로 할 것
③ 제연풍도가 벽 등을 관통하는 경우에는 벽 등과의 틈이 10[㎝] 되게 할 것
④ 제연풍도가 내화구조의 벽 또는 바닥을 관통하는 곳에 있어서는 원격 조작이 가능한 방화댐퍼를 부착할 것

틈이 없어야 할 것

332 제연설비의 화재안전기술기준상 배출기 흡입측 풍도 안의 풍속은?

① 10[㎧]　　② 15[㎧]
③ 20[㎧]　　④ 25[㎧]

333 제연설비의 화재안전기술기준상 유입풍도 안의 풍속은?

① 10[㎧]　　② 15[㎧]
③ 20[㎧]　　④ 25[㎧]

2.7 유입풍도 등
2.7.1 유입풍도는 아연도금강판 또는 이와 동등 이상의 내식성 · 내열성이 있는 것으로 하며, 풍도 안의 풍속은 20 ㎧ 이하로 하고 풍도의 강판 두께는 2.6.2.1에 따라 설치해야 한다.
2.7.2 옥외에 면하는 배출구 및 공기유입구는 비 또는 눈 등이 들어가지 아니하도록 하고, 배출된 연기가 공기유입구로 순환유입 되지 않도록 해야 한다.

334 제연설비의 화재안전기술기준상 비상전원의 용량은 몇 분 이상으로 해야 하는가?

① 15분　　② 20분
③ 25분　　④ 30분

2.9 제연설비의 전원 및 기동
2.9.1 비상전원은 자가발전설비, 축전지설비 또는 전기저장장치(외부 전기에너지를 저장해 두었다가 필요한 때 전기를 공급하는 장치)로서 다음의 기준에 따라 설치해야 한다. 다만, 2 이상의 변전소(「전기사업법」 제67조 및 「전기설비기술기준」 제3조제2호에 따른 변전소를 말한다)에서 전력을 동시에 공급받을 수 있거나 하나의 변전소로부터 전력의 공급이 중단되는 때에는 자동으로 다른 변전소로부터 전원을 공급받을 수 있도록 상용전원을 설치한 경우에는 그렇지 않다.
2.9.1.1 점검에 편리하고 화재 및 침수 등의 재해로 인한 피해를 받을 우려가 없는 곳에 설치할 것
2.9.1.2 제연설비를 유효하게 20분 이상 작동할 수 있도록 할 것
2.9.1.3 상용전원으로부터 전력의 공급이 중단된 때에는 자동으로 비상전원으로부터 전력을 공급받을 수 있도록 할 것

정답 : 331. ③　332. ②　333. ③　334. ②

2.9.1.4 비상전원의 설치장소는 다른 장소와 방화구획 할 것. 이 경우 그 장소에는 비상전원의 공급에 필요한 기구나 설비 외의 것(열병합발전설비에 필요한 기구나 설비는 제외한다)을 두어서는 아니 된다.

2.9.1.5 비상전원을 실내에 설치하는 때에는 그 실내에 비상조명등을 설치할 것

2.9.2 제연설비의 작동은 해당 제연구역에 설치된 화재감지기와 연동되어야 하며, 예상제연구역(또는 인접장소) 마다 설치된 수동기동장치 및 제어반에서 수동으로 기동이 가능하도록 해야 한다. <개정 2024.10.1.>

2.9.3 2.9.2에 따른 제연설비의 작동에는 다음의 사항이 포함되어야 하며, 예상제연구역(또는 인접장소)마다 설치되는 수동기동장치는 바닥으로부터 0.8m 이상 1.5m 이하의 높이에 문 개방 등으로 인한 위치 확인에 장애가 없고 접근이 쉬운 위치에 설치해야 한다. <신설 2024.10.1.>

2.9.3.1 해당 제연구역의 구획을 위한 제연경계벽 및 벽의 작동 <신설 2024.10.1.>

2.9.3.2 해당 제연구역의 공기유입 및 연기배출 관련 댐퍼의 작동 <신설 2024.10.1.>

2.9.3.3 공기유입송풍기 및 배출송풍기의 작동 <신설 2024.10.1.>

335 **제연설비에 사용되는 원심식 송풍기의 형태가 아닌 것은?**

① 다익형　　② 터보형

③ 익형　　④ 프로펠러형

프로펠러형 : 축류식

336 **연기감지기에 의해 연기가 검출되었을 때 자동적으로 폐쇄되는 것으로 전자식이나 전동기에 의해 작동되는 댐퍼는?**

① 방연댐퍼　　② 방화댐퍼

③ 풍량조절댐퍼　　④ 휴즈댐퍼

337 **제연설비의 화재안전기술기준상 예상제연구역에 설치되는 공기유입구의 기준으로 옳지 않은 것은?**

① 바닥면적 400m² 미만의 거실인 예상제연구역에 대하여서는 바닥 외의 장소에 설치하고 공기유입구와 배출구 간의 직선거리는 10m 이상으로 할 것

② 바닥면적이 400m² 이상의 거실인 예상제연구역에 대하여는 바닥으로부터 1.5m 이하의 높이에 설치하고 그 주변 2m 이내에는 가연성 내용물이 없도록 할 것

③ 유입구를 벽에 설치할 경우에는 바닥으로부터 1.5m 이하의 높이에 설치하고 그 주변은 공기의 유입에 장애가 없도록 할 것

④ 유입구를 벽외의 장소에 설치할 경우에는 유입구 상단이 천장 또는 반자와 바닥 사이의 중간 아랫부분보다 낮게 되도록 하고, 수직거리가 가장 짧은 제연경계 하단보다 낮게 되도록 설치할 것

2.5.2 예상제연구역에 설치되는 공기유입구는 다음의 기준에 적합해야 한다.

2.5.2.1 바닥면적 400m² 미만의 거실인 예상제연구역(제연경계에 따른 구획을 제외한다. 다만, 거실과 통로와의 구획은 그렇지 않다)에 대해서는 공기유입구와 배출구간

정답 : 335. ④　336. ①　337. ①

의 직선거리는 5m 이상 또는 구획된 실의 장변의 2분의 1 이상으로 할 것. 다만, 공연장 · 집회장 · 위락시설의 용도로 사용되는 부분의 바닥면적이 200㎡를 초과하는 경우의 공기유입구는 2.5.2.2의 기준에 따른다.

2.5.2.2 바닥면적이 400㎡ 이상의 거실인 예상제연구역(제연경계에 따른 구획을 제외한다. 다만, 거실과 통로와의 구획은 그렇지 않다)에 대해서는 바닥으로부터 1.5m 이하의 높이에 설치하고 그 주변은 공기의 유입에 장애가 없도록 할 것

2.5.2.3 2.5.2.1과 2.5.2.2에 해당하는 것 외의 예상제연구역(통로인 예상제연구역을 포함한다)에 대한 유입구는 다음의 기준에 따를 것. 다만, 제연경계로 인접하는 구역의 유입공기가 당해 예상제연구역으로 유입되게 한 때에는 그렇지 않다.

2.5.2.3.1 유입구를 벽에 설치할 경우에는 2.5.2.2의 기준에 따를 것

2.5.2.3.2 유입구를 벽 외의 장소에 설치할 경우에는 유입구 상단이 천장 또는 반자와 바닥 사이의 중간 아랫부분보다 낮게 되도록 하고, 수직거리가 가장 짧은 제연경계 하단보다 낮게 되도록 설치할 것

338 제연설비의 화재안전기술기준상 배출풍도의 긴변 또는 직경의 크기가 400mm인 경우 강판두께는 몇 mm 이상이어야 하는가?

① 0.5mm ② 0.6mm
③ 0.8mm ④ 1.0mm

324번 문제 해설 참조

339 제연설비의 화재안전기술기준상 제연설비의 설치를 제외할 수 있는 장소로 옳지 않은 것은?

① 사람이 상주하지 않는 기계실 ② 사람이 상주하지 않는 전기실
③ 사람이 상주하지 않는 공조실 ④ 사람이 상주하지 않는 70m^2 미만의 창고

2.11 설치제외

2.11.1 제연설비를 설치해야 할 소방대상물 중 화장실 · 목욕실 · 주차장 · 발코니를 설치한 숙박시설(가족호텔 및 휴양콘도미니엄에 한한다)의 객실과 사람이 상주하지 않는 기계실 · 전기실 · 공조실 · 50m^2 미만의 창고 등으로 사용되는 부분에 대하여는 배출구 · 공기유입구의 설치 및 배출량 산정에서 이를 제외할 수 있다.

340 특별피난계단을 반드시 설치해야 하는 대상이 아닌 것은?

① 건축물의 11층 이상인 층으로부터 피난층으로 통하는 직통계단
② 공동주택의 경우 16층 이상인 층으로부터 피난층으로 통하는 직통계단
③ 판매용도로 쓰이는 5층 이상의 층으로부터 피난층으로 통하는 직통계단중 1개소 이상
④ 건축물의 지하 2층으로부터 피난층으로 통하는 직통계단

■ 건축법 시행령 제35조(피난계단의 설치)

① 법 제49조제1항에 따라 5층 이상 또는 지하 2층 이하인 층에 설치하는 직통계단은 국토교통부령으로 정하는 기준에 따라 피난계단 또는 특별피난계단으로 설치하여야 한

정답 : 338. ① 339. ④ 340. ④

다. 다만, 건축물의 주요구조부가 내화구조 또는 불연재료로 되어 있는 경우로서 다음 각 호의 어느 하나에 해당하는 경우에는 그러하지 아니하다.
1. 5층 이상인 층의 바닥면적의 합계가 200제곱미터 이하인 경우
2. 5층 이상인 층의 바닥면적 200제곱미터 이내마다 방화구획이 되어 있는 경우

② 건축물(갓복도식 공동주택은 제외한다)의 11층(공동주택의 경우에는 16층) 이상인 층(바닥면적이 400제곱미터 미만인 층은 제외한다) 또는 지하 3층 이하인 층(바닥면적이 400제곱미터미만인 층은 제외한다)으로부터 피난층 또는 지상으로 통하는 직통계단은 제1항에도 불구하고 특별피난계단으로 설치해야한다.
③ 제1항에서 판매시설의 용도로 쓰는 층으로부터의 직통계단은 그 중 1개소 이상을 특별피난계단으로 설치해야 한다.
④ 삭제 <1995. 12. 30.>
⑤ 건축물의 5층 이상인 층으로서 문화 및 집회시설 중 전시장 또는 동ㆍ식물원, 판매시설, 운수시설(여객용 시설만 해당한다), 운동시설, 위락시설, 관광휴게시설(다중이 이용하는 시설만 해당한다) 또는 수련시설 중 생활권 수련시설의 용도로 쓰는 층에는 제34조에 따른 직통계단 외에 그 층의 해당 용도로 쓰는 바닥면적의 합계가 2천 제곱미터를 넘는 경우에는 그 넘는 2천 제곱미터 이내마다 1개소의 피난계단 또는 특별피난계단(4층 이하의 층에는 쓰지 아니하는 피난계단 또는 특별피난계단만 해당한다)을 설치해야 한다.
⑥ 삭제 <1999. 4. 30.>

341 특별피난계단의 계단실 및 부속실 제연설비의 화재안전기술기준에 따른 제연구역의 종류에 해당하지 않는 것은?

① 계단실 및 그 부속실을 동시에 제연하는 것
② 부속실만을 단독으로 제연하는 것
③ 계단실을 단독 제연하는 것
④ 비상용승강기 승강장을 단독으로 제연하는 것

2.2 제연구역의 선정
2.2.1 계단실 및 그 부속실을 동시에 제연하는 것
2.2.2 부속실을 단독으로 제연하는 것
2.2.3 계단실을 단독 제연하는 것
2.2.4 ~~비상용승강기 승강장 단독 제연하는 것~~ <삭제 2024. 7. 1.>

342 특별피난계단의 계단실 및 부속실 제연설비의 화재안전기준상 차압 등에 관한 내용으로 옳지 않은 것은?

① 제연구역과 옥내와의 사이에 유지해야 하는 최소차압은 40[Pa] 이상으로 해야 한다.
② 제연설비가 가동되었을 경우 출입문의 개방에 필요한 힘은 110[N] 이상으로 해야 한다.
③ 계단실과 부속실을 동시에 제연하는 경우 부속실의 기압은 계단실과 같게 하거나 압력차이가 5[Pa] 이하가 되도록 해야 한다.
④ 계단실 및 부속실을 동시에 제연하는 것 또는 계단실만 제연할 때의 방연풍속은 0.5[㎧] 이상이어야 한다.

정답 : 341. ④ 342. ②

2.3 차압 등
2.3.1 제연구역과 옥내와의 사이에 유지해야 하는 최소차압은 40Pa(옥내에 스프링클러설비가 설치된 경우에는 12.5Pa) 이상으로 해야 한다.
2.3.2 제연설비가 가동되었을 경우 출입문의 개방에 필요한 힘은 110N 이하로 해야 한다.
2.3.3 출입문이 일시적으로 개방되는 경우 개방되지 않은 제연구역과 옥내와의 차압은 2.3.1의 기준에 불구하고 2.3.1의 기준에 따른 차압의 70% 이상이어야 한다.
2.3.4 계단실과 부속실을 동시에 제연 하는 경우 부속실의 기압은 계단실과 같게 하거나 계단실의 기압보다 낮게 할 경우에는 부속실과 계단실의 압력차이는 5Pa 이하가 되도록 해야 한다.

[제연구역의 선정방식에 따른 방연풍속]

제연구역		방연풍속
계단실 및 그 부속실을 동시에 제연하는 것 또는 계단실만 단독으로 제연하는 것		0.5m/s 이상
부속실만 단독으로 제연하는 것	부속실 또는 승강장이 면하는 옥내가 거실인 경우	0.7m/s 이상
	부속실 또는 승강장이 면하는 옥내가 복도로서 그 구조가 방화구조(내화시간이 30분 이상인 구조를 포함한다)인 것	0.5m/s 이상

343 특별피난계단의 계단실 및 부속실 제연설비의 화재안전기술기준상 옥내에 스프링클러설비가 설치된 경우에 제연구역과 옥내와의 사이에 유지해야 하는 최소차압은 몇 [Pa] 이상으로 해야 하는가?

① 52.5　　② 42.5
③ 22.5　　④ 12.5

342번 문제 해설 참조

344 어느 제연구역의 계단실을 급기 가압하여 제연하려고 한다. 보충량이 1,000[㎥/min]일 때 플랩댐퍼의 날개면적[㎡]은?

① 0.42　　② 1.42
③ 2.85　　④ 5.86

플랩댐퍼 날개면적 $A_f[m^2] = \frac{q}{5.85} = \frac{1{,}000/60\ [m^3/sec]}{5.85} = 2.849m^2$

정답 : 343. ④　　344. ③

345 **특별피난계단 제연설비 화재안전기술기준상 용어정의에 대한 설명으로 틀린 것은?**

① "제연구역"이란 제연하고자 하는 계단실, 부속실을 말한다

② "플랩댐퍼"란 제연구역의 압력이 설정압력범위를 초과하는 경우 제연구역의 압력을 배출하여 설정압력 범위를 유지하게 하는 과압방지장치를 말한다.

③ "과압방지장치"란 제연구역의 압력이 설정압력을 초과하는 경우 자동으로 압력을 조절하여 과압을 방지하는 장치를 말한다.

④ "굴뚝효과"란 건물 내부와 외부 또는 두 내부 공간 상하간의 압력 차이에 의한 밀도 차이로 발생하는 건물 내부의 수평 기류를 말한다.

1.7 용어의 정의

1.7.1 이 기준에서 사용하는 용어의 정의는 다음과 같다.

1.7.1.1 "제연구역"이란 제연하고자 하는 계단실, 부속실을 말한다. <신설 2024. 7. 1.>

1.7.1.2 "방연풍속"이란 옥내로부터 제연구역 내로 연기의 유입을 유효하게 방지할 수 있는 풍속을 말한다.

1.7.1.3 "급기량"이란 제연구역에 공급해야 할 공기의 양을 말한다.

1.7.1.4 "누설량"이란 틈새를 통하여 제연구역으로부터 흘러나가는 공기량을 말한다.

1.7.1.5 "보충량"이란 방연풍속을 유지하기 위하여 제연구역에 보충해야 할 공기량을 말한다.

1.7.1.6 "플랩댐퍼"란 제연구역의 압력이 설정압력범위를 초과하는 경우 제연구역의 압력을 배출하여 설정압력 범위를 유지하게 하는 과압방지장치를 말한다.

1.7.1.7 "유입공기"란 제연구역으로부터 옥내로 유입하는 공기로서 차압에 따라 누설하는 것과 출입문의 개방에 따라 유입하는 것 등을 말한다.

1.7.1.8 "거실제연설비"란 「제연설비의 화재안전기술기준(NFTC 501)」에 따른 옥내의 제연설비를 말한다.

1.7.1.9 "자동차압급기댐퍼"란 제연구역과 옥내 사이의 차압을 압력센서 등으로 감지하여 제연구역에 공급되는 풍량의 조절로 제연구역의 차압 유지를 자동으로 제어할 수 있는 댐퍼를 말한다.

1.7.1.10 "자동폐쇄장치"란 제연구역의 출입문 등에 설치하는 것으로서 화재 시 화재감지기의 작동과 연동하여 출입문을 자동으로 닫히게 하는 장치를 말한다.

1.7.1.11 "과압방지장치"란 제연구역의 압력이 설정압력을 초과하는 경우 자동으로 압력을 조절하여 과압을 방지하는 장치를 말한다.

1.7.1.12 "굴뚝효과"란 건물 내부와 외부 또는 두 내부 공간 상하간의 온도 차이에 의한 밀도 차이로 발생하는 건물 내부의 수직 기류를 말한다.

1.7.1.13 "기밀상태"란 일정한 공간에 있는 유체가 누설되지 않는 밀폐 상태를 말한다.

1.7.1.14 "누설틈새면적"이란 가압 또는 감압된 공간과 인접한 사이에 공기의 흐름이 가능한 틈새의 면적을 말한다.

1.7.1.15 "송풍기"란 공기의 흐름을 발생시키는 기기를 말한다.

1.7.1.16 "수직풍도"란 건축물의 층간에 수직으로 설치된 풍도를 말한다.

1.7.1.17 "외기취입구"란 옥외로부터 옥내로 외기를 취입하는 개구부를 말한다.

1.7.1.18 "제어반"이란 각종 기기의 작동 여부 확인과 자동 또는 수동 기동 등이 가능한 장치를 말한다.

1.7.1.19 "차압측정공"이란 제연구역과 비 제연구역과의 압력 차를 측정하기 위해 제연구역과 비제연구역 사이의 출입문 등에 설치된 공기가 흐를 수 있는 관통형 통로를 말한다.

정답 : 345. ③

346 **14층 건물의 지하 1층에 제연설비용 배풍기를 설치하였다. 이 배풍기의 풍량은 60[㎥/min]이고 풍압은 15[cmAq]이었다. 이때 배풍기의 동력은 몇 [HP]로 해주어야 하는가? (단, 배풍기는 타워형으로 효율은 55[%]이고 여유율은 10[%]이다)**

① 2.02　　② 3.35
③ 1.84　　④ 3.95

$$P(HP) = \frac{PQ}{76\eta}K = \frac{150 \times \frac{60}{60}}{76 \times 0.55} \times 1.1 = 3.934HP$$

347 **제연설비에서 가동식의 벽, 제연 경계벽, 댐퍼 및 배출기의 작동은 무엇과 연동되어야 하며, 예상제연구역 및 제어반에서 어떤 기동이 가능하도록 해야 하는가?**

① 자동화재 감지기, 자동기동　　② 자동화재 감지기, 수동기동
③ 비상경보 설비, 자동기동　　④ 비상경보 설비, 수동기동

감지기 작동과 연동, 제어반에서 수동기동 가능

348 **공장, 창고 등 단층의 바닥면적이 큰 건물에 스모크 해치를 설치하는 수가 있는데 그 효과를 높이기 위한 장치는?**

① 드래프트 커텐　　② 제연 덕트
③ 배출기　　④ 보조 제연기

드래프트 커텐

349 **특별피난계단의 계단실 및 부속실 제연설비의 화재안전기술기준상 계단실 및 그 부속실을 동시에 제연하는 경우 또는 계단실만 단독으로 제연하는 경우에 방연풍속은 얼마 이상으로 해야 하는가?**

① 0.3[m/s]　　② 0.5[m/s]
③ 0.7[m/s]　　④ 1.0[m/s]

342번 문제 해설 참조

정답 : 346. ④　347. ②　348. ①　349. ②

350 **특별피난계단의 계단실 및 부속실 제연설비의 화재안전기술기준상 유입공기를 옥외로 배출하는 방식의 종류로 옳지 않은 것은?**

① 수직풍도에 따른 배출
② 배출구에 따른 배출
③ 제연설비에 따른 배출
④ 공조설비에 따른 배출

유입공기의 배출방식
1) 수직풍도에 따른 배출 2) 배출구에 따른 배출 3) 제연설비에 따른 배출

351 **수직풍도가 담당하는 1개층의 제연구역의 출입문 면적이 $3m^2$이고 방연풍속이 1m/s라고 할때 수직풍도 내부단면적의 크기는 몇 m^2인가?**

① $1m^2$
② $1.5m^2$
③ $2m^2$
④ $2.5m^2$

수직풍도의 내부단면적
㉠ 자연배출식의 경우 다음 식에 따라 산출하는 수치 이상으로 할 것. 다만, 수직풍도의 길이가 100m를 초과하는 경우에는 산출수치의 1.2배 이상의 수치를 기준으로 해야 한다.
AP = QN/2
AP : 수직풍도의 내부단면적(m^2)
QN : 수직풍도가 담당하는 1개 층의 제연구역의 출입문(옥내와 면하는 출입문을 말한다.) 1개의 면적(m^2)과 방연풍속(m/s)을 곱한 값(m^3/s)
㉡ 송풍기를 이용한 기계배출식의 경우 풍속 15m/sec 이하로 할 것

$$A = \frac{Q_N}{2} = \frac{3m^2 \times 1m/s}{2} = 1.5m^2$$

Reference

배출구에 따른 배출시 개폐기의 개구면적
AO = QN/2.5
AO : 개폐기의 개구면적(m^2)
QN : 수직풍도가 담당하는 1개 층의 제연구역의 출입문(옥내와 면하는 출입문을 말한다.) 1개의 면적(m^2)과 방연풍속(m/s)을 곱한 값(m^3/s)

352 **특별피난계단의 계단실 및 부속실 제연설비의 화재안전기술기준상 급기에 관한 설치기준으로 옳지 않은 것은?**

① 부속실을 제연하는 경우 동일수직선상의 모든 부속실은 하나의 전용수직풍도를 통해 동시에 급기할 것. 다만, 동일수직선상에 2대이상의 급기송풍기가 설치되는 경우에는 수직풍도를 분리하여 설치할 수 있다.
② 계단실 및 부속실을 동시에 제연하는 경우 부속실에 대하여는 그 계단실의 수직풍도를 통해 급기할 수 있다.
③ 계단실만 제연하는 경우에는 전용수직풍도를 설치하거나 계단실에 급기풍도 또는 급기 송풍기를 직접 연결하여 급기하는 방식으로 할 것
④ 하나의 수직풍도마다 전용의 송풍기로 급기할 것

정답 : 350. ④ 351. ② 352. ②

2.13.1 제연구역에 대한 급기는 다음의 기준에 적합해야 한다.
2.13.1.1 부속실을 제연하는 경우 동일 수직선상의 모든 부속실은 하나의 전용 수직풍도를 통해 동시에 급기할 것. 다만, 동일수직선상에 2대 이상의 급기송풍기가 설치되는 경우에는 수직풍도를 분리하여 설치할 수 있다.
2.13.1.2 계단실 및 부속실을 동시에 제연하는 경우 계단실에 대하여는 그 부속실의 수직풍도를 통해 급기할 수 있다.
2.13.1.3 계단실만 제연하는 경우에는 전용수직풍도를 설치하거나 계단실에 급기풍도 또는 급기송풍기를 직접 연결하여 급기하는 방식으로 할 것
2.13.1.4 하나의 수직풍도마다 전용의 송풍기로 급기할 것
2.13.1.5 비상용승강기 또는 비상용승강기의 승강장을 제연하는 경우에는 비상용승강기의 승강로를 급기풍도로 사용할 수 있다.

353 특별피난계단의 계단실 및 부속실 제연설비의 화재안전기술기준상 급기송풍기에 대한 설치기준으로 옳지 않은 것은?

① 송풍기의 송풍능력은 송풍기가 담당하는 제연구역에 대한 급기량의 1.5배 이상으로 할 것
② 송풍기에는 풍량조절장치를 설치하여 풍량조절을 할 수 있도록 할 것
③ 송풍기에는 풍량 및 풍량을 실측할 수 있는 유효한 조치를 할 것
④ 송풍기는 인접장소의 화재로부터 영향을 받지 아니하고 접근 및 점검이 용이한 곳에 설치할 것

2.16 급기송풍기의 설치는 다음의 기준에 적합해야 한다.
2.16.1 송풍기의 송풍능력은 송풍기가 담당하는 제연구역에 대한 급기량의 1.15배 이상으로 할 것. 다만, 풍도에서의 누설을 실측하여 조정하는 경우에는 그렇지 않다.
2.16.2 송풍기에는 풍량조절장치를 설치하여 풍량조절을 할 수 있도록 할 것
2.16.3 송풍기에는 풍량을 실측할 수 있는 유효한 조치를 할 것
2.16.4 송풍기는 인접 장소의 화재로부터 영향을 받지 않고 접근 및 점검이 용이한 곳에 설치할 것
2.16.5 송풍기는 옥내의 화재감지기의 동작에 따라 작동하도록 할 것
2.16.6 송풍기와 연결되는 캔버스는 내열성(석면재료를 제외한다)이 있는 것으로 할 것

354 특별피난계단의 계단실 및 부속실 제연설비의 화재안전기술기준상 제어반의 기능으로 옳지 않은 것은?

① 배출댐퍼 또는 개폐기의 작동 여부에 대한 감시 및 원격조작기능
② 급기송풍기와 유입공기의 배출용 송풍기의 작동 여부에 대한 감시및원격조작기능
③ 제연구역 출입문의 일시적인 고정개방 및 해정에 대한 감시 및 원격조작기능
④ 수동기동장치의 작동 여부에 대한 감시 및 원격조작기능

2.20.1 제연설비의 제어반은 다음의 기준에 적합하도록 설치해야 한다.
2.20.1.1 제어반에는 제어반의 기능을 1시간 이상 유지할 수 있는 용량의 비상용 축전지를 내장할 것. 다만, 당해 제어반이 종합방재제어반에 함께 설치되어 종합방재제어반으로부터 이 기준에 따른 용량의 전원을 공급 받을 수 있는 경우에는 그렇지 않다.
2.20.1.2 제어반은 다음의 기능을 보유할 것
2.20.1.2.1 급기용 댐퍼의 개폐에 대한 감시 및 원격조작기능

정답 : 353. ① 354. ④

2.20.1.2.2 배출댐퍼 또는 개폐기의 작동여부에 대한 감시 및 원격조작기능
2.20.1.2.3 급기송풍기와 유입공기의 배출용 송풍기(설치한 경우에 한한다)의 작동여부에 대한 감시 및 원격조작기능
2.20.1.2.4 제연구역의 출입문의 일시적인 고정개방 및 해정에 대한 감시 및 원격조작기능
2.20.1.2.5 수동기동장치의 작동여부에 대한 감시기능
2.20.1.2.6 급기구 개구율의 자동조절장치(설치하는 경우에 한한다)의 작동여부에 대한 감시기능. 다만, 급기구에 차압표시계를 고정 부착한 자동차압 · 급기댐퍼를 설치하고 당해 제어반에도 차압표시계를 설치한 경우에는 그렇지 않다.
2.20.1.2.7 감시선로의 단선에 대한 감시기능
2.20.1.2.8 예비전원이 확보되고 예비전원의 적합여부를 시험할 수 있어야 할 것

355 **연결송수관설비의 구조와 관련이 없는 항목은?**

① 송수구 ② 방수용 기구함
③ 가압송수장치 ④ 유수검지장치

356 **건축물의 3층 이상부터 방수구까지의 배관 내에 물이 차있지 않은 연결송수관설비의 방식은?**

① 건식방식 ② 습식방식
③ 단일방식 ④ 혼합방식

건식

357 **연결송수관설비의 화재안전기술기준상 습식설비의 배관을 설치해야 하는 대상에 관한 내용이다. ( )에 들어갈 내용으로 옳은 것은?**

> 지면으로부터의 높이가 31m 이상인 특정소방대상물 또는 지상 ( )층 이상인 특정소방대상물에 있어서는 습식설비로 할 것

① 3 ② 5 ③ 7 ④ 11

2.2.1 연결송수관설비의 배관은 다음의 기준에 따라 설치해야 한다.
2.2.1.1 주배관의 구경은 100㎜ 이상의 것으로 할 것. 다만, 주배관의 구경이 100mm 이상인 옥내소화전설비의 배관과는 겸용할 수 있다.
2.2.1.2 지면으로부터의 높이가 31m 이상인 특정소방대상물 또는 지상 11층 이상인 특정소방대상물에 있어서는 습식설비로 할 것

358 **연결송수관설비의 송수구의 구경은?**

① 40[㎜] ② 50[㎜] ③ 65[㎜] ④ 80[㎜]

65mm

정답 : 355. ④ 356. ① 357. ④ 358. ③

359 **연결송수관설비의 화재안전기술기준에 관한 설명 중 옳지 않은 것은?**

① 송수구는 쌍구형으로 하고 소방자동차가 쉽게 접근할 수 있는 위치에 설치할 것
② 송수구는 부근에는 체크밸브를 설치할 것
③ 주 배관의 구경은 65[㎜] 이상으로 할 것
④ 지면으로부터의 높이가 31[m] 이상인 소방대상물에 있어서는 습식설비로 할 것

연결송수관설비의 배관은 주배관의 구경이 100㎜ 이상인 옥내소화전설비의 배관과 겸용할 수 있다.

360 **연결송수관설비의 가압송수장치는 몇 [m] 이상인 소방대상물에 설치해야 하는가?**

① 10[m] ② 25[m] ③ 50[m] ④ 70[m]

2.5 가압송수장치
2.5.1 지표면에서 최상층 방수구의 높이가 70m 이상의 특정소방대상물에는 다음의 기준에 따라 연결송수관설비의 가압송수장치를 설치해야 한다.

361 **높이 70[m] 이상의 소방대상물로서 연결송수관설비의 최상층에 설치된 노즐선단 방수압력은 얼마 이상이어야 하는가?**

① 0.45[MPa] ② 0.35[MPa]
③ 0.25[MPa] ④ 0.17[MPa]

펌프의 양정은 최상층에 설치된 노즐선단의 압력이 0.35MPa 이상의 압력이 되도록 할 것

362 **연결송수관설비의 화재안전기술기준상 계단식 아파트에 설치된 연결송수관설비의 펌프 토출량은 얼마 이상인가? (단, 층별로 설치된 방수구는 4개이다.)**

① 800[L/min] ② 1,600[L/min]
③ 2,400[L/min] ④ 3,000[L/min]

가압송수장치
지표면에서 최상층 방수구의 높이가 70m 이상의 소방대상물에는 다음의 기준에 따라 연결송수관설비의 가압송수장치를 설치해야 한다.
① 펌프의 토출량은 다음 기준에 적합할 것

대상물의 층 당 방수구	1~3개	4개	5개 이상
일반 대상물	2,400L/min 이상	3,200L/min 이상	4,000L/min 이상
계단식 아파트	1,200L/min 이상	1,600L/min 이상	2,000L/min 이상

② 펌프의 양정은 최상층에 설치된 노즐선단의 압력이 0.35MPa 이상의 압력이 되도록 할 것

정답 : 359. ③ 360. ④ 361. ② 362. ②

363 연결송수관설비의 화재안전기술기준상 송수구의 설치기준으로 옳은 것은?

① 송수구의 부근에 설치하는 자동배수밸브 및 체크밸브는 습식의 경우, 송수구, 자동배수밸브, 체크밸브, 자동배수밸브 순으로 설치한다.

② 지면으로부터 0.5[m] 이상 0.8[m] 이하의 위치에 설치한다.

③ 동파되지 않도록 전용함 내에 설치한다.

④ 소방자동차가 쉽게 접근할 수 있고 노출된 장소에 설치한다.

2.1.1 연결송수관설비의 송수구는 다음의 기준에 따라 설치해야 한다.

2.1.1.1 소방차가 쉽게 접근할 수 있고 잘 보이는 장소에 설치할 것

2.1.1.2 지면으로부터 높이가 0.5m 이상 1m 이하의 위치에 설치할 것

2.1.1.3 송수구는 화재층으로부터 지면으로 떨어지는 유리창 등이 송수 및 그 밖의 소화작업에 지장을 주지 않는 장소에 설치할 것

2.1.1.4 송수구로부터 연결송수관설비의 주배관에 이르는 연결배관에 개폐밸브를 설치한 때에는 그 개폐상태를 쉽게 확인 및 조작할 수 있는 옥외 또는 기계실 등의 장소에 설치할 것. 이 경우 개폐밸브에는 그 밸브의 개폐상태를 감시제어반에서 확인할 수 있도록 급수개폐밸브 작동표시스위치(이하 "탬퍼스위치"라 한다)를 다음의 기준에 따라 설치해야 한다.

2.1.1.4.1 급수개폐밸브가 잠길 경우 탬퍼스위치의 동작으로 인하여 감시제어반 또는 수신기에 표시되어야 하며 경보음을 발할 것

2.1.1.4.2 탬퍼스위치는 감시제어반 또는 수신기에서 동작의 유무확인과 동작시험, 도통시험을 할 수 있을 것

2.1.1.4.3 탬퍼스위치에 사용되는 전기배선은 내화전선 또는 내열전선으로 설치할 것

2.1.1.5 구경 65㎜의 쌍구형으로 할 것

2.1.1.6 송수구에는 그 가까운 곳의 보기 쉬운 곳에 송수압력범위를 표시한 표지를 할 것

2.1.1.7 송수구는 연결송수관의 수직배관마다 1개 이상을 설치할 것. 다만, 하나의 건축물에 설치된 각 수직배관이 중간에 개폐밸브가 설치되지 아니한 배관으로 상호 연결되어 있는 경우에는 건축물마다 1개씩 설치할 수 있다.

2.1.1.8 송수구의 부근에는 자동배수밸브 및 체크밸브를 다음의 기준에 따라 설치할 것. 이 경우 자동배수밸브는 배관안의 물이 잘빠질 수 있는 위치에 설치하되, 배수로 인하여 다른 물건이나 장소에 피해를 주지 않아야 한다.

2.1.1.8.1 습식의 경우에는 송수구 · 자동배수밸브 · 체크밸브의 순으로 설치할 것

2.1.1.8.2 건식의 경우에는 송수구 · 자동배수밸브 · 체크밸브 · 자동배수밸브의 순으로 설치할 것

2.1.1.9 송수구에는 가까운 곳의 보기 쉬운 곳에 "연결송수관설비송수구"라고 표시한 표지를 설치할 것

2.1.1.10 송수구에는 이물질을 막기 위한 마개를 씌울 것

364 연결송수관설비의 송수구는 어느 배관마다 1개 이상 설치해야 하는가?

① 주배관 ② 교차배관

③ 수직배관 ④ 가지배관

363번 문제 해설 참조

정답 : 363. ④ 364. ③

365 다음의 소방대 연결송수구와 배관에 관한 설명 중 옳지 않은 것은?

① 소방대 연결송수구와 연결되는 배관에는 체크밸브와 송수구 사이에 자동배수장치가 설치되어야 한다.
② 소방대 연결송수구는 옥내소화전설비에는 설치하지 아니하여도 무방하다.
③ 스프링클러설비에 연결되는 소방대 연결송수구는 반드시 쌍구형이어야 한다.
④ 연결송수구는 접근이 용이하고 충분한 조작 공간이 확보될 수 있게 설치되어야 한다.

366 다음 중 연결송수관설비의 송수구의 외관점검 사항이 아닌 것은?

① 주위에 점검 또는 사용상 장애물이 없고 개폐방향표시의 적정 여부 확인
② 연결살수설비의 송수구 표지 및 송수구역 등을 명시한 계통도의 적정한 설치 여부 확인
③ 송수구 외형의 누설 · 변형 · 손상 등이 없는가의 여부 확인
④ 송수구 내부에 이물질의 존재 여부 확인

개폐방향 없음

367 연결송수관설비의 방수구에 대한 설명으로 옳지 않은 것은?

① 소방대상물의 3층부터 설치한다.
② 11층 이상의 층부터는 쌍구형 방수구로 한다.
③ 방수구의 결합 금속구는 구경 65[㎜]의 것으로 한다.
④ 방수구는 해당층의 바닥으로부터 0.5~1.0[m] 위치에 설치한다.

2.3.1 연결송수관설비의 방수구는 다음의 기준에 따라 설치해야 한다.
2.3.1.1 연결송수관설비의 방수구는 그 특정소방대상물의 층마다 설치할 것. 다만, 다음의 어느 하나에 해당하는 층에는 설치하지 않을 수 있다.
(1) 아파트의 1층 및 2층
(2) 소방차의 접근이 가능하고 소방대원이 소방차로부터 각 부분에 쉽게 도달할 수 있는 피난층
(3) 송수구가 부설된 옥내소화전을 설치한 특정소방대상물(집회장 · 관람장 · 백화점 · 도매시장 · 소매시장 · 판매시설 · 공장 · 창고시설 또는 지하가를 제외한다)로서 다음의 어느 하나에 해당하는 층
(3-1) 지하층을 제외한 층수가 4층 이하이고 연면적이 6,000㎡ 미만인 특정소방대상물의 지상층
(3-2) 지하층의 층수가 2 이하인 특정소방대상물의 지하층
2.3.1.2 특정소방대상물의 층마다 설치하는 방수구는 다음의 기준에 따를 것
2.3.1.2.1 아파트 또는 바닥면적이 1,000㎡ 미만인 층에 있어서는 계단(계단이 둘 이상 있는 경우에는 그중 1개의 계단을 말한다)으로부터 5m 이내에 설치할 것. 이 경우 부속실이 있는 계단은 부속실의 옥내 출입구로부터 5m 이내에 설치할 수 있다.
2.3.1.2.2 바닥면적 1,000㎡ 이상인 층(아파트를 제외한다)에 있어서는 각 계단(계단의 부속실을 포함하며 계단이 셋 이상 있는 층의 경우에는 그중 두 개의 계단을

정답 : 365. ② 366. ① 367. ①

말한다)으로부터 5m 이내에 설치할 것. 이 경우 부속실이 있는 계단은 부속실의 옥내 출입구로부터 5m 이내에 설치할 수 있다.

2.3.1.2.3 2.3.1.2.1 또는 2.3.1.2.2에 따라 설치하는 방수구로부터 그 층의 각 부분까지의 거리가 다음의 기준을 초과하는 경우에는 그 기준 이하가 되도록 방수구를 추가하여 설치할 것

(1) 지하가(터널은 제외한다) 또는 지하층의 바닥면적의 합계가 3,000㎡ 이상인 것은 수평거리 25m

(2) (1)에 해당하지 않는 것은 수평거리 50m

2.3.1.3 11층 이상의 부분에 설치하는 방수구는 쌍구형으로 할 것. 다만, 다음이 어느 하나에 해당하는 층에는 단구형으로 설치할 수 있다.

(1) 아파트의 용도로 사용되는 층

(2) 스프링클러설비가 유효하게 설치되어 있고 방수구가 2개소 이상 설치된 층

2.3.1.4 방수구의 호스접결구는 바닥으로부터 높이 0.5m 이상 1m 이하의 위치에 설치할 것

2.3.1.5 방수구는 연결송수관설비의 전용방수구 또는 옥내소화전방수구로서 구경 65㎜의 것으로 설치할 것

2.3.1.6 방수구의 위치표시는 표시등 또는 축광식표지로 하되 다음의 기준에 따라 설치할 것

2.3.1.6.1 표시등을 설치하는 경우에는 함의 상부에 설치하되, 소방청장이 고시한 「표시등의 성능인증 및 제품검사의 기술기준」에 적합한 것으로 설치할 것

2.3.1.6.2 축광식표지를 설치하는 경우에는 소방청장이 고시한 「축광표지의 성능인증 및 제품검사의 기술기준」에 적합한 것으로 설치할 것

2.3.1.7 방수구는 개폐기능을 가진 것으로 설치해야 하며, 평상시 닫힌 상태를 유지할 것

368 **연결송수관설비의 각 층에 설치하는 방수구는 아파트의 경우 몇 층부터 설치할 수 있는가?**

① 4층 이상 ② 3층 이상
③ 5층 이상 ④ 7층 이상

369 **연결송수관설비의 방수구의 호스접결구는 바닥으로부터 얼마의 위치에 설치해야 하는가?**

① 0.5[m] 이상 1.0[m] 이하 ② 0.5[m] 이상 1.5[m] 이하
③ 0.8[m] 이상 1.5[m] 이하 ④ 1.5[m] 이하

370 **연결송수관설비의 방수구를 쌍구형으로 설치해야 할 곳은 몇 층 이상인가?**

① 3층 ② 5층
③ 7층 ④ 11층

371 **연결송수관설비의 방수구는 아파트 또는 바닥면적이 1,000[㎡] 미만인 층에 있어서는 계단(계단이 둘 이상 있는 경우에는 그 중 1개의 계단을 말한다)으로 부터 몇 [m] 이내에 설치해야 하는가?**

① 2[m] ② 3[m]
③ 5[m] ④ 7[m]

정답 : 368. ② 369. ① 370. ④ 371. ③

372 **연결송수관설비의 방수구의 위치표시등은 몇 [m]의 거리에서 식별할 수 있는 적색등으로 해야 하는가?**

① 5[m]　② 7[m]
③ 10[m]　④ 15[m]

373 **연결살수설비에 설치해야 하는 구성장치가 아닌 것은?**

① 송수구　② 살수헤드
③ 가압펌프　④ 배관 및 밸브

374 **자체의 수원이 필요 없는 소화설비는 무엇인가?**

① 스프링클러설비　② 연결살수설비
③ 물분무설비　④ 포소화설비

375 **연결살수설비의 화재안전기술기준상 송수구의 설치 기준으로 옳지 않은 것은?**

① 소방차가 쉽게 접근할 수 있고 노출된 장소에 설치할 것. 이 경우 가연성 가스의 저장 · 취급시설에 설치하는 연결살수설비의 송수구는 그 방호대상물로부터 20m 이상의 거리를 두거나 방호대상물에 면하는 부분이 높이 1.5m 이상, 폭 2.5m 이상의 철근콘크리트 벽으로 가려진 장소에 설치해야 한다.
② 송수구는 구경 65mm의 쌍구형으로 설치할 것. 다만, 하나의 송수구역에 부착하는 살수헤드의 수가 10개 이하인 것에 있어서는 단구형으로 할 수 있다.
③ 개방형 헤드를 사용하는 송수구의 호스접결구는 각 송수구역마다 설치할 것. 다만, 송수구역을 선택할 수 있는 선택밸브가 설치되어 있고 각 송수구역의 주요구조부가 불연재료로 되어 있는 경우에는 그러하지 아니하다.
④ 지면으로부터 높이가 0.5m 이상 1m 이하의 위치에 설치할 것

2.1.1 연결살수설비의 송수구는 다음의 기준에 따라 설치해야 한다.
2.1.1.1 소방차가 쉽게 접근할 수 있고 노출된 장소에 설치할 것
2.1.1.2 가연성가스의 저장 · 취급시설에 설치하는 연결살수설비의 송수구는 그 방호대상물로부터 20m 이상의 거리를 두거나 방호대상물에 면하는 부분이 높이 1.5m 이상 폭 2.5m 이상의 철근콘크리트 벽으로 가려진 장소에 설치해야 한다.
2.1.1.3 송수구는 구경 65㎜의 쌍구형으로 설치할 것. 다만, 하나의 송수구역에 부착하는 살수헤드의 수가 10개 이하인 것은 단구형인 것으로 할 수 있다.
2.1.1.4 개방형헤드를 사용하는 송수구의 호스접결구는 각 송수구역마다 설치할 것. 다만, 송수구역을 선택할 수 있는 선택밸브가 설치되어 있고 각 송수구역의 주요구조부가 내화구조로 되어 있는 경우에는 그렇지 않다.
2.1.1.5 소방관의 호스연결 등 소화작업에 용이하도록 지면으로부터 높이가 0.5 m 이상 1m 이하의 위치에 설치할 것
2.1.1.6 송수구로부터 주배관에 이르는 연결배관에는 개폐밸브를 설치하지 않을 것. 다만, 스프링클러설비 · 물분무소화설비 · 포소화설비 또는 연결송수관설비의 배관과 겸용하는 경우에는 그렇지 않다.
2.1.1.7 송수구의 부근에는 "연결살수설비 송수구"라고 표시한 표지와 송수구역 일람표를

 **정답 : 372. ③　373. ③　374. ②　375. ③**

설치할 것. 다만, 2.1.2에 따른 선택밸브를 설치한 경우에는 그렇지 않다.
2.1.1.8 송수구에는 이물질을 막기 위한 마개를 씌울 것
2.1.2 연결살수설비의 선택밸브는 다음의 기준에 따라 설치해야 한다. 다만, 송수구를 송수구역마다 설치한 때에는 그렇지 않다.
2.1.2.1 화재 시 연소의 우려가 없는 장소로서 조작 및 점검이 쉬운 위치에 설치할 것
2.1.2.2 자동개방밸브에 따른 선택밸브를 사용하는 경우에는 송수구역에 방수하지 않고 자동밸브의 작동시험이 가능하도록 할 것
2.1.2.3 선택밸브의 부근에는 송수구역 일람표를 설치할 것
2.1.3 송수구의 가까운 부분에 자동배수밸브와 체크밸브를 다음의 기준에 따라 설치해야 한다.
2.1.3.1 폐쇄형헤드를 사용하는 설비의 경우에는 송수구 · 자동배수밸브 · 체크밸브의 순서로 설치할 것
2.1.3.2 개방형헤드를 사용하는 설비의 경우에는 송수구 · 자동배수밸브의 순서로 설치할것
2.1.3.3 자동배수밸브는 배관 안의 물이 잘 빠질 수 있는 위치에 설치하되, 배수로 인하여 다른 물건 또는 장소에 피해를 주지 않을 것
2.1.4 개방형헤드를 사용하는 연결살수설비에 있어서 하나의 송수구역에 설치하는 살수헤드의 수는 10개 이하가 되도록 해야 한다.

376 연결살수설비의 배관으로 사용할 수 없는 배관은 ?

① 압력배관용 탄소강강관 ② 배관용 탄소강강관
③ 스텐레스 강관 ④ 경질염화 비닐관

[경질염화비닐관 : PVC, 소방용합성수지배관 : CPVC]

2.2.1 배관과 배관이음쇠는 다음의 어느 하나에 해당하는 것 또는 동등 이상의 강도 · 내식성 및 내열성을 국내 · 외 공인기관으로부터 인정 받은 것을 사용해야 한다. 다만, 본 기준에서 정하지 않은 사항은 「건설기술진흥법」 제44조제1항의 규정에 따른 "건설기준"에 따른다.
2.2.1.1 배관 내 사용압력이 1.2㎫ 미만일 경우에는 다음의 어느 하나에 해당하는 것
(1) 배관용 탄소강관(KS D 3507)
(2) 이음매 없는 구리 및 구리합금관(KS D 5301). 다만, 습식의 배관에 한정한다.
(3) 배관용 스테인리스강관(KS D 3576) 또는 일반배관용 스테인리스강관(KS D 3595). 다만, 배관용 스테인리스강관(KS D 3576)의 이음을 용접으로 할 경우에는 텅스텐 불활성 가스 아크 용접(Tungsten Inertgas Arc Welding)방식에 따른다.
(4) 덕타일 주철관(KS D 4311)
2.2.1.2 배관 내 사용압력이 1.2㎫ 이상일 경우에는 다음의 어느 하나에 해당하는 것
(1) 압력배관용탄소강관(KS D 3562)
(2) 배관용 아크용접 탄소강강관(KS D 3583)
2.2.2 2.2.1에도 불구하고 다음의 어느 하나에 해당하는 장소에는 소방청장이 정하여 고시한 「소방용합성수지배관의 성능인증 및 제품검사의 기술기준」에 적합한 소방용 합성수지배관으로 설치할 수 있다.
2.2.2.1 배관을 지하에 매설하는 경우
2.2.2.2 다른 부분과 내화구조로 구획된 덕트 또는 피트의 내부에 설치하는 경우
2.2.2.3 천장(상층이 있는 경우에는 상층바닥의 하단을 포함한다. 이하 같다)과 반자를 불연재료 또는 준불연재료로 설치하고 소화배관 내부에 항상 소화수가 채워진 상태로 설치하는 경우

376. ④

377 다음은 연결살수설비의 화재안전기술기준상 송수구의 설치기준 중 일부이다. (   )에 들어갈 내용으로 옳은 것은?

> 연결살수설비의 송수구는 구경 65㎜의 쌍구형으로 설치할 것. 다만, 하나의 송수구역에 부착하는 살수헤드의 수가 (   )인 것은 단구형인 것으로 할 수 있다.

① 10개 이하
② 15개 이하
③ 20개 이하
④ 25개 이하

375번 문제 해설 참조

378 연결살수설비의 화재안전기술기준상 천장 또는 반자의 각 부분으로부터 하나의 연결살수설비 전용헤드까지의 수평거리는 얼마인가?

① 1.7[m] 이하
② 2.1[m] 이하
③ 2.5[m] 이하
④ 3.7[m] 이하

2.3.1 연결살수설비의 헤드는 연결살수설비전용헤드 또는 스프링클러헤드로 설치해야 한다.
2.3.2 건축물에 설치하는 연결살수설비의 헤드는 다음의 기준에 따라 설치해야 한다.
2.3.2.1 천장 또는 반자의 실내에 면하는 부분에 설치할 것
2.3.2.2 천장 또는 반자의 각 부분으로부터 하나의 살수헤드까지의 수평거리가 연결살수설비전용헤드의 경우에는 3.7m 이하, 스프링클러헤드의 경우는 2.3m 이하로 할 것. 다만, 살수헤드의 부착면과 바닥과의 높이가 2.1m 이하인 부분은 살수헤드의 살수분포에 따른 거리로 할 수 있다.

379 연결살수설비의 화재안전기술기준상 배관의 구경이 32[㎜]일 때 하나의 배관에 부착하는 살수헤드의 개수는?

① 1개
② 2개
③ 3개
④ 5개

배관의 구경
㉠ 연결살수설비 전용헤드를 사용하는 경우

하나의 배관에 부착하는 살수헤드의 개수	1개	2개	3개	4개 또는 5개	6개 이상 10개 이하
배관의 구경(mm)	32	40	50	65	80

정답 : 377. ① 378. ④ 379. ①

380 연결살수설비의 화재안전기술기준상 교차배관 또는 주배관에서 분기되는 지점을 기점으로 한쪽 가지배관에 설치되는 헤드의 개수는?

① 6개 이하　　② 8개 이하
③ 10개 이하　　④ 15개 이하

2.2.6 가지배관 또는 교차배관을 설치하는 경우에는 가지배관의 배열은 토너먼트방식이 아니어야 하며, 가지배관은 교차배관 또는 주배관에서 분기되는 지점을 기점으로 한쪽 가지배관에 설치되는 헤드의 개수는 8개 이하로 해야 한다.

381 연결살수설비에 대한 설명 중 옳지 않은 것은?

① 헤드는 천정 또는 반자의 실내에 면하는 부분에 설치한다.
② 가연성 가스저장, 취급시설에는 연결살수설비의 전용개방형 헤드를 설치해야 한다.
③ 송수구는 반드시 쌍구형으로 해야 한다.
④ 폐쇄형 헤드를 사용하는 연결살수설비의 시험배관은 송수구의 가장 먼 가지배관의 끝으로 연결 설치해야 한다.

단구형으로 할 수 있다.

382 연결살수설비의 화재안전기술기준상 배관의 설치기준으로 옳지 않은 것은?

① 시험배관은 송수관의 가장 먼 가지배관의 끝으로부터 연결 · 설치해야 한다.
② 시험배관의 끝에는 물받이통 및 배수관을 설치하여 시험 중 방사된 물이 바닥으로 흘러내리지 아니하도록 해야 한다.
③ 개방형 헤드 사용시 수평주행배관은 헤드를 향하여 상향으로 2/100 이상의 기울기로 설치해야 한다.
④ 개방형 헤드사용시 주배관 중 낮은 부분에는 자동배수밸브를 설치한다.

2.2.5 개방형헤드를 사용하는 연결살수설비의 수평주행배관은 헤드를 향하여 상향으로 100분의 1 이상의 기울기로 설치하고 주배관 중 낮은 부분에는 자동배수밸브를 2.1.3.3의 기준에 따라 설치해야 한다.

383 연결살수설비 화재안전기술기준상 헤드의 설치제외 장소로 옳지 않은 것은?

① 천장 및 반자가 불연재료 외의 것으로 되어 있고 천장과 반자 사이의 거리가 0.5[m] 미만인 부분
② 목욕실, 화장실, 기타 이와 유사한 시설
③ 발전기, 변압기, 기타 이와 유사한 전기설비가 설치되어 있는 부분
④ 펌프실, 보일러실 등 그와 유사한 장소

정답 : 380. ②　　381. ③　　382. ③　　383. ④

2.4.1 연결살수설비를 설치해야 할 특정소방대상물 또는 그 부분으로서 다음의 어느 하나에 해당하는 장소에는 연결살수설비의 헤드를 설치하지 않을 수 있다.

2.4.1.1 상점(영 별표 2 제5호와 제6호의 판매시설과 운수시설을 말하며, 바닥면적이 150㎡ 이상인 지하층에 설치된 것을 제외한다)으로서 주요구조부가 내화구조 또는 방화구조로 되어 있고 바닥면적이 500㎡ 미만으로 방화구획되어 있는 특정소방대상물 또는 그 부분

2.4.1.2 계단실(특별피난계단의 부속실을 포함한다) · 경사로 · 승강기의 승강로 · 파이프덕트 · 목욕실 · 수영장(관람석부분을 제외한다) · 화장실 · 직접 외기에 개방되어 있는 복도 그 밖의 이와 유사한 장소

2.4.1.3 통신기기실 · 전자기기실 · 기타 이와 유사한 장소

2.4.1.4 발전실 · 변전실 · 변압기 · 기타 이와 유사한 전기설비가 설치되어 있는 장소

2.4.1.5 병원의 수술실 · 응급처치실 · 기타 이와 유사한 장소

2.4.1.6 천장과 반자 양쪽이 불연재료로 되어 있는 경우로서 그 사이의 거리 및 구조가 다음의 어느 하나에 해당하는 부분

2.4.1.6.1 천장과 반자사이의 거리가 2m 미만인 부분

2.4.1.6.2 천장과 반자사이의 벽이 불연재료이고 천장과 반자사이의 거리가 2m 이상으로서 그 사이에 가연물이 존재하지 않는 부분

2.4.1.7 천장 · 반자 중 한쪽이 불연재료로 되어 있고 천장과 반자사이의 거리가 1m 미만인 부분

2.4.1.8 천장 및 반자가 불연재료외의 것으로 되어 있고 천장과 반자사이의 거리가 0.5m 미만인 부분

2.4.1.9 펌프실 · 물탱크실 그 밖의 이와 비슷한 장소

2.4.1.10 현관 또는 로비 등으로서 바닥으로부터 높이가 20m 이상인 장소

2.4.1.11 냉장창고의 영하의 냉장실 또는 냉동창고의 냉동실

2.4.1.12 고온의 노가 설치된 장소 또는 물과 격렬하게 반응하는 물품의 저장 또는 취급 장소

2.4.1.13 불연재료로 된 특정소방대상물 또는 그 부분으로서 다음의 어느 하나에 해당하는 장소

2.4.1.13.1 정수장 · 오물처리장 그 밖의 이와 비슷한 장소

2.4.1.13.2 펄프공장의 작업장 · 음료수공장의 세정 또는 충전하는 작업장 그 밖의 이와 비슷한 장소

2.4.1.13.3 불연성의 금속 · 석재 등의 가공공장으로서 가연성물질을 저장 또는 취급하지 않는 장소

2.4.1.14 실내에 설치된 테니스장 · 게이트볼장 · 정구장 또는 이와 비슷한 장소로서 실내바닥 · 벽 · 천장이 불연재료 또는 준불연재료로 구성되어 있고 가연물이 존재하지 않는 장소로서 관람석이 없는 운동시설 부분(지하층은 제외한다)

384 고체에어로졸 소화설비의 화재안전기술기준상 용어의 정의로 옳지 않은 것은?

① "고체에어로졸소화설비"란 설계밀도 이상의 고체에어로졸을 방호구역 전체에 균일하게 방출하는 설비로서 분산(Dispersed)방식이 아닌 압축(Condensed)방식을 말한다.

② "고체에어로졸화합물"이란 과산화물질, 가연성물질 등의 혼합물로서 화재를 소화하는 비전도성의 미세입자인 에어로졸을 만드는 고체화합물을 말한다.

③ "고체에어로졸"이란 고체에어로졸화합물의 연소과정에 의해 생성된 직경 20 ㎛ 이하의 고체 입자와 기체 상태의 물질로 구성된 혼합물을 말한다.

④ "안전계수"란 설계밀도를 결정하기 위한 안전율을 말하며 1.3으로 한다.

정답 : 384. ③

"고체에어로졸"이란 고체에어로졸화합물의 연소과정에 의해 생성된 직경 10 ㎛ 이하의 고체 입자와 기체 상태의 물질로 구성된 혼합물을 말한다.

[참고]

1.7.1.4 "고체에어로졸발생기"란 고체에어로졸화합물, 냉각장치, 작동장치, 방출구, 저장용기로 구성되어 에어로졸을 발생시키는 장치를 말한다.

1.7.1.5 "소화밀도"란 방호공간 내 규정된 시험조건의 화재를 소화하는데 필요한 단위체적(㎥)당 고체에어로졸화합물의 질량(g)을 말한다.

385 **다음은 고체에어로졸 소화설비의 설치제외 장소에 관한 기준이다. (　　)에 들어갈 내용으로 옳은 것은?**

> 2.2 설치제외
> 2.2.1 고체에어로졸소화설비는 다음의 물질을 포함한 화재 또는 장소에는 사용할 수 없다. 다만, 그 사용에 대한 국가 공인시험기관의 인증이 있는 경우에는 그렇지 않다.
> 2.2.1.1 니트로셀룰로오스, 화약 등의 산화성 물질
> 2.2.1.2 (ㄱ), (ㄴ), 칼륨, 마그네슘, 티타늄, 지르코늄, 우라늄 및 플루토늄과 같은 자기반응성 금속
> 2.2.1.3 (ㄷ)
> 2.2.1.4 (ㄹ), 히드라진 등 자동 열분해를 하는 화학물질
> 2.2.1.5 가연성 증기 또는 분진 등 폭발성 물질이 대기에 존재할 가능성이 있는 장소

	ㄱ	ㄴ	ㄷ	ㄹ
①	리튬	나트륨	금속 인화물	무기과산화물
②	리튬	나트륨	금속 수소화물	유기 과산화수소
③	리튬	칼슘	금속 인화물	유기 과산화수소
④	리튬	칼슘	금속 수소화물	무기과산화물

386 **방호체적이 200m³인 장소에 150g/m³의 소화밀도로 소화하는 경우 필요한 고체에어로졸의 약제량(kg)을 구하시오.**

① 39kg　② 49kg
③ 139kg　④ 150kg

$m = dV = 150g/m^3 \times 1.3 \times 200m^3 = 39{,}000g = 39kg$

387 **방호체적이 200m³인 장소에 150g/m³의 소화밀도로 소화하는 경우 필요한 고체에어로졸의 최소방출량(kg/min)을 구하시오.**

① 25kg/min　② 30.5kg/min
③ 37.05kg/min　④ 45kg/min

정답 : 385. ②　386. ①　387. ③

$$m(kg/\min) = \frac{150g/m^3 \times 1.3 \times 200m^3 \times 0.95 \times 0.001kg/g}{1\min} = 37.05kg/\min$$

388 **고체에어로졸 소화약제의 방출을 지연시킬 수 있는 방출지연스위치의 설치기준으로 옳지 않은 것은?**

① 수동으로 작동하는 방식으로 설치하되 누르고 있는 동안만 지연되도록 할 것
② 방호구역의 출입구마다 설치하되 피난이 용이한 출입구 인근에 사람이 쉽게 조작할 수 있는 위치에 설치할 것
③ 방출지연스위치 작동 시에는 음향경보를 발할 것
④ 방출지연스위치 작동 중 수동식 기동장치가 작동되더라도 방출지연기능이 유지될 것.

방출지연스위치 작동 중 수동식 기동장치가 작동되면 수동식 기동장치의 기능이 우선될 것

389 **고체에어로졸 소화설비의 연동감지기의 종류로 옳은 것은?**

① 불꽃감지기
② 정온식감지선형감지기
③ 광전식공기흡입형감지기
④ 광전식분리형감지기

2.8 화재감지기
2.8.1 고체에어로졸소화설비의 화재감지기는 다음의 기준에 따라 설치해야 한다.
2.8.1.1 고체에어로졸소화설비에는 다음의 감지기 중 하나를 설치할 것
2.8.1.1.1 광전식 공기흡입형 감지기
2.8.1.1.2 아날로그 방식의 광전식 스포트형 감지기
2.8.1.1.3 중앙소방기술심의위원회의 심의를 통해 고체에어로졸소화설비에 적응성이 있다고 인정된 감지기
2.8.1.2 화재감지기 1개가 담당하는 바닥면적은 「자동화재탐지설비 및 시각경보장치의 화재안전기술기준(NFTC 203)」의 2.4.3의 규정에 따른 바닥면적으로 할 것

390 **도로터널의 화재안전기준상 용어의 정의로 옳지 않은 것은?**

① "설계화재강도"란 터널 내 화재 시 소화설비 및 경보설비의 용량산정을 위해 적용하는 차종별 최대 열방출률(MW)을 말한다.
② "횡류환기방식"이란 터널 안의 배기가스와 연기 등을 배출하는 환기방식으로서 기류를 횡방향(바닥에서 천장)으로 흐르게 하여 환기하는 방식을 말한다.
③ "대배기구방식"이란 횡류환기방식의 일종으로 배기구에 개방/폐쇄가 가능한 전동댐퍼를 설치하여 화재 시 화재지점 부근의 배기구를 개방하여 집중적으로 배연할 수 있는 제연방식을 말한다.
④ "종류환기방식"이란 터널 안의 배기가스와 연기 등을 배출하는 환기방식으로서 기류를 종방향(출입구 방향)으로 흐르게 하여 환기하는 방식을 말한다.

정답 : 388. ④ 389. ③ 390. ①

1.7.1.6 "반횡류환기방식"이란 터널 안의 배기가스와 연기 등을 배출하는 환기방식으로서 터널에 수직배기구를 설치해서 횡방향과 종방향으로 기류를 흐르게 하여 환기하는 방식을 말한다.
1.7.1.7 "양방향터널"이란 하나의 터널 안에서 차량의 흐름이 서로 마주보게 되는 터널을 말한다.
1.7.1.8 "일방향터널"이란 하나의 터널 안에서 차량의 흐름이 하나의 방향으로만 진행되는 터널을 말한다.
1.7.1.9 "연기발생률"이란 일정한 설계화재강도의 차량에서 단위 시간당 발생하는 연기량을 말한다.

391 소방시설법 시행령상 도로터널에 설치하는 소방시설이 아닌 것은?

① 무선통신보조설비 ② 자동화재속보설비
③ 비상경보설비 ④ 옥내소화전설비

모든터널 : 소화기
500m이상 터널 : 비상경보설비, 비상조명등설비, 비상콘센트설비, 무선통신보조설비
1000m이상 터널 : 옥내소화전설비, 자동화재탐지설비, 연결송수관설비
위험등급이상 터널 : 옥내소화전설비, 제연설비, 물분무소화설비

392 도로터널의 화재안전기술기준에 따른 소화기의 설치기준으로 옳지 않은 것은?

① 소화기의 총중량은 사용 및 운반의 편리성을 고려하여 7kg 이하로 할 것
② 소화기는 주행차로의 우측 측벽에 50m 이내의 간격으로 2개 이상을 설치하며, 편도 2차선 이상의 양방향터널과 4차로 이상의 일방향터널의 경우에는 양쪽 측벽에 각각 50m 이내의 간격으로 엇갈리게 2개 이상을 설치할 것
③ 바닥면(차로만을 말한다. 이하 같다)으로부터 1.5m 이하의 높이에 설치할 것
③ 소화기구함의 상부에 "소화기"라고 조명식 또는 반사식의 표지판을 부착하여 사용자가 쉽게 인지할 수 있도록 할 것

▸ 바닥면(차로 또는 보행로를 말한다. 이하 같다)으로부터 1.5m 이하의 높이에 설치할 것

2.1.1 소화기는 다음의 기준에 따라 설치해야 한다.
2.1.1.1 소화기의 능력단위는 (「소화기구 및 자동소화장치의 화재안전기술기준(NFTC 101)」 1.7.1.6에 따른 수치를 말한다. 이하 같다)는 A급 화재는 3단위 이상, B급 화재는 5단위 이상 및 C급 화재에 적응성이 있는 것으로 할 것
2.1.1.2 소화기의 총중량은 사용 및 운반의 편리성을 고려하여 7kg 이하로 할 것
2.1.1.3 소화기는 주행차로의 우측 측벽에 50m 이내의 간격으로 2개 이상을 설치하며, 편도 2차선 이상의 양방향터널과 4차로 이상의 일방향터널의 경우에는 양쪽 측벽에 각각 50m 이내의 간격으로 엇갈리게 2개 이상을 설치할 것
2.1.1.4 바닥면(차로 또는 보행로를 말한다. 이하 같다)으로부터 1.5m 이하의 높이에 설치할 것
2.1.1.5 소화기구함의 상부에 "소화기"라고 조명식 또는 반사식의 표지판을 부착하여 사용자가 쉽게 인지할 수 있도록 할 것

정답 : 391. ② 392. ③

393 도로터널에 설치하는 옥내소화전설비의 방수량과 방수압 기준을 옳게 나열한 것은?

① 0.17MPa , 130L/min
② 0.25MPa , 190L/min
③ 0.35MPa , 190L/min
④ 0.35MPa , 350L/min

2.2.1 옥내소화전설비는 다음의 기준에 따라 설치해야 한다.

2.2.1.1 소화전함과 방수구는 주행차로 우측 측벽을 따라 50m 이내의 간격으로 설치하며, 편도 2차선 이상의 양방향터널이나 4차로 이상의 일방향터널의 경우에는 양쪽 측벽에 각각 50m 이내의 간격으로 엇갈리게 설치할 것

2.2.1.2 수원은 그 저수량이 옥내소화전의 설치개수 2개(4차로 이상의 터널의 경우 3개)를 동시에 40분 이상 사용할 수 있는 충분한 양 이상을 확보할 것

2.2.1.3 가압송수장치는 옥내소화전 2개(4차로 이상의 터널인 경우 3개)를 동시에 사용할 경우 각 옥내소화전의 노즐선단에서의 방수압력은 0.35㎫ 이상이고 방수량은 190L/min 이상이 되는 성능의 것으로 할 것. 다만, 하나의 옥내소화전을 사용하는 노즐선단에서의 방수압력이 0.7㎫을 초과할 경우에는 호스접결구의 인입측에 감압장치를 설치해야 한다.

2.2.1.4 압력수조나 고가수조가 아닌 전동기 또는 내연기관에 의한 펌프를 이용하는 가압송수장치는 주펌프와 동등 이상의 성능이 있는 별도의 펌프로서 내연기관의 기동과 연동하여 작동되거나 비상전원을 연결한 예비펌프를 추가로 설치할 것

2.2.1.5 방수구는 40㎜ 구경의 단구형을 옥내소화전이 설치된 벽면의 바닥면으로부터 1.5m 이하의 쉽게 사용 가능한 높이에 설치할 것

2.2.1.6 소화전함에는 옥내소화전 방수구 1개, 15m 이상의 소방호스 3본 이상 및 방수노즐을 비치할 것

2.2.1.7 옥내소화전설비의 비상전원은 옥내소화전설비를 유효하게 40분 이상 작동할 수 있어야 할 것

394 길이가 1,000m인 터널에 물분무소화설비를 설치하였다. 필요한 수원의 양(m^3)을 구하시오. (단, 터널은 4차로 일방향터널이며, 한 개 차로의 폭은 4m이다. 하나의 방수구역은 최소면적기준으로 한다.)

① $80m^3$
② $125m^3$
③ $234m^3$
④ $288m^3$

$(4 \times 4)m \times 25m \times 6L/m^2 \cdot \text{min} \times 40\text{min} \times 3 = 288,000L = 288m^3$

395 도로터널의 화재안전기술기준상 터널에 설치할 수 있는 자동화재탐지설비의 감지기 종류로 옳지 않은 것은?

① 차동식분포형감지기
② 불꽃감지기(도로형)
③ 정온식감지선형감지기(아날로그식)
④ 중앙기술심의위원회의 심의를 거쳐 터널화재에 적응성이 있다고 인정된 감지기

정답 : 393. ③ 394. ④ 395. ②

2.5 자동화재탐지설비

2.5.1 터널에 설치할 수 있는 감지기의 종류는 다음의 어느 하나와 같다.

(1) 차동식분포형감지기

(2) 정온식감지선형감지기(아날로그식에 한한다. 이하 같다.)

(3) 중앙기술심의위원회의 심의를 거쳐 터널화재에 적응성이 있다고 인정된 감지기

2.5.2 하나의 경계구역의 길이는 100m 이하로 해야 한다.

2.5.3 2.5.1에 의한 감지기의 설치기준은 다음의 기준과 같다. 다만, 중앙기술심의위원회의 심의를 거쳐 제조사의 시방서에 따른 설치방법이 터널화재에 적합하다고 인정되는 경우에는 다음의 기준에 의하지 아니하고 심의결과에 의한 제조사의 시방서에 따라 설치할 수 있다.

2.5.3.1 감지기의 감열부(열을 감지하는 기능을 갖는 부분을 말한다. 이하 같다)와 감열부 사이의 이격 거리는 10m 이하로, 감지기와 터널 좌 · 우측 벽면과의 이격거리는 6.5m 이하로 설치할 것

2.5.3.2 2.5.3.1에도 불구하고 터널 천장의 구조가 아치형의 터널에 감지기를 터널 진행방향으로 설치하고자 하는 경우에는 감열부와 감열부 사이의 이격거리를 10m 이하로 하여 아치형 천장의 중앙 최상부에 1열로 감지기를 설치해야 하며, 감지기를 2열 이상으로 설치하고자 하는 경우에는 감열부와 감열부 사이의 이격거리는 10m 이하로 감지기 간의 이격거리는 6.5m 이하로 설치할 것

2.5.3.3 감지기를 천장면(터널 안 도로 등에 면한 부분 또는 상층의 바닥 하부면을 말한다. 이하 같다)에 설치하는 경우에는 감지기가 천장면에 밀착되지 않도록 고정금구 등을 사용하여 설치할 것

2.5.3.4 형식승인 내용에 설치방법이 규정된 경우에는 형식승인 내용에 따라 설치할 것. 다만, 감지기와 천장면과의 이격거리에 대해 제조사의 시방서에 규정되어 있는 경우에는 시방서의 규정에 따라 설치할 수 있다.

2.5.4 2.5.2에도 불구하고 감지기의 작동에 의하여 다른 소방시설 등이 연동되는 경우로서 해당 소방시설 등의 작동을 위한 정확한 발화 위치를 확인할 필요가 있는 경우에는 경계구역의 길이가 해당 설비의 방호구역 등에 포함되도록 설치해야 한다.

2.5.5 발신기 및 지구음향장치는 2.4를 준용하여 설치해야 한다.

396 다음은 도로터널의 화재안전기준상 자동화재탐지설비의 설치기준 중 일부이다. (　　)에 들어갈 내용으로 옳은 것은?

> 2.5.2 하나의 경계구역의 길이는 (ㄱ)m 이하로 해야 한다.
> 2.5.3 2.5.1에 의한 감지기의 설치기준은 다음의 기준과 같다. 다만, 중앙기술심의위원회의 심의를 거처 제조사의 시방서에 따른 설치방법이 터널화재에 적합하다고 인정되는 경우에는 다음의 기준에 의하지 아니하고 심의결과에 의한 제조사의 시방서에 따라 설치할 수 있다.
> 2.5.3.1 감지기의 감열부(열을 감지하는 기능을 갖는 부분을 말한다. 이하 같다)와 감열부 사이의 이격거리는 (ㄴ)m 이하로, 감지기와 터널 좌·우측 벽면과의 이격거리는 (ㄷ)m 이하로 설치할 것
> 2.5.3.2 2.5.3.1에도 불구하고 터널 천장의 구조가 아치형의 터널에 감지기를 터널 진행방향으로 설치하고자 하는 경우에는 감열부와 감열부 사이의 이격거리를 10m 이하로 하여 아치형 천장의 중앙 최상부에 1열로 감지기를 설치해야 하며, 감지기를 2열 이상으로 설치하고자 하는 경우에는 감열부와 감열부 사이의 이격거리는 10m 이하로 감지기 간의 이격거리는 6.5m 이하로 설치할 것

	ㄱ	ㄴ	ㄷ		ㄱ	ㄴ	ㄷ
①	50	10	4.5	②	100	10	4.5
③	100	10	6.5	④	200	10	6.5

395번 문제 해설 참소

397 도로터널에 설치되는 제연설비에 대한 다음 설명으로 옳지 않은 것은?

① 제연설비의 기동은 화재감지기가 동작되는 경우 기동되어야 한다.
② 제연설비의 비상전원은 제연설비를 유효하게 60분 이상 작동할 수 있어야 한다.
③ 화재에 노출이 우려되는 제연설비와 전원공급선 및 제트팬 사이의 전원공급장치 등은 250℃의 온도에서 60분 이상 운전상태를 유지할 수 있어야 한다.
④ 횡류환기방식의 경우 제트팬의 소손을 고려하여 예비용 제트팬을 설치하도록 할 것

2.7 제연설비
2.7.1 제연설비는 다음의 기준을 만족하도록 설계해야 한다.
2.7.1.1 설계화재강도 20MW를 기준으로 하고, 이때의 연기발생률은 80㎥/s로 하며, 배출량은 발생된 연기와 혼합된 공기를 충분히 배출할 수 있는 용량 이상을 확보할 것
2.7.1.2 2.7.1.1 에도 불구하고, 화재강도가 설계화재강도 보다 높을 것으로 예상될 경우 위험도분석을 통하여 설계화재강도를 설정하도록 할 것
2.7.2 제연설비는 다음의 기준에 따라 설치해야 한다.
2.7.2.1 종류환기방식의 경우 제트팬의 소손을 고려하여 예비용 제트팬을 설치하도록 할 것

정답 : 396. ③　　397. ④

2.7.2.2 횡류환기방식(또는 반횡류환기방식) 및 대배기구 방식의 배연용 팬은 덕트의 길이에 따라서 노출온도가 달라질 수 있으므로 수치해석 등을 통해서 내열온도 등을 검토한 후에 적용하도록 할 것

2.7.2.3 대배기구의 개폐용 전동모터는 정전 등 전원이 차단되는 경우에도 조작상태를 유지할 수 있도록 할 것

2.7.2.4 화재에 노출이 우려되는 제연설비와 전원공급선 및 제트팬 사이의 전원공급장치 등은 250℃의 온도에서 60분 이상 운전상태를 유지할 수 있도록 할 것

2.7.3 제연설비의 기동은 다음의 어느 하나에 의하여 자동 및 수동으로 기동될 수 있도록 해야 한다.

(1) 화재감지기가 동작되는 경우
(2) 발신기의 스위치 조작 또는 자동소화설비의 기동장치를 동작시키는 경우
(3) 화재수신기 또는 감시제어반의 수동조작스위치를 동작시키는 경우

2.7.4 제연설비의 비상전원은 제연설비를 유효하게 60분 이상 작동할 수 있도록 해야 한다.

398 **고층건축물의 화재안전기술기준의 적용을 받는 소방시설의 종류를 모두 나열한 것은? (단, 피난안전구역에 설치하는 소방시설은 제외한다.)**

① 옥내소화전설비, 스프링클러설비, 비상방송설비, 자동화재탐지설비, 특별피난계단의 계단실 및 부속실 제연설비, 연결송수관설비
② 옥내소화전설비, 스프링클러설비, 비상방송설비, 자동화재탐지설비, 제연설비, 연결살수설비
③ 옥내소화전설비, 스프링클러설비, 비상방송설비, 자동화재탐지설비, 특별피난계단의 계단실 및 부속실제연설비, 비상콘센트설비
④ 옥내소화전설비, 스프링클러설비, 비상방송설비, 자동화재속보설비, 특별피난계단의 계단실 및 부속실제연설비, 연결송수관설비

피난안전구역의 소방시설

[피난안전구역에 설치하는 소방시설 설치기준]

구 분	설치기준
1. 제연설비	피난안전구역과 비 제연구역간의 차압은 50Pa(옥내에 스프링클러설비가 설치된 경우에는 12.5Pa) 이상으로 해야 한다. 다만 피난안전구역의 한쪽 면 이상이 외기에 개방된 구조의 경우에는 설치하지 않을 수 있다.
2.피난유도선	피난유도선은 다음의 기준에 따라 설치해야 한다. 가. 피난안전구역이 설치된 층의 계단실 출입구에서 피난안전구역 주 출입구 또는 비상구까지 설치할 것 나. 계단실에 설치하는 경우 계단 및 계단참에 설치할 것 다. 피난유도 표시부의 너비는 최소 25mm 이상으로 설치할 것 라. 광원점등방식(전류에 의하여 빛을 내는 방식)으로 설치하되, 60분 이상 유효하게 작동할 것
3. 비상조명등	피난안전구역의 비상조명등은 상시 조명이 소등된 상태에서 그 비상조명등이 점등되는 경우 각 부분의 바닥에서 조도는 10lx 이상이 될 수 있도록 설치할 것

정답 : 398. ①

4. 휴대용 비상조명등	가. 피난안전구역에는 휴대용비상조명등을 다음의 기준에 따라 설치해야 한다. 1) 초고층 건축물에 설치된 피난안전구역 : 피난안전구역 위층의 재실자수 (「건축물의 피난 · 방화구조 등의 기준에 관한 규칙」 별표 1의2에 따라 산정된 재실자 수를 말한다)의 10분의 1 이상 2) 지하연계 복합건축물에 설치된 피난안전구역 : 피난안전구역이 설치된 층의 수용인원(영 별표 7에 따라 산정된 수용인원을 말한다)의 10분의 1 이상 나. 건전지 및 충전식 건전지의 용량은 40분 이상 유효하게 사용할 수 있는 것으로 한다. 다만, 피난안전구역이 50층 이상에 설치되어 있을 경우의 용량은 60분 이상으로 할 것
5. 인명구조 기구	가. 방열복, 인공소생기를 각 2개 이상 비치할 것 나. 45분 이상 사용할 수 있는 성능의 공기호흡기(보조마스크를 포함한다)를 2개 이상 비치해야 한다. 다만, 피난안전구역이 50층 이상에 설치되어 있을 경우에는 동일한 성능의 예비용기를 10개 이상 비치할 것 다. 화재시 쉽게 반출할 수 있는 곳에 비치할 것 라. 인명구조기구가 설치된 장소의 보기 쉬운 곳에 "인명구조기구"라는 표지판 등을 설치할 것

399 **고층건축물의 화재안전기술기준에 관한 설명으로 옳지 않은 것은?**

① 옥내소화전실비의 경우 진동기 또는 내연기관에 의한 펌프를 이용하는 가압송수장치는 옥내소화전설비 전용으로 설치해야 하며, 주펌프와 동등 이상의 성능이 있는 별도의 펌프로서 내연기관의 기동과 연동하여 작동되거나 비상전원을 연결한 예비펌프를 추가로 설치해야 한다.
② 50층 이상인 건축물의 스프링클러 헤드에는 2개 이상의 가지배관으로부터 양방향에서 소화수가 공급되도록 하고, 수리계산에 의한 설계를 해야 한다.
③ 50층 이상인 건축물에 설치하는 수신기와 수신기사이 신호배선은 이중배선을 설치하도록 하고 단선 시에도 고장표시가 되며 정상 작동할 수 있는 성능을 갖도록 설비를 해야 한다.
④ 자동화재탐지설비에는 그 설비에 대한 감시상태를 60분간 지속한 후 유효하게 30분 이상 경보할 수 있는 비상전원으로서 축전지설비(수신기에 내장하는 경우를 포함한다) 또는 전기저장장치(외부 전기에너지를 저장해 두었다가 필요한 때 전기를 공급하는 장치)를 설치해야 한다.

2.4.3 50층 이상인 건축물에 설치하는 다음의 통신 · 신호배선은 이중배선을 설치하도록 하고 단선 시에도 고장표시가 되며 정상 작동할 수 있는 성능을 갖도록 설비를 해야 한다.
(1) 수신기와 수신기 사이의 통신배선
(2) 수신기와 중계기 사이의 신호배선
(3) 수신기와 감지기 사이의 신호배선

정답 : 399.③

400 **고층건축물에 설치하는 연결송수관설비의 설치기준으로 옳지 않은 것은?**

① 연결송수관설비의 배관은 전용으로 한다.
② 주배관의 구경이 100mm 이상인 스프링클러설비와 겸용할 수 있다.
③ 내연기관의 연료량은 펌프를 40분(50층 이상인 건축물의 경우에는 60분) 이상 운전할 수 있는 용량일 것
④ 연결송수관설비의 비상전원은 자가발전설비, 축전지설비(내연기관에 따른 펌프를 사용하는 경우에는 내연기관의 기동 및 제어용 축전지를 말한다), 전기저장장치로서 연결송수관설비를 유효하게 40분 이상 작동할 수 있어야 할 것. 다만, 50층 이상인 건축물의 경우에는 60분 이상 작동할 수 있어야 한다.

옥내소화전설비와 겸용가능.

401 **다음은 소방시설 설치 및 관리에 관한 법률 시행령 [별표 2]에서 규정하는 지하구에 해당하는 특정소방대상물에 관한 내용이다. (　　)에 들어갈 내용으로 옳은 것은?**

> 28. 지하구
> 가. 전력 · 통신용의 전선이나 가스 · 냉난방용의 배관 또는 이와 비슷한 것을 집합수용하기 위하여 설치한 지하 인공구조물로서 사람이 점검 또는 보수를 하기 위하여 출입이 가능한 것 중 다음의 어느 하나에 해당하는 것
> 1) 전력 또는 통신사업용 지하 인공구조물로서 전력구(케이블 접속부가 없는 경우는 제외한다) 또는 통신구 방식으로 설치된 것
> 2) 1) 외의 지하 인공구조물로서 폭이 (ㄱ)m 이상이고 높이가 (ㄴ)m 이상이며 길이가 (ㄷ)m 이상인 것
> 나. 「국토의 계획 및 이용에 관한 법률」 제2조제9호에 따른 공동구

	ㄱ	ㄴ	ㄷ		ㄱ	ㄴ	ㄷ
①	1.5	1.8	30	②	1.5	2	50
③	1.8	2	50	④	1.8	2.5	80

402 **지하구의 화재안전기술기준에 따른 소화기구 및 자동소화장치의 설치기준으로 옳은 것은?**

① 소화기의 능력단위는 A급 화재는 개당 2단위 이상, B급 화재는 개당 3단위 이상 및 C급 화재에 적응성이 있는 것으로 할 것
② 소화기는 사람이 출입할 수 있는 출입구(환기구, 작업구를 포함한다) 부근에 3개 이상 설치할 것
③ 지하구 내 발전실 · 변전실 · 송전실 · 변압기실 · 배전반실 · 통신기기실 · 전산기기실 · 기타 이와 유사한 시설이 있는 장소 중 바닥면적이 300㎡ 미만인 곳에는 유효설치 방호체적 이내의 가스 · 분말 · 고체에어로졸 · 캐비닛형 자동소화장치를 설치해야 한다
④ 케이블접속부(절연유를 포함한 접속부는 제외)마다 가스 · 분말 · 고체에어로졸 중 하나의 자동소화장치를 설치하되 소화성능이 확보될 수 있도록 방호공간을 구획하는 등 유효한 조치를 해야 한다.

정답 : 400. ②　401. ③　402. ③

2.1 소화기구 및 자동소화장치

2.1.1 소화기구는 다음의 기준에 따라 설치해야 한다.

2.1.1.1 소화기의 능력단위(「소화기구 및 자동소화장치의 화재안전기술기준(NFTC 101)」 1.7.1.6에 따른 수치를 말한다. 이하 같다)는 A급 화재는 개당 3단위 이상, B급 화재는 개당 5단위 이상 및 C급 화재에 적응성이 있는 것으로 할 것

2.1.1.2 소화기 한대의 총중량은 사용 및 운반의 편리성을 고려하여 7kg 이하로 할 것

2.1.1.3 소화기는 사람이 출입할 수 있는 출입구(환기구, 작업구를 포함한다) 부근에 5개 이상 설치할 것

2.1.1.4 소화기는 바닥면으로부터 1.5m 이하의 높이에 설치할 것

2.1.1.5 소화기의 상부에 "소화기"라고 표시한 조명식 또는 반사식의 표지판을 부착하여 사용자가 쉽게 알 수 있도록 할 것

2.1.2 지하구 내 발전실 · 변전실 · 송전실 · 변압기실 · 배전반실 · 통신기기실 · 전산기기실 · 기타 이와 유사한 시설이 있는 장소 중 바닥면적이 300㎡ 미만인 곳에는 유효설치 방호체적 이내의 가스 · 분말 · 고체에어로졸 · 캐비닛형 자동소화장치를 설치해야 한다. 다만, 해당 장소에 물분무등소화설비를 설치한 경우에는 설치하지 않을 수 있다.

2.1.3 제어반 또는 분전반마다 가스 · 분말 · 고체에어로졸 자동소화장치 또는 유효설치 방호체적 이내의 소공간용 소화용구를 설치해야 한다.

2.1.4 케이블접속부(절연유를 포함한 접속부에 한한다)마다 다음의 어느 하나에 해당하는 자동소화장치를 설치하되 소화성능이 확보될 수 있도록 방호공간을 구획하는 등 유효한 조치를 해야 한다.

(1) 가스 · 분말 · 고체에어로졸 자동소화장치

(2) 중앙소방기술심의위원회의 심의를 거쳐 소방청장이 인정하는 자동소화장치

403 지하구에 설치하는 감지기는 지하구 천장의 중심부에 설치하되 감지기와 천장중심부 하단과의 수직거리는 몇 cm 이내로 설치해야 하는가?

① 10cm ② 20cm

③ 30cm ④ 50cm

2.2 자동화재탐지설비

2.2.1 감지기는 다음의 기준에 따라 설치해야 한다.

2.2.1.1 「자동화재탐지설비 및 시각경보장치의 화재안전기술기준(NFTC 203)」 2.4.1(1)부터 2.4.1(8)의 감지기 중 먼지 · 습기 등의 영향을 받지 않고 발화지점(1m 단위)과 온도를 확인할 수 있는 것을 설치할 것

2.2.1.2 지하구 천장의 중심부에 설치하되 감지기와 천장 중심부 하단과의 수직거리는 30㎝ 이내로 할 것. 다만, 형식승인 내용에 설치방법이 규정되어 있거나, 중앙기술심의위원회의 심의를 거쳐 제조사 시방서에 따른 설치방법이 지하구 화재에 적합하다고 인정되는 경우에는 형식 승인 내용 또는 심의결과에 의한 제조사 시방서에 따라 설치할 수 있다.

2.2.1.3 발화지점이 지하구의 실제거리와 일치하도록 수신기 등에 표시할 것

2.2.1.4 공동구 내부에 상수도용 또는 냉 · 난방용 설비만 존재하는 부분은 감지기를 설치하지 않을 수 있다.

2.2.2 발신기, 지구음향장치 및 시각경보기는 설치하지 않을 수 있다.

정답 : 403. ③

404 지하구에 설치하는 연소방지설비의 헤드 설치기준 중 옳지 않은 것은?

① 천장 또는 벽면에 설치할 것
② 헤드간의 수평거리는 연소방지설비 전용헤드의 경우에는 2m 이하, 개방형스프링클러헤드의 경우에는 1.7m 이하로 할 것
③ 소방대원의 출입이 가능한 환기구 · 작업구마다 지하구의 양쪽방향으로 살수헤드를 설정하되, 한쪽 방향의 살수구역의 길이는 3m 이상으로 할 것. 다만, 환기구 사이의 간격이 700m를 초과할 경우에는 700m 이내마다 살수구역을 설정하되, 지하구의 구조를 고려하여 방화벽을 설치한 경우에는 그렇지 않다.
④ 연소방지설비 전용헤드를 설치할 경우에는 「소화설비용헤드의 성능인증 및 제품검사 기술기준」에 적합한 살수헤드를 설치할 것

헤드간의 수평거리는 연소방지설비 전용헤드의 경우에는 2m 이하, 개방형스프링클러헤드의 경우에는 1.5m 이하로 할 것

405 지하구의 화재안전기술기준상 연소방지재의 설치위치에 해당되지 않는 것은?

① 분기구
② 지하구의 인입부 또는 인출부
③ 케이블접속부
④ 기타 화재발생 위험이 우려되는 부분

2.5.1.2 연소방지재는 다음의 기준에 해당하는 부분에 2.5.1.1과 관련된 시험성적서에 명시된 방식으로 시험성적서에 명시된 길이 이상으로 설치하되, 연소방지재 간의 설치 간격은 350m를 넘지 않도록 해야 한다.
(1) 분기구
(2) 지하구의 인입부 또는 인출부
(3) 절연유 순환펌프 등이 설치된 부분
(4) 기타 화재발생 위험이 우려되는 부분

406 지하구의 화재안전기술기준상 방화벽의 설치기준으로 옳은 것은?

① 불연재료서 홀로 설 수 있는 구조일 것
② 방화벽의 출입문은 「건축법 시행령」 제64조에 따른 방화문으로서 60분+ 방화문만으로 설치할 것
③ 방화벽을 관통하는 케이블 · 전선 등에는 국토교통부 고시(「건축자재등 품질인정 및 관리기준」)에 따라 내화채움구조로 마감할 것
④ 방화벽은 분기구 및 국사(局舍, central office) · 변전소 등의 건축물과 지하구가 연결되는 부위(건축물로부터 10m 이내)에 설치할 것

정답 : 404. ② 405. ③ 406. ③

2.6 방화벽

2.6.1 방화벽은 다음의 기준에 따라 설치하고, 방화벽의 출입문은 항상 닫힌 상태를 유지하거나 자동폐쇄장치에 의하여 화재 신호를 받으면 자동으로 닫히는 구조로 해야 한다.

2.6.1.1 내화구조로서 홀로 설 수 있는 구조일 것

2.6.1.2 방화벽의 출입문은 「건축법 시행령」 제64조에 따른 방화문으로서 60분+ 방화문 또는 60분 방화문으로 설치할 것

2.6.1.3 방화벽을 관통하는 케이블 · 전선 등에는 국토교통부 고시(「건축자재등 품질인정 및 관리기준」)에 따라 내화채움구조로 마감할 것

2.6.1.4 방화벽은 분기구 및 국사(局舍, central office) · 변전소 등의 건축물과 지하구가 연결되는 부위(건축물로부터 20m 이내)에 설치할 것

2.6.1.5 자동폐쇄장치를 사용하는 경우에는 「자동폐쇄장치의 성능인증 및 제품검사의 기술기준」에 적합한 것으로 설치할 것

407 지하구의 화재안전기술기준상 통합감시시설의 설치기준 중 상태정보가 단선일 경우를 나타내는 표시로 옳은 것은?

① 0×00　② 0×1f
③ 0×2f　④ 0×36

① 0×00 : 정상
② 0×1f : 단선
③ 0×2f : 회재
④ 0×36 : EOP(End of packet)
⑤ 0×23 : SOP(Start of packet)

408 건설현장에 설치하여야 하는 간이소화장치를 배치하지 않을 수 있는 경우는 어떠한 설비를 설치한 경우 인지 옳게 설명한 것은?

① 옥내소화전설비 또는 연결송수관설비와 연결송수관설비의 방수구 인근에 대형소화기를 2개 이상 배치한 경우
② 스프링클러설비 또는 연결송수관설비와 연결송수관설비의 방수구 인근에 대형소화기를 2개 이상 배치한 경우
③ 미분무소화설비 또는 연결송수관설비와 연결송수관설비의 방수구 인근에 대형소화기를 6개 이상 배치한 경우
④ 옥내소화전설비 또는 연결송수관설비와 연결송수관설비의 방수구 인근에 대형소화기를 6개 이상 배치한 경우

정답 : 407. ②　408. ④

409 **건설현장의 화재안전성능기준상 간이소화장치의 설치기준으로 옳지 않은 것은?**

① 20분 이상의 소화수를 공급할 수 있는 수원을 확보해야 한다.
② 소화수의 방수압력은 0.1메가파스칼 이상, 방수량은 분당 80리터 이상이어야 한다.
③ 영 제18조제1항에 해당하는 작업을 하는 경우 작업종료 시까지 작업지점으로부터 25미터 이내에 배치하여 즉시 사용이 가능하도록 해야 한다.
④ 간이소화장치는 소방청장이 정하여 고시한 「간이소화장치의 성능인증 및 제품검사의 기술기준」에 적합한 것으로 해야 한다.

분당 65L/min 이상

410 **건설현장의 화재안전성능기준상 비상경보장치의 성능 및 설치기준으로 옳지 않은 것은?**

① 발신기를 누를 경우 해당 발신기와 결합된 경종이 작동해야 한다. 이 경우 다른 장소에 설치된 경종도 함께 연동하여 작동되도록 설치할 수 있다.
② 경종의 음량은 부착된 음향장치의 중심으로부터 1미터 떨어진 위치에서 90데시벨 이상이 되는 것으로 설치해야 한다.
③ 발신기의 위치표시등은 함의 상부에 설치하되, 그 불빛은 부착 면으로부터 15도 이상의 범위 안에서 부착지점으로부터 10미터 이내의 어느 곳에서도 쉽게 식별할 수 있는 적색등으로 할 것
④ 시각경보장치는 발신기함 상부에 위치하도록 설치하되 바닥으로부터 2미터 이상 2.5미터 이하의 높이에 설치하여 건설현장의 각 부분에 유효하게 경보할 수 있도록 할 것

100데시벨 이상

411 **건설현장의 화재안전성능기준상 용접·용단작업 시 주변 가연물이 있는 경우 방화포를 설치해야 하는 거리기준으로 옳은 것은?**

① 5m 이내에 가연물이 있는 경우
② 8m 이내에 가연물이 있는 경우
③ 11m 이내에 가연물이 있는 경우
④ 15m 이내에 가연물이 있는 경우

정답 : 409. ② 410. ② 411. ③

412 건설현장의 화재안전성능기준상 건설현장 소방안전관리자의 업무사항으로 옳지 않은 것은?

① 방수 · 도장 · 우레탄폼 성형 등 가연성가스 발생 작업과 용접 · 용단 및 불꽃이 발생하는 작업이 동시에 이루어지지 않도록 수시로 확인해야 한다.

② 가연성가스가 발생되는 작업을 할 경우에는 사전에 경보설비등의 정상작동 여부를 확인하여야 한다.

③ 용접 · 용단 작업을 할 경우에는 성능인증 받은 방화포가 설치기준에 따라 적정하게 도포되어 있는지 확인해야 한다.

④ 위험물 등이 있는 장소에서 화기 등을 취급하는 작업이 이루어지지 않도록 확인해야 한다.

제12조(소방안전관리자의 업무) 건설현장에 배치되는 소방안전관리자는 다음 각 호의 업무를 수행해야 한다.

1. 방수 · 도장 · 우레탄폼 성형 등 가연성가스 발생 작업과 용접 · 용단 및 불꽃이 발생하는 작업이 동시에 이루어지지 않도록 수시로 확인해야 한다.
2. 가연성가스가 발생되는 작업을 할 경우에는 사전에 가스누설경보기의 정상작동 여부를 확인하고, 작업 중 또는 작업 후 가연성가스가 체류되지 않도록 충분한 환기조치를 실시해야 한다.
3. 용접 · 용단 작업을 할 경우에는 성능인증 받은 방화포가 설치기준에 따라 적정하게 도포되어 있는지 확인해야 한다.
4. 위험물 등이 있는 장소에서 화기 등을 취급하는 작업이 이루어지지 않도록 확인해야 한다.

413 건설현장의 화재안전성능기준상 간이피난유도선의 설치기준으로 옳지 않은 것은?

① 영 제18조제2항 별표 8 제2호마목에 따른 지하층이나 무창층에는 간이피난유도선을 녹색 계열의 광원점등방식으로 해당 층의 직통계단마다 계단의 출입구로부터 건물 내부로 10미터 이상의 길이로 설치해야 한다.

② 바닥으로부터 1미터 이하의 높이에 설치하고, 피난유도선이 점멸하거나 화살표로 표시하는 등의 방법으로 작업장의 어느 위치에서도 피난유도선을 통해 출입구로의 피난방향을 알 수 있도록 해야한다.

③ 층 내부에 구획된 실이 있는 경우에는 구획된 각 실로부터 가장 가까운 직통계단의 출입구까지 연속하여 설치해야 한다.

④ 공사 중에는 상시 점등되도록 하고, 간이피난유도선을 30분 이상 유효하게 작동시킬 수 있는 비상전원을 확보해야 한다.

20분이상의 비상전원 확보

5. 영 제18조제2항 별표 8 제3호다목에 따라 당해 특정소방대상물에 설치되는 피난유도선, 피난구유도등, 통로유도등 또는 비상조명등을 사용승인 전이라도 완공검사를 받아 사용할 수 있게 된 경우 간이피난유도선을 설치하지 않을 수 있다.

정답 : 412. ②　　413. ④

414 전기저장시설의 화재안전기준상 용어정의로 옳지 않은 것은?

① "전기저장장치"란 생산된 전기를 전력 계통에 저장했다가 전기가 가장 필요한 시기에 공급해 에너지 효율을 높이는 것으로 배터리(이차전지에 한정한다. 이하 같다), 배터리 관리시스템, 전력 변환장치 및 에너지 관리 시스템 등으로 구성되어 발전 · 송배전 · 일반 건축물에서 목적에 따라 단계별 저장이 가능한 장치를 말한다.

② "옥외형 전기저장장치 설비"란 컨테이너, 패널 등 전기저장장치 설비 전용 건축물의 형태로 옥외의 구획된 실에 설치된 전기저장장치를 말한다.

③ "옥내형 전기저장장치 설비"란 전기저장장치 설비 전용 건축물이 아닌 건축물의 내부에 설치되는 전기저장장치로 '옥외형 전기저장장치 설비'가 아닌 설비를 말한다.

④ "더블인터락(Double-Interlock) 방식"이란 준비작동식스프링클러설비의 작동방식 중 화재감지기 또는 스프링클러헤드 중 어느 하나가 작동되는 경우 준비작동식유수검지장치가 개방되는 방식을 말한다.

"더블인터락(Double-Interlock) 방식"이란 준비작동식스프링클러설비의 작동방식 중 화재감지기와 스프링클러헤드가 모두 작동되는 경우 준비작동식유수검지장치가 개방되는 방식을 말한다.

"논인터락(None-Interlock) 방식"이란 준비작동식스프링클러설비의 작동방식 중 화재감지기 또는 스프링클러헤드의 동작신호에 따라 준비작동식유수검지장치가 개방되는 방식을 말한다.

"싱글인터락(Single-Interlock) 방식"이란 준비작동식스프링클러설비의 작동방식 중 화재감지기신호에 의해 준비작동식유수검지장치가 개방되는 방식을 말한다.

415 다음 중 전기저장시설에 설치되는 소방시설을 모두 고른 것은?

ㄱ - 소화기 ㄴ – 옥내소화전설비 ㄷ – 스프링클러설비 ㄹ – 물분무소화설비
ㅁ – 자동화재탐지설비 ㅂ – 배터리용 소화장치 ㅅ - 연결송수관설비

① ㄱ, ㄴ, ㄷ, ㄹ　② ㄱ, ㄴ, ㅁ, ㅅ
③ ㄱ, ㄷ, ㅂ, ㅅ　④ ㄱ, ㄷ, ㅁ, ㅂ

▪ 전기저장시설의 화재안전기준상 소방시설 및 기타설비

1. 소화기
2. 스프링클러설비
3. 배터리용소화장치
4. 자동화재탐지설비
5. 배출설비

정답 : 414. ④　415. ④

416 **전기저장시설의 화재안전기술기준상 전기저장장치의 설치장소에 관한 기준이다. (　　)에 들어갈 내용으로 옳은 것은?**

> 2.7 설치장소
> 2.7.1 전기저장장치는 관할 소방대의 원활한 소방활동을 위해 지면으로부터 지상 (ㄱ) m(전기저장장치가 설치된 전용 건축물의 최상부 끝단까지의 높이) 이내, 지하 (ㄴ) m(전기저장장치가 설치된 바닥면까지의 깊이) 이내로 설치해야 한다.

① ㄱ - 22, ㄴ - 7　　② ㄱ - 22, ㄴ - 9
③ ㄱ - 25, ㄴ - 7　　④ ㄱ - 25, ㄴ - 9

417 **전기저장시설의 화재안전기술기준상 배출설비의 설치기준으로 옳지 않은 것은?**

① 배풍기 · 배출덕트 · 후드 등을 이용하여 강제적으로 배출할 것
② 바닥면적 $1m^2$ 시간당 $16m^3$ 이상의 용량을 배출할 것
③ 화재감지기의 감지에 따라 작동할 것
④ 옥외와 면하는 벽체에 설치할 것

2.6 배출설비
2.6.1 배출설비는 다음의 기준에 따라 설치해야 한다.
2.6.1.1 배풍기 · 배출덕트 · 후드 등을 이용하여 강제적으로 배출할 것
2.6.1.2 바닥면적 $1m^2$에 시간당 $18m^3$ 이상의 용량을 배출할 것
2.6.1.3 화재감지기의 감지에 따라 작동할 것
2.6.1.4 옥외와 면하는 벽체에 설치

418 **공동주택의 화재안전기술기준상 소화기의 능력단위는 바닥면적 몇 제곱미터 마다 1단위 이상의 능력단위를 가져야 하는가?**

① $50m^2$　　② $100m^2$
③ $200m^2$　　④ $400m^2$

419 **공동주택의 화재안전기술기준상 공동주택의 보일러실에 해당 용도의 바닥면적 25제곱미터마다 능력단위 1단위 이상의 소화기를 추가하지 않아도 되는 경우에 해당되지 않는 것은?**

① 세대 내에 설치된 보일러실이 방화구획되거나, 스프링클러설비가 설치된 경우
② 세대 내에 설치된 보일러실이 방화구획되거나, 간이스프링클러설비가 설치된 경우
③ 세대 내에 설치된 보일러실이 방화구획되거나, 물분무소화설비가 설치된 경우
④ 세대 내에 설치된 보일러실이 방화구획되거나, 연결살수설비가 설치된 경우

정답 : 416. ②　417. ②　418. ②　419. ④

2.1 소화기구 및 자동소화장치

2.1.1 소화기는 다음의 기준에 따라 설치해야 한다.

2.1.1.1 바닥면적 100㎡ 마다 1단위 이상의 능력단위를 기준으로 설치할 것

2.1.1.2 아파트등의 경우 각 세대 및 공용부(승강장, 복도 등)마다 설치할 것

2.1.1.3 아파트등의 세대 내에 설치된 보일러실이 방화구획되거나, 스프링클러설비 · 간이스프링클러설비 · 물분무등소화설비 중 하나가 설치된 경우에는 「소화기구 및 자동소화장치의 화재안전기술기준(NFTC 101)」 [표 2.1.1.3] 제1호 및 제5호를 적용하지 않을 수 있다.

2.1.1.4 아파트등의 경우 「소화기구 및 자동소화장치의 화재안전기술기준(NFTC 101)」 2.2에 따른 소화기의 감소 규정을 적용하지 않을 것

2.1.2 주거용 주방자동소화장치는 아파트등의 주방에 열원(가스 또는 전기)의 종류에 적합한 것으로 설치하고, 열원을 차단할 수 있는 차단장치를 설치해야 한다.

420 **공동주택의 화재안전기술기준상 스프링클러설비의 설치기준으로 옳지 않은 것은?**

① 폐쇄형스프링클러헤드를 사용하는 아파트등은 기준개수 10개(스프링클러헤드의 설치개수가 가장 많은 세대에 설치된 스프링클러헤드의 개수가 기준개수보다 작은 경우에는 그 설치개수를 말한다)에 1.6㎥를 곱한 양 이상의 수원이 확보되도록 할 것. 다만, 아파트등의 각 동이 주차장으로 서로 연결된 구조인 경우 해당 주차장 부분의 기준개수는 20개로 할 것

② 아파트등의 경우 화장실 반자 내부에는 「소방용 합성수지배관의 성능인증 및 제품검사의 기술기준」에 적합한 소방용 합성수지배관으로 배관을 설치할 수 있다. 다만, 소방용 합성수지배관 내부에 항상 소화수가 채워진 상태를 유지할 것

③ 외벽에 설치된 창문에서 0.5m 이내에 스프링클러헤드를 배치하고, 배치된 헤드의 수평거리 이내에 창문이 모두 포함되도록 할 것

④ 거실에는 특수반응형 스프링클러헤드를 설치할 것

2.3 스프링클러설비

2.3.1 스프링클러설비는 다음의 기준에 따라 설치해야 한다.

2.3.1.1 폐쇄형스프링클러헤드를 사용하는 아파트등은 기준개수 10개(스프링클러헤드의 설치개수가 가장 많은 세대에 설치된 스프링클러헤드의 개수가 기준개수보다 작은 경우에는 그 설치 개수를 말한다)에 1.6㎥를 곱한 양 이상의 수원이 확보되도록 할 것. 다만, 아파트등의 각 동이 주차장으로 서로 연결된 구조인 경우 해당 주차장 부분의 기준개수는 30개로 할 것

2.3.1.2 아파트등의 경우 화장실 반자 내부에는 「소방용 합성수지배관의 성능인증 및 제품검사의 기술기준」에 적합한 소방용 합성수지배관으로 배관을 설치할 수 있다. 다만, 소방용 합성수지배관 내부에 항상 소화수가 채워진 상태를 유지할 것

2.3.1.3 하나의 방호구역은 2개 층에 미치지 아니하도록 할 것. 다만, 복층형 구조의 공동주택에는 3개 층 이내로 할 수 있다.

2.3.1.4 아파트등의 세대 내 스프링클러헤드를 설치하는 천장 · 반자 · 천장과 반자사이 · 덕트 · 선반 등의 각 부분으로부터 하나의 스프링클러헤드까지의 수평거리는 2.6m 이하로 할 것

2.3.1.5 외벽에 설치된 창문에서 0.6m 이내에 스프링클러헤드를 배치하고, 배치된 헤드의 수평거리 이내에 창문이 모두 포함되도록 할 것. 다만, 다음의 기준에 어느 하나에 해당하는 경우에는 그렇지 않다.

정답 : 420. ②

2.3.1.5.1 창문에 드렌처설비가 설치된 경우
2.3.1.5.2 창문과 창문 사이의 수직부분이 내화구조로 90cm 이상 이격되어 있거나, 「발코니 등의 구조변경절차 및 설치기준」 제4조제1항부터 제5항까지에서 정하는 구조와 성능의 방화판 또는 방화유리창을 설치한 경우
2.3.1.5.3 발코니가 설치된 부분
2.3.1.6 거실에는 조기반응형 스프링클러헤드를 설치할 것
2.3.1.7 감시제어반 전용실은 피난층 또는 지하 1층에 설치할 것. 다만, 상시 사람이 근무하는 장소 또는 관계인이 쉽게 접근할 수 있고 관리가 용이한 장소에 감시제어반 전용실을 설치할 경우에는 지상 2층 또는 지하 2층에 설치할 수 있다.
2.3.1.8 「건축법 시행령」 제46조제4항에 따라 설치된 대피공간에는 헤드를 설치하지 않을 수 있다.
2.3.1.9 「스프링클러설비의 화재안전기술기준(NFTC 103)」 2.7.7.1 및 2.7.7.3의 기준에도 불구하고 세대 내 실외기실 등 소규모 공간에서 해당 공간 여건상 헤드와 장애물 사이에 60cm 반경을 확보하지 못하거나 장애물 폭의 3배를 확보하지 못하는 경우에는 살수방해가 최소화되는 위치에 설치할 수 있다.

421 공동주택에 설치하는 자동화재탐지설비의 설치기준으로 옳지 않은 것은?

① 감지기는 아날로그방식의 감지기, 광전식 공기흡입형 감지기 또는 이와 동등 이상의 기능 · 성능이 인정되는 것으로 설치할 것
② 세대 내 거실(취침용도로 사용될 수 있는 통상적인 방 및 거실을 말한다)에는 연기감지기를 설치할 것
③ 감지기 회로 단선 시 고장표시가 되며, 해당 회로에 설치된 감지기가 정상 작동될 수 있는 성능을 갖도록 할 것
④ 복층형 구조인 경우에는 출입구가 없는 층에도 발신기를 설치하여야 한다.

2.7 자동화재탐지설비
2.7.1 감지기는 다음 기준에 따라 설치해야 한다.
2.7.1.1 아날로그방식의 감지기, 광전식 공기흡입형 감지기 또는 이와 동등 이상의 기능 · 성능이 인정되는 것으로 설치할 것
2.7.1.2 감지기의 신호처리방식은 「자동화재탐지설비 및 시각경보장치의 화재안전기술기준(NFTC203)」 1.7.2에 따른다.
2.7.1.3 세대 내 거실(취침용도로 사용될 수 있는 통상적인 방 및 거실을 말한다)에는 연기감지기를 설치할 것
2.7.1.4 감지기 회로 단선 시 고장표시가 되며, 해당 회로에 설치된 감지기가 정상 작동될 수 있는 성능을 갖도록 할 것
2.7.2 복층형 구조인 경우에는 출입구가 없는 층에 발신기를 설치하지 아니할 수 있다.

정답 : 421. ④

422 **창고시설의 화재안전기술기준상 창고시설 내 배전반 및 분전반 마다 설치하는 소화기구 및 자동소화장치의 종류가 아닌 것은?**

① 가스자동소화장치　　② 캐비닛형자동소화장치
③ 분말자동소화장치　　④ 소공간용 소화용구

2.1 소화기구 및 자동소화장치
2.1.1 창고시설 내 배전반 및 분전반마다 가스자동소화장치 · 분말자동소화장치 · 고체에어로졸자동소화장치 또는 소공간용 소화용구를 설치해야 한다.

423 **창고시설에 설치하는 옥내소화전설비의 비상전원은 해당 설비를 유효하게 몇 분 이상 작동시킬 수 있어야 하는가?**

① 20분　　② 30분
③ 40분　　④ 60분

2.2 옥내소화전설비
2.2.1 수원의 저수량은 옥내소화전의 설치개수가 가장 많은 층의 설치개수(2개 이상 설치된 경우에는 2개)에 5.2㎥ (호스릴옥내소화전설비를 포함한다)를 곱한 양 이상이 되도록 해야 한다.
2.2.2 사람이 상시 근무하는 물류창고 등 동결의 우려가 없는 경우에는 「옥내소화전설비의 화재안전기술기준(NFTC 102)」 2.2.1.9의 단서를 적용하지 않는다.
2.2.3 비상전원은 자가발전설비, 축전지설비(내연기관에 따른 펌프를 사용하는 경우에는 내연기관의 기동 및 제어용 축전지를 말한다) 또는 전기저장장치(외부 전기에너지를 저장해 두었다가 필요한 때 전기를 공급하는 장치)로서 옥내소화전설비를 유효하게 40분 이상 작동할 수 있어야 한다.

424 **높이가 4m 이상인 창고(랙식 창고를 포함한다)에 설치하는 폐쇄형 스프링클러 헤드는 그 설치 장소의 평상시 최고주위온도에 관계 없이 표시온도 몇 도 이상의 것으로 설치할 수 있는가?**

① 79 ℃　　② 121 ℃
③ 162 ℃　　④ 200 ℃

정답 : 422. ②　　423. ④　　424. ②

425 창고시설의 화재안전기술기준상 스프링클러설비의 설치기준으로 옳은 것은?

① 가압송수장치의 송수량은 0.1MPa의 방수압력 기준으로 80L/min 이상의 방수성능을 가진 기준 개수의 모든 헤드로부터의 방수량을 충족시킬 수 있는 양 이상인 것으로 할 것

② 교차배관에서 분기되는 지점을 기점으로 한쪽 가지배관에 설치되는 헤드의 개수(반자 아래와 반자속의 헤드를 하나의 가지배관 상에 병설하는 경우에는 반자 아래에 설치하는 헤드의 개수)는 8개 이하로 해야 한다.

③ 라지드롭형 스프링클러헤드를 설치하는 천장 · 반자 · 천장과 반자사이 · 덕트 · 선반 등의 각 부분으로부터 하나의 스프링클러헤드까지의 수평거리는 특수가연물을 저장 또는 취급하는 창고는 1.7m 이하, 그 외의 창고는 2.1m(내화구조로 된 경우에는 2.3m를 말한다) 이하로 할 것

④ 비상전원은 자가발전설비, 축전지설비(내연기관에 따른 펌프를 사용하는 경우에는 내연기관의 기동 및 제어용 축전지를 말한다) 또는 전기저장장치(외부 전기에너지를 저장해 두었다가 필요한 때 전기를 공급하는 장치를 말한다. 이하 같다)로서 스프링클러설비를 유효하게 20분(랙식 창고의 경우 40분을 말한다) 이상 작동할 수 있어야 한다.

① 160L/min
② 4개 이하
④ 랙식창고의 경우 60분

2.3 스프링클러설비

2.3.1 스프링클러설비의 설치방식은 다음 기준에 따른다.

2.3.1.1 창고시설에 설치하는 스프링클러설비는 라지드롭형 스프링클러헤드를 습식으로 설치할 것. 다만, 다음의 어느 하나에 해당하는 경우에는 건식스프링클러설비로 설치할 수 있다.
(1) 냉동창고 또는 영하의 온도로 저장하는 냉장창고
(2) 창고시설 내에 상시 근무자가 없어 난방을 하지 않는 창고시설

2.3.1.2 랙식 창고의 경우에는 2.3.1.1에 따라 설치하는 것 외에 라지드롭형 스프링클러헤드를 랙 높이 3m 이하 마다 설치할 것. 이 경우 수평거리 15cm 이상의 송기공간이 있는 랙식 창고에는 랙 높이 3m 이하 마다 설치하는 스프링클러헤드를 송기공간에 설치할 수 있다.

2.3.1.3 창고시설에 적층식 랙을 설치하는 경우 적층식 랙의 각 단 바닥면적을 방호구역 면적으로 포함할 것

2.3.1.4 2.3.1.1 내지 2.3.1.3에도 불구하고 천장 높이가 13.7m 이하인 랙식 창고에는 「화재조기진압용 스프링클러설비의 화재안전기술기준(NFTC 103B)」에 따른 화재조기진압용 스프링클러설비를 설치할 수 있다.

2.3.1.5 높이가 4m 이상인 창고(랙식 창고를 포함한다)에 설치하는 폐쇄형스프링클러헤드는 그 설치장소의 평상시 최고 주위온도에 관계 없이 표시온도 121℃ 이상의 것으로 할 수 있다.

2.3.2 수원의 저수량은 다음의 기준에 적합해야 한다.

2.3.2.1 라지드롭형 스프링클러헤드의 설치개수가 가장 많은 방호구역의 설치개수(30개 이상 설치된 경우에는 30개)에 3.2㎥(랙식 창고의 경우에는 9.6㎥)를 곱한 양 이상이 되도록 할 것

2.3.2.2 2.3.1.4에 따라 화재조기진압용 스프링클러설비를 설치하는 경우 「화재조기진압용 스프링클러설비의 화재안전기술기준(NFTC 103B)」 2.2.1에 따를 것

정답 : 425. ③

2.3.3 가압송수장치의 송수량은 다음 기준의 기준에 적합해야 한다.
  2.3.3.1 가압송수장치의 송수량은 0.1MPa의 방수압력 기준으로 160L/min 이상의 방수성능을 가진 기준 개수의 모든 헤드로부터의 방수량을 충족시킬 수 있는 양 이상인 것으로 할 것. 이 경우 속도수두는 계산에 포함하지 않을 수 있다.
  2.3.3.2 2.3.1.4에 따라 화재조기진압용 스프링클러설비를 설치하는 경우 「화재조기진압용 스프링클러설비의 화재안전기술기준(NFTC 103B)」 2.3.1.10에 따를 것
2.3.4 교차배관에서 분기되는 지점을 기점으로 한쪽 가지배관에 설치되는 헤드의 개수(반자 아래와 반자속의 헤드를 하나의 가지배관 상에 병설하는 경우에는 반자 아래에 설치하는 헤드의 개수)는 4개 이하로 해야 한다. 다만, 2.3.1.4에 따라 화재조기진압용 스프링클러설비를 설치하는 경우에는 그렇지 않다.
2.3.5 스프링클러헤드는 다음의 기준에 적합해야 한다.
  2.3.5.1 라지드롭형 스프링클러헤드를 설치하는 천장 · 반자 · 천장과 반자사이 · 덕트 · 선반 등의 각 부분으로부터 하나의 스프링클러헤드까지의 수평거리는 「화재의 예방 및 안전관리에 관한 법률 시행령」 별표2의 특수가연물을 저장 또는 취급하는 창고는 1.7m 이하, 그 외의 창고는 2.1m(내화구조로 된 경우에는 2.3m를 말한다) 이하로 할 것
  2.3.5.2 화재조기진압용 스프링클러헤드는 「화재조기진압용 스프링클러설비의 화재안전기술기준(NFTC103B)」 2.7.1에 따라 설치할 것
2.3.6 물품의 운반 등에 필요한 고정식 대형기기 설비의 설치를 위해 「건축법 시행령」 제46조제2항에 따라 방화구획이 적용되지 아니하거나 완화 적용되어 연소할 우려가 있는 개구부에는 「스프링클러설비의 화재안전기술기준(NFTC 103)」 2.7.7.6에 따른 방법으로 드렌처설비를 설치해야 한다.
2.3.7 비상전원은 자가발전설비, 축전지설비(내연기관에 따른 펌프를 사용하는 경우에는 내연기관의 기동 및 제어용 축전지를 말한다) 또는 전기저장장치(외부 전기에너지를 저장해 두었다가 필요한 때 전기를 공급하는 장치를 말한다. 이하 같다)로서 스프링클러설비를 유효하게 20분(랙식창고의 경우 60분을 말한다) 이상 작동할 수 있어야 한다.

426 **창고시설의 화재안전기술기준상 유도등의 설치기준으로 옳지 않은 것은?**

① 피난구유도등과 거실통로유도등은 대형으로 설치해야 한다.
② 피난유도선은 연면적 15,000㎡ 이상인 창고시설의 지하층의 경우 광원점등방식으로 바닥으로부터 1m 이하의 높이에 설치할 것
④ 피난유도선은 연면적 15,000㎡ 이상인 창고시설의 무창층의 경우 각 층 직통계단 출입구로부터 건물 내부 벽면으로 10m 이상 설치할 것
④ 상시 점등되며 비상전원 30분 이상을 확보할 것

2.6 유도등
2.6.1 피난구유도등과 거실통로유도등은 대형으로 설치해야 한다.
2.6.2 피난유도선은 연면적 15,000㎡ 이상인 창고시설의 지하층 및 무창층에 다음의 기준에 따라 설치해야 한다.
  2.6.2.1 광원점등방식으로 바닥으로부터 1m 이하의 높이에 설치할 것
  2.6.2.2 각 층 직통계단 출입구로부터 건물 내부 벽면으로 10m 이상 설치할 것
  2.6.2.3 화재 시 점등되며 비상전원 30분 이상을 확보할 것
  2.6.2.4 피난유도선은 소방청장이 정하여 고시하는 「피난유도선 성능인증 및 제품검사의 기술기준」에 적합한 것으로 설치할 것

정답 : 426. ④

문제 PART

소방전기시설의 구조 및 원리 예상문제

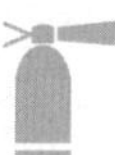

소방전기시설의 구조 및 원리 예상문제

001 비상경보설비의 설치대상으로 옳지 않은 것은?

① 연면적 400㎡ 이상인 것
② 지하층 또는 무창층의 바닥면적이 200㎡(공연장의 경우 150㎡) 이상인 것
③ 지하가 중 터널로서 길이가 500m 이상인 것
④ 50명 이상의 근로자가 작업하는 옥내 작업장

비상경보설비를 설치해야 하는 특정소방대상물(모래 · 석재 등 불연재료 공장 및 창고시설, 위험물 저장 및 처리 시설 중 가스시설, 사람이 거주하지 않거나 벽이 없는 축사 등 동물 및 식물 관련 시설 및 지하구는 제외한다)은 다음의 어느 하나에 해당하는 것으로 한다.

1) 연면적 400㎡ 이상인 것은 모든 층
2) 지하층 또는 무창층의 바닥면적이 150㎡(공연장의 경우 100㎡) 이상인 것은 모든 층
3) 지하가 중 터널로서 길이가 500m 이상인 것
4) 50명 이상의 근로자가 작업하는 옥내 작업장

002 비상벨설비 또는 자동식사이렌 설비의 설치기준으로 옳지 않은 것은?

① 부식성 가스 또는 습기 등으로 인하여 부식의 우려가 없는 장소에 설치할 것
② 지구음향장치는 특정 소방대상물의 층마다 설치하되, 해당 층의 각 부분으로부터 하나의 음향장치까지의 수평거리가 25[m] 이하가 되도록 할 것
③ 음향장치는 정격전압의 80[%] 전압에서 음향을 발할 수 있도록 하여야 한다.
④ 음향장치의 음향의 크기는 부착된 음향장치의 중심으로부터 1[m] 떨어진 위치에서 70[dB] 이상이 되는 것으로 하여야 한다.

2.1 비상벨설비 또는 자동식사이렌설비

2.1.1 비상벨설비 또는 자동식사이렌설비는 부식성가스 또는 습기 등으로 인하여 부식의 우려가 없는 장소에 설치해야 한다.

2.1.2 지구음향장치는 특정소방대상물의 층마다 설치하되, 해당 층의 각 부분으로부터 하나의 음향장치까지의 수평거리가 25m 이하가 되도록 하고, 해당 층의 각 부분에 유효하게 경보를 발할 수 있도록 설치해야 한다. 다만, 「비상방송설비의 화재안전기술기준(NFTC 202)」에 적합한 방송설비를 비상벨설비 또는 자동식사이렌설비와 연동하여 작동하도록 설치한 경우에는 지구음향장치를 설치하지 않을 수 있다.

2.1.3 음향장치는 정격전압의 80 % 전압에서도 음향을 발할 수 있도록 해야 한다. 다만, 건전지를 주전원으로 사용하는 음향장치는 그렇지 않다.

2.1.4 음향장치의 음향의 크기는 부착된 음향장치의 중심으로부터 1m 떨어진 위치에서 음압이 90 dB 이상이 되는 것으로 해야 한다.

2.1.5 발신기는 다음의 기준에 따라 설치해야 한다.

2.1.5.1 조작이 쉬운 장소에 설치하고, 조작스위치는 바닥으로부터 0.8m 이상 1.5m 이하의 높이에 설치할 것

2.1.5.2 특정소방대상물의 층마다 설치하되, 해당 층의 각 부분으로부터 하나의 발신기까지의 수평거리가 25m 이하가 되도록 할 것. 다만, 복도 또는 별도로 구획된 실로서 보행거리가 40m 이상일 경우에는 추가로 설치해야 한다.

정답 : 001. ② 002. ④

2.1.5.3 발신기의 위치표시등은 함의 상부에 설치하되, 그 불빛은 부착 면으로부터 15° 이상의 범위 안에서 부착지점으로부터 10m 이내의 어느 곳에서도 쉽게 식별할 수 있는 적색등으로 할 것

2.1.6 비상벨설비 또는 자동식사이렌설비의 상용전원은 다음의 기준에 따라 설치해야 한다.

2.1.6.1 상용전원은 전기가 정상적으로 공급되는 축전지설비, 전기저장장치(외부 전기에너지를 저장해 두었다가 필요한 때 전기를 공급하는 장치) 또는 교류전압의 옥내 간선으로 하고, 전원까지의 배선은 전용으로 할 것

2.1.6.2 개폐기에는 "비상벨설비 또는 자동식사이렌설비용"이라고 표시한 표지를 할 것

2.1.7 비상벨설비 또는 자동식사이렌설비에는 그 설비에 대한 감시상태를 60분간 지속한 후 유효하게 10분 이상 경보할 수 있는 비상전원으로서 축전지설비(수신기에 내장하는 경우를 포함한다) 또는 전기저장장치(외부 전기에너지를 저장해 두었다가 필요한 때 전기를 공급하는 장치)를 설치해야 한다. 다만, 상용전원이 축전지설비인 경우 또는 건전지를 주전원으로 사용하는 무선식 설비인 경우에는 그렇지 않다.

2.1.8 비상벨설비 또는 자동식사이렌설비의 배선은 「전기사업법」 제67조에 따른 「전기설비기술기준」에서 정한 것 외에 다음의 기준에 따라 설치해야 한다.

2.1.8.1 전원회로의 배선은 「옥내소화전설비의 화재안전기술기준(NFTC 102)」 2.7.2의 표 2.7.2(1)에 따른 내화배선에 따르고, 그 밖의 배선은 「옥내소화전설비의 화재안전기술기준(NFTC 102)」 2.7.2의 표 2.7.2(1) 또는 표 2.7.2(2)에 따른 내화배선 또는 내열배선에 따를 것

2.1.8.2 전원회로의 전로와 대지 사이 및 배선상호간의 절연저항은 「전기사업법」 제67조에 따른 「전기설비기술기준」이 정하는 바에 의하고, 부속회로의 전로와 대지 사이 및 배선 상호간의 절연저항은 1경계구역마다 직류 250V의 절연저항측정기를 사용하여 측정한 절연저항이 0.1MΩ 이상이 되도록 할 것

2.1.8.3 배선은 다른 전선과 별도의 관 · 덕트(절연효력이 있는 것으로 구획한 때에는 그 구획된 부분은 별개의 덕트로 본다) · 몰드 또는 풀박스 등에 설치할 것. 다만, 60V 미만의 약전류회로에 사용하는 전선으로서 각각의 전압이 같을 때는 그렇지 않다.

003 **단독경보형감지기의 설치기준으로 옳지 않은 것은?**

① 각 실마다 설치하되, 바닥면적이 100[m^2]를 초과하는 경우에는 100[m^2]마다 1개 이상 설치할 것

② 최상층 계단실의 천장(외기가 상통하는 계단실은 제외)에 설치할 것

③ 건전지를 주전원으로 사용하는 단독경보형감지기는 정상적인 작동상태를 유지할 수 있도록 주기적으로 건전지를 교환할 것

④ 상용전원을 주전원으로 사용하는 단독경보장치의 2차전지는 제품검사에 합격한 것일 것

2.2 단독경보형감지기

2.2.1 단독경보형감지기는 다음의 기준에 따라 설치해야 한다.

2.2.1.1 각 실(이웃하는 실내의 바닥면적이 각각 30㎡ 미만이고 벽체의 상부의 전부 또는 일부가 개방되어 이웃하는 실내와 공기가 상호 유통되는 경우에는 이를 1개의 실로 본다)마다 설치하되, 바닥면적이 150㎡를 초과하는 경우에는 150㎡마다 1개 이상 설치할 것

2.2.1.2 계단실은 최상층의 계단실 천장(외기가 상통하는 계단실의 경우를 제외한다)에 설치할 것

2.2.1.3 건전지를 주전원으로 사용하는 단독경보형감지기는 정상적인 작동상태를 유지할 수 있도록 주기적으로 건전지를 교환할 것

2.2.1.4 상용전원을 주전원으로 사용하는 단독경보형감지기의 2차전지는 법 제40조에 따라 제품검사에 합격한 것을 사용할 것

정답 : 003. ①

004 비상방송설비의 구성요소가 아닌 것은?

① 증폭기　　② 조작장치
③ 확성기　　④ 감지기

- 기동장치 : 화재감지기, 발신기 등의 상태변화를 전송하는 장치
- 입력장치 : 입력신호의 발생 장치로 마이크로폰, 테이프, 사이렌, 플레이어, 라디오 등으로 구성
- 조작장치 : 원격조작 또는 회로조작을 하는 장치
- 확성기(Speaker) : 소리를 크게 하여 멀리까지 전달될 수 있도록 하는 장치로서 일명 스피커를 말한다.
- 음량조절기(Attenuator) : 가변저항을 이용하여 전류를 변화시켜 음량을 크게 하거나 작게 조절할 수 있는 장치 → 3선식 배선

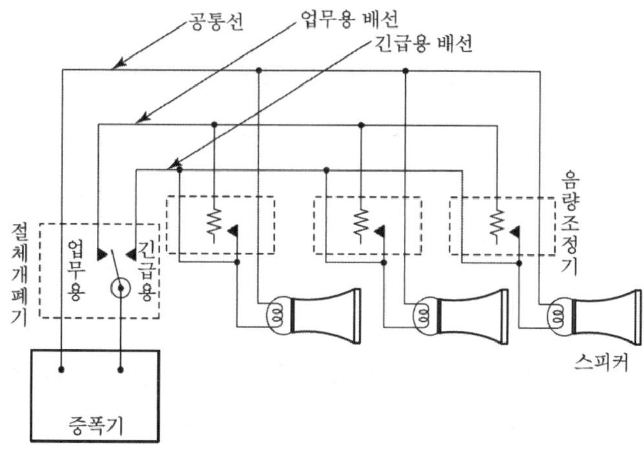

[3선식 배선]

- 증폭기(AMP ; Amplifier) : 전압전류의 진폭을 늘려 감도를 좋게 하고 미약한 음성전류를 커다란 음성전류로 변화시켜 소리를 크게 하는 장치
- 전원 : 상용전원 및 비상전원 장치로 구성

005 비상방송 음향장치의 설치기준 중 옳은 것은?

① 확성기의 음성입력은 2[W](실내에 설치하는 것에 있어서는 1[W]) 이상일 것
② 확성기는 각 층마다 설치하되, 그 층의 각 부분으로부터 하나의 확성기까지의 수평거리가 20[m] 이하가 되도록 하고, 당해 층의 각 부분에 유효하게 경보를 발할 수 있도록 설치할 것
③ 음량조정기를 설치하는 경우 음량조정기의 배선은 3선식으로 할 것
④ 조작부의 조작스위치는 바닥으로부터 0.5[m] 이상 1.0[m] 이하의 높이에 설치할 것

2.1 음향장치
2.1.1 비상방송설비는 다음의 기준에 따라 설치해야 한다. 이 경우 엘리베이터 내부에는 별도의 음향장치를 설치할 수 있다.
2.1.1.1 확성기의 음성입력은 3W(실내에 설치하는 것에 있어서는 1W) 이상일 것
2.1.1.2 확성기는 각 층마다 설치하되, 그 층의 각 부분으로부터 하나의 확성기까지의 수평거리가 25m 이하가 되도록 하고, 해당 층의 각 부분에 유효하게 경보를 발할 수 있도록 설치할 것
2.1.1.3 음량조정기를 설치하는 경우 음량조정기의 배선은 3선식으로 할 것

 **정답 : 004. ④　　005. ③**

2.1.1.4 조작부의 조작스위치는 바닥으로부터 0.8m 이상 1.5m 이하의 높이에 설치할 것
2.1.1.5 조작부는 기동장치의 작동과 연동하여 해당 기동장치가 작동한 층 또는 구역을 표시할 수 있는 것으로 할 것
2.1.1.6 증폭기 및 조작부는 수위실 등 상시 사람이 근무하는 장소로서 점검이 편리하고 방화상 유효한 곳에 설치할 것
2.1.1.7 층수가 11층(공동주택의 경우에는 16층) 이상의 특정소방대상물은 다음의 기준에 따라 경보를 발할 수 있도록 해야 한다. <개정 2023. 2. 10>
2.1.1.7.1 2층 이상의 층에서 발화한 때에는 발화층 및 그 직상 4개층에 경보를 발할 것 <개정 2023. 2. 10>
2.1.1.7.2 1층에서 발화한 때에는 발화층 · 그 직상 4개층 및 지하층에 경보를 발할 것 <개정 2023. 2. 10>
2.1.1.7.3 지하층에서 발화한 때에는 발화층 · 그 직상층 및 기타의 지하층에 경보를 발할 것
2.1.1.8 다른 방송설비와 공용하는 것에 있어서는 화재 시 비상경보 외의 방송을 차단할 수 있는 구조로 할 것
2.1.1.9 다른 전기회로에 따라 유도장애가 생기지 않도록 할 것
2.1.1.10 하나의 특정소방대상물에 2 이상의 조작부가 설치되어 있는 때에는 각각의 조작부가 있는 장소 상호 간에 동시 통화가 가능한 설비를 설치하고, 어느 조작부에서도 해당 특정소방대상물의 전 구역에 방송을 할 수 있도록 할 것
2.1.1.11 기동장치에 따른 화재신호를 수신한 후 필요한 음량으로 화재발생상황 및 피난에 유효한 방송이 자동으로 개시될 때까지의 소요시간은 10초 이내로 할 것
2.1.1.12 음향장치는 다음의 기준에 따른 구조 및 성능의 것으로 해야 한다.
2.1.1.12.1 정격전압의 80% 전압에서 음향을 발할 수 있는 것을 할 것
2.1.1.12.2 자동화재탐지설비의 작동과 연동하여 작동할 수 있는 것으로 할 것

006 자동화재탐지설비의 경계구역에 대한 설치기준 중 옳지 않은 것은?

① 하나의 경계구역이 2 이상의 건축물에 미치지 않도록 할 것
② 하나의 경계구역이 2 이상의 층에 미치지 않도록 할 것. 다만, 500[m²] 이하의 범위 안에서는 2개의 층을 하나의 경계구역으로 할 수 있다.
③ 하나의 경계구역의 면적은 600[m²] 이하로 하고 한 변의 길이는 50[m] 이하로 할 것. 다만, 해당 특정소방대상물의 주된 출입구에서 그 내부 전체가 보이는 것에 있어서는 한 변의 길이가 50[m]의 범위 내에서 800[m²] 이하로 할 수 있다.
④ 외기에 면하여 상시 개방된 부분이 있는 차고·주차장·창고 등에 있어서는 외기에 면하는 각 부분으로부터 5m 미만의 범위안에 있는 부분은 경계구역의 면적에 산입하지 않는다.

2.1 경계구역
2.1.1 자동화재탐지설비의 경계구역은 다음의 기준에 따라 설정해야 한다. 다만, 감지기의 형식승인 시 감지거리, 감지면적 등에 대한 성능을 별도로 인정받은 경우에는 그 성능인정범위를 경계구역으로 할 수 있다.
2.1.1.1 하나의 경계구역이 2 이상의 건축물에 미치지 않도록 할 것
2.1.1.2 하나의 경계구역이 2 이상의 층에 미치지 않도록 할 것. 다만, 500m² 이하의 범위안에서는 2개의 층을 하나의 경계구역으로 할 수 있다
2.1.1.3 하나의 경계구역의 면적은 600m² 이하로 하고 한변의 길이는 50m 이하로 할 것. 다만, 해당 특정소방대상물의 주된 출입구에서 그 내부 전체가 보이는 것에 있어서는 한 변의 길이가 50m의 범위 내에서 1,000m² 이하로 할 수 있다.
2.1.2 계단(직통계단외의 것에 있어서는 떨어져 있는 상하계단의 상호간의 수평거리가 5m 이하로서 서로 간에 구획되지 아니한 것에 한한다. 이하 같다) · 경사로(에스컬레이터 경사로 포함) · 엘리베이터 승강로(권상기실이 있는 경우에는 권상기실) · 린넨슈트 ·

정답 : 006. ③

파이프 피트 및 덕트 기타 이와 유사한 부분에 대하여는 별도로 경계구역을 설정하되, 하나의 경계구역은 높이 45m 이하(계단 및 경사로에 한한다)로 하고, 지하층의 계단 및 경사로(지하층의 층수가 한 개층일 경우는 제외한다)는 별도로 하나의 경계구역으로 하여야 한다.

2.1.3 외기에 면하여 상시 개방된 부분이 있는 차고 · 주차장 · 창고 등에 있어서는 외기에 면하는 각 부분으로부터 5m 미만의 범위안에 있는 부분은 경계구역의 면적에 산입하지 않는다.

2.1.4 스프링클러설비 · 물분무등소화설비 또는 제연설비의 화재감지장치로서 화재감지기를 설치한 경우의 경계구역은 해당 소화설비의 방호구역 또는 제연구역과 동일하게 설정할 수 있다.

007 다음 보기 중 P형 수신기의 기능으로 옳지 않은것은?

① 화재표시작동 시험장치

② 수신기에서 각 중계기까지의 단락을 검출할 수 있는 장치

③ 주전원에 교류전원을 사용하는 경우 정전 시 자동적으로 예비전원으로 절환되고 정전이 복구되는 경우 자동적으로 예비전원에서 주전원으로 절환되는 장치

④ 예비전원의 양부시험장치

- P형 수신기의 기능
  - ㉠ 화재표시작동 시험장치
  - ㉡ 수신기와 감지기, 수신기와 발신기 사이의 외부배선 도통시험장치
  - ㉢ 주전원에 교류전원을 사용하는 경우 정전 시 자동적으로 예비전원으로 절환되고 정전이 복구되는 경우 자동적으로 예비전원에서 주전원으로 절환되는 장치
  - ㉣ 예비전원의 양부시험장치
  - ㉤ 발신기 등과의 전화연락장치
- R형 수신기의 기능
  - ㉠ 화재표시 작동시험을 할 수 있는 장치와 수신기에서부터 각 중계기까지의 단락을 검출할 수 있는 장치가 있어야 하며, 이들 장치의 조작 중에 다른 회선으로부터 화재신호를 수신하는 경우 화재표시가 될 수 있어야 한다. <개정 2017. 12. 6.>
  - ㉡ 주전원이 정지한 경우에는 자동적으로 예비전원으로 전환되고, 주전원이 정상상태로 복귀한 경우에는 자동적으로 예비전원으로부터 주전원으로 전환되는 장치를 가져야 한다.
  - ㉢ 「중계기의 형식승인 및 제품검사의 기술기준」 제3조14호가목, 제15호가목 및 제17호가목에 따른 신호를 수신하는 경우 자동적으로 음신호 또는 표시등에 의하여 지시되는 고장신호 표시장치가 있어야 한다. <개정 2012. 2. 9., 2017. 12. 6.>

008 수신기에 대한 설명으로 옳지 않은 것은?

① 해당 특정소방대상물의 경계구역을 각각 표시할 수 있는 회선 수 이상의 수신기를 설치할 것

② 해당 특정소방대상물에 가스누설탐지설비가 설치된 경우에는 가스누설탐지설비로부터 가스누설신호를 수신하여 가스누설경보를 할 수 있는 수신기를 설치할 것(가스누설탐지설비의 수신부를 별도로 설치한 경우에는 제외한다)

③ 지하층 · 무창층 등으로서 환기가 잘되지 아니하거나 실내면적이 20㎡ 미만인 장소로서 일시적으로 발생한 연기등으로 인하여 감지기가 화재신호를 발신할 우려가 있는 경우 축적기능이 있는 것을 설치할 것

④ 수위실 등 상시 사람이 근무하는 장소에 설치할 것. 다만, 사람이 상시 근무하는 장소가 없는 경우에는 관계인이 쉽게 접근할 수 있고 관리가 용이한 장소에 설치할 수 있다.

정답 : 007. ② 008. ③

자동화재탐지설비의 수신기는 특정소방대상물 또는 그 부분이 지하층 · 무창층 등으로서 환기가 잘되지 아니하거나 실내면적이 40㎡ 미만인 장소, 감지기의 부착면과 실내 바닥과의 거리가 2.3m 이하인 장소로서 일시적으로 발생한 열 · 연기 또는 먼지 등으로 인하여 감지기가 화재신호를 발신할 우려가 있는 때에는 축적기능 등이 있는 것(축적형감지기가 설치된 장소에는 감지기회로의 감시전류를 단속적으로 차단시켜 화재를 판단하는 방식 외의 것을 말한다)으로 설치해야 한다. 다만, 2.4.1 단서에 따른 감지기를 설치한 경우에는 그렇지 않다.

009 P형 수신기가 정상으로 동작했을 때의 사항으로 적당하지 않은 것은?

① 화재가 발생한 지구램프가 점등한다.
② 화재 경보벨이 울린다.
③ 화재 경보램프가 점등한다.
④ 화재가 발생한 지구벨만 울린다.

010 수신기의 기능검사와 관계없는 것은?

① 저전압시험
② 화재표시작동시험
③ 공기관 유통시험
④ 동시작동시험

[수신기 기능시험[통공동절저저예비음표]
㉠ 공통선시험 ㉡ 회로도통시험 ㉢ 동시작동시험 ㉣ 절연저항시험 ㉤ 저전압시험
㉥ 회로저항시험 ㉦ 예비전원시험 ㉧ 비상전원절환시험 ㉨ 음향장치작동시험
㉩ 화재표시시험

011 R형 수신기의 기능과 가스누설경보기의 수신부 기능을 겸한 수신기는?

① P형 수신기
② R형 수신기
③ GP형 수신기
④ GR형 수신기

GR형 수신기

012 자동화재탐지설비의 구성요소가 아닌 것은?

① 발신기
② 중계기
③ 감지기
④ 스피커

013 자동화재탐지설비의 설치대상으로서 거리가 먼 것은?

① 길이가 1,000[m] 이상의 터널
② 연면적 600[㎡] 이상의 의료시설
③ 연면적 600[㎡] 이상인 관광휴게시설
④ 지하구

정답 : 009. ④ 010. ③ 011. ④ 012. ④ 013. ③

자동화재탐지설비를 설치해야 하는 특정소방대상물은 다음의 어느 하나에 해당하는 것으로 한다.

1) 공동주택 중 아파트등 · 기숙사 및 숙박시설의 경우에는 모든 층
2) 층수가 6층 이상인 건축물의 경우에는 모든 층
3) 근린생활시설(목욕장은 제외한다), 의료시설(정신의료기관 및 요양병원은 제외한다), 위락시설, 장례시설 및 복합건축물로서 연면적 600㎡ 이상인 경우에는 모든 층
4) 근린생활시설 중 목욕장, 문화 및 집회시설, 종교시설, 판매시설, 운수시설, 운동시설, 업무시설, 공장, 창고시설, 위험물 저장 및 처리 시설, 항공기 및 자동차 관련 시설, 교정 및 군사시설 중 국방 · 군사시설, 방송통신시설, 발전시설, 관광 휴게시설, 지하가(터널은 제외한다)로서 연면적 1천㎡ 이상인 경우에는 모든 층
5) 교육연구시설(교육시설 내에 있는 기숙사 및 합숙소를 포함한다), 수련시설(수련시설 내에 있는 기숙사 및 합숙소를 포함하며, 숙박시설이 있는 수련시설은 제외한다), 동물 및 식물 관련 시설(기둥과 지붕만으로 구성되어 외부와 기류가 통하는 장소는 제외한다), 자원순환 관련 시설, 교정 및 군사시설(국방 · 군사시설은 제외한다) 또는 묘지 관련 시설로서 연면적 2천㎡ 이상인 경우에는 모든 층
6) 노유자 생활시설의 경우에는 모든 층
7) 6)에 해당하지 않는 노유자 시설로서 연면적 400㎡ 이상인 노유자 시설 및 숙박시설이 있는 수련시설로서 수용인원 100명 이상인 경우에는 모든 층
8) 의료시설 중 정신의료기관 또는 요양병원으로서 다음의 어느 하나에 해당하는 시설
   가) 요양병원(의료재활시설은 제외한다)
   나) 정신의료기관 또는 의료재활시설로 사용되는 바닥면적의 합계가 300㎡ 이상인 시설
   다) 정신의료기관 또는 의료재활시설로 사용되는 바닥면적의 합계가 300㎡ 미만이고, 창살(철재 · 플라스틱 또는 목재 등으로 사람의 탈출 등을 막기 위하여 설치한 것을 말하며, 화재 시 자동으로 열리는 구조로 되어 있는 창살은 제외한다)이 설치된 시설
9) 판매시설 중 전통시장
10) 지하가 중 터널로서 길이가 1천m 이상인 것
11) 지하구
12) 3)에 해당하지 않는 근린생활시설 중 조산원 및 산후조리원
13) 4)에 해당하지 않는 공장 및 창고시설로서 「화재의 예방 및 안전관리에 관한 법률 시행령」 별표 2에서 정하는 수량의 500배 이상의 특수가연물을 저장 · 취급하는 것
14) 4)에 해당하지 않는 발전시설 중 전기저장시설

014 다음 중 자동화재탐지설비의 수신기 설치기준으로 틀린 것은?

① 수위실 등 상시 사람이 근무하는 장소에 설치할 것
② 수신기의 음향기구는 그 음량 및 음색이 다른 기기의 소음 등과 명확히 구별될 수 있는 것으로 할 것
③ 수신기의 조작 스위치는 바닥으로부터의 높이가 0.5[m] 이상 1.5[m] 이하인 장소에 설치할 것
④ 수신기는 감지기 · 중계기 또는 발신기가 작동하는 경계구역을 표시할 수 있는 것으로 할 것

2.2.3 수신기는 다음의 기준에 따라 설치해야 한다.

2.2.3.1 수위실 등 상시 사람이 근무하는 장소에 설치할 것. 다만, 사람이 상시 근무하는 장소가 없는 경우에는 관계인이 쉽게 접근할 수 있고 관리가 용이한 장소에 설치할 수 있다.

정답 : 014. ③

2.2.3.2 수신기가 설치된 장소에는 경계구역 일람도를 비치할 것. 다만, 모든 수신기와 연결되어 각 수신기의 상황을 감시하고 제어할 수 있는 수신기(이하 "주수신기"라 한다)를 설치하는 경우에는 주수신기를 제외한 기타 수신기는 그렇지 않다.
2.2.3.3 수신기의 음향기구는 그 음량 및 음색이 다른 기기의 소음 등과 명확히 구별될 수 있는 것으로 할 것
2.2.3.4 수신기는 감지기 · 중계기 또는 발신기가 작동하는 경계구역을 표시할 수 있는 것으로 할 것
2.2.3.5 화재 · 가스 전기등에 대한 종합방재반을 설치한 경우에는 해당 조작반에 수신기의 작동과 연동하여 감지기 · 중계기 또는 발신기가 작동하는 경계구역을 표시할 수 있는 것으로 할 것
2.2.3.6 하나의 경계구역은 하나의 표시등 또는 하나의 문자로 표시되도록 할 것
2.2.3.7 수신기의 조작 스위치는 바닥으로부터의 높이가 0.8 m 이상 1.5 m 이하인 장소에 설치할 것
2.2.3.8 하나의 특정소방대상물에 2 이상의 수신기를 설치하는 경우에는 수신기를 상호간 연동하여 화재발생 상황을 각 수신기마다 확인할 수 있도록 할 것
2.2.3.9 화재로 인하여 하나의 층의 지구음향장치 또는 배선이 단락되어도 다른 층의 화재통보에 지장이 없도록 각 층 배선 상에 유효한 조치를 할 것

015 **P형 수신기의 감지기회로 배선을 공통선으로 사용한 때에 하나의 공통선은 몇 경계구역 이하로 하여야 하는가?**

① 3　　② 5　　③ 7　　④ 15

[하나의 공통선 7 경계구역 설치]
피(P)형 수신기 및 지피(G.P.)형 수신기의 감지기 회로의 배선에 있어서 하나의 공통선에 접속할 수 있는 경계구역은 7개 이하로 할 것

016 **수신기의 형식승인 및 제품검사 기술기준 상 용어정의로 틀린설명은?**

① "기록장치"란 수신기의 화재신호, 고장신호 및 수신기에 접속된 타 기구에 대한 외부배선으로의 신호 등을 저장할 수 있는 것을 말한다.
② "무선식"이란 전파에 의해 신호를 송 · 수신하는 방식의 것을 말한다.
③ "축적형"이란 연기감지기 또는 정온식감지기로부터 일정농도의 연기 또는 온도가 일정시간 연속하는 것을 전기적으로 검출하여 화재신호를 수신하는 수신기를 말한다. 이 경우 전기적 검출 없이 단순히 작동시간만을 지연시키는 것은 제외한다.
④ "아날로그식"이란 아날로그식 감지기로부터 발하여지는 고유신호를 반드시 중계기를 통하여 화재신호를 수신하는 수신기를 말한다.

"아날로그식"이란 아날로그식 감지기로부터 발하여지는 고유신호를 직접 또는 중계기를 통하여 화재신호를 수신하는 수신기를 말한다.

정답 : 015. ③　　016. ④

017 **수신기의 형식승인 및 제품검사 기술기준 상 수신기에 설치되어야 하는 장치에 대한 설명으로 틀린 것은?**

① 수신기는 내부에 예비전원을 설치하여야 한다. 다만, 방화상 유효한 조치를 마련한 것은 그러하지 아니하다.

② 수신기 내부에는 예비전원의 상태를 감시할 수 있는 감시장치가 있어야 한다.

③ 앞면에는 주전원을 감시하는 장치를 설치하여야 한다.

④ 자동적으로 정위치에 복귀하지 않는 스위치를 설치하는 경우에는 음신호장치 또는 점멸하는 주의등을 설치하여야 한다.

해설 수신기 앞면에 예비전원의 상태를 감시할 수 있는 감시장치가 있어야 한다.

018 **P형 수신기의 화재작동시험이 제대로 되지 않았다. 해당 점검부분이 아닌 것은?**

① 릴레이의 작동 ② 램프의 단선

③ 회로의 단선 ④ 주전원의 차단

019 **자동화재탐지설비의 P형 수신기에 관한 시험에서 접점이 구성되면 자기유지 기능이 작동되어 회로선택스위치를 원위치로 되돌려도 복구스위치를 조작할 때까지는 작동상태를 지속하는 것은?**

① 회로도통시험

② 예비전원시험

③ 절연저항시험

④ 화재표시시험

020 **R형 수신기와 관계 깊은 것은?**

① 소방서에 설치하는 수신기로서 가스누설경보기능을 겸함

② 감지기 또는 발신기로부터 발하여진 신호를 직접 또는 중계기를 통하여 고유 신호로서 수신하여 관계자에게 경보

③ 소방기관에 통보하는 공통신호로 수신하여 화재발생을 관계자에게 경보

④ M형 발신기로부터 발하여진 신호를 수신하여 화재의 발생을 소방관서에 통보

021 **2본의 신호선으로 중계기 100개분의 신호를 선택 수신할 수 있는 기능을 갖는 수신기는?**

① R형 수신기 ② P형 수신기

③ GR형 수신기 ④ GP형 수신기

중계기 : R형, 신호선, 전원선 이용

정답 : 017. ② 018. ④ 019. ④ 020. ② 021. ①

022 **수신기의 형식승인 및 제품검사 기술기준에 따른 수신기의 종별에 해당하지 않는 것은?**

① P형 수신기　　② R형 수신기
③ GP형 수신기　　④ GP형 혼합식 수신기

제9조(수신기의 종별) 수신기는 P형, P형복합식, R형, R형복합식, GP형, GP형복합식, GR형, GR형복합식으로 분류한다.<개정 2016. 1. 11.>

023 **자동화재탐지설비의 감지기 회로의 전로저항은 몇 [Ω] 이하이어야 하는가?**

① 30[Ω]　　② 50[Ω]
③ 100[Ω]　　④ 200[Ω]

자동화재탐지설비 배선 설치기준 중
2.8.1.8 자동화재탐지설비의 감지기회로의 전로저항은 50Ω 이하가 되도록 해야 하며, 수신기의 각 회로별 종단에 설치되는 감지기에 접속되는 배선의 전압은 감지기 정격전압의 80% 이상이어야 할 것

024 **자동화재탐지설비의 수신기의 화재표시작동시험과 관계없는 것은?**

① 접점수고시험　　② 화재표시램프의 시험
③ 지구표시램프의 시험　　④ 음향장치의 시험

접점수고시험 : 차동식분포형 공기관식 감지기 점검
[화재작동시험, 화재작동계속시험, 유통시험, 리크저항시험]

025 **수신기에서 시험용 스위치를 사용하여 화재작동시험을 한 결과 표시램프가 점등되지 않은 경우, 고장의 원인으로 볼 수 없는 것은?**

① 감지기회로의 배선의 단선　　② 표시램프의 배선의 단선
③ 표시램프의 단선　　④ 표시램프 소켓의 접촉 불량

작동시험 후, 따라서 배선단선은 아님

026 **R형 수신기에 대한 설명으로 틀린 것은?**

① 선로수가 적게 들어 경제적이다.
② 선로길이를 길게 할 수 있다.
③ 증설 및 이설이 비교적 용이하다.
④ 중계기가 불필요하다.

정답 : 022. ④　023. ②　024. ①　025. ①　026. ④

[R형 수신기]

- 특징 : 증·개축이 많거나 회로수가 많은 대규모 건물이나 다수의 동(棟)이 있는 건물에 적합하며, 단점으로 수신기 값이 비싸고 운영 및 보수에 전문적인 기술이 필요하다.
  - 간선수(선로수)가 적게 들어 경제적이다.
  - 선로의 길이를 길게 할 수 있다.
  - 신호의 전달이 명확하다.
  - 이설, 증설 등이 용이하다.
  - 화재발생지구를 숫자로 표시할 수 있다.
  - 고유의 신호를 전달하는 중계기가 설치되어 있다.

027 P형 수신기와 관련이 없는 사항은?

① 접속되는 회선수가 5회로 이하이다. ② 예비전원 양부시험장치가 있다.
③ 화재표시 작동시험 장치가 있다. ④ 외부 배선의 도통시험 장치가 있다.

P형 100회로까지 가능

028 자동화재탐지설비의 수신기의 전압계 지시치가 0인 경우 관계가 없다고 판단되는 것은?

① 전압계의 고장 ② 정류기의 고장
③ 감지기의 고장 ④ 전원전압회로의 고장

029 자동화재탐지설비에서 수신기의 조작스위치는 바닥으로부터의 높이가 몇 [m] 이상, 몇 [m] 이하인 장소에 설치하여야 하는가?

① 0.3[m] 이상 0.8[m] 이하 ② 0.5[m] 이상 1.2[m] 이하
③ 0.8[m] 이상 1.5[m] 이하 ④ 1[m] 이상 1.8[m] 이하

030 자동화재탐지설비의 수신기 설치기준에 관한 설명 중 옳은 것은?

① 감지기·중계기 또는 발신기가 작동하는 경계구역을 표시할 수 있는 것으로 할 것
② 조작 스위치는 바닥으로부터의 높이가 0.8[m] 이상 1.8[m] 이하인 장소에 설치할 것
③ 하나의 소방대상물에 2 이상의 수신기를 설치하는 경우에는 별도로 작동하도록 할 것
④ 모든 수신기와 연결되어 각 수신기의 상황을 감지·제어할 수 있는 수신기를 설치한 장소에는 반드시 경계구역 일람도를 비치할 것

031 정온식감지선형감지기는 감지기와 감지구역의 각 부분과의 수평거리가 1종에 있어서는 몇 [m] 이하가 되도록 설치하여야 하는가? (단, 건물은 비내화 구조라고 한다.)

① 1[m] ② 2[m]
③ 3[m] ④ 4.5[m]

정답 : 027. ① 028. ③ 029. ③ 030. ① 031. ③

정온식감지선형감지기는 다음의 기준에 따라 설치할 것
㉠ 보조선이나 고정금구를 사용하여 감지선이 늘어지지 않도록 설치할 것
㉡ 단자부와 마감 고정금구와의 설치간격은 10㎝ 이내로 설치할 것
㉢ 감지선형 감지기의 굴곡반경은 5㎝ 이상으로 할 것
㉣ 감지기와 감지구역의 각부분과의 수평거리가 내화구조의 경우 1종 4.5m 이하, 2종 3m 이하로 할 것. 기타 구조의 경우 1종 3m 이하, 2종 1m 이하로 할 것
㉤ 케이블트레이에 감지기를 설치하는 경우에는 케이블트레이 받침대에 마감금구를 사용하여 설치할 것
㉥ 지하구나 창고의 천장 등에 지지물이 적당하지 않는 장소에서는 보조선을 설치하고 그 보조선에 설치할 것
㉦ 분전반 내부에 설치하는 경우 접착제를 이용하여 돌기를 바닥에 고정시키고 그 곳에 감지기를 설치할 것
㉧ 그 밖의 설치방법은 형식승인 내용에 따르며 형식승인 사항이 아닌 것은 제조사의 시방서에 따라 설치할 것

032 주방, 보일러실 등 다량의 화기를 단속적으로 취급하는 장소에 설치하는 감지기는?

① 차동식분포형감지기
② 차동식스포트형감지기
③ 정온식스포트형감지기
④ 이온화식연기감지기

정온식감지기는 주방 · 보일러실 등으로서 다량의 화기를 취급하는 장소에 설치하되, 공칭작동온도가 최고주위온도보다 20℃ 이상 높은 것으로 설치할 것

033 정온식스포트형감지기를 설치하는 현장에서 성능검사를 하려고 한다. 이때 시험장치는?

① 메거　　② 회로시험기
③ 마노미터　　④ 가열시험기

034 부착면의 높이가 8[m] 이상의 장소에는 사용하지 않는 감지기는?

① 차동식 분포형　　② 정온식 스포트형
③ 이온화식 2종　　④ 광전식 1종

[감지기의 설치기준]
자동화재탐지설비의 감지기는 부착높이에 따라 다음 표에 따른 감지기를 설치하여야 한다. 다만, 지하층 · 무창층 등으로서 환기가 잘되지 아니하거나 실내면적이 40㎡ 미만인 장소, 감지기의 부착면과 실내바닥과의 거리가 2.3m 이하인 곳으로서 일시적으로 발생한 열 · 연기 또는 먼지 등으로 인하여 화재신호를 발신할 우려가 있는 장소(축적기능이 있는 수신기를 설치한 장소를 제외한다)에는 다음 각 호에서 정한 감지기 중 적응성 있는 감지기를 설치하여야 한다.
㉠ 불꽃감지기
㉡ 정온식감지선형감지기
㉢ 분포형감지기

정답 : 032. ③　033. ④　034. ②

㉣ 복합형감지기
㉤ 광전식분리형감지기
㉥ 아날로그방식의 감지기
㉦ 다신호방식의 감지기
㉧ 축적방식의 감지기

부착높이	감지기의 종류
4m 미만	차동식(스포트형, 분포형) 보상식 스포트형 정온식(스포트형, 감지선형) 이온화식 또는 광전식(스포트형, 분리형, 공기흡입형) 열복합형, 연기복합형, 열연기복합형, 불꽃감지기
4m 이상 8m 미만	차동식(스포트형, 분포형) 보상식 스포트형 정온식(스포트형, 감지선형) 특종 또는 1종 이온화식 1종 또는 2종 광전식(스포트형, 분리형, 공기흡입형) 1종 또는 2종 열복합형, 연기복합형, 열연기복합형, 불꽃감지기
8m 이상 15m 미만	차동식 분포형 이온화식 1종 또는 2종 광전식(스포트형, 분리형, 공기흡입형) 1종 또는 2종 연기복합형 불꽃감지기
15m 이상 20m 미만	이온화식 1종 광전식(스포트형, 분리형, 공기흡입형) 1종 연기복합형 불꽃감지기
20m 이상	불꽃감지기 광전식(분리형, 공기흡입형) 중 아날로그방식

비고)
1. 감지기별 부착높이 등에 대하여 별도로 형식승인 받은 경우에는 그 성능 인정범위 내에서 사용할 수 있다.
2. 부착높이 20m 이상에 설치되는 광전식 중 아날로그방식의 감지기는 공칭감지농도 하한값이 감광율 5%/m 미만인 것으로 한다.

035 감지기의 부착면과 실내바닥과의 거리가 2.3[m] 이하인 곳으로서 일시적으로 발생한 열, 연기 등으로 인하여 화재신호를 발신할 수 있는 장소에 설치할 수 있는 감지기는?

① 정온식스포트형감지기　② 정온식감지선형감지기
③ 광전식스포트형감지기　④ 이온화식감지기

[감지기의 설치기준]
자동화재탐지설비의 감지기는 부착높이에 따라 다음 표에 따른 감지기를 설치하여야 한다. 다만, 지하층 · 무창층 등으로서 환기가 잘되지 아니하거나 실내면적이 40㎡ 미만인 장소, 감지기의 부착면과 실내바닥과의 거리가 2.3m 이하인 곳으로서 일시적으로 발생한 열 · 연기 또는 먼지 등으로 인하여 화재신호를 발신할 우려가 있는 장소(축적기능이 있는 수신기를 설치한 장소를 제외한다)에는 다음 각 호에서 정한 감지기 중 적응성 있는 감지기를 설치하여야 한다.

정답 : 035. ②

㉠ 불꽃감지기
㉡ 정온식감지선형감지기
㉢ 분포형감지기
㉣ 복합형감지기
㉤ 광전식분리형감지기
㉥ 아날로그방식의 감지기
㉦ 다신호방식의 감지기
㉧ 축적방식의 감지기

036 부착면의 높이가 8[m] 이상 15[m] 미만인 곳에는 일반적으로 설치하지 않는 감지기는?

① 차동식분포형감지기
② 이온화식감지기
③ 광전식감지기
④ 차동식스포트형감지기

문제 35 해설 참조

037 정온식감지기는 공칭작동온도가 최고주위온도보다 섭씨 몇 도 이상 높은 것으로 설치하여야 하는가?

① 10도
② 20도
③ 30도
④ 40도

038 정온식감지기의 공칭작동온도의 범위로 옳은 것은?

① 60~150[℃]
② 70~160[℃]
③ 80~170[℃]
④ 90~180[℃]

제16조(정온식감지기의 공칭축적시간의 구분, 감도시험 및 화재정보신호)

① 정온식감지기(축적형에 한한다)의 축적시간은 5초 이상 60초 이하로 하고 공칭축적시간은 10초 이상 60초의 범위에서 10초 간격으로 한다. <신설 2024. 4. 9.>

② 정온식감지기(아날로그식 제외)의 공칭작동온도는 60℃에서 150℃까지의 범위로 하되, 60℃에서 80℃인 것은 5℃ 간격으로, 80℃ 이상인 것은 10℃ 간격으로 하여야 하며감도는 그 종별 및 공칭축적시간에 의하여 다음 각 호의 시험에 적합하여야 한다. <개정 2024. 4. 9.>

1. 작동시험
   공칭작동온도의 125%가 되는 온도이고 풍속이 1m/s인 수직기류에 투입하는 경우 그 종별에 따라 다음 표에 정하는 시간 이내에 작동하여야 하며, 축적형은 다음 표에 정하는 시간 이내에 감지한 후 공칭축적시간 ±5초 범위에서 화재신호를 발신하여야 한다.
2. 부작동시험
   공칭작동온도 보다 10℃ 낮은 온도이고 풍속이 1m/s인 수직기류에 투입하는 경우10분 이내에 작동하지 않아야 한다.

정답 : 036. ④ 037. ② 038. ①

<table>
<tr><th rowspan="2">종별</th><th colspan="2">실 온</th></tr>
<tr><th>0℃</th><th>0℃ 이외</th></tr>
<tr><td>특종</td><td>40초 이하</td><td rowspan="3">실온 θr(℃)일 때의 작동시간 t(초)는 다음 식에 의하여 산출한다.
$$t = \frac{to \log_{10}(1+\frac{\theta-\theta r}{\delta})}{\log_{10}(1+\frac{\theta}{\delta})}$$</td></tr>
<tr><td>1종</td><td>40초 초과
120초 이하</td></tr>
<tr><td>2종</td><td>120초 초과
300초 이하</td></tr>
</table>

(주) to : 실온이 0℃인 경우의 작동시간(초)
θ : 공장작동온도(℃)
δ : 공장작동온도와 작동시험온도와의 차

③ 아날로그식 정온식감지기는 공칭감지온도범위(설계치)의 각 온도에서 다음 각 호의 시험에 적합하여야 한다. <개정 2024. 4. 9.>
1. 2 ℃/min 이하로 일정하게 직선적으로 상승하는 풍속 1 m/s의 수평기류를 공칭감지온도의 최저온도에서 최고온도까지 가하는 경우 온도에 대응하는 화재정보신호를 발신하여야 한다.
2. 공칭감지온도범위의 임의의 온도에서 제2항제1호에 따른 특종의 작동시험에 적합하여야 한다. <개정 2024. 4. 9.>

039 공기팽창과 금속팽창을 병행한 방식으로 동작하는 감지기는?

① 정온식감지선형감지기
② 차동식분포형감지기
③ 보상식스포트형감지기
④ 정온식스포트형감지기

[보상식 스포트형 감지기]
- 구성 : 감열실, 다이어프램, 리크공, 고팽창금속, 저팽창금속, 접점으로 구성
- 작동원리 : 차동식 스포트형과 정온식 스포트형의 성능을 모두 가진 것으로 일국소의 주위 온도의 변화에 따라서 감도가 달라지는 감지기이다.

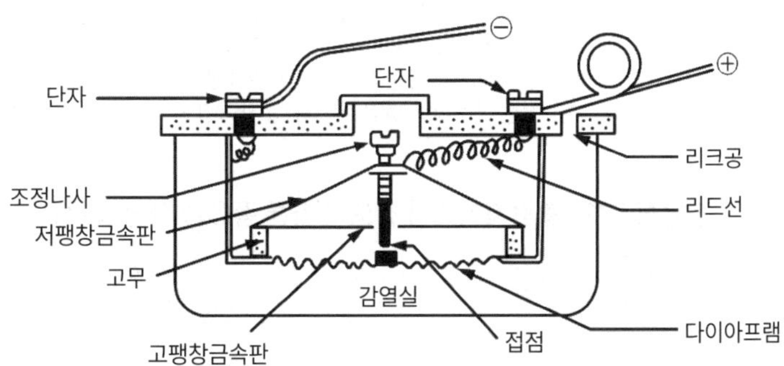

[작동 설명]
- 차동식 작동원리 : 평상의 난방 시에는 리크공이 있어 오동작을 방지하고 화재로 실내온도가 급상승 시에는 다이어프램의 팽창으로 접점이 폐로되어 화재신호를 발한다.
- 정온식 작동원리 : 화재로 실내온도가 일정온도에 도달하면 고팽창금속이 활곡 또는 선팽창하여 접점을 폐로시킴으로써 화재신호를 발한다.

정답 : 039. ③

040 정온식감지선형감지기에 대한 설명으로 옳은 것은?

① 광범위한 열효과의 누적에 의하여 동작되므로 일조의 분포형 구조이다.
② 일국소의 주위온도가 일정한 온도 이상이 되는 경우에 작동하는 것이다.
③ 감열부의 재질은 일종의 카본저항을 이용한 것이다.
④ 감도는 다른 정온식감지기에 비하여 보상식 구조이므로 예민하다.

[감지기의 종류별 정의]

㉠ 차동식스포트형감지기 : 주위온도가 일정상승률 이상으로 증가하는 경우 작동하는 것으로서 일국소의 열효과에 의하여 작동하는 것[열감지기]
㉡ 차동식분포형감지기 : 주위온도가 일정상승률 이상으로 증가하는 경우 작동하는 것으로서 넓은 범위 내에서의 열효과에 의하여 작동하는 것[열감지기]
㉢ 정온식스포트형감지기 : 일국소의 주위온도가 일정 온도 이상이 되는 경우 작동하는 것으로서 외관이 전선으로 되어 있지 아니한 것[열감지기]
㉣ 정온식감지선형감지기 : 일국소의 주위온도가 일정 온도 이상이 되는 경우 작동하는 것으로서 외관이 전선으로 되어 있는 것[열감지기]
㉤ 보상식스포트형감지기 : 차동식스포트형감지기와 정온식스포트형감지기의 성능을 겸한 것으로서 차동식스포트형감지기 또는 정온식스포트형감지기의 성능 중 어느 한 기능이 작동되면 작동신호를 발하는 것[열감지기]
㉥ 이온화식감지기 : 주위의 공기가 일정 농도의 연기를 포함하게 되는 경우 작동하는 것으로서 일국소의 연기에 의하여 이온전류가 변화하여 작동하는 것[연기감지기]
㉦ 광전식감지기 : 주위의 공기가 일정 농도의 연기를 포함하게 되는 경우 작동하는 것으로서 일국소의 연기에 의하여 광전소자에 접하는 광량의 변화로 작동하는 것[연기감지기]
㉧ 열복합형감지기 : 차동식스포트형감지기와 정온식스포트형감지기의 성능이 있는 것으로서 두 가지 성능의 감지기능이 함께 작동될 때 화재신호를 발신하거나 두 개의 화재신호를 각각 발신하는 것[열감지기]
㉨ 연복합형감지기 : 이온화식감지기와 광전식감지기의 성능이 있는 것으로서 두 가지 성능의 감지기능이 함께 작동될 때 화재신호를 발신하거나 두 개의 화재신호를 각각 발신하는 것[연기감지기]
㉩ 열연복합형감지기 : 두 가지 성능의 감지기능이 함께 작동될 때 화재신호를 발하거나 또는 두 개의 화재신호를 각각 발신하는 것[열 및 연기 감지기]
　ⓐ 차동식스포트형감지기와 이온화식감지기의 성능이 있는 것
　ⓑ 차동식스포트형감지기와 광전식감지기의 성능이 있는 것
　ⓒ 정온식스포트형감지기와 이온화식감지기의 성능이 있는 것
　ⓓ 정온식스포트형감지기와 광전식감지기의 성능이 있는 것

041 정온식스포트형감지기에서 감도에 따른 종류가 아닌 것은?

① 제1종　　② 제2종
③ 제3종　　④ 특종

정답 : 040. ②　041. ③

(단위 : m^2)

부착높이 및 특정소방대상물의 구분		감지기의 종류						
		차동식 스포트형		보상식 스포트형		정온식 스포트형		
		1종	2종	1종	2종	특종	1종	2종
4m 미만	주요구조부를 내화구조로 한 특정소방대상물 또는 그 부분	90	70	90	70	70	60	20
	기타 구조의 특정소방대상물 또는 그 부분	50	40	50	40	40	30	15
4m 이상 8m 미만	주요구조부를 내화구조로 한 특정소방대상물 또는 그 부분	45	35	45	35	35	30	-
	기타 구조의 특정소방대상물 또는 그 부분	30	25	30	25	25	15	-

042 보상식스포트형감지기는 정온점이 감지기 주위의 평상시 최고온도보다 섭씨 몇 도 이상 높은 것으로 설치하여야 하는가?

① 10[℃]　② 15[℃]
③ 20[℃]　④ 25[℃]

보상식스포트형감지기는 정온점이 감지기 주위의 평상시 최고온도보다 20℃ 이상 높은 것으로 설치할 것

043 공기관식 차동식분포형감지기의 검출부는 몇 도 이상 경사되지 않도록 부착하여야 하는가?

① 5°　② 10°　③ 20°　④ 25°

공기관식 차동식분포형감지기는 다음의 기준에 따를 것
㉠ 공기관의 노출부분은 감지구역마다 20m 이상이 되도록 할 것
㉡ 공기관과 감지구역의 각 변과의 수평거리는 1.5m 이하가 되도록 하고, 공기관 상호간의 거리는 6m(주요구조부가 내화구조로 된 특정소방대상물 또는 그 부분에 있어서는 9m) 이하가 되도록 할 것
㉢ 공기관은 도중에서 분기하지 않도록 할 것
㉣ 하나의 검출부분에 접속하는 공기관의 길이는 100m 이하로 할 것
㉤ 검출부는 5° 이상 경사되지 않도록 부착할 것
㉥ 검출부는 바닥으로부터 0.8m 이상 1.5m 이하의 위치에 설치할 것

044 차동식스포트형감지기(공기팽창식)와 관련 없는 부품은?

① 공기실　② 다이아프램　③ 리크공　④ 바이메탈

정답 : 042. ③　043. ①　044. ④

[차동식 스포트형 감지기]
- 공기팽창식 구조 : 감열실(Chamber), 리크공(Leak Hole), 접점, 다이아프램(Diaphragm), 작동표시장치(LED), 증판(Base), 전원 및 배선으로 이루어져 있다.

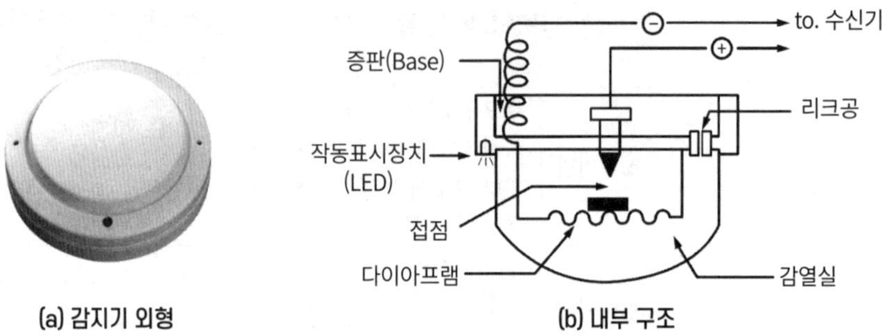

(a) 감지기 외형 (b) 내부 구조

- 열기전력 이용방식 구조 : 반도체열전대, 감열실, 고감도릴레이, 접점 및 배선으로 구성

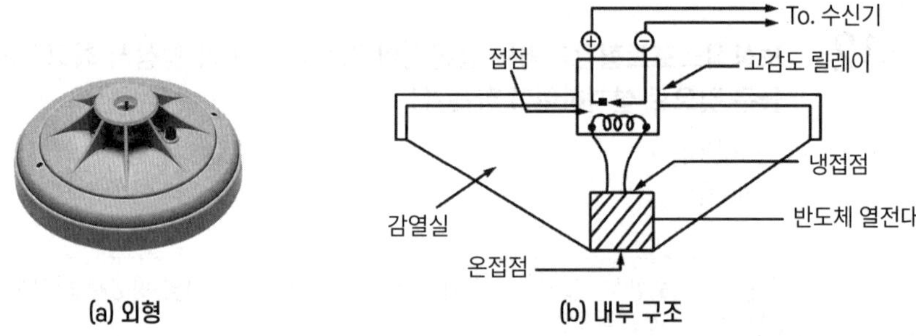

(a) 외형 (b) 내부 구조

045 연기감지기를 계단 및 경사로에 설치하고자 할 때 3종은 수직거리 몇 [m]마다 1개 이상 설치하여야 하는가?

① 10[m] ② 15[m]
③ 20[m] ④ 30[m]

연기감지기는 다음의 기준에 따라 설치할 것
- 감지기의 부착높이에 따라 다음 표에 따른 바닥면적마다 1개 이상으로 할 것

(단위 : m^2)

부착높이	감지기의 종류	
	1종 및 2종	3종
4m 미만	150	50
4m 이상 20m 미만	75	–

- 감지기는 복도 및 통로에 있어서는 보행거리 30m(3종에 있어서는 20m)마다, 계단 및 경사로에 있어서는 수직거리 15m(3종에 있어서는 10m)마다 1개 이상으로 할 것
- 천장 또는 반자가 낮은 실내 또는 좁은 실내에 있어서는 출입구의 가까운 부분에 설치할 것
- 천장 또는 반자부근에 배기구가 있는 경우에는 그 부근에 설치할 것
- 감지기는 벽 또는 보로부터 0.6m 이상 떨어진 곳에 설치할 것

정답 : 045. ①

046 **열기전력을 이용한 차동식스포트형감지기의 구성부품이 아닌 것은?**

① 반도체 열전대　② 다이아프램
③ 고감도 릴레이　④ 온접점과 냉접점

047 **열반도체식감지기는 반도체에서 발생되는 열기전력을 이용한 것이다. 다음 중 어느 효과 때문인가??**

① 제어백효과　② 펠티에효과
③ 톰슨효과　④ 수열효과

제어백효과 : 두 종류 금속 접촉면에 온도차가 발생하면 기전력이 발생하는 현상

048 **일국소의 온도상승율이 일정한 온도상승율 이상으로 상승하면 동작하는 감지기는?**

① 정온식스포트형감지기　② 차동식스포트형감지기
③ 보상식스포트형감지기　④ 차동식분포형감지기

049 **열전대식감지기의 완성검사시 미터릴레이 시험기만으로 검사할 수 있는 것은?**

① 열전대식 도체저항시험　② 열전대부의 작동시험
③ 절연저항의 측정시험　④ 검출부의 작동시험

050 **열전대식 차동식분포형감지기의 열전대부와 접속전선의 접속방법은?**

① 슬리브(Sleeve)에 삽입한 후 납땜한다.
② 슬리브(Sleeve)에 삽입한 후 압착한다.
③ 검출부 단자에 삽입한 후 납땜하다.
④ 검출부 단자에 삽입한 후 압착한다.

051 **검출기로서 미터릴레이(Meter Relay)를 필요로 하는 감지기는?**

① 차동식분포형공기관식감지기　② 보상식스포트형감지기
③ 감지선형감지기　④ 열전대식감지기

[열전대식감지기]
• 구조 : 감열부(열전대 및 접속전선)와 검출부(미터릴레이, 접점)로 구성
• 동작원리 : 화재열로 열전대부가 가열되면 열기전력이 생겨 미터릴레이로 전류가 흘러 접점이 폐로되며, 수신기로 화재신호가 전달된다. 난방 등 완만한 온도 상승 시는 열기전력이 작아 접점을 폐로시키지 못한다.

정답 : 046. ②　047. ①　048. ②　049. ④　050. ②　051. ④

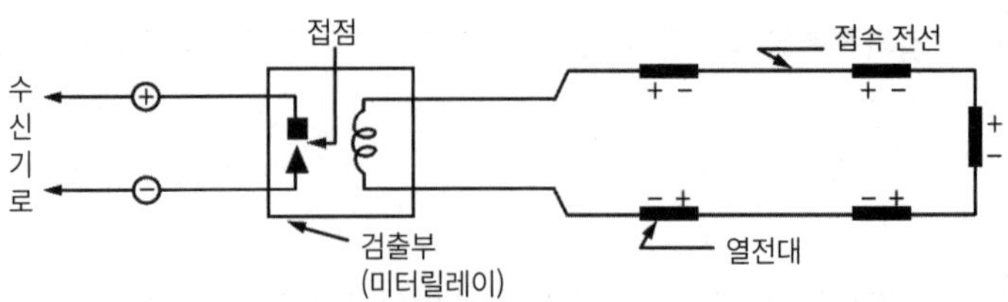

[열반도체식감지기]

- 구조 : 감열부(열반도체소자, 수열판 및 접속전선)와 검출부(미터릴레이, 접점)로 구성
- 동작원리 : 화재열이 수열판에 전달되면 열반도체소자(Bi−Sb−Te계 화합물)에서 열기전력이 발생하여 폐회로를 구성, 수신기에 화재신호를 발한다. 그러나 난방 등에 의한 완만한 온도 상승 시 동니켈(Cu−Ni)선에서 발생한 역기전력에 의해 오동작을 방지한다.

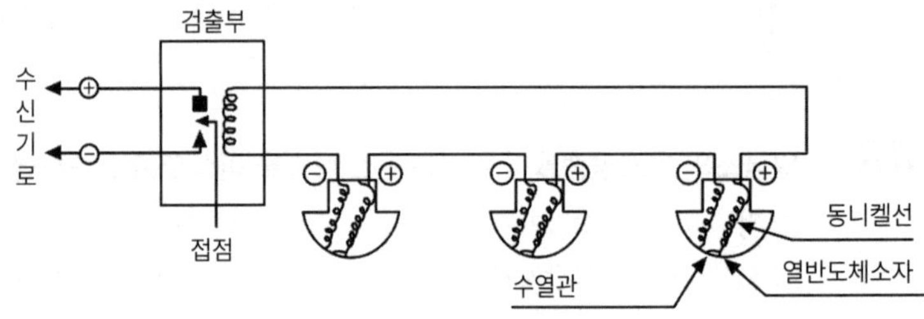

052 공기관식 차동식분포형감지기 설치기준 중 공기관의 노출부분은 감지구역마다 얼마인가?

① 10[m] 이상 100[m] 이하
② 20[m] 이상 100[m] 이하
③ 20[m] 이상 80[m] 이하
④ 10[m] 이상 80[m] 이하

공기관식 차동식분포형감지기는 다음의 기준에 따를 것
㉠ 공기관의 노출부분은 감지구역마다 20m 이상이 되도록 할 것
㉡ 공기관과 감지구역의 각 변과의 수평거리는 1.5m 이하가 되도록 하고, 공기관 상호간의 거리는 6m(주요구조부가 내화구조로 된 특정소방대상물 또는 그 부분에 있어서는 9m) 이하가 되도록 할 것
㉢ 공기관은 도중에서 분기하지 않도록 할 것
㉣ 하나의 검출부분에 접속하는 공기관의 길이는 100m 이하로 할 것
㉤ 검출부는 5° 이상 경사되지 않도록 부착할 것
㉥ 검출부는 바닥으로부터 0.8m 이상 1.5m 이하의 위치에 설치할 것

053 공기관식 차동식분포형감지기의 검출부는 바닥으로부터 몇 [m] 이상 몇 [m] 이하의 위치에 설치하는가?

① 0.3[m] 이상 ~ 1.0[m] 이하
② 0.6[m] 이상 ~ 1.0[m] 이하
③ 0.8[m] 이상 ~ 1.5[m] 이하
④ 1.0[m] 이상 ~ 1.5[m] 이하

정답 : 052. ② 053. ③

054 **차동식분포형감지기의 공기관의 규격은?**

① 두께 0.2[mm] 이상, 외경 1.6[mm] 이상 ② 두께 0.2[mm] 이상, 외경 1.9[mm] 이상
③ 두께 0.3[mm] 이상, 외경 1.6[mm] 이상 ④ 두께 0.3[mm] 이상, 외경 1.9[mm] 이상

해설
[공기관에 관한 주요사항]
• 재질 : 구리(Pipe 형태의 중공동관)
• 규격 : 외경은 1.9[mm] 이상, 두께는 0.3[mm] 이상
• 리크공(리크구멍)의 기능 : 오동작 방지
• 시공 길이 : 1개 감지구역마다 20[m] 이상, 검출부 1개마다 100[m] 이하
• 고정 지지금구 : 스테이플, 스티커

055 **차동식분포형(공기관식)감지기를 현장에서 가열시험 한 결과 동작하지 않았다. 그 원인으로 볼 수 없는 것은?**

① 접점간격이 규정치 이상이었다. ② 수신기에 이르는 배선이 단선되었다.
③ 공기관이 막혀 있었다. ④ 다이아프램이 부식되어 있었다.

056 **차동식분포형감지기의 검출부에 연결하는 공기관의 길이는 몇 [m] 이하로 하여야 하는가?**

① 50[m] ② 100[m]
③ 150[m] ④ 200[m]

057 **공기관식 차동식분포형감지기의 오동작을 방지하는 안전장치에 해당하는 것은?**

① 다이아프램 ② 공기관
③ 시험홀 ④ 리크구멍

해설
리크홀 : 오동작 방지

058 **공기관식 차동식분포형감지기의 설치기준으로 옳지 않은 것은?**

① 공기관의 노출부분은 감지구역마다 10[m] 이상 되도록 할 것
② 공기관과 감지구역의 각 변과의 수평거리는 1.5[m] 이하가 되도록 할 것
③ 공기관 상호 간의 거리는 6[m] 이하가 되도록 할 것
④ 주요구조부가 내화구조로 된 소방대상물은 공기관 상호 간의 거리는 9[m] 이하가 되도록 할 것

해설
문제 52 해설 참조
[공기관식 차동식분포형감지기]
• 구조 : 감열부와 검출부로 나뉜다. 감열부는 공기관, 검출부는 리크공, 다이어프램, 접점, 시험장치 및 배선으로 구성

정답 : 054. ④ 055. ② 056. ② 057. ④ 058. ①

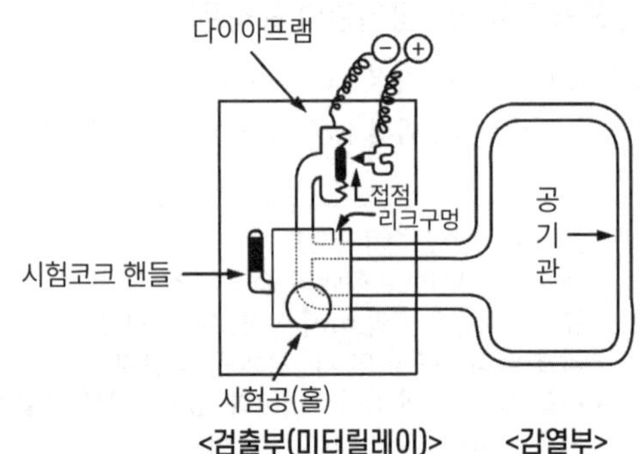

• 동작원리 : 화재실에 길게 설치된 공기관에 열이 가해지면 공기관 내의 공기가 선팽창하여 검출부의 다이어프램을 부풀린다. 이때 접점이 폐로되면 수신기로 화재신호를 보낸다. 그러나 난방 등 완만한 온도상승 시에는 팽창공기가 리크공으로 누설되어 감지기는 작동하지 않는다.

059 차동식감지기에 리크구멍을 이용하는 목적 중 가장 적합한 것은?

① 비화재보를 방지하기 위해서
② 완만한 온도상승을 감지하기 위해서
③ 감지기의 감도를 예민하게 하기 위해
④ 급격한 온도상승을 감지하기 위해

비화재보방지

060 열전대식 차동식분포형감지기에서 하나의 검출부에 접속하는 열전대부는 몇 개 이하로 하여야 하는가?

① 10개
② 20개
③ 30개
④ 40개

열전대식 차동식분포형감지기는 다음의 기준에 따를 것

㉠ 열전대부는 감지구역의 바닥면적 18㎡(주요구조부가 내화구조로 된 특정소방대상물에 있어서는 22㎡)마다 1개 이상으로 할 것. 다만, 바닥면적이 72㎡(주요구조부가 내화구조로 된 특정소방대상물에 있어서는 88㎡) 이하인 특정소방대상물에 있어서는 4개 이상으로 하여야 한다.

㉡ 하나의 검출부에 접속하는 열전대부는 20개 이하로 할 것. 다만, 각각의 열전대부에 대한 작동여부를 검출부에서 표시할 수 있는 것(주소형)은 형식승인 받은 성능인정범위내의 수량으로 설치할 수 있다.

061 주요구조부가 내화구조로 된 특정소방대상물의 감지기 부착높이가 4[m] 미만일 경우 차동식스포트형 1종 감지기의 감지면적은 몇 [㎡]를 기준으로 하는가?

① 90[㎡]
② 70[㎡]
③ 60[㎡]
④ 20[㎡]

정답 : 059. ① 060. ② 061. ①

[부착높이 및 특정소방대상물의 구분에 따른 차동식 · 보상식 · 정온식스포트형감지기의 종류]

부착높이 및 특정소방대상물의 구분		감지기의 종류(단위 : m^2)						
		차동식 스포트형		보상식 스포트형		정온식 스포트형		
		1종	2종	1종	2종	특종	1종	2종
4m 미만	주요구조부를 내화구조로 한 특정소방대상물 또는 그 부분	90	70	90	70	70	60	20
	기타 구조의 특정소방대상물 또는 그 부분	50	40	50	40	40	30	15
4m 이상 8m 미만	주요구조부를 내화구조로 한 특정소방대상물 또는 그 부분	45	35	45	35	35	30	-
	기타 구조의 특정소방대상물 또는 그 부분	30	25	30	25	25	15	-

062 **열반도체식감지기 하나의 검출부에 접속하는 감지부는 최대 몇 개 이하로 하여야 하는가?**

① 10개
② 15개
③ 20개
④ 25개

열반도체식 차동식분포형감지기는 다음의 기준에 따를 것

가. 감지부는 그 부착높이 및 특정소방대상물에 따라 다음 표에 따른 바닥면적마다 1개 이상으로 할 것. 다만, 바닥면적이 다음 표에 따른 면적의 2배 이하인 경우에는 2개(부착높이가 8m 미만이고, 바닥면적이 다음 표에 따른 면적 이하인 경우에는 1개) 이상으로 하여야 한다.

[부착높이 및 특정소방대상물의 구분에 따른 열반도체적 차동식분포형감지기의 종류]

(단위 : m^2)

부착높이 및 소방대상물의 구분		감지기의 종류	
		1종	2종
8m 미만	주요구조부가 내화구조로 된 소방대상물 또는 그 부분	65	36
	기타 구조의 소방대상물 또는 그 부분	40	23
8m 이상 15m 미만	주요구조부가 내화구조로 된 소방대상물 또는 그 부분	50	36
	기타 구조의 소방대상물 또는 그 부분	30	23

나. 하나의 검출기에 접속하는 감지부는 2개 이상 15개 이하가 되도록 할 것. 다만, 각각의 감지부에 대한 작동여부를 검출기에서 표시할 수 있는 것(주소형)은 형식승인 받은 성능인정범위내의 수량으로 설치할 수 있다.

정답 : 062.②

063 **주위온도가 일정한 온도상승률 이상으로 되었을 때 작동하는 감지기는?**

① 정온식스포트형감지기
② 차동식분포형감지기
③ 이온화식감지기
④ 광전식감지기

064 **주요구조부가 내화구조로 된 소방대상물의 자동화재탐지설비 중 열전대식 차동식분포형감지기의 설치기준으로 옳은 것은?**

① 열전대부는 감지구역의 바닥면적 18[㎡]마다 1개 이상으로 하고 하나의 검출부에 접속하는 열전대부는 15개 이하로 한다.
② 열전대부는 감지구역의 바닥면적 22[㎡]마다 1개 이상으로 하고 하나의 검출부에 접속하는 열전대부는 15개 이하로 한다.
③ 열전대부는 감지구역의 바닥면적 18[㎡]마다 1개 이상으로 하고 하나의 검출부에 접속하는 열전대부는 20개 이하로 한다.
④ 열전대부는 감지구역의 바닥면적 22[㎡]마다 1개 이상으로 하고 하나의 검출부에 접속하는 열전대부는 20개 이하로 한다.

065 **자동화재탐지설비의 감지기 설치 높이가 10[m]인 장소에 설치할 수 있는 감지기의 종류는?**

① 차동식스포트형
② 보상식스포트형
③ 차동식분포형
④ 정온식스포트형

066 **공기관식감지기의 화재감지 동작순서를 옳게 나타낸 것은?**

① 열 → 관내 공기팽창 → 리크밸브 동작 → 회로접점 접속
② 열 → 다이아프램 팽창 → 리크밸브 동작 → 회로접점 접속
③ 열 → 관내 공기팽창 → 다이아프램 팽창 → 회로접점 접속
④ 열 → 리크밸브 동작 → 관내 공기팽창 → 회로접점 접속

067 **차동식분포형감지기로서 공기관식의 구조 및 기능으로 옳은 것은?**

① 공기관은 하나의 길이가 10[m] 정도이다.
② 공기관의 두께는 최소 8[m] 이상이어야 한다.
③ 발광소자를 사용하여 공기관의 누출 여부를 시험한다.
④ 리크저항 및 접점수고를 쉽게 시험 할 수 있어야 한다.

정답 : 063. ② 064. ④ 065. ③ 066. ③ 067. ④

068 부착높이 3[m], 바닥면적 50[m²]인 주요구조부를 내화구조로 한 소방대상물에 1종 열반도체식 차동식분포형감지기를 설치하고자 한다. 감지부의 최소 설치개수는?

① 1개　　② 2개
③ 3개　　④ 4개

8m 미만, 내화구조, 1종 : 65m²마다 1개 설치

$$\frac{50\text{m}^2}{65\text{m}^2/\text{개}} = 0.77$$

∴ 1개[부착높이 8m 미만인 경우 1개=1개] [부착높이 8m 이상인 경우 1개=2개]

069 수직거리 30[m]인 계단에 연기감지기 3종을 설치할 경우의 최소 설치개수는?

① 1개　　② 2개
③ 3개　　④ 4개

연기감지기는 다음의 기준에 따라 설치할 것

㉠ 감지기의 부착높이에 따라 다음 표에 따른 바닥면적마다 1개 이상으로 할 것

[부착높이에 따른 연기감지기의 종류]

부착높이	감지기의 종류(단위 : m²)	
	1종 및 2종	3종
4m 미만	150	50
4m 이상 20m 미만	75	−

㉡ 감지기는 복도 및 통로에 있어서는 보행거리 30m(3종에 있어서는 20m)마다, 계단 및 경사로에 있어서는 수직거리 15m(3종에 있어서는 10m)마다 1개 이상으로 할 것
㉢ 천장 또는 반자가 낮은 실내 또는 좁은 실내에 있어서는 출입구의 가까운 부분에 설치할 것
㉣ 천장 또는 반자부근에 배기구가 있는 경우에는 그 부근에 설치할 것
㉤ 감지기는 벽 또는 보로부터 0.6m 이상 떨어진 곳에 설치할 것

$$\frac{30\text{m}}{10\text{m}} = 3\text{개}$$

070 연기감지기를 설치하지 않아도 되는 장소는?

① 반자의 높이가 15[m] 이상 20[m] 미만인 장소
② 25[m]인 복도
③ 20[m]인 계단 및 경사로
④ 엘리베이터 권상기실, 린넨슈트 이와 유사한 장소

정답 : 068. ①　069. ③　070. ②

다음의 장소에는 연기감지기를 설치하여야 한다.
1. 계단 · 경사로 및 에스컬레이터 경사로
2. 복도(30m 미만의 것을 제외한다)
3. 엘리베이터 승강로(권상기실이 있는 경우에는 권상기실) · 린넨슈트 · 파이프 피트 및 덕트 기타 이와 유사한 장소
4. 천장 또는 반자의 높이가 15m 이상 20m 미만의 장소
5. 다음 각 목의 어느 하나에 해당하는 특정소방대상물의 취침 · 숙박 · 입원 등 이와 유사한 용도로 사용되는 거실
   가. 공동주택 · 오피스텔 · 숙박시설 · 노유자시설 · 수련시설
   나. 교육연구시설 중 합숙소
   다. 의료시설, 근린생활시설 중 입원실이 있는 의원 · 조산원
   라. 교정 및 군사시설
   마. 근린생활시설 중 고시원

071 연기감지기의 설치기준으로 옳지 않은 것은?

① 부착높이 4[m] 이상 20[m] 미만에는 3종 감지기를 설치할 수 없다.
② 복도 및 통로에 있어서 제1종은 보행거리 30[m]마다 설치한다.
③ 계단 및 경사로에 있어서는 3종은 수직거리 10[m]마다 설치한다.
④ 감지기는 벽이나 보로부터 1.5[m] 이상 떨어진 곳에 설치하여야 한다.

69번 해설 참조

072 연기감지기를 다음과 같이 설치하였을 때 기준에 적합하지 않은 것은?

① 좁은 실내에 있어서는 출입구 부근에 설치하였다.
② 천정 또는 반자 부근에 배기구가 있어서 그 부근에 설치하였다.
③ 벽으로부터 0.6[m] 떨어진 곳에 설치하였다.
④ 복도 및 통로에는 보행거리에 관계없이 1개만 설치하였다.

69번 해설 참조

073 부착면의 높이 4[m] 미만의 장소에 연기감지기 1종을 설치할 때, 감지기 1개의 감지면적은 최대 몇 [m²]이어야 하는가?

① 40[m²]　　② 50[m²]
③ 75[m²]　　④ 150[m²]

69번 해설 참조

정답 : 071. ④　072. ④　073. ④

074 이온화식연기감지기에 대한 설명으로 틀린 것은?

① 외부 이온실의 방사선원은 아메리슘이다.
② 이온실 하나로 주기적 검출회로를 이용한 방식이다.
③ 연기에 의하여 이온전류가 변화한다.
④ 연기에 의하여 생긴 산란광을 광전소자가 받는다.

산란광 : 광전식 연기감지기

075 몇 [m] 미만인 복도에는 연기감지기를 설치하지 않아도 되는가?

① 10[m] ② 20[m]
③ 30[m] ④ 50[m]

076 광전식감지기에 사용하고 있는 광전소자의 일반적인 특성이 아닌 것은?

① 무접촉 검출이 가능하다. ② 고속 검출이 가능하고 응답속도가 빠르다.
③ 파장이 길고 직진성이 떨어진다. ④ 색의 판별이나 농담검출이 가능하다.

직진성 있음

077 연기감지기는 벽 또는 보로부터 최소 몇 [m] 이상 떨어진 곳에 설치하는가?

① 0.3[m] ② 0.6[m]
③ 0.9[m] ④ 1.2[m]

0.6m

078 이온화식연기감지기에 사용하는 방사선 동위원소로 적당한 것은?

① Am^{214} ② Am^{241}
③ Am^{341} ④ Am^{414}

아메리슘241, 폴로늄, 라듐

정답 : 074. ④ 075. ③ 076. ③ 077. ② 078. ②

079 소방대상물에 자동화재탐지설비의 감지기를 설치하지 않아도 되는 곳은?

① 목욕실 · 샤워시설이 설치된 화장실 기타 이와 유사한 장소
② 습기가 별로 없는 건조한 장소
③ 사람의 왕래가 별로 없는 장소
④ 천장 또는 반자의 높이가 15[m] 이상 20[m] 미만인 장소

다음의 장소에는 감지기를 설치하지 않을 수 있다.
㉠ 천장 또는 반자의 높이가 20m 이상인 장소. 다만, 축적기능이 있는 감지기로서 부착높이에 따라 적응성이 있는 장소는 제외한다.
㉡ 헛간 등 외부와 기류가 통하는 장소로서 감지기에 따라 화재발생을 유효하게 감지할 수 없는 장소
㉢ 부식성가스가 체류하고 있는 장소
㉣ 고온도 및 저온도로서 감지기의 기능이 정지되기 쉽거나 감지기의 유지관리가 어려운 장소
㉤ 목욕실 · 욕조나 샤워시설이 있는 화장실 · 기타 이와 유사한 장소
㉥ 파이프덕트 등 그 밖의 이와 비슷한 것으로서 2개층 마다 방화구획된 것이나 수평단면적이 5㎡ 이하인 것
㉦ 먼지 · 가루 또는 수증기가 다량으로 체류하는 장소 또는 주방 등 평시에 연기가 발생하는 장소(연기감지기에 한한다)
㉧ 프레스공장 · 주조공장 등 화재발생의 위험이 적은 장소로서 감지기의 유지관리가 어려운 장소

080 광전식감지기에 대한 설명으로 옳지 않은 것은?

① 광원이 끊어진 경우 이를 자동적으로 수신기에 송신할 수 있어야 한다.
② 광전소자는 감도의 저하 및 피로현상이 적어야 한다.
③ 광원의 등이 켜지는 것을 쉽게 확인할 수 있는 것이어야 한다.
④ 광원은 광속변화가 커야 한다.

[감지기의 형식승인 및 제품검사 기술기준]
광전식감지기는 다음에 적합하여야 한다.
㉠ 발광소자는 광속변화가 적고 장기간 사용에 충분히 견딜 수 있는 것이어야 한다.
㉡ 수광소자는 감도의 저하 및 피로현상이 적고 장기간 사용에 충분히 견딜 수 있는 것이어야 한다.
㉢ 반사판이 있는 구조의 광전식분리형 감지기 반사판은 기능에 유해한 영향을 미칠 우려가 있는 흠, 부식, 변형 등이 없어야 한다.

081 스포트형감지기는 몇 도 이상 경사되지 않도록 부착하여야 하는가?

① 15°　　② 25°
③ 35°　　④ 45°

45도 이상 경사되지 않을 것

정답 : 079. ①　080. ④　081. ④

082 **감지기회로의 배선을 교차회로방식으로 하지 않아도 되는 것은?**

① 할론소화설비
② 이산화탄소소화설비
③ 폐쇄형감지용헤드를 설치한 준비작동식 스프링클러설비
④ 분말소화설비

폐쇄형감지용헤드 설치시 감지기 설치하지 않음.

083 **적외선 불꽃감지기의 감지소자로 사용되는 초전재료의 특성에서 PZT의 큐리온도는 다음 중 어느 것인가?**

① 200~270[℃]
② 49[℃]
③ 115[℃]
④ 470[℃]

084 **이온화식연기감지기에 이용되는 아메리슘, 라듐의 방사선은?**

① α선　② β선
③ γ 선　④ χ선

085 **이온화식연기감지기는 외부이온실, 내부이온실, 방사선원, 신호증폭회로 등으로 구성되며, 회로소자는 대부분 반도체로 기판(PCB)에 제작하여 감지기내부에 밀폐하여 설치하고 있다. 다음 중 내부이온실과 관계있는 것은?**

① 이물질 침입을 방지하기 위하여 철망을 씌우거나 이중구조로 하였다.
② 절연 등의 열화방지가 요구된다.
③ 신호전원을 증폭시킨다.
④ FET나 TR 등을 사용하였다.

086 **자동화재탐지설비에 설치하는 감지기의 감지대상이 아닌 것은?**

① 열　② 연기
③ 불꽃　④ 가연물

화재시 생성물 : 열, 연, 불, 가 [열, 연기, 불꽃, 가스]

정답 : 082. ③　083. ①　084. ①　085. ②　086. ④

087 청각장애인용 시각경보장치의 설치 높이는 바닥으로부터 몇 [m]의 장소에 설치하여야 하는가?

① 0.5[m] 이상 1[m] 이하
② 0.5[m] 이상 1.5[m] 이하
③ 0.8[m] 이상 1.5[m] 이하
④ 2[m] 이상 2.5[m] 이하

2.5.2 청각장애인용 시각경보장치는 소방청장이 정하여 고시한 「시각경보장치의 성능인증 및 제품검사의 기술기준」에 적합한 것으로서 다음의 기준에 따라 설치해야 한다.

2.5.2.1 복도 · 통로 · 청각장애인용 객실 및 공용으로 사용하는 거실(로비, 회의실, 강의실, 식당, 휴게실, 오락실, 대기실, 체력단련실, 접객실, 안내실, 전시실, 기타 이와 유사한 장소를 말한다)에 설치하며, 각 부분으로부터 유효하게 경보를 발할 수 있는 위치에 설치할 것

2.5.2.2 공연장 · 집회장 · 관람장 또는 이와 유사한 장소에 설치하는 경우에는 시선이 집중되는 무대부 부분 등에 설치할 것

2.5.2.3 설치 높이는 바닥으로부터 2m 이상 2.5m 이하의 장소에 설치할 것. 다만, 천장의 높이가 2m 이하인 경우에는 천장으로부터 0.15m 이내의 장소에 설치해야 한다.

2.5.2.4 시각경보장치의 광원은 전용의 축전지설비 또는 전기저장장치(외부 전기에너지를 저장해 두었다가 필요한 때 전기를 공급하는 장치)에 의하여 점등되도록 할 것. 다만, 시각경보기에 작동전원을 공급할 수 있도록 형식승인을 얻은 수신기를 설치한 경우에는 그렇지 않다.

Reference

시각경보기를 설치해야 하는 특정소방대상물은 자동화재탐지설비를 설치해야 하는 특정소방대상물 중 다음의 어느 하나에 해당하는 것과 같다.

1) 근린생활시설, 문화 및 집회시설, 종교시설, 판매시설, 운수시설, 의료시설, 노유자시설
2) 운동시설, 업무시설, 숙박시설, 위락시설, 창고시설 중 물류터미널, 발전시설 및 장례시설
3) 교육연구시설 중 도서관, 방송통신시설 중 방송국
4) 지하가 중 지하상가

088 감지기의 구조에 대한 설명 중 옳지 않은 것은?

① 감지기가 받는 기류의 영향에 따라 그 기능에 현저한 변동이 생기지 않아야 한다.
② 사람에게 위해를 줄 우려가 없어야 한다.
③ 건물의 천정에 접하는 기판으로부터 새어 들어가는 물에 의하여 기능에 이상이 생기지 않아야 한다.
④ 접점간격 및 그 이외의 조정부는 초기 조정 후라도 필요할 때에는 다시 조정하여 변동시킬 수 있도록 조치를 강구하여야 한다.

정답 : 087. ④ 088. ④

[감지기의 형식승인 및 제품검사의 기술기준]
접점간격 및 그 외의 조정부는 조정 후 변동되지 않도록 하여야 한다. 다만, 불꽃감지기의 감도조정부는 그러하지 아니하다.

089 가연시험을 하여 감지기가 정상적으로 작동하는지 확인할 수 있는 것은?

① 이온화식연기감지기
② 차동식스포트형감지기
③ 정온식스포트형감지기
④ 차동식분포형감지기

연기감지기

090 감지기의 기능 시험과 관계없는 것은?

① 공기관의 유통시험
② 접점 수고시험
③ 강도시험
④ 진동시험

091 감지기 설치시의 배선기호에서 공통선은 어떤 기호로 표시하는가?

① A
② T
③ C
④ N

A : 응답선
T : 전화선
C : 공통선
N : 중성선
L : 회로선(지구선)
E : 접지선
B : 경종선
P : 표시등선

092 발신기나 중계기와 비교했을 때 감지기에만 해당되는 시험항목은?

① 주위온도시험
② 노화시험
③ 절연저항시험
④ 절연내력시험

㉠ 발신기 : 반복시험, 내식시험, 주위온도시험, 살수시험, 진동시험, 충격시험, 절연저항시험, 절연내력시험, 습도시험
㉡ 중계기 : 반복시험, 주위온도시험, 방수시험, 절연저항시험, 절연내력시험, 충격전압시험, 충격시험, 진동시험, 습도시험, 전자파내성시험
㉢ 감지기 : 전자파내성시험, 주위온도시험, 인장시험, 감도시험, 노화시험, 방수시험, 살수시험, 내식시험, 반복시험, 진동시험, 충격시험, 분진시험, 충격전압시험, 습도시험, 재용성시험, 절연저항시험, 절연내력시험

정답 : 089. ① 090. ③ 091. ③ 092. ②

093 광전식분리형감지기 광축의 높이가 천장 등 높이의 몇 [%] 이상이어야 하는가?

① 70[%] ② 80[%]
③ 90[%] ④ 100[%]

광전식분리형감지기는 다음의 기준에 따라 설치할 것
㉠ 감지기의 수광면은 햇빛을 직접 받지 않도록 설치할 것
㉡ 광축(송광면과 수광면의 중심을 연결한 선)은 나란한 벽으로부터 0.6m 이상 이격하여 설치할 것
㉢ 감지기의 송광부와 수광부는 설치된 뒷벽으로부터 1m이내의 위치에 설치할 것
㉣ 광축의 높이는 천장 등(천장의 실내에 면한 부분 또는 상층의 바닥하부면을 말한다) 높이의 80% 이상일 것
㉤ 감지기의 광축의 길이는 공칭감시거리 범위이내 일 것
㉥ 그 밖의 설치기준은 형식승인 내용에 따르며 형식승인 사항이 아닌 것은 제조사의 시방서에 따라 설치할 것

094 전원으로부터 수신기까지의 배선방법으로 잘못된 것은?

① MI 케이블 사용 ② 금속덕트공사
③ 내화전선 사용 ④ 내화구조의 주요구조부에 매입

2.8 배선
2.8.1 배선은 「전기사업법」 제67조에 따른 「전기설비기술기준」에서 정한 것 외에 다음의 기준에 따라 설치해야 한다.
2.8.1.1 전원회로의 배선은 「옥내소화전설비의 화재안전기술기준(NFTC 102)」 2.7.2의 표 2.7.2(1)에 따른 내화배선에 따르고, 그 밖의 배선(감지기 상호간 또는 감지기로부터 수신기에 이르는 감지기회로의 배선을 제외한다)은 「옥내소화전설비의 화재안전기술기준(NFTC 102)」 2.7.2의 표 2.7.2(1) 또는 표 2.7.2(2)에 따른 내화배선 또는 내열배선에 따를 것
2.8.1.2 감지기 상호간 또는 감지기로부터 수신기에 이르는 감지기회로의 배선은 다음의 기준에 따라 설치할 것
2.8.1.2.1 아날로그식, 다신호식 감지기나 R형수신기용으로 사용되는 것은 전자파 방해를 받지 않는 실드선 등을 사용해야 하며, 광케이블의 경우에는 전자파 방해를 받지 아니하고 내열성능이 있는 경우 사용할 것. 다만, 전자파 방해를 받지 않는 방식의 경우에는 그렇지 않다.
2.8.1.2.2 2.8.1.2.1 외의 일반배선을 사용할 때는 「옥내소화전설비의 화재안전기술기준(NFTC 102)」 2.7.2의 표 2.7.2(1) 또는 표 2.7.2(2)에 따른 내화배선 또는 내열배선으로 사용할 것
2.8.1.3 감지기회로의 도통시험을 위한 종단저항은 다음의 기준에 따를 것
2.8.1.3.1 점검 및 관리가 쉬운 장소에 설치할 것
2.8.1.3.2 전용함을 설치하는 경우 그 설치 높이는 바닥으로부터 1.5 m 이내로 할 것
2.8.1.3.3 감지기 회로의 끝부분에 설치하며, 종단감지기에 설치할 경우에는 구별이 쉽도록 해당 감지기의 기판 및 감지기 외부 등에 별도의 표시를 할 것
2.8.1.4 감지기 사이의 회로의 배선은 송배선식으로 할 것

정답 : 093. ② 094. ②

2.8.1.5 전원회로의 전로와 대지 사이 및 배선 상호간의 절연저항은 「전기사업법」 제67조에 따른 「전기설비기술기준」이 정하는 바에 의하고, 감지기회로 및 부속회로의 전로와 대지 사이 및 배선 상호간의 절연저항은 1경계구역마다 직류 250V의 절연저항측정기를 사용하여 측정한 절연저항이 0.1MΩ 이상이 되도록 할 것

2.8.1.6 자동화재탐지설비의 배선은 다른 전선과 별도의 관 · 덕트(절연효력이 있는 것으로 구획한 때에는 그 구획된 부분은 별개의 덕트로 본다) · 몰드 또는 풀박스 등에 설치할 것. 다만, 60V 미만의 약 전류회로에 사용하는 전선으로서 각각의 전압이 같을 때에는 그렇지 않다.

2.8.1.7 P형 수신기 및 G.P형 수신기의 감지기 회로의 배선에 있어서 하나의 공통선에 접속할 수 있는 경계구역은 7개 이하로 할 것

2.8.1.8 자동화재탐지설비의 감지기회로의 전로저항은 50Ω 이하가 되도록 해야 하며, 수신기의 각 회로별 종단에 설치되는 감지기에 접속되는 배선의 전압은 감지기 정격전압의 80% 이상이어야 할 것

[배선에 사용되는 전선의 종류 및 공사방법]

1. 내화배선

사용전선의 종류	공 사 방 법
1. 450/750V 저독성 난연 가교 폴리올레핀 절연 전선 2. 0.6/1kV 가교 폴리에틸렌 절연 저독성 난연 폴리올레핀 시스 전력케이블 3. 6/10kV 가교 폴리에틸렌 절연 저독성 난연 폴리올레핀 시스 전력용 케이블 4. 가교 폴리에틸렌 절연 비닐시스 트레이용 난연 전력 케이블 5. 0.6/1kV EP 고무절연 클로로프렌 시스 케이블 6. 300/500V 내열성 실리콘 고무 절연전선(180℃) 7. 내열성 에틸렌-비닐 아세테이트 고무 절연 케이블 8. 버스덕트(Bus Duct) 9. 기타 「전기용품 및 생활용품안전관리법」 및 「전기설비기술기준」에 따라 동등 이상의 내화 성능이 있다고 주무부장관이 인정하는 것	금속관 · 2종 금속제 가요전선관 또는 합성 수지관에 수납하여 내화구조로 된 벽 또는 바닥 등에 벽 또는 바닥의 표면으로부터 25㎜ 이상의 깊이로 매설해야 한다. 다만 다음의 기준에 적합하게 설치하는 경우에는 그렇지 않다. 가. 배선을 내화성능을 갖는 배선전용실 또는 배선용 샤프트 · 피트 · 덕트 등에 설치하는 경우 나. 배선전용실 또는 배선용 샤프트 · 피트 · 덕트 등에 다른 설비의 배선이 있는 경우에는 이로 부터 15㎝ 이상 떨어지게 하거나 소화설비의 배선과 이웃하는 다른 설비의 배선사이에 배선지름(배선의 지름이 다른 경우에는 가장 큰 것을 기준으로 한다)의 1.5배 이상의 높이의 불연성 격벽을 설치하는 경우
내화전선	케이블공사의 방법에 따라 설치해야 한다.

비고 : 내화전선의 내화성능은 KS C IEC 60331-1과 2(온도 830℃/가열시간 120분) 표준이상을 충족하고, 난연성능확보를 위해 KS C IEC 60332-3-24 성능이상을 충족할 것

2. 내열배선

사용전선의 종류	공 사 방 법
1. 450/750V 저독성 난연 가교 폴리올레핀 절연 전선 2. 0.6/1kV 가교 폴리에틸렌 절연 저독성 난연 폴리올레핀 시스 전력케이블 3. 6/10kV 가교 폴리에틸렌 절연 저독성 난연 폴리올레핀 시스 전력용 케이블 4. 가교 폴리에틸렌 절연 비닐시스 트레이용 난연 전력 케이블 5. 0.6/1kV EP 고무절연 클로로프렌 시스 케이블 6. 300/500V 내열성 실리콘 고무 절연전선(180℃) 7. 내열성 에틸렌-비닐 아세테이트 고무 절연 케이블 8. 버스덕트(Bus Duct) 9. 기타 「전기용품 및 생활용품안전관리법」 및 「전기설비기술기준」에 따라 동등 이상의 내화성능이 있다고 주무부장관이 인정하는 것	금속관 · 금속제 가요전선관 · 금속덕트 또는 케이블(불연성덕트에 설치하는 경우에 한한다) 공사방법에 따라야 한다. 다만, 다음의 기준에 적합하게 설치하는 경우에는 그렇지 않다. 가. 배선을 내화성능을 갖는 배선전용실 또는 배선용 샤프트 · 피트 · 덕트 등에 설치하는 경우 나. 배선전용실 또는 배선용 샤프트 · 피트 · 덕트 등에 다른 설비의 배선이 있는 경우에는 이로부터 15㎝ 이상 떨어지게 하거나 소화설비의 배선과 이웃하는 다른 설비의 배선사이에 배선지름(배선의 지름이 다른 경우에는 지름이 가장 큰 것을 기준으로 한다)의 1.5배 이상의 높이의 불연성 격벽을 설치하는 경우
내화전선	케이블공사의 방법에 따라 설치해야 한다.

095 **자동화재탐지설비의 음향장치 설치기준 중 옳은 것은?**

① 지구음향장치는 해당 소방대상물의 각 부분으로부터 하나의 음향장치까지의 수평거리가 25[m] 이하가 되도록 한다.

② 정격전압의 90[%]전압에서 음향을 발할 수 있어야 한다.

③ 음량은 부착된 음향장치의 중심으로부터 1[m] 떨어진 위치에서 80[dB] 이상이 되도록 하여야 한다.

④ 5층 이상으로서 연면적이 3,000[㎡]를 초과하는 소방대상물에 있어서는 2층 이상의 층에서 발화시 발화층 및 직하층에 경보를 발하여야 한다.

2.5.1 자동화재탐지설비의 음향장치는 다음의 기준에 따라 설치해야 한다.

2.5.1.1 주음향장치는 수신기의 내부 또는 그 직근에 설치할 것

2.5.1.2 층수가 11층(공동주택의 경우에는 16층) 이상의 특정소방대상물은 다음의 기준에 따라 경보를 발할 수 있도록 할 것

2.5.1.2.1 2층 이상의 층에서 발화한 때에는 발화층 및 그 직상 4개 층에 경보를 발할 것

2.5.1.2.2 1층에서 발화한 때에는 발화층 · 그 직상 4개 층 및 지하층에 경보를 발할 것

2.5.1.2.3 지하층에서 발화한 때에는 발화층 · 그 직상층 및 기타의 지하층에 경보를 발할 것

2.5.1.3 지구음향장치는 특정소방대상물의 층마다 설치하되, 해당 층의 각 부분으로부터 하나의 음향장치까지의 수평거리가 25m 이하가 되도록 하고, 해당 층의 각 부분에 유효하게 경보를 발할 수 있도록 설치할 것. 다만, 「비상방송설비의 화재안전기술기준(NFTC 202)」에 적합한 방송설비를 자동화재탐지설비의 감지기와 연동

정답 : 095. ①

하여 작동하도록 설치한 경우에는 지구음향장치를 설치하지 않을 수 있다.

2.5.1.4 음향장치는 다음의 기준에 따른 구조 및 성능의 것으로 할 것

2.5.1.4.1 정격전압의 80% 전압에서 음향을 발할 수 있는 것으로 할 것. 다만, 건전지를 주전원으로 사용하는 음향장치는 그렇지 않다.

2.5.1.4.2 음향의 크기는 부착된 음향장치의 중심으로부터 1m 떨어진 위치에서 90dB 이상이 되는 것으로 할 것

2.5.1.4.3 감지기 및 발신기의 작동과 연동하여 작동할 수 있는 것으로 할 것

2.5.1.5 2.5.1.3에도 불구하고 2.5.1.3의 기준을 초과하는 경우로서 기둥 또는 벽이 설치되지 아니한 대형공간의 경우 지구음향장치는 설치대상 장소의 가장 가까운 장소의 벽 또는 기둥 등에 설치할 것

096 지하가 중 터널의 경우 자동화재탐지설비의 지구음향장치는 측벽길이 몇 [m] 이내 마다 설치해야 하는가?

① 25[m] ② 40[m]

③ 50[m] ④ 60[m]

[도로터널 화재안전기술기준]

음향장치 및 발신기는 비상경보설비 설치기준 준용

2.4.1.1 발신기는 주행차로 한쪽 측벽에 50m 이내의 간격으로 설치하며, 편도 2차선 이상의 양방향터널이나 4차로 이상의 일방향터널의 경우에는 양쪽의 측벽에 각각 50m 이내의 간격으로 엇갈리게 설치하고, 발신기는 바닥면으로부터 0.8m 이상, 1.5m 이하의 높이에 설치할 것

2.4.1.2 음향장치는 발신기 설치위치와 동일하게 설치할 것. 「비상방송설비의 화재안전기술기준(NFTC 202)」에 적합하게 설치된 방송설비를 비상경보설비와 연동하여 작동하도록 설치한 경우에는 비상경보설비의 지구음향장치를 설치하지 않을 수 있다.

2.4.1.3 음향장치의 음량은 부착된 음향장치의 중심으로부터 1m 떨어진 위치에서 90dB 이상이 되도록 하고, 음향장치는 터널 내부 전체에 동시에 경보를 발하도록 설치할 것

2.4.1.4 시각경보기는 주행차로 한쪽 측벽에 50m 이내의 간격으로 비상경보설비의 상부 직근에 설치하고, 설치된 전체 시각경보기는 동기방식에 의해 작동될 수 있도록 할 것

097 자동화재탐지설비의 수신기의 설치기준으로 옳지 않은 것은?

① 경계구역을 각각 표시할 수 있는 회선수 이상의 수신기를 설치할 것

② 수위실 등 상시 사람이 근무하고 있는 장소에 설치할 것

③ 감지기, 중계기 또는 발신기가 작동하는 경계구역을 표시할 수 있을 것

④ 하나의 경계구역에 여러 개의 표시등 또는 여러 개의 문자로 표시되도록 할 것

098 자동화재탐지설비의 상시개로식의 회로 말단에 종단저항을 설치하여야 할 수 있는 시험은?

① 도통시험 ② 절연내력시험

③ 절연저항시험 ④ 접지저항측정시험

종단저항 설치목적 : 도통시험을 하기 위하여

정답 : 096. ③ 097. ④ 098. ①

099 수동발신기 스위치를 작동시켰더니 화재표시동작을 하지 않았다. 원인으로 볼 수 없는 것은?

① 응답램프 불량　　② 배선의 단선
③ 발신기 접점불량　　④ 감지기 불량

100 자동화재탐지설비의 발신기는 소방대상물의 몇 개 층마다 설치하며, 해당 층의 각 부분으로부터 하나의 발신기까지의 수평거리가 몇 [m] 이하가 되도록 하는가?

① 2개층, 25[m]　　② 2개층, 30[m]
③ 각층, 25[m]　　④ 각층, 30[m]

① 자동화재탐지설비의 발신기는 다음의 기준에 따라 설치하여야 한다.
1. 조작이 쉬운 장소에 설치하고, 스위치는 바닥으로부터 0.8m 이상 1.5m 이하의 높이에 설치할 것
2. 특정소방대상물의 층마다 설치하되, 해당 층의 각 부분으로부터 하나의 발신기까지의 수평거리가 25m 이하가 되도록 할 것. 다만, 복도 또는 별도로 구획된 실로서 보행거리가 40m 이상일 경우에는 추가로 설치하여야 한다.
3. 기둥 또는 벽이 설치되지 아니한 대형공간의 경우 발신기는 설치대상 장소의 가장 가까운 장소의 벽 또는 기둥 등에 설치 할 것

② 발신기의 위치를 표시하는 표시등은 함의 상부에 설치하되, 그 불빛은 부착면으로부터 15° 이상의 범위 안에서 부착지점으로부터 10m 이내의 어느곳에서도 쉽게 식별할 수 있는 적색등으로 하여야 한다.

101 다음중 발신기의 구성요소가 아닌 것은?

① 전화표시등　　② 누름스위치
③ 응답표시등　　④ 전화잭

발신기의 구성요소 : 보호판,명판,누름스위치,응답표시등,전화잭

102 자동화재탐지설비의 발신기의 설치기준으로 옳은 것은?

① 관계인 이외의 조작에 의한 고장의 우려가 있으므로 조작이 쉽지 않은 곳에 설치한다.
② 소방대상물의 격층마다 설치하되, 지하층에 있어서는 각층마다 설치한다.
③ 해당 층의 각 부분으로부터 하나의 발신기까지의 수평거리는 25[m] 이하가 되도록 설치한다.
④ 발신기의 위치표시를 하는 표시등은 옥내소화전함의 하부에 설치한다.

정답 : 099. ④　100. ③　101. ①　102. ③

103 발신기의 구조로 옳지 않은 것은?

① 발신기 작동스위치를 누르거나 기타의 방법으로 쉽게 동작시킬 수 있는 것이어야 한다.
② 발신기 외함의 노출부의 색은 녹색이어야 한다.
③ 보호판이 있는 발신기는 유기질 유리를 사용하여야 한다.
④ 작동한 후에 정위치로 복귀시키는 조작을 하여야 하는 발신기는 정위치에 복귀시키는 조작을 잊지 아니하도록 하는 적당한 방법을 강구하여야 한다.

색 기준은 없음, 일반적으로 적색

104 발신기의 형식승인 및 제품검사 기술기준 상 발신기의 구조에 대한 설명으로 틀린 것은?

① 발신기의 외함은 강판을 사용하는 경우 두께는 1.2mm이상이어야 한다.
② 직접 벽면에 접하여 벽속에 매립되는 외함의 부분 두께는 1.6mm이상이어야 한다.
③ 기기내의 배선은 충분한 전류용량을 갖는 것으로 하여야 하며, 배선의 접속이 정확하고 확실하여야 한다.
④ 조작부는 손끝으로 눌러 작동하는 방식의 발신기는 손 끝이 접하는 면에 지름 10mm 이상의 투명 플라스틱을 사용한 누름판을 설치하여야 한다.

발신기의 조작부는 다음에 적합하여야 한다.
가. 손끝으로 눌러 작동하는 방식의 발신기는 손 끝이 접하는 면에 지름 20㎜ 이상의 투명 플라스틱을 사용한 누름판을 설치하여야 한다. <개정 2021. 10. 8.>
나. 발신기에는 작동스위치를 보호할 수 있는 보호장치를 설치할 수 있으며 보호장치는 쉽게 해제하거나 파손할 수 있는 구조이어야 하고 해제된 보호장치는 쉽게 복구될 수 있어야 하며 파손부품은 교체할 수 있는 구조이어야 한다.

105 무선식 발신기에 사용되는 건전지의 용량산정시 고려사항에 해당하지 않는 것은?

① 동작상태의 경보전류　② 수신기의 수동 통신점검에 따른 소비전류
③ 수신기의 자동 통신점검에 따른 소비전류　④ 건전지의 자연방전전류

건전지를 주전원으로 하는 발신기는 다음 각 호에 적합하여야 한다. <신설 2017. 12. 6.>
1. 건전지는 리튬전지 또는 이와 동등 이상의 지속적인 사용이 가능한 성능의 것이어야 하며, 건전지의 용량산정 시에는 다음 각 목의 사항이 고려되어야 한다.
가. 감시상태의 소비전류
나. 수신기의 수동 통신점검에 따른 소비전류
다. 수신기의 자동 통신점검에 따른 소비전류
라. 건전지의 자연방전전류
마. 건전지 교체 표시에 따른 소비전류
바. 부가장치가 설치된 경우에는 부가장치의 작동에 따른 소비전류
사. 기타 전류를 소모하는 기능에 대한 소비전류
아. 안전 여유율

정답 : 103. ②　104. ④　105. ①

106 **수신기에서 직접 감지기회로의 도통시험을 하지 않는 자동화재탐지설비의 중계기는 어디에 설치하는가?**

① 수신기와 감지기 사이에 설치
② 감지기와 발신기 사이에 설치
③ 전원입력측의 배선에 설치
④ 종단저항과 병렬로 설치

자동화재탐지설비의 중계기는 다음의 기준에 따라 설치하여야 한다.
1. 수신기에서 직접 감지기회로의 도통시험을 하지 않는 것에 있어서는 수신기와 감지기 사이에 설치할 것
2. 조작 및 점검에 편리하고 화재 및 침수 등의 재해로 인한 피해를 받을 우려가 없는 장소에 설치할 것
3. 수신기에 따라 감시되지 않는 배선을 통하여 전력을 공급받는 것에 있어서는 전원입력측의 배선에 과전류 차단기를 설치하고 해당 전원의 정전이 즉시 수신기에 표시되는 것으로 하며, 상용전원 및 예비전원의 시험을 할 수 있도록 할 것

107 **중계기의 구조 및 기능에 관한 설명으로 옳은 것은?**

① 정격전압이 60[V]를 넘는 중계기의 강판외함에는 접지단자를 설치한다.
② 예비전원회로에는 단락사고 등으로부터 보호하기 위한 개폐기를 설치한다.
③ 화재신호에 영향을 미칠 우려가 있더라도 조작부는 설치하여야 한다.
④ 수신 개시로부터 발신 개시까지의 시간은 30초 이내이어야 한다.

[중계기의 형식승인 및 제품검사 기술기준]
② 예비전원회로에는 단락사고 등으로부터 보호하기 위한 퓨즈 등 과전류 보호장치를 설치하여야 한다.
③ 화재신호에 영향을 미칠 염려가 있는 조작부를 설치하지 않아야 한다.
④ 수신 개시로부터 발신 개시까지의 시간이 5초 이내이어야 한다.

108 **중계기는 화재신호를 수신하고부터 발신 개시까지의 시간을 몇 [초] 이내로 하여야 하는가?**

① 3[초]
② 4[초]
③ 5[초]
④ 6[초]

109 **중계기의 형식승인 및 제품검사 기술기준 상 중계기에 사용되는 부품의 구조 및 기능에 대한 설명으로 틀린 것은?**

① 스위치는 조작이 쉽고 작동이 확실하여야 하며, 정지점이 명확하고 적정하여야 한다.
② 표시등에 사용되는 전구는 2개 이상을 병렬로 접속하여야 한다. 다만, 방전등 또는 발광다이오드의 경우에는 그러하지 아니하다.
③ 화재의 발생을 표시하는 표시등(이하 "화재등"이라 한다)은 등이 켜질 때 적색으로 표시되어야 한다.
④ 전압 지시전기계기의 최대눈금은 사용하는 회로의 정격전압의 180 퍼센트(%)이상 200 퍼센트(%) 이하이어야 한다.

정답 : 106. ①　107. ①　108. ③　109. ④

전압 지시전기계기의 최대눈금은 사용하는 회로의 정격전압의 140 퍼센트(%)이상 200 퍼센트(%) 이하이어야 한다.

110 **중계기의 반복시험으로 정격사용전압 및 정격사용전류의 상태로 몇 회 반복시험을 가하였을 때 구조나 기능에 이상이 없어야 하는가?**

① 1,000　　② 2,000
③ 3,000　　④ 4,000

제10조(반복시험) 중계기는 정격전압에서 정격전류를 흘리고 2천회의 작동을 반복하는 시험을 하는 경우 그 구조 또는 기능에 이상이 생기지 아니하여야 한다.

111 **자동화재탐지설비의 중계기에 반드시 설치하여야 할 시험 장치는?**

① 회로도통시험 및 과누전시험　　② 예비전원시험 및 전로개폐시험
③ 절연저항시험 및 절연내력시험　　④ 상용전원시험 및 예비전원시험

수신기 · 가스누설경보기의 탐지부 · 가스누설경보기의 수신부 · 자동소화설비의 제어반 또는 다른 중계기 등으로부터 전력을 공급받지 않는 방식인 중계기는 제14호 나목 및 다목과 다음 각 목에 적합하여야 한다. 다만, 주전원이 건전지인 무선식 중계기는 제외한다.

가. 전원입력회로 및 외부부하에 직접 전력을 공급하는 각각의 회로에는 퓨즈 또는 브레이커 등을 설치하여 전력을 공급 중 주전원의 정지, 퓨즈의 끊어짐, 브레이커의 차단 등에 대한 신호를 보낼 수 있어야 하며 차단 후 차단된 회선 이외의 다른 회선에 영향을 미치지 아니하여야 한다. 다만, 단선단락 자동검출형 중계기인 경우에는 외부부하에 직접 전력을 공급하는 각각의 회로에 퓨즈 또는 브레이커 등을 설치하지 아니할 수 있다.
나. 내부에 예비전원이 있어야 한다. 다만, 방화상 유효한 조치를 마련한 것은 그러하지 아니하다.
다. 중계기는 최대부하에 연속하여 견딜 수 있는 용량을 가져야 한다.
라. 주전원이 정지한 경우에는 자동적으로 예비전원으로 전환되고, 주전원이 정상상태로 복귀한 경우에는 예비전원으로부터 주전원으로 전환되는 장치가 설치되어야 한다.
마. 정류기의 직류측에 자동복귀형스위치를 설치하고 그 스위치의 조작에 의하여 전류가 흐르도록 부하를 가하는 경우 그 단자전압을 측정할 수 있는 장치를 설치하거나 예비전원의 저전압(제조사 설계 값을 말한다) 상태를 자동적으로 확인할 수 있는 장치를 설치하여야 한다.
바. 내부에 주전원의 양극을 동시에 개폐할 수 있는 전원스위치를 설치할 수 있다.

112 **중계기용 변압기의 정격 1차 전압은 얼마인가?**

① 300[V] 이하　　② 380[V] 이상
③ 440[V] 이상　　④ 600[V] 이하

정답 : 110. ②　111. ④　112. ①

[변압기]
㉠ 변압기는 KS C 6308(전자기기용 소형전원변압기) 또는 이와 동등이상의 성능이 있는 것이어야 한다.
㉡ 정격1차 전압은 300V 이하로 한다.
㉢ 변압기의 외함에는 접지단자를 설치하여야 한다.
㉣ 용량은 최대사용전류에 연속하여 견딜 수 있는 크기 이상이어야 한다.

113 자동화재속보설비의 속보기에 대한 설명으로 옳은 것은?

① 화재발생을 30초 이내에 소방관서에 통보하는 설비이다.
② R형 발신기, R형 수신기 또는 화재속보기로 구성된다.
③ M형 발신기, M형 수신기 또는 화재속보기로 구성된다.
④ 그 기능에 따라 A형과 B형으로 구분한다.

- A형 화재속보기 : P형 또는 R형 수신기로부터 입력된 화재신호를 20초 이내에 소방서로 통보하고 3회 이상 녹음내용을 자동적으로 반복 통보하는 성능이 있다. 지구등이 없는 구조이다.
- B형 화재속보기 : P형 또는 R형 수신기에 A형 화재속보기의 기능을 겸한 것으로, 감지기 또는 발신기에서 오는 화재신호나 중계를 거쳐 오는 화재신호를 소방대상물의 관계인은 물론 소방서에 20초 이내에 녹음내용을 3회 이상 자동적으로 반복 통보하는 성능이 있다. 지구등이 있는 구조이다.(Tape의 녹음용량은 5분 이상으로 함)

114 자동화재속보설비는 어떤 설비와 연동으로 작동하여 소방관서에 전달되는 것으로 하여야 하는가?

① 누전경보설비
② 자동화재탐지설비
③ 비상경보설비
④ 피난설비

① 자동화재속보설비는 다음의 기준에 따라 설치하여야 한다.
1. 자동화재탐지설비와 연동으로 작동하여 자동적으로 화재신호를 소방관서에 전달되는 것으로 할 것. 이 경우 부가적으로 특정소방대상물의 관계인에게 화재신호를 전달되도록 할 수 있다.
2. 조작스위치는 바닥으로부터 0.8m 이상 1.5m 이하의 높이에 설치할 것
3. 속보기는 소방관서에 통신망으로 통보하도록 하며, 데이터 또는 코드전송방식을 부가적으로 설치할 수 있다. 단, 데이터 및 코드전송방식의 기준은 소방청장이 정하여 고시한 「자동화재속보설비의 속보기의 성능인증 및 제품검사의 기술기준」제5조 제12호에 따른다.
4. 문화재에 설치하는 자동화재속보설비는 제1호의 기준에도 불구하고 속보기에 감지기를 직접 연결하는 방식(자동화재탐지설비 1개의 경계구역에 한한다)으로 할 수 있다.
5. 속보기는 소방청장이 정하여 고시한 「자동화재속보설비의 속보기의 성능인증 및 제품검사의 기술기준」에 적합한 것으로 설치할 것

정답 : 113. ④ 114. ②

115 **자동화재속보설비의 설치기준 중 옳지 않은 것은?**

① 자동화재탐지설비와 연동으로 작동하여 소방관서에 전달되는 것으로 한다.
② 스위치는 사람이 만지지 못하도록 자물쇠장치를 하여 둔다.
③ 종합방재센터가 설치되어 있고, 상시 근무하는 자가 있는 경우에는 설치하지 아니할 수 있다.
④ 스위치는 바닥으로부터 0.8[m] 이상, 1.5[m] 이하의 높이에 설치한다.

116 **자동화재속보설비의 속보기는 자동화재탐지설비로부터 수신한 신호를 몇 [초] 이내에 소방관서에 자동적으로 신호를 통보하여야 하는가?**

① 10[초] ② 20[초]
③ 30[초] ④ 60[초]

제5조(기능) 속보기는 다음에 적합한 기능을 가져야 한다.

1. 속보기(아날로그식 축적형 수신기를 접속하는 경우에는 제외한다)는 작동신호를 수신하거나 수동으로 동작시키는 경우 20초 이내에 소방관서에 자동적으로 신호를 발하여 알리되, 3회 이상 속보할 수 있어야 한다.

1의2. 아날로그식 축적형 수신기를 접속하는 속보기는 수동작동스위치를 작동하거나 예비·축적·화재경보신호를 수신하는 경우 다음 각 목에 적합하여야 한다.
  가. 예비경보신호를 수신하거나 축적경보신호를 수신하는 경우 20초 이내에 통신망을 통해 자동적으로 관계인 2명 이상에게 예비경보신호 및 축적경보신호에 의한 작동을 구분하여 통보하여야 하며 각각의 표시장치 및 음향장치에 의해 경보하여야 한다.
  나. 화재경보신호를 수신하거나 수동작동스위치를 작동시키는 경우 20초 이내에 소방관서에 자동적으로 신호를 발하여 통보하되 3회 이상 속보하여야 하며 통신망을 통해 자동적으로 관계인 2명 이상에게 화재경보신호에 의한 작동 및 수동작동스위치에 의한 작동을 구분하여 통보하여야 하며 각각의 표시장치 및 음향장치에 의해 경보하여야 한다.
  다. 가목 및 나목의 표시장치 점등 및 음향장치에 의한 경보는 수동으로 복구하거나 정지시키지 아니하는 한 지속되어야 하며 음향장치의 작동을 정지된 상태에서도 새로운 예비경보신호, 축적경보신호 또는 화재경보신호를 수신하는 경우 음향장치의 작동정지를 해제하고 음향장치가 작동되어야 한다.

2. 주전원이 정지한 경우에는 자동적으로 예비전원으로 전환되고, 주전원이 정상상태로 복귀한 경우에는 자동적으로 예비전원에서 주전원으로 전환되어야 한다.
3. 예비전원은 자동적으로 충전되어야 하며 자동과충전방지장치가 있어야 한다.
4. 화재신호를 수신하거나 수동으로 동작시키는 경우 자동적으로 화재표시등이 점등되고 음향장치로 화재를 경보하여야 한다.
5. 연동 또는 수동으로 소방관서에 화재발생 음성정보를 속보중인 경우에도 송수화장치를 이용한 통화가 우선적으로 가능하여야 한다.
6. 예비전원을 병렬로 접속하는 경우에는 역충전 방지 등의 조치를 하여야 한다.
7. 예비전원은 감시상태를 60분간 지속한 후 10분 이상 동작(화재속보 후 화재표시 및 경보를 10분간 유지하는 것을 말한다)이 지속될 수 있는 용량이어야 한다.
8. 속보기는 작동신호(화재경보신호를 포함한다) 또는 수동작동스위치에 의한 다이얼링 후 소방관서와 전화접속이 이루어지지 않는 경우에는 최초 다이얼링을 포함하여 10회 이상 반복적으로 접속을 위한 다이얼링이 이루어져야 한다. 이 경우 매 회 다이얼링 완료 후 호출은 30초 이상 지속되어야 한다.
9. 속보기의 송수화장치가 정상위치가 아닌 경우에도 연동 또는 수동으로 속보가 가능하여야 한다.

정답 : 115. ② 116. ②

10. <삭제>
11. 음성으로 통보되는 속보내용을 통하여 해당 소방대상물의 위치, 관계인 2명 이상의 연락처, 화재발생 및 속보기에 의한 신고임을 확인할 수 있어야 한다.
12. 속보기는 음성속보방식 외에 데이터 또는 코드전송방식 등을 이용한 속보기능을 부가로 설치할 수 있다. 이 경우 데이터 및 코드전송방식은 별표 1에 따른다.
13. 제12호 후단의 별표 1에 따라 소방관서 등에 구축된 접수시스템 또는 별도의 시험용 시스템을 이용하여 시험한다.

117 자동화재속보설비에 대한 설명으로 틀린 것은?

① 자동화재탐지설비와 연동하여 작동되어야 한다.
② 예비전원을 설치하여야 한다.
③ 스위치는 바닥으로부터 0.8[m] 이상 1.5[m] 이하의 높이에 설치한다.
④ 방재실 등 화재수신기가 설치된 장소에 24시간 화재를 감지할 수 있는 사람이 근무하고 있는 경우에는 설치하지 않을 수 있다.

118 노유자시설로서 바닥면적 몇 [㎡] 이상인 경우 자동화재속보설비를 설치하는가?

① 350[㎡] ② 400[㎡]
③ 500[㎡] ④ 600[㎡]

자동화재속보설비를 설치해야 하는 특정소방대상물은 다음의 어느 하나에 해당하는 것으로 한다. 다만, 방재실 등 화재 수신기가 설치된 장소에 24시간 화재를 감시할 수 있는 사람이 근무하고 있는 경우에는 자동화재속보설비를 설치하지 않을 수 있다.

1) 노유자 생활시설
2) 노유자 시설로서 바닥면적이 500㎡ 이상인 층이 있는 것
3) 수련시설(숙박시설이 있는 것만 해당한다)로서 바닥면적이 500㎡ 이상인 층이 있는 것
4) 문화유산 중 「문화유산의 보존 및 활용에 관한 법률」 제23조에 따라 보물 또는 국보로 지정된 목조건축물
5) 근린생활시설 중 다음의 어느 하나에 해당하는 시설
   가) 의원, 치과의원 및 한의원으로서 입원실이 있는 시설
   나) 조산원 및 산후조리원
6) 의료시설 중 다음의 어느 하나에 해당하는 것
   가) 종합병원, 병원, 치과병원, 한방병원 및 요양병원(의료재활시설은 제외한다)
   나) 정신병원 및 의료재활시설로 사용되는 바닥면적의 합계가 500㎡ 이상인 층이 있는 것
7) 판매시설 중 전통시장

119 자동화재속보설비의 속보기의 예비전원은 화재속보의 화재표시 및 경보를 몇 분간 유지하여야 하는가?

① 10분 ② 20분
③ 30분 ④ 60분

정답 : 117. ④ 118. ③ 119. ①

120 **자동화재속보설비를 설치하지 않아도 되는 곳은?**

① 수련시설(숙박시설이 있는 건축물)로서 바닥 면적 500[m²] 이상인 층이 있는 것
② 노유자시설로서 바닥면적 500[m²] 이상 층이 있는 것
③ 요양병원(의료재활시설 제외)
④ 정신병원과 의료재활시설로 사용되는 바닥면적합계가 400[m²] 이상인 층이 있는 것

121 **A형 자동화재속보설비의 속보기로 알맞은 것은?**

① P형 수신기가 발하는 화재신호를 20초 이내에 관할 소방관서에 자동으로 3회 이상 통보해주는 것
② R형 수신기나 P형 발신기가 발하는 화재신호를 20초 이내에 관할소방관서에 자동으로 1회 이상 통보해 주는 것
③ M형 수신기가 발하는 화재신호를 30초 이내에 관할 소방관서에 자동으로 3회 이상 통보해 주는 것
④ P형 수신기나 P형 발신기가 발하는 화재신호를 20초 이내에 관할소방관서에 자동으로 1회 이상 통보해 주는 것

122 **자동화재속보설비의 속보기의 전원 입력회로 및 외부 부하에 직접 전원을 송출하도록 구성된 회로에는 무엇을 설치하여야 하는가?**

① 비상용 콘센트 ② 변류기
③ 브레이커 ④ 전압조정기

123 **속보기의 성능인증 및 제품검사 기술기준 상 외함(합성수지 외함)의 두께로 옳은 것은?**

① 1.2mm이상 ② 2mm이상
③ 3mm이상 ④ 5mm이상

제4조(외함) 속보기의 외함은 다음에 적합하여야 한다.
1. 외함의 두께
가. 강판 외함 : 1.2 밀리미터 이상
나. 합성수지 외함 : 3 밀리미터 이상

124 **자동화재속보설비의 구조, 원리 등에 대한 설명으로 옳지 않은 것은?**

① 음향장치의 경보를 정지시키는 스위치를 설치하여야 한다.
② 자동화재속보기 A형은 지구등이 있으며, B형은 지구등이 없다.
③ 전면에 예비전원상태를 감시할 수 있는 장치가 있어야 한다.
④ 자동화재속보기는 그 작동시간과 회수를 표시할 수 있는 장치를 하여야 한다.

정답 : 120. ④ 121. ① 122. ③ 123. ③ 124. ②

125 **자동화재속보설비의 설치시 주의사항으로 틀린 것은?**

① 상용전원은 속보기전용으로 시설한다.
② 자동화재 탐지설비와 연동으로 작동할 수 있게 한다.
③ 전화선에 연결할 때 옥내 통신기구의 2차측에 연결한다.
④ 속보내용을 3회 이상 반복하여야 한다.

1차측에 연결

126 **자동화재속보설비의 속보기는 화재시에 화재속보를 계속해서 몇 회 이상 속보할 수 있어야 하는가?**

① 1회 ② 2회
③ 3회 ④ 5회

해설 3회 이상

127 **경보기구에 사용되는 변압기의 정격 1차전압은 몇 [V] 이하로 하여야 하는가?**

① 100[V] ② 150[V]
③ 300[V] ④ 400[V]

변압기 1차전압 : 300V 이하

128 **비상벨설비 또는 자동식 사이렌설비의 발신기 설치기준으로 맞는 것은?**

① 조작이 쉬운 장소에 설치하고, 조작스위치는 천장 또는 반자로부터 1.5[m] 이하의 높이에 설치할 것
② 소방대상물의 층마다 설치할 것
③ 소방대상물의 해당 층의 각 부분으로부터 하나의 발신기까지의 수평거리 30[m] 이하가 되도록 할 것
④ 발신기의 위치표시등은 함의 상부에 설치하되, 그 불빛은 부착면으로부터 15° 이상의 범위 안에서 부착지점으로부터 15[m] 이내의 어느 곳에서 쉽게 식별할 수 있는 적색등으로 할 것

129 **자계 내에 있는 가동코일에 전류가 흘러 진동판(Cone)을 움직이게 하여 음이 발생되도록 한 구조인 확성기(Speaker)는?**

① 다이나믹(Dynamic) 확성기 ② 마그네틱(Magnetic) 확성기
③ 크리스탈(Crystal) 확성기 ④ 콘덴서(Condenser) 확성기

정답 : 125. ③ 126. ③ 127. ③ 128. ② 129. ①

130 다음 경보설비에 사용되는 용어 설명 중 틀린 것은?

① 확성기란 소리를 크게 하여 멀리까지 전달하는 장치이며 스피커라고도 한다.
② 음량조절기는 가변 저항을 이용하여 음량을 조절하는 장치를 말한다.
③ 증폭기란 전압전류의 주파수를 늘려 감도를 좋게 하고 소리를 크게 하는 장치를 말한다.
④ 비상벨설비란 화재발생상황을 경종으로 경보하는 설비를 말한다.

진폭을 늘려서 소리를 크게 함

131 비상방송설비의 특징에 대한 설명으로 옳지 않은 것은?

① 업무용 방송설비와는 겸용하여서는 아니 된다.
② 화재의 양상에 따라 필요한 층을 임의로 선택하여 화재를 알릴 수 있다.
③ 확성기의 음성입력은 실외에 설치할 경우 3[W] 이상이어야 한다.
④ 음량조정기의 배선은 3선식으로 한다.

3선식배선

132 비상방송설비의 배선을 직류 250[V] 절연저항측정기를 사용하여 절연저항을 측정할 때 대지전압이 150[V] 이하인 경우에는 몇 [MΩ] 이상이어야 하는가?

① 0.1[MΩ]　　② 0.2[MΩ]
③ 1[MΩ]　　④ 2[MΩ]

2.2 배선

2.2.1 비상방송설비의 배선은 「전기사업법」 제67조에 따른 「전기설비기술기준」에서 정한 것 외에 다음의 기준에 따라 설치해야 한다.

2.2.1.1 화재로 인하여 하나의 층의 확성기 또는 배선이 단락 또는 단선되어도 다른 층의 화재 통보에 지장이 없도록 할 것

2.2.1.2 전원회로의 배선은 「옥내소화전설비의 화재안전기술기준(NFTC 102)」 2.7.2의 표 2.7.2(1)에 따른 내화배선에 따르고, 그 밖의 배선은 「옥내소화전설비의 화재안전기술기준(NFTC 102)」 2.7.2의 표 2.7.2(1) 또는 표 2.7.2(2)에 따른 내화배선 또는 내열배선에 따를 것

2.2.1.3 전원회로의 전로와 대지 사이 및 배선상호간의 절연저항은 「전기사업법」 제67조에 따른 「전기설비기술기준」이 정하는 바에 따르고, 부속회로의 전로와 대지 사이 및 배선 상호 간의 절연저항은 1경계구역마다 직류 250V의 절연저항측정기를 사용하여 측정한 절연저항이 0.1MΩ 이상이 되도록 할 것

2.2.1.4 비상방송설비의 배선은 다른 전선과 별도의 관 · 덕트(절연효력이 있는 것으로 구획한 때에는 그 구획된 부분은 별개의 덕트로 본다) 몰드 또는 풀박스 등에 설치할 것. 다만, 60V 미만의 약전류회로에 사용하는 전선으로서 각각의 전압이 같을 때는 그렇지 않다.

정답 : 130. ③　131. ①　132. ①

133 **비상방송설비에 음량조정기를 설치할 경우 음량조정기의 배선방식으로 옳은 것은?**

① 1선식 ② 2선식
③ 3선식 ④ 4선식

134 **지하 4층, 지상 15층의 소방대상물에 비상방송설비를 설치하였다. 지하 3층에서 발화한 경우 우선적으로 경보를 하여야 할 층은?**

① 지하 2 · 3층 ② 지하 1 · 2 · 3층
③ 지하 1 · 2 · 3 · 4층 ④ 지하 1 · 2 · 3 · 4층, 지상 1층

135 **비상방송설비에서 전자음향장치에 사용하고 있는 주파수 범위는?**

① 400~1,000[Hz] ② 40~1,000[Hz]
③ 16~20,000[Hz] ④ 160~10,000[Hz]

136 **누전경보기의 기능점검에서 조작전원이 전용회로인지의 여부를 확인하는 방법으로 가장 좋은 방법은?**

① 전압계와 전류계를 이용하여 확인한다.
② 누전경보기의 조작전원회로를 “폐(閉)” 상태로 하여 다른 부하에 이상이 나타나는지를 확인한다.
③ 누전경보기의 조작전원회로를 “개(開)” 상태로 하여 다른 부하에 이상이 나타나는지를 확인한다.
④ 누전경보기의 시험동작으로 확인한다.

137 **경보설비용 수신기의 회로전압이 직류 24[V]인 것의 예비전원(직류전원)은 최소 몇 [V] 이상을 유지하여 기능에 이상이 없어야 하는가?**

① 17.4[V] ② 19.2[V]
③ 21.6[V] ④ 22.8[V]

138 **누전경보기에서 오보가 발생하는 경우로 볼 수 없는 것은?**

① 검출 누설전류 설정치가 적당하지 않은 경우
② 결선방법이 잘못된 경우
③ 절연불량이 있는 경우
④ 퓨즈가 끊어진 경우

정답 : 133. ③ 134. ③ 135. ① 136. ③ 137. ② 138. ④

139 누전경보기의 온도보정용 서미스터에 관한 특성으로 옳은 것은?

① 온도가 상승하면 전기저항이 온도의 제곱에 비례해서 증가한다.
② 온도가 상승하면 전기저항이 감소한다.
③ 온도가 상승하면 전기저항은 온도의 세제곱에 비례하여 증가한다.
④ 온도가 상승하면 전기저항이 비례적으로 증가하다.

 반도체 중 서미스터 : 온도상승시 저항이 감소

140 누전경보기의 구조 및 기능에 관한 설명으로 옳은 것은?

① 예비전원을 설치할 경우에는 단락사고 등으로부터 보호하기 위한 단로기 설치
② 전원개폐스위치나 경보농도조정부 등을 노출되게 설치
③ 전원공급의 상태를 쉽게 확인할 수 있는 변류기 설치
④ 정격전압이 60[V]를 초과하는 금속제 외함에는 접지단자 설치

 **[누전경보기의 형식승인 및 제품검사 기술기준]**

제3조(구조 및 기능) 누전경보기의 구조 및 기능은 다음 각 호에 적합하여야 한다.

1. 작동이 확실하고, 취급 · 점검이 쉬워야 하며, 현저한 잡음이나 장해전파를 발하지 아니하여야 한다. 또한 먼지, 습기, 곤충 등에 의하여 기능에 영향을 받지 아니하여야 한다.
2. 보수 및 부속품의 교체가 쉬워야 한다. 다만, 방수형 및 방폭형은 그러하지 아니하다.
3. 부식에 의하여 기계적기능에 영향을 초래할 우려가 있는 부분은 칠, 도금 등으로 유효하게 내식가공을 하거나 방청가공을 하여야 하며, 전기적기능에 영향이 있는 단자, 나사 및 와셔 등은 동합금이나 이와 동등 이상의 내식성능이 있는 재질을 사용하여야 한다.
4. 외함은 불연성 또는 난연성 재질로 만들어져야 하며 다음과 같아야 한다.
   가. 외함은 다음에 기재된 두께 이상이어야 한다.
      (1) 누전경보기의 외함은 1.0㎜ 이상
      (2) 직접 벽면에 접하여 벽속에 매립되는 외함의 부분은 1.6㎜ 이상
   나. 외함(누전화재표시창, 지구창, 조작부수납용뚜껑, 스위치의 손잡이, 발광다이오드, 지시전기계기, 각종 표시명판 등은 제외한다)에 합성수지를 사용하는 경우에는 (80±2)℃의 온도에서 열로 인한 변형이 생기지 아니하여야 하며 자기소화성이 있는 재료이어야 한다. <개정 2011.7.13>
5. 기기내의 배선은 충분한 전류용량을 갖는 것으로 하여야 하며, 배선의 접속이 정확하고 확실하여야 한다.
6. 극성이 있는 경우에는 오접속을 방지하기 위하여 필요한 조치를 하여야 한다.
7. 부품의 부착은 기능에 이상을 일으키지 아니하고 쉽게 풀리지 아니하도록 하여야 한다.
8. 전선 이외의 전류가 흐르는 부분과 가동축 부분의 접촉력이 충분하지 아니한 곳에는 접촉부의 접촉불량을 방지하기 위한 적당한 조치를 하여야 한다.
9. 외부에서 쉽게 사람이 접촉할 우려가 있는 충전부는 충분히 보호되어야 한다.
10. 정격전압이 60V를 넘는 기구의 금속제 외함에는 접지단자를 설치하여야 한다.
11. 내부의 부품 등에서 발생되는 열에 의하여 구조 및 기능에 이상이 생길 우려가 있는 것은 방열판 또는 방열공 등에 의하여 보호조치를 하여야 한다. 다만, 방수형 또는 방폭형의 것은 방열공을 설치하지 아니할 수 있다.
12. 방폭형누전경보기는 다음 각 목의 1에서 정하는 방폭구조에 적합하여야 한다.

 **정답 : 139. ② 140. ④**

가. 한국산업규격
나. 가스관계법령(고압가스안전관리법, 액화석유가스의 안전 및 사업관리법, 도시가스사업법)에 의하여 정하는 규격
다. 산업안전보건법령에 의하여 정하는 규격

13. 누전경보기의 단자외의 부분은 견고한 상자에 넣어야 한다.
14. 누전경보기의 단자는 전선(접지선을 포함한다)을 쉽게 확실하게 접속할 수 있는 것이어야 한다.
15. 누전경보기의 단자(접지단자 및 배전반 등에 부착하는 매립용의 단자는 제외한다)에는 적당한 보호장치를 하여야 한다.

141 누전경보기의 형식승인 및 제품검사 기술기준 상 내장하는 음향장치에 대한 설명으로 틀린 것은?

① 사용전압의 80%인 전압에서 소리를 내어야 한다.
② 사용전압에서의 음압은 무향실내에서 정위치에 부착된 음향장치의 중심으로부터 1m 떨어진 지점에서 누전경보기는 70dB이상이어야 한다
③ 고장표시장치용 등의 음압은 60dB이상이어야 한다.
④ 사용전압으로 8시간 연속하여 울리게 하는 시험, 또는 정격전압에서 3분 20초동안 울리고 6분 40초동안 정지하는 작동을 반복하여 통산한 울림시간이 48시간이 되도록 시험하는 경우 그 구조 또는 기능에 이상이 생기지 아니하여야 한다.

경보기구에 내장하는 음향장치
가. 사용전압의 80%인 전압에서 소리를 내어야 한다.
나. 사용전압에서의 음압은 무향실내에서 정위치에 부착된 음향장치의 중심으로부터 1m 떨어진 지점에서 누전경보기는 70dB이상이어야 한다. 다만, 고장표시장치용 등의 음압은 60dB이상이어야 한다.
다. 사용전압으로 8시간 연속하여 울리게 하는 시험, 또는 정격전압에서 3분 20초동안 울리고 6분 40초동안 정지하는 작동을 반복하여 통산한 울림시간이 20시간이 되도록 시험하는 경우 그 구조 또는 기능에 이상이 생기지 아니하여야 한다.

142 누전경보기의 수신기를 설치하여도 되는 장소는?

① 화약류를 저장하는 장소
② 대전류회로에 의한 영향을 받을 우려가 있는 장소
③ 온도가 높은 장소
④ 먼지가 다량으로 체류하는 장소

누전경보기의 수신부는 다음의 장소 이외의 장소에 설치해야 한다. 다만, 해당 누전경보기에 대하여 방폭 · 방식 · 방습 · 방온 · 방진 및 정전기 차폐 등의 방호조치를 한 것은 그렇지 않다.

1. 가연성의 증기 · 먼지 · 가스 등이나 부식성의 증기 · 가스 등이 다량으로 체류하는 장소
2. 화약류를 제조하거나 저장 또는 취급하는 장소
3. 습도가 높은 장소
4. 온도의 변화가 급격한 장소
5. 대전류회로 · 고주파 발생회로 등에 따른 영향을 받을 우려가 있는 장소

정답 : 141. ④ 142. ③

143 **누전경보기의 시험용 스위치를 동작시킬 때 누전경보기가 동작하지 않았다. 원인으로 볼 수 없는 것은?**

① 변류기 2차측 절연저항이 0.2[MΩ] 이상이다.
② 수신기 내부가 고장이다.
③ 표시등 또는 부저회로의 배선이 단선되어 있다.
④ 퓨즈가 끊어져 있다.

144 **누전경보기용 검출기로 영상변류기를 사용하는데 그 이유는?**

① 각 상에 흐르는 전류의 총합은 0이기 때문에
② 누전이 생기는 경우 영상변류기에 전류가 흐르지 않기 때문에
③ 지락발생시 변류기에 전류가 발생되지 않으므로
④ 경계전로에 부하가 평형되었을 때 기전력이 발생되게 됨으로

145 **누전경보기는 몇 [V] 이하의 경계전로에 부착되는가?**

① 900[V] ② 800[V]
③ 700[V] ④ 600[V]

146 **누전경보기의 변류기는 특정소방대상물의 형태, 인입선의 시설방법 등에 따라 어디에 설치하는가?**

① 옥외 인입선의 제1지점의 전원측 또는 제1종 접지선측의 점검이 쉬운 위치에 설치
② 옥외 인입선의 제1지점의 부하측 또는 제1종 접지선측의 점검이 쉬운 위치에 설치
③ 옥외 인입선의 제1지점의 전원측 또는 제2종 접지선측의 점검이 쉬운 위치에 설치
④ 옥외 인입선의 제1지점의 부하측 또는 제2종 접지선측의 점검이 쉬운 위치에 설치

누전경보기는 다음의 방법에 따라 설치하여야 한다.
1. 경계전로의 정격전류가 60A를 초과하는 전로에 있어서는 1급 누전경보기를, 60A 이하의 전로에 있어서는 1급 또는 2급 누전경보기를 설치할 것. 다만, 정격전류가 60A를 초과하는 경계전로가 분기되어 각 분기회로의 정격전류가 60A 이하로 되는 경우 당해 분기회로마다 2급 누전경보기를 설치한 때에는 당해 경계전로에 1급 누전경보기를 설치한 것으로 본다.
2. 변류기는 특정소방대상물의 형태, 인입선의 시설방법 등에 따라 옥외 인입선의 제1지점의 부하측 또는 제2종 접지선측의 점검이 쉬운 위치에 설치할 것. 다만, 인입선의 형태 또는 특정소방대상물의 구조상 부득이한 경우에는 인입구에 근접한 옥내에 설치할 수 있다.
3. 변류기를 옥외의 전로에 설치하는 경우에는 옥외형으로 설치할 것

147 **변류기가 1개일 경우 누전경보기의 주요 구성요소는?**

① 변류기, 수신기, 전원장치, 증폭기 ② 변류기, 수신기, 음향장치, 차단기구
③ 수신기, 감지기, 전원장치, 변류기 ④ 변류기, 증폭기, 차단장치, 수신기

정답 : 143. ① 144. ① 145. ④ 146. ④ 147. ②

148 **누전경보기가 경보를 발하는 경우는?**

① 전로가 과부하인 경우
② 전로가 지락이 된 경우
③ 전로가 단락이 된 경우
④ 전로가 다른 전로로부터 음파장해를 받는 경우

누전이 되는 경우 [지락시 누전됨]

149 **누전경보기의 전원에 배선용차단기를 설치할 때 그 용량은 몇 [A] 이하의 것으로 설치하여야 하는가?**

① 10[A] ② 20[A]
③ 30[A] ④ 50[A]

과전류차단기 : 15A, 배선용차단기 : 20A

150 **소방대상물에서 계약전류용량이 몇 [A]를 초과하는 경우 누전경보기의 설치 대상이 되는가?**

① 10[A] ② 30[A]
③ 50[A] ④ 100[A]

[누전경보기 설치 대상]
누전경보기는 계약전류용량(같은 건축물에 계약 종류가 다른 전기가 공급되는 경우에는 그 중 최대계약전류용량을 말한다)이 100암페어를 초과하는 특정소방대상물(내화구조가 아닌 건축물로서 벽·바닥 또는 반자의 전부나 일부를 불연재료 또는 준불연재료가 아닌 재료에 철망을 넣어 만든 것만 해당한다)에 설치하여야 한다. 다만, 위험물 저장 및 처리 시설 중 가스시설, 지하가 중 터널 또는 지하구의 경우에는 그렇지 않다.

151 **누전경보기에 사용하는 영상변류기를 분류할 때 바르지 않은 것은?**

① 정격전류에 따라 1급과 2급으로 나뉜다.
② 구조에 따라 옥내형과 옥외형으로 나뉜다.
③ 구성에 따라 관통형과 분할형으로 나뉜다.
④ 수신기와의 호환성 여부에 따라 호환성형과 비호환성형으로 나뉜다.

정격전류에 따른 1급과 2급의 구분은 수신부에 해당

정답 : 148. ② 149. ② 150. ④ 151. ①

152 **누전경보기의 전원은 분전반으로부터 전용회로로 하고 각 극을 개폐할 수 있는 몇 [A] 이하의 배선용 차단기를 설치하여야 하는가?**

① 10[A] ② 15[A]
③ 20[A] ④ 30[A]

153 **1급 누전경보기만을 설치해야 하는 전로는 경계전로의 정격전류가 몇 [A]를 초과하는 전로인가?**

① 30[A] ② 50[A]
③ 60[A] ④ 90[A]

154 **누전경보기에 사용되는 변압기의 정격 1차전압은 몇 [V] 이하로 하여야 하는가?**

① 100[V] ② 150[V]
③ 200[V] ④ 300[V]

해설 변압기 정격 1차전압 : 300V

155 **누전경보기의 검출시험방법을 설명한 것이다. 가장 적합한 시험방법은?**

① 시험용 조작스위치를 돌려서 실시한다.
② 부하전류를 변류기에 흘려서 실시한다.
③ 누설전류를 변류기에 흘려서 실시한다.
④ 공칭값의 전류를 음향장치에 흘려서 실시한다.

156 **누전경보기의 경계전로에서 전압강하의 최대치는 몇 [V] 이하이어야 하는가?**

① 0.1[V] ② 0.3[V]
③ 0.5[V] ④ 1.0[V]

해설 [누전경보기의 형식승인 및 제품검사 기술기준]
제22조(전압강하방지시험) 변류기(경계전로의 전선을 그 변류기에 관통시키는 것은 제외한다)는 경계전로에 정격전류를 흘리는 경우, 그 경계전로의 전압강하는 0.5V 이하이어야 한다.

157 **누전경보기의 변류기는 직류 500[V]의 절연저항계로 절연된 1차권선과 2차권선간의 시험을 하는 경우 몇 [MΩ] 이상이어야 하는가?**

① 1[MΩ] ② 3[MΩ]
③ 5[MΩ] ④ 10[MΩ]

정답 : 152. ③ 153. ③ 154. ④ 155. ③ 156. ③ 157. ③

[누전경보기의 형식승인 및 제품검사 기술기준]
제19조(절연저항시험) 변류기는 DC 500V의 절연저항계로 다음 각 호에 의한 시험을 하는 경우 5MΩ 이상이어야 한다.
1. 절연된 1차권선과 2차권선간의 절연저항
2. 절연된 1차권선과 외부금속부간의 절연저항
3. 절연된 2차권선과 외부금속부간의 절연저항

158 **누전경보기에서 감도조정장치의 조정범위는 최대 몇 [mA] 이하이어야 하는가?**

① 200[mA] ② 500[mA]
③ 1,000[mA] ④ 2,000[mA]

제8조(감도조정장치) 감도조정장치를 갖는 누전경보기에 있어서 감도조정장치의 조정범위는 최대치가 1A이어야 한다.

159 **누전경보기의 공칭 작동 전류값은 몇 [mA] 이하이어야 하는가?**

① 200[mA] ② 300[mA]
③ 500[mA] ④ 800[mA]

제7조(공칭작동전류치)
① 누전경보기의 공칭작동전류치(누전경보기를 작동시키기 위하여 필요한 누설전류의 값으로서 제조자에 의하여 표시된 값을 말한다. 이하 같다)는 200mA 이하이어야 한다.
② 제1항의 규정은 감도조정장치를 가지고 있는 누전경보기에 있어서도 그 조정범위의 최소치에 대하여 이를 적용한다.

160 **누전경보기에 관한 내용 중 옳지 않은 것은?**

① 집합형 누전경보기는 2개의 경계전로에서 누설전류가 동시에 발생하는 경우 이상이 없어야 한다.
② 감도조정장치를 제외하고 감도조정부는 외함의 바깥쪽에 노출되지 않아야 한다.
③ 음향장치의 음압은 음향장치의 중심으로부터 1[m] 떨어진 곳에서 60[dB] 이상이어야 한다. (단, 고장표시장치는 제외)
④ 경보기구에 내장하는 음향장치는 사용전압 80[%]인 전압에서 동작하여야 한다.

[누전경보기구에 내장하는 음향장치]
㉠ 사용전압의 80%인 전압에서 소리를 내어야 한다.
㉡ 사용전압에서의 음압은 무향실내에서 정위치에 부착된 음향장치의 중심으로부터 1m 떨어진 지점에서 누전경보기는 70dB 이상이어야 한다. 다만, 고장표시장치용 등의 음압은 60dB 이상이어야 한다.
㉢ 사용전압으로 8시간 연속하여 울리게 하는 시험, 또는 정격전압에서 3분20초 동안 울리고 6분40초 동안 정지하는 작동을 반복하여 통산한 울림시간이 20시간이 되도록 시험하는 경우 그 구조 또는 기능에 이상이 생기지 아니하여야 한다.

정답 : 158. ③ 159. ① 160. ③

161 **집합형 누전경보기의 수신부란 무엇을 의미하는가?**

① 1개 이상의 변류기를 사용하는 수신부 ② 2개 이상의 변류기를 사용하는 수신부
③ 3개 이상의 변류기를 사용하는 수신부 ④ 4개 이상의 변류기를 사용하는 수신부

162 **누전경보기의 수신부의 구조에 대한 설명으로 틀린 것은?**

① 1급 및 2급 누전경보기의 수신부는 전원을 표시하는 장치를 설치하여야 한다.
② 감도조정장치를 제외하고 감도조정부는 외함의 바깥쪽에 노출되지 아니하여야 한다.
③ 주전원의 양극을 동시에 개폐할 수 있는 전원스위치를 설치하여야 한다. 다만, 보수시에 전원 공급이 자동적으로 중단되는 방식은 그러하지 아니하다.
④ 전원입력 및 외부부하에 직접 전원을 송출하도록 구성된 회로에는 퓨즈 또는 브레이커 등을 설치하여야 한다

전원을 표시하는 장치를 설치하여야 한다. 다만, 2급에서는 그러하지 아니하다.

163 **누전경보기의 전원에 대한 설명으로 옳은 것은?**

① 전원은 분전반으로부터 전용회로로 하고, 각극에 개폐기 및 15[A] 이하의 과전류차단기를 설치한다.
② 전원은 분전반으로부터 전용회로로 하고, 각극에 개폐기 및 20[A] 이상의 과전류차단기를 설치한다.
③ 전원은 동력펌프설비와 공용하여 사용하고, 과전류차단기의 용량은 10[A] 이하로 설치한다.
④ 전원은 동력펌프설비와 공용하여 사용하고, 과전류차단기의 용량은 30[A] 이상으로 설치한다.

164 **누전경보기의 설치방법으로 옳지 않은 것은?**

① 경계전로의 정격전류가 60[A]를 초과하는 전로에 있어서는 1급을 설치한다.
② 경계전로의 정격전류가 60[A] 이하의 전로에 있어서는 1급 또는 2급을 설치한다.
③ 정격전류가 60[A]를 초과하는 경계전로에서 분기되어 각 분기회로의 정격전류가 60[A] 이하로 되는 경우에는 각 분기회로마다 2급을 설치해도 해당 경계전로에 1급을 설치한 것으로 본다.
④ 변류기는 소방대상물의 형태, 인입선의 시설방법 등에 따라 옥외인입선의 제1지점의 부하측 또는 제1종 접지선측에 설치한다.

변류기는 특정소방대상물의 형태, 인입선의 시설방법 등에 따라 옥외 인입선의 제1지점의 부하측 또는 제2종 접지선측의 점검이 쉬운 위치에 설치할 것. 다만, 인입선의 형태 또는 특정소방대상물의 구조상 부득이한 경우에는 인입구에 근접한 옥내에 설치할 수 있다.

정답 : 161. ② 162. ① 163. ① 164. ④

165 **누전경보기는 크게 2가지로 구성되어 있다. 이 구성요소로 맞는 것은?**

① 수신부와 검출부　② 수신부와 차단부
③ 변류기와 수신부　④ 변류기와 충전부

해설 변류기와 수신부

166 **누전경보기의 수신부의 설치 제외 장소로서 틀린 것은?**

① 화약류 제조 · 저장 · 취급 장소
② 습도가 높은 장소
③ 온도의 변화가 급격한 장소
④ 고전압회로 등에 따른 영향을 받을 우려가 있는 장소

해설 [가 화 습 온 대]

167 **누전경보기에서 변류기의 설치위치로 옳은 것은?**

① 옥외인입선의 제1지점의 부하측에 설치
② 제1종 접지선측의 점검이 쉬운 위치에 설치
③ 옥내인입선의 제1지점의 부하측에 설치
④ 제3종 접지선측의 점검이 쉬운 위치에 설치

168 **경계전로의 정격전류가 60[A]를 초과하는 전로에 설치하는 누전경보기의 종류로 옳은 것은?**

① 1급 누전경보기　② 2급 누전경보기
③ 3급 누전경보기　④ 4급 누전경보기

169 **누전경보기에서 경계전로의 누설전류를 검출하는 것은?**

① 차단기　② 수신기
③ 변류기　④ 경보장치

170 **가스누설경보기에서 주음향장치용의 사용전압에서의 음압은 공업용인 경우 몇 [dB] 이상이 되어야 하는가?**

① 50[dB]　② 60[dB]
③ 70[dB]　④ 90[dB]

정답 : 165. ③　166. ④　167. ①　168. ①　169. ③　170. ④

[가스누설경보기의 형식승인 및 제품검사 기술기준]

[음향장치(가스누설경보기에 지구경보부를 설치하는 것은 이를 포함한다)]

가. 사용전압의 80%인 전압에서 음향을 발하여야 한다.

나. 사용전압에서의 음압은 무향실내에서 정위치에 부착된 음향장치의 중심으로부터 1m 떨어진 지점에서 주음향장치용의 것은 90dB(단, 단독형 및 분리형중 영업용인 경우에는 70dB) 이상이어야 한다. 다만, 고장표시용 등의 음압은 60dB 이상이어야 한다.

다. 사용전압으로 8시간 연속하여 울리게 하는 시험 또는 정격전압에서 3분20초 동안 울리고 6분40초 동안 정지하는 작동을 반복하여 통산한 울림 시간이 20시간이 되도록 시험하는 경우 그 구조 또는 기능에 이상이 생기지 아니하여야 한다.

라. 충전부와 비충전부 사이의 절연내력은 60Hz의 정현파에 가까운 실효전압 500V(정격전압이 60V를 초과하고 150V 이하인 것은 1kV, 정격전압이 150V를 초과하는 것은 그 정격전압에 2를 곱하여 1kV를 더한 값)의 교류전압을 가하는 시험에서 1분간 견디는 것이어야 한다.

마. 충전부와 비충전부 사이의 절연저항은 DC 500V의 절연저항계로 측정하는 경우 20MΩ 이상이어야 한다.

[변압기]

가. 변압기는 KS C 6308(전자기기용 소형전원변압기) 또는 이와 동등이상의 성능이 있는 것이어야 한다.

나. 정격 1차전압은 300V 이하로 하고, 분리형 가스누설경보기 중 공업용의 변압기 외함에는 접지단자를 설치하여야 한다.

다. 용량은 최대사용전류에 연속하여 견딜 수 있는 크기 이상이어야 한다.

171 가스누설경보기의 누설등 및 지구등의 점등색으로 옳은 것은?

① 누설등 : 황색, 지구등 : 적색
② 누설등 : 황색, 지구등 : 황색
③ 누설등 : 적색, 지구등 : 황색
④ 누설등 : 적색, 지구등 : 적색

[표시등]

가. 전구는 사용전압의 130%인 교류전압을 20시간 연속하여 가하는 경우 단선, 현저한 광속변화, 흑화, 전류의 저하 등이 발생하지 아니하여야 한다.

나. 소켓은 접촉이 확실하여야 하며 쉽게 전구를 교체할 수 있도록 부착하여야 한다.

다. 전구는 2개 이상을 병렬로 접속하여야 한다. 다만, 방전등 또는 발광다이오드의 경우에는 그러하지 아니하다.

라. 전구에는 적당한 보호카바를 설치하여야 한다. 다만, 발광다이오드의 경우에는 그러하지 아니하다.

마. 가스의 누설을 표시하는 표시등(이하 이 기준에서 "누설등"이라 한다) 및 가스가 누설된 경계구역의 위치를 표시하는 표시등(이하 이 기준에서 "지구등"이라 한다)은 등이 켜질 때 황색으로 표시되어야 한다. 다만, 누설등을 설치한 수신부의 지구등 및 수신기와 병용하지 아니하는 지구등은 그러하지 아니하다.

바. 주위의 밝기가 300lx인 장소에서 측정하여 앞면으로부터 3m 떨어진 곳에서 켜진등이 확실히 식별되어야 한다.

정답 : 171. ②

172 가스누설경보기의 탐지부를 옳게 설명한 것은?

① 가스누설을 검지하여 중계기 또는 수신부에 가스누설의 신호를 발신하는 부분
② 가스누설신호를 수신하고 이를 관계자에서 음량으로 경보하여 주는 부분
③ 탐지기의 수신부로부터 발하여진 신호를 받아 경보음을 발하는 부분
④ 탐지기에 연결하여 사용되는 환풍기 또는 지구경보부등에 작동 신호원을 공급시켜 주는 부분

[가스누설경보기의 종류 및 구성]
(1) 종류
① 단독형 : 가정용(1회로용)
② 분리형 : 공업용(多회로용), 영업용(1회로용)
(2) 구성 기기
① 탐지부(가스검지기) : 가스탐지 방식에 따라 반도체식, 접촉연소식, 기체열전도식으로 나뉜다.
② 경보부
㉠ 수신기 : G형, GP형, GR형 수신기
㉡ 경보 및 표시장치 : 가스누설표시등, 가스누설지구표시등, 음성경보장치, 가스누설경보등, 화재표시등 ⇒ 가스누설표시등 및 가스누설지구표시등은 황색, 화재표시등은 적색

173 가연성가스경보기의 분리형경보기의 수신부 설치기준으로 틀린 것은?

① 가스연소기 주위의 경보기의 상태 확인 및 유지관리에 용이한 위치에 설치할 것
② 가스누설 경보음향의 음량과 음색이 다른 기기의 소음 등과 명확히 구별될 것
③ 가스누설 경보음향의 크기는 수신부로부터 1m 떨어진 위치에서 음압이 85dB 이상일 것
④ 수신부의 조작 스위치는 바닥으로부터의 높이가 0.8m 이상 1.5m 이하인 장소에 설치할 것

70dB이상

174 가스누설경보기의 절연된 충전부와 외함간의 절연저항은 직류 500[V]의 절연저항계로 측정한 값이 몇 [MΩ] 이상이어야 하는가?

① 1[MΩ] ② 3[MΩ]
③ 5[MΩ] ④ 10[MΩ]

[가스누설경보기의 형식승인 및 제품검사의 기술기준]
제27조(절연저항시험)
① 경보기의 절연된 충전부와 외함간의 절연저항은 DC 500V의 절연저항계로 측정한 값이 5MΩ(교류입력측과 외함간에는 20MΩ) 이상이어야 한다. 다만, 회선수가 10 이상인 것 또는 접속되는 중계기가 10 이상인 것은 교류입력측과 외함간을 제외하고는 1회선당 50MΩ 이상이어야 한다.
② 절연된 선로간의 절연저항은 DC 500V의 절연저항계로 측정한 값이 20MΩ 이상이어야 한다.

정답 : 172. ① 173. ③ 174. ③

175 가스누설경보기의 설치제외 장소에 해당하지 않는 것은?

① 출입구 부근 등으로서 외부의 기류가 통하는 곳
② 환기구 등 공기가 들어오는 곳으로부터 1.2m 이내인 곳
③ 연소기의 폐가스에 접촉하기 쉬운 곳
④ 가구 · 보 · 설비 등에 가려져 누설가스의 유통이 원활하지 못한 곳

해설 환기구 등 공기가 들어오는 곳으로부터 1.5m 이내인 곳
[참고] ⑤ 수증기 또는 기름 섞인 연기 등이 직접 접촉될 우려가 있는 곳

176 가스누설경보기의 음향장치는 사용전압의 최소 몇 [%]인 전압에서 음향을 발하여야 하는가?

① 75[%] ② 80[%]
③ 85[%] ④ 90[%]

해설 170번 해설 참조

177 가스누설경보기를 용도에 따라 분류할 때 단독형은 어떤 용도로 사용되는가?

① 가정용 ② 영업용
③ 공업용 ④ 산업용

178 가스누설경보기의 주위온도시험에서 분리형경보기의 수신부는 주위온도가 섭씨 몇 도 이상 몇 도 이하에서 기능에 이상이 생기지 아니하여야 하는가?

① 10℃ 이상 30℃ 이하
② 10℃ 이상 40℃ 이하
③ 0℃ 이상 40℃ 이하
④ 0℃ 이상 50℃ 이하

해설 제13조(주위온도시험) 분리형경보기의 수신부는 주위온도가 0℃ 이상 40℃ 이하에서 기능에 이상이 생기지 아니하여야 한다.

179 가스누설경보기의 수신기가 아닌 것은?

① G형 수신기 ② GP형 수신기
③ GR형 수신기 ④ GM형 수신기

정답 : 175. ② 176. ② 177. ① 178. ③ 179. ④

180 **유도등의 종류별 정의에 대한 다음 설명중 틀린 것은?**

① "유도등"이란 화재시에 긴급대피를 안내하기 위하여 사용되는 등으로서 정상상태에서는 소등상태이다가 상용전원이 정전되는 경우 또는 화재신호에 의해 점등되는 등을 말한다.
② "복도통로유도등"이란 피난통로가 되는 복도에 설치하는 통로유도등으로서 피난구의 방향을 명시하는 것을 말한다.
③ "거실통로유도등"이란 집무, 작업, 집회, 오락 그 밖에 이와 유사한 목적을 위하여 계속적으로 사용하는 거실, 주차장등 개방된 복도에 설치하는 유도등으로 피난의 방향을 명시하는 것을 말한다.
④ "객석유도등"이란 객석의 통로, 바닥 또는 벽에 설치하는 유도등을 말한다.

해설 "유도등"이란 화재시에 긴급대피를 안내하기 위하여 사용되는 등으로서 정상상태에서는 상용전원에 의하여 켜지고, 상용전원이 정전되는 경우에는 비상전원으로 자동전환되어 켜지는 등을 말한다.

181 **다음 중 소방대상물과 유도등의 종류가 맞지 않는 것은?**

① 운동시설 - 객석유도등
② 위락시설 - 통로유도등
③ 호텔 - 통로유도등
④ 교육연구시설 - 객석유도등

해설

설치장소	유도등 및 유도표지의 종류
1. 공연장·집회장(종교집회장 포함)·관람장·운동시설	•대형피난구유도등 •통로유도등 •객석유도등
2. 유흥주점영업시설(「식품위생법 시행령」 제21조 제8호라목의 유흥주점영업 중 손님이 춤을 출 수 있는 무대가 설치된 카바레, 나이트클럽 또는 그 밖에 이와 비슷한 영업시설만 해당한다)	
3. 위락시설·판매시설·운수시설·「관광진흥법」 제3조제1항제2호에 따른 관광숙박업·의료시설·장례식장·방송통신시설·전시장·지하상가·지하철역사	•대형피난구유도등 •통로유도등
4. 숙박시설(제3호의 관광숙박업 외의 것을 말한다)·오피스텔	•중형피난구유도등 •통로유도등
5. 제1호부터 제3호까지 외의 건축물로서 지하층·무창층 또는 층수가 11층 이상인 특정소방대상물	
6. 제1호부터 제5호까지 외의 건축물로서 근린생활시설·노유자시설·업무시설·발전시설·종교시설(집회장 용도로 사용하는 부분 제외)·교육연구시설·수련시설·공장·교정 및 군사시설(국방·군사시설 제외)·자동차정비공장·운전학원 및 정비학원·다중이용업소·복합건축물	•소형피난구유도등 •통로유도등
7. 그 밖의 것	•피난구유도표지 •통로유도표지

[비고] 1. 소방서장은 특정소방대상물의 위치·구조 및 설비의 상황을 판단하여 대형피난구유도등을 설치해야 할 장소에 중형피난구유도등 또는 소형피난구유도등을, 중형피난구유도등을 설치하야 할 장소에 소형피난구유도등을 설치하게 할 수 있다.
2. 복합건축물의 경우, 주택의 세대 내에는 유도등을 설치하지 않을 수 있다.

정답 : 180. ①   181. ④

182 피난구유도등의 설치기준으로 옳지 않은 것은?

① 옥내로부터 직접 지상으로 통하는 출입구에 설치
② 피난구의 바닥으로부터 1.5[m] 이상의 높이에 설치
③ 피난구로부터 최대 25[m]거리에서 문자 및 색채를 식별할 수 있도록 설치
④ 직통계단 또는 직통계단의 계단실 및 그 부속실의 출입구에 설치

2.2.1 피난구유도등은 다음의 장소에 설치해야 한다.
2.2.1.1 옥내로부터 직접 지상으로 통하는 출입구 및 그 부속실의 출입구
2.2.1.2 직통계단·직통계단의 계단실 및 그 부속실의 출입구
2.2.1.3 2.2.1.1과 2.2.1.2에 따른 출입구에 이르는 복도 또는 통로로 통하는 출입구
2.2.1.4 안전구획된 거실로 통하는 출입구

2.2.2 피난구유도등은 피난구의 바닥으로부터 높이 1.5 m 이상으로서 출입구에 인접하도록 설치해야 한다.

2.2.3 피난층으로 향하는 피난구의 위치를 안내할 수 있도록 2.2.1.1 또는 2.2.1.2의 출입구 인근 천장에 2.2.1.1 또는 2.2.1.2에 따라 설치된 피난구유도등의 면과 수직이 되도록 피난구유도등을 추가로 설치해야 한다. 다만, 2.2.1.1 또는 2.2.1.2에 따라 설치된 피난구유도등이 입체형인 경우에는 그렇지 않다.

183 유도등의 전원 설치기준에 맞지 않는 것은?

① 배선은 전용이다.
② 비상전원은 축전지로 한다.
③ 점멸기는 3선식일 경우에 설치한다.
④ 인입선과 옥내배선은 따로 연결한다.

2.7 유도등의 전원

2.7.1 유도등의 상용전원은 전기가 정상적으로 공급되는 축전지설비, 전기저장장치(외부 전기에너지를 저장해 두었다가 필요한 때 전기를 공급하는 장치) 또는 교류전압의 옥내 간선으로 하고, 전원까지의 배선은 전용으로 해야 한다.

2.7.2 비상전원은 다음의 기준에 적합하게 설치해야 한다.
2.7.2.1 축전지로 할 것
2.7.2.2 유도등을 20분 이상 유효하게 작동시킬 수 있는 용량으로 할 것. 다만, 다음의 특정소방대상물의 경우에는 그 부분에서 피난층에 이르는 부분의 유도등을 60분 이상 유효하게 작동시킬 수 있는 용량으로 해야 한다.
2.7.2.2.1 지하층을 제외한 층수가 11층 이상의 층
2.7.2.2.2 지하층 또는 무창층으로서 용도가 도매시장 · 소매시장 · 여객자동차터미널 · 지하역사 또는 지하상가

2.7.3 배선은 「전기사업법」 제67조에 따른 「전기설비기술기준」에서 정한 것 외에 다음의 기준에 따라야 한다.
2.7.3.1 유도등의 인입선과 옥내배선은 직접 연결할 것
2.7.3.2 유도등은 전기회로에 점멸기를 설치하지 않고 항상 점등 상태를 유지할 것. 다만, 특정소방대상물 또는 그 부분에 사람이 없거나 다음의 어느 하나에 해당하는 장소로서 3선식 배선에 따라 상시 충전되는 구조인 경우에는 그렇지 않다.
2.7.3.2.1 외부의 빛에 의해 피난구 또는 피난방향을 쉽게 식별할 수 있는 장소

정답 : 182. ③ 183. ④

2.7.3.2.2 공연장, 암실(暗室) 등으로서 어두워야 할 필요가 있는 장소
2.7.3.2.3 특정소방대상물의 관계인 또는 종사원이 주로 사용하는 장소
2.7.3.3 3선식 배선은「옥내소화전설비의 화재안전기술기준(NFTC 102)」2.7.2의 표 2.7.2(1) 또는 표 2.7.2(2)에 따른 내화배선 또는 내열배선으로 할 것

2.7.4 2.7.3.2에 따라 3선식 배선으로 상시 충전되는 유도등의 전기회로에 점멸기를 설치하는 경우에는 다음의 어느 하나에 해당되는 경우에 자동으로 점등되도록 해야 한다.
2.7.4.1 자동화재탐지설비의 감지기 또는 발신기가 작동되는 때
2.7.4.2 비상경보설비의 발신기가 작동되는 때
2.7.4.3 상용전원이 정전되거나 전원선이 단선되는 때
2.7.4.4 방재업무를 통제하는 곳 또는 전기실의 배전반에서 수동으로 점등하는 때
2.7.4.5 자동소화설비가 작동되는 때

184 유도등에 관한 설명으로 틀린 것은?

① 피난구유도등은 피난구의 바닥으로부터 높이 1.5[m] 이상의 곳에 설치하여야 한다.
② 통로유도등의 바탕색은 녹색, 문자 색은 백색이다.
③ 복도통로유도등은 바닥으로부터 높이가 1[m] 이하의 위치에 설치하여야 한다.
④ 피난구유도등의 종류에는 소형, 중형, 대형이 있다.

[표시면의 색상]
- 피난구유도등 : 녹색바탕에 백색문자(녹색등화)
- 통로유도등 : 백색바탕에 녹색문자(백색등화)
- 객석유도등 : 백색바탕에 녹색문자(백색등화)

185 피난구유도등은 피난구의 바닥으로부터 높이 몇 [m] 이상의 곳에 설치하여야 하는가?

① 0.8[m]　　② 1.0[m]
③ 1.5[m]　　④ 1.8[m]

- 피난구유도등 : 바닥으로부터 높이 1.5m 이상
- 복도통로유도등 : 바닥으로부터 높이 1m 이하
- 거실통로유도등 : 바닥으로부터 높이 1.5m 이상[기둥설치시 1.5m 이하 설치가능]
- 계단통로유도등 : 바닥으로부터 높이 1m 이하
- 객석유도등 : 통로, 바닥 또는 벽

186 피난구유도등의 표시색으로 적합한 것은?

① 녹색바탕에 백색문자　　② 녹색바탕에 적색문자
③ 백색바탕에 적색문자　　④ 백색바탕에 녹색문자

정답 : 184. ②　185. ③　186. ①

187 유도등을 설치하는 경우로 잘못된 것은?

① 전원은 교류전압의 옥내간선을 사용하였다.

② 전원은 축전지를 사용하면 안된다.

③ 통로유도등을 계단에 설치할 때에는 피난의 방향을 반드시 표시하여야 한다.

④ 피난구유도등을 옥내로부터 직접 지상으로 통하는 출입구 및 그 부속실의 출입구에 설치하였다.

[유도등의 형식승인 및 제품검사 기술기준]

제9조(피난유도표시 방법 등)

① 유도등의 피난유도표시는 제1호 내지 제4호의 어느 하나 및 제5호에 적합하여야 한다. <개정 2014.5.8>

1. 국제표준화기구(ISO)의 기준에 의한 그림문자를 준용하며, 이때 식별이 용이하도록 비상문·EXIT·FIRE EXIT, 화살표 등을 함께 표시할 수 있다.
2. 비상문 문자로 하며 EXIT 등의 외국어 문자, 화살표를 함께 표시할 수 있다.
3. ISO 기준에 의한 그림문자를 준용한 비상문 그림문자에 비상문 등의 문자 조합으로 표시하며 화살표를 함께 표시할 수 있다.
4. ISO 기준에 의한 그림문자를 준용한 비상문 그림문자에 한국산업표준(KS) 기준의 인체 도안 조합으로 표시하며 비상문·EXIT·FIRE EXIT, 화살표 등을 함께 표시할 수 있다.
5. 피난유도표시의 크기는 다음 각 목에 따른다.
   가. ISO 기준에 의한 그림문자를 준용한 비상문 그림문자는 표시면 짧은 변의 길이(H)를 기준으로 좌우측 폭은 (23/100)H, 상부 폭은 (3/40)H로 표시할 것
   나. 인체 도안 및 화살표는 KS S ISO 3864-3을 적용할 것
   다. 비상문 문자의 가로 길이는 세로 길이에 2배 비율로 할 것

② 유도등의 표시면 색상은 피난구유도등인 경우 녹색바탕에 백색문자로, 통로유도등인 경우는 백색바탕에 녹색문자를 사용하여야 한다.

③ 통로유도등의 표시면에는 제1항의 규정에 의한 그림문자와 함께 피난방향을 지시하는 화살표를 표시하여야 한다. 다만, 표시면 이외의 유도등 전면에 표시면 광원의 점등 및 소등과 연동되는 별도 광원에 의한 피난방향 지시 화살표시가 있는 복도통로유도등 표시면에는 화살표를 표시하지 아니할 수 있다.

④ 피난구 유도등의 피난유도표시는 다음 각 호의 하나에 적합한 구현방식이어야 한다.<신설 2014.5.8>

1. 단일표시형은 대기상태(상용전원이 인가된 경우에 화재신호를 수신하지 않은 상태) 및 비상상태(화재신호를 수신하거나 유도등의 전원이 비상전원으로 전환된 상태)시에는 제9조제1항제1호 내지 제4호의 하나로 구현할 것
2. 동영상표시형은 대기상태 및 비상상태시 모두 동영상으로 구현할 것. 이 경우 대기상태에서는 단일표시형으로 구현 할 수 있을 것
3. 단일·동영상 연계표시형은 대기상태에서 제9조제1항제1호 내지 제4호의 하나로 구현하고 비상상태에서는 동영상으로 구현할 것

⑤ 제4항제2호 및 제3호의 동영상은 다음 각 호에 적합하여야 한다. <신설 2014.5.8>

1. 피난자가 비상문으로 피난하는 형태로 인식되도록 하며, 이 때 식별이 용이하도록 비상문 등의 문자, 화살표를 함께 표시할 수 있다.
2. 1사이클은 3초 이내로 하며, 각 사이클별로 첫 영상은 제9조제1항제1호 내지 제4호의 하나에 의한 피난유도표시를 1초 이상 유지할 것
3. 제2호 1사이클의 첫 영상 이후 구현하는 동영상은 피난유도표시 그림문자를 3장 이상으로 구성할 것

⑥ 패널식 유도등은 대기상태시 상용전원에 의하여 피난유도표지를 구현하는 상태를 유지하여야 한다. <신설 2014.5.8>

정답 : 187. ②

188 **유도등의 외함에 따라 상하면과 양측면의 구멍을 뚫어 놓은 이유는?**

① 외관을 좋게 하기 위하여 ② 내부의 청소시 용이하려고
③ 내구성을 갖게 하기 위하여 ④ 내부 온도상승을 방지하기 위하여

189 **바닥으로부터 높이 1[m] 이하의 위치에 설치하는 것은?**

① 복도통로유도등 ② 피난구유도등
③ 비상콘센트 ④ 거실 통로유도등

190 **통로유도등의 표시색으로 적합한 것은?**

① 녹색바탕에 백색문자 ② 녹색바탕에 적색문자
③ 백색바탕에 적색문자 ④ 백색바탕에 녹색문자

191 **복도통로유도등은 구부러진 모퉁이 및 보행거리 몇 [m]마다 설치하는가?**

① 20[m] ② 30[m]
③ 35[m] ④ 40[m]

2.3.1.1 복도통로유도등은 다음의 기준에 따라 설치할 것
2.3.1.1.1 복도에 설치하되 2.2.1.1 또는 2.2.1.2에 따라 피난구유도등이 설치된 출입구의 맞은편 복도에는 입체형으로 설치하거나, 바닥에 설치할 것
2.3.1.1.2 구부러진 모퉁이 및 2.3.1.1.1에 따라 설치된 통로유도등을 기점으로 보행거리 20m마다 설치할 것
2.3.1.1.3 바닥으로부터 높이 1 m 이하의 위치에 설치할 것. 다만, 지하층 또는 무창층의 용도가 도매시장·소매시장·여객자동차터미널·지하역사 또는 지하상가인 경우에는 복도·통로 중앙부분의 바닥에 설치해야 한다.
2.3.1.1.4 바닥에 설치하는 통로유도등은 하중에 따라 파괴되지 않는 강도의 것으로 할 것

192 **유도등 설치제외 장소에 대한 설명으로 틀린 것은?**

① 바닥면적이 1,000㎡ 미만인 층으로서 옥내로부터 직접 지상으로 통하는 출입구(외부의 식별이 용이한 경우에 한한다)에는 피난구유도등을 설치하지 않을수 있다.
② 대각선 길이가 15m 이내인 구획된 실의 출입구에는 피난구유도등을 설치하지 않을수 있다
③ 구부러지지 아니한 복도 또는 통로로서 길이가 30m 미만인 복도 또는 통로에는 통로유도등을 설치하지 않을수 있다
④ 거실 등의 각 부분으로부터 하나의 거실출입구에 이르는 보행거리가 30m 이하인 객석의 통로로서 그 통로에 통로유도등이 설치된 객석에는 객석유도등을 설치하지 않을수 있다

정답 : 188. ④ 189. ① 190. ④ 191. ① 192. ④

2.8.1 다음의 어느 하나에 해당하는 경우에는 피난구유도등을 설치하지 않을 수 있다.
  2.8.1.1 바닥면적이 1,000㎡ 미만인 층으로서 옥내로부터 직접 지상으로 통하는 출입구(외부의 식별이 용이한 경우에 한한다)
  2.8.1.2 대각선 길이가 15m 이내인 구획된 실의 출입구
  2.8.1.3 거실 각 부분으로부터 하나의 출입구에 이르는 보행거리가 20m 이하이고 비상조명등과 유도표지가 설치된 거실의 출입구
  2.8.1.4 출입구가 3개소 이상 있는 거실로서 그 거실 각 부분으로부터 하나의 출입구에 이르는 보행거리가 30m 이하인 경우에는 주된 출입구 2개소 외의 출입구(유도표지가 부착된 출입구를 말한다). 다만, 공연장·집회장·관람장·전시장·판매시설·운수시설·숙박시설·노유자시설·의료시설·장례식장의 경우에는 그렇지 않다.
2.8.2 다음의 어느 하나에 해당하는 경우에는 통로유도등을 설치하지 않을 수 있다.
  2.8.2.1 구부러지지 아니한 복도 또는 통로로서 길이가 30m 미만인 복도 또는 통로
  2.8.2.2 2.8.2.1에 해당하지 않는 복도 또는 통로로서 보행거리가 20m 미만이고 그 복도 또는 통로와 연결된 출입구 또는 그 부속실의 출입구에 피난구유도등이 설치된 복도 또는 통로
2.8.3 다음의 어느 하나에 해당하는 경우에는 객석유도등을 설치하지 않을 수 있다.
  2.8.3.1 주간에만 사용하는 장소로서 채광이 충분한 객석
  2.8.3.2 거실 등의 각 부분으로부터 하나의 거실출입구에 이르는 보행거리가 20m 이하인 객석의 통로로서 그 통로에 통로유도등이 설치된 객석

193 바닥에 매설한 객석유도등의 조명도로 옳은 것은?

① 객석유도등의 직상부 0.5[m]의 높이에서 0.2[lx] 이상
② 객석유도등의 직상부 0.5[m]의 높이에서 0.1[lx] 이상
③ 객석유도등의 직상부 1[m]의 높이에서 0.2[lx] 이상
④ 객석유도등의 직상부 1[m]의 높이에서 1[lx] 이상

객석유도등은 바닥면 또는 디딤 바닥면에서 높이 0.5m의 위치에 설치하고 그 유도등의 바로 밑에서 0.3m 떨어진 위치에서의 수평조도가 0.2lx 이상이어야 한다.

194 유도등의 인출선의 길이는 전선 인출부분에서 얼마 이상이어야 하는가?

① 100[mm] ② 130[mm]
③ 150[mm] ④ 200[mm]

[유도등의 형식승인 및 제품검사의 기술기준] 제3조(일반구조) 중
13. 전선의 굵기는 인출선인 경우에는 단면적이 0.75㎟ 이상이어야 한다.
14. 인출선의 길이는 전선인출 부분으로부터 150㎜ 이상이어야 한다. 다만, 인출선으로 하지 아니할 경우에는 풀어지지 아니하는 방법으로 전선을 쉽고 확실하게 부착할 수 있도록 접속단자를 설치하여야 한다.

정답 : 193. ① 194. ③

195 **유도등의 형식승인 및 제품검사 기술기준 상 전원에 관한 설명으로 틀린 것은?**

① 유도등에 사용하는 전원은 정전시에는 상용전원에서 비상전원으로, 정전복귀시에는 비상전원에서 상용전원으로 자동전환 되는 구조이어야 한다.
② 상용전원에 의하여 켜지는 광원을 원격조작에 의하여 끊더라도 예비전원은 상용전원에 의하여 자동충전 할 수 있어야 한다. 다만, 발광다이오드 또는 면광원을 광원으로 사용하는 유도등으로서 비상전원에 의하여 점등되는 경우에는 그러하지 아니하다.
③ 비상전원의 상태를 감시할 수 있는 장치가 있어야 한다.
④ 상용전원이 정전되는 경우에는 즉시 비상전원에 의하여 켜져야 한다.

제5조(전원) ① 유도등에 사용하는 전원은 정전시에는 상용전원에서 비상전원으로, 정전복귀시에는 비상전원에서 상용전원으로 자동전환 되는 구조이어야 한다.
② 상용전원에 의하여 켜지는 광원을 원격조작에 의하여 끊더라도 예비전원은 상용전원에 의하여 자동충전 할 수 있어야 한다. 다만, 발광다이오드 또는 면광원을 광원으로 사용하는 유도등으로서 상용전원에 의하여 상시점등되는 경우에는 그러하지 아니하다. <개정 2014. 8. 21.>
③ 비상전원의 상태를 감시할 수 있는 장치가 있어야 한다. <개정 2024. 4. 1.>
④ 상용전원이 정전되는 경우에는 즉시 비상전원에 의하여 켜져야 한다.

196 **유도등의 비상전원을 축전지로 할 때 축전지용량은 해당 유도등을 몇 분 이상 작동시킬 수 있어야 하는가? (10층 이하)**

① 5분 ② 10분
③ 15분 ④ 20분

197 **객석의 통로 직선부분의 길이는 25[m]이다. 필요한 객석유도등의 최소 설치수는?**

① 3개 ② 5개
③ 6개 ④ 7개

$\frac{25\text{m}}{4\text{m}} - 1 = 5.25$ $\quad\therefore$ 6개

198 **광원점등방식 피난유도선의 설치기준으로 틀린 설명은?**

① 구획된 각 실로부터 주출입구 또는 비상구까지 설치할 것
② 피난유도 표시부는 바닥으로부터 높이 1m 이하의 위치 또는 바닥 면에 설치할 것
③ 피난유도 표시부는 1m 이내의 간격으로 연속되도록 설치하되 실내장식물 등으로 설치가 곤란할 경우 2m 이내로 설치할 것
④ 수신기로부터의 화재신호 및 수동조작에 의하여 광원이 점등되도록 설치할 것

정답 : 195. ② 196. ④ 197. ③ 198. ③

2.6.1 축광방식의 피난유도선은 다음의 기준에 따라 설치해야 한다.
2.6.1.1 구획된 각 실로부터 주출입구 또는 비상구까지 설치할 것
2.6.1.2 바닥으로부터 높이 50㎝ 이하의 위치 또는 바닥 면에 설치할 것
2.6.1.3 피난유도 표시부는 50㎝ 이내의 간격으로 연속되도록 설치
2.6.1.4 부착대에 의하여 견고하게 설치할 것
2.6.1.5 외부의 빛 또는 조명장치에 의하여 상시 조명이 제공되거나 비상조명등에 의한 조명이 제공되도록 설치 할 것

2.6.2 광원점등방식의 피난유도선은 다음의 기준에 따라 설치해야 한다.
2.6.2.1 구획된 각 실로부터 주출입구 또는 비상구까지 설치할 것
2.6.2.2 피난유도 표시부는 바닥으로부터 높이 1m 이하의 위치 또는 바닥 면에 설치할 것
2.6.2.3 피난유도 표시부는 50㎝ 이내의 간격으로 연속되도록 설치하되 실내장식물 등으로 설치가 곤란할 경우 1m 이내로 설치할 것
2.6.2.4 수신기로부터의 화재신호 및 수동조작에 의하여 광원이 점등되도록 설치할 것
2.6.2.5 비상전원이 상시 충전상태를 유지하도록 설치할 것
2.6.2.6 바닥에 설치되는 피난유도 표시부는 매립하는 방식을 사용할 것
2.6.2.7 피난유도 제어부는 조작 및 관리가 용이하도록 바닥으로부터 0.8m 이상 1.5m 이하의 높이에 설치할 것

199 유도등에 사용되는 표시등으로서 전구를 2개 이상 병렬로 접속하지 않아도 되는 것은?

① 방전등 또는 발광다이오드
② 형광등 또는 발광다이오드
③ 형광등 또는 백열전등
④ 방전등 또는 백열전등

[유도등의 형식승인 및 제품검사의 기술기준] 제4조(부품의 구조 및 기능) 중
2. 표시등
가. <삭제 2024. 4. 1.>
나. 전구는 2개 이상을 병렬로 접속하여야 한다. 다만, 방전등 또는 발광다이오드의 경우에는 그러하지 아니하다.
다. 상용전원의 상태를 표시하는 표시장치로 표시등을 설치한 경우에는 녹색계열의 표시등이어야 하며 고장표시등이 설치된 경우에는 적색계열의 표시등이어야 한다. <신설 2024. 4. 1.>

200 유도표지의 설치기준에 대한 설명으로 옳지 않은 것은?

① 계단에 설치하는 것을 제외하고 각층 복도의 각 부분에서 유도표지까지의 보행거리는 15[m] 이하로 하였다.
② 구부러진 모퉁이의 벽에 설치하였다.
③ 바닥으로부터 높이 1[m]에 설치하였다.
④ 주위에 광고물, 게시물 등을 함께 설치하였다.

정답 : 199. ① 200. ④

201 **비상조명등의 비상전원은 비상조명등을 몇 분 이상 작동시킬 수 있어야 하는가? (10층 이하의 경우)**

① 10분 ② 20분
③ 30분 ④ 50분

예비전원과 비상전원은 비상조명등을 20분 이상 유효하게 작동시킬 수 있는 용량으로 할 것. 다만, 다음의 특정소방대상물의 경우에는 그 부분에서 피난층에 이르는 부분의 비상조명등을 60분 이상 유효하게 작동시킬 수 있는 용량으로 해야 한다.
2.1.1.5.1 지하층을 제외한 층수가 11층 이상의 층
2.1.1.5.2 지하층 또는 무창층으로서 용도가 도매시장 · 소매시장 · 여객자동차터미널 · 지하역사 또는 지하상가

202 **비상조명등이 설치된 장소의 조도는 각 부분의 바닥에서 몇 [lx] 이상이어야 하는가?**

① 1[lx] ② 1.5[lx]
③ 2[lx] ④ 3[lx]

203 **비상조명등의 형식승인 및 제품검사 기술기준 상 용어정의로 틀린 것은?**

① "비상조명등"이란 화재발생 등에 의한 정전시에 안전하고 원활한 피난활동을 할 수 있도록 거실 및 피난통로 등에 설치하는 조명등으로서 비상전원용 축전지가 내장되어 상용전원이 정전되는 경우에는 비상전원으로 자동전환되어 점등되는 조명등을 말하며 정상상태에서는 상용전원에 의하여 점등되는 것을 포함한다.
② "전용형"이란 상용광원과 비상용광원이 각각 별도로 내장되어 있거나 또는 비상시에 점등하는 비상용광원만 내장되어 있는 비상조명등을 말한다.
③ "겸용형"이란 동일한 광원을 상용광원과 비상용광원으로 겸하여 사용하는 비상조명등을 말한다.
④ 비상조명등의 설치장소에 따라 옥내형과 옥외형으로 구분한다.

비상조명등의 설치장소에 따라 옥내형과 옥내 · 옥외형으로 구분한다. <신설 2024. 5. 7.>

204 **비상조명등의 설치장소로 맞지 않는 것은?**

① 복도 ② 계단
③ 통로 ④ 출입구

Reference

비상조명등을 설치해야 하는 특정소방대상물(창고시설 중 창고 및 하역장, 위험물 저장 및 처리 시설 중 가스시설 및 사람이 거주하지 않거나 벽이 없는 축사 등 동물 및 식물 관련 시설은 제외한다)은 다음의 어느 하나에 해당하는 것으로 한다.

정답 : 201. ② 202. ① 203. ④ 204. ④

1) 지하층을 포함하는 층수가 5층 이상인 건축물로서 연면적 3천㎡ 이상인 경우에는 모든 층
2) 1)에 해당하지 않는 특정소방대상물로서 그 지하층 또는 무창층의 바닥면적이 450㎡ 이상인 경우에는 해당 층
3) 지하가 중 터널로서 그 길이가 500m 이상인 것

2.1 비상조명등의 설치기준
2.1.1 비상조명등은 다음 각 기준에 따라 설치해야 한다.
2.1.1.1 특정소방대상물의 각 거실과 그로부터 지상에 이르는 복도 · 계단 및 그 밖의 통로에 설치할 것
2.1.1.2 조도는 비상조명등이 설치된 장소의 각 부분의 바닥에서 1lx 이상이 되도록 할 것
2.1.1.3 예비전원을 내장하는 비상조명등에는 평상시 점등 여부를 확인할 수 있는 점검스위치를 설치하고 해당 조명등을 유효하게 작동시킬 수 있는 용량의 축전지와 예비전원 충전장치를 내장할 것
2.1.1.4 예비전원을 내장하지 않은 비상조명등의 비상전원은 자가발전설비, 축전지설비 또는 전기저장장치(외부 전기에너지를 저장해 두었다가 필요한 때 전기를 공급하는 장치)를 다음의 기준에 따라 설치해야 한다.
2.1.1.4.1 점검에 편리하고 화재 및 침수 등의 재해로 인한 피해를 받을 우려가 없는 곳에 설치할 것
2.1.1.4.2 상용전원으로부터 전력의 공급이 중단된 때에는 자동으로 비상전원으로부터 전력을 공급받을 수 있도록 할 것
2.1.1.4.3 비상전원의 설치장소는 다른 장소와 방화구획 할 것. 이 경우 그 장소에는 비상전원의 공급에 필요한 기구나 설비 외의 것(열병합발전설비에 필요한 기구나 설비는 제외한다)을 두어서는 아니 된다.
2.1.1.4.4 비상전원을 실내에 설치하는 때에는 그 실내에 비상조명등을 설치할 것
2.1.1.5 2.1.1.3와 2.1.1.4에 따른 예비전원과 비상전원은 비상조명등을 20분 이상 유효하게 작동시킬 수 있는 용량으로 할 것. 다만, 다음의 특정소방대상물의 경우에는 그 부분에서 피난층에 이르는 부분의 비상조명등을 60분 이상 유효하게 작동시킬 수 있는 용량으로 해야 한다.
2.1.1.5.1 지하층을 제외한 층수가 11층 이상의 층
2.1.1.5.2 지하층 또는 무창층으로서 용도가 도매시장 · 소매시장 · 여객자동차터미널 · 지하역사 또는 지하상가
2.1.1.6 영 별표 5 제15호 비상조명등의 설치면제 요건에서 "그 유도등의 유효범위"란 유도등의 조도가 바닥에서 1lx 이상이 되는 부분을 말한다.

205 비상콘센트설비의 설명 중 틀린 것은?

① 보호함 표면에 “비상콘센트”라고 표시하여야 한다.
② 보호함 상부에 청색 표시등을 설치하여야 한다.
③ 접지는 제3종 접지공사로 하고 접지선은 1.6[mm] 이상의 굵기여야 한다.
④ 비상콘센트의 플럭접속기의 칼받이의 접지극에는 접지공사를 하여야 한다.

정답 : 205. ②

② [적색]

2.2 보호함

2.2.1 비상콘센트를 보호하기 위하여 비상콘센트보호함은 다음의 기준에 따라 설치해야 한다.

2.2.1.1 보호함에는 쉽게 개폐할 수 있는 문을 설치할 것

2.2.1.2 보호함 표면에 "비상콘센트"라고 표시한 표지를 할 것

2.2.1.3 보호함 상부에 적색의 표시등을 설치할 것. 다만, 비상콘센트의 보호함을 옥내소화전함 등과 접속하여 설치하는 경우에는 옥내소화전함 등의 표시등과 겸용할 수 있다.

206 비상콘센트설비에 관한 설명으로 옳지 않은 것은?

① 비상콘센트는 보호함 안에 설치한다.

② 전원회로의 배선은 내화배선으로 한다.

③ 하나의 회로에 설치하는 비상콘센트의 수는 20개 이하로 한다.

④ 비상콘센트의 보호함 상부에 적색등을 설치한다.

2.1 전원 및 콘센트 등

2.1.1 비상콘센트설비에는 다음의 기준에 따른 전원을 설치해야 한다.

2.1.1.1 상용전원회로의 배선은 저압수전인 경우에는 인입개폐기의 직후에서, 고압수전 또는 특고압수전인 경우에는 전력용변압기 2차 측의 주차단기 1차 측 또는 2차 측에서 분기하여 전용배선으로 할 것

2.1.1.2 지하층을 제외한 층수가 7층 이상으로서 연면적이 2,000㎡ 이상이거나 지하층의 바닥면적의 합계가 3,000㎡ 이상인 특정소방대상물의 비상콘센트설비에는 자가발전설비, 비상전원수전설비, 축전지설비 또는 전기저장장치(외부 전기에너지를 저장해 두었다가 필요한 때 전기를 공급하는 장치를 말한다)를 비상전원으로 설치할 것. 다만, 2 이상의 변전소에서 전력을 동시에 공급받을 수 있거나 하나의 변전소로부터 전력의 공급이 중단되는 때에는 자동으로 다른 변전소로부터 전력을 공급받을 수 있도록 상용전원을 설치한 경우에는 비상전원을 설치하지 않을 수 있다.

2.1.1.3 2.1.1.2에 따른 비상전원 중 자가발전설비, 축전지설비 또는 전기저장장치는 다음 기준에 따라 설치하고, 비상전원수전설비는 「소방시설용 비상전원수전설비의 화재안전기술기준(NFTC 602)」에 따라 설치할 것

2.1.1.3.1 점검에 편리하고 화재 및 침수 등의 재해로 인한 피해를 받을 우려가 없는 곳에 설치할 것

2.1.1.3.2 비상콘센트설비를 유효하게 20분 이상 작동시킬 수 있는 용량으로 할 것

2.1.1.3.3 상용전원으로부터 전력의 공급이 중단된 때에는 자동으로 비상전원으로부터 전력을 공급받을 수 있도록 할 것

2.1.1.3.4 비상전원의 설치장소는 다른 장소와 방화구획 할 것. 이 경우 그 장소에는 비상전원의 공급에 필요한 기구나 설비 외의 것(열병합발전설비에 필요한 기구나 설비는 제외한다)을 두어서는 안 된다.

2.1.1.3.5 비상전원을 실내에 설치하는 때에는 그 실내에 비상조명등을 설치할 것

2.1.2 비상콘센트설비의 전원회로(비상콘센트에 전력을 공급하는 회로를 말한다)는 다음의 기준에 따라 설치해야 한다.

2.1.2.1 비상콘센트설비의 전원회로는 단상교류 220V인 것으로서, 그 공급용량은 1.5 kVA 이상인 것으로 할 것

정답 : 206. ③

2.1.2.2 전원회로는 각층에 2 이상이 되도록 설치할 것. 다만, 설치해야 할 층의 비상콘센트가 1개인 때에는 하나의 회로로 할 수 있다.
2.1.2.3 전원회로는 주배전반에서 전용회로로 할 것. 다만, 다른 설비회로의 사고에 따른 영향을 받지 않도록 되어 있는 것은 그렇지 않다.
2.1.2.4 전원으로부터 각 층의 비상콘센트에 분기되는 경우에는 분기배선용 차단기를 보호함 안에 설치할 것
2.1.2.5 콘센트마다 배선용 차단기(KS C 8321)를 설치해야 하며, 충전부가 노출되지 않도록 할 것
2.1.2.6 개폐기에는 "비상콘센트"라고 표시한 표지를 할 것
2.1.2.7 비상콘센트용의 풀박스 등은 방청도장을 한 것으로서, 두께 1.6㎜ 이상의 철판으로 할 것
2.1.2.8 하나의 전용회로에 설치하는 비상콘센트는 10개 이하로 할 것. 이 경우 전선의 용량은 각 비상콘센트(비상콘센트가 3개 이상인 경우에는 3개)의 공급용량을 합한 용량 이상의 것으로 해야 한다.
2.1.3 비상콘센트의 플러그접속기는 접지형2극 플러그접속기(KS C 8305)를 사용해야 한다.
2.1.4 비상콘센트의 플러그접속기의 칼받이의 접지극에는 접지공사를 해야 한다.
2.1.5 비상콘센트는 다음의 기준에 따라 설치해야 한다.
2.1.5.1 바닥으로부터 높이 0.8m 이상 1.5m 이하의 위치에 설치할 것
2.1.5.2 비상콘센트의 배치는 바닥면적이 1,000 ㎡ 미만인 층은 계단의 출입구(계단의 부속실을 포함하며 계단이 2 이상 있는 경우에는 그중 1개의 계단을 말한다)로부터 5m 이내에, 바닥면적 1,000 ㎡ 이상인 층은 각 계단의 출입구 또는 계단 부속실의 출입구(계단의 부속실을 포함하며 계단이 3 이상 있는 층의 경우에는 그중 2개의 계단을 말한다)로부터 5m 이내에 설치하되, 그 비상콘센트로부터 그 층의 각 부분까지의 거리가 다음의 기준을 초과하는 경우에는 그 기준 이하가 되도록 비상콘센트를 추가하여 설치할 것 <개정 2024.1.1.>
2.1.5.2.1 지하상가 또는 지하층의 바닥면적의 합계가 3,000㎡ 이상인 것은 수평거리 25m
2.1.5.2.2 2.1.5.2.1에 해당하지 아니하는 것은 수평거리 50m
2.1.6 비상콘센트설비의 전원부와 외함 사이의 절연저항 및 절연내력은 다음의 기준에 적합해야 한다.
2.1.6.1 절연저항은 전원부와 외함 사이를 500V 절연저항계로 측정할 때 20㏁ 이상일 것
2.1.6.2 절연내력은 전원부와 외함 사이에 정격전압이 150V 이하인 경우에는 1,000V의 실효전압을, 정격전압이 150V 이상인 경우에는 그 정격전압에 2를 곱하여 1,000을 더한 실효전압을 가하는 시험에서 1분 이상 견디는 것으로 할 것

207 다음 중 고압에 대한 설명으로 옳은 것은?

① 직류 750V 이하, 교류 7kV 이하인 것
② 직류 750V 초과 5kV 이하인 것
③ 교류 1kV 초과 7kV 이하인 것
④ 교류 1kV 초과 10kV 이하인 것

① "저압"이란 직류는 1.5kV 이하, 교류는 1kV 이하인 것을 말한다.
② "고압"이란 직류는 1.5kV를, 교류는 1kV를 초과하고, 7kV 이하인 것을 말한다.
③ "특고압"이란 7kV를 초과하는 것을 말한다.

정답 : 207. ③

208 **비상콘센트설비의 설치기준으로 틀린 것은?**

① 11층 이상의 각층에 설치할 것
② 바닥으로부터 높이 0.8[m] 이상 1.5[m] 이하의 위치에 설치할 것
③ 계단의 출입구로부터 3m 이내에 설치할 것
④ 지하상가 또는 지하층의 바닥면적 합계가 3000m^2 이상인 경우 소방대상물의 각 부분으로부터의 수평거리는 25m 이하일 것

해설 5m 이내 설치

209 **비상콘센트설비에서 하나의 전용회로에 설치할 수 있는 비상콘센트의 수는 몇 개 이하로 하는가?**

① 6개 ② 8개
③ 10개 ④ 12개

해설 10개

210 **비상콘센트설비의 전원회로는 그 공급용량은 몇 [kVA] 이상이어야 하는가?**

① 1[kVA] ② 1.5[kVA]
③ 2[kVA] ④ 3[kVA]

해설 1.5kVA

211 **비상콘센트설비의 전원회로는 각층에 있어서 몇 개 이상이 되도록 설치하여야 하는가?**

① 1개 ② 2개
③ 3개 ④ 5개

해설 2개 이상

212 **비상콘센트 보호함에 대한 사항으로 옳지 않은 것은?**

① 비상콘센트 보호함은 외부를 적색으로 도장하여야 한다.
② 보호함에는 쉽게 개폐할 수 있는 문을 설치한다.
③ 보호함에는 그 표면에 비상콘센트라고 표시한 표지를 한다.
④ 보호함 상부에 적색 표시등을 설치한다.

정답 : 208. ③ 209. ③ 210. ② 211. ② 212. ①

보호함 외부 도장 기준 없음

213 비상콘센트설비의 전원부와 외함 사이의 절연저항은 몇 [MΩ] 이상이어야 하는가? (단, 500[V] 절연저항계로 측정한 경우임)

① 5[MΩ] ② 10[MΩ]
③ 15[MΩ] ④ 20[MΩ]

20[MΩ] 이상

214 비상콘센트설비의 콘센트마다 반드시 설치하여야 하는 것은?

① 배선용 차단기 ② 소형변압기
③ 변류기 ④ 전류계

배선용차단기

215 비상콘센트설비의 전원회로의 설치기준으로 옳지 않은 것은?

① 하나의 전용 회로에 설치하는 비상콘센트는 10개 이하로 하여야 한다.
② 콘센트마다 배선용 차단기를 설치하여야 한다.
③ 비상콘센트용의 풀박스 등은 방청도장을 한 것으로서 두께 1.2[mm] 이상의 철판으로 하여야 한다.
④ 단상교류 1.5[kVA] 이상 220[V]를 사용한다.

1.6mm 철판

216 비상콘센트설비에 사용되는 비상전원 중 자가발전설비는 몇 분 이상 작동이 가능하여야 하는가?

① 10분 ② 15분 ③ 20분 ④ 25분

20분

정답 : 213. ④ 214. ① 215. ③ 216. ③

217 무선통신보조설비 설치대상으로 옳지 않은 것은?

① 지하가(터널은 제외한다)로서 연면적 1천㎡ 이상인 것
② 지하층의 바닥면적의 합계가 3천㎡ 이상인 것 또는 지하층의 층수가 3층 이상이고 지하층의 바닥면적의 합계가 1천㎡ 이상인 것은 지하층의 모든 층
③ 지하가 중 터널로서 길이가 5백m 이상인 것
④ 층수가 30층 이상인 것으로서 11층 이상 부분의 모든 층

무선통신보조설비를 설치하여야 하는 특정소방대상물(위험물 저장 및 처리 시설 중 가스시설은 제외한다)은 다음의 어느 하나와 같다.
1) 지하가(터널은 제외한다)로서 연면적 1천㎡ 이상인 것
2) 지하층의 바닥면적의 합계가 3천㎡ 이상인 것 또는 지하층의 층수가 3층 이상이고 지하층의 바닥면적의 합계가 1천㎡ 이상인 것은 지하층의 모든 층
3) 지하가 중 터널로서 길이가 500m 이상인 것
4) 지하가 중 공동구
5) 층수가 30층 이상인 것으로서 16층 이상 부분의 모든 층

218 무선통신보조설비는 어떠한 방식으로 설치하여야 하는가?

① 누설동축케이블과 이에 접속하는 지중선 또는 동축케이블과 이에 접속하는 지중선에 의한 것일 것
② 누설동축케이블과 이에 접속하는 안테나 또는 동축케이블과 이에 접속하는 지중선에 의한 것일 것
③ 누설동축케이블과 이에 접속하는 안테나 또는 동축케이블과 이에 접속하는 안테나에 의한 것일 것
④ 누설동축케이블과 이에 접속하는 지중선 또는 동축케이블과 이에 접속하는 안테나에 의한 것일 것

2.2 누설동축케이블 등
2.2.1 무선통신보조설비의 누설동축케이블 등은 다음의 기준에 따라 설치해야 한다.
2.2.1.1 소방전용주파수대에서 전파의 전송 또는 복사에 적합한 것으로서 소방전용의 것으로 할 것. 다만, 소방대 상호간의 무선 연락에 지장이 없는 경우에는 다른 용도와 겸용할 수 있다.
2.2.1.2 누설동축케이블과 이에 접속하는 안테나 또는 동축케이블과 이에 접속하는 안테나로 구성할 것
2.2.1.3 누설동축케이블 및 동축케이블은 불연 또는 난연성의 것으로서 습기 등의 환경조건에 따라 전기의 특성이 변질되지 않는 것으로 하고, 노출하여 설치한 경우에는 피난 및 통행에 장애가 없도록 할 것
2.2.1.4 누설동축케이블 및 동축케이블은 화재에 따라 해당 케이블의 피복이 소실된 경우에 케이블 본체가 떨어지지 않도록 4m 이내마다 금속제 또는 자기제 등의 지지금구로 벽 · 천장 · 기둥 등에 견고하게 고정할 것. 다만, 불연재료로 구획된 반자안에 설치하는 경우에는 그렇지 않다.
2.2.1.5 누설동축케이블 및 안테나는 금속판 등에 따라 전파의 복사 또는 특성이 현저하게 저하되지 않는 위치에 설치할 것
2.2.1.6 누설동축케이블 및 안테나는 고압의 전로로부터 1.5m 이상 떨어진 위치에 설치할 것. 다만, 해당 전로에 정전기 차폐장치를 유효하게 설치한 경우에는 그렇지 않다.
2.2.1.7 누설동축케이블의 끝부분에는 무반사 종단저항을 견고하게 설치할 것

정답 : 217. ④ 218. ③

219 무선통신보조설비의 구성요소에 해당하지 않는 것은?

① 동축케이블　② 분파기
③ 분배기　④ 중계기

구성요소
① 옥외안테나
② 분배기, 분파기, 혼합기
③ 증폭기, 무선중계기
④ 누설동축캐이블 및 무산사종단저항, 동축케이블 및 안테나

220 무선통신보조설비의 누설동축케이블 등의 설치기준으로 옳은 것은?

① 누설동축케이블과 이에 접속하는 안테나에 의한 것으로 할 것
② 습기에 의하여 전지 특성이 저하되지 않는 것으로서 노출배선을 하지 않도록 할 것
③ 6[m] 이내마다 금속제로 견고하게 고정시킬 것
④ 끝부분에 아무것도 설치하지 말고 그대로 단락시킬 것

221 지하가에 무선통신보조설비의 누설동축케이블을 다음과 같이 설치하였다. 잘못된 것은?

① 3[m]마다 자기제의 지지금구로 천정에 견고하게 고정하였다.
② 케이블의 끝부분에 무반사 종단저항을 설치하였다.
③ 케이블의 임피던스는 0.2[MΩ]으로 하였다.
④ 누설동축케이블과 고압전로와는 2[m]의 간격을 유지하였다.

해설
2.2.2 누설동축케이블 및 동축케이블의 임피던스는 50Ω으로 하고, 이에 접속하는 안테나 · 분배기 기타의 장치는 해당 임피던스에 적합한 것으로 해야 한다.

222 무선통신보조설비의 신호전송 선로에서 누설동축케이블에서의 전송손실이 아닌 것은?

① 도체손실　② 절연도체손실
③ 복사손실　④ 방재손실

223 무선통신보조설비의 누설동축케이블 및 공중선은 고압의 전로로부터 몇 [m] 이상 떨어진 위치에 설치하는가?

① 1[m]　② 1.5[m]
③ 2[m]　④ 2.5[m]

1.5m 이상

정답 : 219. ④　220. ①　221. ③　222. ④　223. ②

224 무선통신보조설비에 사용되는 옥외안테나의 설치기준으로 틀린 것은?

① 건축물, 지하가, 터널 또는 공동구의 출입구(「건축법 시행령」 제39조에 따른 출구 또는 이와 유사한 출입구를 말한다) 및 출입구 인근에서 통신이 가능한 장소에 설치할 것
② 다른 용도로 사용되는 안테나로 인한 통신장애가 발생하지 않도록 설치할 것
③ 옥외안테나는 견고하게 설치하며 파손의 우려가 없는 곳에 설치하고 그 가까운 곳의 보기 쉬운 곳에 "무선통신보조설비 안테나"라는 표시와 함께 통신 가능거리를 표시한 표지를 설치할 것
④ 감지기가 설치된 장소 등 옥내의 장소에는 옥외 안테나의 위치가 모두 표시된 옥외안테나 위치표시도를 비치할 것

[옥외안테나의 설치기준]
옥외안테나는 다음의 기준에 따라 설치하여야 한다.
1. 건축물, 지하가, 터널 또는 공동구의 출입구(「건축법 시행령」 제39조에 따른 출구 또는 이와 유사한 출입구를 말한다) 및 출입구 인근에서 통신이 가능한 장소에 설치할 것
2. 다른 용도로 사용되는 안테나로 인한 통신장애가 발생하지 않도록 설치할 것
3. 옥외안테나는 견고하게 설치하며 파손의 우려가 없는 곳에 설치하고 그 가까운 곳의 보기 쉬운 곳에 "무선통신보조설비 안테나"라는 표시와 함께 통신 가능거리를 표시한 표지를 설치할 것
4. 수신기가 설치된 장소 등 사람이 상시 근무하는 장소에는 옥외 안테나의 위치가 모두 표시된 옥외안테나 위치표시도를 비치할 것

225 옥외안테나의 설치위치로서 틀린 것은?

① 건축물의 출입구 ② 전력통신용 지하구의 출입구
③ 터널의 출입구 ④ 공동구의 출입구

224번 해설 참조

226 무선통신보조설비 증폭기등의 설치기준 중 틀린 것은?

① 상용전원은 전기가 정상적으로 공급되는 축전지설비, 전기저장장치(외부 전기에너지를 저장해 두었다가 필요한 때 전기를 공급하는 장치) 또는 교류전압 옥내간선으로 하고, 전원까지의 배선은 전용으로 할 것
② 증폭기의 전면에는 주 회로의 전원이 정상인지의 여부를 표시할 수 있는 표시등 및 전류계를 설치할 것
③ 증폭기에는 비상전원이 부착된 것으로 하고 해당 비상전원 용량은 무선통신보조설비를 유효하게 30분 이상 작동시킬 수 있는 것으로 할 것
④ 증폭기 및 무선중계기를 설치하는 경우에는 「전파법」 제58조의2에 따른 적합성평가를 받은 제품으로 설치하고 임의로 변경하지 않도록 할 것

정답 : 224. ④ 225. ② 226. ②

[증폭기 등의 설치기준]
증폭기 및 무선중계기를 설치하는 경우에는 다음의 기준에 따라 설치하여야 한다.
1. 상용전원은 전기가 정상적으로 공급되는 축전지설비, 전기저장장치(외부 전기에너지를 저장해 두었다가 필요한 때 전기를 공급하는 장치) 또는 교류전압 옥내간선으로 하고, 전원까지의 배선은 전용으로 할 것
2. 증폭기의 전면에는 주 회로의 전원이 정상인지의 여부를 표시할 수 있는 표시등 및 전압계를 설치할 것
3. 증폭기에는 비상전원이 부착된 것으로 하고 해당 비상전원 용량은 무선통신보조설비를 유효하게 30분 이상 작동시킬 수 있는 것으로 할 것
4. 증폭기 및 무선중계기를 설치하는 경우에는 「전파법」 제58조의2에 따른 적합성평가를 받은 제품으로 설치하고 임의로 변경하지 않도록 할 것
5. 디지털 방식의 무전기를 사용하는데 지장이 없도록 설치할 것

227 **무선통신보조설비의 누설동축케이블의 끝부분에는 어떤 것을 설치하는가?**

① 인덕터　　② 음량형 콘덴서
③ 리액터　　④ 무반사종단저항

무반사 종단저항

228 **무선통신보조설비의 증폭기를 작동시키기 위한 비상전원은 몇 분 이상 기능을 발휘하여야 하는가?**

① 10분　　② 20분
③ 30분　　④ 40분

226번 해설 참조

229 **무선통신보조설비의 누설동축케이블의 임피던스와 분배기의 임피던스는 각각 몇 [Ω]이어야 하는가?**

① 50[Ω], 50[Ω]　　② 50[Ω], 20[Ω]
③ 20[Ω], 50[Ω]　　④ 20[Ω], 20[Ω]

230 **무선통신보조설비에 대한 설명으로 잘못된 것은?**

① 지하가의 화재시 소방대 상호 간의 무선연락을 하기 위한 설비이다.
② 누설동축케이블의 끝부분에는 무반사 종단저항을 견고하게 설치하여야 한다.
③ 소방전용의 주파수대에서 전파의 전송 또는 복사에 적합한 것으로서 반드시 소방전용의 것이어야 한다.
④ 누설동축케이블과 이에 접속하는 안테나 또는 동축케이블과 이에 접속하는 안테나에 의한 것으로 하여야 한다.

정답 : 227. ④　228. ③　229. ①　230. ③

231 무선통신보조설비의 증폭기의 설치기준으로 옳지 않은 것은?

① 상용전원은 전기가 정상적으로 공급되는 축전지설비, 전기저장장치 또는 교류전압 옥내간선으로 한다.
② 전원까지의 배선은 전용으로 한다.
③ 증폭기의 전면에는 주회로의 전원의 정상 여부를 표시할 수 있는 표시등 및 전압계를 설치한다.
④ 증폭기에는 비상전원이 부착된 것으로 하고, 해당 전원의 용량은 무선통신보조설비를 유효하게 20분 이상 작동시킬 수 있는 것으로 한다.

30분

232 비상전원수전설비로 비상전원을 설치할 수 있는 대상이 아닌 것은?

① 차고 · 주차장으로서 스프링클러설비가 설치된 부분의 바닥면적 합계가 2,000[m²] 미만인 소방대상물
② 간이스프링클러설비 설치장소
③ 호스릴포소화설비 또는 포소화전만을 설치한 차고, 주차장
④ 지하층을 제외한 층수가 7층 이상으로서 연면적이 2,000[m²] 이상인 소방대상물에 설치한 비상콘센트설비

[설치대상]

- 스프링클러설비 : 차고 · 주차장으로서 스프링클러설비가 설치된 부분의 바닥면적(포소화설비가 설치된 차고 · 주차장의 바닥면적을 포함) 합계가 1,000[m²] 미만인 특정소방대상물
- 간이스프링클러설비 : 간이 스프링클러설비 설치장소
- 포소화설비
  - 호스릴포소화설비 또는 포소화전만을 설치한 차고, 주차장
  - 포헤드설비 또는 고정포방출설비가 설치된 부분의 바닥면적(스프링클러설비가 설치된 차고 · 주차장의 바닥면적 포함) 합계가 1,000[m²] 미만인 특정소방대상물
- 비상콘센트설비
  - 지하층을 제외한 층수가 7층 이상으로서 연면적이 2,000[m²] 이상인 특정소방대상물
  - 지하층 바닥면적 합계가 3,000[m²] 이상인 특정소방대상물

233 특별고압 또는 고압으로 수전하는 비상전원 수전설비 형태의 종류로 옳지 않은 것은?

① 방화구획형　　② 옥외개방형
③ 큐비클형　　④ 지중매설형

특별고압 또는 고압으로 수전하는 경우
① 일반전기사업자로부터 특별고압 또는 고압으로 수전하는 비상전원 수전설비는 방화구획형, 옥외개방형 또는 큐비클(Cubicle)형으로 하여야 한다.
1. 전용의 방화구획 내에 설치할 것

정답 : 231. ④　　232. ①　　233. ④

2. 소방회로배선은 일반회로배선과 불연성 벽으로 구획할 것. 다만, 소방회로배선과 일반회로배선을 15㎝ 이상 떨어져 설치한 경우는 그렇지 않다.
3. 일반회로에서 과부하, 지락사고 또는 단락사고가 발생한 경우에도 이에 영향을 받지 아니하고 계속하여 소방회로에 전원을 공급시켜 줄 수 있어야 할 것
4. 소방회로용 개폐기 및 과전류차단기에는 "소방시설용"이라 표시할 것
5. 전기회로는 별표 1 같이 결선할 것

② 옥외개방형은 다음 기준에 적합하게 설치해야 한다.
1. 건축물의 옥상에 설치하는 경우에는 그 건축물에 화재가 발생할 경우에도 화재로 인한 손상을 받지 않도록 설치할 것
2. 공지에 설치하는 경우에는 인접 건축물에 화재가 발생한 경우에도 화재로 인한 손상을 받지 않도록 설치할 것
3. 그 밖의 옥외개방형의 설치에 관하여는 ①의2부터 5까지의 규정에 적합하게 설치할 것

③ 큐비클형은 다음 기준에 적합하게 설치해야 한다.
1. 전용큐비클 또는 공용큐비클식으로 설치할 것
2. 외함은 두께 2.3㎜ 이상의 강판과 이와 동등 이상의 강도와 내화성능이 있는 것으로 제작하여야 하며, 개구부(제3호의 것은 제외한다)에는 60분+방화문, 60분방화문 또는 30분방화문을 설치할 것
3. 다음 각 목(옥외에 설치하는 것에 있어서는 가목부터 다목까지)에 해당하는 것은 외함에 노출하여 설치할 수 있다.
   가. 표시등(불연성 또는 난연성재료로 덮개를 설치한 것에 한한다)
   나. 전선의 인입구 및 인출구
   다. 환기장치
   라. 전압계(퓨즈 등으로 보호한 것에 한한다)
   마. 전류계(변류기의 2차측에 접속된 것에 한한다)
   바. 계기용 전환스위치(불연성 또는 난연성재료로 제작된 것에 한한다)
4. 외함은 건축물의 바닥 등에 견고하게 고정할 것
5. 외함에 수납하는 수전설비, 변전설비 그 밖의 기기 및 배선은 다음 각 목에 적합하게 설치할 것
   가. 외함 또는 프레임(Frame) 등에 견고하게 고정할 것
   나. 외함의 바닥에서 10㎝(시험단자, 단자대 등의 충전부는 15㎝) 이상의 높이에 설치할 것
6. 전선 인입구 및 인출구에는 금속관 또는 금속제 가요전선관을 쉽게 접속할 수 있도록 할 것
7. 환기장치는 다음 각 목에 적합하게 설치할 것
   가. 내부의 온도가 상승하지 않도록 환기장치를 할 것
   나. 자연환기구의 개부구 면적의 합계는 외함의 한 면에 대하여 해당 면적의 3분의 1 이하로 할 것. 이 경우 하나의 통기구의 크기는 직경 10㎜ 이상의 둥근 막대가 들어가서는 안된다.
   다. 자연환기구에 따라 충분히 환기할 수 없는 경우에는 환기설비를 설치할 것
   라. 환기구에는 금속망, 방화댐퍼 등으로 방화조치를 하고, 옥외에 설치하는 것은 빗물 등이 들어가지 않도록 할 것
8. 공용큐비클식의 소방회로와 일반회로에 사용되는 배선 및 배선용기기는 불연재료로 구획할 것
9. 그 밖의 큐비클형의 설치에 관하여는 제1항제2호부터 제5호까지의 규정 및 한국산업표준에 적합할 것

234 특별고압 또는 고압으로 수전하는 비상전원 수전설비의 설치기준으로 옳지 않은 것은?

① 전용의 방화구획 내에 설치할 것
② 소방회로배선은 일반회로배선과 불연성 벽으로 구획할 것. 다만, 소방회로배선과 일반회로배선을 15cm 이상 떨어져 설치한 경우는 그렇지 않다.
③ 일반회로에서 과부하, 지락사고 또는 단락사고가 발생한 경우에도 이에 영향을 받지 아니하고 계속하여 소방회로에 전원을 공급시켜 줄 수 있어야 할 것
④ 소방회로용 개폐기 및 과전류차단기에는 "고압 및 특고압"이라 표시할 것

235 큐비클형의 경우 외함에 노출하여 설치할 수 있는 장치가 아닌 것은?

① 표시등(불연성 또는 난연성재료로 덮개를 설치한 것에 한한다)
② 전선의 인입구 및 인출구
③ 전류계(변류기의 1차측에 접속된 것에 한한다)
④ 전압계(퓨즈 등으로 보호한 것에 한한다)

236 큐비클형의 경우 환기장치 설치기준으로 옳지 않은 것은?

① 내부의 온도가 상승하지 않도록 환기장치를 할 것
② 자연환기구의 개부구 면적의 합계는 외함의 한 면에 대하여 해당 면적의 4분의 1 이하로 할 것. 이 경우 하나의 통기구의 크기는 직경 10mm 이상의 둥근 막대가 들어가서는 안된다.
③ 자연환기구에 따라 충분히 환기할 수 없는 경우에는 환기설비를 설치할 것
④ 환기구에는 금속망, 방화댐퍼 등으로 방화조치를 하고, 옥외에 설치하는 것은 빗물 등이 들어가지 않도록 할 것

237 저압수전인 경우 제1종 배전반 및 제1종 분전반의 설치기준으로 옳지 않은 것은?

① 외함은 두께 2.5mm(전면판 및 문은 3.2mm) 이상의 강판과 이와 동등 이상의 강도와 내화성능이 있는 것으로 제작할 것
② 외함의 내부는 외부의 열에 의해 영향을 받지 않도록 내열성 및 단열성이 있는 재료를 사용하여 단열할 것. 이 경우 단열부분은 열 또는 진동에 따라 쉽게 변형되지 않아야 한다.
③ 다음 기준에 해당하는 것은 외함에 노출하여 설치할 수 있다.
(1) 표시등(불연성 또는 난연성재료로 덮개를 설치한 것에 한한다)
(2) 전선의 인입구 및 입출구
④ 외함은 금속관 또는 금속제 가요전선관을 쉽게 접속할 수 있도록 하고, 당해 접속부분에는 단열조치를 할 것

정답 : 234. ④　235. ③　236. ②　237. ①

2.3 저압으로 수전하는 경우

2.3.1 전기사업자로부터 저압으로 수전하는 비상전원설비는 전용배전반 (1·2종)·전용분전반(1·2종) 또는 공용분전반(1·2종)으로 하여야 한다.

2.3.1.1 제1종 배전반 및 제1종 분전반은 다음 각 호에 적합하게 설치하여야 한다.

2.3.1.1.1 외함은 두께 1.6㎜(전면판 및 문은 2.3㎜) 이상의 강판과 이와 동등 이상의 강도와 내화성능이 있는 것으로 제작할 것

2.3.1.1.2 외함의 내부는 외부의 열에 의해 영향을 받지 않도록 내열성 및 단열성이 있는 재료를 사용하여 단열할 것. 이 경우 단열부분은 열 또는 진동에 따라 쉽게 변형되지 않아야 한다.

2.3.1.1.3 다음의 기준에 해당하는 것은 외함에 노출하여 설치할 수 있다.

(1) 표시등(불연성 또는 난연성재료로 덮개를 설치한 것에 한한다)

(2) 전선의 인입구 및 입출구

2.3.1.1.4 외함은 금속관 또는 금속제 가요전선관을 쉽게 접속할 수 있도록 하고, 당해 접속부분에는 단열조치를 할 것

2.3.1.1.5 공용배전반 및 공용분전반의 경우 소방회로와 일반회로에 사용하는 배선 및 배선용 기기는 불연재료로 구획되어야 할 것

238 지하상가에 휴대용비상조명등을 설치하려고 한다. 보행거리가 500[m]라면 휴대용비상조명등은 최소 몇 개를 설치하여야 하는가?

① 20개　　② 30개

③ 40개　　④ 60개

$\frac{500m}{25m} = 20 \quad \therefore 20 \times 3 = 60$개

2.1.2 휴대용비상조명등은 다음의 기준에 적합해야 한다.

2.1.2.1 다음 각 기준의 장소에 설치할 것

2.1.2.1.1 숙박시설 또는 다중이용업소에는 객실 또는 영업장안의 구획된 실마다 잘 보이는 곳(외부에 설치시 출입문 손잡이로부터 1m 이내 부분)에 1개 이상 설치

2.1.2.1.2 「유통산업발전법」 제2조제3호에 따른 대규모점포(지하상가 및 지하역사는 제외한다)와 영화상영관에는 보행거리 50m 이내마다 3개 이상 설치

2.1.2.1.3 지하상가 및 지하역사에는 보행거리 25m 이내마다 3개 이상 설치

2.1.2.2 설치높이는 바닥으로부터 0.8m 이상 1.5m 이하의 높이에 설치할 것

2.1.2.3 어둠속에서 위치를 확인할 수 있도록 할 것

2.1.2.4 사용 시 자동으로 점등되는 구조일 것

2.1.2.5 외함은 난연성능이 있을 것

2.1.2.6 건전지를 사용하는 경우에는 방전방지조치를 해야 하고, 충전식 배터리의 경우에는 상시 충전되도록 할 것

2.1.2.7 건전지 및 충전식 배터리의 용량은 20분 이상 유효하게 사용할 수 있는 것으로 할 것

정답 : 238. ④

239 **자동화재탐지설비의 수신기는 일시적으로 발생한 열 · 연기 또는 먼지 등으로 인하여 감지기가 화재신호를 발신할 우려가 있는 때에는 축적기능 등이 있는 것으로 설치해야 하는데 그 장소의 기준에 대한 설명으로 옳지 않은 것은?**

① 특정소방대상물 또는 그 부분이 무창층으로서 환기가 잘 되지 아니하는 장소
② 특정소방대상물 또는 그 부분이 지하층으로서 환기가 잘 되지 아니하는 장소
③ 실내면적이 40[m^2] 미만인 장소
④ 감지기의 부착면과 실내 바닥과의 거리가 2.5[m] 이하인 장소

감지기의 부착면과 실내 바닥과의 거리가 2.3m 이하인 장소

240 **공기관식 차동식 분포형 감지기의 설치기준에 대한 설명으로 옳은 것은?**

① 공기관과 감지구역의 각 변과의 수평거리는 6.0[m] 이하가 되도록 할 것
② 공기관의 노출부분은 감지구역마다 15[m] 이상이 되도록 할 것
③ 하나의 검출부분에 접속하는 공기관의 길이는 100[m] 이하로 할 것
④ 검출부는 15° 이상 경사되지 않도록 부착할 것

2.4.3.7 공기관식 차동식분포형감지기는 다음의 기준에 따를 것
2.4.3.7.1 공기관의 노출부분은 감지구역마다 20m 이상이 되도록 할 것
2.4.3.7.2 공기관과 감지구역의 각 변과의 수평거리는 1.5m 이하가 되도록 하고, 공기관 상호간의 거리는 6m(주요구조부가 내화구조로 된 특정소방대상물 또는 그 부분에 있어서는 9m) 이하가 되도록 할 것
2.4.3.7.3 공기관은 도중에서 분기하지 않도록 할 것
2.4.3.7.4 하나의 검출 부분에 접속하는 공기관의 길이는 100m 이하로 할 것
2.4.3.7.5 검출부는 5° 이상 경사되지 않도록 부착할 것
2.4.3.7.6 검출부는 바닥으로부터 0.8m 이상 1.5m 이하의 위치에 설치할 것

241 **유도표지는 계단에 설치하는 것을 제외하고 각 층마다 복도 및 통로의 각 부분으로부터 하나의 유도표지까지의 보행거리가 몇 [m] 이하가 되는 곳에 설치하여야 하는가?**

① 10[m] ② 15[m]
③ 20[m] ④ 25[m]

242 **신호의 전송로가 분기되는 장소에 설치하는 것으로 임피던스 매칭과 신호의 균등분배를 위하여 사용하는 장치로 옳은 것은?**

① 혼합기 ② 분파기
③ 증폭기 ④ 분배기

정답 : 239. ④ 240. ③ 241. ② 242. ④

[무선통신보조설비의 용어정의]

- 누설동축케이블 : 동축케이블의 외부도체에 가느다란 홈을 만들어서 전파가 외부로 새어 나갈 수 있도록 한 케이블
- 분배기 : 신호의 전송로가 분기되는 장소에 설치되는 것으로 임피던스 매칭과 신호 균등 분배를 위해 사용하는 장치
- 분파기 : 서로 다른 주파수의 합성된 신호를 분리하기 위해서 사용하는 장치
- 혼합기 : 2 이상의 입력신호를 원하는 비율로 조합한 출력이 발생하도록 하는 장치
- 증폭기 : 전압 · 전류의 진폭을 늘려 감도 등을 개선하는 장치

243 **다음은 무선통신보조설비의 설치 기준에 관한 내용이다. (　　)에 들어갈 내용으로 옳은 것은?**

> 1. 누설동축케이블 또는 동축케이블과 이에 접속하는 안테나가 설치된 층은 모든 부분 [(ㄱ), 승강기, 별도 구획된 실 포함]에서 유효하게 통신이 가능할 것
> 2. 옥외 안테나와 연결된 무전기와 건축물 내부에 존재하는 무전기 간의 상호통신, 건축물 내부에 존재하는 무전기 간의 상호통신, (ㄴ)와 연결된 무전기와 방재실 또는 건축물 내부에 존재하는 무전기와 (ㄷ)간의 상호통신이 가능할 것

	ㄱ	ㄴ	ㄷ
①	계단실	접속단자	방재실
②	거실	옥외안테나	관리실
③	계단실	옥외안테나	방재실
④	부속실	옥외안테나	관리실

무선통신보조설비는 다음의 기준에 따라 설치하여야 한다.

1. 누설동축케이블 또는 동축케이블과 이에 접속하는 안테나가 설치된 층은 모든 부분(계단실, 승강기, 별도 구획된 실 포함)에서 유효하게 통신이 가능할 것
2. 옥외 안테나와 연결된 무전기와 건축물 내부에 존재하는 무전기 간의 상호통신, 건축물 내부에 존재하는 무전기 간의 상호통신, 옥외안테나와 연결된 무전기와 방재실 또는 건축물 내부에 존재하는 무전기와 방재실 간의 상호통신이 가능할 것

244 **유도등의 전기회로에 점멸기를 설치하여 평상시 소등상태로 유지할 수 있는 장소의 기준으로 옳지 않은 것은?**

① 외부광에 따라 피난구 또는 피난방향을 쉽게 식별할 수 있는 장소
② 소방대상물의 관계인 또는 종사원이 주로 사용하는 장소
③ 불특정 다수인이 출입하여 이용하는 공용장소
④ 공연장, 암실 등으로서 어두워야 할 필요가 있는 장소

정답 : 243. ③　　244. ③

[유도등의 배선 기준]

- 유도등의 인입선과 옥내배선은 직접 연결할 것
- 유도등은 전기회로에 점멸기를 설치하지 않고 항상 점등상태를 유지할 것. 다만, 소방대상물 또는 그 부분에 사람이 없거나 다음의 어느 하나에 해당하는 장소로서 3선식 배선에 따라 상시 충전되는 구조인 경우에는 그렇지 않다.
  - 외부의 빛에 의해 피난구 또는 피난방향을 쉽게 식별할 수 있는 장소
  - 공연장, 암실(暗室) 등으로서 어두어야 할 필요가 있는 장소
  - 소방대상물의 관계인 또는 종사원이 주로 사용하는 장소

245 다음 중 자동화재탐지설비의 감기지를 설치하지 않아도 되는 장소의 기준으로 옳지 않은 것은?

① 천장 또는 반자의 높이가 20[m] 이상인 장소

② 프레스공장 · 주조공장 등 화재발생의 위험이 적은 장소로서 감지기의 유지관리가 어려운 장소

③ 실내의 용적이 20[m^3] 이하인 장소

④ 파이프덕트 등 그 밖의 이와 비슷한 것으로 2개층마다 방화구획된 것이나 수평단면적이 5[m^2] 이하인 장소

다음의 장소에는 감지기를 설치하지 않을 수 있다.

1. 천장 또는 반자의 높이가 20m 이상인 장소. 다만, 축적기능이 있는 감지기로서 부착높이에 따라 적응성이 있는 장소는 제외한다.
2. 헛간 등 외부와 기류가 통하는 장소로서 감지기에 따라 화재발생을 유효하게 감지할 수 없는 장소
3. 부식성가스가 체류하고 있는 장소
4. 고온도 및 저온도로서 감지기의 기능이 정지되기 쉽거나 감지기의 유지관리가 어려운 장소
5. 목욕실 · 욕조나 샤워시설이 있는 화장실 · 기타 이와 유사한 장소
6. 파이프덕트 등 그 밖의 이와 비슷한 것으로서 2개층 마다 방화구획된 것이나 수평단면적이 5㎡ 이하인 것
7. 먼지·가루 또는 수증기가 다량으로 체류하는 장소 또는 주방 등 평상시에 연기가 발생하는 장소(연기감지기에 한한다)
8. 프레스공장·주조공장 등 화재발생의 위험이 적은 장소로서 감지기의 유지관리가 어려운 장소

246 자동화재탐지설비의 발신기 설치기준으로 옳은 것은?

① 조작이 쉬운 장소에 설치하고, 스위치는 바닥으로부터 1.0[m] 이상 1.5[m] 이하의 높이에 설치한다.

② 특정소방대상물의 각 층마다 설치한다.

③ 발신기의 위치를 표시하는 표시등은 함의 상부에 설치하되, 그 불빛은 부착면으로부터 10° 이상의 범위 안에서 부착지점으로부터 15[m] 이내의 어느 곳에서도 쉽게 식별할 수 있는 적색등으로 하여야 한다.

④ 복도 또는 별도로 구획된 실로서 보행거리가 40[m] 이상일 경우에는 발신기를 추가로 설치하여야 한다.

정답 : 245. ③　　246. ④

247 **고층건축물의 피난안전구역에 설치하는 비상조명등은 상시 조명이 소등된 상태에서 그 비상조명등이 점등되는 경우 각 부분의 바닥에서 조도는 몇 [lx] 이상이 될 수 있도록 설치하여야 하는가?**

① 0.2[lx] 이상 ② 1[lx] 이상
③ 5[lx] 이상 ④ 10[lx] 이상

비상조명등은 상시 조명이 소등된 상태에서 그 비상조명등이 점등되는 경우 각 부분의 바닥에서 조도는 10[lx] 이상이 될 수 있도록 설치

[피난안전구역에 설치하는 소방시설 설치기준]

구 분	설치기준
1. 제연설비	피난안전구역과 비 제연구역간의 차압은 50pa(옥내에 스프링클러설비가 설치된 경우에는 12.5Pa) 이상으로 해야 한다. 다만 피난안전구역의 한쪽 면 이상이 외기에 개방된 구조의 경우에는 설치하지 않을 수 있다.
2.피난유도선	피난유도선은 다음의 기준에 따라 설치해야 한다. 가. 피난안전구역이 설치된 층의 계단실 출입구에서 피난안전구역 주 출입구 또는 비상구까지 설치할 것 나. 계단실에 설치하는 경우 계단 및 계단참에 설치할 것 다. 피난유도 표시부의 너비는 최소 25mm 이상으로 설치할 것 라. 광원점등방식(전류에 의하여 빛을 내는 방식)으로 설치하되, 60분 이상 유효하게 작동할 것
3. 비상조명등	피난안전구역의 비상조명등은 상시 조명이 소등된 상태에서 그 비상조명등이 점등되는 경우 각 부분의 바닥에서 조도는 10lx 이상이 될 수 있도록 설치할 것
4. 휴대용 비상조명등	가. 피난안전구역에는 휴대용비상조명등을 다음의 기준에 따라 설치해야 한다. 1) 초고층 건축물에 설치된 피난안전구역 : 피난안전구역 위층의 재실자수 (「건축물의 피난 · 방화구조 등의 기준에 관한 규칙」 별표 1의2에 따라 산정된 재실자 수를 말한다)의 10분의 1 이상 2) 지하연계 복합건축물에 설치된 피난안전구역 : 피난안전구역이 설치된 층의 수용인원(영 별표 7에 따라 산정된 수용인원을 말한다)의 10분의 1 이상 나. 건전지 및 충전식 건전지의 용량은 40분 이상 유효하게 사용할 수 있는 것으로 한다. 다만, 피난안전구역이 50층 이상에 설치되어 있을 경우의 용량은 60분 이상으로 할 것
5. 인명구조 기구	가. 방열복, 인공소생기를 각 2개 이상 비치할 것 나. 45분 이상 사용할 수 있는 성능의 공기호흡기(보조마스크를 포함한다)를 2개 이상 비치해야 한다. 다만, 피난안전구역이 50층 이상에 설치되어 있을 경우에는 동일한 성능의 예비용기를 10개 이상 비치할 것 다. 화재 시 쉽게 반출할 수 있는 곳에 비치할 것 라. 인명구조기구가 설치된 장소의 보기 쉬운 곳에 "인명구조기구"라는 표지판 등을 설치할 것

정답 : 247. ④

248 **비화재보 방지와 관련하여 감지기는 분당 몇 회의 비율로 순간적인 공급전원의 차단을 반복하는 경우에 작동되지 아니하여야 하는가?**

① 2회 ② 3회
③ 6회 ④ 12회

[감지기의 형식승인 및 제품검사의 기술기준]
제8조(비화재보방지) ① 감지기는 다음 각 호에 대하여 시험하는 경우 작동하지 않아야 한다. <개정 2015. 3. 19.>
1. 주위온도 (23±2)℃인 조건을 유지하며 상대습도 (20±5)%에서 (90±5)%인 상태로 급격하게 3회 변경 투입을 반복하는 경우 <개정 2015. 3. 19.>
2. 감지기에 분당 6회의 비율로 순간적인 감지기 공급전원의 차단을 반복하는 경우 <개정 2015. 3. 19.>

② 광전식 기능을 가진 감지기는 다음 각 호에 노출되는 경우에 작동하지 않아야 한다. <신설 2015. 3. 19.>
1. 백열램프
2. 크세논램프

③ 광전식 및 이온화식 기능을 가진 감지기는 다음 각 호의 기류를 가하는 경우에 작동하지 않아야 한다. <개정 2024. 4. 9.>
1. (5±0.5)m/s의 풍속(이온화식 기능을 가진 감지기에 한함) <신설 2024. 4. 9.>
2. 0m/s 와 (1.5±0.2)m/s 사이의 풍속변화 <신설 2024. 4. 9.>

④ 불꽃식 기능을 가진 감지기는 다음 각 호에 노출 및 인가되는 경우에 작동하지 않아야 한다. <신설 2015. 3. 19.>
1. 형광램프
2. 할로겐램프
3. 직사 및 반사된 태양광
4. 아크용접 불꽃
5. 충격파전압
6. 그 밖의 외광
7. 흔들리는 주황색의 천(영상분석식에 한함) <신설 2017. 12. 6.>

⑤ 광전식 및 이온화식 기능을 가진 감지기는 다음 각 호의 시험을 실시하는 경우 작동하지 않아야 한다. <신설 2024. 4. 9.>
1. 주위온도 - (20±2)℃ 및 (70±2)℃의 온도변화를 10회 반복하는 경우
2. (760±30)mmHg의 기압 조건에서 (50.8±2)mmHg의 기압 변화를 10회 반복하는 경우

249 **다음 괄호 안에 들어갈 내용으로 알맞게 연결된 것은? (30층 미만)**

비상방송설비에는 그 설비에 대한 감시상태를 (㉠)간 지속한 후 유효하게 (㉡) 이상 경보할 수 있는 축전지설비(수신기에 내장하는 경우를 포함한다)를 설치할 것

① ㉠ 60분, ㉡ 10분 ② ㉠ 60분, ㉡ 20분
③ ㉠ 60분, ㉡ 30분 ④ ㉠ 60분, ㉡ 40분

① 30층 이상인 경우 3번

정답 : 248. ③ 249. ①

250 지하역사의 경우 휴대용 비상조명등의 설치기준으로 알맞은 것은?

① 수평거리 25[m] 이내마다 3개 이상 설치
② 수평거리 50[m] 이내마다 5개 이상 설치
③ 보행거리 25[m] 이내마다 3개 이상 설치
④ 보행거리 50[m] 이내마다 5개 이상 설치

[휴대용비상조명등 설치장소 기준]

- 지하상가 및 지하역사에는 보행거리 25m 이내마다 3개 이상 설치할 것
- 대규모점포(지하상가 및 지하역사는 제외한다)와 영화상영관에는 보행거리 50m 이내마다 3개 이상 설치
- 숙박시설 또는 다중이용업소에는 객실 또는 영업장 안의 구획된 실마다 잘 보이는 곳에 1개 이상 설치할 것

251 금속제 지지금구를 사용하여 무선통신보조설비의 누설동축케이블을 벽에 고정시키고자 하는 경우 몇 [m] 이내마다 고정시켜야 하는가?

① 2[m] ② 3[m]
③ 4[m] ④ 5[m]

4m 이내마다 금속제 또는 자기제 등의 지지금구로 벽 · 천장 · 기둥 등에 견고하게 고정시킬 것

252 감지기 중 주위의 온도 또는 연기의 양의 변화에 따라 각각 다른 전류치 또는 전압치 등의 출력을 발하는 방식은?

① 다신호식 ② 아날로그식
③ 2신호식 ④ 디지털식

[감지기의 형식]

- 다신호식 감지기 : 일정시간 간격을 두고 각각 다른 2개 이상의 화재신호를 발한다.
- 아날로그식 감지기 : 주위의 온도 또는 연기의 양의 변화에 따라 각각 다른 전류치 또는 전압치 등의 출력을 발한다.

253 전기사업자로부터 저압으로 수전하는 비상전원설비로 알맞은 것은?

① 방화구획형
② 전용배전반(1 · 2종)
③ 큐비클형
④ 옥외개방형

정답 : 250. ③ 251. ③ 252. ② 253. ②

[비상전원수전설비]

고압 및 특별고압 수전	저압수전
• 방화구획형 • 옥외개방형 • 큐비클형	• 전용배전반(1·2종) • 전용분전반(1·2종) • 공용분전반(1·2종)

254 **(㉠), (㉡), (㉢)에 들어갈 용어로 알맞은 것은?**

"객석유도등은 객석의 (㉠), (㉡) 또는 (㉢)에 설치하여야 한다."

① ㉠ 통로, ㉡ 바닥, ㉢ 천장　② ㉠ 통로, ㉡ 바닥, ㉢ 벽
③ ㉠ 바닥, ㉡ 천장, ㉢ 벽　④ ㉠ 바닥, ㉡ 통로, ㉢ 출입구

[객석유도등 설치기준]
- 객석의 통로, 바닥 또는 벽에 설치
- 조도는 통로바닥의 중심선 0.5[m] 높이에서 측정하여 0.2[lx] 이상

255 **1급 또는 2급 누전경보기를 설치하는 경우의 경계전로의 정격전류는 몇 [A]인가?**

① 60[A] 초과　② 60[A] 이하
③ 100[A] 초과　④ 100[A] 이하

[경계전로의 정격전류]

60A 초과	1급누전경보기
60A 이하	1급 또는 2급 누전경보기

256 **비상콘센트설비의 전원 설치에 관한 설명으로 옳지 않은 것은?**

① 상용전원회로의 배선은 저압수전인 경우에는 인입개폐기의 직후에서 분기하여 전용배선으로 할 것
② 비상전원을 실내에 설치하는 때에는 그 실내에 휴대용 비상조명등을 설치할 것
③ 비상전원의 설치장소는 다른 장소와 방화구획 할 것
④ 비상전원은 비상콘센트설비를 유효하게 20분 이상 작동시킬 수 있는 용량으로 설치할 것

비상전원을 실내에 설치하는 때에는 그 실내에 비상조명등을 설치할 것

설비	비상전원용량	설비	비상전원용량
비상경보설비, 자동화재탐지설비, 자동화재속보설비	10분 이상	무선통신보조설비의 증폭기	30분 이상
유도등, 비상콘센트설비, 옥내소화전설비, 제연설비	20분 이상	유도등 · 비상조명등 (지하상가, 11층 이상)	60분 이상

정답 : 254. ②　255. ②　256. ②

257 **비상조명등의 설치기준으로 옳지 않은 것은?**

① 특정소방대상물의 각 거실과 그로부터 지상에 이르는 통하는 복도 · 계단 및 그 밖의 통로에 설치한다.
② 설치된 장소의 바닥에서 조도는 0.5[lx] 이상이 되어야 한다.
③ 예비전원 내장 시에는 점등여부를 확인할 수 있는 점검스위치를 설치한다.
④ 예비전원을 내장하지 않은 비상조명등의 비상전원은 자가발전설비, 축전지설비 또는 전기저장장치를 설치한다.

조도는 비상조명등이 설치된 장소의 각 부분의 바닥에서 1[lx] 이상이 되도록 할 것

258 **지하층을 제외한 층수가 11층 이상인 특정소방대상물에 유도등의 전원 중 비상전원을 축전지로 설치하였다. 몇 분 이상 작동시킬 수 있는 용량으로 하여야 하는가?**

① 10분 이상 ② 20분 이상 ③ 30분 이상 ④ 60분 이상

유도등을 20분 이상 유효하게 작동시킬 수 있는 용량으로 할 것. 다만, 다음의 특정소방대상물의 경우에는 그 부분에서 피난층에 이르는 부분의 유도등을 60분 이상 유효하게 작동시킬 수 있는 용량으로 해야 한다.
가. 지하층을 제외한 층수가 11층 이상의 층
나. 지하층 또는 무창층으로서 용도가 도매시장 · 소매시장 · 여객자동차터미널 · 지하역사 또는 지하상가

259 **자동화재탐지설비의 감지기회로 및 부속회로의 전로와 대지 사이 및 배선 상호간의 절연저항은 1경계구역마다 직류 250[V]의 절연저항측정기를 사용하여 측정한 절연저항이 몇 [MΩ] 이상이어야 하는가?**

① 0.1[MΩ] ② 0.2[MΩ] ③ 0.4[MΩ] ④ 0.5[MΩ]

[절연저항]
감지기회로 및 부속회로의 전로와 대지 사이 및 배선 상호 간의 절연저항은 1경계구역마다 직류 250V의 절연저항 측정기를 사용하여 측정한 절연저항이 0.1MΩ 이상이 되도록 할 것

260 **무선통신보조설비의 화재안전기술기준(NFTC505)에서 규정하는 용어의 정의에 대한 설명 중 옳은 것은?**

① 분파기는 신호의 전송로가 분기되는 장소에 설치하는 것을 말한다.
② 분배기는 서로 다른 주파수의 합성된 신호를 분리하기 위해서 사용하는 장치를 말한다.
③ 누설동축케이블은 동축케이블 외부도체에 홈을 만들어서 전파가 외부로 새어나갈 수 있도록 한 케이블을 말한다.
④ 증폭기는 두 개 이상의 입력신호를 원하는 비율로 조합한 출력이 발생되도록 하는 장치이다.

정답 : 257. ② 258. ④ 259. ① 260. ③

[용어의 정의]

- 분파기 : 서로 다른 주파수의 합성된 신호를 분리하기 위해서 사용하는 장치
- 분배기 : 신호의 전송로가 분기되는 장소에 설치하는 것으로 임피던스 매칭(Matching)과 신호 균등분배를 위해 사용하는 장치
- 증폭기 : 전압 · 전류의 진폭을 늘려 감도등을 개선하는 장치

261 **지하구 내에 반드시 설치되어야 하는 자동화재탐지설비 구성요소는?**

① 발신기　　② 음향장치(경종)
③ 감지기　　④ 시각경보기

발신기, 음향장치 및 시각경보기는 설치하지 않을 수 있다.

262 **자동화재탐지설비에서 특정배선은 전자파방해를 방지하기 위하여 실드선을 사용해야 한다. 그 대상에 해당하지 않는 것은?**

① R형 수신기　　② 복합형 수신기
③ 다신호식 감지기　　④ 아날로그식 감지기

2.8.1.2 감지기 상호간 또는 감지기로부터 수신기에 이르는 감지기회로의 배선은 다음의 기준에 따라 설치할 것

2.8.1.2.1 아날로그식, 다신호식 감지기나 R형수신기용으로 사용되는 것은 전자파 방해를 받지 않는 실드선 등을 사용해야 하며, 광케이블의 경우에는 전자파 방해를 받지아니하고 내열성능이 있는 경우 사용할 것. 다만, 전자파 방해를 받지 않는 방식의 경우에는 그렇지 않다.

2.8.1.2.2 2.8.1.2.1 외의 일반배선을 사용할 때는 「옥내소화전설비의 화재안전기술기준(NFTC 102)」 2.7.2의 표 2.7.2(1) 또는 표 2.7.2(2)에 따른 내화배선 또는 내열배선으로 사용할 것

263 **비상경보설비의 설치 기준으로 옳은 것은?**

① 음향장치는 정격전압의 90[%] 이상의 전압에서도 음향을 발할 수 있도록 할 것
② 음향장치의 음향의 크기는 부착된 음향장치의 중심으로부터 1[m] 떨어진 위치에서 80[dB] 이상이 되는 것으로 할 것
③ 특정소방대상물의 층마다 설치하되, 해당 층의 각 부분으로부터 하나의 발신기까지의 수평거리가 15[m] 이하가 되도록 할 것
④ 발신기는 조작이 쉬운 장소에 설치하고, 조작스위치는 바닥으로부터 0.8[m] 이상 1.5[m] 이하의 높이에 설치할 것

정답 : 261. ③　　262. ②　　263. ④

[비상경보설비 설치기준]

- 지구음향장치는 특정소방대상물의 층마다 설치하되, 해당 층의 각 부분으로부터 하나의 음향장치까지의 수평거리가 25m 이하가 되도록 하고, 해당층의 각 부분에 유효하게 경보를 발할 수 있도록 설치하여야 한다.
- 음향장치는 정격전압의 80% 전압에서도 음향을 발할 수 있도록 해야 한다.
- 음향장치의 음향의 크기는 부착된 음향장치의 중심으로부터 1m 떨어진 위치에서 90dB 이상이 되는 것으로 해야 한다.

264 다음 중 대형 피난구 유도등을 설치하지 않아도 되는 장소는?

① 위락시설 ② 판매시설
③ 지하철역사 ④ 창고시설

해설

설치장소	유도등 및 유도표지의 종류
1. 공연장·집회장(종교집회장 포함)·관람장·운동시설	• 대형피난구유도등 • 통로유도등 • 객석유도등
2. 유흥주점영업시설(「식품위생법 시행령」 제21조 제8호라목의 유흥주점영업 중 손님이 춤을 출 수 있는 무대가 설치된 카바레, 나이트클럽 또는 그 밖에 이와 비슷한 영업시설만 해당한다)	
3. 위락시설·판매시설·운수시설·「관광진흥법」 제3조제1항제2호에 따른 관광숙박업·의료시설·장례식장·방송통신시설·전시장·지하상가·지하철역사	• 대형피난구유도등 • 통로유도등
4. 숙박시설(제3호의 관광숙박업 외의 것을 말한다)·오피스텔	• 중형피난구유도등 • 통로유도등
5. 제1호부터 제3호까지 외의 건축물로서 지하층·무창층 또는 층수가 11층 이상인 특정소방대상물	
6. 제1호부터 제5호까지 외의 건축물로서 근린생활시설·노유자시설·업무시설·발전시설·종교시설(집회장 용도로 사용하는 부분 제외)·교육연구시설·수련시설·공장·교정 및 군사시설(국방·군사시설 제외)·자동차정비공장·운전학원 및 정비학원·다중이용업소·복합건축물	• 소형피난구유도등 • 통로유도등
7. 그 밖의 것	• 피난구유도표지 • 통로유도표지

[비고] 1. 소방서장은 특정소방대상물의 위치·구조 및 설비의 상황을 판단하여 대형피난구유도등을 설치해야 할 장소에 중형피난구유도등 또는 소형피난구유도등을, 중형피난구유도등을 설치하야 할 장소에 소형피난구유도등을 설치하게 할 수 있다.
2. 복합건축물의 경우, 주택의 세대 내에는 유도등을 설치하지 않을 수 있다.

265 하나의 전용회로에 단상 교류 비상콘센트 10개를 연결하는 경우 전선의 용량[kVA]은?

① 1.5[kVA] 이상 ② 3.0[kVA] 이상
③ 4.5[kVA] 이상 ④ 15[kVA] 이상

전선의 용량은 각 비상콘센트(3개 이상은 3개)의 공급용량을 합한 용량 이상이 되어야 하므로 3개×1.5kVA 이상=4.5kVA 이상

정답 : 264. ④ 265. ③

266 **다음은 자동화재속보설비의 속보기 예비전원용 연축전지의 주위온도 충 · 방전시험에 관한 설명이다. ( )안에 들어갈 내용으로 옳은 것은?**

무보수 밀폐형 연축전지는 방전종지전압 상태에서 0.1C로 48시간 충전한 다음 1시간 방치 후 0.05C로 방전시킬 때 정격용량의 95% 용량을 지속하는 시간이 ( ) 이상이어야 한다.

① 20분 ② 30분
③ 40분 ④ 60분

[비상경보설비의 축전지의 성능인증 및 제품검사의 기술기준]
제6조(예비전원 성능) 축전지설비에 사용하는 예비전원은 다음에 적합하여야 한다.

1. 상온 충방전시험
   가. 알칼리계 2차 축전지는 방전종지전압 상태의 축전지를 상온에서 정격충전전압 및 1/20C의 전류로 48시간 충전한 후 1C의 전류로 방전하는 경우 48분이상 지속 방전되어야 한다. 이 경우 축전지는 부풀어 오르거나 누액 발생 등 이상이 생기지 아니하여야 한다.
   나. 리튬계 2차 축전지는 방전종지전압 상태의 축전지를 상온에서 정격충전전압 및 1/5C의 정전류로 6시간 충전한 후 1C의 전류로 방전하는 경우 55분 이상 지속적으로 방전되어야 한다. 이 경우 축전지는 부풀어 오르거나 누액 발생 등 이상이 생기지 아니하여야 한다.
   다. 무보수 밀폐형 연축전지는 방전종지전압 상태의 축전지를 상온에서 정격충전전압 및 0.1C의 전류로 48시간 충전한 후 1C의 전류로 방전시키는 경우 45분 이상 지속 방전되어야 한다. 이 경우 축전지는 부풀어 오르거나 누액 발생 등 이상이 생기지 아니하여야 한다.
2. 주위온도 충방전시험
   가. 알카리계 2차 축전지는 방전종지전압 상태의 축전지를 주위온도 (−10±2)℃ 및 (50±2)℃의 조건에서 1/20C의 전류로 48시간 충전한 다음 1C로 방전하는 충방전을 3회 반복하는 경우 방전종지전압이 되는 시간이 25분 이상이어야 하며, 외관이 부풀어 오르거나 누액 등이 생기지 아니하여야 한다.
   나. 리튬계 2차 축전지는 방전종지전압 상태의 축전지를 주위온도 (−10±2)℃ 및 (50±2)℃의 조건에서 정격충전전압 및 1/5C의 정전류로 6시간 충전한 다음 1C의 전류로 방전하는 충·방전을 3회 반복하는 경우 방전종지전압이 되는 시간이 40분 이상이어야 하며, 외관이 부풀어 오르거나 누액 등이 생기지 아니하여야 한다.
   다. 무보수 밀폐형 연축전지는 방전종지전압 상태에서 0.1C로 48시간 충전한 다음 1시간 방치하여 0.05C로 방전시킬 때 정격용량의 95% 용량을 지속하는 시간이 30분 이상이어야 하며, 외관이 부풀어 오르거나 누액 등이 생기지 아니하여야 한다.
3. 안전장치시험
   예비전원은 1/5C 이상 1C 이하의 전류로 역충전하는 경우 5시간 이내에 안전장치가 작동하여야 하며, 외관이 부풀어 오르거나 누액 등이 생기지 아니하여야 한다.
4. 제품시험에 합격한 예비전원을 사용하는 경우에는 예비전원 성능시험을 생략할 수 있다.

정답 : 266. ②

267 도로터널의 폭이 8[m], 길이가 2,000[m]인 경우에 경계구역은 최소 몇 개로 하여야 하는가?

① 3개 ② 4개
③ 20개 ④ 27개

해설
[경계구역]
• 터널의 경우 하나의 경계구역의 길이는 100m 이하
• 경계구역의 수=2,000m/100m=20개

268 50층의 고층건축물(공동주택이 아님)에 자동화재탐지설비를 설치하는 경우 어떤 종류의 감지기를 설치하여야 하는가?

① 아날로그방식의 감지기 ② 다신호방식의 감지기
③ 복합형의 감지기 ④ 축적방식의 감지기

해설
감지기는 아날로그방식의 감지기로서 감지기의 작동 및 설치지점을 수신기에서 확인할 수 있는 것으로 설치할 것. 다만, 공동주택의 경우에는 아날로그방식 외의 감지기로 설치할 수 있다.

269 통로의 직선부분의 길이가 40[m]인 극장 통로바닥에 설치하여야 하는 객석 유도등의 설치 개수는?

① 3개 ② 4개 ③ 7개 ④ 9개

해설
객석유도등의 수량 = $\frac{40m}{4} - 1 = 9$개

270 피난기구의 위치를 표시하는 축광식표지의 표시면의 휘도는 주위조도 0[lx]에서 60분간 발광한 후 몇 [mcd/m^2]로 하여야 하는가?

① 5[mcd/m^2] ② 7[mcd/m^2]
③ 24[mcd/m^2] ④ 60[mcd/m^2]

해설
[축광표지의 성능인증 및 제품검사의 기술기준]
제9조(휘도시험) 축광표지의 표시면을 0lx 상태에서 1시간 이상 방치한 후 200lx 밝기의 광원으로 20분간 조사시킨 상태에서 다시 주위조도를 0lx로 하여 휘도시험을 실시하는 경우 다음 각 호에 적합하여야 한다.
1. 5분간 발광시킨 후의 휘도는 1m^{2}당 110mcd 이상이어야 한다.
2. 10분간 발광시킨 후의 휘도는 1m^{2}당 50mcd 이상이어야 한다.
3. 20분간 발광시킨 후의 휘도는 1m^{2}당 24mcd 이상이어야 한다.
4. 60분간 발광시킨 후의 휘도는 1m^{2}당 7mcd 이상이어야 한다.

정답 : 267. ③ 268. ① 269. ④ 270. ②

271 **휴대용비상조명등에 대한 기준으로 옳지 않은 것은?**

① 건전지를 사용하는 경우에는 방전방지조치를 할 것
② 사용시 자동으로 점등되는 구조일 것
③ 어둠속에서 위치를 확인할 수 있도록 하고 외함은 불연성능이 있을 것
④ 충전식 배터리의 용량은 20분 이상 유효하게 사용할 수 있는 것으로 할 것

휴대용비상조명등은 다음의 기준에 적합하여야 한다.
1. 다음의 장소에 설치할 것
   가. 숙박시설 또는 다중이용업소에는 객실 또는 영업장안의 구획된 실마다 잘 보이는 곳(외부에 설치시 출입문 손잡이로부터 1m 이내 부분)에 1개 이상 설치
   나. 「유통산업발전법」 제2조제3호에 따른 대규모점포(지하상가 및 지하역사는 제외한다)와 영화상영관에는 보행거리 50m 이내마다 3개 이상 설치
   다. 지하상가 및 지하역사에는 보행거리 25m 이내마다 3개 이상 설치
2. 설치높이는 바닥으로부터 0.8m 이상 1.5m 이하의 높이에 설치할 것
3. 어둠속에서 위치를 확인할 수 있도록 할 것
4. 사용 시 자동으로 점등되는 구조일 것
5. 외함은 난연성능이 있을 것
6. 건전지를 사용하는 경우에는 방전방지조치를 하여야 하고, 충전식 배터리의 경우에는 상시 충전되도록 할 것
7. 건전지 및 충전식 배터리의 용량은 20분 이상 유효하게 사용할 수 있는 것으로 할 것

272 **다음 중 감지기의 종별에 대한 설명으로 옳지 않은 것은?**

① 차동식 스포트형 감지기는 주위온도가 일정상승률 이상이 되는 경우에 작동하는 것으로서 일국소에서의 열효과에 의하여 작동하는 것
② 차동식 분포형 감지기는 주위온도가 일정상승률 이상이 되는 경우에 작동하는 것으로서 넓은 범위 내에서의 열효과의 누적에 의하여 작동하는 것
③ 연기감지기는 주위의 공기가 일정한 온도의 연기를 포함하게 되는 경우에 작동하는 것으로서 일국소의 연기에 의하여 이온전류가 변화하여 작동하는 것
④ 정온식 스포트형 감지기는 일국소의 주위온도가 일정한 온도 이상이 되는 경우에 작동하는 것으로서 외관이 전선으로 되어 있는 것

일국소의 주위온도가 일정한 온도 이상이 되는 경우에 작동하는 것으로서 외관이 전선으로 되어 있지 아니한 것을 말한다.

273 **연기감지기의 일반적인 설치기준에 관한 다음 설명 중 옳은 것은?**

① 감지기(1종)는 복도 및 통로에 있어서는 보행거리 20[m] 마다 1개 이상을 설치한다.
② 감지기(1종)는 계단 및 경사로에 있어서는 수직거리 15[m] 마다 1개 이상을 설치한다.
③ 감지기는 벽 또는 보로부터 1[m] 이상 떨어진 곳에 설치한다.
④ 천장 또는 반자가 낮은 실내 또는 좁은 실내에 있어서는 출입구에서 먼 부분에 설치한다.

정답 : 271. ③ 272. ④ 273. ②

[연기감지기 설치기준]
• 연기감지기의 부착높이에 따라 다음 표에 따른 바닥면적마다 1개 이상으로 할 것

[부착 높이에 따른 연기감지기의 종류]

부착높이	감지기의 종류(단위 : m^2)	
	1종 및 2종	3종
4m 미만	150	50
4m 이상 20m 미만	75	–

• 감지기는 복도 및 통로에 있어서는 보행거리 30m(3종에 있어서는 20m)마다, 계단 및 경사로에 있어서는 수직거리 15m(3종에 있어서는 10m)마다 1개 이상으로 할 것
• 천장 또는 반자가 낮은 실내 또는 좁은 실내에 있어서는 출입구의 가까운 부분에 설치할 것
• 천장 또는 반자부근에 배기구가 있는 경우에는 그 부근에 설치할 것
• 감지기는 벽 또는 보로부터 0.6m 이상 떨어진 곳에 설치할 것

274 차동식 분포형 감지기의 종류가 아닌 것은?

① 공기관식　② 열전대식
③ 열반도체식　④ 열기전력식

차동식 분포형의 감지방식 : 공기관식, 열전대식, 열반도체식

275 자동화재속보설비의 설치기준에 관한 사항이다. ( )안의 내용으로 알맞은 것은?

> **자동화재속보설비는 (㉠)와 연동으로 작동하여 자동적으로 화재신호를 (㉡)에 전달되는 것으로 할 것**

① ㉠ 자동화재탐지설비 ㉡ 소방관서
② ㉠ 자동화재탐지설비 ㉡ 종합방재센터
③ ㉠ 비상방송설비 ㉡ 소방관서
④ ㉠ 비상경보설비 ㉡ 종합방재센터

자동화재속보설비는 자동화재탐지설비와 연동으로 작동하여 자동적으로 화재신호를 소방관서에 전달되는 것으로 할 것

276 소방시설용 비상전원수전설비에서 소방회로 전용의 것으로서 분기개폐기, 분기과전류차단기와 그 밖의 배선용기기 및 배선을 금속제 외함에 수납한 것은?

① 전용배전반　② 전용수전반
③ 전용분전반　④ 전용기전반

정답 : 274. ④　275. ①　276. ③

[비상전원수전설비 용어정의]

전용배전반	소방회로 전용의 것으로서 개폐기, 과전류차단기, 계기 그 밖의 배선용 기기 및 배선을 금속제 외함에 수납한 것
공용배전반	소방회로 및 일반회로 겸용의 것으로서 개폐기, 과전류차단기, 계기와 그 밖의 배선용기기 및 배선을 금속제 외함에 수납한 것
전용분전반	소방회로 전용의 것으로서 분기개폐기, 분기과전류차단기와 그 밖의 배선용기기 및 배선을 금속제 외함에 수납한 것
공용분전반	소방회로 및 일반회로 겸용의 것으로서 분기개폐기, 분기과전류차단기와 그 밖의 배선용기기 및 배선을 금속제 외함에 수납한 것

277 **비상방송설비의 음향장치에 대한 설치기준으로 옳지 않은 것은?**

① 확성기의 음성입력은 3[W](실내에 설치하는 것에 있어서는 1[W]) 이상일 것
② 확성기는 각 층마다 설치하되 그 층의 각 부분으로부터 하나의 확성기까지의 수평거리가 25[m] 이하가 되도록 할 것
③ 음량조정기를 설치하는 경우 음량조정기의 배선은 2선식으로 할 것
④ 화재발생 상황 및 피난에 유효한 방송이 자동으로 개시될 때까지의 소요시간은 10초 이하로 할 것

2.1 음향장치
2.1.1 비상방송설비는 다음의 기준에 따라 설치해야 한다. 이 경우 엘리베이터 내부에는 별도의 음향장치를 설치할 수 있다.
2.1.1.1 확성기의 음성입력은 3W(실내에 설치하는 것에 있어서는 1W) 이상일 것
2.1.1.2 확성기는 각 층마다 설치하되, 그 층의 각 부분으로부터 하나의 확성기까지의 수평거리가 25m 이하가 되도록 하고, 해당 층의 각 부분에 유효하게 경보를 발할 수 있도록 설치할 것
2.1.1.3 음량조정기를 설치하는 경우 음량조정기의 배선은 3선식으로 할 것
2.1.1.4 조작부의 조작스위치는 바닥으로부터 0.8 m 이상 1.5 m 이하의 높이에 설치할 것
2.1.1.5 조작부는 기동장치의 작동과 연동하여 해당 기동장치가 작동한 층 또는 구역을 표시할 수 있는 것으로 할 것
2.1.1.6 증폭기 및 조작부는 수위실 등 상시 사람이 근무하는 장소로서 점검이 편리하고 방화상 유효한 곳에 설치할 것
2.1.1.7 층수가 11층(공동주택의 경우에는 16층) 이상의 특정소방대상물은 다음의 기준에 따라 경보를 발할 수 있도록 해야 한다.<개정 2023. 2. 10>
2.1.1.7.1 2층 이상의 층에서 발화한 때에는 발화층 및 그 직상 4개층에 경보를 발할 것 <개정 2023. 2. 10>
2.1.1.7.2 1층에서 발화한 때에는 발화층 · 그 직상 4개층 및 지하층에 경보를 발할 것 <개정 2023. 2. 10>
2.1.1.7.3 지하층에서 발화한 때에는 발화층 · 그 직상층 및 기타의 지하층에 경보를 발할 것
2.1.1.8 다른 방송설비와 공용하는 것에 있어서는 화재 시 비상경보 외의 방송을 차단할 수 있는 구조로 할 것
2.1.1.9 다른 전기회로에 따라 유도장애가 생기지 않도록 할 것

정답 : 277. ③

2.1.1.10 하나의 특정소방대상물에 2 이상의 조작부가 설치되어 있는 때에는 각각의 조작부가 있는 장소 상호 간에 동시 통화가 가능한 설비를 설치하고, 어느 조작부에서도 해당 특정소방대상물의 전 구역에 방송을 할 수 있도록 할 것
2.1.1.11 기동장치에 따른 화재신호를 수신한 후 필요한 음량으로 화재발생상황 및 피난에 유효한 방송이 자동으로 개시될 때까지의 소요시간은 10초 이내로 할 것
2.1.1.12 음향장치는 다음의 기준에 따른 구조 및 성능의 것으로 해야 한다.
2.1.1.12.1 정격전압의 80 % 전압에서 음향을 발할 수 있는 것으로 할 것
2.1.1.12.2 자동화재탐지설비의 작동과 연동하여 작동할 수 있는 것으로 할 것

278 다음 건축물에 자동화재탐지설비의 경계구역을 설정하려고 한다. 최소 몇 개 이상의 경계구역으로 나누어야 하는가?

> ① 건축물 규모 : 1층 1,100m^2, 2층 320m^2, 3층 170m^2
> ② 건축물의 각 변의 길이는 50m 이하이다.

① 2개　　② 3개
③ 4개　　④ 5개

[자동화재탐지설비의 경계구역 산출]
- 관계이론
  - 하나의 경계구역의 면적 : 600㎡ 이하, 한 변의 길이 : 50m 이하
  - 하나의 경계구역이 2개 이상의 층에 미치지 아니하도록 할 것. 다만, 500㎡ 이하의 범위 안에서는 2개의 층을 하나의 경계구역으로 할 수 있다.
- 경계구역의 산출
  - 1층 : 1,100/600≒1.83⇒2구역
  - 2층과 3층의 면접합계 : 320+170=490㎡/600㎡≒0.82⇒1구역
  - 경계구역의 수 : 2구역+1구역=3구역

279 누전경보기에서 누설전류를 감지한 변류기의 미소전압을 입력받아 내장된 증폭기로 증폭시켜 주는 기능을 하는 구성요소는 다음 중 어느 것인가?

① 차단릴레이　　② 수신기
③ 음향장치　　④ 경보기

[누전경보기 구성별 기능]
- 수신기 : 미소전압 증폭
- 변류기 : 누설전류 검출
- 차단기구 : 누설전류가 흐르는 경우 경계전로의 전원자동차단
- 음향장치 : 경보를 발하는 장치

정답 : 278. ②　　279. ②

280 **차동식 스포트형 감지기에서 리크구멍이 막혔을 때 어떤 현상이 발생되는가?**

① 작동을 안 한다.
② 조기작동상태로 된다.
③ 감지기의 작동과는 관련이 없다.
④ 온도가 올라가면 작동, 내려가면 복구된다.

[리크구멍]
• 미세한 열의 축적으로 인한 완만한 온도상승시(비화재시) 오동작 방지
• 리크구멍이 막히면 미세한 열에도 감지기가 동작되어 비화재보의 원인이 된다.

281 **연기가 다량으로 유입할 우려가 있는 장소에 적합하지 않은 감지기는?**

① 불꽃감지기 ② 열아날로그식감지기
③ 보상식스포트형감지기 ④ 차동식스포트형감지기

불꽃감지기는 화재 발생 초기에 불꽃을 감지하므로 연기에 의해서는 유효하게 화재를 감지할 수 없다.

282 **감지기를 설치하지 않아도 되는 부착높이 기준은?**

① 감지기 부착높이가 10[m] 이하인 장소
② 감지기 부착높이가 20[m] 이하인 장소
③ 감지기 부착높이가 10[m] 이상인 장소
④ 감지기 부착높이가 20[m] 이상인 장소

④ 감지기 설치제외 장소

283 **초고층 건축물에 설치된 피난안전구역에 휴대용비상조명등을 설치하는 경우 필요한 휴대용비상조명등의 최소 수량은 몇 개인가? (단, 피난안전구역 위층의 재실자수는 20,000명이다.)**

① 2,000개 ② 4,000개
③ 10,000개 ④ 20,000개

문제 247번 해설 참조

정답 : 280. ② 281. ① 282. ④ 283. ①

284 다음 중 감지기의 종별이 옳지 않은 것은?

① 보상식스포트형 감지기는 차동식스포트형 감지기와 정온식스포트형 감지기의 성능을 겸한 것
② 보상식스포트형 감지기는 차동식스포트형 감지기 또는 정온식스포트형 감지기의 성능 중 어느 한 기능이 작동되면 작동신호를 발하는 것
③ 이온화식 감지기는 주위의 공기가 일정한 온도를 포함하게 되는 경우에 작동하는 것
④ 이온화식 감지기는 일국소의 연기에 의하여 이온전류가 변화하여 작동하는 것

해설 ③ 이온화식 감지기는 이온전류가 변하여 작동

285 다음 중 누전경보기의 전원에 대한 설명으로 옳은 것은?

① 전원은 분전반으로부터 전용회로로 하고, 각 극에 개폐기 및 20[A] 이하의 과전류차단기를 설치할 것
② 전원은 분전반으로부터 전용회로로 하고, 각 극에 개폐기 및 15[A] 이하의 배선용차단기를 설치할 것
③ 전원은 분전반으로부터 전용회로로 하고, 각 극에 개폐기 및 15[A] 이하의 과전류차단기를 설치할 것
④ 전원은 분전반으로부터 전용회로로 하고, 각 극에 개폐기 및 10[A] 이하의 배선용차단기를 설치할 것

해설 [참고] 배선용차단기는 20A 이하의 것

286 통로유도등 설치기준으로 옳지 않은 것은?

① 복도통로유도등은 구부러진 모퉁이 및 보행거리 20[m]마다 설치한다.
② 복도통로유도등은 지하상가에 설치하는 경우에는 복도 · 통로 중앙부분의 바닥에 설치한다.
③ 계단통로유도등은 바닥으로부터 높이 1.5[m] 이하의 위치에 설치한다.
④ 계단통로유도등은 각층의 경사로 참 또는 계단참마다 설치한다.

287 다음 감지기 중에서 불을 사용하는 설비의 불꽃이 노출되는 장소에 적응하는 열감지기는 어느 것인가?

① 차동식분포형 감지기　　② 보상식스포트형 감지기
③ 정온식 감지기　　④ 불꽃감지기

해설 불을 사용하는 설비로서 불꽃이 노출되는 장소에 적응 열감지기
• 정온식 특종, 정온식 1종
• 열아날로그식

정답 : 284. ③　285. ③　286. ③　287. ③

288 **자동화재속보설비의 속보기는 자동화재탐지설비로부터 작동신호를 수신하여 몇 초 이내에 소방관서에 자동적으로 신호를 발하여 통보하여야 하는가?**

① 10초　　② 20초
③ 30초　　④ 60초

[속보기의 기능]
- 작동신호를 수신하거나 수동으로 동작시키는 경우 20초 이내에 소방관서에 자동적으로 신호를 발하여 통보하되, 3회 이상 속보할 수 있어야 한다.
- 예비전원은 감시상태를 60분간 지속한 후 10분 이상 동작(화재속보 후 화재표시 및 경보를 10분간 유지하는 것을 말한다)이 지속될 수 있는 용량이어야 한다.

289 **자동화재탐지설비의 음향장치 설치기준으로 옳은 것은?**

① 지구음향장치는 해당 특정소방대상물의 각 부분으로부터 하나의 음향장치까지의 수평 거리가 25[m] 이하가 되도록 한다.
② 정격전압의 90[%] 전압에서 음향을 발할 수 있어야 한다.
③ 음향의 크기는 부착된 음향장치의 중심으로부터 1[m] 떨어진 위치에서 90폰 이상이 되도록 하여야 한다.
④ 층수가 5층 이상으로서 연면적이 3,000[m^2]를 초과하는 특정소방대상물 또는 그 부분에 있어서는 2층 이상의 층에서 발화한 때에는 발화층 및 그 직하층에 경보를 발하여야 한다.

290 **1개의 감지기내에 서로 다른 종별 또는 감도 등의 기능을 갖춘 것으로서 일정시간 간격을 두고 각각 다른 2개 이상의 화재신호를 발하는 특성을 갖는 감지기는?**

① 복합식 감지기　　② 다신호식 감지기
③ 아날로그식 감지기　　④ 디지털식 감지기

291 **자동화재속보설비 속보기의 전압 변동시 정상적인 기능을 발휘하여야 하는 사용전압 범위는?**

① 정격전압의 80[%] 및 120[%]
② 정격전압의 85[%] 및 115[%]
③ 정격전압의 90[%] 및 110[%]
④ 정격전압의 95[%] 및 105[%]

해설

자동화재속보설비 전원전압 변동시의 기능 : 속보기는 전원에 정격전압의 80% 및 120%의 전압을 인가하는 경우 정상적인 기능을 발휘하여야 한다.

292 **비상조명등에 관한 설명이다. 옳은 것은?**

① 조도는 1lx이고 예비전원의 축전지용량은 10분 이상 비상조명을 작동시킬 수 있어야 한다.
② 예비전원을 내장하는 비상조명등에는 축전지와 예비전원 충전장치를 내장한다.
③ 비상조명에는 점검스위치를 설치해서는 안 된다.
④ 예비전원을 내장하지 않는 비상조명기구는 사용할 수 없다.

정답 : 288. ②　289. ①　290. ②　291. ①　292. ②

[비상조명등의 설치기준]

- 조도는 1[lx] 이상, 비상전원은 비상조명등을 20분 이상 유효하게 작동시킬 수 있는 용량으로 할 것
- 예비전원을 내장하는 비상조명등에는 평상시 점등여부를 확인할 수 있는 점검스위치를 설치하고 당해 조명등을 유효하게 작동시킬 수 있는 용량의 축전지와 예비전원 충전장치를 내장할 것
- 예비전원을 내장하지 아니하는 비상조명등의 비상전원은 자가발전설비 또는 축전지설비, 전기저장장치를 설치기준에 따라 설치하여야 한다.

293 다음 중 피난구 유도등의 설치 장소로 적당하지 아니한 것은?

① 인접한 거실로 통하는 출입구
② 직통계단의 계단실 출입구
③ 직통계단 부속실의 출입구
④ 옥내로부터 직접 지상으로 통하는 출입구

[피난구유도등 설치기준]

2.2.1 피난구유도등은 다음의 장소에 설치해야 한다.
2.2.1.1 옥내로부터 직접 지상으로 통하는 출입구 및 그 부속실의 출입구
2.2.1.2 직통계단·직통계단의 계단실 및 그 부속실의 출입구
2.2.1.3 2.2.1.1과 2.2.1.2에 따른 출입구에 이르는 복도 또는 통로로 통하는 출입구
2.2.1.4 안전구획된 거실로 통하는 출입구

2.2.2 피난구유도등은 피난구의 바닥으로부터 높이 1.5 m 이상으로서 출입구에 인접하도록 설치해야 한다.

2.2.3 피난층으로 향하는 피난구의 위치를 안내할 수 있도록 2.2.1.1 또는 2.2.1.2의 출입구 인근 천장에 2.2.1.1 또는 2.2.1.2에 따라 설치된 피난구유도등의 면과 수직이 되도록 피난구유도등을 추가로 설치해야 한다. 다만, 2.2.1.1 또는 2.2.1.2에 따라 설치된 피난구유도등이 입체형인 경우에는 그렇지 않다.

294 공기관식 차동식 분포형 감지기의 검출기 접점 수고시험은 무엇을 시험하는 것인가?

① 접점간격
② 다이아프램 용량
③ 리크밸브의 이상유무
④ 다이아프램의 이상유무

접점간격시험 : 공기관식 차동식 분포형 감지기의 검출기 접점 수고시험

295 비상콘센트를 다음과 같은 조건으로 현장 설치한 경우 화재안전기준과 맞지 않는 것은?

① 바닥으로부터 높이 1.45[m]에 움직이지 않게 고정시켜 설치된 경우
② 바닥면적이 800[m^2]인 층의 계단 출입구에서 4[m] 이내 설치된 경우
③ 바닥면적의 합계가 12,000[m^2]인 지하상가의 수평거리 30[m]마다 추가 설치한 경우
④ 바닥면적의 합계가 2,500[m^2]인 지하층의 수평거리 40[m]마다 추가로 설치된 경우

정답 : 293. ① 294. ① 295. ③

[비상콘센트]

- 바닥으로부터 높이 0.8m 이상 1.5m 이하의 위치에 설치할 것
- 비상콘센트의 배치는 아파트 또는 바닥면적이 1,000㎡ 미만인 층에 있어서는 계단의 출입구(계단의 부속실을 포함하며 계단이 2 이상 있는 경우에는 그중 1개의 계단을 말한다)로부터 5m 이내에, 바닥면적 1,000㎡ 이상인 층(아파트를 제외한다)에 있어서는 각 계단의 출입구 또는 계단부속실의 출입구(계단의 부속실을 포함하며 계단이 3 이상 있는 층의 경우에는 그중 2개의 계단을 말한다)로부터 5m 이내에 설치하되, 그 비상콘센트로부터 그 층의 각 부분까지의 거리가 다음 각목의 기준을 초과하는 경우에는 그 기준 이하가 되도록 비상콘센트를 추가하여 설치할 것

① 지하상가 또는 지하층의 바닥면적의 합계가 3,000㎡ 이상인 것은 수평거리 25m

② ①목에 해당하지 아니하는 수평거리 50m

296 **자동화재탐지설비의 화재안전기준상 감지기의 부착높이가 8[m] 이상 15[m] 미만인 경우 설치하여야 하는 감지기가 아닌 것은?**

① 불꽃감지기　② 이온화식2종감지기

③ 차동식스포트형감지기　④ 광전식스포트형1종감지기

297 **소방시설 설치 및 관리에 관한 법령상 자동화재속보설비를 설치해야 하는 특정소방대상물에 해당하지 않는 것은?**

① 입원실이 있는 한의원

② 요양병원

③ 문화재보호법상 보물로 지정된 목조건축물

④ 숙박시설이 없는 수련시설

298 **비상방송설비의 화재안전기술기준 상 음향장치 설치기준으로 옳지 않은 것은?**

① 음량조정기를 설치하는 경우 음량조정기의 배선은 2선식으로 할 것

② 음향장치는 정격전압의 80[%] 전압에서 음향을 발할 수 있는 것을 할 것

③ 다른 방송설비와 공용하는 것에 있어서는 화재 시 비상경보외의 방송을 차단할 수 있는 구조로 할 것

④ 증폭기는 수위실 등 상시 사람이 근무하는 장소로서 점검이 편리하고 방화상 유효한 곳에 설치할 것

음량조정기의 배선은 3선식으로 설치할 것

정답 : 296. ③　297. ④　298. ①

299 가스누설경보기 화재안전성능기준 중 분리형경보기의 수신부 설치기준으로 틀린 것은?

① 가스연소기 주위의 경보기의 상태 확인 및 유지 관리에 용이한 위치에 설치할 것
② 가스누설 음향의 음량과 음색이 다른 기기의 소음 등과 명확히 구별될 것
③ 가스누설 음향은 수신부로부터 1m 떨어진 위치에서 음압이 90dB 이상일 것
④ 수신부의 조작 스위치는 바닥으로부터의 높이가 0.8m 이상 1.5m 이하인 장소에 설치할 것

가스누설경보기 설치기준
제4조(가연성가스 경보기)
①가연성가스를 사용하는 가스연소기가 있는 경우에는 가연성가스(액화석유가스(LPG), 액화천연가스(LNG) 등)의 종류에 적합한 경보기를 가스연소기 주변에 설치하여야 한다.
② 분리형 경보기의 수신부는 다음 각 호의 기준에 따라 설치하여야 한다.
1. 가스연소기 주위의 경보기의 상태 확인 및 유지 관리에 용이한 위치에 설치할 것
2. 가스누설 음향의 음량과 음색이 다른 기기의 소음 등과 명확히 구별될 것
3. 가스누설 음향은 수신부로부터 1m 떨어진 위치에서 음압이 70dB 이상일 것
4. 수신부의 조작 스위치는 바닥으로부터의 높이가 0.8m 이상 1.5m 이하인 장소에 설치할 것
5. 수신부가 설치된 장소에는 관계자 등에게 신속히 연락할 수 있도록 비상연락 번호를 기재한 표를 비치할 것
③ 분리형 경보기의 탐지부는 다음 각 호의 기준에 따라 설치하여야 한다.
1. 탐지부는 가스연소기의 중심으로부터 직선거리 8m(공기보다 무거운 가스를 사용하는 경우에는 4m) 이내에 1개 이상 설치하여야 한다.
2. 탐지부는 천정으로부터 탐지부 하단까지의 거리가 0.3m 이하가 되도록 설치한다. 다만, 공기보다 무거운 가스를 사용하는 경우에는 바닥면으로부터 탐지부 상단까지의 거리는 0.3m 이하로 한다.

300 유도등 및 유도표지의 화재안전기준상 통로유도등의 설치기준에 관한 내용으로 옳은 것을 모두 고른 것은?

ㄱ. 복도통로유도등은 구부러진 모퉁이 및 보행거리 20[m]마다 설치할 것 ㄴ. 계단통로유도등은 바닥으로부터 높이 1[m] 이하의 위치에 설치할 것 ㄷ. 거실통로유도등은 바닥으로부터 높이 1[m] 이상의 위치에 설치할 것

① ㄱ, ㄴ　　② ㄱ, ㄷ
③ ㄴ, ㄷ　　④ ㄱ, ㄴ, ㄷ

거실통로유도등은 높이 1.5m 이상의 위치에 설치(기둥설치시 이하)

정답 : 299. ③　300. ①

301 화재알림형 수신기의 기능에 대한 다음 설명중 틀린 것은?

① 화재알림형 감지기, 발신기 등의 작동 및 설치지점을 확인할 수 있는 것으로 설치할 것
② 해당 특정소방대상물에 가스누설탐지설비가 설치된 경우에는 가스누설탐지설비로부터 가스누설신호를 수신하여 가스누설경보를 할 수 있는 것으로 설치할 것. 다만, 가스누설탐지설비의 수신부를 별도로 설치한 경우에는 제외한다.
③ 화재알림형 감지기, 발신기 등에서 발신되는 화재정보ㆍ신호 등을 자동으로 2년 이상 저장할 수 있는 용량의 것으로 설치할 것. 이 경우 저장된 데이터는 수신기에서 확인할 수 있어야 하며, 복사 및 출력도 가능하여야 한다.
④ 화재알림형 수신기에 내장된 속보기능은 화재신호를 자동적으로 통신망을 통하여 소방관서에는 음성 등의 방법으로 통보하고, 관계인에게는 문자로 전달할 수 있는 것으로 설치할 것

1년 이상 저장할 수 있을 것.

302 화재알림설비의 구성요소 중 틀린 것은?

① 화재알림형감지기
② 화재알림형중계기
③ 화재알림형발신기
④ 화재알림형수신기

1.7 용어의 정의
1.7.1 이 기준에서 사용하는 용어의 정의는 다음과 같다.
1.7.1.1 "화재알림형 감지기"란 화재 시 발생하는 열, 연기, 불꽃을 자동적으로 감지하는 기능 중 두 가지 이상의 성능을 가진 열ㆍ연기 또는 열ㆍ연기ㆍ불꽃 복합형 감지기로서 화재알림형 수신기에 주위의 온도 또는 연기의 양의 변화에 따라 각각 다른 전류 또는 전압 등(이하 "화재정보값"이라 한다)의 출력을 발하고, 불꽃을 감지하는 경우 화재신호를 발신하며, 자체 내장된 음향장치에 의하여 경보하는 것을 말한다.
1.7.1.2 "화재알림형 중계기"란 화재알림형 감지기, 발신기 또는 전기적인 접점 등의 작동에 따른 화재정보값 또는 화재신호 등을 받아 이를 화재알림형 수신기에 전송하는 장치를 말한다.
1.7.1.3 "화재알림형 수신기"란 화재알림형 감지기나 발신기에서 발하는 화재정보값 또는 화재신호 등을 직접 수신하거나 화재알림형 중계기를 통해 수신하여 화재의 발생을 표시 및 경보하고, 화재정보값 등을 자동으로 저장하여, 자체 내장된 속보기능에 의해 화재신호를 통신망을 통하여 소방관서에는 음성 등의 방법으로 통보하고, 관계인에게는 문자로 전달할 수 있는 장치를 말한다.
1.7.1.4 "발신기"란 수동누름버튼 등의 작동으로 화재신호를 수신기에 발신하는 장치를 말한다.
1.7.1.5 "화재알림형 비상경보장치"란 발신기, 표시등, 지구음향장치(경종 또는 사이렌 등)를 내장한 것으로 화재발생 상황을 경보하는 장치를 말한다.
1.7.1.6 "원격감시서버"란 원격지에서 각각의 화재알림설비로부터 수신한 화재정보값 및 화재신호, 상태신호 등을 원격으로 감시하기 위한 서버를 말한다.

정답 : 301. ③ 302. ③

303 화재알림설비의 원격감시서버 설치기준으로 틀린 것은?

① 화재알림설비의 감시업무를 위탁할 경우 원격감시서버는 다음의 기준에 따라 설치할 것을 권장한다.

② 원격감시서버의 비상전원은 상용전원 차단 시 24시간 이상 전원을 유효하게 공급될 수 있는 것으로 설치한다.

③ 화재알림설비로부터 수신한 정보(주소, 화재정보 · 신호 등)를 1년 이상 저장할 수 있는 용량을 확보한다.

④ 저장된 데이터는 원격감시서버에서 확인할 수 있어야 하며, 복사 및 출력은 할 수 없을 것

2.6 원격감시서버

2.6.1 화재알림설비의 감시업무를 위탁할 경우 원격감시서버는 다음의 기준에 따라 설치할 것을 권장한다.

2.6.2 원격감시서버의 비상전원은 상용전원 차단 시 24시간 이상 전원을 유효하게 공급될 수 있는 것으로 설치한다.

2.6.3 화재알림설비로부터 수신한 정보(주소, 화재정보 · 신호 등)를 1년 이상 저장할 수 있는 용량을 확보한다.

2.6.3.1 저장된 데이터는 원격감시서버에서 확인할 수 있어야 하며, 복사 및 출력도 가능할 것

2.6.3.2 저장된 데이터는 임의로 수정이나 삭제를 방지할 수 있는 기능이 있을 것

정답 : 303. ④

MEMO